演習・精解 まなびなおす高校数学 II

大人から受験生・高校生まで

Yoshikazu Matsutani
松谷吉員

- 平面図形
- 空間図形
- 行列, および一次変換
- 複素数
- 問題の解答

亀書房：発行
日本評論社：発売

はじめに

　この 30 年余りの間に高校数学の学習課程は 4 回ほど変更されました．しかし，分野の入れ換えが多少行なわれたことを除くと，入試における出題の状況が著しく変わってきたわけではありません．他方，いろいろな理由のため，高校生の基礎学力の低下はかなり危惧すべき段階に近づきつつあるように思われます．とくに気になることは，そもそも自分で考えてみる，自分の手でいろいろ書いて試行錯誤をする，といった基本的な学習態度をむしろ忌避する傾向が強くなりつつあることです．このことに関して類型化と記憶とによって学習が効率的にできると主張する一部の人たちや，またそういった情報を流布する出版の責任は重大で，こういった状況に呼応するかのように出版物も手軽で薄いものへと急速に変わりつつあるようです．このような傾向が大学で用いられる出版物に対しても拡がりつつあるように見受けられることは極めて残念なことです．

　日常的な訓練をしていない人がいきなり鉄棒でムーンサルトを演じたり，42.195 km を 2 時間と少々で走るなどということは無理な話でしょう．勉強も同じで，最も大切なことは基本の日頃の訓練とそのくり返しです．基礎的な訓練があってはじめて高度な (数学的) 技巧を用いることも可能になるのであって，技巧だけ覚えこもうとするのは本末転倒でしょう．日常的な基礎訓練が大切であるという点で，学習のプロセスは，効率的という考え方と対極にあります．つまり，勉強することはもともと時間も労力もかかるものなのです．このことは，いかなる段階 (高校，大学，大学院，さらに研究活動など) においてもそうでしょう．

　この本は，高校数学の勉強を一通り終えて入試に向けて一層の勉強を目指す人のために，さらに，あらためて高校数学に再挑戦してみようという人たちのために，また，上述した傾向に対する警鐘という意味をこめて書かれたもので，参考書と問題集を兼ねています．

　取り扱う分野は，統計を除いた高校数学の (この 30 年余りの間の) 全分野で，配列は応用面から決めました．たとえば整数や整式の勉強は，数列や多項式の微分を学んでから入る方が取り組み易いと思われます．全部で 21 章からなり，各章は練習問題を含む解説の部分と章末の問題から構成されています．章末問題のレベルは高く，6, 7 割がきちんとできればほぼすべての大学の入試に対応できるでしょう．21 章は 4 巻に分かれていて，各章末には章末問題の ［解答］が付されています．解答のほかに注もあり，その中に別の解答に相当することが述べられていることもありますが，これら複数の考え方に対して優劣をつけるつもりは全くありません．いかなる考え方でも，推論と結果が正しいならばそれでよい，というのが筆者の基本的な考えです．一通り高校数学を終えている人を念頭においていますから，解説

の部分は丁寧な章もあればそうでない章もあります．

　最近の学習参考書に見られる傾向のひとつですが，数学的用語の用い方がかなり乱暴です．およそ定理とは呼べないものを勝手に定理と称したり，全くの我流で名前をつけて，いかにも市民権を得ているかのような叙述がなされていたり，といった具合です．この本では，大学以上で用いられている数学的表現になるべく従うように心がけました．したがってなじみが薄い表現に戸惑うことがあるかも知れません．

　この本には，酒井健，矢神毅，渋谷司の3氏との有益な議論が大きく寄与していることを述べておかなければならないでしょう．この本で利用した入試問題には，当然のことながら作成者の著作権があります．これらを無断で使用することはこの種の本では当たり前のように行なわれていますが，本来は無条件に許されてよいことではありません．本書でも多くの入試問題を利用し，また改作もしましたが，ここで問題を作成されたかたがたに了解していただければ幸いです．

　この本を書くにあたってとくに参考にした本はありませんが，第IV巻の叙述の一部は『解析概論』(高木貞治，岩波書店)に倣いました．また，全体を通して知識や用語の確認に『新数学事典』(大阪書籍)，『岩波数学辞典』(岩波書店)を利用しました．

　全体の構成は次頁の通りです．各巻の終わりに章末問題の解答がありますが，次頁では省略しています．

　単独で執筆したものであり，いろいろな誤りもあると思われます．気づいた方はお知らせいただけると幸いです．

　なお，本書で利用されている入試問題は1997年までのものであることを付記しておきます．

　この本の原稿を $\TeX$ で入力することになったとき，その方面に全く不案内な著者にほとんど筆者専用のカスタマーズセンターのように協力してくれたのは申吉浩氏です．先の酒井，矢神，渋谷3氏ともども，若い友人たちの協力は大変有難いものでした．

　本書の原稿は，筆者が一時数学を教えるという仕事を離れたとき，いわば内側の棚卸しのようなつもりで書き溜めたものです．もともと出版することなど考えていなかった原稿を偶々目にされた亀書房の亀井哲治郎，英子ご夫妻によって強く勧められなかったら，本書が世に出ることはなかったでしょう．ご夫妻の，出すべきものを出す，という出版人としての強い信念に敬意を表したいと思います．

2016年 秋

　　　　　　　　　　　　　　　　　　　　　　　　　　　　　　　松谷吉員

全体の構成

第 I 巻
  第 1 章　集合，写像，および論理
  第 2 章　方程式と不等式
  第 3 章　指数関数，対数関数，三角関数，および初等幾何
  第 4 章　方程式，不等式の応用

第 II 巻
  第 1 章　平面図形
  第 2 章　空間図形
  第 3 章　行列，および一次変換
  第 4 章　複素数

第 III 巻
  第 1 章　数列
  第 2 章　多項式の微分，積分
  第 3 章　不等式の証明
  第 4 章　数，とくに整数，および整式
  第 5 章　確率

第 IV 巻
  第 1, 2 章　極限
  第 3, 4 章　微分法
  第 5, 6, 7 章　積分法
  第 8 章　微分方程式

目　次

はじめに ... i

第1章　平面図形　1
- 第1節　平面ベクトル ... 1
- 第2節　平面座標 ... 20
- 第3節　第1章の問題 ... 46

第2章　空間図形　53
- 第1節　立体図形 ... 53
- 第2節　空間ベクトル ... 60
- 第3節　空間座標 ... 67
- 第4節　第2章の問題 ... 86

第3章　行列，および一次変換　94
- 第1節　行列 ... 94
- 第2節　一次変換 ... 104
- 第3節　第3章の問題 ... 126

第4章　複素数　136
- 第1節　複素数 ... 136
- 第2節　複素平面 ... 140
- 第3節　第4章の問題 ... 156

第5章　問題の解答　159
- 第1章の答 ... 159
- 第2章の答 ... 216
- 第3章の答 ... 264
- 第4章の答 ... 315

第1章　平面図形

　平面座標に関する議論の一部はすでに第 I 巻で利用しています．その点では順序がやや逆になりますが，ここで，平面ベクトルから平面座標へと再展開することにします．

　図形の問題を議論する場合 (平面でも空間でも)，主として 3 種類の道具を用いることができます．それらは，(i) 初等幾何的な方法，(ii) 座標計算による方法，(iii) ベクトルによる方法で，おのおの一長一短があります．(i) は問題の本質を射ている場合が多いですが，それだけ直感が試されます．いかなる図形も座標系の中に埋め込んでいろいろな量を計算することは原理的には可能ですが，その計算自体が大変困難になることもあり，したがって (ii) も万能ではありません．また，ベクトルを用いてすべての図形が簡単な形で表現できるわけではありません．どの手法で考えるか，という判断が問われる分野でもあります．

第1節　平面ベクトル

1–1　平面ベクトル

(a)　高校の教科書では，一般に大きさと向きで定められる量としてベクトルを勉強します．ここでは少し異なる見方からベクトルを考えましょう．

　一般に集合 U の任意の要素 $x, y, z, \cdots$ に次の 3 条件をみたすある関係 $\sim$ が存在するとき，その関係 $\sim$ を同値関係といいます．

　　　(i) $x \sim x$,　　(ii) $x \sim y$ ならば $y \sim x$,　　(iii) $x \sim y$ かつ $y \sim z$ ならば $x \sim z$.

(i),(ii),(iii) はおのおの反射律，対称律，推移律と呼ばれます．

　たとえば U を整数全体 $\mathbb{Z}$ とし，任意の $x, y \in \mathbb{Z}$ に対して次の条件

$$x \sim y \Leftrightarrow x \text{ と } y \text{ を } 3 \text{ で割った余りが等しい}$$

によって関係 $\sim$ を定めると，これが上の (i),(ii),(iii) をみたすことはすぐ分ります．この関係 $\sim$ によって，集合 $\mathbb{Z}$ を互いに素な 3 つの部分集合に分割することができます．おのおのの集合は

$$A_0 = \{\cdots, -6, -3, 0, 3, 6, \cdots\} \quad (3 \text{ でわったときの余りが } 0 \text{ の整数全体}),$$
$$A_1 = \{\cdots, -5, -2, 1, 4, 7, \cdots\} \quad (3 \text{ でわったときの余りが } 1 \text{ の整数全体}),$$

$$A_2 = \{\cdots, -4, -1, 2, 5, 8, \cdots\} \quad (3でわったときの余りが2の整数全体)$$

となります．

　このように，同値関係によって集合をいくつかの部分集合に分けることを同値類別といい，それぞれの部分集合を同値類といいます．大雑把に言うと，集合を，ある規則 ($\sim$) のもとで似たもの同士を寄せ集めていくつかの部分に分けること，と考えてよいでしょう．上の例の A_0，A_1，A_2 は，とくに3を法とする剰余類と呼ばれます．

(b)　さて，平面上のすべての矢印の集合を考えましょう．この集合を U とし，U の要素を $\vec{x}$, $\vec{y}$, $\cdots$ で表わすことにします．U において，関係 $\sim$ を次の条件

$$\vec{x} \sim \vec{y} \Leftrightarrow \vec{x} と \vec{y} は適当な平行移動によって重なり合う$$

によって定めると，$\sim$ が U における同値関係であることは明らかでしょう．平行移動によって2つの矢印が重なり合うことは矢印の向きと長さが等しいことと同じです．したがって，この同値関係 $\sim$ によって U を同値類別したときの同値類は，長さと向きが同じ矢印の集合になります．この同値類をベクトルと呼び，$\{\vec{a}\}$，$\{\vec{b}\}$，$\cdots$ で表わすことにしましょう．このように，ベクトルは矢印の始点に全く依存しない概念です．"ある方向へのある長さだけの移動"ととらえておく方が考えやすいかもしれません．そう考えると右図の2つの矢印 $\overrightarrow{AB}$, $\overrightarrow{CD}$ は (始点を考えない相対的移動ととらえれば) 同じものであるとみなす

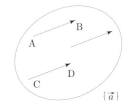

ことができます．したがって，誤解の恐れがなければ同値類 $\{\vec{a}\}$ を単に $\vec{a}$ と表わしても差し支えはないことになります．とくに始点を指定したい場合に $\overrightarrow{AB}$ や $\overrightarrow{CD}$ で表わせばよいわけです．

(c)　さて，(b) のそれぞれの同値類からある特定の点 O を始点とする矢印を選んだとき (このことを一般に"同値類から代表元を選ぶ"といいます)，それぞれの矢印を点 O を始点とする位置ベクトルといいます．位置ベクトルももちろんベクトルであって特別なものではありません．ある点 P の位置について何らかの情報を得たい場合，我々は普通ある定点からみて P がどこにあるかを記述しよう

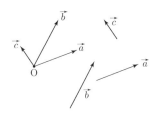

とします．自分の足場を固めておかないと他の点の位置について言及すべくもないでしょう．こういった場合は，適当に1つの定点をとってそれを始点とする位置ベクトルを用いていろいろな条件を表わすことからまず始める，というのは当り前のことであるともいえます．

1–2　平面ベクトルの計算

(a)　ベクトルの世界

　ベクトルの世界にも他の数学的対象 (数や式や行列など) と同様にいくつかの演算 (実数倍，和，差) が定義できます．

前に述べたように，ベクトルはある方向へある長さだけ移動すること (始点に依存しないからその意味で相対的移動) とみなせます．このことを念頭におくと，次のように定めることは不自然ではないでしょう．

（ⅰ）実数 $c(\neq 0)$ とベクトル $\vec{a}$ に対して，ベクトル $c\vec{a}$ は

$c>0$ なら $\vec{a}$ と同じ向きで長さを c 倍したもの，

$c<0$ なら $\vec{a}$ と逆の向きで長さを $|c|=-c$ 倍したもの

と定めます．なおベクトル $\vec{a}$ の長さを $\vec{a}$ の絶対値といって $|\vec{a}|$ で表わします．

（ⅱ）長さ 0 のベクトル (始点＝終点のベクトル) を便宜的に考えましょう．これを零ベクトルといって $\vec{0}$ で表わすことにします．このとき ((ⅰ) の $c=0$ の場合に対応しますが)

$$0 \cdot \vec{a} = \vec{0}$$

と約束します．

（ⅲ）2 つのベクトル $\vec{a}, \vec{b}$ の和 $\vec{a}+\vec{b}$ は，$\vec{a}, \vec{b}$ に対応する矢印を 2 辺とする平行四辺形の対角線で表わされるベクトルとします．

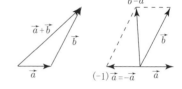

こう定義すると，$\vec{b}-\vec{a}$ を $\vec{b}+(-1)\vec{a}$ によって自然に定めることができます．

以上についてさらに以下が成り立ちます．各自確かめてみてください (k, ℓ は実数)．

$\vec{a}+\vec{b}=\vec{b}+\vec{a}$,
$(\vec{a}+\vec{b})+\vec{c}=\vec{a}+(\vec{b}+\vec{c})$,
$\vec{a}-\vec{a}=\vec{0}$, $\vec{a}+\vec{0}=\vec{a}$,
$k(\ell\vec{a})=(k\ell)\vec{a}$ (よってこれを単に $k\ell\vec{a}$ と表わすことができます),
$(k+\ell)\vec{a}=k\vec{a}+\ell\vec{a}$, $k(\vec{a}+\vec{b})=k\vec{a}+k\vec{b}$.

(b) 2 つのベクトル $\vec{a}, \vec{b}$ が

$$\vec{a} \neq \vec{0}, \ \vec{b} \neq \vec{0}, \ \vec{a} \not\parallel \vec{b} \tag{1-1}$$

をみたすとき，$\vec{a}$ と $\vec{b}$ は一次独立 (または線形独立) であるといい，一次独立でないときは一次従属であるといいます．

次の 2 つは重要かつ基本的です．$\vec{a}, \vec{b}$ が一次独立のとき

$$\left.\begin{array}{l}\text{（ⅰ）}\ \alpha\vec{a}+\beta\vec{b}=\vec{0} \text{ ならば } \alpha=\beta=0 \text{ である} \\ \text{（ⅱ）}\ 任意のベクトル \vec{x} は，適当な実数 \alpha, \beta を用いて \\ \qquad \vec{x}=\alpha\vec{a}+\beta\vec{b} \\ \qquad と表わされ，この表わし方は 1 通りである (つまり \\ \qquad \alpha, \beta の組はただ 1 つに決まる)\end{array}\right\} \tag{1-2}$$

（ⅰ）は $\vec{a}, \vec{b}$ が一次独立であることの定義としても構いません．

（ⅰ），（ⅱ）について簡単に説明しておきましょう．

(1-1) を前提とします．まず (i) において $\alpha \neq 0$ とすると，$\vec{a} = -\frac{\beta}{\alpha}\vec{b}$ となり，これは $\vec{a} \parallel \vec{b}$ を意味し (1-1) に反するから $\alpha = 0$ です．同様に $\beta = 0$ も成り立ちます．

次に，$\vec{x}$ が与えられたとき，$\vec{x}$ を対角線とし $\vec{a}, \vec{b}$ に平行な辺をもつ平行四辺形をつくり，2辺を OA, OB とすると，$\vec{OA}, \vec{OB}$ はおのおの $\vec{a}, \vec{b}$ の実数倍で表わされますから，$\vec{OA} = \alpha\vec{a}, \vec{OB} = \beta\vec{b}$ とおくと

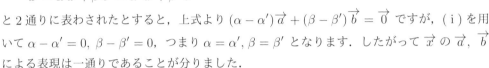

$$\vec{x} = \vec{OA} + \vec{OB} = \alpha\vec{a} + \beta\vec{b}$$

となります．

また，$\vec{x}$ が
$$\vec{x} = \alpha\vec{a} + \beta\vec{b} = \alpha'\vec{a} + \beta'\vec{b}$$
と2通りに表わされたとすると，上式より $(\alpha - \alpha')\vec{a} + (\beta - \beta')\vec{b} = \vec{0}$ ですが，(i) を用いて $\alpha - \alpha' = 0, \beta - \beta' = 0$，つまり $\alpha = \alpha', \beta = \beta'$ となります．したがって $\vec{x}$ の $\vec{a}, \vec{b}$ による表現は一通りであることが分りました．

(1-1) から分るように，$\vec{a}, \vec{b}$ が一次独立であることは，$\vec{a}, \vec{b}$ を 2 辺にもつ三角形が存在することと同じです．したがって三角形に関する多くの問題では，2 辺を一次独立なベクトルの組としてとらえ，それを基本的な道具として考察することがしばしばその解決策の第 1 歩となります．

(**c**)　平面上の 1 つの点をとりそれを O とします (O は原点と呼ばれます)．さらに一次独立なベクトルの組 $\vec{e}, \vec{f}$ をとると，先に述べたように，任意の点 X に対して $\vec{OX} = x\vec{e} + y\vec{f}$ をみたす実数の組 (x, y) がただ 1 つ定められ，逆に (x, y) を与えると，$\vec{OX} = x\vec{e} + y\vec{f}$ でただ 1 つの点 X が定められます．つまり点 X と実数の組 (x, y) との間に 1 対 1 の対応ができます．したがって点 X は実数の組 (x, y) で表わされることになり，この組を O, $\vec{e}, \vec{f}$ で定められる座標系のもとでの点 X の座標といいます．

与えられた X に対して，$\vec{e}, \vec{f}$ とは別の一次独立なベクトル $\vec{a}, \vec{b}$ をとって $\vec{x} = u\vec{a} + v\vec{b}$ と表わせば，もちろん (x, y) と (u, v) は異なる組になります．したがって，点の座標は一次独立なベクトルの取り方ごとに決まるものであることが分るでしょう．

ここで，$\vec{e} = \vec{OE}, \vec{f} = \vec{OF}, \vec{a} = \vec{OA}, \vec{b} = \vec{OB}$ とおくと $\vec{e} = 1 \cdot \vec{e} + 0 \cdot \vec{f}$ だから E$(1, 0)$ です．同様に F$(0, 1)$ ですが，A, B の座標も同様に $(1, 0), (0, 1)$ であることが導かれ，不思議に思うかも知れません．しかし E, F と A, B では座標系が異なることに注意してください．

O を通る直線で $\vec{e}, \vec{f}; \vec{a}, \vec{b}$ に平行な直線を座標軸といいます．ここで，おのおのを x, y, u, v 軸と呼ぶことにすると，xy 座標系のもとでは E$(1, 0)$, F$(0, 1)$ であり，uv 座標系では A$(1, 0)$, B$(0, 1)$ であるわ

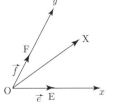
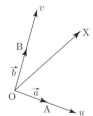

けです．高校までに勉強してきた座標系は，実は $\vec{e} \perp \vec{f}$，$|\vec{e}| = |\vec{f}|$ をみたす $\vec{e}$, $\vec{f}$ で定められるものであることを暗黙の前提にしていたことがこれで分るでしょう．

このときの座標系を直交座標 (またはデカルト座標：哲学者デカルトに由来します) と呼ぶのに対して，前ページの図のような場合は斜交座標と呼ばれます．

座標は，もっと一般には点を指定するための (平面なら 2 つの，空間なら 3 つの) 実数の組と考えてよいでしょう．実際，上のような座標の決めかたの他に (平面，空間における) 極座標や空間における円筒座標，平面における曲線座標などいろいろあります．このうち高校では平面における極座標を勉強します．

(**d**) 以下ではとくに断らない限り座標系は直交座標系とします．また，座標は行ベクトル (横ベクトル) で，ベクトルを成分表示する場合は列ベクトル (縦ベクトル) で表わすことにします．

平面上に xy 座標系が定められているとします．この平面上の任意の点 X の座標を (x, y) とすると，ベクトル $\overrightarrow{OX}$ と実数の組 (x, y) も 1 対 1 に対応します．このとき，$\overrightarrow{OX} = \vec{x}$ と (x, y) を同一視することができ，$\vec{x} = \begin{pmatrix} x \\ y \end{pmatrix}$ と表わし，x, y をベクトル $\vec{x}$ の成分 (おのおのを x 成分，y 成分) といいます．この座標系を定めるベクトルを $\vec{e}$, $\vec{f}$ として，$\vec{x} = x\vec{e} + y\vec{f}$，$\vec{u} = u\vec{e} + v\vec{f}$ とおくと

$$\vec{x} + \vec{u} = (x+u)\vec{e} + (y+v)\vec{f}$$

なので，$\vec{x} + \vec{u}$ の成分は $\begin{pmatrix} x+u \\ y+v \end{pmatrix}$ であることが分ります．このことから成分による演算

$$\begin{pmatrix} x \\ y \end{pmatrix} + \begin{pmatrix} u \\ v \end{pmatrix} = \begin{pmatrix} x+u \\ y+v \end{pmatrix}$$

が成り立つことが分り，

$$\begin{pmatrix} x \\ y \end{pmatrix} - \begin{pmatrix} u \\ v \end{pmatrix} = \begin{pmatrix} x-u \\ y-v \end{pmatrix}, \quad c\begin{pmatrix} x \\ y \end{pmatrix} = \begin{pmatrix} cx \\ cy \end{pmatrix}$$

も容易に確かめられます．

(**e**) $\vec{a} = \begin{pmatrix} a_1 \\ a_2 \end{pmatrix}$ のとき，$\vec{a}$ の絶対値 $|\vec{a}|$ は $|\vec{a}| = \sqrt{a_1^2 + a_2^2}$ で与えられます (右図)．

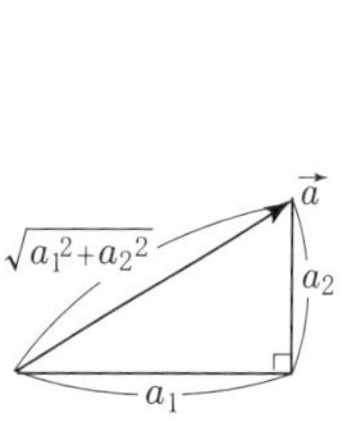

さて，2 つのベクトル $\vec{a}$, $\vec{b}$ に対してそのなす角を θ $(0 \leq \theta \leq \pi)$ とおくとき，$|\vec{a}||\vec{b}|\cos\theta$ で定められる値をベクトル $\vec{a}$, $\vec{b}$ の内積といって $(\vec{a}, \vec{b})$ で表わします ($\vec{a} \cdot \vec{b}$ で表わすこともありますが，本書では $(\ ,\ )$ を用います)．

適当な座標系のもとで $\vec{a} = \begin{pmatrix} a_1 \\ a_2 \end{pmatrix}$，$\vec{b} = \begin{pmatrix} b_1 \\ b_2 \end{pmatrix}$ と表わされるとしましょう．すると余弦

定理を用いて
$$|\vec{a}||\vec{b}|\cos\theta = |\vec{a}||\vec{b}|\frac{|\vec{a}|^2+|\vec{b}|^2-\mathrm{AB}^2}{2|\vec{a}||\vec{b}|}$$
$$(\mathrm{A, B\ は右図の通り})$$
$$= \frac{1}{2}\{(a_1^2+a_2^2)+(b_1^2+b_2^2)$$
$$\quad - [(a_1-b_1)^2+(a_2-b_2)^2]\}$$
$$= a_1b_1+a_2b_2$$

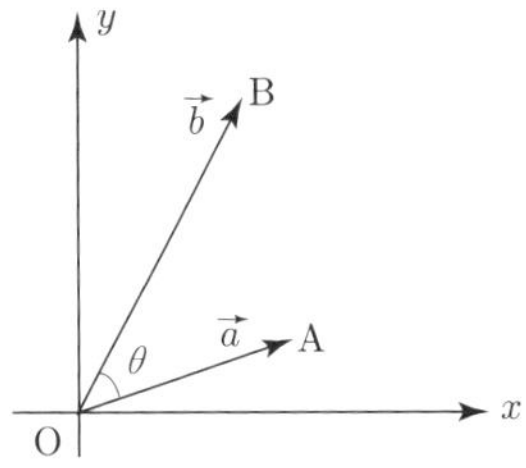

となります.したがって
$$(\vec{a},\vec{b}) = |\vec{a}||\vec{b}|\cos\theta = a_1b_1+a_2b_2 \tag{1-3}$$
が得られます.これを用いると次の 3 式の証明は容易です.

$$\left.\begin{array}{ll}(\mathrm{i}) & (\vec{a},\vec{b})=(\vec{b},\vec{a}) \\ (\mathrm{ii}) & (c\vec{a},\vec{b})=(\vec{a},c\vec{b})=c(\vec{a},\vec{b}) \quad (c\ は実数) \\ (\mathrm{iii}) & (\vec{a}+\vec{b},\vec{c})=(\vec{a},\vec{c})+(\vec{b},\vec{c})\end{array}\right\} \tag{1-4}$$

内積が数学において果たす役割はきわめて重要なのですが,高校数学の範囲でそれを説明するのは簡単ではありません.とりあえず 2 点だけ指摘しておきましょう.まず,(1-3) より
$$\cos\theta = \frac{(\vec{a},\vec{b})}{|\vec{a}||\vec{b}|} = \frac{a_1b_1+a_2b_2}{|\vec{a}||\vec{b}|}$$
ですから,内積によって角度に関する知見を得ることができます.

次に,$\vec{a},\vec{a}$ のなす角は 0 ですから,$(\vec{a},\vec{a})=|\vec{a}|^2$ となり,これより
$$|\vec{a}| = \sqrt{(\vec{a},\vec{a})}$$
となりますが,この式からベクトルの絶対値に関する情報を得る可能性が開けます.たとえば $|\vec{a}|, |\vec{b}|, (\vec{a},\vec{b})$ の値が分っている場合,$\alpha\vec{a}+\beta\vec{b}$ の長さは,(1-4) を用いて
$$|\alpha\vec{a}+\beta\vec{b}|^2 = (\alpha\vec{a}+\beta\vec{b}, \alpha\vec{a}+\beta\vec{b})$$
$$= (\alpha\vec{a}, \alpha\vec{a}+\beta\vec{b})+(\beta\vec{b}, \alpha\vec{a}+\beta\vec{b})$$
$$= (\alpha\vec{a},\alpha\vec{a})+(\alpha\vec{a},\beta\vec{b})+(\beta\vec{b},\alpha\vec{a})+(\beta\vec{b},\beta\vec{b})$$
$$= \alpha^2|\vec{a}|^2 + 2\alpha\beta(\vec{a},\vec{b})+\beta^2|\vec{b}|^2$$
の平方根をとることで計算できます.

上の $|\ |^2$ の計算を,普通の式の計算 $(\alpha a+\beta b)^2 = \alpha^2 a^2+2\alpha\beta ab+\beta^2 b^2$ と比べると,式の計算において,$a^2 \to |\vec{a}|^2$, $b^2 \to |\vec{b}|^2$, $ab \to (\vec{a},\vec{b})$ の置き換えをすれば $|\ |^2$ の展開が得られることが分ります.このことを念頭におくといろいろなベクトルの計算がスムーズに実行できます.

(f) $\vec{a},\vec{b}$ は $\vec{0}$ でないとします.おのおのの成分表示を $\begin{pmatrix}a_1\\a_2\end{pmatrix}, \begin{pmatrix}b_1\\b_2\end{pmatrix}$ としましょう.

$\vec{a} \perp \vec{b}$ は $\vec{a}$ と $\vec{b}$ のなす角が $\frac{\pi}{2}$ であること,つまり,なす角を θ とすると $\cos\theta = 0$ であることと同値です.したがって,$(\vec{a}, \vec{b}) = 0$ と同じことになりますから

$$\vec{a} \perp \vec{b} \Leftrightarrow (\vec{a}, \vec{b}) = a_1 b_1 + a_2 b_2 = 0 \tag{1-5}$$

が成り立ちます.

次に $\vec{a} \mathbin{/\!/} \vec{b}$ が成り立つ条件を求めてみましょう.$\vec{a} \mathbin{/\!/} \vec{b}$ は $\theta = 0$ または π,つまり $\cos\theta = 1$ または -1 と同値で,これはさらに $\cos^2\theta = 1$ と同値です.

$$1 - \cos^2\theta = 1 - \frac{(a_1 b_1 + a_2 b_2)^2}{|\vec{a}|^2 |\vec{b}|^2}$$
$$= \frac{(a_1^2 + a_2^2)(b_1^2 + b_2^2) - (a_1 b_1 + a_2 b_2)^2}{|\vec{a}|^2 |\vec{b}|^2} = \frac{(a_1 b_2 - a_2 b_1)^2}{|\vec{a}|^2 |\vec{b}|^2}$$

ですから,次が成り立つことが分ります.

$$\vec{a} \mathbin{/\!/} \vec{b} \Leftrightarrow a_1 b_2 - a_2 b_1 = 0 \tag{1-6}$$

もちろん,$\vec{a} \mathbin{/\!/} \vec{b}$ は $\vec{b} = c\vec{a}$ をみたす $c\,(\neq 0)$ が存在すること,ととらえて (1-6) を導くこともできます.

(1-5), (1-6) は頻繁に応用される公式です.$a_1 \neq 0$, $b_1 \neq 0$ のとき $\vec{a}, \vec{b}$ に平行な直線の傾きはそれぞれ $\frac{b_1}{a_1}\,(= m_1)$, $\frac{b_2}{a_2}\,(= m_2)$ です.2直線が垂直な条件 $m_1 m_2 = -1$ と平行な条件 $m_1 = m_2$ が上の2式であることはすぐ分るでしょう.(1-5), (1-6) は,2直線が座標軸に平行な場合にも成り立つという意味で $m_1 m_2 = -1$, $m_1 = m_2$ の拡張になっています.

さて,もし $\vec{b} = \vec{0}$ つまり $b_1 = b_2 = 0$ だとしても (1-5), (1-6) は成り立ちます.したがって,$\vec{0}$ はすべてのベクトルと垂直であるともいえるし,すべてのベクトルと平行であるともいえることになりますが,もともと $\vec{0}$ は長さをもたないので平行とか垂直とかいってもあまり意味がありません.$\vec{0}$ の場合を特別扱いする必要がなければどちらかに解釈しておけばいいですが,$\vec{b} \neq \vec{0}$ と $\vec{b} = \vec{0}$ の場合で議論が本質的に異なってくる場合は,きちんと場合を分けて考えなければなりません.

> **練習1** 四辺形 OABC において $\mathrm{OB} \perp \mathrm{AC}$ であるための必要十分条件は $\mathrm{OA}^2 + \mathrm{BC}^2 = \mathrm{OC}^2 + \mathrm{AB}^2$ であることを示せ.

[解]　$\mathrm{OA}^2 + \mathrm{BC}^2 = \mathrm{OC}^2 + \mathrm{AB}^2$
　　　$\Leftrightarrow |\overrightarrow{OA}|^2 + |\overrightarrow{BC}|^2 = |\overrightarrow{OC}|^2 + |\overrightarrow{AB}|^2$
　　　$\Leftrightarrow |\overrightarrow{OA}|^2 + |\overrightarrow{OC} - \overrightarrow{OB}|^2 = |\overrightarrow{OC}|^2 + |\overrightarrow{OB} - \overrightarrow{OA}|^2$
　　　$\Leftrightarrow |\overrightarrow{OA}|^2 + |\overrightarrow{OC}|^2 - 2(\overrightarrow{OC}, \overrightarrow{OB}) + |\overrightarrow{OB}|^2 = |\overrightarrow{OC}|^2 + |\overrightarrow{OB}|^2 - 2(\overrightarrow{OB}, \overrightarrow{OA}) + |\overrightarrow{OA}|^2$
　　　$\Leftrightarrow (\overrightarrow{OB}, \overrightarrow{OC}) - (\overrightarrow{OB}, \overrightarrow{OA}) = 0$
　　　$\Leftrightarrow (\overrightarrow{OB}, \overrightarrow{OC} - \overrightarrow{OA}) = 0$

1–3 ベクトルによるいろいろな図形の表現

(a) 直線，内分点，外分点

原点を O とする平面上の直線 AB 上の任意の点 X に対して，ベクトル $\overrightarrow{OX}$ がどのように表わされるかを考えましょう．

$\overrightarrow{OX} = \overrightarrow{OA} + \overrightarrow{AX}$ で，さらに $\overrightarrow{AX} = t\overrightarrow{AB}$ (t は実数)と表わされるので

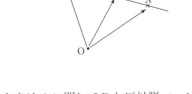

$$\overrightarrow{OX} = \overrightarrow{OA} + t\overrightarrow{AB} \qquad (1\text{-}7)$$

と書くことができます．$t = 0, 1$ のとき X = A, B であり，X の位置は $0 < t < 1$ のときは線分 AB 上，$t < 0$ のときは A に関して B と反対側，$t > 1$ のときは B に関して A と反対側にあることは明らかでしょう．(1-7) はさらに $\overrightarrow{AB} = \overrightarrow{OB} - \overrightarrow{OA}$ によって次のように変形されます．

$$\overrightarrow{OX} = (1 - t)\overrightarrow{OA} + t\overrightarrow{OB} \qquad (1\text{-}8)$$

さて，t が全実数をとって変化すると X は直線 AB 上をくまなく動きます．したがって (1-7), (1-8) はパラメータ t による直線 AB の表現に他なりません．これを直線のベクトル表示といいます．

次に，t が $0 < t < 1$ をみたすある実数だとします．$\overrightarrow{AX} = t\overrightarrow{AB}$ より $|\overrightarrow{AX}| = t|\overrightarrow{AB}|$，したがって AX : AB = t : 1 となり，さらにこれから AX : BX = t : $(1 - t)$ となります．これは，X が線分 AB を $t : (1 - t)$ に内分する点であることを意味しています．

$t > 1$ としてみましょう．AX : AB = t : 1 より AX : BX = $t : (t - 1)$ となりますから，X は線分 AB を $t : (t - 1)$ に外分する点になります．

$t < 0$ とします．今度は AX : AB = $|t|$: 1 = $(-t)$: 1 より AX : BX = $(-t) : (1 - t)$ が成り立つので，X は線分 AB を $(-t) : (1 - t)$ に外分する点です．

以上により $0 < t < 1$ なら X は AB を $t : (1 - t)$ に内分する点，$t < 0$ または $t > 1$ のときは，X は AB を $|t| : |1 - t|$ に外分する点であることが分りました．

これは線分 AB を $m : n$ に内分または外分する点 X に対して与えられる通常の公式

$$\overrightarrow{OX} = \frac{n\overrightarrow{OA} + m\overrightarrow{OB}}{m + n} \quad (\text{内分}), \qquad \overrightarrow{OX} = \frac{-n\overrightarrow{OA} + m\overrightarrow{OB}}{m - n} \quad (\text{外分}) \qquad (1\text{-}9)$$

と見かけが異なりますが，第 1 式で $\frac{m}{m + n} = t$ とおけば $0 < t < 1$ のときの表式 $\overrightarrow{OX} = (1 - t)\overrightarrow{OA} + t\overrightarrow{OB}$ になりますし，第 2 式で $\frac{m}{m - n} = t$ とおけばやはり同じ式が得られます．

以上から分るように (1-7), (1-8) が直線上の点の基本的な表現です．

なお，X が AB 上にあれば (1-7), (1-8) で表わされますが，逆に (1-7), (1-8) で表わされる

X が AB 上にあることも明白です．したがって $s = 1 - t$ とおくことで次が成立することが分ります．ただし，O は直線 AB 上の点ではないものとします．

$$\overrightarrow{OX} = s\overrightarrow{OA} + t\overrightarrow{OB} \text{ で表わされる点 X が AB 上にある} \Leftrightarrow s + t = 1 \tag{1-10}$$

(b) 三角形，平行四辺形

平面上に $\triangle ABC$ と $\overrightarrow{AX} = s\overrightarrow{AB} + t\overrightarrow{AC}$ で表わされる点 X があるとき，次が成り立ちます．

$$\left.\begin{array}{l}
(\text{i}) \quad \text{点 X が三角形 ABC の周または内部の点である} \\
\qquad \Leftrightarrow s \geq 0,\ t \geq 0,\ s + t \leq 1 \\
(\text{ii}) \quad \text{点 X が三角形 ABC の内部の点である} \\
\qquad \Leftrightarrow s > 0,\ t > 0,\ s + t < 1
\end{array}\right\} \tag{1-11}$$

(i) において，$s = 0$ なら $0 \leq t \leq 1$ なので X は辺 AC 上を動き，同様に $t = 0$ なら X は辺 AB 上を動きます．また，$s + t = 1, s > 0, t > 0$ のときは (**a**) で述べた通り X は辺 BC 上を動きます．したがって (ii) を示せば (i) が成り立つことは明らかでしょう．(ii) の証明は後の練習 2 で行います．

始点を A と異なる別の定点 O にとると

$$\overrightarrow{OX} = \overrightarrow{OA} + \overrightarrow{AX} = \overrightarrow{OA} + s\overrightarrow{AB} + t\overrightarrow{AC} \tag{1-12}$$

が得られます．さらにこの式を書き直して

$$\overrightarrow{OX} = \overrightarrow{OA} + s(\overrightarrow{OB} - \overrightarrow{OA}) + t(\overrightarrow{OC} - \overrightarrow{OA}) = (1 - s - t)\overrightarrow{OA} + s\overrightarrow{OB} + t\overrightarrow{OC}$$

とし，$1 - s - t = \alpha, s = \beta, t = \gamma$ とおくと $\alpha + \beta + \gamma = 1$ で

$$s \geq 0,\ t \geq 0,\ s + t \leq 1 \Leftrightarrow \beta \geq 0,\ \gamma \geq 0,\ \alpha \geq 0$$

が成り立ちます．したがって $\overrightarrow{OX} = \alpha\overrightarrow{OA} + \beta\overrightarrow{OB} + \gamma\overrightarrow{OC}$ で表わされる点 X が三角形 ABC の周または内部にあるための必要十分条件は

$$\alpha \geq 0,\ \beta \geq 0,\ \gamma \geq 0,\ \alpha + \beta + \gamma = 1 \tag{1-13}$$

で与えられることが分ります．

平面上に平行四辺形 ABCD があるとき，平行四辺形 ABCD の周または内部の点 X は

$$\overrightarrow{OX} = \overrightarrow{OA} + s\overrightarrow{AB} + t\overrightarrow{AD} \quad \text{ただし } 0 \leq s \leq 1,\ 0 \leq t \leq 1 \tag{1-14}$$

で表わされます．$0 < s < 1, 0 < t < 1$ にすると X は平行四辺形 ABCD の内部の点を表わすことになります．これは比較的容易に説明できるでしょう．各自考えてみてください（$s\overrightarrow{AB} = \overrightarrow{AB'}$, $t\overrightarrow{AD} = \overrightarrow{AD'}$ とすると，$0 \leq s \leq 1, 0 \leq t \leq 1$ より B′, D′ はそれぞれ辺 AB, AD 上の点です．このことに注意しておきましょう）．

(c) 重心

$\triangle ABC$ において $\overrightarrow{OG} = \dfrac{1}{3}(\overrightarrow{OA} + \overrightarrow{OB} + \overrightarrow{OC})$ で定められる点 G を $\triangle ABC$ の重心といいます．

G が $\triangle ABC$ の重心であること，および次の (i), (ii), (iii) はすべて同値です．

(i) $\overrightarrow{GA} + \overrightarrow{GB} + \overrightarrow{GC} = \overrightarrow{0}$.

(ii) G は中線 (頂点と対辺の中点を結ぶ線分) を $2:1$ に内分する.

(iii) $\triangle \mathrm{GBC} = \triangle \mathrm{GCA} = \triangle \mathrm{GAB} = \dfrac{1}{3} \triangle \mathrm{ABC}$.

一般に n 個の点 $\mathrm{A}_1, \mathrm{A}_2, \cdots, \mathrm{A}_n$ (どのように分布していても構いません) に対して,$\overrightarrow{\mathrm{OG}} = \dfrac{1}{n} \sum_{i=1}^{n} \overrightarrow{\mathrm{OA}_i}$ で定められる点 G を $\mathrm{A}_1, \mathrm{A}_2, \cdots, \mathrm{A}_n$ の重心といいます.このとき (iv), (v) が成り立ちますが,これらが上の (i), (ii) の一般化であることは明らかでしょう.

(iv) $\sum_{i=1}^{n} \overrightarrow{\mathrm{GA}_i} = \vec{0}$.

(v) $\mathrm{A}_1, \mathrm{A}_2, \cdots, \mathrm{A}_n$ のうち A_k を除いた残りの $n-1$ 個の点の重心を G_k とおくと,G は線分 $\mathrm{A}_k \mathrm{G}_k$ を $(n-1):1$ に内分する $(k = 1, 2, \cdots, n)$.

各 A_i に重み w_i があるとき,$\overrightarrow{\mathrm{OG}} = \dfrac{1}{W} \sum_{i=1}^{n} w_i \overrightarrow{\mathrm{OA}_i}$ (ただし $W = \sum_{i=1}^{n} w_i$) で定められる点 G を荷重重心といいます.

$w_1 = w_2 = \cdots = w_n = w$ のとき,$\overrightarrow{\mathrm{OG}} = \dfrac{1}{n} \sum_{i=1}^{n} \overrightarrow{\mathrm{OA}_i}$ となって上の重心と一致します.したがってこの場合の重心をとくに等荷重重心と呼ぶことがあります.

重心は,2 個以上の質点や剛体の運動などを記述するとき大切な役割を果たしますが,詳細は大学で勉強します.

(iv), (v) はあとで証明しますが,その証明からも分るように,逆,つまり (iv) または (v) をみたす G は重心であることもいえることを注意しておきます.

(d) 角の 2 等分線

$\angle \mathrm{AOB}$ の 2 等分線上の任意の点 X は,t をパラメータとして
$$\overrightarrow{\mathrm{OX}} = t \left(\dfrac{\overrightarrow{\mathrm{OA}}}{|\overrightarrow{\mathrm{OA}}|} + \dfrac{\overrightarrow{\mathrm{OB}}}{|\overrightarrow{\mathrm{OB}}|} \right) \tag{1-15}$$
で表わされます.

図のように $\mathrm{OA}' = \mathrm{OB}'$ なる点 A', B' をとると平行四辺形 $\mathrm{OA}'\mathrm{C}'\mathrm{B}'$ はひし形ですから,その対角線は $\angle \mathrm{A}'\mathrm{OB}' = \angle \mathrm{AOB}$ の 2 等分線です.そこで,$\overrightarrow{\mathrm{OA}'}, \overrightarrow{\mathrm{OB}'}$ として,$\overrightarrow{\mathrm{OA}}, \overrightarrow{\mathrm{OB}}$ 方向の単位ベクトル $\dfrac{\overrightarrow{\mathrm{OA}}}{|\overrightarrow{\mathrm{OA}}|}, \dfrac{\overrightarrow{\mathrm{OB}}}{|\overrightarrow{\mathrm{OB}}|}$ をとれば,$\overrightarrow{\mathrm{OC}'} = \dfrac{\overrightarrow{\mathrm{OA}}}{|\overrightarrow{\mathrm{OA}}|} + \dfrac{\overrightarrow{\mathrm{OB}}}{|\overrightarrow{\mathrm{OB}}|}$ ですから (1-15) が得られます.

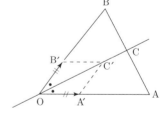

次のように考えることもできます.$\mathrm{OA} = a, \mathrm{OB} = b$ とおくと $\mathrm{AC} : \mathrm{BC} = \mathrm{OA} : \mathrm{OB} = a : b$ が成り立ちます (角の 2 等分線の性質でした).

したがって $\overrightarrow{\mathrm{OC}} = \dfrac{b \overrightarrow{\mathrm{OA}} + a \overrightarrow{\mathrm{OB}}}{a+b}$ ですが,$\dfrac{b}{a+b} : \dfrac{a}{a+b} = \dfrac{1}{a} : \dfrac{1}{b} = \dfrac{1}{\mathrm{OA}} : \dfrac{1}{\mathrm{OB}}$ に注意すれば,$\overrightarrow{\mathrm{OC}} \parallel \overrightarrow{\mathrm{OC}'}$ が成り立つことは明らかでしょう.これから (1-15) が導かれます.

(e) 正射影ベクトル

$\overrightarrow{\mathrm{OA}} = \vec{a}, \overrightarrow{\mathrm{OB}} = \vec{b}$ とします.A から OB に下した垂線の足を A' とおくとき,ベクトル

$\overrightarrow{\mathrm{OA'}}$ $(=\vec{p}$ とします) をベクトル $\vec{a}$ のベクトル $\vec{b}$ への正射影ベクトルといい

$$\vec{p} = \frac{(\vec{a}, \vec{b})}{|\vec{b}|^2} \vec{b} \qquad (1\text{-}16)$$

で表わされます.

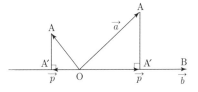

　これは, $\vec{p} = k\vec{b}$ とおいて, $\overrightarrow{\mathrm{A'A}} \perp \overrightarrow{\mathrm{OB}}$, つまり $0 = (\vec{b}, \overrightarrow{\mathrm{A'A}}) = (\vec{b}, \vec{a} - k\vec{b})$ から k を求めれば直ちに導けます.

(**f**) 円

　円は定点 (A とし, $\overrightarrow{\mathrm{OA}} = \vec{a}$ とおきます) から等距離 (この距離を $r > 0$ とおきます) にある点 (X とし, $\overrightarrow{\mathrm{OX}} = \vec{x}$ とおきます) の全体です. したがって A を中心とする半径 r の円は

$$|\vec{x} - \vec{a}| = r \qquad (1\text{-}17)$$

で与えられます.

(**g**)　(**a**)〜(**f**) までは (平面ベクトルを空間ベクトルに代えれば) すべて空間ベクトルの場合でも成り立ちます. ただし, (**f**) は円ではなく球の表式になります. おのおのの証明や考え方に平面ベクトルでなければいえないことは何も用いていないことから明らかでしょう.

　空間ベクトルの章であらたに取り扱うものは

　　　　　平面の表現, および平面への正射影ベクトル

のみです.

練習 2　(1)　(1-11)(ii) を示せ.
(2)　重心の性質 (iv), (v) を示せ. また, (iii) が成り立つことと G が重心であることが同値であることを示せ.

[**解**]　(1)　X を △ABC の内部の点とする.

　AX と辺 BC との交点を D とし, $\overrightarrow{\mathrm{AX}} = \alpha \overrightarrow{\mathrm{AD}}$ とおく. さらに, BD : CD $= (1-\beta) : \beta$ とおくと, $\overrightarrow{\mathrm{AD}} = \beta \overrightarrow{\mathrm{AB}} + (1-\beta) \overrightarrow{\mathrm{AC}}$ だから

$$\overrightarrow{\mathrm{AX}} = \alpha\beta \overrightarrow{\mathrm{AB}} + \alpha(1-\beta) \overrightarrow{\mathrm{AC}}$$

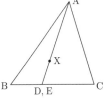

となる. ここで $\alpha\beta = s, \alpha(1-\beta) = t$ とおくと, X が △ABC の内部にあるから $0 < \alpha < 1, 0 < \beta < 1$ であり, よって $s > 0, t > 0, s + t = \alpha < 1$ が成り立つ. したがって $\overrightarrow{\mathrm{AX}} = s\overrightarrow{\mathrm{AB}} + t\overrightarrow{\mathrm{AC}}$ ($s > 0, t > 0, s + t < 1$) と表わされる.

　逆に X が $\overrightarrow{\mathrm{AX}} = s\overrightarrow{\mathrm{AB}} + t\overrightarrow{\mathrm{AC}}$ ($s > 0, t > 0, s + t < 1$) で表わされる点とすると

$$\overrightarrow{\mathrm{AX}} = (s+t) \frac{s\overrightarrow{\mathrm{AB}} + t\overrightarrow{\mathrm{AC}}}{s+t} = (s+t) \overrightarrow{\mathrm{AE}}$$

とおくことができる. ただし E は辺 BC を $t : s$ に内分する点で, もちろん辺 BC 上の点であ

る．また，X は線分 AE を $(s+t):(1-s-t)$ に内分する点である（$0<s+t<1$ による）から，X は △ABC の内部の点である．

以上により主張は成り立つ ∎

(2) (iv) について．
$$\overrightarrow{OG} = \frac{1}{n}\sum_{i=1}^{n} \overrightarrow{OA_i} \text{ より } \overrightarrow{OA_1} + \overrightarrow{OA_2} + \cdots + \overrightarrow{OA_n} - n\overrightarrow{OG} = \vec{0} \text{ となる．よって}$$
$$(\overrightarrow{OA_1} - \overrightarrow{OG}) + (\overrightarrow{OA_2} - \overrightarrow{OG}) + \cdots + (\overrightarrow{OA_n} - \overrightarrow{OG}) = \vec{0}, \text{ つまり } \sum_{i=1}^{n}\overrightarrow{GA_i} = \vec{0}$$

が成り立つ ∎

(v) について．
$$\overrightarrow{OG_1} = \frac{1}{n-1}(\overrightarrow{OA_2} + \overrightarrow{OA_3} + \cdots + \overrightarrow{OA_n}) \text{ に注意すると}$$
$$\overrightarrow{OG} = \frac{1}{n}(\overrightarrow{OA_1} + \overrightarrow{OA_2} + \cdots + \overrightarrow{OA_n})$$
$$= \frac{1}{n}\overrightarrow{OA_1} + \frac{n-1}{n}\cdot\frac{\overrightarrow{OA_2}+\cdots+\overrightarrow{OA_n}}{n-1} = \frac{\overrightarrow{OA_1} + (n-1)\overrightarrow{OG_1}}{n}$$

が得られる．これは G が線分 A_1G_1 を $(n-1):1$ に内分することを示している．

A_kG_k ($k=2,3,\cdots,n$) についても同様である ∎

(iii) について．

辺 BC, CA, AB の中点をそれぞれ D, E, F とする．G が重心なら AG : GD = BG : GE = CG : GF = 2:1 であるから $\triangle GBC = \triangle GCA = \triangle GAB = \frac{1}{3}\triangle ABC$ は明らかである．

逆に，△ABC に対して G は上式をみたす点とする．

G が △ABC の辺を含む直線上にあるなら △GBC, △GCA, △GAB のうち少なくとも 1 つは 0 になるので条件に反する．

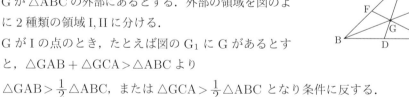

G が △ABC の外部にあるとする．外部の領域を図のように 2 種類の領域 I, II に分ける．

G が I の点のとき，たとえば図の G_1 に G があるとすると，△GAB + △GCA > △ABC より

$\triangle GAB > \frac{1}{2}\triangle ABC$, または $\triangle GCA > \frac{1}{2}\triangle ABC$ となり条件に反する．

G が II にあるとき，たとえば図の G_2 に G があるとすると
$$\triangle GBC > \triangle ABC > \frac{1}{3}\triangle ABC$$
となってやはり条件に反する．

したがって G は △ABC の内部の点である．

このとき AG, BG, CG と BC, CA, AB との交点をおのおの D, E, F とすると，△ABC : △GBC = 3 : 1 より AD : GD = 3 : 1，つまり AG : GD = 2 : 1 となり，BG : GE, CG : GF も同様である．

したがって G は重心に他ならない ∎

練習 3 (1) 平面上に三角形 ABC があり，AB = 5, BC = a とする．∠B の 2 等分線が辺 AC と交わる点を D，辺 BC を 5 : 2 に内分する点を E，BD と AE の交点を F，CF の延長と AB との交点を G とする．DE ∥ AB となるときの a の値，および △ABC = 2△ABF となるときの a の値を求めよ．

(2) 平面上に平行四辺形 OACB があり，この平面上の点 P に対して $\overrightarrow{OP} = s\overrightarrow{OA} + t\overrightarrow{OB}$ の形に表わす．s, t が $5s + 2t = 3$ をみたしながら変わるとき，P が描く直線と辺 OA, BC との交点をおのおの A′, B′ とする．P が平行四辺形 OACB の周上または内部にあって，かつ $5s + 2t \leq 3$ をみたして動くとき，P が動く領域の面積と平行四辺形 OACB の面積との比を求めよ．

また，線分 A′B′ 上に点 P があるとき，P を通り 2 辺 OA, OB に平行な直線をそれぞれ ℓ, m とする．ℓ, m, OA, OB で定められる平行四辺形の面積を S とする．P が線分 A′B′ 上を動くとき，S を最大とするような P に対して $\overrightarrow{OP}$ を $\overrightarrow{OA}$ と $\overrightarrow{OB}$ で表わせ．

(3) 平面上に AB = 2, BC = 5, ∠ABC = $\frac{\pi}{3}$ をみたす △ABC があり，辺 AB の中点を M，A から辺 BC に下した垂線の足を H とする．さらに直線 AH 上に $\overrightarrow{AD} = k\overrightarrow{AH}$ をみたす点 D をとる．ただし $k > 1$ とする．
BD ∥ AC となるときの k の値，および CD ⊥ MH となるときの k の値を求めよ．さらに後者の場合，CD と MH の交点 E に対して $\overrightarrow{AE}$ を $\overrightarrow{AB}, \overrightarrow{AC}$ を用いて表わせ．

(4) 平面上に線分 OA と動点 P がある．線分 OA の中点を B，線分 OP を 2 : 1 に内分する点を Q とし，さらに △OBQ の重心を G，AQ と BP の交点を R とおく．点 P が O を中心とする半径 3 の円周上を動くとき，G, R はいかなる図形を描くか．

(いずれも共通一次，またはセンター試験)

[解] (1) $\overrightarrow{CA} = \vec{a}, \overrightarrow{CB} = \vec{b}$ とおく．BD は ∠B の 2 等分線であるから
$$CD : DA = BC : BA = a : 5$$
である．よって $\overrightarrow{CD} = \frac{a}{a+5}\overrightarrow{CA} = \frac{a}{a+5}\vec{a}$ になる．

また，$\overrightarrow{CE} = \frac{2}{7}\overrightarrow{CB} = \frac{2}{7}\vec{b}$ なので
$$\overrightarrow{DE} = \overrightarrow{CE} - \overrightarrow{CD} = \frac{2}{7}\vec{b} - \frac{a}{a+5}\vec{a}$$

であり，これが $\overrightarrow{AB} = \vec{b} - \vec{a}$ と平行になる条件は
$$\vec{b} - \vec{a} = c\left(\frac{2}{7}\vec{b} - \frac{a}{a+5}\vec{a}\right)$$

をみたす c が存在することである．$\vec{a}, \vec{b}$ は一次独立なので，上式より
$$1 = \frac{2}{7}c, \quad -1 = -\frac{ca}{a+5}$$

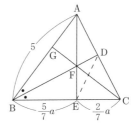

となり，したがって $a=2$ を得る ∎

次に，$\overrightarrow{\mathrm{CF}} = (1-s)\vec{a} + s\overrightarrow{\mathrm{CE}} = (1-t)\vec{b} + t\overrightarrow{\mathrm{CD}}$ とおくと
$$(1-s)\vec{a} + s\frac{2}{7}\vec{b} = (1-t)\vec{b} + \frac{ta}{a+5}\vec{a}$$
となる．よって $1-s = \dfrac{ta}{a+5}$, $\dfrac{2}{7}s = 1-t$ で，これを解いて $s = \dfrac{7}{a+7}$ $\left(t = \dfrac{a+5}{a+7}\right)$ が得られる．したがって
$$\overrightarrow{\mathrm{CF}} = \left(1 - \frac{7}{a+7}\right)\vec{a} + \frac{2}{7}\frac{7}{a+7}\vec{b} = \frac{a}{a+7}\vec{a} + \frac{2}{a+7}\vec{b}$$
となる．さらに，$\overrightarrow{\mathrm{CG}} = k\overrightarrow{\mathrm{CF}} = \dfrac{ka}{a+7}\vec{a} + \dfrac{2k}{a+7}\vec{b}$ とおくと，G が AB 上の点だから
$$\frac{ka}{a+7} + \frac{2k}{a+7} = 1, \text{ つまり } k = \frac{a+7}{a+2}$$
である．条件 $\triangle\mathrm{ABC} = 2\triangle\mathrm{ABF}$ は $\dfrac{\mathrm{CG}}{\mathrm{CF}} = 2$, つまり $k = 2$ と同じなので $\dfrac{a+7}{a+2} = 2$ となる．これを解いて $a = 3$ が得られる ∎

(2) $5s + 2t = 3$ より $\dfrac{5}{3}s + \dfrac{2}{3}t = 1$ である．

そこで $\dfrac{5}{3}s = s'$, $\dfrac{2}{3}t = t'$ とおくと
$$\overrightarrow{\mathrm{OP}} = s\overrightarrow{\mathrm{OA}} + t\overrightarrow{\mathrm{OB}} = \frac{5s}{3}\cdot\frac{3}{5}\overrightarrow{\mathrm{OA}} + \frac{2t}{3}\cdot\frac{3}{2}\overrightarrow{\mathrm{OB}}$$
$$= s'\frac{3}{5}\overrightarrow{\mathrm{OA}} + t'\frac{3}{2}\overrightarrow{\mathrm{OB}}$$

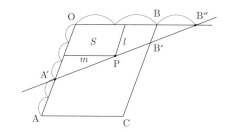

となる．$s' + t' = 1$ なので P は $\dfrac{3}{5}\overrightarrow{\mathrm{OA}}$ と $\dfrac{3}{2}\overrightarrow{\mathrm{OB}}$ で表わされる 2 点を通る直線上を動くが，前者は辺 OA 上の点だから A′ に他ならない．よって後者の点を B″ とおくと
$$\overrightarrow{\mathrm{OP}} = s'\overrightarrow{\mathrm{OA'}} + t'\overrightarrow{\mathrm{OB''}}, \quad s' + t' = 1$$
である．つまり P は直線 A′B″ を描く．さらに $5s + 2t \leqq 3$ は $s' + t' \leqq 1$ と同値で，このとき P の存在範囲は直線 A′B″ に関して O と同じ側の半平面である．

したがって P が動く領域は図の四辺形 OA′B′B の周と内部である．

ここで，$\triangle\mathrm{B''BB'} \backsim \triangle\mathrm{B''OA'}$ で相似比は 1:3 だから
$$\mathrm{BB'} = \frac{1}{3}\mathrm{OA'} = \frac{1}{3}\cdot\frac{3}{5}\mathrm{OA} = \frac{1}{5}\mathrm{OA} = \frac{1}{5}\mathrm{BC}$$
となる．四辺形 OACB と四辺形 OA′B′B を OA ∥ BC, OA′ ∥ BB′ の台形とみなせば面積は上底＋下底の比の等しい．したがって
$$\Box\mathrm{OA'B'B} : \Box\mathrm{OACB} = \left(\frac{3}{5} + \frac{1}{5}\right) : (1+1) = 2:5$$
を得る ∎

次に，四辺形 OACB の面積を S_0 とおく．P は A′B″ 上かつ四辺形 OACB の中にあるから $0 < s < 1, 0 < t < 1$, かつ $5s + 2t = 3$ なので $0 < t < 1$, $\dfrac{1}{5} < s < \dfrac{3}{5}$ である．

したがって $S = |st|S_0 = stS_0$ である．さて，$s = \dfrac{3-2t}{5}$ なので

$$st = \frac{3-2t}{5}t = -\frac{2}{5}\left(t^2 - \frac{3}{2}t\right) = -\frac{2}{5}\left(t - \frac{3}{4}\right)^2 + \frac{9}{40}$$

が得られ，S は $t = \frac{3}{4}, s = \frac{3}{10}$ のとき最小となり，このとき

$$\overrightarrow{OP} = \frac{3}{10}\overrightarrow{OA} + \frac{3}{4}\overrightarrow{OB}$$

である．∎

(3) $\overrightarrow{BA} = \vec{a}, \overrightarrow{BC} = \vec{c}$ とおく．

BH $= 1$ だから $\overrightarrow{BH} = \frac{1}{5}\vec{c}$ となる．よって

$$\overrightarrow{BD} = \overrightarrow{BA} + \overrightarrow{AD} = \overrightarrow{BA} + k\overrightarrow{AH}$$
$$= \overrightarrow{BA} + k(\overrightarrow{BH} - \overrightarrow{BA})$$
$$= (1-k)\vec{a} + \frac{k}{5}\vec{c}$$

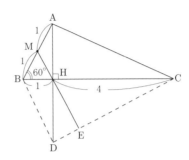

で，これが $\overrightarrow{AC} = \vec{c} - \vec{a}$ と平行だから $(1-k)\vec{a} +$
$\frac{k}{5}\vec{c} = \ell(\vec{c} - \vec{a})$ をみたす ℓ が存在する．$\vec{a}, \vec{c}$
は一次独立なので $1 - k = -\ell, \frac{k}{5} = \ell$ であり，これより $k = \frac{5}{4}$ を得る∎

次に，$\overrightarrow{MH} = \overrightarrow{BH} - \overrightarrow{BM} = \frac{1}{5}\vec{c} - \frac{1}{2}\vec{a}, \overrightarrow{CD} = \overrightarrow{BD} - \overrightarrow{BC} = (1-k)\vec{a} + \left(\frac{k}{5} - 1\right)\vec{c}$ なので，条件より

$$0 = (\overrightarrow{MH}, \overrightarrow{CD}) = \left(\frac{1}{5}\vec{c} - \frac{1}{2}\vec{a}, \left(\frac{k}{5} - 1\right)\vec{c} + (1-k)\vec{a}\right)$$
$$= \frac{k-5}{25}|\vec{c}|^2 + \frac{7-3k}{10}(\vec{a}, \vec{c}) - \frac{1-k}{2}|\vec{a}|^2$$
$$= \frac{k-5}{25} \cdot 5^2 + \frac{7-3k}{10} \cdot 2 \cdot 5 \cdot \cos\frac{\pi}{3} - \frac{1-k}{2} \cdot 2^2$$

となり，これを解いて $k = \frac{7}{3}$ が得られる∎

さらにこのとき，$\overrightarrow{BE} = (1-\alpha)\overrightarrow{BC} + \alpha\overrightarrow{BD} = (1-\beta)\overrightarrow{BM} + \beta\overrightarrow{BH}$ とおくと

$$\overrightarrow{BE} = (1-\alpha)\vec{c} + \alpha\left\{\left(1 - \frac{7}{3}\right)\vec{a} + \frac{1}{5}\frac{7}{3}\vec{c}\right\} = (1-\beta)\frac{1}{2}\vec{a} + \frac{\beta}{5}\vec{c}$$

となる．よって $1 - \alpha + \frac{7}{15}\alpha = \frac{\beta}{5}, -\frac{4}{3}\alpha = \frac{1-\beta}{2}$ となり，これより $\alpha = \frac{3}{4}, \beta = 3$ が得られるから $\overrightarrow{BE} = -\vec{a} + \frac{3}{5}\vec{c} = -\overrightarrow{BA} + \frac{3}{5}\overrightarrow{BC}$ である．

これを A を始点にして書き直すと $\overrightarrow{AE} - \overrightarrow{AB} = \overrightarrow{AB} + \frac{3}{5}(\overrightarrow{AC} - \overrightarrow{AB})$ となり，これをまとめて $\overrightarrow{AE} = \frac{7}{5}\overrightarrow{AB} + \frac{3}{5}\overrightarrow{AC}$ を得る∎

(4) まず

$$\overrightarrow{OG} = \frac{1}{3}(\overrightarrow{OB} + \overrightarrow{OQ})$$
$$= \frac{1}{3}\left(\frac{1}{2}\overrightarrow{OA} + \frac{2}{3}\overrightarrow{OP}\right) = \frac{1}{6}\overrightarrow{OA} + \frac{2}{9}\overrightarrow{OP}$$

である．条件は $|\overrightarrow{OP}| = 3$ であるから上式より

$$\left|\overrightarrow{\mathrm{OG}} - \frac{1}{6}\overrightarrow{\mathrm{OA}}\right| = \frac{2}{9}|\overrightarrow{\mathrm{OP}}| = \frac{2}{3}$$

が得られるが，これは，$\frac{1}{6}\overrightarrow{\mathrm{OA}}$ で表わされる点を A_1 とおくと，G が A_1 を中心とする半径 $\frac{2}{3}$ の円を描くことを示している∎

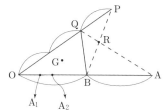

次に，$\overrightarrow{\mathrm{OR}} = (1-\alpha)\overrightarrow{\mathrm{OA}} + \alpha\frac{2}{3}\overrightarrow{\mathrm{OP}} = (1-\beta)\frac{1}{2}\overrightarrow{\mathrm{OA}} + \beta\overrightarrow{\mathrm{OP}}$ とおくと，P が OA 上にない場合は $\overrightarrow{\mathrm{OA}} \not\!/\!/ \overrightarrow{\mathrm{OP}}$ だから $1-\alpha = \frac{1-\beta}{2},\ \frac{2}{3}\alpha = \beta$ となり，これより $\alpha = \frac{3}{4},\ \beta = \frac{1}{2}$ となる．

よって $\overrightarrow{\mathrm{OR}} = \frac{1}{4}\overrightarrow{\mathrm{OA}} + \frac{1}{2}\overrightarrow{\mathrm{OP}}$ であり，これは，R が，$\frac{1}{4}\overrightarrow{\mathrm{OA}}$ で表わされる点 A_2 を中心とする半径 $\frac{1}{2}|\overrightarrow{\mathrm{OP}}| = \frac{3}{2}$ の円を描くことを示している．ただし，この円と OA との交点を除く∎

注意 (1) で，$\overrightarrow{\mathrm{DE}} = \frac{2}{7}\vec{b} - \frac{a}{a+5}\vec{a} \not\!/\!/ \overrightarrow{\mathrm{AB}} = \vec{b} - \vec{a}$ の条件は，直ちに $\frac{a}{a+5} = \frac{2}{7}$ である，としてもよいでしょう．

(2) で $S = |st|S_0$ を当り前のように用いましたが，詳しくいうと $\angle \mathrm{AOB} = \theta$ として次のようになります．

$$S = |s\overrightarrow{\mathrm{OA}}||t\overrightarrow{\mathrm{OB}}|\sin\theta = |st| \cdot \mathrm{OA} \cdot \mathrm{OB}\sin\theta = |st|S_0.$$

(3) では道具として $\overrightarrow{\mathrm{BA}}$ と $\overrightarrow{\mathrm{BC}}$ を用いましたが，もちろん，$\overrightarrow{\mathrm{CA}}$ と $\overrightarrow{\mathrm{CB}}$ や $\overrightarrow{\mathrm{AB}}$ と $\overrightarrow{\mathrm{AC}}$ で議論を一貫させても構いません．

(1) や (3) では，2 つのベクトルによってすべてのベクトルを表わすということが一貫した考え方として用いられています．これは実は座標計算とまったく同等の計算をしていることになっています．ただし直交座標ではなく，2 つのベクトルの方向を座標軸とする斜交座標における計算です．1–2 (c) における議論を念頭において (4) を例に考えてみましょう．ただし，P は定点とみなしておきます．

△OAP の $\overrightarrow{\mathrm{OA}},\ \overrightarrow{\mathrm{OP}}$ 方向をそれぞれ u, v 軸にとり，この座標平面の点 U の座標が

$$\overrightarrow{\mathrm{OU}} = u\overrightarrow{\mathrm{OA}} + v\overrightarrow{\mathrm{OP}}$$

と表わされたときの u, v を用いて (u, v) で定められる，というのが一般の座標の考え方でした（このときの $\overrightarrow{\mathrm{OA}},\ \overrightarrow{\mathrm{OP}}$ を基本ベクトルといいます）．

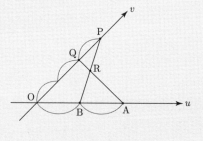

さて，B, Q をそれぞれ OA の中点，OP を 2:1 に内分する点とし，R を BP, AQ の交点とします．まず $\mathrm{A}(1, 0),\ \mathrm{P}(0, 1),\ \mathrm{B}\left(\frac{1}{2}, 0\right),\ \mathrm{Q}\left(0, \frac{2}{3}\right)$ などは明らかでしょう．

直線 AQ は $(1-\alpha)\overrightarrow{\mathrm{OA}} + \alpha\overrightarrow{\mathrm{OQ}} = (1-\alpha)\overrightarrow{\mathrm{OA}} + \frac{2\alpha}{3}\overrightarrow{\mathrm{OP}}$ と表わせますから，AQ 上の任意の点の座標 (u, v) は α をパラメータとして $u = 1-\alpha,\ v = \frac{2}{3}\alpha$ で表わされま

す．これから α を消去すると $3v = 2(1-u)$，つまり $2u+3v=2$ が得られますが，これが uv 座標系における直線 AQ の方程式です．まったく同様に直線 BP は $\beta\overrightarrow{OB}+(1-\beta)\overrightarrow{OP}=\frac{\beta}{2}\overrightarrow{OA}+(1-\beta)\overrightarrow{OP}$ で表わされますから，$u=\frac{\beta}{2}, v=1-\beta$ から β を消去して $2u=1-v$，つまり $2u+v=1$ が得られます．これと $2u+3v=2$ を解くと $R\left(\frac{1}{4},\frac{1}{2}\right)$ が得られ，したがって $\overrightarrow{OR}=\frac{1}{4}\overrightarrow{OA}+\frac{1}{2}\overrightarrow{OP}$ となって，(4) の結果が導かれます．

座標計算は，ベクトルによる計算を α,β からいったん u,v に戻っている計算になっているだけだということが分るでしょう．

この例の △OAP を直交座標の中に埋め込んで座標計算することは可能ですが，それよりも △OAP がすっぽり収まる uv 座標系で考える方がどう見ても自然です．

このようにベクトルは多くの問題において自然な道具を与えてくれる，という点でとても有用な方法といえるでしょう．高校の数学の中ではやや抽象度が高い概念ですが，十分習熟しておきたいものです．

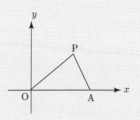

練習 4 (1) 平面上に動点 P と 1 辺の長さが 1 の正三角形 ABC がある．
$(\overrightarrow{AP},\overrightarrow{BP})+(\overrightarrow{BP},\overrightarrow{CP})+(\overrightarrow{CP},\overrightarrow{AP})=0$ が成り立つとき，P の描く図形を求めよ．

(2) 平面上に定三角形 ABC と定直線 ℓ がある．点 P が ℓ 上を動くとき
$$|\overrightarrow{AP}|^2+|\overrightarrow{BP}|^2+|\overrightarrow{CP}|^2$$
を最小とする点 P の位置を図示せよ． (京大)

[解] (1) 適当な点を始点とする A, B, $\cdots$ の位置ベクトルを $\vec{a},\vec{b},\cdots$ とすると，条件式は
$$\begin{aligned}
0 &= (\overrightarrow{AP},\overrightarrow{BP})+(\overrightarrow{BP},\overrightarrow{CP})+(\overrightarrow{CP},\overrightarrow{AP})\\
&= (\vec{p}-\vec{a},\vec{p}-\vec{b})+(\vec{p}-\vec{b},\vec{p}-\vec{c})+(\vec{p}-\vec{c},\vec{p}-\vec{a})\\
&= 3|\vec{p}|^2-2(\vec{a}+\vec{b}+\vec{c},\vec{p})+(\vec{a},\vec{b})+(\vec{b},\vec{c})+(\vec{c},\vec{a})\\
&= 3\left|\vec{p}-\frac{\vec{a}+\vec{b}+\vec{c}}{3}\right|^2-\frac{1}{3}|\vec{a}+\vec{b}+\vec{c}|^2\\
&\qquad\qquad +(\vec{a},\vec{b})+(\vec{b},\vec{c})+(\vec{c},\vec{a})\\
&= 3|\vec{p}-\vec{g}|^2-\frac{1}{3}\{|\vec{a}|^2+|\vec{b}|^2+|\vec{c}|^2-(\vec{a},\vec{b})-(\vec{b},\vec{c})-(\vec{c},\vec{a})\}
\end{aligned}$$
となる．ここで $\vec{g}$ は △ABC の重心 G の位置ベクトルである．

AB = BC = CA = 1 を用いると，上式よりさらに
$$|\vec{p}-\vec{g}|^2=|\overrightarrow{GP}|^2=\frac{1}{9}\{|\vec{a}-\vec{b}|^2+|\vec{b}-\vec{c}|^2+|\vec{c}-\vec{a}|^2\}\cdot\frac{1}{2}$$

$$= \frac{1}{9}(1+1+1)\cdot\frac{1}{2} = \frac{1}{6}$$

となり，結局 $|\overrightarrow{GP}| = \frac{1}{\sqrt{6}}$ が得られる．したがって，P は △ABC の重心を中心とする半径 $\frac{1}{\sqrt{6}}$ の円を描く ∎

(2) (1) と同様に $\vec{a}, \vec{b}, \vec{c}, \vec{p}, \vec{g}$ を定めると

$|\overrightarrow{AP}|^2 + |\overrightarrow{BP}|^2 + |\overrightarrow{CP}|^2$
$= |\vec{p} - \vec{a}|^2 + |\vec{p} - \vec{b}|^2 + |\vec{p} - \vec{c}|^2$
$= 3|\vec{p}|^2 - 2(\vec{a} + \vec{b} + \vec{c}, \vec{p}) + |\vec{a}|^2 + |\vec{b}|^2 + |\vec{c}|^2$
$= 3\left|\vec{p} - \frac{\vec{a} + \vec{b} + \vec{c}}{3}\right|^2 - \frac{1}{3}|\vec{a} + \vec{b} + \vec{c}|^2 + |\vec{a}|^2 + |\vec{b}|^2 + |\vec{c}|^2$
$= 3|\vec{p} - \vec{g}|^2 + \frac{2}{3}\{|\vec{a}|^2 + |\vec{b}|^2 + |\vec{c}|^2$
$\qquad - (\vec{a}, \vec{b}) - (\vec{b}, \vec{c}) - (\vec{c}, \vec{a})\}$
$= 3|\vec{p} - \vec{g}|^2 + \frac{1}{3}\{|\vec{a} - \vec{b}|^2 + |\vec{b} - \vec{c}|^2 + |\vec{c} - \vec{a}|^2\}$

となり，したがって問題の式は $|\vec{p} - \vec{g}| = |\overrightarrow{GP}|$ が最小のとき最小となるが，それは P が点 G から ℓ に下した垂線の足にきたときである ∎

> **注意** (1) で，位置ベクトルの始点は A(あるいは B, C) にとっても構いません．A にとると
> $$0 = 3|\vec{p} - \vec{g}|^2 - \frac{1}{3}\{|\vec{b}|^2 + |\vec{c}|^2 - (\vec{b}, \vec{c})\}$$
> となり，$|\vec{b}| = |\vec{c}| = 1, (\vec{b}, \vec{c}) = 1\cdot 1\cdot \cos\frac{\pi}{3} = \frac{1}{2}$ より結論が得られます．

> **練習 5** 平面上の三角形 ABC と正の数 a, b, c に対して，その平面上の点 P が
> $$a\overrightarrow{AP} + b\overrightarrow{BP} + c\overrightarrow{CP} = \vec{0}$$
> をみたしているという．△PBC, △PCA, △PAB の面積の比を a, b, c で表わせ．

[解] 適当な点を始点とする A, B, $\cdots$ の位置ベクトルを $\vec{a}, \vec{b}, \cdots$ とおく．条件より
$$\vec{0} = a\overrightarrow{AP} + b\overrightarrow{BP} + c\overrightarrow{CP} = a(\vec{p} - \vec{a}) + b(\vec{p} - \vec{b}) + c(\vec{p} - \vec{c})$$
$$= (a+b+c)\vec{p} - (a\vec{a} + b\vec{b} + c\vec{c})$$

である．よって $a+b+c \neq 0$ に注意すると

$$\vec{p} = \frac{a\vec{a} + b\vec{b} + c\vec{c}}{a+b+c} = \frac{a\vec{a} + (b+c)\cdot\frac{b\vec{b} + c\vec{c}}{b+c}}{a + (b+c)}$$

が得られる．ここで，辺 BC を $c : b$ に内分する点を D (位置ベクトルを $\vec{d}$ とする) とおくと

$$\vec{p} = \frac{a\vec{a} + (b+c)\vec{d}}{a+(b+c)}$$

であるが，これは P が線分 AD を $(b+c):a$ に内分する点であることを示している．よって P は $\triangle$ABC の内部の点である．AD : PD $= (a+b+c) : a$ だから $\triangle$PBC $= \dfrac{\text{PD}}{\text{AD}}\triangle$ABC $= \dfrac{a}{a+b+c}\triangle$ABC となる．さらに

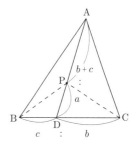

$$\triangle\text{PCA} = \frac{b+c}{a+b+c}\triangle\text{ACD} = \frac{b+c}{a+b+c}\frac{b}{b+c}\triangle\text{ABC}$$
$$= \frac{b}{a+b+c}\triangle\text{ABC}$$

で，$\triangle$PAB $= \dfrac{c}{a+b+c}\triangle$ABC も同様に導かれる．以上により次の結論

$$\triangle\text{PBC} : \triangle\text{PCA} : \triangle\text{PAB} = a : b : c$$

が得られる∎

注意 $\triangle$PCA の計算では，$\triangle\text{PCA} = \dfrac{\text{AP}}{\text{AD}}\triangle\text{ACD}, \triangle\text{ACD} = \dfrac{\text{CD}}{\text{CB}}\triangle\text{ABC}$ などを用いています．2 つの三角形の面積比は高さが共通なら底辺の長さの比，底辺が共通なら高さの比で与えられることに注意しましょう．$\vec{p}$ を

$$\vec{p} = \frac{b\vec{b} + (c+a)\cdot\dfrac{c\vec{c} + a\vec{a}}{c+a}}{b+(c+a)}$$
$$= \frac{c\vec{c} + (a+b)\cdot\dfrac{a\vec{a} + b\vec{b}}{a+b}}{c+(a+b)}$$

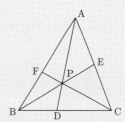

と変形すると，[解] の方法と同様にして

AE : EC $= c : a$, BP : PE $= (c+a) : b$,

AF : FB $= b : a$, CP : PF $= (a+b) : c$

であることが分り，これから $\triangle$PCA, $\triangle$PAB を求めることもできます．

次のようなやや特殊な考え方もできます．

A$'$, B$'$, C$'$ を

$$a\overrightarrow{\text{PA}} = \overrightarrow{\text{PA}'},\ b\overrightarrow{\text{PB}} = \overrightarrow{\text{PB}'},\ c\overrightarrow{\text{PC}} = \overrightarrow{\text{PC}'}$$

で定められる点とすると，条件は $\overrightarrow{\text{PA}'} + \overrightarrow{\text{PB}'} + \overrightarrow{\text{PC}'} = \vec{0}$ ですから，P は $\triangle$A$'$B$'$C$'$ の重心です．したがって $\triangle$PB$'$C$'$ = $\triangle$PC$'$A$'$ = $\triangle$PA$'$B$'$ が成り立ちますが

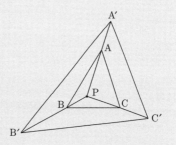

$$\triangle\text{PB}'\text{C}' = \tfrac{1}{2}|\overrightarrow{\text{PB}'}||\overrightarrow{\text{PC}'}|\sin(\angle\text{B}'\text{PC}')$$
$$= \tfrac{1}{2}b|\overrightarrow{\text{PB}}|\cdot c|\overrightarrow{\text{PC}}|\sin(\angle\text{B}'\text{PC}') = bc\triangle\text{PBC}$$

で，同様に $\triangle PC'A' = ca\triangle PCA$, $\triangle PA'B' = ab\triangle PAB$ が成り立ちます．

よって $bc\triangle PBC = ca\triangle PCA = ab\triangle PAB$, つまり $\dfrac{\triangle PBC}{a} = \dfrac{\triangle PCA}{b} = \dfrac{\triangle PAB}{c}$ となり結論を得ます．

第2節　平面座標

2–1　簡単な図形の座標による表現

(a) 座標についての一般的な議論は前節で述べた通りです．適当な直交座標のもとで，前節のいろいろな図形のベクトルによる表現から直ちに座標成分による表現が得られます．

たとえば，2点 $A(a_1, a_2)$ と $B(b_1, b_2)$ を通る直線上の任意の点を $X(x, y)$ とおくと，$\overrightarrow{OX}$ は $\overrightarrow{OX} = (1-t)\overrightarrow{OA} + t\overrightarrow{OB}$ で表わされましたから，成分を用いると

$$\begin{pmatrix} x \\ y \end{pmatrix} = (1-t)\begin{pmatrix} a_1 \\ a_2 \end{pmatrix} + t\begin{pmatrix} b_1 \\ b_2 \end{pmatrix}, \quad \text{つまり} \quad \begin{cases} x = a_1 + (b_1 - a_1)t \\ y = a_2 + (b_2 - a_2)t \end{cases}$$

で表わされます．この x, y の式がパラメータによる直線 AB の表現です．$b_1 - a_1 \neq 0$ なら2式から t を消去することでよく知られた公式

$$y - a_2 = \frac{b_2 - a_2}{b_1 - a_1}(x - a_1)$$

が得られます．文字を適当に置き換えると上式は $ax + by + c = 0$ の形に表わされることが分ります．

この直線と平行なベクトルを，この直線の方向ベクトルといって，たとえば $\begin{pmatrix} -b \\ a \end{pmatrix}$ はその1つです．

これに垂直なベクトルをこの直線の法線ベクトルといって，$\begin{pmatrix} a \\ b \end{pmatrix}$ はその1つです．

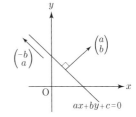

逆に，直線は，その直線が通る1つの点(位置ベクトルを $\vec{c}$ とする)と法線ベクトル($\vec{n}$ とする)が与えられれば決まります．つまり，その直線は $\overrightarrow{OX} - \vec{c} \perp \vec{n}$ をみたすような点 X の全体ですから，$(\overrightarrow{OX} - \vec{c}, \vec{n}) = 0$ をみたします．

$\overrightarrow{OX} = \begin{pmatrix} x \\ y \end{pmatrix}$, $\vec{c} = \begin{pmatrix} c_1 \\ c_2 \end{pmatrix}$, $\vec{n} = \begin{pmatrix} a \\ b \end{pmatrix}$ とおけば，上式は $a(x - c_1) + b(y - c_2) = 0$ となりますから，$-ac_1 - bc_2 = c$ とおけば $ax + by + c = 0$ が得られます．この場合，$\begin{pmatrix} a \\ b \end{pmatrix} \neq \vec{0}$ は常に前提とされます．

円のベクトルによる表現は $|\vec{x} - \vec{a}| = r$ でした．これより $\vec{x} = \begin{pmatrix} x \\ y \end{pmatrix}$, $\vec{a} = \begin{pmatrix} a \\ b \end{pmatrix}$ とおい

て円の方程式 $(x-a)^2 + (y-b)^2 = r^2$ が得られます.

この円周上の点 (x, y) は右図の角度 θ をパラメータとして

$$\begin{pmatrix} x \\ y \end{pmatrix} = \begin{pmatrix} a \\ b \end{pmatrix} + r \begin{pmatrix} \cos\theta \\ \sin\theta \end{pmatrix}$$

で表わされます.

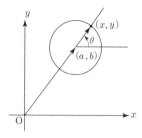

次の公式は応用上大切です.

点 (x_0, y_0) から直線 $ax + by + c = 0$ に下した垂線の長さ h は

$$h = \frac{|ax_0 + by_0 + c|}{\sqrt{a^2 + b^2}} \tag{1-18}$$

で与えられます. これはヘッセの公式と呼ばれます.

(**b**) (a, b) を中心とする半径 r の円と,(a, b) からの距離が h である直線との交点の様子は次のように変化します.

半径 r_1, r_2 の 2 つの円の中心間の距離が d であるとき,2 円の位置関係は次のようになります.

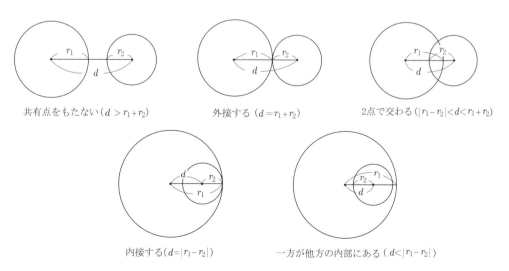

以上は,いずれも公式というほどのものではありませんがよく利用されます.

(c) さて，2 つの直線 $\ell_1 : a_1x + b_1y + c_1 = 0, \ell_2 : a_2x + b_2y + c_2 = 0$ が交点をもつときを考え，その交点を A とします．また，上の 2 方程式の左辺をおのおの $f_1(x, y), f_2(x, y)$ とおきましょう．

ℓ_1, ℓ_2 が交点を持つことは，両者が平行でないこと，つまり $\begin{pmatrix} a_1 \\ b_1 \end{pmatrix} \not\parallel \begin{pmatrix} a_2 \\ b_2 \end{pmatrix}$ が成り立つことであり，もちろん $\begin{pmatrix} a_1 \\ b_1 \end{pmatrix} \neq \vec{0}, \begin{pmatrix} a_2 \\ b_2 \end{pmatrix} \neq \vec{0}$ は前提ですから，$\begin{pmatrix} a_1 \\ b_1 \end{pmatrix}$ と $\begin{pmatrix} a_2 \\ b_2 \end{pmatrix}$ が一次独立であることを意味します．

ここで，$s^2 + t^2 \neq 0$ である実数 s, t を用いて表わされる次の方程式

$$s(a_1x + b_1y + c_1) + t(a_2x + b_2y + c_2) = 0 \tag{1-19}$$

を考えましょう．左辺を $f(x, y)$ とおくと $f(x, y) = sf_1(x, y) + tf_2(x, y)$ です．この式から

$$f(x, y) = (sa_1 + ta_2)x + (sb_1 + tb_2)y + sc_1 + tc_2$$

が得られます．ここで，もし $sa_1 + ta_2 = sb_1 + tb_2 = 0$ なら $s\begin{pmatrix} a_1 \\ b_1 \end{pmatrix} + t\begin{pmatrix} a_2 \\ b_2 \end{pmatrix} = \vec{0}$ ですが，$\begin{pmatrix} a_1 \\ b_1 \end{pmatrix}, \begin{pmatrix} a_2 \\ b_2 \end{pmatrix}$ は一次独立でしたから $s = t = 0$ となって $s^2 + t^2 \neq 0$ に反します．

したがって $\begin{pmatrix} sa_1 + ta_2 \\ sb_1 + tb_2 \end{pmatrix} \neq \vec{0}$，つまり $f(x, y) = 0$ は直線を表わす方程式であることが分ります．

次に，ℓ_1, ℓ_2 の交点 A を (x_0, y_0) とすると $f_1(x_0, y_0) = 0, f_2(x_0, y_0) = 0$ は当り前ですから，これから直ちに $f(x_0, y_0) = 0$ が得られ，$f(x, y) = 0$ は点 A を通ることが分ります．

逆に，後の練習で示すように，点 A を通る任意の直線は適当な実数 s, t を用いて (1-19) の形に表すことができます．

以上から，ℓ_1, ℓ_2 の交点を通る直線の集合はパラメータ s, t を用いて (1-19) で表わされる直線の全体であることが分りました．

$s \neq 0$ なら (1-19) を s で割って $\frac{t}{s} = \lambda$ とおくと

$$(a_1x + b_1y + c_1) + \lambda(a_2x + b_2y + c_2) = 0 \tag{1-20}$$

が得られます．これは ℓ_1, ℓ_2 の交点を通る直線の集合から ℓ_2 を除いたものすべてを表わします．なぜなら，これがもし ℓ_2 を表わすとすると

$$\begin{pmatrix} a_2 \\ b_2 \end{pmatrix} \parallel \begin{pmatrix} a_1 + \lambda a_2 \\ b_1 + \lambda b_2 \end{pmatrix} = \begin{pmatrix} a_1 \\ b_1 \end{pmatrix} + \lambda \begin{pmatrix} a_2 \\ b_2 \end{pmatrix}$$

となりますが，これは $\begin{pmatrix} a_1 \\ b_1 \end{pmatrix}, \begin{pmatrix} a_2 \\ b_2 \end{pmatrix}$ が一次独立であることに反するからです．

したがって，議論の対象となる直線が ℓ_2 でないことがはっきりしている場合には，(1-19) の代わりに (1-20) を用いることができます．

ある種の曲線や曲面 (高校で学ぶものも含めたもっと一般的なものです) を研究する議論において線形系と呼ばれるものがあり，上の (1-19), (1-20) はその最も初歩的な例の 1 つです．高校数学において基本的とはいえませんが，入試で利用されることもあるので取り上げておきます．このあとの 2 円の交点を通る円や，次章で出てくる 2 球の交円を含む球などの議論の出所も同じです．

2 つの円 (ただし $r_1>0, r_2>0$ とします)
$$C_1: f_1(x,y) = (x-a_1)^2 + (y-b_1)^2 - r_1^2 = 0,$$
$$C_2: f_2(x,y) = (x-a_2)^2 + (y-b_2)^2 - r_2^2 = 0$$
が 2 交点 A, B で交わるとします．C_1, C_2 が A, B を通ることを
$$f_i(\mathrm{A}) = 0, \quad f_i(\mathrm{B}) = 0 \quad (i=1,2)$$
と略記することにしましょう．$g(x,y) = f_1(x,y) - f_2(x,y)$ とおくと
$$g(\mathrm{A}) = f_1(\mathrm{A}) - f_2(\mathrm{A}) = 0, \quad g(\mathrm{B}) = f_1(\mathrm{B}) - f_2(\mathrm{B}) = 0$$
ですから，$g(x,y) = 0$ で表わされるグラフも A, B を通ります．また，$a_1 = a_2, b_1 = b_2$ とすると C_1, C_2 は同心円になり，2 交点をもつという前提をみたさないので $\begin{pmatrix} a_2 - a_1 \\ b_2 - b_1 \end{pmatrix} \neq \vec{0}$ であり，さらに $g(x,y)$ は $2(a_2-a_1)x + 2(b_2-b_1)y + $ 定数 という形をもっていますから，$g(x,y) = 0$ のグラフは直線，とくに A, B を通る直線になります．ここで実数 λ を用いて表わされる次の方程式
$$f(x,y) = f_1(x,y) - \lambda g(x,y) = 0 \tag{1-21}$$
を考えましょう．$f(x,y)$ は $x^2 + y^2 + (x, y$ の一次式) の形をしており，したがって $f(x,y) = 0$ は $(x-p)^2 + (y-q)^2 = c$ (定数) の形にまとめられます．これは $c>0$ なら円，$c=0$ なら 1 点 (p,q) を表わし，$c<0$ なら x,y は存在しない (つまりグラフは存在しない) ことになりますが，他方，$f(\mathrm{A}) = f(\mathrm{B}) = 0$ より $f(x,y) = 0$ は A, B を通ります．したがって (1-21) は C_1 と C_2 の交点を通る円を表わしています ($c>0$ は具体的に c を計算して示すこともできます．以下を参照してください)．

逆に，A, B を通る任意の円を C とすると，その方程式が適当な λ を用いて (1-21) によって表わされることを証明することができます．やや面倒な計算ですが以下で実行してみましょう．

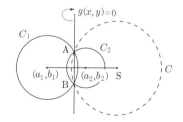

C の中心は C_1, C_2 の中心を結ぶ直線上にあるので，その中心を $\mathrm{S}((1-\mu)a_1 + \mu a_2, (1-\mu)b_1 + \mu b_2)$ とおきましょう．A (または B) を (x_0, y_0) とすると半径は SA ですから C の方程式は
$$[x - \{(1-\mu)a_1 + \mu a_2\}]^2 + [y - \{(1-\mu)b_1 + \mu b_2\}]^2$$
$$= \{(1-\mu)a_1 + \mu a_2 - x_0\}^2 + \{(1-\mu)b_1 + \mu b_2 - y_0\}^2 \quad \cdots (1)$$
で表わされます．ただし，A は C_1, C_2 上の点なので次式が成り立ちます．

$$(x_0 - a_1)^2 + (y_0 - b_1)^2 = r_1^2, \ (x_0 - a_2)^2 + (y_0 - b_2)^2 = r_2^2 \cdots (2).$$

さて，(1-21) はやや面倒な計算のあとで次式のように変形されます．

$$[x - \{(1-\lambda)a_1 + \lambda a_2\}]^2 + [y - \{(1-\lambda)b_1 + \lambda b_2\}]^2$$
$$= \{(1-\lambda)a_1 + \lambda a_2\}^2 + \{(1-\lambda)b_1 + \lambda b_2\}^2$$
$$- (1-\lambda)(a_1^2 + b_1^2 - r_1^2) - \lambda(a_2^2 + b_2^2 - r_2^2) \cdots (3).$$

(1) と (3) が同じ方程式であるように λ をとることができればよいわけですが，左辺同士を比べれば $\lambda = \mu$ 以外はあり得ません．このとき，(3) の右辺は，(2) を用いて r_1, r_2 を消去すると (1) の右辺に等しくなることが丹念に計算することで確かめられます．

なお (3) の右辺 ((1-21) 式の下で c とおいたもの) をさらにまとめると

$$c = -\lambda(1-\lambda)\{(a_1 - a_2)^2 + (b_1 - b_2)^2\} + (1-\lambda)r_1^2 + \lambda r_2^2 \cdots (4)$$

となります．また，C_1, C_2 が 2 交点をもつ条件は

$$(r_1 - r_2)^2 < (a_1 - a_2)^2 + (b_1 - b_2)^2 < (r_1 + r_2)^2 \cdots (5)$$

です．(5) のもとで (4) の右辺>0 を示せば，上で述べた $c>0$ がいえたことになります．

$(a_1 - a_2)^2 + (b_1 - b_2)^2 = u$ とおくと $c = c(u)$ は u の一次式ですから $c((r_1 - r_2)^2) \geqq 0, c((r_1 + r_2)^2) \geqq 0$ を示せば (5) より $c(u)>0$ が成り立ちますが，あとは簡単な計算で

$$c((r_1 - r_2)^2) = \{(r_1 - r_2)\lambda - r_1\}^2 \geqq 0,$$
$$c((r_1 + r_2)^2) = \{(r_1 + r_2)\lambda - r_1\}^2 \geqq 0$$

となることを確認してください．

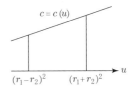

以上により，C_1, C_2 の交点を通る円の全体は，λ が実数上を変化したときの (1-21) で与えられる円の全体と一致することが示されました．なお，C_1, C_2 の交点を通る円は $s^2 + t^2 \neq 0$ をみたす s, t を用いて $sf_1(x, y) + tf_2(x, y) = 0$ で表わすこともできますが，$g(x, y)$ を計算しておいて (1-21) を利用する方が式を取り扱う上で簡明でしょう．

練習6 (1) ヘッセの公式 (1-18) を証明せよ．

(2) 2直線 $\ell_1 : a_1 x + b_1 y + c_1 = 0, \ell_2 : a_2 x + b_2 y + c_2 = 0$ が点 A で交わるとき，A を通る直線 ℓ は適当な実数 s, t によって (1-19) の形に表わされることを示せ．

(3) 円 $(x - a)^2 + (y - b)^2 = r^2$ 上の点 (x_0, y_0) における接線の方程式を求めよ．

(4) 2つの円 $x^2 + y^2 - 2ax - 2y + 1 = 0, x^2 + y^2 - 2x - 2ay + 1 = 0$ が接するときの a の値を求めよ．

(5) 2つの円 $x^2 + y^2 - 6ax + 2y - 7 = 0, x^2 + y^2 + 2x - 4y - 1 = 0$ が 2 交点 A, B で交わるとき，直線 AB が $(-1, 0)$ を通るような a の値を求めよ．また a がこの値のとき A, B を通る円で原点を通るものを求めよ．

[解] (1) 次図で

$$\overrightarrow{\mathrm{OH}} = \overrightarrow{\mathrm{OA}} + \overrightarrow{\mathrm{AH}} = \begin{pmatrix} x_0 \\ y_0 \end{pmatrix} + k \begin{pmatrix} a \\ b \end{pmatrix}$$

とおくと，H は $ax + by + c = 0$ 上にあるから $a(x_0 + ka) + b(y_0 + kb) + c = 0$ が成り立ち，これより $k = -\dfrac{ax_0 + by_0 + c}{a^2 + b^2}$ となる．よって

$$h = |\overrightarrow{\mathrm{AH}}| = |k\vec{n}| = |k||\vec{n}| = \left|-\dfrac{ax_0 + by_0 + c}{a^2 + b^2}\right|\sqrt{a^2 + b^2}$$
$$= \dfrac{|ax_0 + by_0 + c|}{\sqrt{a^2 + b^2}}$$

が得られる∎

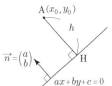

(2) $\mathrm{A}(x_0, y_0)$ とおく．$\begin{pmatrix} a_1 \\ b_1 \end{pmatrix}, \begin{pmatrix} a_2 \\ b_2 \end{pmatrix}$ は一次独立なので，ℓ の法線ベクトル $\vec{n}$ は適当な実数 s, t によって $\vec{n} = s\begin{pmatrix} a_1 \\ b_1 \end{pmatrix} + t\begin{pmatrix} a_2 \\ b_2 \end{pmatrix}$ で表わされる．

したがって，ℓ の方程式 $(\vec{x} - \overrightarrow{\mathrm{OA}}, \vec{n}) = 0$ を成分で表わすと

$$0 = (x - x_0)(sa_1 + ta_2) + (y - y_0)(sb_1 + tb_2)$$
$$= s(a_1 x + b_1 y + c_1) + t(a_2 x + b_2 y + c_2)$$
$$\quad - s(a_1 x_0 + b_1 y_0 + c_1) - t(a_2 x_0 + b_2 y_0 + c_2)$$

となる．A は ℓ_1, ℓ_2 の交点なので $a_1 x_0 + b_1 y_0 + c_1 = a_2 x_0 + b_2 y_0 + c_2 = 0$ であるから，上式より直ちに (1-19) が得られる∎

(3) $\mathrm{C}(a, b), \mathrm{A}(x_0, y_0)$ とすると接線の方程式は $(\vec{x} - \overrightarrow{\mathrm{OA}}, \overrightarrow{\mathrm{CA}}) = 0$, つまり,

$(x - x_0)(x_0 - a) + (y - y_0)(y_0 - b) = 0$

である．さらにこれを

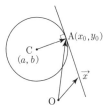

$$0 = \{(x - a) - (x_0 - a)\}(x_0 - a)$$
$$\quad + \{(y - b) - (y_0 - b)\}(y_0 - b)$$
$$= (x_0 - a)(x - a) + (y_0 - b)(y - b) - \{(x_0 - a)^2 + (y_0 - b)^2\}$$

と変形して $(x_0 - a)^2 + (y_0 - b)^2 = r^2$ を用いると，求める方程式として

$$(x_0 - a)(x - a) + (y_0 - b)(y - b) = r^2$$

が得られる∎

(4) 2 円の中心は $(a, 1), (1, a)$ で，半径はともに $|a|$ であるから (内接する場合はないことに注意すると) 両者が接する条件は $2|a| = \sqrt{(a-1)^2 + (1-a)^2}$ である．これを解いて $a = -1 \pm \sqrt{2}$ を得る∎

(5) 2 つの円の方程式を引くと $-(6a + 2)x + 6y - 6 = 0$ となり，これが $(-1, 0)$ を通るから $6a + 2 - 6 = 0$, よって $a = \dfrac{2}{3}$ を得る∎

このとき，2 円はおのおの $(x-2)^2 + (y+1)^2 = 12, (x+1)^2 + (y-2)^2 = 6$ であり，$\sqrt{12} - \sqrt{6} <$

$\sqrt{(2+1)^2+(1+2)^2}=3\sqrt{2}<\sqrt{12}+\sqrt{6}$ が成り立つから，この両者は確かに 2 交点をもつ．また，AB の方程式は $y-x-1=0$ なので，求める円を $x^2+y^2-4x+2y-7-k(y-x-1)=0$ とおくと，これが原点を通るから $-7+k=0$ より $k=7$ となる．

したがって求める円は $x^2+y^2-4x+2y-7-7(y-x-1)=0$ で，これをまとめて
$$\left(x+\frac{3}{2}\right)^2+\left(y-\frac{5}{2}\right)^2=\frac{17}{2}$$
が得られる ∎

> **注意** $a=b=0$ のときの (3) の結果 $x_0x+y_0y=r^2$ はよく知られています．逆に，この式を覚えておいて，中心が (a,b) の場合をうっかり $x_0(x-a)+y_0(y-b)=r^2$ としてしまう誤りがよくみられます．注意しましょう．
>
> 一般に 2 つの円が交点をもたなくても，それらの方程式をひくと直線の方程式が得られます．(5) で 2 円が交わることを確かめたのはこの事情があるからです．はじめに 2 円が交わる条件をあらかじめ求めておいても構いません．(5) の場合は
> $$\sqrt{9a^2+8}-\sqrt{6}<\sqrt{(3a+1)^2+9}<\sqrt{9a^2+8}+\sqrt{6}$$
> で与えられますが，これはすべての a で成り立ちます (確かめてください)．

(d) グラフの移動

$y=f(x)$ のグラフ C を移動させたときのグラフを C' としましょう．以下の移動に対して C' を表わす方程式は次のようになります．

$$\left.\begin{array}{l}
\text{(i)}\quad x\text{ 方向に }\alpha,\ y\text{ 方向に }\beta\text{ だけ平行移動した場合}:y-\beta=f(x-\alpha) \\
\text{(ii)}\quad \text{直線 }x=a\text{ に関して線対称移動した場合}:y=f(2a-x) \\
\text{(iii)}\quad \text{直線 }y=b\text{ に関して線対称移動した場合}:y=2b-f(x) \\
\text{(iv)}\quad (a,b)\text{ に関して点対称移動した場合}:2b-y=f(2a-x) \\
\text{(v)}\quad \text{原点を中心に }x\text{ 方向に }m\text{ 倍},\ y\text{ 方向に }n\text{ 倍した場合}:\dfrac{y}{n}=f\left(\dfrac{x}{m}\right)
\end{array}\right\} \quad (1\text{-}22)$$

これらは覚えておくより導くときの考え方を大切にする方がよいでしょう．考え方はどれも大差ないので，後で (i), (ii), (iv) について練習で説明します．

(e) 正領域，負領域

$f(x,y)$ を x,y の式とします．$f(x,y)>0$ で表わされる領域を $f(x,y)$ の正領域，$f(x,y)<0$ で表わされる領域を $f(x,y)$ の負領域といいます．

$A(x_1,y_1)$ のとき，$f(x_1,y_1)$ を $f(A)$ と略記することにしましょう．すると次が成り立つことは明らかです．

$$\left.\begin{array}{l}
A,B\text{ がともに，正領域にあるか，または負領域にある}\Leftrightarrow f(A)f(B)>0 \\
A,B\text{ の一方が正領域に，他方が負領域にある}\Leftrightarrow f(A)f(B)<0
\end{array}\right\} \quad (1\text{-}23)$$

$f(x,y)=0$ が直線 ℓ を表わす場合，(1-23) は次のように言い換えることができます．

$$\left.\begin{array}{l}\text{A, B が } \ell \text{ に関して同じ側にある} \Leftrightarrow f(\text{A})f(\text{B})>0 \\ \text{A, B が } \ell \text{ に関して反対側にある} \Leftrightarrow f(\text{A})f(\text{B})<0\end{array}\right\} \quad (1\text{-}24)$$

ただしこの場合，ℓ に関して A, B が同じ側にある (反対側にある) とは ℓ が線分 AB と共有点をもたない (A, B 以外の共有点をもつ) ことであるものとします．

> **練習 7** (1) (1-22) の (i), (ii), (iv) を示せ．
> (2) $f(x,y) = ax + by + c\,(a^2 + b^2 \neq 0)$ として (1-24) が成り立つことを確かめよ．
> (3) 放物線 $C: y = ax^2\,(a \neq 0)$ を点 $(1,1)$ について対称移動したグラフを C' とする．C と C' が 2 点で交わるとき，C, C' で囲まれる面積が $\dfrac{4}{3}$ であるように a の値を定めよ．
> (4) 三次式 $y = x^3 + ax^2 + bx + c$ のグラフは適当な平行移動によって原点に関して対称になるようにできることを示せ．またそのグラフを表わす三次式の x の係数を a, b で表わせ．

[解] (1) (i) について．

$y = f(x)$ 上の点 (x, y) を x, y 方向にそれぞれ α, β 移動した点を (X, Y) とおくと

$$X = x + \alpha, \quad Y = y + \beta$$

つまり

$$x = X - \alpha, \quad y = Y - \beta$$

である．(x, y) が $y = f(x)$ という関係をみたしながら動くときの (X, Y) の軌跡が C' を与えるが，それは $Y - \beta = f(X - \alpha)$ で表わされる．

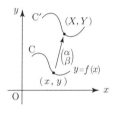

したがって C' は $y = f(x - \alpha) + \beta$ で与えられる ∎

(ii) について．

(x, y) を $x = a$ について線対称移動した点を (X, Y) とすると $\dfrac{x + X}{2} = a, Y = y$，つまり $x = 2a - X, y = Y$ なので，(X, Y) は $Y = f(2a - X)$ をみたす．

よって C' は $y = f(2a - x)$ で与えられる ∎

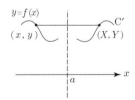

(iv) について．

上と同様に (x, y) と (X, Y) が点 (a, b) に関して対称だとすると，$\dfrac{x + X}{2} = a, \dfrac{y + Y}{2} = b$ より $x = 2a - X, y = 2b - Y$ である．

これより (X, Y) は $2b - Y = f(2a - X)$ をみたす．

したがって C' は $y = 2b - f(2a - x)$ で表わされる ∎

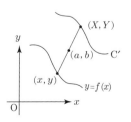

(2) 線分 AB は $(1-t)\overrightarrow{\text{OA}} + t\overrightarrow{\text{OB}}\,(0 \leqq t \leqq 1)$ で表わされる．

ℓ に関して A と B が同じ側にあることは，線分 AB が ℓ と共有点をもたないこと，言い換えると，$f(x,y)=0$ に
$$\begin{pmatrix} x \\ y \end{pmatrix} = (1-t)\begin{pmatrix} x_1 \\ y_1 \end{pmatrix} + t\begin{pmatrix} x_2 \\ y_2 \end{pmatrix}$$
を代入した方程式が $0 \leqq t \leqq 1$ に解をもたないことである．ただし，$A(x_1, y_1)$，$B(x_2, y_2)$ とした．この方程式は
$$a\{(1-t)x_1 + tx_2\} + b\{(1-t)y_1 + ty_2\} + c = 0$$

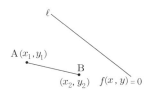

であり，左辺を $g(t)$ とおくと
$$g(t) = f(x_1, y_1) - t\{f(x_1, y_1) - f(x_2, y_2)\}$$
$$= f(A) - t\{f(A) - f(B)\} = 0$$
となる．これが $0 \leqq t \leqq 1$ に解をもたない条件は

  ($g(0)>0$ かつ $g(1)>0$)，または，
  ($g(0)<0$ かつ $g(1)<0$)，

つまり $g(0)g(1)>0$ であり，$g(0)=f(A)$，$g(1)=f(B)$ だから (1-24) の前半が得られる．

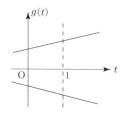

後半についても同様に $g(t)=0$ が $0<t<1$ に解をもつ条件，つまり $g(0)g(1)<0$ より直ちに結論が得られる ∎

(3) C' を表わす方程式は $2-y=a(2-x)^2$，つまり $y=-ax^2+4ax+2-4a$ である．この式に $y=ax^2$ を代入して $ax^2=-ax^2+4ax+2-4a$，すなわち $ax^2-2ax+2a-1=0$ となる．条件より判別式>0 だから $a^2-a(2a-1)>0$，よって $0<a<1$ が得られる．このときの解を α, β ($\alpha<\beta$) とおくと，$\alpha+\beta=2$，$\alpha\beta=2-\dfrac{1}{a}$ なので，面積の条件より

$$\frac{4}{3} = \int_\alpha^\beta (-ax^2+4ax+2-4a-ax^2)dx = \int_\alpha^\beta (-2a)(x-\alpha)(x-\beta)dx$$
$$= \frac{2a}{6}(\beta-\alpha)^3 = \frac{a}{3}\{(\alpha+\beta)^2-4\alpha\beta\}^{\frac{3}{2}}$$
$$= \frac{a}{3}\left\{4-4\left(2-\frac{1}{a}\right)\right\}^{\frac{3}{2}} = \frac{8a}{3}\left(\frac{1}{a}-1\right)^{\frac{3}{2}}$$

となる．これをまとめると $4a^3-12a^2+13a-4=0$，よって $(2a-1)(2a^2-5a+4)=0$ が得られ，これより求める値は $a=\dfrac{1}{2}$ である ∎

(4) 問題の三次式を $\begin{pmatrix} \alpha \\ \beta \end{pmatrix}$ だけ平行移動したものは $y-\beta = (x-\alpha)^3 + a(x-\alpha)^2 + b(x-\alpha) + c$ で，これをまとめると
$$y = x^3 + (-3\alpha+a)x^2 + (3\alpha^2-2a\alpha+b)x + (-\alpha^3+a\alpha^2-b\alpha+c+\beta)$$
となる．この x^2 の係数と定数項が 0，つまり
$$-3\alpha+a=0, \quad -\alpha^3+a\alpha^2-b\alpha+c+\beta=0$$
をみたすような α, β が存在することを示せばよいが，2 式から

$$\alpha = \frac{a}{3}, \quad \beta = -\frac{2}{27}a^3 + \frac{ab}{3} - c$$

にとればよいことが分る．したがって主張は成り立ち，x の係数は

$$3 \cdot \frac{a^2}{9} - 2a \cdot \frac{a}{3} + b = b - \frac{1}{3}a^2$$

である∎

> **注意** (4) における対称の中心は $(-\alpha, -\beta)$ です．よく知られているようにこの点は三次式の変曲点，つまり $y'' = 0$ の解に対応する点になっています．

2–2 二次曲線

(**a**) x, y の方程式 $f(x, y) = ax^2 + 2bxy + cy^2 + px + qy + r = 0$ で表わされる (x, y) の集合は，空集合，1点，2本または1本の直線 ($f(x, y)$ が x, y の一次式に因数分解されるとき)，放物線，双曲線，あるいは楕円のいずれかになります (対称軸が必ずしも座標軸に平行ではなく，また対称の中心が必ずしも原点とは限らないような，一般の放物線，双曲線，楕円です)．このことの系統的な議論は大学の線形代数の応用として勉強しますからそちらに任せることにして，ここではまず離心率によってこれらの二次曲線を定めることから始めましょう．

xy 平面上の定点 $(c, 0)$ を F，直線 $x = 0$ を ℓ としましょう．このとき，次の条件をみたす点 P の軌跡を求めます．簡単のため $c > 0$ としておきます．

　　条件：P から ℓ に下した垂線の足を H とおくと PF : PH $= e : 1$ が成り立つ．

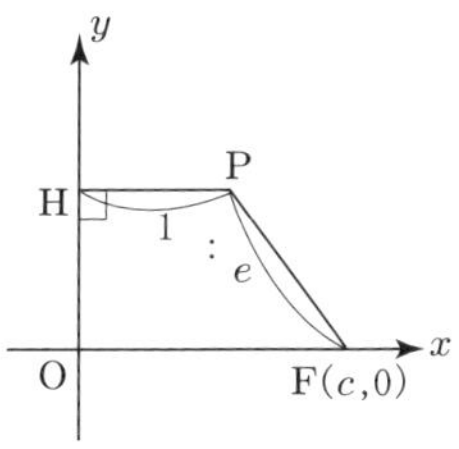

この e は正の定数で，離心率と呼ばれます．

さて，P(x, y) とおくと

$$\begin{aligned} \text{PF} : \text{PH} &= e : 1 \\ &\Leftrightarrow e|x| = \sqrt{(x-c)^2 + y^2} \\ &\Leftrightarrow (1-e^2)x^2 - 2cx + c^2 + y^2 = 0 \cdots (1) \end{aligned}$$

が成り立ち，次のように場合が分かれます．

$e = 1$ ならば

$$(1) \Leftrightarrow y^2 = 2c\left(x - \frac{1}{2}c\right) \cdots (2),$$

$0 < e < 1$ ならば

$$\begin{aligned} (1) &\Leftrightarrow x^2 - \frac{2c}{1-e^2}x + \frac{c^2}{1-e^2} + \frac{y^2}{1-e^2} = 0 \\ &\Leftrightarrow \left(x - \frac{c}{1-e^2}\right)^2 + \frac{y^2}{1-e^2} = \frac{c^2}{(1-e^2)^2} - \frac{c^2}{1-e^2} = \frac{c^2 e^2}{(1-e^2)^2} \\ &\Leftrightarrow \frac{\left(x - \frac{c}{1-e^2}\right)^2}{\left(\frac{ce}{1-e^2}\right)^2} + \frac{y^2}{\left(\frac{ce}{\sqrt{1-e^2}}\right)^2} = 1 \cdots (3), \end{aligned}$$

$e > 1$ ならば

$$
\begin{aligned}
(1) &\Leftrightarrow x^2 + \frac{2c}{e^2-1}x - \frac{c^2}{e^2-1} - \frac{y^2}{e^2-1} = 0 \\
&\Leftrightarrow \left(x + \frac{c}{e^2-1}\right)^2 - \frac{y^2}{e^2-1} = \frac{c^2}{(e^2-1)^2} + \frac{c^2}{e^2-1} = \frac{c^2 e^2}{(e^2-1)^2} \\
&\Leftrightarrow \frac{\left(x + \dfrac{c}{e^2-1}\right)^2}{\left(\dfrac{ce}{e^2-1}\right)^2} - \frac{y^2}{\left(\dfrac{ce}{\sqrt{e^2-1}}\right)^2} = 1 \cdots (4)
\end{aligned}
$$

となります．

(2) で，$2c = 4p$ とおいてグラフを x 軸の負の方向に p だけ平行移動すると

$$y^2 = 4px, \quad \ell \text{ は } x = -p, \quad \mathrm{F}(p, 0)$$

です．これを放物線の標準形といい，ℓ を準線，F を焦点といいます．これは原点を頂点としますが，頂点が (a, b) であるものはもちろん $(y-b)^2 = 4p(x-a)$ で表わされます．

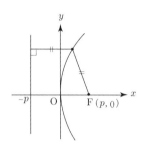

(3) において，グラフを x 軸の負の方向に $\dfrac{c}{1-e^2}$ だけ移動し，

$$\frac{ce}{1-e^2} = a, \quad \frac{ce}{\sqrt{1-e^2}} = b$$

とおくと

$$e = \frac{\sqrt{a^2-b^2}}{a}, \quad c = \frac{b^2}{\sqrt{a^2-b^2}},$$

$$\frac{c}{1-e^2} = \frac{a^2}{\sqrt{a^2-b^2}} = \frac{a}{e},$$

$$c - \frac{c}{1-e^2} = \frac{-ce^2}{1-e^2} = -ae$$

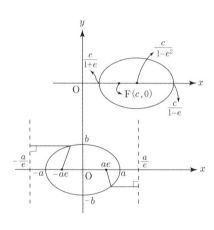

なので，(3) は

$$\frac{x^2}{a^2} + \frac{y^2}{b^2} = 1, \quad \ell \text{ は } x = -\frac{a}{e}, \quad \mathrm{F}(-ae, 0), \quad e = \frac{\sqrt{a^2-b^2}}{a}$$

となります．これを楕円の標準形といい ℓ と $x = \dfrac{a}{e}$ を準線，F と $(ae, 0)$ を焦点といいます．

この中心は原点ですが，(α, β) を中心とするものは，x を $x - \alpha$，y を $y - \beta$ に置き換えると得られます．$a > b > 0$ のとき $(a, 0)$ と $(-a, 0)$ を結ぶ線分を長軸，$(0, b)$ と $(0, -b)$ を結ぶ線分を短軸といいます．$b > a > 0$ のときの e の式，ℓ の方程式，F の座標などは，a と b，x 座標と y 座標を入れ替えれば求められます．

次に (4) において，グラフを $\dfrac{c}{e^2-1}$ だけ x 軸の正の方向に移動し

$$\frac{ce}{e^2-1} = a, \quad \frac{ce}{\sqrt{e^2-1}} = b$$

とおくと

$$e = \frac{\sqrt{a^2+b^2}}{a}, \quad c = \frac{b^2}{\sqrt{a^2+b^2}}, \quad \frac{c}{e^2-1} = \frac{a^2}{\sqrt{a^2+b^2}} = \frac{a}{e},$$

$$c + \frac{c}{e^2-1} = \frac{ce^2}{e^2-1} = ae$$

となりますから，(4) は

$$\frac{x^2}{a^2} - \frac{y^2}{b^2} = 1, \quad \ell \text{ は } x = \frac{a}{e},$$

$$\mathrm{F}(ae, 0), \quad e = \frac{\sqrt{a^2+b^2}}{a}$$

となることが分ります．

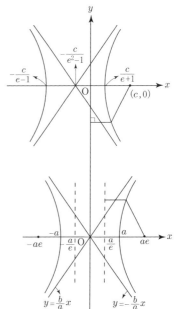

これを双曲線の標準形といい，ℓ と $x = -\frac{a}{e}$ を準線，F と $(-ae, 0)$ を焦点といいます．中心が (α, β) のものは x を $x - \alpha$，y を $y - \beta$ に代えて得られます．また $\frac{x^2}{a^2} - \frac{y^2}{b^2} = -1$ で表わされるものは，上の標準形で a と b，x と y を入れ替えて得られますから，このことに応じて e, ℓ, F の表現も変わってきます．グラフは右下のようになります．

双曲線の1つの特徴は漸近線を有することです．

$x > 0, y > 0$ で考えると，$y = \frac{b}{a}\sqrt{x^2 - a^2}$ なので

$$\lim_{x \to \infty}\left(\frac{b}{a}\sqrt{x^2-a^2} - \frac{b}{a}x\right) = \lim_{x \to \infty}\frac{b}{a}\frac{x^2-a^2-x^2}{\sqrt{x^2-a^2}+x}$$

$$= \lim_{x \to \infty}\frac{-ab}{\sqrt{x^2-a^2}+x}$$

$$= 0$$

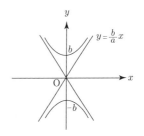

ですから，$y = \frac{b}{a}x$ は漸近線であることが分ります．他の象限でも同様で，結局，$y = \frac{b}{a}x, y = -\frac{b}{a}x$ が漸近線になっています．

練習 8 (1) 楕円 $\frac{x^2}{a^2} + \frac{y^2}{b^2} = 1 \ (a > b > 0)$ の離心率を e，2つの焦点を $\mathrm{F}(ae, 0)$，$\mathrm{F}'(-ae, 0)$ とする．この楕円上の点 $\mathrm{P}(x_0, y_0)$ に対して，$\mathrm{PF}, \mathrm{PF}'$ を a, e, x_0 で表わし，さらに $\mathrm{PF} + \mathrm{PF}'$ を求めよ．

(2) 双曲線 $\frac{x^2}{a^2} - \frac{y^2}{b^2} = 1 \ (a > 0, b > 0)$ の離心率を e，焦点を $\mathrm{F}(ae, 0)$，$\mathrm{F}'(-ae, 0)$ とする．この双曲線の $x > 0$ の部分に点 $\mathrm{P}(x_0, y_0)$ をとる．$\mathrm{PF}', \mathrm{PF}$ を a, e, x_0 で表わし，さらに $\mathrm{PF}' - \mathrm{PF}$ を求めよ．

[解]　(1)　$e^2 = \dfrac{a^2-b^2}{a^2}$, $y_0^2 = b^2 - \dfrac{b^2}{a^2}x_0^2$ に注意すると

$$\begin{aligned}
\mathrm{PF}^2 &= (x_0 - ae)^2 + y_0^2 = x_0^2 - 2aex_0 + a^2e^2 + y_0^2 \\
&= x_0^2 - 2aex_0 + a^2 - b^2 + b^2 - \dfrac{b^2}{a^2}x_0^2 \\
&= \dfrac{a^2-b^2}{a^2}x_0^2 - 2aex_0 + a^2 \\
&= e^2 x_0^2 - 2aex_0 + a^2 = (ex_0 - a)^2
\end{aligned}$$

となり，よって $\mathrm{PF} = |ex_0 - a|$ だが，$0 < e < 1$, $-a \leqq x_0 \leqq a$ なので $ex_0 - a < 0$ である．したがって $\mathrm{PF} = a - ex_0$ である．同様に $\mathrm{PF}' = a + ex_0$ が得られ，これらより $\mathrm{PF} + \mathrm{PF}' = 2a$ となる■

(2)　$a^2 e^2 = a^2 + b^2$, $y_0^2 = b^2\left(\dfrac{x_0^2}{a^2} - 1\right)$ より

$$\begin{aligned}
\mathrm{PF}^2 &= (x_0 - ae)^2 + y_0^2 = x_0^2 - 2aex_0 + a^2e^2 + b^2\left(\dfrac{x_0^2}{a^2} - 1\right) \\
&= \dfrac{a^2+b^2}{a^2}x_0^2 - 2aex_0 + a^2\dfrac{a^2+b^2}{a^2} - b^2 \\
&= e^2 x_0^2 - 2aex_0 + a^2 = (ex_0 - a)^2
\end{aligned}$$

となる．$e > 1$, $x_0 \geqq a$ なので $ex_0 - a > 0$ だから $\mathrm{PF} = ex_0 - a$ である．同様に $\mathrm{PF}' = ex_0 + a$ となるので，$\mathrm{PF}' - \mathrm{PF} = 2a$ を得る■

> **注意**　普通，教科書などでは，上の (1), (2) の結果を，楕円，双曲線の定義としています．つまり，2 定点からの距離の和が一定である点の軌跡が楕円で，差が一定である点の軌跡が双曲線であるというわけです．したがって，$\mathrm{F}(c, 0)$, $\mathrm{F}'(-c, 0)$ とおいて
> $$\sqrt{(x+c)^2 + y^2} + \sqrt{(x-c)^2 + y^2} = k,$$
> $$\left|\sqrt{(x+c)^2 + y^2} - \sqrt{(x-c)^2 + y^2}\right| = k$$
> をまとめることで，楕円，双曲線の方程式を導くこともできます．ただし k は定数です．
> 　　PF や PF' は焦点半径と呼ばれます．
> 　　二次曲線のいろいろな性質は，いわゆるケプラー運動 (惑星の運動) に関連して古くから (主として幾何学的方法で) 調べられており，その多くの結果は非常にすっきりした形で表わされます．上の焦点半径の計算も結果は簡明です．他方，二次曲線を座標計算の中で取り扱うと計算は一般に面倒です．しかし上述したように，結果はすっきりした形になることが多いので，丹念な計算を心がけることが大切です．

(b)　円錐曲線

　二次曲線は，別名，円錐曲線とも呼ばれます．これは，直円錐の側面を平面 π で切ったとき，切り口の曲線が切り方によって楕円，双曲線，あるいは放物線になるからで，次ページの図の通りです．

次図において，α は円錐の頂角の半分，β は円錐の軸と切断面 π とのなす角です．

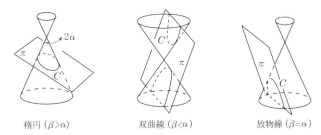

楕円（$\beta>\alpha$）　　双曲線（$\beta<\alpha$）　　放物線（$\beta=\alpha$）

以下で楕円の場合を詳しく調べてみましょう．下の図で，円錐面を平面 π で切った切り口の曲線を E とします．円錐面に内接し，かつ π に接する 2 つの球面をとり，それぞれを S, S' とおき，両者の π との接点を F, F' とします．さらに S, S' と円錐面との接点の全体がつくる円を C, C'，C, C' を含む平面をそれぞれ p, p' とし，p, p' と π との交線を各々 ℓ, ℓ' とおきます．

さて，E 上の任意の点 P をとり，円錐の頂点 O と P を結ぶ直線，つまり 1 本の母線と C, C' との交点をそれぞれ Q, Q' とおきましょう．まず，PQ, PF は P から球 S へひいた接線ですから PQ = PF であり，まったく同様に PQ' = PF' も成り立ちます．したがって

$$PF + PF' = PQ + PQ' = QQ' = 一定$$

なので，E は楕円であることが分ります．

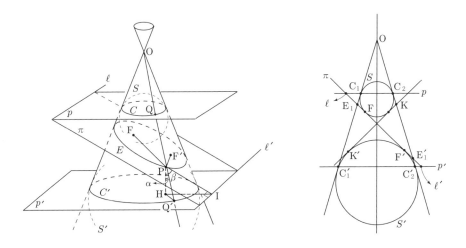

左の図を E の短軸方向からみた図が右の図で，$E_1 E_1'$ が E の長軸の長さを与えます．
ここで $QQ' = E_1 E_1'$，つまり上の練習で導いた $PF + PF' = 2a$ を示しましょう．
まず，$E_1' C_2 = E_1' F$ と $E_1' C_2' = E_1' F'$ より

$$C_2 C_2' = E_1' C_2 + E_1' C_2' = E_1' F + E_1' F' = E_1' F' + F'F + E_1' F' = FF' + 2F' E_1'$$

が成り立ち，まったく同様に $C_1 C_1' = FF' + 2FE_1$ が成り立ちます．
　この 2 式と $C_1 C_1' = C_2 C_2' = QQ'$ より

$$F' E_1' = FE_1, \text{ および } QQ' = FF' + FE_1 + F'E_1' = E_1 E_1'$$

34

が直ちに導かれます．

次に離心率がどう表わされるかを考えてみましょう．P から平面 p'，直線 ℓ' に下した垂線の足をそれぞれ H, I とします．

PH と PI, PH と PQ' のなす角がそれぞれ β, α なので，PQ' = PF' に注意すると，PH = PI$\cos\beta$ = PQ'$\cos\alpha$ = PF'$\cos\alpha$ です．したがって

$$\frac{\text{PF}'}{\text{PI}} = \frac{\cos\beta}{\cos\alpha} = 一定$$

となるので，これを e とおきましょう．すると $\beta > \alpha$ より $\cos\beta < \cos\alpha$ ですから，$0 < e < 1$ で，PF' : PI $= e : 1$ だから F' が焦点，ℓ' が準線であることも分ります．

(1) で示した計算結果が，補助球 S, S' を考えることで幾何学的に綺麗に示されました．この議論は，高校数学では取り扱われる機会が少なくなっている初等幾何の魅力を見せてくれる好例の1つでしょう．

> **練習 9**　上と同様の幾何的議論を双曲線と放物線に対して展開せよ．

［解］　（ⅰ）双曲線の場合．

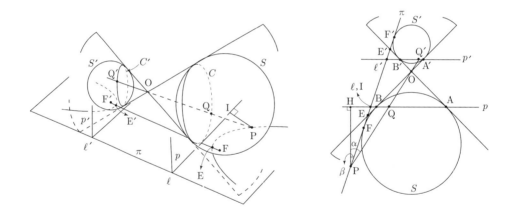

楕円の場合と同様に，S, S' を補助球，S, S' と円錐の接点の集合である円を C, C'，切り口の平面 π と S, S' の接点を F, F'，C, C' を含む平面を p, p'，π と p, p' の交線を ℓ, ℓ' とし，切り口の曲線と FF' との交点を E, E' とおく．上の左の図において，切り口の曲線上の任意の点 P に対して，P と円錐の頂点 O とを通る直線と C, C' との交点をおのおの Q, Q' とすると，PF = PQ, PF' = PQ' であるから (おのおの P から S, S' への接線の長さである)

$$\text{PF}' - \text{PF} = \text{PQ}' - \text{PQ} = \text{QQ}' = 一定$$

となる．次に上の右の図で，EB = EF = x，E'B' = E'F' = x' とおくと

$$\text{EF}' = \text{EA}', \quad \text{E}'\text{F} = \text{E}'\text{A}$$

より
$$EE' + E'F' = EF' = EA' = EB + BA', \quad E'E + EF = E'F = E'A = E'B' + B'A$$
であるから
$$EE' = A'B + x - x' = AB' + x' - x$$
となる．$A'B = AB'$ は明らかだから $x = x'$，つまり $EF = E'F'$ であり，さらに $EE' = A'B = AB' = QQ'$ となる．

以上より $PF' - PF = QQ' = EE'$ (これが $2a$ に相当する) であることが分る．

次に，P から p および ℓ に下した垂線の足をそれぞれ H, I とおくと，PQ と PH のなす角は (母線と軸のなす角) α で，PI と PH のなす角は (π と軸のなす角) β だから，$PQ\cos\alpha = PH$，$PI\cos\beta = PH$ である．$0 < \beta < \alpha < \frac{\pi}{2}$ より $0 < \cos\alpha < \cos\beta$，さらに $PQ = PF$ であるから，$\dfrac{\cos\beta}{\cos\alpha} = e\,(=\text{一定})$ とおくと
$$\frac{PF}{PI} = e,\ 1 < e$$
となり，双曲線の特徴が示された∎

(ⅱ) 放物線の場合．

(ⅰ) と同じく S, p, ℓ などを定める．

下の図において，$PF = PQ$ であり，他方，平面 π が母線に平行であることに注意すると $PH = PQ\cos\alpha = PI\cos\alpha$ なので，これより $PQ = PI$ となる．

したがって $PF = PI$，つまり，P はつねに F と ℓ までの距離が等しい点である∎

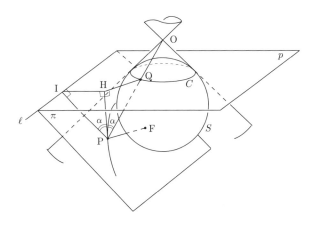

注意 練習 8 の内容を示すだけなら，楕円の場合の $F'E'_1 = FE_1$ や双曲線の場合の $EF = E'F'$ まで示す必要はありませんが，これらによって $PF + PF'$ や $PF' - PF$ の値が $2a$ であることが分ります．

(c) 楕円 $\dfrac{x^2}{a^2} + \dfrac{y^2}{b^2} = 1$，双曲線 $\dfrac{x^2}{a^2} - \dfrac{y^2}{b^2} = 1$，放物線 $y^2 = 4px$ 上の点 (x_0, y_0) におけ

る接線の方程式は，それぞれ
$$\frac{x_0 x}{a^2} + \frac{y_0 y}{b^2} = 1, \quad \frac{x_0 x}{a^2} - \frac{y_0 y}{b^2} = 1, \quad y_0 y = 2p(x + x_0) \tag{1-25}$$
で与えられます．

これらは覚えておきたい公式ですが，証明は微分を利用する方が簡明なのでここでは立ち入りません (次の練習の注意を参照してください)．

練習 10 楕円の接線の方程式 ((1-25) の第 1 式) を，傾き m を用いて表わすとどうなるか．ただし $y_0 \neq 0$ とする．

[解] $\dfrac{x_0 x}{a^2} + \dfrac{y_0 y}{b^2} = 1, y_0 \neq 0$ より $y = \dfrac{b^2}{y_0}\left(1 - \dfrac{x_0}{a^2}x\right)$ なので $m = -\dfrac{b^2}{a^2}\dfrac{x_0}{y_0} \cdots$ ① となる．また，$\dfrac{x_0^2}{a^2} + \dfrac{y_0^2}{b^2} = 1 \cdots$ ② である．① より $x_0 = -\dfrac{ma^2 y_0}{b^2}$ なので，これを ② に代入すると $\dfrac{1}{a^2}\dfrac{m^2 a^4 y_0^2}{b^4} + \dfrac{y_0^2}{b^2} = 1$ となる．これより $y_0 = \pm\dfrac{b^2}{\sqrt{b^2 + a^2 m^2}}$ が得られるから接線は
$$y = -\frac{b^2}{a^2}\frac{x_0}{y_0}x + \frac{b^2}{y_0} = mx \pm \sqrt{b^2 + a^2 m^2}$$
で与えられる ∎

注意 ちなみに (1-25) の双曲線，放物線の場合はおのおの
$$y = mx \pm \sqrt{m^2 a^2 - b^2}, \quad y = mx + \frac{p}{m}$$
で与えられます．

楕円の場合も含めて，これらの方程式は，楕円，双曲線，放物線の各方程式に直線の方程式 $y = mx + n$ を代入して判別式を 0 として n を m で表わすことでも得られます．

(d) 楕円 $\dfrac{x^2}{a^2} + \dfrac{y^2}{b^2} = 1$ 上の任意の点 (x, y) はパラメータ θ を用いて

$x = a\cos\theta, \ y = b\sin\theta$

で表わされます．θ は $\overrightarrow{\mathrm{OP}}$ と x 軸とのなす角を表わしているわけではないので注意してください．

θ は右図の通りです．

双曲線 $\dfrac{x^2}{a^2} - \dfrac{y^2}{b^2} = 1$ 上の任意の点 (x, y) は

$x = a\sec\theta, \ y = b\tan\theta \quad (\cos\theta \neq 0)$

で表わされます．

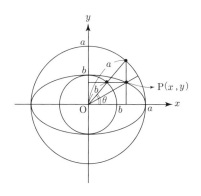

このときの θ は右図の角度です．

次のようなパラメータ $t\ (\neq 0)$ による表現もできます．

$$x = \frac{a}{2}\left(t + \frac{1}{t}\right),\ y = \frac{b}{2}\left(t - \frac{1}{t}\right).$$

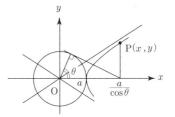

(e) これまで述べてきたことを次にまとめておきます．

	楕円 $\frac{x^2}{a^2} + \frac{y^2}{b^2} = 1$ $(a>b>0)$	双曲線 $\frac{x^2}{a^2} - \frac{y^2}{b^2} = 1$ $(a>0, b>0)$	放物線 $y^2 = 4px$ $(p>0)$
定義	2定点からの距離の和が一定 $(2a)$	2定点からの距離の差が一定 $(2a)$	定点と定直線からの距離が等しい
離心率	$e = \frac{\sqrt{a^2 - b^2}}{a}$ $0 < e < 1$	$e = \frac{\sqrt{a^2 + b^2}}{a}$ $1 < e$	$e = 1$
焦点	$(\pm ea, 0)$	$(\pm ea, 0)$	$(p, 0)$
準線	$x = \pm \frac{a}{e}$	$x = \pm \frac{a}{e}$	$x = -p$
焦点半径	$\|a \pm ex_0\|$	$\|a \pm ex_0\|$	$\mathrm{PF} = x_0 + p$
接線	$\frac{x_0 x}{a^2} + \frac{y_0 y}{b^2} = 1$	$\frac{x_0 x}{a^2} - \frac{y_0 y}{b^2} = 1$	$y_0 y = 2p(x + x_0)$
パラメータ表示	$\begin{cases} x = a\cos\theta \\ y = b\sin\theta \end{cases}$	$\begin{cases} x = a\sec\theta \\ y = b\tan\theta \end{cases}$	

練習 11 以下の点 P は楕円，双曲線，放物線のいずれかの上を動く．どの曲線であるかを理由をつけて答えよ．

(1) A を中心とする円 C_{A} が B を中心とする円 C_{B} を内部に含むとき，C_{B} に外接し，C_{A} に内接する円 C の中心 P．

(2) A を中心とする円 C_{A} と，B を中心とする円 C_{B} が互いに他の外側にあるとき，C_{B} に外接し，かつ C_{A} が内接する円 C の中心 P．

(3) 一定の長さ ℓ の線分 AB が，A を x 軸上に，B を y 軸上に置きながら動くとき，直線 AB 上の固定された点 P．ただし，P $\neq$ A，P $\neq$ B とする．

(4) A を中心とする円 C_{A} に外接し，かつ C_{A} と共有点をもたない直線 ℓ に接する円 C の中心 P．

(5) A を中心とする円 C_{A} と，B を中心とする円 C_{B} が互いに他の外側にあるとき，$C_{\mathrm{A}}, C_{\mathrm{B}}$ の両方に外接する円 C の中心 P．

(6) A を中心とする半円に内接する円 C の中心 P．

(7) 定線分 AB に平行な直線上を点 C が動くとき，△ABC の垂心 P．

[解] 以下 C_A, C_B, C の半径をそれぞれ r_A, r_B, r とおく．

(1) $PA = r_A - r$, $PB = r_B + r$ なので
$$PA + PB = r_A + r_B = 一定$$
となる．よって P は A, B を焦点とする楕円上を動く ∎

(2) $PA = r - r_A$, $PB = r + r_B$ より
$$PB - PA = r_B + r_A = 一定$$
となる．
よって P は A, B を焦点とする双曲線上を動く ∎

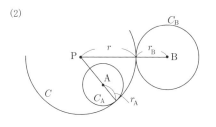

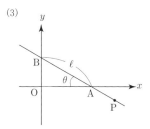

(3) P が動く図形は x 軸，y 軸に関して対称だから，線分 AB が第 1 象限にある場合を考えて充分である．

図のように θ をとり $\left(0 \leqq \theta \leqq \dfrac{\pi}{2}\right)$，$\overrightarrow{OP} = (1-t)\overrightarrow{OA} + t\overrightarrow{OB}$ とおく．ただし $P \neq A, B$ より $t \neq 0, 1$ である．

$A(\ell \cos\theta, 0)$, $B(0, \ell \sin\theta)$ だから，$P(x, y)$ とおくと $x = \ell(1-t)\cos\theta$, $y = \ell t \sin\theta$ で，これより θ を消去して
$$\frac{x^2}{\ell^2(1-t)^2} + \frac{y^2}{\ell^2 t^2} = 1$$
を得る．よって P は楕円上を動くが，この楕円は x, y 軸に関して対称だから，P が他の象限にある場合も P は同じ楕円上にある ∎

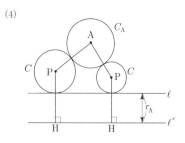

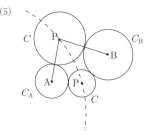

(4) ℓ に平行で ℓ との距離が r_A であるような直線 ℓ' を ℓ に関して A と反対側にとり，P から ℓ' に下した垂線の足を H とおくと
$$PA = r + r_A,\ PH = r + r_A \text{ より } PA = PH$$

である．よって P は A を焦点，ℓ' を準線とする放物線上を動く ■

(5) $r_B > r_A$ とする．

$PA = r + r_A$, $PB = r + r_B$ なので
$$PB - PA = r_B - r_A = \text{一定}$$

となる．よって P は AB を焦点とする双曲線上にあり，$r_B < r_A$ のときも同様である．

とくに $r_A = r_B$ なら，P は線分 AB の垂直 2 等分線を描く ■

(6) 半円の直径に平行な接線を ℓ，ℓ に P から下した垂線の足を H とし，さらに図のように接点 S, T を定めると

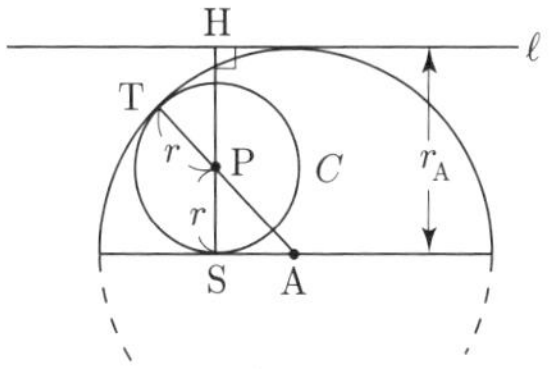

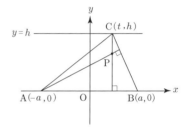

$$PA = AT - PT = r_A - r,$$
$$PH = SH - PS = r_A - r$$

より，$PA = PH$ となる．

よって P は A を焦点，ℓ を準線とする放物線上を動く (もちろん半円の内部に限る) ■

(7) $AB = 2a \ (>0)$，C と AB との距離を h とし，図のように座標系をとる．

$\overrightarrow{OC} = \begin{pmatrix} t \\ h \end{pmatrix}$ とおくと

$\overrightarrow{BC} = \begin{pmatrix} t-a \\ h \end{pmatrix}$，よって $\overrightarrow{AP} \parallel \begin{pmatrix} -h \\ t-a \end{pmatrix}$

となるので，直線 AP の方程式は

$$y = \frac{t-a}{-h}(x+a)$$

である．ここで，$x = t$ とおくと，$y = -\frac{t-a}{h}(t+a) = \frac{a^2 - t^2}{h}$ で，これらが P の座標を与える．したがって $t(=x)$ を消去することで $y = \frac{a^2 - x^2}{h}$ が得られる．よって P は放物線 $y = \frac{a^2 - x^2}{h}$ 上を動く ■

注意 上の解答の中で，幾何的に答えたものはもちろん適当な座標計算によって解くことも可能です．

幾何的な解答では，P が描く図形を必ずしも必要十分な形で答えているわけではありません．たとえば，(1) では P が A,B を焦点とする楕円 E 上にあることは示されていますが，E 全体を描くことまでは主張していません．P が E 上をくまなく動くことを厳密にいおうとすると，さらに，E 上に任意の点 P をとったとき，P を中心とする円 C で，C_A に内接し C_B に外接するものが存在することを示さなければなりませんが，そもそも，A,B を焦点とするという条件だけでは E は特定されません．A,B を焦点とする楕円は無数に存在するからです．焦点半径の和が $r_A + r_B$ であるという

条件を加えてはじめて E は確定しますから，その E に対して C の存在を示すことで厳密な議論が出来上がるわけです．しかし，問題の本質的な部分は上の解答でつくされていますから，解答で厳密な議論に立ち入ることはあえて避けました．この部分の議論はたとえば次のように展開できます．

> 逆に，E 上の任意の点 P をとると，$\mathrm{PA}+\mathrm{PB}=r_\mathrm{A}+r_\mathrm{B}$ で，これより $r_\mathrm{A}-\mathrm{PA}=\mathrm{PB}-r_\mathrm{B}$ となる．この式の値を r とする．$r\leqq 0$ なら $r_\mathrm{A}\leqq \mathrm{PA}$, $\mathrm{PB}\leqq r_\mathrm{B}$ であるが，このときは P が C_A の周上または外側，かつ C_B の周上または内側にあることになり，C_A が C_B を含むことに反するので $r>0$ でなければならない．この r を半径とする中心 P の円を C とすると，$r_\mathrm{A}=\mathrm{PA}+r, \mathrm{PB}=r_\mathrm{B}+r$ より C は確かに C_A に内接し C_B に外接する円である．

この部分が気になる人は，他の設問に対しても上と同様の議論を組み立ててみてください．

練習 12 (1) xy 平面上に楕円 $x^2+\dfrac{y^2}{a^2}=1\ (a>0)$ と定点 $\mathrm{A}(c,0)$ がある．楕円上の動点 P に対して，AP の最大値と最小値を求めよ．ただし $0<c<1$ とする．

(2) xy 平面上に双曲線 $x^2-\dfrac{y^2}{a^2}=1\ (a>0)$ と定点 $\mathrm{A}(c,0)$ がある．双曲線の $x>0$ の部分を動く点 P に対して，AP の最小値を求めよ．ただし $c>1$ とする．

[解] (1) P を $(\cos\theta, a\sin\theta)$ とおくと
$$\mathrm{AP}^2=(\cos\theta-c)^2+(a\sin\theta)^2=(1-a^2)\cos^2\theta-2c\cos\theta+c^2+a^2$$
となる．

(i) $a=1$ のとき
$$\mathrm{AP}^2=c^2-2c\cos\theta+1$$
となる．これは $\cos\theta=-1, 1$ のときおのおの最大値 $(c+1)^2$, 最小値 $(c-1)^2$ をとる．最大値，最小値を M, m とおいて $0<c<1$ に注意すると $M=1+c, m=1-c$ が得られる．

(ii) $0<a<1$ のとき
$$\mathrm{AP}^2=(1-a^2)\left(\cos\theta-\dfrac{c}{1-a^2}\right)^2-\dfrac{c^2}{1-a^2}+c^2+a^2$$
$$=(1-a^2)\left(\cos\theta-\dfrac{c}{1-a^2}\right)^2+\dfrac{a^2(1-a^2-c^2)}{1-a^2}$$
である．

(イ) $\dfrac{c}{1-a^2}\leqq 1$，つまり $c+a^2\leqq 1$ ならば，$\cos\theta=\dfrac{c}{1-a^2}$ をみたす θ が存在し，このとき AP^2 は最小となる．また，次のグラフより最大となるのは $\cos\theta=-1$ のときであ

る．
したがって
$$M = 1+c, \quad m = a\sqrt{\frac{1-a^2-c^2}{1-a^2}}$$
となる．

（ロ） $\dfrac{c}{1-a^2} > 1$, つまり $c+a^2 > 1$ のとき，（イ）と同様にグラフを考えると，AP は $\cos\theta = -1, 1$ のときそれぞれ最大，最小となる．よって
$$M = 1+c, \quad m = 1-c$$
となる．

(iii) $a > 1$ のとき
$$\mathrm{AP}^2 = -(a^2-1)\left(\cos\theta + \frac{c}{a^2-1}\right)^2 + \frac{a^2(a^2+c^2-1)}{a^2-1}$$
となる．

（イ） $-1 \leqq -\dfrac{c}{a^2-1}$, つまり $c \leqq a^2-1$ ならば右図より
$$M = a\sqrt{\frac{a^2+c^2-1}{a^2-1}}, \quad m = 1-c$$
が得られる．

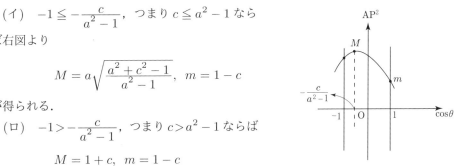

（ロ） $-1 > -\dfrac{c}{a^2-1}$, つまり $c > a^2-1$ ならば
$$M = 1+c, \quad m = 1-c$$
である．

以上をまとめると
$$a < \sqrt{c+1} \text{ のとき } M = 1+c, \quad a \geqq \sqrt{c+1} \text{ のとき } M = a\sqrt{\frac{a^2+c^2-1}{a^2-1}},$$
$$a \leqq \sqrt{1-c} \text{ のとき } m = a\sqrt{\frac{1-a^2-c^2}{1-a^2}}, \quad a > \sqrt{1-c} \text{ のとき } m = 1-c$$
となる．■

(2) $\mathrm{P}(\sec\theta, a\tan\theta)$ $\left(-\dfrac{\pi}{2} < \theta < \dfrac{\pi}{2}\right)$ とおくと，$\sec^2\theta = 1 + \tan^2\theta$ であるから
$$\mathrm{AP}^2 = (\sec\theta - c)^2 + (a\tan\theta)^2 = (1+a^2)\sec^2\theta - 2c\sec\theta + c^2 - a^2$$
$$= (1+a^2)\left(\sec\theta - \frac{c}{1+a^2}\right)^2 + \frac{a^2(c^2-a^2-1)}{1+a^2}$$
となる．

（ⅰ） $\dfrac{c}{1+a^2} \geqq 1$, つまり $c \geqq a^2+1$ なら，$\sec\theta = \dfrac{c}{1+a^2}$ をみたす θ が存在するから
$$m = a\sqrt{\frac{c^2-a^2-1}{a^2+1}}$$

である．

(ii) $\dfrac{c}{1+a^2}<1$，つまり $c<a^2+1$ ならば，$\sec\theta=1$ のとき AP は最小で
$$m=\sqrt{1+a^2-2c+c^2-a^2}=c-1$$
である．以上より
$$a\leqq\sqrt{c-1}\text{ なら }m=a\sqrt{\dfrac{c^2-a^2-1}{a^2+1}},\quad a>\sqrt{c-1}\text{ なら }m=c-1$$
となる■

注意 上の場合分けは大雑把にいうと次の図に対応しています．なお，P の座標にパラメータ表現を用いましたが，(1),(2) ともに $P(x_0,y_0)$ とおいてもできます．

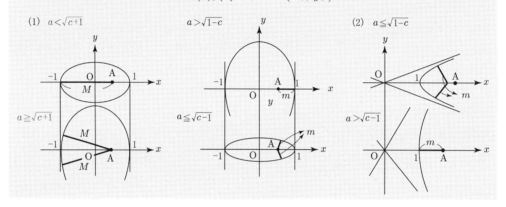

2–3 極座標

(a) 第1節でも述べたように，座標とは点を指定することのできる実数の組でした．平面においては，直交座標の他に次のような実数の組 (r,θ) を用いて点を表わすことが可能で，この (r,θ) を極座標と呼びます．ただし，$r=0$ のときは θ は任意の値でよいものと約束します．

まず，平面上に点 O と半直線 OX をとります．

この平面上の任意の点 P に対して，OP の長さを r，$\overrightarrow{OX}$ 方向から $\overrightarrow{OP}$ へいたる一般角の1つを θ とおくと，点 P は，r と θ を与えることで指定できます．

この r と θ の組 (r,θ) を P の極座標といいます．

O を極，または原点，OX を始線，または基線 (原線とか主線と呼んでいる本もあります) といいます．さらに r を動径，θ を偏角と呼びます．

θ は一般角なので，点 P が与えられたときの極座標の偏角には 2π の整数倍の不定性がありますが，高校で取り扱われる多くの場合 $0\leqq\theta<2\pi$ で考えておけば充分でしょう．

さて，OX 方向に x 軸をとったとき，直交座標における $P(x,y)$ と (r,θ) との関係が

$$x=r\cos\theta,\ y=r\sin\theta \qquad (1\text{-}26)$$

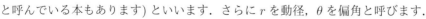

あるいは (原点を除いて)

$$r^2 = x^2 + y^2, \ \cos\theta = \frac{x}{r}, \ \sin\theta = \frac{y}{r} \tag{1-27}$$

で与えられることは明らかでしょう．

(b) xy 平面上の曲線が $y = f(x)$ や $F(x, y) = 0$ の形の x, y の関係式で表わされることと同様に，平面上の曲線を $r = f(\theta)$ や $F(r, \theta) = 0$ で表わすことができ，これらの式を極方程式といいます．x, y による表現と極方程式との行き来は (1-26), (1-27) によってなされます．

極方程式においては，θ の値によって $r < 0$ となる場合が起こります．θ に関しては $r > 0$ であるような範囲のみを考える，という立場もありますが，ここでは次の処方箋のもとで考えることにしましょう．

$$r > 0 \text{ のとき } (-r, \theta) \text{ は } (r, \theta + \pi) \text{ と同じ点を表わすものとする} \tag{1-28}$$

さていろいろな図形の極方程式を考えてみましょう．O は原点，OX を始線とします．

（ⅰ） 原点を中心とする半径 a の円

θ の値によらず O からの距離がつねに a なので $r = a$ が求める極方程式です．

(1-27) を用いると直交座標での表現

$\quad x^2 + y^2 = a^2$

が直ちに得られます．

（ⅱ） O を通り OX となす角が α の直線

r の値によらず偏角 θ が一定値 α なので $\theta = \alpha$ です．

(1-27) を用いると，$r \neq 0$ のとき

$\quad \cos\alpha = \frac{x}{r}, \ \sin\alpha = \frac{y}{r}$

から r を消去して

$\quad x\sin\alpha - y\cos\alpha = 0$

が得られます．これは O を通りますから，$r = 0$ のときも含めて直交座標における表現が得られました．

（ⅲ） O と A $(2a, 0)$ $(a > 0)$ を直径の両端とする円

円周上の点 P $(\neq O)$ は $\mathrm{OP} = \mathrm{OA}\cos\theta$ をみたすので $r = 2a\cos\theta$ となり，これは O を通るから，結局 $r = 2a\cos\theta$ が求める極方程式です．

$r \neq 0$ のとき，上式より $r^2 = 2ar\cos\theta$ なので，(1-27) を用いると $x^2 + y^2 = 2ax$ が得られます．

これは O を通りますから，$r = 0$ の場合も含んでいます．

極方程式を求める場合，いったん直交座標における方程式 $(x-a)^2 + y^2 = a^2$ を求めておいて，これに (1-26) を代入して r, θ の関係式に翻訳すればやや形式的な計算ですみます．

極方程式 $r = 2a\cos\theta$ では $\frac{\pi}{2} < \theta < \frac{3}{2}\pi$ に対して $r < 0$ となります．たとえば $\theta = \frac{2}{3}\pi$ では，$(r, \theta) = \left(-a, \frac{2}{3}\pi\right)$ ですが，(1-28) により $(r, \theta) = \left(-a, \frac{2}{3}\pi\right) = \left(a, \frac{5}{3}\pi\right)$ で，上図

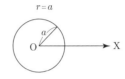
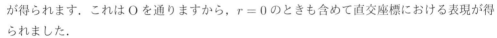
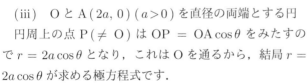
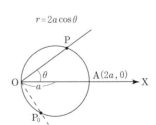

の P_0 と一致します．このことから分るように，$0 \leqq \theta < 2\pi$ で θ を変化させると，P は円周上を 2 回まわることになるわけです．

（ iv ）　定点 $A(a, \alpha)$ を通り OA に垂直な直線

OX を x 軸とする直交座標では $A(a\cos\alpha, a\sin\alpha)$ ですから，直線の方程式は

$$(x - a\cos\alpha)a\cos\alpha + (y - a\sin\alpha)a\sin\alpha = 0$$

つまり

$$\cos\alpha \cdot x + \sin\alpha \cdot y = a$$

です．

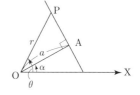

(1-26) を代入してまとめると $r\cos(\theta - \alpha) = a$ が得られます．

これが $\mathrm{OP}\cos(\angle\mathrm{POA}) = \mathrm{OA}$ を表わした式であることは図から明らかでしょう．この場合も $0 \leqq \theta < 2\pi$ ($\theta = \frac{\pi}{2} + \alpha, \frac{3}{2}\pi + \alpha$ は除きます) に対して P が直線上を 2 回通っていることが分ります．たとえば $\theta = \alpha + \pi$ とすると，(1-28) により

$$(r, \theta) = (-a, \alpha + \pi) = (a, \alpha + 2\pi) = (a, \alpha)$$

となります．最後の等号は θ が一般角であること，したがって $2\pi \times$ 整数は無視して構わないことによります．

（ v ）　二次曲線

点 (c, π) ($c > 0$) を通り OX に垂直な直線を ℓ とし，点 P から ℓ に下した垂線の足を H とするとき

$$\mathrm{PO} : \mathrm{PH} = e : 1 \quad (e > 0 \text{ は定数})$$

をみたす点 P の極方程式を考えましょう．P が ℓ に関して O と同じ側にあれば

$$\mathrm{PH} = c + r\cos\theta, \quad \mathrm{PO} = r$$

ですから $\mathrm{PO} = e\mathrm{PH}$ より

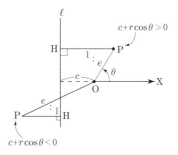

$$r = e(c + r\cos\theta), \quad \text{つまり} \quad r(1 - e\cos\theta) = ec$$

が得られます．

$e < 1, e = 1, e > 1$ にしたがってこれが楕円，放物線，双曲線を与えることは前にみた通りです．上式を $r = \sqrt{x^2 + y^2}$, $r\cos\theta = x$ で書き直した式 $\sqrt{x^2 + y^2} = e(x + c)$ を平方してまとめると二次曲線の方程式 (ただし $x \geqq -c$) が得られます．この方程式を求めると

$$e \neq 1 \text{ のとき } \frac{\left(x - \frac{ce^2}{1 - e^2}\right)^2}{\frac{c^2 e^2}{(1 - e^2)^2}} + \frac{y^2}{\frac{c^2 e^2}{1 - e^2}} = 1, \quad e = 1 \text{ のとき } y^2 = 2c\left(x + \frac{c}{2}\right)$$

となります．

$e < 1$ ならこれは楕円で，$x \geqq \frac{ce^2}{1 - e^2} - \frac{ce}{1 - e^2} = -\frac{ce}{1 + e}$ の部分にあり，$x \geqq -c$ をももともとみたします．

他方，$e > 1$ のときは，$x \geqq -c$ により双曲線の 2 つの分枝のうち右側のみを表わすことになります．双曲線の左側の枝を表わすためには，P が ℓ に関して同じ側にあるという条件を

除けばよいわけで，その時は PH $= |c + r\cos\theta|$ となり，$x + c \geqq 0$ という制約をはずせるので双曲線全体が得られることになります．

もう少し詳しくみるために $c + r\cos\theta < 0$ の場合を考えてみると，$r = -e(c + r\cos\theta)$ より $r(1 + e\cos\theta) = -ec$ が得られますが，これは上で得られた式 $r(1 - e\cos\theta) = ec$ において，$r \to -r$, $\theta \to \theta + \pi$ として得られるものと一致します．いいかえると，双曲線の左側の枝は右側の枝の極方程式に (1-28) を処方することで得られるわけです．

一見形式的にみえる (1-28) の意味をさらに次の例で考えてみましょう．

(vi) アルキメデスの螺旋 (らせん)

この曲線の極方程式は $r = a\theta$ で与えられます．a は正の定数で，θ の変域は全実数です．簡単のため $a = 1$ として，適当な θ の値 $\left(0, \frac{\pi}{6}, \frac{\pi}{4}, \cdots\right)$ をとって曲線の概形を描くと，右図の実線の部分のようになることが分ります．

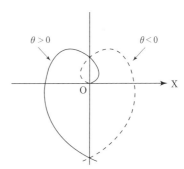

$\theta < 0$ のときは，たとえば
$$\left(-\frac{\pi}{6}, -\frac{\pi}{6}\right) = \left(\frac{\pi}{6}, \frac{5}{6}\pi\right),$$
$$\left(-\frac{\pi}{4}, -\frac{\pi}{4}\right) = \left(\frac{\pi}{4}, \frac{3}{4}\pi\right), \cdots$$

などにより，図の破線のように変化することが分ります．

(vii) 以上の例から分るように，(iii), (iv) では $r < 0$ の部分は $r > 0$ の部分に重なっており，(vi) では $r < 0$ の部分が $r > 0$ の部分とは別のグラフに対応していました．$r = f(\theta)$ に対して $f(\theta + \pi) = -f(\theta)$ であれば

$$(f(\theta + \pi), \theta + \pi) = (-f(\theta), \theta + \pi) = (-r, \theta + \pi) = (r, \theta + 2\pi) = (r, \theta)$$

なので (iii), (iv) の場合になりますが，$f(\theta + \pi) \neq -f(\theta)$ ならば (vi) のように $r < 0$ の部分に対する新たなグラフが現れることがあるわけです．

やや天下り的な (1-28) を認めたくない人は，グラフを考える場合には，$y = f(x)$ や $r = f(\theta)$ の表現ではなく，曲線の一般的な表現であるパラメータ表示 $x = f(\theta)\cos\theta, y = f(\theta)\sin\theta$ に徹する方がよいでしょう．(vi) では $x = \theta\cos\theta, y = \theta\sin\theta$ (θ は実数) となりこのグラフは前の図の実線と破線の全体です．グラフを描くためには微分法を用います．

上の例以外にも下のようにいろいろな曲線があります (a, b は正の定数です)．

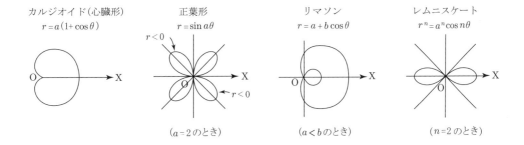

練習 13 直交座標と極座標の原点を共通にとり，始線 OX を x 軸とする．
(1) 次の図形を極方程式で表わせ．
　(ⅰ) $x^2+xy+y^2=1$　　　(ⅱ) $(x^2+y^2)^2=x^2-y^2$
(2) 次の図形を直交座標系に関する方程式で表わせ．
　(ⅰ) $r^2\cos 2\theta=4$　　(ⅱ) $r=2\sin 2\theta$　　(ⅲ) $r=a(1+\cos\theta)$

［解］ (1)(ⅰ) $x=r\cos\theta, y=r\sin\theta$ を代入すると $r^2(\cos^2\theta+\sin\theta\cos\theta+\sin^2\theta)=1$ となる．これをまとめて $r^2(1+\sin\theta\cos\theta)=1$ を得る■

(ⅱ) (ⅰ) と同じく $(r^2)^2=r^2(\cos^2\theta-\sin^2\theta)$ となる．$r\ne 0$ なら $r^2=\cos^2\theta-\sin^2\theta=\cos 2\theta$ だが，これは $\theta=\dfrac{\pi}{4}$ のとき O を通るので $r=0$ のときも含む．
したがって $r^2=\cos 2\theta$ が求める方程式である■

(2)(ⅰ) $r^2(\cos^2\theta-\sin^2\theta)=4$ より $x^2-y^2=4$ を得る■

(ⅱ) $r=2\sin 2\theta$ は O を通るから $r^3=2r^2\sin 2\theta=4\cdot r\cos\theta\cdot r\sin\theta$ と同値である．よって $(x^2+y^2)^{\frac{3}{2}}=4xy$，つまり $(x^2+y^2)^3=16x^2y^2$ を得る■

(ⅲ) これも O を通るので $r^2=a(r+r\cos\theta)$，つまり $r^2-ar\cos\theta=ar$ と同値である．よって $(x^2+y^2-ax)^2=a^2(x^2+y^2)$ を得る■

注意 (2)(ⅱ) で $(x^2+y^2)^{\frac{3}{2}}=4xy$ を平方して $(x^2+y^2)^3=16x^2y^2$ としましたが，$r<0$ を許すなら $r=\pm\sqrt{x^2+y^2}$ なので，平方しても同値性は破れません．(ⅲ) でも同様に考えています．

第 3 節　第 1 章の問題

1.1 平面上に三角形 ABC が与えられている．この平面上の点 P に対して，AP の中点を Q，BQ の中点を R，CR の中点を S とする．S = P となる点 P がただ 1 つ存在することを証明せよ．
　また，この点を P_0 とするとき，△ABC と △P_0BC の面積の比を求めよ．　　　　　(名大)

1.2 平面上に，長さ 1 の辺 AB を斜辺とする直角三角形 OAB と，これを頂点 O のまわりに回転した直角三角形 OA$'$B$'$ があり (A, B を回転した点がそれぞれ A$'$, B$'$ である)，辺 AB の中点は辺 OA$'$ 上にある．辺 AB, A$'$B$'$ の交点を P とするとき，$\overrightarrow{OP}$ を $\overrightarrow{OA}=\vec{a}, \overrightarrow{OB}=\vec{b}$ および辺 OA の長さ a を用いて表わせ．　　　　　(横国大)

1.3 三角形 ABC において，辺 AB, BC, CA をそれぞれ 2:1 に内分する点を A_1, B_1, C_1 とし，また，線分 A_1B_1, B_1C_1, C_1A_1 をそれぞれ 2:1 に内分する点を A_2, B_2, C_2 とする．このとき三角形 $A_2B_2C_2$ は三角形 ABC に相似であることを示せ．　　　　　(京大)

1.4 平面上で $A_1, A_2, \cdots, A_n$ を相異なる n 個の定点とする．この平面上の点 P に対して，点 A_1 に関して P と対称な点を P_1，点 A_2 に関して P_1 と対称な点を $P_2, \cdots$，点 A_n に関して P_{n-1} と対称な点を P_n とする．次の (1), (2) を証明せよ．

(1) n が偶数のとき，ベクトル $\overrightarrow{PP_n}$ は点 P によらない定ベクトルである．

(2) n が奇数のとき，P と P_n は点 P のとりかたによらないある定点に関して対称である．

(阪大)

1.5 三角形 ABC の頂点 A, B, C の位置ベクトルをそれぞれ $\vec{a}, \vec{b}, \vec{c}$ とし，この三角形の周および内部を表わす位置ベクトルの集合を M とするとき，次の (1), (2) を証明せよ．

(1) $|\vec{a} - \vec{b}|, |\vec{b} - \vec{c}|, |\vec{c} - \vec{a}|$ のうちで最大のものを D とすると，任意の $\vec{x} \in M$ に対して

$$|\vec{x} - \vec{a}| \leqq D, \quad |\vec{x} - \vec{b}| \leqq D, \quad |\vec{x} - \vec{c}| \leqq D$$

である．

(2) (1) の D と，任意の $\vec{x} \in M$，任意の $\vec{y} \in M$ に対して $|\vec{x} - \vec{y}| \leqq D$ である．

(早大)

1.6 三角形 OAB の重心 G を通る直線が，辺 OA, OB とそれぞれ辺上の点 P, Q で交わっているとする．$\overrightarrow{OP} = h\overrightarrow{OA}$, $\overrightarrow{OQ} = k\overrightarrow{OB}$ とし，三角形 OAB，三角形 OPQ の面積をそれぞれ S, T とするとき，次の関係が成り立つことを示せ．

(1) $\dfrac{1}{h} + \dfrac{1}{k} = 3$．

(2) $\dfrac{4}{9}S \leqq T \leqq \dfrac{1}{2}S$．

(京大)

1.7 三角形 ABC の外接円の周上の 3 点 P, Q, R について次の条件を考える．ただし，k は実数とする．

(ⅰ) $\overrightarrow{PB} + \overrightarrow{PC} = k\overrightarrow{PA}$ (ⅱ) $\overrightarrow{QC} + \overrightarrow{QA} = k\overrightarrow{QB}$ (ⅲ) $\overrightarrow{RA} + \overrightarrow{RB} = k\overrightarrow{RC}$

(1) (ⅰ) をみたす k が存在するとき，直線 PA と直線 BC の交点を D とする．DB : DC を求めよ．

(2) (ⅱ), (ⅲ) をともにみたす k が存在するとき，QR // BC であることを示せ．

(3) (ⅰ), (ⅱ), (ⅲ) をすべてみたす k が存在するとき，三角形 ABC は正三角形であることを示せ．

(京府医大)

1.8 O を始点とする 2 つの半直線 OX, OY によって与えられた角 XOY 内の定点 P を通り，半直線 OX, OY とそれぞれ A, B で交わる直線を引き，三角形 OAB の面積を最小にしたい．直線をどのように引いたらよいか．

(中央大)

1.9 右の図のように，平面上に半径 1 の円 O と，1 辺の長さが 4 の正三角形 ABC がある．

点 P は円 O の周上と内部を動き，点 Q は三角形 ABC の周上を動くとき，線分 PQ の中点 R の動き得る範囲

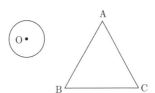

の面積を求めよ． (東大)

1.10 平面上に AB = AC である二等辺三角形 ABC がある．この平面上で三角形 ABC の外側に 2 つの正方形 ABDE, BCFG をつくり，2 直線 AF, CE の交点を P とする．AD⊥AF であるとき，∠BAC の余弦の値を求め，さらに $\overrightarrow{AP}$ を，$\overrightarrow{AB} = \vec{b}, \overrightarrow{AC} = \vec{c}$ を用いて表わせ． (横国大)

1.11 平面上の四辺形 ABCD に対して，$\overrightarrow{AB} = \vec{a}, \overrightarrow{BC} = \vec{b}, \overrightarrow{CD} = \vec{c}, \overrightarrow{DA} = \vec{d}$ とおく．$(\vec{a}, \vec{b}) = (\vec{b}, \vec{c}) = (\vec{c}, \vec{d}) = (\vec{d}, \vec{a})$ が成り立つとき，四辺形 ABCD はどんな形か． (群馬大)

1.12 三角形 ABC において，$\overrightarrow{BC} = \vec{a}, \overrightarrow{CA} = \vec{b}, \overrightarrow{AB} = \vec{c}$ とおく．
$\vec{p} = (\vec{a}, \vec{b})\vec{c} + (\vec{b}, \vec{c})\vec{a} + (\vec{c}, \vec{a})\vec{b}$ とするとき，三角形 ABC が直角三角形であるための必要十分条件は $|\vec{p}| = |\vec{a}||\vec{b}||\vec{c}|$ であることを示せ． (東京水産大)

1.13 平面上の三角形 ABC の頂点 A を通り，辺 AB, AC に垂直な直線をおのおの ℓ, m とする．B の m に関する対称点を B′，C の ℓ に関する対称点を C′ とし，$\overrightarrow{AB} = \vec{b}, \overrightarrow{AC} = \vec{c}$，$\overrightarrow{AB'} = \vec{b'}, \overrightarrow{AC'} = \vec{c'}$ とおくと，次の条件が成り立つという．

$$\vec{b'} = \alpha\vec{b} + \vec{c}, \quad \vec{c'} = n\vec{b} + \beta\vec{c} \ (n \text{ は正の整数}), \quad |\vec{b}| = 1.$$

$n, \angle\text{BAC}, \alpha, \beta$，および $|\vec{c}|$ の値を求めよ． (東大)

1.14 正三角形 ABC の直線 AB に関して C と反対側に ∠AOB = $\frac{\pi}{3}$ となるように点 O をとる．
$\overrightarrow{OA} = \vec{a}, \overrightarrow{OB} = \vec{b}, \overrightarrow{OC} = \vec{c}$ とおくとき

$$\vec{c} = |\vec{b}|\frac{\vec{a}}{|\vec{a}|} + |\vec{a}|\frac{\vec{b}}{|\vec{b}|}$$

であることを証明せよ． (京大)

1.15 1 つの平面内にあるいくつかの $\vec{0}$ でないベクトルからなる集合 S が，次の条件

$\vec{a}, \vec{b}$ が S のベクトルならば $\dfrac{2(\vec{a}, \vec{b})}{|\vec{b}|^2}$ は整数である $\cdots (*)$

をみたしているという．
(1) S の 2 つのベクトルのなす角は $0, \frac{\pi}{6}, \frac{\pi}{4}, \frac{\pi}{3}, \frac{\pi}{2}$，およびこれらの補角のうちの 1 つであることを示せ．
(2) (1) において，角が $0, \frac{\pi}{6}, \frac{\pi}{3}$ の場合には，2 つのベクトルの長さの比はどうなるか．
(3) $\frac{\pi}{6}$ の角をなすベクトル $\vec{a}, \vec{b}$ を含み，12 個のベクトルからなる集合 S の例を図示し，各ベクトルを $\vec{a}, \vec{b}$ で表わせ． (京大)

1.16 平面上の点 O を始点とするその平面上のベクトルの集合 S_n（n は自然数）は，次の 3 つの性質をもっている．

(i) $\vec{a}, \vec{b}$ が S_n に含まれるならば，$\vec{a}+\vec{b}, \vec{a}-\vec{b}$ も S_n に含まれる.

(ii) $\vec{a}$ が S_n のベクトルならば，この平面上で O を中心にして $\vec{a}$ を $\dfrac{2\pi}{n}$ だけ回転したベクトル $\vec{a_1}$ も S_n に含まれる.

(iii) S_n は次のような $\vec{0}$ でないベクトル $\vec{a_0}$ を含む．
S_n のすべての $\vec{0}$ でないベクトル $\vec{a}$ に対して $|\vec{a_0}| \leqq |\vec{a}|$ である.

(1) (i)〜(iii) をみたす S_6 は存在する．平面上にそのような集合 S_6 の 1 つの例をベクトルの終点で簡単に図示せよ (答のみでよい).

(2) $n \leqq 6$ であることを示せ． (京府医大)

1.17 平面上に三角形 ABC と点 P がある．三角形 ABC の内心を I とし，AB $= c$, BC $= a$, CA $= b$ とおく.

(1) $\overrightarrow{\mathrm{PI}} = \dfrac{a\overrightarrow{\mathrm{PA}} + b\overrightarrow{\mathrm{PB}} + c\overrightarrow{\mathrm{PC}}}{a+b+c}$ が成り立つことを示せ． (同志社大)

(2) $\sin A \cdot \overrightarrow{\mathrm{IA}} + \sin B \cdot \overrightarrow{\mathrm{IB}} + \sin C \cdot \overrightarrow{\mathrm{IC}} = \vec{0}$ が成り立つことを示せ.

1.18 三角形 ABC の辺 AB に接する傍接円の中心を K とする．AB $= c$, BC $= a$, CA $= b$ とし，さらに 3 点 A, B, C の位置ベクトルをおのおの $\vec{a}, \vec{b}, \vec{c}$ とするとき，点 K の位置ベクトルを $a, b, c, \vec{a}, \vec{b}, \vec{c}$ を用いて表わせ． (富医大)

1.19 三角形 ABC の内心を I, I から辺 BC, CA, AB に下した垂線の足をそれぞれ D, E, F とするとき，次式が成り立つことを証明せよ.
$$\sin A \cdot \overrightarrow{\mathrm{ID}} + \sin B \cdot \overrightarrow{\mathrm{IE}} + \sin C \cdot \overrightarrow{\mathrm{IF}} = \vec{0}.$$

1.20 鋭角三角形 ABC の外心を O, 垂心を H とするとき，次の (1), (2) が成り立つことを証明せよ.

(1) $\sin 2A \cdot \overrightarrow{\mathrm{OA}} + \sin 2B \cdot \overrightarrow{\mathrm{OB}} + \sin 2C \cdot \overrightarrow{\mathrm{OC}} = \vec{0}$.

(2) $\tan A \cdot \overrightarrow{\mathrm{HA}} + \tan B \cdot \overrightarrow{\mathrm{HB}} + \tan C \cdot \overrightarrow{\mathrm{HC}} = \vec{0}$.

1.21 放物線 $y = x^2$ の上の相異なる 2 点 P, Q をどのように選んでも，P, Q が直線 $y = m(x-3)$ に関して対称とならないような定数 m の範囲を求めよ． (東京医歯大)

1.22 放物線 $2y = x^2 - 12x + 33$ が直線 $y = ax + b$ より切り取る弦の長さは，放物線 $y = -x^2$ がこの直線より切り取る弦の長さの 2 倍であるという．a の取り得る値の範囲を調べよ．また，この直線はつねにある定点を通ることを示せ． (北大)

1.23 点 $(2, 0)$ を中心とする半径 2 の円 C の周上に点 P, x 軸上に点 A$(a, 0)$ があり，OP $=$ 2AP が成り立っている．ただし，O は原点で，A $\neq$ O とする.

(1) a の値の範囲を求めよ.

(2) 点 P は円 C の周上のどんな範囲にあるか． (一橋大)

1.24 中心 $(3, 0)$, 半径 3 の円を O_1, 中心 $(-3, 0)$, 半径 2 の円を O_2 とする．$(0, k)$ を通る直線で O_1, O_2 によって切り取られる弦の長さが等しくなるような直線が 2 本存在する

ときの k の条件を求めよ. (札幌医大)

1.25 放物線 $y = a(1-x^2)$ と x 軸とで囲まれる図形に含まれ, かつ x 軸に接する円の半径の最大値を求めよ. ただし, a は正の定数とする. (一橋大)

1.26 長さ ℓ の線分がその両端を放物線 $y = x^2$ の上にのせて動く. この線分の中点 M が x 軸に最も近い場合の M の座標を求めよ. (東大)

1.27 xy 平面上の $y \geqq x^2$ で表わされる領域を D とする. D に含まれる1辺の長さ t の正方形で, 各辺が座標軸に平行であるか, または $\dfrac{\pi}{4}$ の角をなすものをすべて考える.

このとき, これらの正方形の中心 (対角線の交点) の y 座標の最小値を t の関数として表わし, そのグラフを描け. (東大)

1.28 二次関数 $y = \dfrac{3}{4}x^2 - 3x + 4$ の, 区間 $a \leqq x \leqq b \, (0 < a < b)$ における値域が区間 $a \leqq y \leqq b$ であるという. a, b の値を求めよ. (東工大)

1.29 実数係数の二次関数 $f(x) = x^2 + ax + b$ について, 次の問に答えよ.
(1) $f(x)$ が $|f(1)| < \dfrac{1}{2}$ および $|f(-1)| < \dfrac{1}{2}$ をみたすときの放物線 $y = f(x)$ の頂点の存在範囲を図示せよ.
(2) $-1 \leqq x \leqq 1$ で $|f(x)| \geqq \dfrac{1}{2}$ をみたす x が存在することを証明せよ. (新潟大)

1.30 放物線 $y = cx^2$ を C とし, C 上にない点 P を通り C と2点で交わる直線を2本とり, それぞれを ℓ, m とする. さらに, C と ℓ との交点を Q, R, C と m との交点を S, T とおく. ℓ, m の傾きが一定であるとき $\dfrac{\text{PQ} \cdot \text{PR}}{\text{PS} \cdot \text{PT}}$ の値は P の位置に依存しないことを示せ. ただし, c は 0 でない定数とする. (秋田大)

1.31 原点 O を中心とする半径1の円の外部の点 P からこの円に接線を引き, 接点を A, B とする. また, 点 P からこの円と2点 Q, R で交わる直線を引き, 直線 QR と直線 AB との交点を S とおく. このとき, 次の等式 $\dfrac{1}{\text{PQ}} + \dfrac{1}{\text{PR}} = \dfrac{2}{\text{PS}}$ が成り立つことを示せ. (大分医大)

1.32 xy 平面上の原点を中心とする半径1の円を C とし, 放物線 $y = x^2 - 2$ 上に互いに異なる3点 P, Q, R をとる. このとき, 直線 PQ, PR が C に接するならば直線 QR も C に接する. これを示せ. (名大)

1.33 円 $C : x^2 + y^2 = r^2$ の周上の点 A から x 軸に下した垂線の足を B とし, A を中心とする半径 AB の円と円 C との交点を Q, R とする. AB と QR との交点 P の軌跡を求めよ. (一橋大)

1.34 xy 平面上の点 $(1, 0), (2, 0)$ をそれぞれ A, B とし, 直線 $y = mx \, (m \neq 0)$ を ℓ とする. 直線 ℓ 上に点 P を, AP + PB が最小になるようにとる. m が変化するときの P の軌跡を求めよ. (北大)

1.35 xy 平面において, 不等式 $y \geqq x^2$ の表わす領域を D とし, $y \geqq (x-4)^2$ の表わす領域を E とする.

このとき，次の条件 (∗) をみたす P(a, b) 全体の集合を求め，これを図示せよ．
  (∗) P(a, b) に関して D と対称な領域を U とすると，
     $D \cap U \neq \phi$, $E \cap U \neq \phi$, $D \cap E \cap U = \phi$.   (東大)

1.36 $r \geqq 0, s \geqq 0$ のとき，xy 平面上の領域 $(x-r)^2 + (y-s)^2 \leqq \frac{1}{2}(r^2 + s^2)$ が格子点を含まないような (r, s) の存在する範囲を図示せよ．ただし，格子点とは x 座標，y 座標がともに整数であるような点のことである．   (滋賀大)

1.37 (1) F, F' を焦点とする楕円上の点 P におけるこの楕円の接線を ℓ とする．ℓ と PF とのなす角と，ℓ と PF' のなす角は等しいことを示せ．ただし，2 直線のなす角は $\frac{\pi}{2}$ 以下にとるものとする．
(2) 双曲線に対しても (1) と同じ主張が成り立つことを示せ．
(3) 放物線 C の焦点を F，準線を m とし，C 上の点 P における接線を ℓ，P から m に下した垂線の足を H とする．ℓ は ∠FPH の 2 等分線であることを示せ．

1.38 (1) 楕円と双曲線に対して，直交する 2 本の接線の交点の描く図形を求めよ．
(2) 放物線に対して，直交する 2 接線の交点の軌跡は準線であることを示せ．

1.39 楕円と双曲線と放物線に対して，1 つの焦点を F とする．3 つの曲線に対して次の (1), (2) を示せ．
(1) F を通る任意の弦 AB に対して $\frac{1}{FA} + \frac{1}{FB}$ は一定である．
(2) F を通り直交する 2 本の弦の長さを ρ, σ とおくと，$\frac{1}{\rho} + \frac{1}{\sigma}$ は一定である．

1.40 双曲線 $\frac{x^2}{a^2} - \frac{y^2}{b^2} = 1$ ($a > 0, b > 0$) の $x > 0$ の部分と $x < 0$ の部分の両方に接する円に 1 つの焦点 F から引いた 2 本の接線のなす角は一定である．これを示せ．

1.41 双曲線 $\frac{x^2}{a^2} - \frac{y^2}{b^2} = 1$，およびその漸近線とそれぞれ 2 点で交わっている直線がある．4 交点を並んでいる順に A, B, C, D とおく．直線のとり方によらず AB = CD が成り立つことを示せ．

1.42 双曲線 $\frac{x^2}{a^2} - \frac{y^2}{b^2} = 1$ の上に点 P をとり，原点 O を通り，かつ OP と直交する直線が双曲線 $\frac{x^2}{a^2} - \frac{y^2}{b^2} = -1$ と交わる点の 1 つを Q とする．このとき，$\frac{1}{OP^2} - \frac{1}{OQ^2}$ は P によらず一定であることを示せ．

1.43 三角形 ABC の辺 BC の中点を M，A から BC に下した垂線の足を L，∠A の 2 等分線と辺 BC との交点を N とする．辺 BC を固定して条件 ML・MN $= a^2$ のもとで A を動かすとき，A の描く図形を求めよ．ただし，a は正の定数で，$2a <$ BC をみたすものとする．   (電通大)

1.44 楕円の長軸，短軸と異なる 1 つの直径 PP' が楕円の中心を通らない弦 $Q_1 Q_1'$ を 2 等

分するならば，Q_1Q_1' に平行な直径 QQ' は PP' に平行な任意の弦を 2 等分することを示せ．ただし楕円の直径とは楕円の中心を通る弦のことである．

1.45 楕円 $\dfrac{x^2}{a^2} + \dfrac{y^2}{b^2} = 1\,(a>b>0)$ の周上に $\angle POQ = \dfrac{\pi}{2}$ をみたす 2 点 P, Q をとる．ただし O は原点である．

(1) $\dfrac{1}{\mathrm{OP}^2} + \dfrac{1}{\mathrm{OQ}^2}$ は一定であることを示せ．

(2) $\dfrac{1}{\mathrm{OP}} + \dfrac{1}{\mathrm{OQ}}$ の最大値と最小値を求めよ． (電通大)

(3) P, Q における接線の交点の軌跡を求めよ． (東京水産大)

1.46 xy 平面上で，楕円 $C: \dfrac{x^2}{a^2} + \dfrac{y^2}{b^2} = 1\,(a>0,\,b>0)$ の外側に 1 点 $\mathrm{P}_1(x_1, y_1)$ が与えられている．

次の 3 つの条件をみたすように点 $\mathrm{P}_n(x_n, y_n)\,(n = 1, 2, \cdots)$ を定める．

（ⅰ） 直線 $\mathrm{P}_n\mathrm{P}_{n+1}$ は C に接する．

（ⅱ） 点 P_n と P_{n+1} の中点が（ⅰ）の接点である．

（ⅲ） 点 $\mathrm{P}_1, \mathrm{P}_2, \mathrm{P}_3, \cdots$ はこの順で原点のまわりに反時計方向に並んでいる．

(1) $\dfrac{x_1^2}{a^2} + \dfrac{y_1^2}{b^2} = \dfrac{x_2^2}{a^2} + \dfrac{y_2^2}{b^2}$ が成り立つことを示せ．

(2) $x_1 = \sqrt{\dfrac{5}{6}}\,a,\;y_1 = \dfrac{1}{\sqrt{2}}\,b$ のとき，$\mathrm{P}_7 = \mathrm{P}_1$ であることを示せ． (慶大)

1.47 楕円 $\dfrac{x^2}{a^2} + \dfrac{y^2}{b^2} = 1$ に外接する長方形の面積の最大値と最小値を求めよ．

1.48 楕円 $\dfrac{x^2}{a^2} + \dfrac{y^2}{b^2} = 1\,(a>b>0)$ の焦点を F, F′ とする．

(1) この楕円の接線 g に F, F′ から下した垂線の足を H, H′ とすると，$\mathrm{FH}\cdot\mathrm{F'H'} = b^2$ が成り立つことを示せ．

(2) この楕円の外部の点 P からこの楕円に引いた 2 本の接線を g, g' とし，その接点をそれぞれ T, T′ とすると，$\angle\mathrm{FPT} = \angle\mathrm{F'PT'}$ が成り立つことを示せ． (名工大)

1.49 双曲線 $x^2 - y^2 = 1$ の接線に関して原点 O と対称な点 P が描く曲線の極方程式を求めよ．

1.50 楕円 $\dfrac{x^2}{a^2} + \dfrac{y^2}{b^2} = 1\,(a>b>0)$ の離心率を e，焦点の 1 つを $\mathrm{F}(ae, 0)$ とする．

(1) この楕円の極方程式を求めよ．ただし，F を極，x 軸の正方向を始線とする．

(2) F を通る 2 本の弦 PQ, RS が直交するとき，$\dfrac{1}{\mathrm{FP}\cdot\mathrm{FQ}} + \dfrac{1}{\mathrm{FR}\cdot\mathrm{FS}}$ の値は一定であることを示せ． (東工大)

第2章 空間図形

座標計算にせよ，ベクトルにせよ，立体図形を取り扱う場合(次元が1つ多いので当り前のことですが)，平面の場合より計算が一般に面倒にならざるを得ません．他方，図形的(初等幾何的)な見方を援用することによって，面倒な計算を簡単にできる場合がしばしばあります．立体図形に対する感覚，さらに，図形を頭の中に思い浮かべて，その見取り図や必要な断面図，投影図などを描く力が要求される分野であるといってよいでしょう．

第1節 立体図形

上のはしがきで述べた"感覚"を次の練習で試してみましょう．

練習1 (1) (i) 点Oを中心とする半径3の球Sと，$OP = 5$をみたす点Pがある．Pを通る直線ℓがSと2点Q, Rで交わっているとき，積$PQ \cdot PR$の値を求めよ．

(ii) 空間に2点A, Bと，線分ABと交わらない定直線ℓがある．ℓ上の動点Pに対して，$PA^2 + PB^2$を最小にする点Pの位置はどこか．

(2) 1辺の長さが1の正四面体の高さ，体積，隣り合う2面のなす角の余弦，内接球の半径を求めよ．

(3) 内接球の半径が1であるような正八面体の，1辺の長さ，対角線の長さ，体積，隣り合う2面のなす角の余弦を求めよ．

(4) 上面，下面は長方形，側面は等脚台形の四角錐台ABCD–EFGHにおいて

$$AB = 12, \quad AD = 9, \quad AE = 13, \quad EF = 20$$

である．FG, AGの長さ，およびこの立体の体積を求めよ．ただし，EA, FB, GC, HDを含む4本の直線は1点で交わるものとする． (東大)

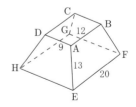

(5) 底面は1辺の長さ1の正方形で，側面は等しい長さが2の2等辺三角形である

正四角錐 O–ABCD がある．辺 OA, OD を 3 : 1 に内分する点をそれぞれ P, Q とするとき，四辺形 BCQP の面積を求めよ．

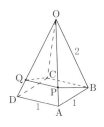

(6) 半径 1 の球に内接する正四角柱の体積の最大値を求めよ．

(7) AB = BC = CA = 2, OA = OB = OC = 3 である三角錐 O–ABC の内接球と外接球の半径を求めよ．

(8) ともに半径 r の 4 つの球 S_A, S_B, S_C, S_D と半径 R の球 S が，1 辺の長さ 2 の正四面体 ABCD に含まれている．ただし，S_A は頂点 A を含む 3 つの面に接し，S_B, S_C, S_D も同様におのおの B, C, D を含む 3 面に接し，どの 2 つの球も円を共有せず，また，S は S_A, S_B, S_C, S_D に外接している．r と R の関係式，および r の最小値を求めよ．

(9) 体積 V_1 の直円錐の内接球の体積を V_2 とする．$V_1 : V_2 = 2 : 1$ が成り立つとき，直円錐の底面の半径と高さの比を求めよ． (東大)

(10) 頂角が $\alpha\,(<\pi)$ で，母線の長さが h の直円錐の底面の 1 つの直径を AB とし，この円錐の側面上で A, B を結ぶ最短の曲線を C，C 上の点 P を通る母線と底円との交点を Q とする．PQ の長さ y を $\widehat{\mathrm{AQ}} = x$ の関数として表わせ．

[解] (1) (i) ℓ と O を含む平面による S の切り口の (大) 円を C とする (ℓ が O を含むときは ℓ と O を含む平面のうちの 1 つの任意の 1 つをとる)．この平面内で P から S に引いた接線は C への接線でもあるので，接点を T とすると方巾の定理より

$$\mathrm{PQ} \cdot \mathrm{PR} = \mathrm{PT}^2 = \mathrm{OP}^2 - \mathrm{OT}^2 = 5^2 - 3^2 = 16$$

が得られる■

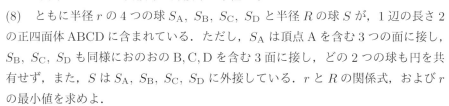

(ii) 線分 AB の中点を M とすると，中線定理より

$$\mathrm{PA}^2 + \mathrm{PB}^2 = 2(\mathrm{PM}^2 + \mathrm{AM}^2)$$

なので，PM が最小のとき上式の値も最小となる．
よって求める点 P は M から ℓ に下した垂線の足である (P_0)■

(2) 右図で辺 BC の中点を M，A から底面 BCD に下した垂線の足を H とする．H は △BCD の重心でもあるから

$$\mathrm{MH} = \frac{1}{3}\mathrm{MD} = \frac{1}{3}\mathrm{AM} = \frac{1}{3} \cdot \frac{\sqrt{3}}{2}$$

である．よって

$$\mathrm{AH} = \sqrt{\mathrm{AM}^2 - \mathrm{MH}^2} = \sqrt{\frac{3}{4} - \frac{1}{12}} = \frac{\sqrt{6}}{3}$$

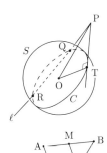

となる■

次に四面体の体積は

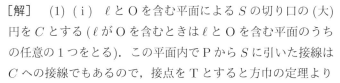

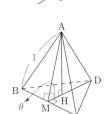

$$\frac{1}{3}\triangle \mathrm{BCD}\cdot \mathrm{AH}=\frac{1}{3}\cdot \frac{1}{2}\cdot 1\cdot \frac{\sqrt{3}}{2}\cdot \frac{\sqrt{6}}{3}=\frac{\sqrt{2}}{12}$$

である．

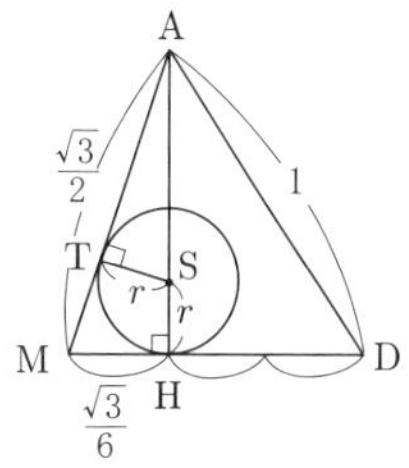

また，隣り合う 2 面のなす角 θ は $\angle \mathrm{AMD}$ で与えられる．したがって余弦定理より

$$\cos\theta=\frac{\frac{3}{4}+\frac{3}{4}-1}{2\cdot \frac{\sqrt{3}}{2}\cdot \frac{\sqrt{3}}{2}}=\frac{1}{3}$$

となる．

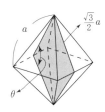

最後に，内接球の中心を S，半径を r とおくと $\mathrm{AS}:\mathrm{ST}=\mathrm{AM}:\mathrm{MH}$ なので (図参照)

$$\left(\frac{\sqrt{6}}{3}-r\right):r=\frac{\sqrt{3}}{2}:\frac{\sqrt{3}}{6}=3:1$$

となる．これを解いて $r=\dfrac{\sqrt{6}}{12}$ を得る．

(3)　1 辺の長さを a とする．正八面体を半分に切った切り口の図形 (灰色部のひし形) の内接円が内接球の大円を与える．条件よりこの半径が 1 なので，右下図より

$$\frac{1}{\sqrt{2}}a:1=\frac{\sqrt{3}}{2}a:\frac{a}{2}$$

となり，これを解いて $a=\sqrt{6}$ を得る．

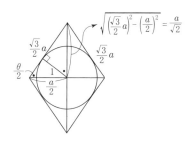

同じ図より対角線の長さは $\dfrac{1}{\sqrt{2}}a\times 2=2\sqrt{3}$，体積は $\dfrac{1}{3}\cdot(\sqrt{6})^2\cdot\dfrac{\sqrt{6}}{\sqrt{2}}\times 2=4\sqrt{3}$ である．

また，隣り合う 2 面角を θ とおくと，同じ図で

$$\cos\frac{\theta}{2}=\frac{\frac{a}{2}}{\frac{\sqrt{3}}{2}a}=\frac{1}{\sqrt{3}}$$

より $\cos\theta=2\cos^2\dfrac{\theta}{2}-1=-\dfrac{1}{3}$ が得られる．

(4)　側面の台形の 4 つの等脚が点 O で交わるとすると，$\mathrm{AB}:\mathrm{EF}=\mathrm{OA}:\mathrm{OE}=\mathrm{DA}:\mathrm{HE}$ より $12:20=9:\mathrm{HE}$ だから

$$\mathrm{FG}=\mathrm{HE}=\frac{1}{12}\cdot 20\cdot 9=15$$

である．

次に，図のように P, Q, R, S, T, U, V, W をとる．$\mathrm{RT}=12$ より $\mathrm{ER}=\dfrac{1}{2}(20-12)=4$ で，同様に $\mathrm{EP}=\dfrac{1}{2}(15-9)=3$ である．

よって $\mathrm{EQ}=5$ となり

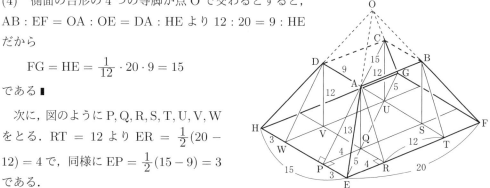

$$GQ = GU + UQ = EQ + AC = 5 + 15 = 20,$$
$$AQ = \sqrt{AE^2 - EQ^2} = \sqrt{169 - 25} = 12$$

となるから

$$AG = \sqrt{AQ^2 + QG^2} = \sqrt{144 + 400} = 4\sqrt{34}$$

を得る∎

また，求める体積は

直方体 ABCD-QSUV　＋　四角錐 A-PQRE ×4　＋　三角柱 AQR-BST ×2　＋　三角柱 APQ-DWV ×2

$$= 9 \cdot 12 \cdot 12 + 4 \cdot \frac{1}{3} \cdot 3 \cdot 4 \cdot 12 + 2 \cdot \frac{1}{2} \cdot 3 \cdot 12 \cdot 12 + 2 \cdot \frac{1}{2} \cdot 4 \cdot 12 \cdot 9 = 2352$$

となる∎

(5) $\angle AOB = \theta$ とおくと，余弦定理より $\cos\theta = \frac{4+4-1}{2 \cdot 2 \cdot 2} = \frac{7}{8}$ だから，$OP = \frac{3}{2}$ に注意すると

$$BP(= CQ) = \sqrt{\left(\frac{3}{2}\right)^2 + 2^2 - 2 \cdot \frac{3}{2} \cdot 2 \cdot \frac{7}{8}} = 1$$

である．よって右図より

$$\square PBCQ = \frac{1}{2}\left(\frac{3}{4}+1\right)\frac{3}{8}\sqrt{7} = \frac{21\sqrt{7}}{64}$$

を得る∎

(6) 正四角柱の高さを $2h$ $(0<h<1)$ とおくと，右図より底面の 1 辺の長さは $\sqrt{1-h^2} \times \sqrt{2}$ である．よって体積を V とおくと

$$V = (\sqrt{2}\sqrt{1-h^2})^2 \cdot 2h = 4h(1-h^2)$$

である．

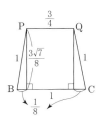

$\frac{dV}{dh} = 4(1+\sqrt{3}h)(1-\sqrt{3}h)$ だから，$0<h<1$ より $h = \frac{1}{\sqrt{3}}$ で V は最大となり，その値は

$$4\frac{1}{\sqrt{3}}\left(1-\frac{1}{3}\right) = \frac{8}{9}\sqrt{3}$$

である∎

(7) 辺 AB の中点を M とおく．$CM = \sqrt{3}$, $OM = 2\sqrt{2}$ などに留意して，図形全体を平面 OMC で切った切り口で考えると，次図の r, R がそれぞれ内接球，外接球の半径を与える．

図において，H は O から底面に下した垂線の足で，これは △ABC の重心でもあるから CH : HM = 2 : 1 である．これより $MH = \frac{\sqrt{3}}{3}$ なので $OH = \sqrt{8 - \frac{1}{3}} = \sqrt{\frac{23}{3}}$ となる．

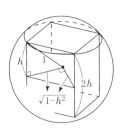

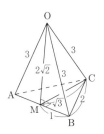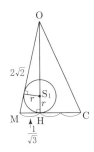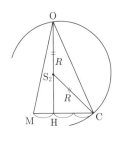

上の中央の図において $OS_1 : r = OM : MH$ が成り立つから
$$\left(\sqrt{\frac{23}{3}} - r\right) : r = 2\sqrt{2} : \frac{1}{\sqrt{3}}, \quad \text{したがって} \quad r = \frac{\sqrt{23}}{\sqrt{3}(2\sqrt{6}+1)}$$
が得られる∎

次に, 右の図で $S_2C^2 = S_2H^2 + HC^2$ より $R^2 = (OH-R)^2 + HC^2$ となるから
$$R = \frac{OH^2 + CH^2}{2 \cdot OH} = \frac{1}{2}\sqrt{\frac{3}{23}}\left(\frac{23}{3} + \frac{4}{3}\right) = \frac{9}{46}\sqrt{69}$$
が得られる∎

(8) (2) と同様の図で考える.

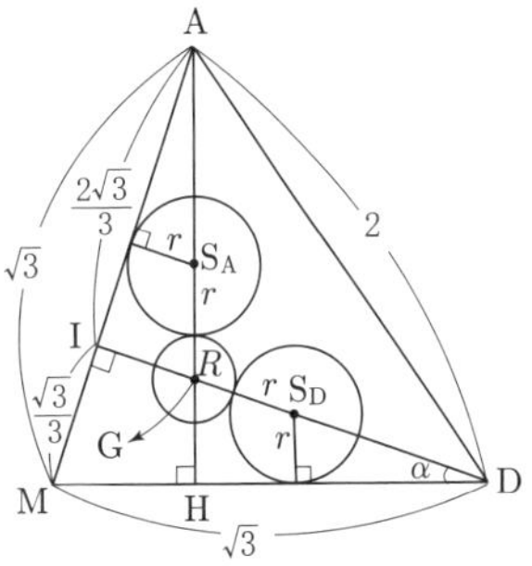

図において $\angle GDH = \alpha$ とおくと
$$\sin\alpha = \frac{MI}{DM} = \frac{\sqrt{3}}{3} \cdot \frac{1}{\sqrt{3}} = \frac{1}{3} \text{ より}$$
$$\cos\alpha = \frac{2\sqrt{2}}{3}, \quad \tan\alpha = \frac{\sqrt{2}}{4}$$
である. また, $DS_D \sin\alpha = r$ より $DS_D = 3r$, $GD\cos\alpha = DH = \frac{2}{3}\sqrt{3}$ より $GD = \frac{2\sqrt{3}}{3\cos\alpha} = \frac{\sqrt{6}}{2}$ なので, これらを用いて
$$GD = R + r + DS_D = R + r + 3r = \frac{\sqrt{6}}{2}$$
つまり
$$R + 4r = \frac{\sqrt{6}}{2}$$
が得られる∎

次に r が最小となるのは R が最大, つまり中央の球が四面体の内接球の場合で, このとき, (2) により $R = \frac{\sqrt{6}}{12} \cdot 2 = \frac{\sqrt{6}}{6}$ なので, r の最小値として
$$\frac{1}{4}\left(\frac{\sqrt{6}}{2} - \frac{\sqrt{6}}{6}\right) = \frac{\sqrt{6}}{12}$$
を得る∎

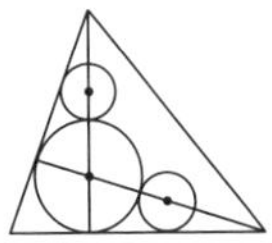

R 最大, r 最小 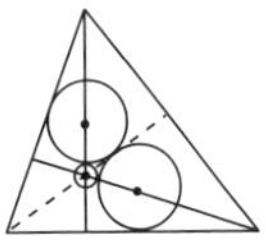 R 最小, r 最大

(9) 直円錐の底面の半径を r, 高さを h とし, 球の半径を R とすると, 次ページの図で
$$\frac{1}{2} \cdot 2r \cdot h = \frac{1}{2}(2r + 2\sqrt{r^2+h^2})R \quad (= \text{次図の三角形の面積})$$

が成り立つから, $R = \dfrac{rh}{r+\sqrt{r^2+h^2}}$ である.

よって $V_2 = \dfrac{4}{3}\pi \left(\dfrac{rh}{r+\sqrt{r^2+h^2}}\right)^3$ で, 他方, $V_1 = \dfrac{1}{3}\pi r^2 h$
だから, 条件より

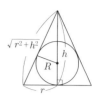

$$2:1 = \dfrac{\pi}{3}r^2 h : \dfrac{4\pi}{3}\left(\dfrac{rh}{r+\sqrt{r^2+h^2}}\right)^3$$
$$= 1 : \dfrac{4rh^2}{(r+\sqrt{r^2+h^2})^3}$$

となり, これを $\dfrac{h}{r} = u$ についてまとめると, $8u^2 = (1+\sqrt{1+u^2})^3$, さらに $(u^2+4)\sqrt{u^2+1} = 5u^2 - 4$ となる. $u^2 = v \geqq \dfrac{4}{5}$ のもとで上式を平方してまとめると $v(v-8)^2 = 0$ が得られる. $v \geqq \dfrac{4}{5}$ より $u^2 = 8$, したがって $u = 2\sqrt{2} = \dfrac{h}{r}$ となるので $r:h = 1:2\sqrt{2}$ である∎

(10) 母線 OA に沿って直円錐を切り開いた展開図における中心角の半分 $(= \angle \mathrm{AOB})$ を β, $\angle \mathrm{AOP}$ を $\theta\,(0 \leqq \theta \leqq \beta)$ とおく.

C はこの図の線分 AB である. 底面の半径を r とおくと, $r = h\sin\dfrac{\alpha}{2}$ なので

$$\text{底面の周} = 2\pi r = 2\pi h \sin\dfrac{\alpha}{2} = h \cdot 2\beta$$

より $\beta = \pi\sin\dfrac{\alpha}{2}\cdots$ ① となる.

さて, $x = \overset{\frown}{\mathrm{AQ}} = h\theta \cdots$ ② である. 正弦定理より

$$\dfrac{\mathrm{OP}}{\sin\dfrac{\pi-\beta}{2}} = \dfrac{\mathrm{OA}}{\sin\left(\pi - \dfrac{\pi-\beta}{2} - \theta\right)}$$
$$= \dfrac{h}{\cos\left(\dfrac{\beta}{2} - \theta\right)}$$

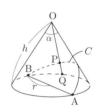

だから

$$y = \mathrm{PQ} = \mathrm{OQ} - \mathrm{OP}$$
$$= h - \sin\dfrac{\pi-\beta}{2} \cdot \dfrac{h}{\cos\left(\dfrac{\beta}{2} - \theta\right)}$$
$$= h\left(1 - \dfrac{\cos\dfrac{\beta}{2}}{\cos\left(\dfrac{\beta}{2} - \theta\right)}\right)$$

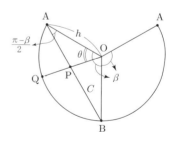

となる. ①, ② より $\dfrac{\beta}{2} = \dfrac{\pi}{2}\sin\dfrac{\alpha}{2}$, $\theta = \dfrac{x}{h}$ なので

$$y = h\left\{1 - \dfrac{\cos\left(\dfrac{\pi}{2}\sin\dfrac{\alpha}{2}\right)}{\cos\left(\dfrac{\pi}{2}\sin\dfrac{\alpha}{2} - \dfrac{x}{h}\right)}\right\}$$

が得られる∎

注意 (1) は，(ⅰ),(ⅱ) ともに適当な座標系のもとで計算してもできるでしょう．しかし，初歩的な幾何の知識を利用することで上のように簡明にできます．

正 n 角錐 O–$A_1A_2\cdots A_n$ は，一般に，底面が正 n 角形で側面はすべて合同な2等辺三角形であるような n 角錐です．頂点 O から底面に下した垂線の足 H は底面の正 n 角形 $A_1A_2\cdots A_n$ の外接円の中心になり，重心とも一致します．△OA_1H, △OA_2H は OH を共有し $OA_1 = OA_2$ をみたす直角三角形なので合同であり，したがって $A_1H = A_2H$ で，同様に $A_2H = A_3H = \cdots$ だから上の主張が成り立ちます．

(2),(3),(7),(8) では，内接球，外接球の中心が OH 上にあることを前提にしています．

外接球の中心は各頂点から等距離にある点ですから，底面の外接円の中心を通り底面に垂直な直線つまり OH 上になければなりません．

一般に平行でない2平面に接する球の中心はそれらのなす角を2等分する平面上にあります．よって (2) における内接球の中心 S は，平面 ADB と ADC のなす角を2等分する平面 AMD 上にあり，同様に平面 ANB（N は辺 CD の中点）上の点でもあるから，これら2平面の交線上にあります．これら2平面は底面 BCD に垂直だからその法線ベクトルは底面に平行でかつ交線に垂直なので，交線は底面に垂直，つまり AH に一致します．

このような対称性の高い立体に対する直感は正しく働くことが多いでしょうが，一方で直感が大きな過ちを犯すこともあります．たとえば (4) で，図を見ると問題文のただし書きは不必要にみえるかも知れませんが，一般には側面の稜が1点で交わるとは限りません（右図の場合）．なお，四角錐台の体積は

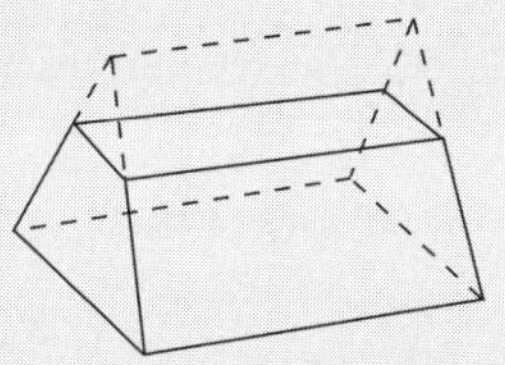

(O–EFGH) − (O–ABCD)
$$= \left\{1 - \left(\frac{3}{5}\right)^3\right\} \cdot (\text{O–EFGH})$$

で求めることもできます．

(8) で，5番目の球の中心 G を初めから図の位置にとっています．このことは4つの球 S_A, S_B, S_C, S_D の中心が正四面体の頂点をつくっていること（これは当り前でいいでしょう）を念頭におくと納得できると思います．なお，r の最大値は $\dfrac{\sqrt{6}-1}{5}$ です．興味のある人は計算してみてください．

一般に図形の問題では，何をどこまで自明とみなしてよいかの判断はやさしくありません．その判断をする力自体が数学の力量の一部であるともいえるからです．経験の中からその力をつけるようにしましょう．

第2節 空間ベクトル

2-1 空間ベクトルの演算

(a) 平面ベクトルの 1-2 (a) までの議論は，平面を空間に言い直してもすべて成り立ちます．したがってここでは一次独立の概念から出発します．以下ではベクトルはすべて空間で考えます．

3つのベクトル $\vec{a}, \vec{b}, \vec{c}$ が次の条件

$$\vec{a} \neq \vec{0}, \vec{b} \neq \vec{0}, \vec{c} \neq \vec{0} \text{ かつ } \vec{a}, \vec{b}, \vec{c} \text{ は同一平面上にない} \tag{2-1}$$

をみたすとき，$\vec{a}, \vec{b}, \vec{c}$ は一次独立(または線形独立)であるといいます．ここで，$\vec{a}, \vec{b}, \vec{c}$ が同一平面上にないとは，適当な平行移動によって3つのベクトルの始点をそろえたときにこれらが同一平面上にない，ということであることを注意しておきます．

平面ベクトルの場合と同様に次の2つが基本的です．

$\vec{a}, \vec{b}, \vec{c}$ が一次独立のとき

$$\left.\begin{array}{l}\text{(i)} \quad \alpha\vec{a} + \beta\vec{b} + \gamma\vec{c} = \vec{0} \text{ ならば } \alpha = \beta = \gamma = 0 \text{ である．}\\ \text{(ii)} \quad \text{任意のベクトル } \vec{x} \text{ は，適当な実数 } \alpha, \beta, \gamma \text{ を用いて}\\ \qquad\qquad \vec{x} = \alpha\vec{a} + \beta\vec{b} + \gamma\vec{c}\\ \text{と表わされ，この表わし方は1通りである．}\\ \text{つまり } \alpha, \beta, \gamma \text{ の組はただ1つに決まる．}\end{array}\right\} \tag{2-2}$$

(i) において，もし $\alpha \neq 0$ ならば $\vec{a} = -\frac{\beta}{\alpha}\vec{b} - \frac{\gamma}{\alpha}\vec{c}$ となって，$\vec{a}$ が $\vec{b}, \vec{c}$ でつくられる平面 (普通，$\vec{b}$ と $\vec{c}$ が張る平面といいます) 上にあることになって (2-1) に反するから $\alpha = 0$ であり，$\beta = \gamma = 0$ も同様に導かれます．

また任意のベクトル $\vec{x}$ を $\vec{a}, \vec{b}, \vec{c}$ 方向に分解した図を考えると (ii) の前半は分ります．

さらに $\vec{x}$ が

$$\vec{x} = \alpha\vec{a} + \beta\vec{b} + \gamma\vec{c} = \alpha'\vec{a} + \beta'\vec{b} + \gamma'\vec{c}$$

と2通りに表わされたとすると

$$(\alpha - \alpha')\vec{a} + (\beta - \beta')\vec{b} + (\gamma - \gamma')\vec{c} = \vec{0}$$

ですから，(i) より直ちに $\alpha = \alpha', \beta = \beta', \gamma = \gamma'$，つまり (ii) の後半が示されます．

平面の場合と同様に，空間に1つの点 O と一次独立なベクトル $\vec{a}, \vec{b}, \vec{c}$ をとると，任意の点 X に対して $\overrightarrow{OX} = x\vec{a} + y\vec{b} + z\vec{c}$ をみたす実数 x, y, z がただ1つ決まり，逆に x, y, z を与えると X が定められます．このとき，これらの実数の組 (x, y, z) を O, $\vec{a}, \vec{b}, \vec{c}$ で定められる座標系 (一般には斜交座標) における点 X の座標といい，$|\vec{a}| = |\vec{b}| = |\vec{c}|$ で，$\vec{a}, \vec{b}, \vec{c}$ が互いに垂直のとき，この座標系を直交座標と呼びます．このあたりの事情は平面ベクトル，平面座標の場合の直接的な拡張になっていることが分るでしょう．ベクトルの成分表示も同様ですから，ここではもはや立ち入りません．

(**b**) さて，適当な直交座標系におけるベクトル $\vec{a}$ の成分表示を $\begin{pmatrix} a_1 \\ a_2 \\ a_3 \end{pmatrix}$ とすると $|\vec{a}| = \sqrt{a_1^2 + a_2^2 + a_3^2}$ です．$\vec{a}$ と θ の角をなすベクトル $\vec{b} = \begin{pmatrix} b_1 \\ b_2 \\ b_3 \end{pmatrix}$ と $\vec{a}$ の内積 $(\vec{a}, \vec{b})$ の定義は平面の場合と同じですが，成分による表現は (1-3) と少し異なり

$$(\vec{a}, \vec{b}) = |\vec{a}||\vec{b}|\cos\theta = a_1b_1 + a_2b_2 + a_3b_3 \tag{2-3}$$

で与えられます．したがって

$$\vec{a} \perp \vec{b} \Leftrightarrow (\vec{a}, \vec{b}) = a_1b_1 + a_2b_2 + a_3b_3 = 0 \tag{2-4}$$

が成り立ちますが，$\vec{a} \parallel \vec{b}$ であるための条件は成分で表わしても簡単ではありません．

以上の議論を別にすると，第 1 章 1–2 (**e**), (**f**) の主張 ((1-4) など) はすべて成り立ちます．

2–2 空間における図形の表現

第 1 章 1–3 (**a**), (**b**), (**c**), (**d**), (**e**), (**f**) (ただし円を球に変える) はすべて空間でも成り立ちます．

ここでは平面の表現と，平面への正射影ベクトルについて述べます．

(**a**) 原点を O とし，同一直線上にない 3 点 A, B, C を通る平面を考えましょう．この平面上の任意の点を X とすると，ベクトル $\overrightarrow{CX}$ は適当な実数 s, t を用いて $\overrightarrow{CX} = s\overrightarrow{CA} + t\overrightarrow{CB}$ と表わせます．したがって

$$\overrightarrow{OX} - \overrightarrow{OC} = s(\overrightarrow{OA} - \overrightarrow{OC}) + t(\overrightarrow{OB} - \overrightarrow{OC})$$

であり，これをまとめて

$$\overrightarrow{OX} = s\overrightarrow{OA} + t\overrightarrow{OB} + (1-s-t)\overrightarrow{OC}$$

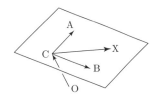

となります．ここで，$s = \alpha, t = \beta, 1-s-t = \gamma$ とおくと $\alpha + \beta + \gamma = 1$ です．逆に $\alpha + \beta + \gamma = 1$ のとき，$\overrightarrow{OX} = \alpha\overrightarrow{OA} + \beta\overrightarrow{OB} + \gamma\overrightarrow{OC}$ から $\overrightarrow{CX} = \alpha\overrightarrow{CA} + \beta\overrightarrow{CB}$ が導かれることは上の式変形から明らかなので，X は平面 ABC 上の点になります．さらに第 1 章の 1–3 (**b**) と第 1 章練習 2 の結果から，以下が成り立つことが分ります．

$\overrightarrow{OX} = \alpha\overrightarrow{OA} + \beta\overrightarrow{OB} + \gamma\overrightarrow{OC}$ で表わされる点 X に対して

$$\left.\begin{array}{l} \text{X が平面 ABC 上にある} \Leftrightarrow \alpha + \beta + \gamma = 1 \\ \text{X が } \triangle\text{ABC の周または内部にある} \\ \qquad \Leftrightarrow \alpha + \beta + \gamma = 1,\ \alpha \geqq 0,\ \beta \geqq 0,\ \gamma \geqq 0 \\ \text{X が } \triangle\text{ABC の内部にある} \Leftrightarrow \alpha + \beta + \gamma = 1,\ \alpha > 0,\ \beta > 0,\ \gamma > 0 \end{array}\right\} \tag{2-5}$$

(**b**) 平面に垂直なベクトルをその平面の法線ベクトルといいます．

いま，$\vec{n}$ を法線ベクトルとする平面 π とベクトル $\vec{a}$ が与えられたとき，$\vec{a}$ の π への正射

影ベクトルを $\vec{a_\mathrm{p}}$ としましょう.

右図において $\overrightarrow{\mathrm{HA}} = k\vec{n}$ とおけるので
$$\vec{a} = \vec{a_\mathrm{p}} + \overrightarrow{\mathrm{HA}} = \vec{a_\mathrm{p}} + k\vec{n}, \quad \text{よって} \quad \vec{a_\mathrm{p}} = \vec{a} - k\vec{n}$$
となります. $\vec{a_\mathrm{p}} \perp \vec{n}$ なので
$$0 = (\vec{a_\mathrm{p}}, \vec{n}) = (\vec{a} - k\vec{n}, \vec{n}) = (\vec{a}, \vec{n}) - k|\vec{n}|^2$$
となり, よって $k = \dfrac{(\vec{a}, \vec{n})}{|\vec{n}|^2}$ が得られますから

$$\vec{a_\mathrm{p}} = \vec{a} - \frac{(\vec{a}, \vec{n})}{|\vec{n}|^2}\vec{n}, \quad \text{とくに } |\vec{n}| = 1 \text{ にとると } \vec{a_\mathrm{p}} = \vec{a} - (\vec{a}, \vec{n})\vec{n} \tag{2-6}$$

となることが分ります. 高校の数学で頻用される公式ではありませんが, 一般には大切な公式の1つです.

練習 2 (1) 四面体 OABC において, 辺 OA, OB, OC をそれぞれ 1:1, 2:1, 3:1 に内分する点を P, Q, R とし, 三角形 ABC の重心を G とする. 平面 PQR と OG との交点を S, PS と QR との交点を T とおくとき, $\overrightarrow{\mathrm{OS}}$ を $\overrightarrow{\mathrm{OA}} = \vec{a}$, $\overrightarrow{\mathrm{OB}} = \vec{b}$, $\overrightarrow{\mathrm{OC}} = \vec{c}$ を用いて表わせ. また, QT : TR を求めよ.

(2) 四面体 OABC において, OA の中点と辺 BC を含む平面を π_A, OB の中点と CA を含む平面を π_B, OC の中点と AB を含む平面を π_C とおく. π_A, π_B, π_C が共有する点を P とするとき, $\overrightarrow{\mathrm{OP}}$ を $\overrightarrow{\mathrm{OA}} = \vec{a}$, $\overrightarrow{\mathrm{OB}} = \vec{b}$, $\overrightarrow{\mathrm{OC}} = \vec{c}$ を用いて表わせ.

(3) 四角錐 O–ABCD の底面 ABCD は平行四辺形であるとする. 辺 OA, OB, OC をそれぞれ 3:1, 2:1, 1:1 に内分する点を P, Q, R とし, 平面 PQR と OD との交点を S とする. OS : SD を求めよ.

(4) 四面体 OABC において, OA⊥BC, OB⊥CA ならば OC⊥AB であることを示せ. また, このとき, 対辺同士の中点を結ぶ 3 本の線分の長さは等しいことを証明せよ.

(5) 四面体 OABC において ∠AOB = ∠BOC = $\dfrac{\pi}{3}$, ∠COA = $\dfrac{\pi}{2}$, OA = 3, OB = 4, OC = 5 であるとする. 頂点 O から平面 ABC に下した垂線の足を H とするとき, $\overrightarrow{\mathrm{OH}}$ を $\overrightarrow{\mathrm{OA}} = \vec{a}$, $\overrightarrow{\mathrm{OB}} = \vec{b}$, $\overrightarrow{\mathrm{OC}} = \vec{c}$ を用いて表わせ. さらに, 三角形 ABC の面積とこの四面体の体積を求めよ.

(6) 立方体 ABCD–EFGH の対角線 AG に垂直な平面を α とする. AE と α のなす角の余弦, およびこの立方体を α へ正射影した図形の面積を求めよ. ただし, 1 辺の長さを 1 とする. (東大)

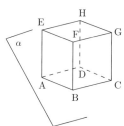

(7) ねじれの位置にある 2 本の直線 ℓ, m の両方に垂直に交わる直線が 1 本だけ存在することを示

せ．また，その交点を P, Q とすると，線分 PQ の長さは ℓ と m の間の最短距離であることを示せ．

[解]　(1) $\overrightarrow{\mathrm{OS}} = k\overrightarrow{\mathrm{OG}} = \alpha\overrightarrow{\mathrm{OP}} + \beta\overrightarrow{\mathrm{OQ}} + \gamma\overrightarrow{\mathrm{OR}}$ とおく．ただし $\alpha + \beta + \gamma = 1 \cdots ①$ である．条件より

$$\frac{k}{3}(\vec{a} + \vec{b} + \vec{c}) = \frac{\alpha}{2}\vec{a} + \frac{2\beta}{3}\vec{b} + \frac{3\gamma}{4}\vec{c} \, (= \overrightarrow{\mathrm{OS}})$$

となるが，$\vec{a}, \vec{b}, \vec{c}$ は一次独立なので

$$\frac{k}{3} = \frac{\alpha}{2} = \frac{2\beta}{3} = \frac{3\gamma}{4},$$
つまり，$\alpha = \frac{2}{3}k, \ \beta = \frac{1}{2}k, \ \gamma = \frac{4}{9}k$

となる．これを ① に代入すると $\frac{2}{3}k + \frac{1}{2}k + \frac{4}{9}k = 1$ となり，これより $k = \frac{18}{29}$ が得られる．よって $\overrightarrow{\mathrm{OS}} = \frac{6}{29}(\vec{a} + \vec{b} + \vec{c})$ である■

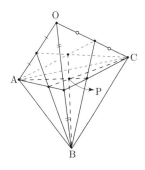

次に

$$\overrightarrow{\mathrm{OT}} = \overrightarrow{\mathrm{OP}} + \overrightarrow{\mathrm{PT}} = \overrightarrow{\mathrm{OP}} + \ell\overrightarrow{\mathrm{PS}}$$
$$= \frac{1}{2}\vec{a} + \ell\left\{\frac{6}{29}(\vec{a} + \vec{b} + \vec{c}) - \frac{1}{2}\vec{a}\right\} = \left(\frac{1}{2} - \frac{17}{58}\ell\right)\vec{a} + \frac{6\ell}{29}(\vec{b} + \vec{c})$$

とおくと，T は OBC 上にあるから $\frac{1}{2} - \frac{17}{58}\ell = 0$ である．よって $\ell = \frac{29}{17}$ となるので

$$\overrightarrow{\mathrm{OT}} = \frac{6}{17}(\vec{b} + \vec{c}) = \frac{9}{17} \cdot \frac{2}{3}\vec{b} + \frac{8}{17} \cdot \frac{3}{4}\vec{c} = \frac{9\overrightarrow{\mathrm{OQ}} + 8\overrightarrow{\mathrm{OR}}}{9 + 8}$$

が得られ，T は QR を 8 : 9 に内分することが分る．よって QT : TR = 8 : 9 である■

(2) 条件より

$$\overrightarrow{\mathrm{OP}} = \alpha_1 \frac{1}{2}\vec{a} + \beta_1 \vec{b} + \gamma_1 \vec{c} = \alpha_2 \vec{a} + \beta_2 \frac{1}{2}\vec{b} + \gamma_2 \vec{c}$$
$$= \alpha_3 \vec{a} + \beta_3 \vec{b} + \gamma_3 \frac{1}{2}\vec{c}$$

ただし

$$\alpha_i + \beta_i + \gamma_i = 1 \quad (i = 1, 2, 3) \cdots ①$$

とおくと，$\vec{a}, \vec{b}, \vec{c}$ は一次独立であるから

$$\frac{\alpha_1}{2} = \alpha_2 = \alpha_3, \ \beta_1 = \frac{\beta_2}{2} = \beta_3, \ \gamma_1 = \gamma_2 = \frac{\gamma_3}{2}$$

となる．

これらを ① の $i = 2, 3$ の式に代入して $\frac{\alpha_1}{2} + 2\beta_1 + \gamma_1 = 1$, $\frac{\alpha_1}{2} + \beta_1 + 2\gamma_1 = 1$ が得られる．これと，① の $i = 1$ の式 $\alpha_1 + \beta_1 + \gamma_1 = 1$ を解いて $\alpha_1 = \frac{1}{2}, \ \beta_1 = \gamma_1 = \frac{1}{4}$ を得る．したがって $\overrightarrow{\mathrm{OP}} = \frac{1}{4}(\vec{a} + \vec{b} + \vec{c})$ である■

(3)　S は OD 上かつ平面 PQR 上の点だから

$$\vec{OS} = k\vec{OD} = \alpha \frac{3}{4}\vec{OA} + \beta \frac{2}{3}\vec{OB} + \gamma \frac{1}{2}\vec{OC}$$

とおくことができる．ただし $\alpha + \beta + \gamma = 1 \cdots$ ① である．ここで □ABCD は平行四辺形なので

$$\vec{CD} = \vec{BA}, \quad \text{つまり} \quad \vec{OD} = \vec{OC} + \vec{OA} - \vec{OB}$$

だから

$$\vec{OS} = k(\vec{OC} + \vec{OA} - \vec{OB})$$
$$= \frac{3}{4}\alpha \vec{OA} + \frac{2}{3}\beta \vec{OB} + \frac{1}{2}\gamma \vec{OC}$$

となる．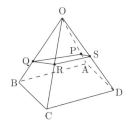

$\vec{OA}, \vec{OB}, \vec{OC}$ は一次独立であるから $k = \frac{3}{4}\alpha = -\frac{2}{3}\beta = \frac{1}{2}\gamma$, つまり $\alpha = \frac{4}{3}k, \beta = -\frac{3}{2}k, \gamma = 2k$ となり，これらを①に代入すると $\frac{4}{3}k - \frac{3}{2}k + 2k = 1$, よって $k = \frac{6}{11}$ が得られる．したがって OS : SD = 6 : 5 である ∎

(4) OA⊥BC より $0 = (\vec{OA}, \vec{BC}) = (\vec{OA}, \vec{OC} - \vec{OB}) = (\vec{OA}, \vec{OC}) - (\vec{OA}, \vec{OB})$, つまり $(\vec{OA}, \vec{OB}) = (\vec{OC}, \vec{OA})$ が成り立つ．

同様に OB⊥CA より $(\vec{OA}, \vec{OB}) = (\vec{OB}, \vec{OC})$ が得られるから，この2式より

$$(\vec{OA}, \vec{OB}) = (\vec{OB}, \vec{OC}) = (\vec{OC}, \vec{OA}) \cdots ①$$

となる．①の右の等式は

$$0 = (\vec{OB}, \vec{OC}) - (\vec{OC}, \vec{OA}) = (\vec{OC}, \vec{OB} - \vec{OA}) = (\vec{OC}, \vec{AB})$$

となり，したがって OC⊥AB である ∎

次に

$$\left| \frac{1}{2}\vec{OA} - \frac{1}{2}(\vec{OB} + \vec{OC}) \right| = \left| \frac{1}{2}\vec{OB} - \frac{1}{2}(\vec{OC} + \vec{OA}) \right|$$
$$= \left| \frac{1}{2}\vec{OC} - \frac{1}{2}(\vec{OA} + \vec{OB}) \right| \cdots ②$$

を示せばよい．

$\vec{OA} = \vec{a}, \vec{OB} = \vec{b}, \vec{OC} = \vec{c}$ とおくと

② ⇔ $|\vec{b} + \vec{c} - \vec{a}|^2 = |\vec{c} + \vec{a} - \vec{b}|^2 = |\vec{a} + \vec{b} - \vec{c}|^2$
⇔ $(\vec{b}, \vec{c}) - (\vec{c}, \vec{a}) - (\vec{a}, \vec{b})$
$= (\vec{c}, \vec{a}) - (\vec{a}, \vec{b}) - (\vec{b}, \vec{c}) = (\vec{a}, \vec{b}) - (\vec{b}, \vec{c}) - (\vec{c}, \vec{a})$

となるが，この最後の式は①により成立する．したがって主張は成り立つ ∎

(5) 条件より

$$\left.\begin{array}{l} |\vec{a}| = 3, |\vec{b}| = 4, |\vec{c}| = 5, \\ (\vec{a}, \vec{b}) = 6, (\vec{b}, \vec{c}) = 10, (\vec{c}, \vec{a}) = 0 \end{array}\right\} \cdots ①$$

である．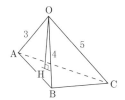

$\vec{OH} = \alpha\vec{a} + \beta\vec{b} + \gamma\vec{c}$ とおく．

ただし $\alpha + \beta + \gamma = 1 \cdots$ ② である.

OH⊥AB, OH⊥AC より
$$0 = (\alpha\vec{a} + \beta\vec{b} + \gamma\vec{c}, \vec{b} - \vec{a}) = (\alpha\vec{a} + \beta\vec{b} + \gamma\vec{c}, \vec{c} - \vec{a})$$
で,これらを ① のもとでまとめると
$$-3\alpha + 10\beta + 10\gamma = 0, \quad -9\alpha + 4\beta + 25\gamma = 0$$
となり,これと ② を解いて $\alpha = \frac{10}{13}, \beta = -\frac{5}{91}, \gamma = \frac{2}{7}$ となる.

したがって $\overrightarrow{OH} = \frac{10}{13}\vec{a} - \frac{5}{91}\vec{b} + \frac{2}{7}\vec{c}$ を得る ■

次に ① を用いると
$$|\overrightarrow{AB}|^2 = |\vec{b} - \vec{a}|^2 = 16 + 9 - 12 = 13,$$
$$|\overrightarrow{AC}|^2 = |\vec{c} - \vec{a}|^2 = 25 + 9 = 34,$$
$$(\overrightarrow{AB}, \overrightarrow{AC}) = (\vec{b} - \vec{a}, \vec{c} - \vec{a}) = 10 - 6 + 9 = 13$$
より
$$\triangle ABC = \frac{1}{2}\sqrt{|\overrightarrow{AB}|^2|\overrightarrow{AC}|^2 - (\overrightarrow{AB}, \overrightarrow{AC})^2} = \frac{1}{2}\sqrt{13 \cdot 34 - 13^2} = \frac{1}{2}\sqrt{273}$$
が得られる ■

また,再び ① より
$$|\overrightarrow{OH}|^2 = \frac{1}{91^2}|70\vec{a} - 5\vec{b} + 26\vec{c}|^2 = \frac{600}{91}$$
が得られるので,求める体積は $\frac{1}{3} \cdot \frac{1}{2}\sqrt{3 \cdot 7 \cdot 13} \cdot \sqrt{\frac{6}{91}} \cdot 10 = 5\sqrt{2}$ である ■

(6) $\overrightarrow{AB} = \vec{a}, \overrightarrow{AD} = \vec{b}, \overrightarrow{AE} = \vec{c}$ とおく.

条件は $|\vec{a}| = |\vec{b}| = |\vec{c}| = 1, (\vec{a}, \vec{b}) = (\vec{b}, \vec{c}) = (\vec{c}, \vec{a}) = 0 \cdots$ ① である.

AE と α のなす角を θ, AE と AG のなす角を φ とおくと $\theta = \frac{\pi}{2} - \varphi$ である.ここで AG $= \sqrt{3}$ なので ① により
$$\cos\varphi = \frac{(\overrightarrow{AE}, \overrightarrow{AG})}{|\overrightarrow{AE}||\overrightarrow{AG}|} = \frac{(\vec{c}, \vec{a} + \vec{b} + \vec{c})}{1 \cdot \sqrt{3}} = \frac{|\vec{c}|^2}{\sqrt{3}} = \frac{1}{\sqrt{3}}$$
だから
$$\cos\theta = \cos\left(\frac{\pi}{2} - \varphi\right) = \sin\varphi = \sqrt{1 - \left(\frac{1}{\sqrt{3}}\right)^2} = \frac{\sqrt{6}}{3}$$
となる ■

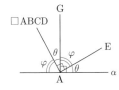

次に GA 方向から立方体を見た図は右の通りである.AE⊥ 平面 ABCD より平面 ABCD と α のなす角は $\frac{\pi}{2} - \theta = \varphi$ で,平面 ADHE と α,平面 AEFB と α のなす角もともに φ である.

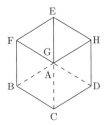

よって正射影の図形の面積は
$$(\square ABCD + \square ADHE + \square AEFB)\cos\varphi$$
$$= 3 \cdot \frac{1}{\sqrt{3}} = \sqrt{3}$$

である∎

(7) ℓ, m 上の定点を P_0, Q_0, 動点を P, Q とし，おのおのの位置ベクトルを $\vec{p_0}, \vec{q_0}, \vec{p}, \vec{q}$ とおく．ℓ, m の単位方向ベクトル $\vec{\ell}, \vec{m}$ をとり，そのなす角を θ とおく．

まず $|\vec{\ell}| = |\vec{m}| = 1$ であり ℓ と m はねじれの位置にあるから $0 < \theta < \pi$ で，$(\vec{\ell}, \vec{m}) = \cos\theta$ である．

さて，$\vec{p} = \vec{p_0} + s\vec{\ell}$, $\vec{q} = \vec{q_0} + t\vec{m}$ とおいたとき，$\vec{p} - \vec{q} \perp \vec{\ell}$, $\vec{p} - \vec{q} \perp \vec{m}$ をみたす s, t の組がただ 1 つであることを示せばよい．

これらの 2 条件より $(\vec{p} - \vec{q}, \vec{\ell}) = 0$, $(\vec{p} - \vec{q}, \vec{m}) = 0$ だから

$$(\vec{p_0} - \vec{q_0}, \vec{\ell}) + s|\vec{\ell}|^2 - t(\vec{\ell}, \vec{m}) = 0, \quad (\vec{p_0} - \vec{q_0}, \vec{m}) + s(\vec{\ell}, \vec{m}) - t|\vec{m}|^2 = 0$$

つまり

$$s - \cos\theta \cdot t = \ell_1, \quad \cos\theta \cdot s - t = m_1,$$
$$\text{ただし } \ell_1 = (\vec{\ell}, \vec{q_0} - \vec{p_0}), \ m_1 = (\vec{m}, \vec{q_0} - \vec{p_0})$$

となる．よって

$$\begin{pmatrix} 1 & -\cos\theta \\ \cos\theta & -1 \end{pmatrix} \begin{pmatrix} s \\ t \end{pmatrix} = \begin{pmatrix} \ell_1 \\ m_1 \end{pmatrix}$$

であるが，$\det \begin{pmatrix} 1 & -\cos\theta \\ \cos\theta & -1 \end{pmatrix} = -1 + \cos^2\theta \neq 0$ ($0 < \theta < \pi$ による) だから (det については次章参照)，(s, t) の組はただ 1 つ存在する∎

上式より

$$\begin{pmatrix} s \\ t \end{pmatrix} = \begin{pmatrix} 1 & -\cos\theta \\ \cos\theta & -1 \end{pmatrix}^{-1} \begin{pmatrix} \ell_1 \\ m_1 \end{pmatrix} = \frac{1}{-1+\cos^2\theta} \begin{pmatrix} -1 & \cos\theta \\ -\cos\theta & 1 \end{pmatrix} \begin{pmatrix} \ell_1 \\ m_1 \end{pmatrix}$$

$$= \frac{1}{1-\cos^2\theta} \begin{pmatrix} \ell_1 - m_1 \cos\theta \\ \ell_1 \cos\theta - m_1 \end{pmatrix} \cdots ①$$

となる．他方

$$|\vec{p} - \vec{q}|^2$$
$$= |\vec{p_0} - \vec{q_0} + s\vec{\ell} - t\vec{m}|^2$$
$$= |\vec{\ell}|^2 s^2 + |\vec{m}|^2 t^2 - 2(\vec{\ell}, \vec{m})st$$
$$\quad + 2(\vec{\ell}, \vec{p_0} - \vec{q_0})s - 2(\vec{m}, \vec{p_0} - \vec{q_0})t + |\vec{p_0} - \vec{q_0}|^2$$
$$= s^2 + t^2 - 2\cos\theta \cdot st - 2\ell_1 s + 2m_1 t + d^2 \quad (P_0 Q_0 = d \text{ とした})$$
$$= s^2 - 2(\cos\theta \cdot t + \ell_1)s + t^2 + 2m_1 t + d^2$$
$$= \{s - (\ell_1 + \cos\theta \cdot t)\}^2 - (\cos\theta \cdot t + \ell_1)^2 + t^2 + 2m_1 t + d^2$$
$$= \{s - (\ell_1 + \cos\theta \cdot t)\}^2 + (1 - \cos^2\theta)t^2 - 2(\ell_1 \cos\theta - m_1)t + d^2 - \ell_1^2$$
$$= \{s - (\ell_1 + \cos\theta \cdot t)\}^2$$
$$\quad + (1 - \cos^2\theta)\left(t - \frac{\ell_1 \cos\theta - m_1}{1 - \cos^2\theta}\right)^2 - \frac{(\ell_1 \cos\theta - m_1)^2}{1 - \cos^2\theta} + d^2 - \ell_1^2$$

となり，したがって PQ は
$$t = \frac{\ell_1 \cos\theta - m_1}{1 - \cos^2\theta}, \quad s = \ell_1 + \cos\theta \cdot t = \ell_1 + \cos\theta \frac{\ell_1 \cos\theta - m_1}{1 - \cos^2\theta} = \frac{\ell_1 - m_1 \cos\theta}{1 - \cos^2\theta}$$
のときに最小となるが，これは①と一致するから主張の後半も成り立つ∎

> **注意** (6) において，立方体の α への正射影が解の図のようになることを計算で確かめるなら，たとえば次のようにできます．□ABCD の周または内部の点の，A を始点とする位置ベクトル $\vec{x}$ は $\vec{x} = s\vec{a} + t\vec{b}$ $(0 \leqq s \leqq 1, 0 \leqq t \leqq 1)$ で表わされます．α の法線ベクトルとして $\overrightarrow{AG}$ をとると，(2-6) より $\vec{x}$ の α への正射影ベクトル $\vec{x_\alpha}$ は
> $$\vec{x_\alpha} = \vec{x} - \frac{(\vec{x}, \overrightarrow{AG})}{|\overrightarrow{AG}|^2}\overrightarrow{AG} = s\vec{a} + t\vec{b} - \frac{(s\vec{a} + t\vec{b}, \overrightarrow{AG})}{|\overrightarrow{AG}|^2}\overrightarrow{AG}$$
> $$= s\left(\vec{a} - \frac{(\vec{a}, \overrightarrow{AG})}{|\overrightarrow{AG}|^2}\overrightarrow{AG}\right) + t\left(\vec{b} - \frac{(\vec{b}, \overrightarrow{AG})}{|\overrightarrow{AG}|^2}\overrightarrow{AG}\right)$$
> となりますが，$\vec{a} - \frac{(\vec{a}, \overrightarrow{AG})}{|\overrightarrow{AG}|^2}\overrightarrow{AG}$ と $\vec{b} - \frac{(\vec{b}, \overrightarrow{AG})}{|\overrightarrow{AG}|^2}\overrightarrow{AG}$ は，それぞれ $\vec{a} = \overrightarrow{AB}$ と $\vec{b} = \overrightarrow{AD}$ の α への正射影ベクトルです．それぞれを $\vec{a_\alpha}, \vec{b_\alpha}$ とおくと $\vec{x_\alpha} = s\vec{a_\alpha} + t\vec{b_\alpha}$ で，これは $\vec{x_\alpha}$ の終点が $\vec{a_\alpha}, \vec{b_\alpha}$ でつくられる平行四辺形をくまなく動くことを示しています．他の面についても同様ですから，解のような複数の平行四辺形からなる図形が得られることが分るでしょう．

第3節　空間座標

3–1　空間図形の座標による表現

(**a**)　空間に定点 O と3つの基本ベクトル $\vec{e_1}, \vec{e_2}, \vec{e_3}$ (ただし $|\vec{e_1}| = |\vec{e_2}| = |\vec{e_3}|$, $\vec{e_1} \perp \vec{e_2}$, $\vec{e_2} \perp \vec{e_3}$, $\vec{e_3} \perp \vec{e_1}$) が与えられると，O を通りこれら3つの基本ベクトルに平行な3本の直線によって空間に1つの直交座標が導入され，ベクトルの成分表示ができるようになります．

　直線のベクトル表示は $\overrightarrow{OX} = \overrightarrow{OA} + t\overrightarrow{AB} = (1-t)\overrightarrow{OA} + t\overrightarrow{OB}$ でした (第1章 (1-7), (1-8) 参照．ただし，ベクトルは空間ベクトル)．$\overrightarrow{AB}$，あるいはこれと平行なベクトルを直線の方向ベクトルといいます．一般に，点 A を通り方向ベクトルが $\vec{\ell}$ の直線上の任意の点 X は $\overrightarrow{OX} = \overrightarrow{OA} + t\vec{\ell}$ で表わされますから，$\overrightarrow{OX} = \begin{pmatrix} x \\ y \\ z \end{pmatrix}, \overrightarrow{OA} = \begin{pmatrix} a \\ b \\ c \end{pmatrix}, \vec{\ell} = \begin{pmatrix} l \\ m \\ n \end{pmatrix}$ ならば，直線はパラメータ t によって
$$x = a + tl, \quad y = b + tm, \quad z = c + tn \tag{2-7}$$
で表わされ，$lmn \neq 0$ なら3式から
$$\frac{x-a}{l} = \frac{y-b}{m} = \frac{z-c}{n} \ (= t) \tag{2-8}$$

が得られます.

これが x, y, z で表わされた直線の方程式で,点 (a, b, c) を通り $\begin{pmatrix} l \\ m \\ n \end{pmatrix}$ が方向ベクトルであるという直線の特徴づけがそのまま盛り込まれた表現でもあります.

点 $A(a_1, a_2, a_3)$, $B(b_1, b_2, b_3)$ を通る直線なら $\vec{\ell} = \overrightarrow{AB} = \begin{pmatrix} b_1 - a_1 \\ b_2 - a_2 \\ b_3 - a_3 \end{pmatrix}$ をとることができますから (2-8) より直線 AB が

$$\frac{x - a_1}{b_1 - a_1} = \frac{y - a_2}{b_2 - a_2} = \frac{z - a_3}{b_3 - a_3} \tag{2-9}$$

で表わされることが分ります.

(2-8) は,連立方程式 $m(x-a) - l(y-b) = 0$, $n(y-b) - m(z-c) = 0$ と同値であることに注意しましょう.おのおのの x, y, z の式は (後に示すように) 平面を表わしますから,これら 2 平面の交線が (2-8) の直線なっていることが分ります.

$lmn = 0$ の場合,たとえば $l = 0$ なら,(2-8) の代わりに ((2-7) から導かれるように) 連立方程式

$$x = a, \quad \frac{y - b}{m} = \frac{z - c}{n}$$

がこの直線を表わします.$l = 0$ なのでこの直線が yz 平面に平行であることも理解できるでしょう.

実際にいろいろな問題を考える場合,(2-8) のような x, y, z の式と (2-7) のようなパラメータによる表現式との間の翻訳をスムーズにできるようにしておくことが大切です.

(b) 3 点 $A(a_1, a_2, a_3)$, $B(b_1, b_2, b_3)$, $C(c_1, c_2, c_3)$ を通る平面上の任意の点 X は,パラメータ s, t を用いて $\overrightarrow{OX} = \overrightarrow{OC} + s\overrightarrow{CA} + t\overrightarrow{CB}$ で表わされましたから,$X(x, y, z)$ とおくと

$$\begin{cases} x = c_1 + s(a_1 - c_1) + t(b_1 - c_1), \\ y = c_2 + s(a_2 - c_2) + t(b_2 - c_2), \\ z = c_3 + s(a_3 - c_3) + t(b_3 - c_3) \end{cases}$$

というパラメータ表現が得られます.この成分表示自体は (直線の場合と異なり) あまり利用されませんが,これらから s, t を消去することで次のような形の x, y, z の一次の関係式

$$ax + by + cz + d = 0 \tag{2-10}$$

が得られます.これが x, y, z で表わした平面の方程式です.

平面は,その平面が通る 1 点 P とその平面に垂直なベクトル $\vec{n}$ (法線ベクトルといいます) が与えられれば定められます.何故なら,その平面は $\overrightarrow{PX} \perp \vec{n}$ をみたすような X の全体に他ならないからです.したがって,$P(p, q, r)$, $X(x, y, z)$, $\vec{n} = \begin{pmatrix} l \\ m \\ n \end{pmatrix}$ とおくと $\overrightarrow{PX} \perp \vec{n}$ より

$$0 = (\overrightarrow{PX}, \vec{n}) = l(x - p) + m(y - q) + n(z - r)$$

が得られ，これをまとめることでも (2-10) の形の式が得られます．上式と (2-10) を比べると，$\begin{pmatrix} a \\ b \\ c \end{pmatrix}$ が (2-10) の法線ベクトルを与えていることが分ります．よって $\begin{pmatrix} a \\ b \\ c \end{pmatrix}$ が $\overrightarrow{CA}, \overrightarrow{CB}$ の両方に垂直なベクトルの 1 つであることも分るでしょう．

点 (x_0, y_0, z_0) から (2-10) に下した垂線の長さを h とおくと

$$h = \frac{|ax_0 + by_0 + cz_0 + d|}{\sqrt{a^2 + b^2 + c^2}} \tag{2-11}$$

が成り立ちます．これもヘッセの公式といいます．練習で証明します．

(c) 点 $A(a, b, c)$ を中心とする半径 r の球面のベクトル表示は $|\overrightarrow{OX} - \overrightarrow{OA}| = r$ でした．これより直ちに球面の方程式

$$(x-a)^2 + (y-b)^2 + (z-c)^2 = r^2 \tag{2-12}$$

が得られます．これを展開したものは $x^2 + y^2 + z^2 + Ax + By + Cz + D = 0$ の形になることに注意しておきましょう．逆に，この形のものが常に球を表わすとは限りません．(2-12) の形 (標準形) に変形したとき，右辺 > 0 になるとは限らないからです．

第 1 章 2–1 (**b**) の内容は，直線，円を平面と球に置き換えてもそのまま成立します．よく利用されるのでしっかり頭に入れておきたいことです．

(d) 第 1 章 2–1 (**c**) で言及した線形系の例が空間の場合も考えられます．ここでは，2 平面の交線を含む平面の全体や，2 つの球面の交円を含む球面の全体が，パラメータを用いてどう表現されるかを考えましょう．

2 つの平面

$$\pi_1 : f_1(x, y, z) = a_1 x + b_1 y + c_1 z + d_1 = 0$$
$$\pi_2 : f_2(x, y, z) = a_2 x + b_2 y + c_2 z + d_2 = 0$$

が直線 ℓ を共有するものとします．そのための条件は，π_1, π_2 の法線ベクトルを $\overrightarrow{n_1}, \overrightarrow{n_2}$ とおくと $\overrightarrow{n_1} \not\parallel \overrightarrow{n_2}$ (もちろん $\overrightarrow{n_1} \neq \overrightarrow{0}, \overrightarrow{n_2} \neq \overrightarrow{0}$ は前提) です．さて $s^2 + t^2 \neq 0$ をみたす実数 s, t によって表わされる方程式

$$(g(x, y, z) =) s f_1(x, y, z) + t f_2(x, y, z) = 0 \tag{2-13}$$

を考えましょう．具体的な式に直すと

$$(sa_1 + ta_2)x + (sb_1 + tb_2)y + (sc_1 + tc_2)z + sd_1 + td_2 = 0$$

です．$\overrightarrow{n_1} \not\parallel \overrightarrow{n_2}, \overrightarrow{n_1} \neq \overrightarrow{0}, \overrightarrow{n_2} \neq \overrightarrow{0}$ なので，もし $\left(\overrightarrow{n} = \right) \begin{pmatrix} sa_1 + ta_2 \\ sb_1 + tb_2 \\ sc_1 + tc_2 \end{pmatrix} = s\overrightarrow{n_1} + t\overrightarrow{n_2} = \overrightarrow{0}$

ならば $s = t = 0$ となり，これは $s^2 + t^2 \neq 0$ に反します．したがって $\overrightarrow{n} \neq \overrightarrow{0}$ ですから (2-13) は何らかの平面を表わす方程式です．さらに ℓ 上の任意の点を (x_0, y_0, z_0) とおくと $f_1(x_0, y_0, z_0) = f_2(x_0, y_0, z_0) = 0$ なので，$g(x_0, y_0, z_0) = 0$，つまり (2-13) で表わされる平面は ℓ を含むことが分ります．

逆に，ℓ を含む任意の平面が与えられたとしましょう．この平面の法線ベクトルは，$\vec{n_1}$, $\vec{n_2}$ が張る平面内にあるので適当な実数 s, t を用いて $s\vec{n_1} + t\vec{n_2}$（ただし $s^2 + t^2 \neq 0$）で表わされます．さらに，ℓ 上の適当な点 (x_0, y_0, z_0) をとればこの平面の方程式は

$$(sa_1 + ta_2)(x - x_0) + (sb_1 + tb_2)(y - y_0) + (sc_1 + tc_2)(z - z_0) = 0$$

となりますが，$f_i(x_0, y_0, z_0) = 0$（$i = 1, 2$）に注意すると，この式が (2-13) に他ならないことは容易に分ります．

以上から，直線を共有する 2 平面 π_1, π_2 の交線を含む平面は (2-13) の形で表わされることが分りました．

$s \neq 0$ なら (2-13) を s で割って $\frac{t}{s} = \lambda$ とおくと

$$f_1(x, y, z) + \lambda f_2(x, y, z) = 0 \tag{2-14}$$

が得られます．これは，λ をどうとっても π_2 だけは表わせません．したがって具体的な問題を考える場合，π_2 を除外してもよいことがあらかじめ分っている場合には (2-13) の代わりに (2-14) を用いることができます．

次に，2 つの球

$S_1 : f_1(x, y, z) = (x - a_1)^2 + (y - b_1)^2 + (z - c_1)^2 - r_1^2 = 0$ （$r_1 > 0$）
$S_2 : f_2(x, y, z) = (x - a_2)^2 + (y - b_2)^2 + (z - c_2)^2 - r_2^2 = 0$ （$r_2 > 0$）

が 1 つの円 C を共有するものとし，C を含む平面を π とします．

上の 2 式を引いて得られる式 $f_1(x, y, z) - f_2(x, y, z) = 0$ は x, y, z の一次式なので，適当に文字を置き換えると $g(x, y, z) = ax + by + cz + d = 0$ の形になります．もし $a = b = c = 0$ ならば $g(x, y, z)$ を具体的に計算して $a_1 = a_2$, $b_1 = b_2$, $c_1 = c_2$ であることが分りますが，これは S_1, S_2 が同心球であることを意味し，円 C を共有するという前提に反します．したがって $a^2 + b^2 + c^2 \neq 0$ となりますから $g(x, y, z) = 0$ は平面を表わします．さらに，円 C 上の任意の点を (x_0, y_0, z_0) とおくと，$f_1(x_0, y_0, z_0) = 0$, $f_2(x_0, y_0, z_0) = 0$ より $g(x_0, y_0, z_0) = 0$，つまり $g(x, y, z) = 0$ で表わされる平面は C を含むことになり，これは π に他ならないことを意味します．

このとき，次式で与えられる方程式

$$h(x, y, z) = f_1(x, y, z) + \lambda g(x, y, z) = 0 \tag{2-15}$$

を考えましょう．$h(x_0, y_0, z_0) = 0$ はもはや自明でしょう．これは C を含む何らかの図形を表わしていますが，$h(x, y, z) = 0$ は具体的には $(x - a)^2 + (y - b)^2 + (z - c)^2 - d = 0$ の形にまとめられますから球を表わしていることが分ります（$d \leq 0$ なら $h(x, y, z) = 0$ が表わす図形は空集合または 1 点 (a, b, c) となり C を含むことに反するので必ず $d > 0$ になります）．

逆に C を含む任意の球面は適当な実数 λ を用いて (2-15) の形で表わされることを示すことができます．このためには，第 1 章 2–1 (c) の後半で 2 つの円に対して行なった計算と類似の計算をすればよいのですが，読者に任せることにしてここでは省略します．

以上により，2 つの球 S_1, S_2 が共有する円を含む球面の全体は (2-15) で表わされる球面の全体と一致することが示されました．これは，$s^2 + t^2 \neq 0$ なる s, t を用いて $sf_1(x, y, z) +$

$tf_2(x, y, z) = 0$ で表わすこともできるのですが，いったん $g(x, y, z)$ を求めておいて (2-15) を用いる方が式としては簡明でしょう．

(e) $f(x, y, z) = ax + by + cz + d = 0$ で表わされる平面 π と 2 点 P, Q が与えられたとき次が成り立ちます．ただし，$f(P)$ は $f(x, y, z)$ に P の座標を代入したものです．

$$\left.\begin{array}{l} \pi \text{に関して P, Q が同じ側にある} \Leftrightarrow f(P) \cdot f(Q) > 0 \\ \pi \text{に関して P, Q が反対側にある} \Leftrightarrow f(P) \cdot f(Q) < 0 \end{array}\right\} \quad (2\text{-}16)$$

第 1 章の場合と同様に，x, y, z の式 $f(x, y, z)$ に対して $f(x, y, z) > 0$ ($f(x, y, z) < 0$) をみたす (x, y, z) 全体のつくる領域を正領域 (負領域) といいます．$f(x, y, z) = 0$ がつくる曲面に関して (1-24) と同様のことが成り立ちますが，高校数学で実際に取り扱われる曲面は平面と球くらいです．

練習 3 (1) ヘッセの公式 (2-11)，および (2-16) を示せ．
(2) 球 $(x-a)^2 + (y-b)^2 + (z-c)^2 = r^2$ 上の点 (x_0, y_0, z_0) における接平面の方程式を求めよ．

[解] (1) 点 $A(x_0, y_0, z_0)$ から $ax + by + cz + d = 0$ に下した垂線の足を $H(x, y, z)$ とすると，$\overrightarrow{OH} = \overrightarrow{OA} + \overrightarrow{AH} = \overrightarrow{OA} + k\begin{pmatrix} a \\ b \\ c \end{pmatrix}$ とおけるので，$x = x_0 + ka$, $y = y_0 + kb$, $z = z_0 + kc$ を平面の方程式に代入すると $a(x_0 + ka) + b(y_0 + kb) + c(z_0 + kc) + d = 0$，よって $k = -\dfrac{ax_0 + by_0 + cz_0 + d}{a^2 + b^2 + c^2}$ となり，これより

$$h = AH = |k|\sqrt{a^2 + b^2 + c^2} = \frac{|ax_0 + by_0 + cz_0 + d|}{\sqrt{a^2 + b^2 + c^2}}$$

が得られる∎

次に (2-16) を示す．$P(p_1, p_2, p_3)$, $Q(q_1, q_2, q_3)$ とおくと，π に関して P, Q が同じ側にあることは線分 PQ が π と共有点をもたないことと同値である．線分 PQ は $(1-t)\overrightarrow{OP} + t\overrightarrow{OQ}$ ($0 \leqq t \leqq 1$) で表わされるから，上の主張はさらに

$$a\{(1-t)p_1 + tq_1\} + b\{(1-t)p_2 + tq_2\} + c\{(1-t)p_3 + tq_3\} + d = 0$$

が $0 \leqq t \leqq 1$ に解をもたないことと同値である．この式の左辺を $g(t)$ とおくと

$$\begin{aligned} g(t) &= ap_1 + bp_2 + cp_3 + t(aq_1 + bq_2 + cq_3) \\ &\quad - t(ap_1 + bp_2 + cp_3) + d \\ &= f(p_1, p_2, p_3) \\ &\quad + t\{f(q_1, q_2, q_3) - f(p_1, p_2, p_3)\} \end{aligned}$$

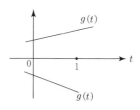

となる．

求める条件は $g(0)$ と $g(1)$ が同符号であること，つまり $g(0)g(1)>0$ であり，これより直ちに
$$f(\mathrm{P})\cdot f(\mathrm{Q})>0$$
が得られる．

P, Q が π に関して反対側にある場合も同様にして $g(0)g(1)<0$ から示される■

(2) 問題の球面上の点 $\mathrm{P}(x_0, y_0, z_0)$ における接平面は，球の中心を $\mathrm{S}(a, b, c)$ とおくと，$\overrightarrow{\mathrm{PS}} \perp \overrightarrow{\mathrm{PX}}$ をみたすような点 X の全体に他ならない．

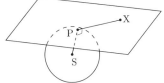

よって，$\mathrm{X}(x, y, z)$ とおくと
$$\begin{aligned}0 &= \left(\overrightarrow{\mathrm{PS}}, \overrightarrow{\mathrm{PX}}\right) \\ &= (a-x_0)(x-x_0) + (b-y_0)(y-y_0) + (c-z_0)(z-z_0)\end{aligned}$$
を得る．あるいは，これを $(x_0-a)^2 + (y_0-b)^2 + (z_0-c)^2 = r^2$ を用いて変形すると
$$\begin{aligned}0 &= (x_0-a)(x-a) - (x_0-a)^2 \\ &\quad + (y_0-b)(y-b) - (y_0-b)^2 + (z_0-c)(z-c) - (z_0-c)^2 \\ &= (x_0-a)(x-a) + (y_0-b)(y-b) + (z_0-c)(z-c) - r^2\end{aligned}$$
なので，結局，$(x_0-a)(x-a) + (y_0-b)(y-b) + (z_0-c)(z-c) = r^2$ が得られる■

注意 (2) の接平面の方程式は，丸ごと覚えるより導くときの考え方を大切にしておく方がよいでしょう．

一般に，ヘッセの公式を用いていろいろな計算をする場合，分子の絶対値の処理に手を焼くことが少なくありません．たとえば $h^2 = \cdots$ と平方すれば絶対値はなくなりますが，式自体の次数が高くなってしまいます．このとき，点 $\mathrm{A}(x_0, y_0, z_0)$ と別の点 B が π に関して同じ側にあることが別途分っていれば，$f(\mathrm{A})$ と $f(\mathrm{B})$ は同符号ですから，$f(\mathrm{B})$ の符号から $f(\mathrm{A}) = ax_0 + by_0 + cz_0 + d$ の符号を知って絶対値をはずすことが可能になります．

練習 4 (1) 2 直線
$$\ell : \frac{x-2}{2} = \frac{y-a}{3} = \frac{z-3}{5}, \quad m : \frac{x-2a}{4} = \frac{y-1}{a} = \frac{z-4}{a+4}$$
について

 (ⅰ) $\ell \parallel m$, (ⅱ) ℓ, m が交点をもつ, (ⅲ) ℓ, m がねじれの位置にある

の 3 つの場合に対する a の条件を求めよ． (神戸大)

(2) 平面 $\alpha : 4x + y - 7z = 6$, 直線 $\ell : \dfrac{x+2}{3} = \dfrac{y-4}{-2} = \dfrac{z+3}{3}$ に対して，ℓ を含み α と垂直な平面 β の方程式，および α, β の交線 m と ℓ のなす角の余弦を求めよ． (京工繊大)

(3) 平面 $\pi : 3x+2y+z=1$, 直線 $\ell : \dfrac{x-1}{2}=\dfrac{y-2}{3}=\dfrac{z-3}{4}$, 直線 $m : \dfrac{x}{2}=y+1=z$ に対して，π と直交し ℓ を含む平面，および π と直交し，ℓ, m と交わる直線の方程式を求めよ． (北大)

(4) 直線 $\dfrac{x}{a}=\dfrac{y+1}{a+1}=\dfrac{z+2}{a+2}$ は a の値によらずある定平面上にあることを示せ．

(5) 平面 $\alpha : 4x-y-z=6$ と直線 $\ell : 1-x=y+1=\dfrac{z-2}{4}$ に対して，ℓ を含み α と $\dfrac{\pi}{4}$ の角をなす平面の方程式を求めよ． (熊本大)

(6) 平面 $x+y+2z=0$ に関して直線 $x=\dfrac{y}{2}=\dfrac{z}{2}$ と対称な直線の方程式を求めよ． (信州大)

(7) $A(1,2,0)$, $B(2,0,1)$, $C(0,1,1)$ とし，O を原点とする．O から平面 ABC に下した垂線の足 H の座標と，四面体 OABC の体積を求めよ． (慶大)

(8) 球 $x^2+y^2+z^2=1$ と直線 $x-a=y=z$ が 2 点 A, B で交わるとき，三角形 OAB が正三角形になるように a の値を定めよ．ただし O は原点である．

(9) yz 平面に接する球の xy 平面による切り口が，原点 O, $A(1,\sqrt{3},0)$, $B(4,0,0)$ を頂点とする三角形の内接円であるという．この球の方程式を求めよ． (阪大)

(10) 原点 O と $A(6,0,0)$, $B(3,5,0)$, $C(3,2,a)$ を通る球の中心を P とする．ただし $a>0$ とする．P が四面体 OABC の内部または表面に含まれるための a の条件を求めよ． (東大)

(11) $P(-3,2,-1)$ を中心とし，平面 $\pi : x+2y+2z+1=0$ の上にある半径 2 の円を C とする．$Q(2,6,-3)$ と C 上の点との距離の最小値を求めよ． (群馬大)

(12) 球 $x^2+y^2+z^2=5$ と平面 $\pi : 2x-y+2z+a=0$ の交わりが半径 2 の円であるように a の値を定めよ．またこのとき，この円を含み平面 $z=2$ 上に中心をもつ球の方程式を求めよ．ただし $a>0$ とする．

(13) 直線 $g : \dfrac{x+1}{3}=\dfrac{y-1}{-1}=z+2$ を含み，球 $S : (x-1)^2+(y+1)^2+(z+2)^2=2$ に接する平面の方程式を求めよ．

(14) 4 つの平面 $x=0$, $y=0$, $z=0$, $x+2y+2z=2$ で囲まれる四面体の内接球の半径を求めよ．

[解] (1) (i) $\ell /\!/ m$ はおのおのの方向ベクトルが平行であることと同値である．したがって $\begin{pmatrix}2\\3\\5\end{pmatrix} /\!/ \begin{pmatrix}4\\a\\a+4\end{pmatrix}$ より $\begin{pmatrix}4\\a\\a+4\end{pmatrix} = k\begin{pmatrix}2\\3\\5\end{pmatrix}$ をみたす k が存在するための a の条件を求めればよいが，x 成分を比べて $k=2$ となり，このとき，$a=3k$, $a+4=5k$ より $a=6$ が得られる ∎

（ii） ℓ, m 上の点はパラメータ s, t を用いて，おのおの $\begin{pmatrix} 2s+2 \\ 3s+a \\ 5s+3 \end{pmatrix}, \begin{pmatrix} 4t+2a \\ at+1 \\ (a+4)t+4 \end{pmatrix}$ で表わされる．したがって ℓ, m が共有点をもつ条件は $2s+2 = 4t+2a$, $3s+a = at+1$, $5s+3 = (a+4)t+4$, つまり

$$s - 2t = a-1 \cdots ①, \quad 3s - at = 1-a \cdots ②, \quad 5s - (a+4)t = 1 \cdots ③$$

をみたす s, t が存在することである．①，②より $(a-6)t = 4(a-1)$ が得られるが，$a = 6$ なら $0 \cdot t = 20$ で t は存在しないから $a \neq 6$ でなければならず，このとき①，②より $t = \dfrac{4(a-1)}{a-6}$, $s = \dfrac{(a-1)(a+2)}{a-6}$ が得られる．①〜③をみたす s, t の存在条件は，①，②から得られた s, t が③をみたすことに他ならない．よって $5\dfrac{(a-1)(a+2)}{a-6} - (a+4)\dfrac{4(a-1)}{a-6} = 1$ となり，これより $(a-6)(a-2) = 0$ となる．$a \neq 6$ だから，結局，$a = 2$ が得られる∎

（iii） （i），（ii）の場合を除くと ℓ, m はねじれの位置にある．したがって $a \neq 6, 2$ が求める条件である∎

(2) β は ℓ 上の点 $(-2, 4, -3)$ を通り，その法線ベクトル $\vec{n} = \begin{pmatrix} n_1 \\ n_2 \\ n_3 \end{pmatrix}$ は α の法線ベクトルと ℓ の方向ベクトルに垂直である．したがって

$4n_1 + n_2 - 7n_3 = 0,$
$3n_1 - 2n_2 + 3n_3 = 0,$

つまり，$n_2 = 3n_1, n_3 = n_1$ となるので $\vec{n}$ として $\begin{pmatrix} 1 \\ 3 \\ 1 \end{pmatrix}$ をとると，β は

$1 \cdot (x+2) + 3 \cdot (y-4) + 1 \cdot (z+3) = 0,$
つまり $x + 3y + z = 7$

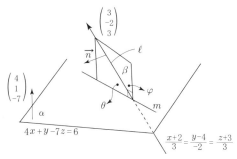

となる∎

次に ℓ, m のなす角を θ $\left(0 \leqq \theta \leqq \dfrac{\pi}{2}\right)$, α の法線ベクトルと ℓ の方向ベクトルのなす角を φ $\left(0 \leqq \varphi \leqq \dfrac{\pi}{2}\right)$ とおくと，図から分るように $\theta = \dfrac{\pi}{2} - \varphi$ である．

$$\cos \varphi = \left| \dfrac{4 \cdot 3 + 1 \cdot (-2) + (-7) \cdot 3}{\sqrt{4^2 + 1^2 + (-7)^2}\sqrt{3^2 + (-2)^2 + 3^2}} \right| = \dfrac{1}{2\sqrt{3}}$$

より $\sin \varphi = \sqrt{1 - \dfrac{1}{12}} = \dfrac{\sqrt{33}}{6}$ だから $\cos \theta = \cos\left(\dfrac{\pi}{2} - \varphi\right) = \sin \varphi = \dfrac{\sqrt{33}}{6}$ となる∎

(3) 求める平面と直線をおのおの α, n とし，その法線ベクトル，および方向ベクトルをそれぞれ $\vec{\alpha} = \begin{pmatrix} \alpha_1 \\ \alpha_2 \\ \alpha_3 \end{pmatrix}, \vec{n} = \begin{pmatrix} n_1 \\ n_2 \\ n_3 \end{pmatrix}$ とおく．

まず，$\vec{\alpha} \perp \begin{pmatrix} 2 \\ 3 \\ 4 \end{pmatrix}, \begin{pmatrix} 3 \\ 2 \\ 1 \end{pmatrix}$ より

$$2\alpha_1 + 3\alpha_2 + 4\alpha_3 = 3\alpha_1 + 2\alpha_2 + \alpha_3 = 0$$

で，これより $\alpha_2 = -2\alpha_1, \alpha_3 = \alpha_1$ となる．

そこで $\vec{\alpha} = \begin{pmatrix} 1 \\ -2 \\ 1 \end{pmatrix}$ をとり，さらに，α が ℓ 上の点 $(1, 2, 3)$ を含むことに注意すると，α の方程式は $1 \cdot (x-1) - 2 \cdot (y-2) + 1 \cdot (z-3) = 0$, つまり $x - 2y + z = 0$ となる∎

次に図から分る通り，n は m と α の交点 A を通り π に垂直な直線である．そこで $x - 2y + z = 0$ と $\frac{x}{2} = y + 1 = z$ を解くと A$(-4, -3, -2)$ が得られるから，n の方程式は $\frac{x+4}{3} = \frac{y+3}{2} = z + 2$ である∎

(4)　問題の直線上の点はパラメータ t を用いて

$$\begin{pmatrix} at \\ (a+1)t - 1 \\ (a+2)t - 2 \end{pmatrix} = \begin{pmatrix} 0 \\ -1 \\ -2 \end{pmatrix} + at\begin{pmatrix} 1 \\ 1 \\ 1 \end{pmatrix} + t\begin{pmatrix} 0 \\ 1 \\ 2 \end{pmatrix}$$

で表わされるが，これは，この直線が点 $(0, -1, -2)$ を通り，ベクトル $\begin{pmatrix} 1 \\ 1 \\ 1 \end{pmatrix}$ と $\begin{pmatrix} 0 \\ 1 \\ 2 \end{pmatrix}$ とでつくられる平面上にあることを示している．したがって主張は成り立つ∎

(5)　求める平面の法線ベクトルを $\vec{n} = \begin{pmatrix} l \\ m \\ n \end{pmatrix}$ とおく．ℓ を含むので $\vec{n} \perp \begin{pmatrix} -1 \\ 1 \\ 4 \end{pmatrix}$ より $-l + m + 4n = 0 \cdots$ ① が成り立つ．

次に α と $\frac{\pi}{4}$ の角をなすから，$\vec{n}$ と α の法線ベクトル $\begin{pmatrix} 4 \\ -1 \\ -1 \end{pmatrix}$ のなす角は $\frac{\pi}{4}$ または $\frac{3}{4}\pi$ である．よって $\sqrt{l^2 + m^2 + n^2}\sqrt{16 + 1 + 1}\left(\pm\frac{1}{\sqrt{2}}\right) = 4l - m - n$, つまり

$$9(l^2 + m^2 + n^2) = (4l - m - n)^2 \cdots ②$$

となる．① より $l = m + 4n$ で，これを ② に代入してまとめると $(m - 4n)(m + 2n) = 0$ が得られる．よって

$$m = 4n,\ l = 8n,\ \text{または}\ m = -2n,\ l = 2n$$

となるので，$\vec{n} = \begin{pmatrix} 8 \\ 4 \\ 1 \end{pmatrix}$ または $\begin{pmatrix} 2 \\ -2 \\ 1 \end{pmatrix}$ である．この平面が $(1, -1, 2)$ を通ることに注意すると，結局

$$8(x-1)+4(y+1)+(z-2)=0, \text{ または } 2(x-1)-2(y+1)+(z-2)=0$$

つまり

$$8x+4y+z-6=0 \text{ と } 2x-2y+z-6=0$$

が得られる■

(6) 直線上の任意の点は $(s, 2s, 2s)$ で表わされる．この点と $x+y+2z=0$ に関して対称な点を (X, Y, Z) とおくと，次の条件

$$\begin{pmatrix} X \\ Y \\ Z \end{pmatrix} - \begin{pmatrix} s \\ 2s \\ 2s \end{pmatrix} = k \begin{pmatrix} 1 \\ 1 \\ 2 \end{pmatrix}$$

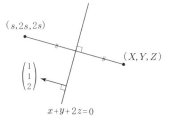

かつ

$$\frac{1}{2}\left\{\begin{pmatrix} X \\ Y \\ Z \end{pmatrix} + \begin{pmatrix} s \\ 2s \\ 2s \end{pmatrix}\right\} \text{ は } x+y+2z=0 \text{ 上}$$

が成り立つ．ただし，k は適当な実数である．上式より

$$X-s=k, \ Y-2s=k, \ Z-2s=2k,$$
$$(X+s)+(Y+2s)+2(Z+2s)=0$$

となり，これらからさらに $X=-\frac{4}{3}s, Y=-\frac{1}{3}s, Z=-\frac{8}{3}s$ が得られる．これは (X,Y,Z) が $\begin{pmatrix} 4 \\ 1 \\ 8 \end{pmatrix}$ を方向ベクトルにもち，かつ原点を通る直線上を動くことを示している．したがって $\frac{x}{4}=y=\frac{z}{8}$ が求める直線である■

(7) 平面 ABC の方程式を $ax+by+cz+d=0$ とおくと，A, B, C を通るから $a+2b+d=0, 2a+c+d=0, b+c+d=0$ である．よってさらに，$b=2a, c=3a, d=-5a$ となり，よって $a\neq 0$ となるから，平面 ABC の方程式は $x+2y+3z-5=0$ である．

上の結果より $\overrightarrow{OH}=k\begin{pmatrix} 1 \\ 2 \\ 3 \end{pmatrix}$ とおくことができ，これを上の方程式に代入して $k+4k+9k-5=0$，よって $k=\frac{5}{14}$ となるから $H\left(\frac{5}{14}, \frac{5}{7}, \frac{15}{14}\right)$ が得られる■

これより $OH=|k|\sqrt{1^2+2^2+3^2}=\frac{5}{\sqrt{14}}$ で，また，$\overrightarrow{CA}=\begin{pmatrix} 1 \\ 1 \\ -1 \end{pmatrix}, \overrightarrow{CB}=\begin{pmatrix} 2 \\ -1 \\ 0 \end{pmatrix}$ だから $\triangle ABC = \frac{1}{2}\sqrt{|\overrightarrow{CA}|^2|\overrightarrow{CB}|^2-(\overrightarrow{CA},\overrightarrow{CB})^2} = \frac{1}{2}\sqrt{3\cdot 5-(2-1)^2} = \frac{\sqrt{14}}{2}$ となり，したがって四面体 OABC の体積は $\frac{1}{3}\triangle ABC\cdot OH = \frac{1}{3}\cdot\frac{\sqrt{14}}{2}\cdot\frac{5}{\sqrt{14}} = \frac{5}{6}$ である■

(8) 球の中心 (原点) から直線 $x-a=y=z$ に下した垂線の足を $H(t+a, t, t)$ とおくと，

第 2 章 空間図形　77

$\overrightarrow{\mathrm{OH}} \perp \begin{pmatrix} 1 \\ 1 \\ 1 \end{pmatrix}$ より $t+a+t+t=0$, つまり $t=-\dfrac{a}{3}$ が得られるから $\mathrm{H}\left(\dfrac{2}{3}a, -\dfrac{a}{3}, -\dfrac{a}{3}\right)$ である．

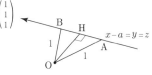

さて，△OAB が正三角形であることは $\mathrm{OH}=\dfrac{\sqrt{3}}{2}$ であることと同じであるから $\dfrac{4}{9}a^2+\dfrac{1}{9}a^2+\dfrac{1}{9}a^2=\dfrac{3}{4}$ が成り立ち，これを解いて $a=\pm\dfrac{3}{4}\sqrt{2}$ が得られる ∎

(9)　問題の内接円の半径を r_0 とおくと，内接円の中心は $(\sqrt{3}r_0, r_0, 0)$ である．

$$\dfrac{1}{2}\cdot 2\cdot 2\sqrt{3}=\dfrac{r_0}{2}(2+2\sqrt{3}+4)\,(=\triangle\mathrm{OAB})$$

より $r_0=\sqrt{3}-1$ が得られる．

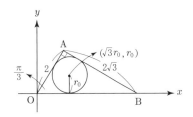

さて，問題の球の半径を r とおくと，yz 平面に接するので $r=\sqrt{3}r_0$ であり，中心を $(\sqrt{3}r_0, r_0, c)$ とおくことができる．その方程式は
$$(x-\sqrt{3}r_0)^2+(y-r_0)^2+(z-c)^2=(\sqrt{3}r_0)^2$$
で，ここで $z=0$ とおいた
$$(x-\sqrt{3}r_0)^2+(y-r_0)^2=3r_0^2-c^2$$
が上の内接円を与えるから，$3r_0^2-c^2=r_0^2$, よって $c=\pm\sqrt{2}r_0$ である．したがって求める球は
$$\{x-(3-\sqrt{3})\}^2+\{y-(\sqrt{3}-1)\}^2$$
$$+\{z\pm(\sqrt{6}-\sqrt{2})\}^2=(3-\sqrt{3})^2$$
である ∎

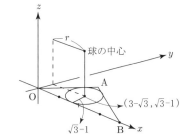

(10)　P が平面 $x=3$ 上にあることは明らかなので，$\mathrm{P}(3,b,c)$ とおくと $\mathrm{PO}=\mathrm{PB}=\mathrm{PC}$ より
$$9+b^2+c^2=(5-b)^2+c^2=(2-b)^2+(c-a)^2$$
となる．これを解いて
$$b=\dfrac{8}{5},\ c=\dfrac{a^2-\dfrac{57}{5}}{2a}$$
が得られる．

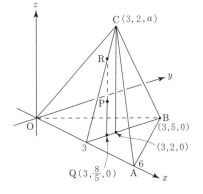

さて，P を通り xy 平面に垂直な直線と，xy 平面および平面 OAC との交点をおのおの Q, R とおくと，P が四面体 OABC に含まれる条件は，P が線分 QR 上にあることである．

$\mathrm{Q}\left(3,\dfrac{8}{5},0\right)$ だから，$\mathrm{R}\left(3,\dfrac{8}{5},r\right)$ とおくことができ，$0\leqq c\leqq r$ が求める条件である．

平面 OAC を $z=ky$ とおくと C を通るから $a=2k$, よって $k=\dfrac{a}{2}$ となる．そこで $z=\dfrac{a}{2}y$ において $y=\dfrac{8}{5}$ とおくことで $z=r=\dfrac{4}{5}a$ を得る．

以上により，$0 \leqq c \leqq r$ は $0 \leqq \dfrac{a^2 - \dfrac{57}{5}}{2a} \leqq \dfrac{4}{5}a$ となり，$a > 0$ のもとでこれを解いて $a \geqq \sqrt{\dfrac{57}{5}}$ を得る■

(11) Q から π に下した垂線の足を H とする．

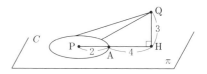

$$\overrightarrow{\mathrm{OH}} = \overrightarrow{\mathrm{OQ}} + \overrightarrow{\mathrm{QH}} = \begin{pmatrix} 2 \\ 6 \\ -3 \end{pmatrix} + k \begin{pmatrix} 1 \\ 2 \\ 2 \end{pmatrix}$$

とおいて，π の方程式に代入すると
$$(2+k) + 2(6+2k) + 2(-3+2k) + 1 = 0$$
であり，これより $k = -1$ となるから $\mathrm{H}(1, 4, -5)$ である．よって，$\mathrm{PH} = \sqrt{4^2 + 2^2 + 4^2} = 6 > 2$ であるから H は円 C の外にある．したがって，求める最小値は図の QA で与えられ，$\mathrm{QH} = 3$, $\mathrm{HA} = 6 - 2 = 4$ に注意すると $\mathrm{QA} = \sqrt{3^2 + 4^2} = 5$ である■

(12) 条件は，球の中心 (原点) から平面 π までの距離が $\sqrt{5-4} = 1$ であることと同じである．よって
$$\dfrac{|a|}{\sqrt{4+1+4}} = 1$$

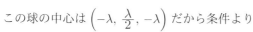

と $a > 0$ より $a = 3$ を得る■

次に，求める球は $x^2 + y^2 + z^2 - 5 + \lambda(2x - y + 2z + 3) = 0$ とおくことができる．この球の中心は $\left(-\lambda, \dfrac{\lambda}{2}, -\lambda\right)$ だから条件より
$-\lambda = 2$, よって $\lambda = -2$ である．

このとき上の球の方程式をまとめると $(x-2)^2 + (y+1)^2 + (z-2)^2 = 20$ となる■

(13) g は 2 平面
$$\dfrac{x+1}{3} = \dfrac{y-1}{-1} \quad \text{と} \quad \dfrac{y-1}{-1} = \dfrac{z+2}{1}, \quad \text{つまり} \quad x + 3y - 2 = 0 \quad \text{と} \quad y + z + 1 = 0$$

の交線である．よって g を含む任意の平面は $s(x+3y-2) + t(y+z+1) = 0$ ($s^2 + t^2 \neq 0$) で表わされ，これが S に接する条件は
$$\sqrt{2} = \dfrac{|s(1-3-2) + t(-1-2+1)|}{\sqrt{s^2 + (3s+t)^2 + t^2}}$$
であり，これをまとめて $s(s-t) = 0$ が得られる．したがって $s = 0$ または $s = t$ となり，それぞれの場合に対する平面は $y + z + 1 = 0$, $x + 4y + z - 1 = 0$ である■

(14) 半径を r とおくと，条件より中心は (r, r, r) である．

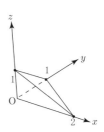

$x + 2y + 2z = 2$ に接するから $\dfrac{|r + 2r + 2r - 2|}{\sqrt{1+4+4}} = r$, つまり $3r = |5r - 2|$ が得られる．ここで $f(x, y, z) = x + 2y + 2z - 2$ とおくと $f(0, 0, 0) = -2 < 0$ であり，かつ内接球の中心は平面 $f(x, y, z) = 0$ に関して O と同じ側にあるから $f(r, r, r) < 0$ でなければならない．

よって $5r-2<0$ なので $3r=2-5r$ となり，これを解いて $r=\dfrac{1}{4}$ が得られる ∎

注意 (1) (ⅰ)の $a=6$ はわざわざ k を用いた議論をしなくても
$$\begin{pmatrix} 2 \\ 3 \\ 4 \end{pmatrix} /\!/ \begin{pmatrix} 4 \\ a \\ a+4 \end{pmatrix}$$
より直ちに $a=6$ であるとしても構いません．

一般に 2 直線のなす角が $\alpha\ \left(0\leqq\alpha\leqq\dfrac{\pi}{2}\right)$ であるとき，2 直線の方向ベクトルを $\vec{l},\vec{m}$ とすると $\cos\alpha=\left|\dfrac{(\vec{l},\vec{m})}{|\vec{l}||\vec{m}|}\right|$ となります．なす角を方向ベクトルから計算しようとするとき，用いる $\vec{l},\vec{m}$ の組が右図のいずれになっているかは判断が困難であることが多いですが，2 つの場合に対する $\dfrac{(\vec{l},\vec{m})}{|\vec{l}||\vec{m}|}$ は符号の違いしかありませんから，上のように絶対値をつけておくことで鋭角 α に対する値が求められることになるというわけです．

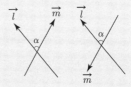

このことは 2 平面のなす角を法線ベクトルから計算するときもまったく同様です．(2) の解で絶対値が付いているゆえんです．

逆に，ある定平面上で定直線 l と角 $\alpha\ \left(0<\alpha<\dfrac{\pi}{2}\right)$ をなす直線というと一般に 2 本ありますから，方向ベクトル $\vec{l}$ と $\vec{m}$ を用いて計算するときは $\dfrac{(\vec{l},\vec{m})}{|\vec{l}||\vec{m}|}$ は
$$\cos\alpha \quad \text{または} \quad \cos(\pi-\alpha)(=-\cos\alpha)$$
としなければなりません．

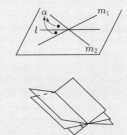

平面の場合も同様で，このことは (5) で用いられています．

(3) において n の方程式を求める場合，n と l, m との交点をそれぞれ $\mathrm{B}(2s+1,3s+2,4s+3)$, $\mathrm{A}(2t,t-1,t)$ と表わして，$\overrightarrow{\mathrm{AB}} /\!/ \begin{pmatrix} 3 \\ 2 \\ 1 \end{pmatrix}$ から A と B，したがって n を決めることができます．しかし，図を描くことで A が m と α の交点であることは直ちに分り，ここから n を決める方がこの問に対しては簡単です．このように座標計算の問題であっても，条件を図形的に眺めてみることは大切です．空間座標の中で，与えられた図形 (直線，平面，球など) を座標軸に対して忠実に描くことはしばしば困難です．しかし，座標軸から離れて解の図のような見取り図を書くことは難しいことではありませんし，そこから大切なことが見えてくることもよくあります．図はできるだけ (しかもきちんと) 描くようにしましょう．

(4) は次のように考えることもできます．

問題の直線が a によらず定平面 $px + qy + rz + s = 0$ 上にあることは，その直線上の任意の点 $(at, (a+1)t - 1, (a+2)t - 2)$ がその平面上にあること，つまり

すべての t と a に対して $pat + q\{(a+1)t - 1\} + r\{(a+2)t - 2\} + s = 0$

が成り立つことに他なりません．上式は $\{(p+q+r)a + (q+2r)\}t + s - q - 2r = 0$ で，これが t, a について恒等式となる条件は $p + q + r = q + 2r = s - q - 2r = 0$ です．これより $p = r$, $q = -2r$, $s = 0$ となるので，条件をみたす平面は $x - 2y + z = 0$ ということになります．これが解の平面と一致することは各自確かめてみてください．

(6) の平面と直線は原点を共有しますから，直線上の別の点，たとえば $(1, 2, 2)$ の平面に関する対称点を求めて，これと原点を通る直線を求めてもできます．

(8) は次のように直接計算することも可能です．直線を $(t + a, t, t)$ で表わして $x^2 + y^2 + z^2 = 1$ に代入してまとめると $3t^2 + 2at + a^2 - 1 = 0$ で，この判別式は正ですから $a^2 - 3(a^2 - 1) > 0$，つまり $3 - 2a^2 > 0$ となります．このときの2解を α, β とおくと，$(\alpha + a, \alpha, \alpha)$, $(\beta + a, \beta, \beta)$ が2交点 A, B の座標を与えますから，$\alpha + \beta = -\frac{2}{3}a$, $\alpha\beta = \frac{a^2 - 1}{3}$ に注意すると

$$AB^2 = 3(\beta - \alpha)^2 = 3\{(\alpha + \beta)^2 - 4\alpha\beta\} = 3\left(\frac{4}{9}a^2 - \frac{4}{3}(a^2 - 1)\right) = \frac{4}{3}(3 - 2a^2)$$

が得られ，これと $AB = 1$ から a を求めることができます．

(10) も図形的な考え方を援用しています．正面から考えようとすると四面体の表現が必要です．

$\alpha\overrightarrow{OA} + \beta\overrightarrow{OB} + \gamma\overrightarrow{OC}$ で表わされる点が四面体 OABC(表面および内部) に含まれるための必要十分条件は

$$\alpha \geqq 0, \ \beta \geqq 0, \ \gamma \geqq 0, \ \alpha + \beta + \gamma \leqq 1$$

です (各自考えてみてください)．したがって，上式および

$$\begin{pmatrix} 3 \\ \frac{8}{5} \\ \frac{a^2 - \frac{57}{5}}{2a} \end{pmatrix} = \alpha \begin{pmatrix} 6 \\ 0 \\ 0 \end{pmatrix} + \beta \begin{pmatrix} 3 \\ 5 \\ 0 \end{pmatrix} + \gamma \begin{pmatrix} 3 \\ 2 \\ a \end{pmatrix}$$

をみたす α, β, γ が存在するための a の条件を求めればよいことになり，ここからも結論が得られます．

(11) では，円周上の点を (p, q, r) とおくと

$$p + 2q + 2r + 1 = 0, \quad (p+3)^2 + (q-2)^2 + (r+1)^2 = 4$$

のもとで p, q, r が変化するときの $\sqrt{(p-2)^2 + (q-6)^2 + (r+3)^2}$ の最小値を求めよ，ということになり，あとの計算はやや面倒になります．ここでも図形的な見方の大切さが分るでしょう．

(12), (13) は 3–1 (d) で述べたことの応用ですが，これを利用しなければ解けないわ

けではありません．たとえば (12) の後半は

$x^2+y^2+z^2=5$ かつ $2x-y+2z+3=0$ ならば
$$(x-p)^2+(y-q)^2+(z-2)^2=r^2 \cdots (*)$$

が成り立つように p,q,r を決めればよいのですが，$x^2+y^2+z^2=5$ のもとでは
$$(x-p)^2+(y-q)^2+(z-2)^2=r^2 \Leftrightarrow px+qy+2z=\frac{1}{2}(p^2+q^2-r^2+9)$$

が成り立つので，$(*)$ は

$x^2+y^2+z^2=5$ かつ $2x-y+2z+3=0$ ならば
$$px+qy+2z=\frac{1}{2}(p^2+q^2-r^2+9)$$

と同値です．これは，$x^2+y^2+z^2=5$ と $2x-y+2z+3=0$ の共通部分である円が平面 $px+qy+2z=\frac{1}{2}(p^2+q^2-r^2+9)$ の上にあることを意味し，したがって $2x-y+2z+3=0$ と $px+qy+2z=\frac{1}{2}(p^2+q^2-r^2+9)$ が一致しなければならないことになり，p,q,r が決まります．

　(13) も，たとえば求めたい平面を $ax+by+cz+d=0$ とおいて，S に接する条件 $\dfrac{|a-b-2c+d|}{\sqrt{a^2+b^2+c^2}}=\sqrt{2}$ と，g を含む条件，つまり $a(3t-1)+b(-t+1)+c(t-2)+d=0$ が t の恒等式であることから平面を決定することができます．

　しかし，(12), (13) ともに 3–1 (**d**) を利用すると簡単に解決できるので，余力があれば知っておくと便利です．

　(14) については練習 3 の注意を再び参照してください．

　なおこの問では，次の事実を利用して解くこともできます．四面体の表面積を S, 体積を V, 内接球の半径を r とおくと
$$rS=3V$$
が成り立ちます．三角形の面積を S, 周の長さを ℓ, 内接円の半径を r とおくと $r\ell=2S$ が成り立ちますが，これを参考に上式の証明を考えてみてください．

3–2　簡単な曲面，および曲線の正射影

(**a**)　平面と球以外の曲面は基本的には高校数学の範囲を越えますが，簡単なものについては入試でも時折みられ，また，それらの方程式を求める考え方自体は難しいものではないので，ここで少し議論しておきましょう．

　例として xy 平面上の楕円 $E: \dfrac{x^2}{a^2}+\dfrac{y^2}{b^2}=1,\ z=0$ を x 軸のまわりに回転してできる曲面 S を考えてみましょう．

　点 $\mathrm{P}(X,Y,Z)$ が S 上の点であることは，E 上の点で，適当に x 軸のまわりに回転すると P に重なるようなものが存在することを意味します．その点を

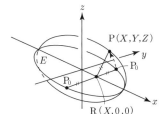

$P_0(x_0, y_0, 0)$ とし,また回転の中心を R とおくと,$R(X, 0, 0)$ は明らかで,R を中心として x 軸のまわりに P_0 を回転して P に重なるということは
$$x_0 = X, \quad P_0R = PR \quad (\text{つまり } |y_0| = \sqrt{Y^2 + Z^2})$$
が成り立つことに他なりません.$(x_0, y_0, 0)$ が E 上を動くとき上の (X, Y, Z) のみたす式が求めるもので,それは $\dfrac{x_0^2}{a^2} + \dfrac{y_0^2}{b^2} = 1$ に上の 2 式を代入して得られ,$\dfrac{X^2}{a^2} + \dfrac{Y^2 + Z^2}{b^2} = 1$ となることが分ります.

したがって S は $\dfrac{x^2}{a^2} + \dfrac{y^2 + z^2}{b^2} = 1$ で表わされます.

次のように考えることもできます.$a > b > 0$ の場合,$F(ea, 0, 0)$ と $F'(-ea, 0, 0)$ は E の焦点で,S は $PF + PF' = 2a$ をみたす P の全体からなる曲面です.したがって
$$\sqrt{(X-ea)^2 + Y^2 + Z^2} + \sqrt{(X+ea)^2 + Y^2 + Z^2} = 2a$$
となります.これをまとめて $e = \dfrac{\sqrt{a^2 - b^2}}{a}$ を用いると再び $\dfrac{x^2}{a^2} + \dfrac{y^2 + z^2}{b^2} = 1$ が得られます.

放物線 $y^2 = 4px$ を x 軸のまわりに回転してできる曲面や,双曲線 $\dfrac{x^2}{a^2} - \dfrac{y^2}{b^2} = 1$ を x 軸(あるいは y 軸)のまわりに回転してできる曲面も,上のいずれかの考え方で導くことができます.

練習5 (1) 放物線 $y^2 = 4px$ ($p > 0$) と双曲線 $\dfrac{x^2}{a^2} - \dfrac{y^2}{b^2} = 1$ ($a > 0, b > 0$) を x 軸のまわりに回転してできる曲面の方程式は,それぞれ次式で与えられることを示せ.
$$y^2 + z^2 = 4px, \quad \dfrac{x^2}{a^2} - \dfrac{y^2 + z^2}{b^2} = 1$$

(2) (1) の双曲線を y 軸のまわりに回転するとどうか.

(3) 2 点 $(1, 0, 1)$ と $(0, -1, -1)$ を結ぶ直線を z 軸のまわりに回転してできる曲面と xz 平面との交わりである曲線の(xz 平面上での)方程式を求めよ.

[解] (1) 上の楕円の例と同様に $P(X, Y, Z)$, $R(X, 0, 0)$, $P_0(x_0, y_0, 0)$ とおくと
$$x_0 = X, \quad |y_0| = \sqrt{Y^2 + Z^2}$$
をみたす P_0 が $y^2 = 4px$ 上にあるための条件を求めればよいから,$Y^2 + Z^2 = 4pX$ を得る.したがって求める曲面は $y^2 + z^2 = 4px$ である ∎

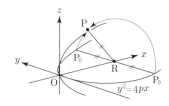

双曲線の場合も上と同様に P, R, P_0 を定めると
$$x_0 = X, \quad |y_0| = \sqrt{Y^2 + Z^2}, \quad \dfrac{x_0^2}{a^2} - \dfrac{y_0^2}{b^2} = 1$$
をみたす P_0 が存在する条件は

$$\frac{X^2}{a^2} - \frac{Y^2 + Z^2}{b^2} = 1$$

である．よって求める曲面は $\dfrac{x^2}{a^2} - \dfrac{y^2+z^2}{b^2} = 1$ である■

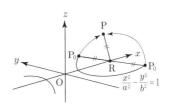

(2) (1) と同じく $P(X, Y, Z)$, $R(0, Y, 0)$, $P_0(x_0, y_0, 0)$ とおくと

$$y_0 = Y, \quad |x_0| = \sqrt{X^2 + Z^2},$$
$$\frac{x_0^2}{a^2} - \frac{y_0^2}{b^2} = 1$$

より $\dfrac{X^2 + Z^2}{a^2} - \dfrac{Y^2}{b^2} = 1$ を得る．

よって $\dfrac{x^2+z^2}{a^2} - \dfrac{y^2}{b^2} = 1$ が求める曲面を表わす■

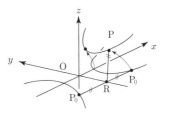

(3) 問題の直線を ℓ，求める曲線を C とする．

C は ℓ 上の各点 P_0 を z 軸のまわりに回転して（回転の中心を R とする）xz 平面上に移動させた点 P の全体からなる．直線 ℓ の方程式は $x = y+1 = \dfrac{z+1}{2}$ であるから

$$P_0\left(\frac{z+1}{2}, \frac{z-1}{2}, z\right)$$

とおくことができる．

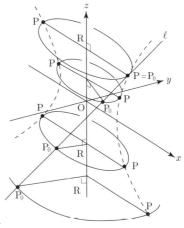

$P(X, 0, Z)$ とおくと $R(0, 0, Z)$ であり，P_0 を R のまわりに回転して P に移ることは

$$z = Z,$$
$$|X| = RP_0$$
$$= \sqrt{\left(\frac{z+1}{2}\right)^2 + \left(\frac{z-1}{2}\right)^2 + (z-Z)^2}$$

が成り立つことを意味し，$z = Z$ に注意すると $P(X, 0, Z)$ がみたす方程式は

$$|X| = \sqrt{\frac{1}{2}(Z^2+1)}, \quad \text{つまり} \quad 2X^2 = Z^2 + 1$$

であることが分る．

したがって C は双曲線 $2x^2 - z^2 = 1 \ (y=0)$ である■

注意 (1) の放物線を回転した曲面は，平面 $x = -p$ と定点 $(p, 0, 0)$ からの距離が等しいような点の全体（つまり $|x+p| = \sqrt{(x-p)^2 + y^2 + z^2}$）と考えても求められます．双曲線についても，2 点 $F(ea, 0, 0)$, $F'(-ea, 0, 0)$ $\left(e = \dfrac{\sqrt{a^2+b^2}}{a}\right)$ からの距離の差が一定値 $2a$ であるような点の全体と考えて求められます．

$\left|\sqrt{(x-ea)^2+y^2+z^2}-\sqrt{(x+ea)^2+y^2+z^2}\right|=2a$ を整理してみてください．

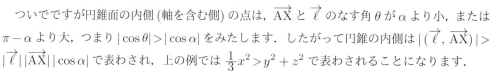

(3) を一般化すると，2 本の直線がねじれの位置にあるとき，一方を他方のまわりに回してできる曲面は双曲線の回転面であることが分ります．

(b)　点 A を頂点，直線 ℓ を軸とする頂角 2α (α は鋭角) の円錐面の対を表わす方程式を考えましょう．

たとえば，A が原点で ℓ が x 軸などの座標軸であるような，図形的に単純な場合ならば，(**a**) で述べたような手法で議論できます．x 軸のまわりで直線 $y=x\tan\alpha,\ z=0$ を回転させればよいわけです．

ここでは別の手法によって議論しておきます．

右の図の円錐面は次の条件をみたす点 X の全体です．

> ℓ の方向ベクトルを $\overrightarrow{\ell}$ とすると $\overrightarrow{\mathrm{AX}}$ と $\overrightarrow{\ell}$ のなす角は α または $\pi-\alpha$ である

これを等式で表現すると

$$\frac{(\overrightarrow{\ell},\,\overrightarrow{\mathrm{AX}})}{|\overrightarrow{\ell}\,||\overrightarrow{\mathrm{AX}}|}=\cos\alpha\ \text{ または }\ \cos(\pi-\alpha)=\pm\cos\alpha$$

だから

$$(\overrightarrow{\ell},\,\overrightarrow{\mathrm{AX}})^2=|\overrightarrow{\ell}\,|^2|\overrightarrow{\mathrm{AX}}|^2\cos^2\alpha$$

が円錐面を表わす方程式になります．たとえば右のような円錐面は

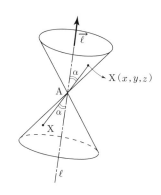

$$\overrightarrow{\ell}=\begin{pmatrix}1\\0\\0\end{pmatrix},\ \mathrm{A}(0,\,0,\,0),\ \overrightarrow{\mathrm{AX}}=\begin{pmatrix}x\\y\\z\end{pmatrix},$$

$$\cos\alpha=\cos\frac{\pi}{6}=\frac{\sqrt{3}}{2}$$

を上式に代入して

$$x^2=(x^2+y^2+z^2)\frac{3}{4},\ \text{つまり}\ \frac{1}{3}x^2=y^2+z^2$$

で表わされることになります．(**a**) で述べた手法で同じ式を導いてみるのも 1 つの練習になるでしょう．

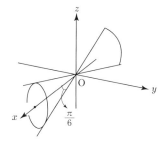

ついでですが円錐面の内側 (軸を含む側) の点は，$\overrightarrow{\mathrm{AX}}$ と $\overrightarrow{\ell}$ のなす角 θ が α より小，または $\pi-\alpha$ より大，つまり $|\cos\theta|>|\cos\alpha|$ をみたします．したがって円錐の内側は $|(\overrightarrow{\ell},\,\overrightarrow{\mathrm{AX}})|>|\overrightarrow{\ell}\,||\overrightarrow{\mathrm{AX}}|\,|\cos\alpha|$ で表わされ，上の例では $\frac{1}{3}x^2>y^2+z^2$ で表わされることになります．

(c)　最後に (**a**), (**b**) で出てきたいろいろな曲面の平面による切り口と，その切り口の座標平面への正射影についての議論をしましょう．

いま，ある曲面 $S: f(x,\,y,\,z)=0$ と平面 $\pi: g(x,\,y,\,z)=0$ が曲線 C を共有するとしましょう．C は π による S の切り口の図形で，C を表わす方程式は連立方程式 $f(x,\,y,\,z)=$

0, $g(x,y,z)=0$ で与えられます．今までは球 $x^2+y^2+z^2=1$ と平面 $2x+y+2z=1$ の交わりである円といった，具体的な図形を取り扱ってきましたが，それを一般化したものが C と考えればよいでしょう．この C を xy 平面に正射影した図形を C' としたとき，C' がいかなる方程式で表わされるかを考えてみます．

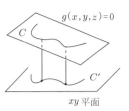

$(X,Y,0)$ が C' の点であるとしましょう．すると，C 上の点で xy 平面に正射影すると $(X,Y,0)$ になるようなものが少なくとも 1 つは存在することになり，逆にそのような点が存在すれば $(X,Y,0)$ は C' の点です．

したがって次の関係が成り立ちます．

$(X,Y,0) \in C' \Leftrightarrow C$ の点で (X,Y,z) なるものが存在する

$\Leftrightarrow f(X,Y,z)=0$ かつ $g(X,Y,z)=0$ をみたす z が存在する

このことから，C' は，$f(x,y,z)=0$, $g(x,y,z)=0$ をみたす z が存在するための x,y の条件によって表わされることが分かります．yz, zx 平面に対する正射影についても同様です．

(**a**) の回転楕円面 $\dfrac{x^2}{a^2}+\dfrac{y^2+z^2}{b^2}=1$ … ① を題材にしてさらに具体的にみてみましょう．

① と平面 $x=k$ … ② の連立方程式は，① の ② による切り口を表わします．この切り口の yz 平面への正射影は ①, ② をみたす x が存在するための y,z の条件で与えられますから，② で与えられる x が ① をみたすこと，つまり $\dfrac{k^2}{a^2}+\dfrac{y^2+z^2}{b^2}=1$ で表わされ，これは円

$$y^2+z^2 = b^2\left(1-\dfrac{k^2}{a^2}\right)$$

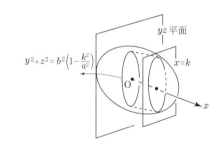

を表わしています (①, ② が共有点をもつ条件は $|k| \leq a$ であることに注意しましょう．$k=\pm a$ なら $(y,z)=(0,0)$ です)．切り口自体もこれと同じ円である (ただし平面 $x=k$ 上) ことは明らかでしょう．

① と平面 $z=ky$ … ③ の連立方程式を考えてみましょう．①, ③ をみたす z が存在するための x,y の条件は

$$\dfrac{x^2}{a^2}+\dfrac{y^2+k^2y^2}{b^2}=1, \quad \text{つまり} \quad \dfrac{x^2}{a^2}+\dfrac{y^2}{\dfrac{b^2}{k^2+1}}=1$$

で，この楕円が ③ による ① の切り口の xy 平面への正射影を表わすことになります．

逆に，この正射影から，もとの切り口の図形 (楕円) の軸の長さを求めたりすることもできます．切り口の x 軸方向の軸の長さは正射影と同じ $2a$ ですが，これと垂直な方向の軸の長さ d は

$$d\cos\alpha = 2\sqrt{\dfrac{b^2}{k^2+1}}, \quad \text{ただし} \quad \tan\alpha = |k|$$

から求められます (下図参照). もちろんこの場合は $d = 2b$ になります.

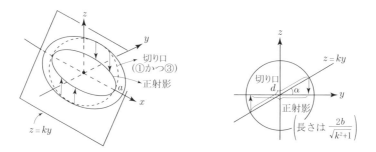

回転放物面 $y^2 + z^2 = 4px \cdots$ ④ と平面 $z = k \cdots$ ⑤ を考えてみます.

④, ⑤から z を消去した式 $y^2 = 4px - k^2$ が切り口の xy 平面への正射影ですが, ⑤自身が xy 平面に平行なので切り口の図自身が正射影とまったく同じグラフです. このことから, 回転放物面をその軸 (今の場合 x 軸) に平行な平面で切ると切り口はつねに放物線であることが分るでしょう.

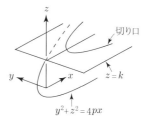

前節 (b) から, O を頂点, z 軸を軸にもつ頂角 2α の円錐面の方程式は $x^2 + y^2 = z^2 \tan^2 \alpha$ であることが分ります. この式において $y = az - b$ とおくと $x^2 + (a^2 - \tan^2 \alpha)z^2 - 2abz + b^2 = 0$ となり, $a^2 - \tan^2 \alpha$ の符号 ($|a|$ と $\tan \alpha$ の大小) にしたがって楕円, 双曲線や放物線が現れます. これが第1章2–2 (b) で述べたことに関連していることは明らかでしょう.

(**d**) 本節3–2の内容は, 限られた空間曲面に対するかなり特殊かつ個別的な議論に過ぎません. 入試に利用されることがあるので取りあげましたが, これらの事柄が一般の曲面論において必ずしも重要な内容を形成しているわけではないことを注意しておきたいと思います.

第4節　第2章の問題

2.1　半径1の2つの球が外接しており, この2つの球のいずれにも接するように半径 r ($r > 0$) の球を8個おき, 8個の球はすべて両隣と接するようにしたい.

　　r の値を求めよ.
(阪大)

2.2　長方形の紙 ABCD がある. ただし, AB $= a$, BC $= b$, $a > b > 0$ とする.

　対角線 BD の中点を通り, BD に垂直な直線と辺 AB, CD との交点をそれぞれ E, F とする. 線分 EF を折り目にしてこの紙を折り曲げ, 平面 AEFD が平面 BEFC に垂直になるようにする. この立体における $\angle$CFD の大きさを θ ($0 < \theta < \pi$) とおく.

(1)　$\cos \theta$ を a, b で表わせ.

(2) θ の取り得る値の範囲を求めよ． (長崎大)

2.3 三角形 ABC を底面，V を頂点とする三角錐において，V から底面に下した垂線の足 H が三角形 ABC の内心に一致しているという．H から辺 AB, BC, CA に下した垂線の足をそれぞれ D, E, F とするとき，以下の問に答えよ．
(1) VD = VE = VF を証明せよ．
(2) $\angle$AVB $= 105°$, $\angle$BVC $= 75°$, $\angle$CVA $= 90°$ のとき，VA : VB : VC を求めよ．
(阪大)

2.4 空間において，辺 AB を共有する合同な長方形 ABCD と長方形 ABEF が 2 面角 120° で交わっている．辺 AB 上に 1 点 P をとったところ，$\angle$BPD $= \angle$DPF $= \angle$BPF が成り立った．
辺 AD と辺 AF の長さを 1 としたとき，DP の長さを求めよ． (神戸大)

2.5 南北の方向に水平でまっすぐな道路上を，自動車が南から北へ時速 100 km で走っている．また，飛行機が一定の高度で一直線上を時速 $\sqrt{7} \times 100$ km で飛んでいる．自動車から飛行機をみたところ，ある時刻にちょうど西の方向に仰角 30° に見えて，それから 36 秒後には，北から 30° 西の方向に仰角 30° に見えた．
飛行機の高度は何 m であるか． (東大)

2.6 傾いた平面上で，最も急な方向の勾配が $\frac{1}{3}$ であるという．いま，南北方向の勾配を測ったところ $\frac{1}{5}$ であった．
東西方向の勾配はどれだけか． (東大)

2.7 同一平面上にない 4 点から等距離にある平面はいくつ存在するか． (京大)

2.8 (1) a, b, c は正の実数で $a \geqq b$ とする．図のような四面体が存在するとき，1 つの辺の長さ x の取り得る値の範囲を a, b, c を用いて表わせ．
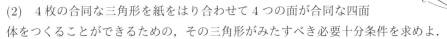
(2) 4 枚の合同な三角形を紙をはり合わせて 4 つの面が合同な四面体をつくることができるための，その三角形がみたすべき必要十分条件を求めよ．

2.9 1 辺の長さ 1 の正 12 面体の体積を求めよ．
ただし $\cos \frac{\pi}{5} = \frac{\sqrt{5}+1}{4}$ を用いてよい．

正12面体

2.10 長さ 2 の線分 NS を直径とする球面 K がある．
点 S において球面 K に接する平面の上で，S を中心とする半径 2 の 4 分円 $\overset{\frown}{\text{AB}}$ と線分 AB を合わせて得られる曲線上を点 P が 1 周する．
このとき，線分 NP と球面 K との交点 Q が描く曲線の長さを求めよ． (東大)

2.11 底面が正方形である四角錐が半径 1 の球面に内接している．
この四角錐の体積が $\frac{1}{4}$ のとき，その高さがとり得る値の範囲を求めよ． (大阪市大)

2.12 底面積と側面積の和が πa^2 であるような直円錐の体積が最大となるときの底面の半径

2.13 1 辺の長さが 1 の立方体 ABCD–EFGH がある．三角形 ABD を底面とし G を頂点とする三角錐と，三角形 CBD を底面とし E を頂点とする三角錐との共通部分の体積を求めよ． (阪大)

2.14 (1) 四面体 PQRS が
$$\angle PQR = \angle RQS = \angle SQP = \frac{\pi}{2}, \text{ および } PR = PS = a \text{ (定数)}$$
をみたすとき，この四面体の体積の最大値を求めよ．

(2) 四面体 ABCD が，AB = BC = CD = DA = a (定数) をみたすとき，この四面体の体積の最大値を求めよ． (京大)

2.15 1 辺の長さが 2 の正四面体 ABCD と，$\angle APB \geqq 90°$ をみたす空間内の点 P 全体からなる集合 K を考える．

(1) 三角形 ABC と K との共通部分の面積を求めよ．

(2) 正四面体 ABCD の表面と K との共通部分の面積を求めよ． (阪大)

2.16 (1) 四面体 OXYZ の体積を V とする．O から点 X, Y, Z 方向へのびる半直線上に，それぞれ点 X′, Y′, Z′ をとり，$OX' = \ell\, OX$, $OY' = m\, OY$, $OZ' = n\, OZ$ とおく．四面体 OX′Y′Z′ の体積 V' と V との比を ℓ, m, n を用いて表わせ．

(2) 1 辺の長さが 1 の正四面体 ABCD の辺 BC, BD, AC, AD 上に，それぞれ点 P, Q, R, S を $BP = BQ = CR = DS = t$ をみたすようにとる．ただし $0 < t < \dfrac{1}{2}$ とする．

この四面体を平面 PQSR で 2 つの部分に分けたときの A, B を含む側の体積を V_1, C, D を含む側の体積を V_2 とする．$V_1 : V_2 = 3 : 1$ となるときの t の値を求めよ．

2.17 定平面 π と，これに平行な長さ 1 の定線分 AB があり，両者の距離は 1 である．π 上の 1 辺の長さ 1 の正方形 U の周と内部を点 P が動き，線分 AB 上を点 Q が動くときの線分 PQ の全体がつくる立体の体積を V とする．U が π 上を動くとき，V のとり得る値の範囲を求めよ．

2.18 直円錐形のグラスに水がみちている．水面の円の半径は 1, 深さも 1 である．

(1) このグラスを図のように角度 α だけ傾けたとき，できる水面は楕円である．この楕円の中心からグラスのふちを含む平面までの距離 ℓ と，楕円の長半径 a, および短半径 b を $m = \tan\alpha$ を用いて表わせ．ただし，楕円の長半径，短半径とは，それぞれ長軸，短軸の長さの半分のことである．

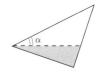

(2) 傾けたときこぼれた水の量が最初の水の量の $\dfrac{1}{2}$ であるとき $m = \tan\alpha$ の値を求めよ． (東大)

2.19 空間内に平面 α がある．1 辺の長さ 1 の正四面体 V の α 上への正射影の面積を S とする．

V がいろいろと位置を変えるときの S の最大値と最小値を求めよ． (東大)

2.20 空間内の 3 点 A, B, C が一直線上にないとき，$p\overrightarrow{MA} + q\overrightarrow{MB} + r\overrightarrow{MC} = \overrightarrow{0}$ をみたす点 M が存在するための実数 p, q, r がみたすべき必要十分条件を求めよ． (高知大)

2.21 O を原点とする座標空間における領域 K を
$$K = \{(x, y, z) \mid x \geq 0, y \geq 0, z \geq 0\}$$
で定める．

(1) O と異なる点 P が K 内を動くとき，P から直線 $x = y = z$ に引いた垂線の足 P$'$ に対して $\dfrac{|\overrightarrow{OP'}|}{|\overrightarrow{OP}|}$ の最小値を求めよ．

(2) m 個の点 $P_1, P_2, \cdots, P_m$ が K 内にあるとき，不等式 $\sum_{k=1}^{m} |\overrightarrow{OP_k}| \leq \sqrt{3} \left| \sum_{k=1}^{m} \overrightarrow{OP_k} \right|$ が成り立つことを示せ．

(3) 空間の n 個の点 $A_1, A_2, \cdots, A_n$ が与えられたとき，次の不等式
$$|\overrightarrow{OA_1}| + |\overrightarrow{OA_2}| + \cdots + |\overrightarrow{OA_n}| \leq 8\sqrt{3} \left| \overrightarrow{OA_{i_1}} + \overrightarrow{OA_{i_2}} + \cdots + \overrightarrow{OA_{i_k}} \right|$$
が成り立つような，$\{1, 2, \cdots, n\}$ の部分集合 $\{i_1, i_2, \cdots, i_k\}$ を選ぶことができることを示せ． (名工大)

2.22 s, t は $s \geq 0, t \geq 0$ をみたす実数で，$\vec{a} \neq \vec{0}, \vec{b} \neq \vec{0}$ とする．$\vec{c} = s\vec{a} + t\vec{b}$ とおくとき，次の (1)〜(3) を証明せよ．

(1) $s(\vec{c}, \vec{a}) + t(\vec{c}, \vec{b}) \geq 0$.

(2) $(\vec{c}, \vec{a}) \geq 0$，または $(\vec{c}, \vec{b}) \geq 0$.

(3) $|\vec{c}| \geq |\vec{a}|$ かつ $|\vec{c}| \geq |\vec{b}|$ ならば $s + t \geq 1$. (神戸大)

2.23 四面体 OABC の頂点 O, A, B, C は，辺 OB の中点を中心とする半径 1 の球面上にあり，$\angle AOC = \dfrac{\pi}{2}$ で OA = OC = 1 であるとする．辺 AB, BC の中点をそれぞれ D, E とし，線分 DE の中点を H とおき，さらに $\overrightarrow{OA} = \vec{a}, \overrightarrow{OB} = \vec{b}, \overrightarrow{OC} = \vec{c}$ とおく．

(1) $\overrightarrow{OH}$ を $\vec{a}, \vec{b}, \vec{c}$ を用いて表わせ．また $|\overrightarrow{OH}|$ を求めよ．

(2) △ODE の面積を求めよ．

(3) $\overrightarrow{OB}$ と $\overrightarrow{AC}$ のなす角 θ を求めよ． (慶大)

2.24 1 辺の長さが 1 の正四面体 OABC の辺 OB の中点を M，OC を $1:2$ に内分する点を N とする．O と平面 AMN との距離 d を求めよ． (千葉大)

2.25 1 辺の長さ a の正方形 ABCD を底面とし，頂点 P から A, B, C, D にいたる辺がすべて同じ長さ b の正四角錐 P–ABCD がある．2 辺 PB, PD の中点 L, N と頂点 A とを通る平面が辺 PC と交わる点を M とするとき，四辺形 ALMN の面積 S を a, b で表わせ． (九州大)

2.26 三角形 ABC を底面とする四面体 OABC が OA = 1, OB = 2, OC = 3, $\angle AOB = \angle BOC = \angle COA$ をみたしている．三角形 ABC 上に点 P を $\angle AOP = \angle BOP = \angle COP$ をみたすようにとるとき，$\overrightarrow{OP}$ を $\overrightarrow{OA}, \overrightarrow{OB}, \overrightarrow{OC}$ を用いて表わせ． (慶大)

2.27 四面体 ABCD において,AB = AC が成り立っている.
(1) $BD^2 + CD^2 = 2(AB^2 + AD^2)$ と $\angle BAD + \angle CAD = \pi$ は同値であることを示せ.
(2) $\angle BAD + \angle CAD = \pi$ が成り立つとき,D はいかなる図形を動くか. (大阪市大)

2.28 四面体 ABCD において,辺 AC と BD に平行な平面でこの四面体を切った切り口の面積を最大にするにはどのように切ればよいか.

2.29 四面体 OABC と点 P に対して,$\overrightarrow{OA} = \vec{a}, \overrightarrow{OB} = \vec{b}, \overrightarrow{OC} = \vec{c}, \overrightarrow{OP} = \vec{p}$ とおく.また,$\angle AOB = \angle BOC = \angle COA = \frac{\pi}{2}$ であるとする.
(1) $(\overrightarrow{AP}, \overrightarrow{BP}) + (\overrightarrow{BP}, \overrightarrow{CP}) + (\overrightarrow{CP}, \overrightarrow{AP}) = 0$ をみたす点 P の描く図形は何か.
(2) $|\vec{a}| = 1, |\vec{b}| = |\vec{c}| = 2$ とする.O から平面 ABC に下した垂線の足を H とするとき,$\overrightarrow{OH}$ を $\vec{a}, \vec{b}, \vec{c}$ を用いて表わせ.
(3) (2) において,O を通り平面 ABC に平行な平面上を点 P が動くとき,$(\overrightarrow{AP}, \overrightarrow{BP}) + (\overrightarrow{BP}, \overrightarrow{CP}) + (\overrightarrow{CP}, \overrightarrow{AP})$ の値が最小となる点を P_0 とする.
$\overrightarrow{OP_0}$ を $\vec{a}, \vec{b}, \vec{c}$ を用いて表わせ. (岡山大)

2.30 四面体 ABCD の三角形 BCD, CDA, DAB, ABC の重心をそれぞれ A_1, B_1, C_1, D_1 として四面体 $A_1 B_1 C_1 D_1$ をつくる.これを 1 回目として,同様の手続きをくり返して n 回目に得られる四面体を $A_n B_n C_n D_n$ とする.次の (1)~(3) を示せ.
(1) 線分 AA_1, BB_1, CC_1, DD_1 は 1 点 P を共有する.
(2) 点 A_n ($n = 1, 2, \cdots$) は一直線上にある.
(3) $|\overrightarrow{PA_n}| = \frac{1}{3^n}|\overrightarrow{PA}|$.ただし,P は (1) で定められたものとする. (京大)

2.31 点 O を中心とする球面上に異なる 3 点 A, B, C がある.ただし O は平面 ABC 上にはないものとする.三角形 ABC の垂心を H とし,さらに $\overrightarrow{OA} + \overrightarrow{OB} + \overrightarrow{OC} = \overrightarrow{OP}$ とおく.
(1) 点 O から平面 ABC までの距離を d とおくとき,P からこの平面までの距離を d を用いて表わせ.
(2) 直線 PH と平面 ABC は直交することを証明せよ.

2.32 四面体 OABC の辺 OA, OB, OC を,それぞれ O から A, B, C の方向へ延長した半直線を OA′, OB′, OC′ とする.次に三角形 ABC の内部に点 P をとり,$\overrightarrow{OP} = \alpha\overrightarrow{OA} + \beta\overrightarrow{OB} + \gamma\overrightarrow{OC}$ ($\alpha > 0, \beta > 0, \gamma > 0, \alpha + \beta + \gamma = 1$) とおく.さらに,半直線 OA′, OB′, OC′ 上に点 L, M, N を,三角形 LMN が点 P を含むようにとり,$\overrightarrow{OL} = \ell\overrightarrow{OA}, \overrightarrow{OM} = m\overrightarrow{OB}, \overrightarrow{ON} = n\overrightarrow{OC}$ とおく.
四面体 OABC の体積を V_0,四面体 OLMN の体積を V とおくとき,以下の問に答えよ.
(1) $\frac{\alpha}{\ell} + \frac{\beta}{m} + \frac{\gamma}{n}$ の値を求めよ.
(2) 点 P を固定して三角形 LMN を動かすとき,V の最小値を $\alpha, \beta, \gamma, V_0$ で表わせ.
(3) P が三角形 ABC の内部を動くとき,(2) の最小値が最大となるのは点 P がいかなる位置にあるときか.

2.33 四面体 PABC に対して，点 Q を $\overrightarrow{PQ} = p\overrightarrow{PA} + q\overrightarrow{PB} + r\overrightarrow{PC}$ で定める．

(1) Q が四面体 PABC の内部にあるための p, q, r の条件は何か (答のみでよい)．

(2) Q が四面体 PABC の内部にあるとき 4 つの四面体 PBCQ, PCAQ, PABQ, QABC の体積を，おのおの V_A, V_B, V_C, V_Q とおく．$V_A : V_B : V_C : V_Q$ を p, q, r で表わせ．(千葉大)

2.34 (1) 空間のベクトル $\vec{a}, \vec{b}, \vec{c}, \vec{d}$ が $\vec{a} + \vec{b} + \vec{c} + \vec{d} = \vec{0}$, $\vec{a} + \vec{b} \neq \vec{0}$, $\vec{a} + \vec{d} \neq \vec{0}$ をみたしている．このとき，$\vec{a} + \vec{b}$ と $\vec{a} + \vec{d}$ が垂直であるための必要十分条件は $|\vec{a}|^2 + |\vec{c}|^2 = |\vec{b}|^2 + |\vec{d}|^2$ であることを示せ．

(2) 2つの四面体 ABCD, A'B'C'D' が AB = A'B', BC = B'C', CD = C'D', DA = D'A' をみたしている．このとき，AC と BD が垂直ならば A'C' と B'D' も垂直であることを示せ． (鹿児島大)

2.35 四面体 ABCD の辺 AB, AC, AD, CD, DB, BC の中点を，それぞれ P, Q, R, P', Q', R' とおく．このとき，3 線分 PP', QQ', RR' は 1 点で交わることを示せ．

さらに，この点を G，四面体 ABCD の外接球の中心を O，O の G に関する対称点を H とするとき，PH⊥CD であることを示せ． (福井医大)

2.36 四面体 ABCD の重心を G，外接球の中心を O とし，H を $\overrightarrow{OH} = \frac{1}{2}(\overrightarrow{OA} + \overrightarrow{OB} + \overrightarrow{OC} + \overrightarrow{OD})$ で定められる点とする．

(1) DA⊥BC, DB⊥CA ならば AH⊥平面 BCD, BH⊥平面 CDA, CH⊥平面 DAB が成り立つことを示せ．

(2) AK⊥平面 BCD, BK⊥平面 CDA, CK⊥平面 DAB をみたす点 K が存在するならば，DA⊥BC, DB⊥CA が成り立ち，さらに K = H であることを示せ．

また，上の K が存在して G = K (= H) ならば四面体 ABCD は正四面体であることを示せ．

2.37 空間における 3 直線
$$\frac{x-2}{3} = \frac{y-3}{-5} = \frac{z-4}{2}, \quad \frac{x-3}{a^3} = \frac{y-4}{-2a} = z-2, \quad \frac{x-4}{-2a^2} = y-2 = \frac{z-3}{a^3}$$
をそれぞれ ℓ_1, ℓ_2, ℓ_3 とする．

(1) 3 直線 ℓ_1, ℓ_2, ℓ_3 が同一平面上にあるように a の値を定めよ．

(2) (1) で定められる平面と xy 平面とのなす角を θ $\left(0 \leq \theta \leq \frac{\pi}{2}\right)$ とするとき，$\tan 2\theta$ を求めよ． (九州大)

2.38 次の 3 直線をそれぞれ ℓ_1, ℓ_2, ℓ_3 とする．これらのすべてに直交する直線が存在するように実数の定数 a, b の値を定めよ．

$$x-1 = y-2 = -z+3, \quad \frac{x+1}{3} = \frac{y+2}{-3} = z+3, \quad \frac{x-2}{a} = y-4 = z-b.$$
(名大)

2.39 xyz 空間において，x 軸を ℓ とし，2 点 $(1, 1, 0)$ と $(0, 0, 1)$ を通る直線を m とする．
点 $P(1-t, -t, 1-t)$ を通り，2 直線 ℓ, m の両方に交わる直線 n が存在するための t の

条件を求めよ．また，直線 n の方程式を求めよ． (阪大)

2.40 xyz 空間に 3 平面
$$\alpha : x+y-2z = -7a, \quad \beta : 4x-2y+z = 2a, \quad \gamma : a^3x - ay + z = a^3 - 4$$
がある．ただし a は実数の定数である．

3 平面の位置関係がそれぞれ次のようになるための a がみたすべき条件を求めよ．
(1) α, β, γ が 1 本の直線を共有する．
(2) α, β, γ が 1 点だけを共有する．
(3) α, β, γ のすべてが共有するような点は存在しない． (広島大)

2.41 空間の 4 点 O$(0,0,0)$，A$(1,0,0)$，B$(0,2,0)$，C$(0,0,3)$ を頂点とする四面体 OABC が，平面 $\dfrac{x}{3}+\dfrac{y}{2}+\dfrac{z}{k}=1$ によって体積の等しい 2 つの部分に分けられるとき，k の値を求めよ． (大阪市大)

2.42 2 平面 $(2+t)x+(b+t)y+z=0$, $(3+at)x+(4+t)y+z=0$ の交わりが t の値によらない一定の直線になるように a, b の値を定めよ． (名市大)

2.43 2 つの平面 $\alpha : x+2y+2z-6=0$, $\beta : x+2y+2z+3=0$ と，2 点 A$(9,8,9)$，B$(-1,-3,-2)$ とが与えられている．このとき，α 上に点 P を，β 上に点 Q をとり，PQ が α と β に垂直で，しかも折れ線 APQB が最短となるようにする．
(1) 2 平面 α, β の距離を求めよ．
(2) 折れ線 APQB の長さを求めよ．
(3) 点 P の座標を求めよ． (埼玉大)

2.44 平面 $\pi : x+2y+3z=1$ と平面 $\pi_1 : z=-1$ について，次の (1), (2), (3) に答えよ．
(1) 平面 π に関して原点 O と対称な点 O$'$ の座標を求めよ．
(2) 原点 O から発し，平面 π 上の点 P で反射した光線が平面 π_1 に垂直に入射するとき，点 P の座標を求めよ．
(3) 原点 O から発し，平面 π 上の点 Q で反射した光線が平面 π_1 でふたたび反射して，直接原点 O に戻るとき，点 Q の座標を求めよ． (鹿児島大)

2.45 空間内に直線 $\ell : \dfrac{x-6}{2}=\dfrac{y-4}{-3}=\dfrac{z-1}{6}$ と平面 $\alpha : 19x-4y+8z=8$ がある．
(1) ℓ と α の交点 A の座標を求めよ．
(2) ℓ 上の点 B$(6,4,1)$ を通り ℓ に垂直な平面 β と α の交線 m の方程式を求めよ．
(3) 点 C は α 上の点で AB $=$ BC をみたすものとする．このとき，三角形 ABC の面積を最大にする点 C の座標を求めよ． (横国大)

2.46 空間において，直線 ℓ のまわりの角 θ の回転によって，点 $(1,0,0)$，および $(0,0,1)$ が，それぞれ点 $\left(-\dfrac{5}{8}, -\dfrac{\sqrt{3}}{8}, -\dfrac{3}{4}\right)$，および $\left(-\dfrac{3}{4}, \dfrac{\sqrt{3}}{4}, \dfrac{1}{2}\right)$ に移ったという．

ℓ の方程式および θ の値を求めよ．

2.47 原点を中心とする半径 1 の球を平面 $2y+z-2=0$ で切ったときできる切り口の円板

を D とする.

　直線 $\dfrac{x}{a+1} = \dfrac{2y}{a-1} = \dfrac{z}{a}$ が D の内部を通るための a の値の範囲を求めよ. ただし, $a \neq 0, 1, -1$ とする. (大阪府大)

2.48 球 $(x-1)^2 + (y-a)^2 + (z-1)^2 = 10$ と平面 $z=0$ との交わりの円を C_1, 球 $x^2 + y^2 + (z-2)^2 = 16$ と平面 $bx + 2y + 2z = 4$ との交わりの円を C_2 とする. C_1 と C_2 が同じ球面 C 上にあるように a, b の値を定め, 球 C の方程式を求めよ. (阪大)

2.49 (1) 点 $(0, 1, 3)$ を通り, かつ球 $x^2 + y^2 + (z-1)^2 = 1$ と接する直線に対して, その接点全体は 1 つの定平面上にあることを示せ. (阪大)
(2) 球 $x^2 + y^2 + z^2 - 2x - 8 = 0$ と平面 $3y + 4z - 9 = 0$ の交わりの円 C 上の点におけるこの球の接平面は, すべてある定点を含むことを示せ. (秋田大)

2.50 (1) xyz 空間における 3 直線
$$\ell : x = 0, z = -1, \quad m : x = y, z = 0, \quad n : y = 0, z = 1$$
に同時に接する球は無数に存在することを示せ.
(2) (1) における球で, さらに直線 $x = -y, z = 2$ に接するものの半径を求めよ.

2.51 原点 O を通る直線が球面 $S : (x-2)^2 + y^2 + (z-1)^2 = 4$ と接するとき, その接点全体からなる図形を A とする. A の xy 平面への正射影 A', および zx 平面への正射影 A'' を求め, それらを図示せよ. (北大)

2.52 xyz 空間内に定点 A$(1, 1, 0)$, B$(-1, 1, 0)$ がある. いま点 P が yz 平面上の半円 $x = 0, y^2 + z^2 = 2, y \leqq 0$ の上を動くとき, 三角形 PAB の周および内部の点の全体でつくられる立体 K を考える.
(1) 平面 $x = t$ による K の切り口はどのような図形か.
(2) K の体積を求めよ. (阪大)

2.53 空間に 3 点 O$(0, 0, 0)$, N$(0, 0, 1)$, S$(0, 0, -1)$ がある.
　点 Q$(r\cos\theta, r\sin\theta, 0)$ $(r > 0)$ に対して直線 OQ 上に点 R $\left(\dfrac{1}{r}\cos\theta, \dfrac{1}{r}\sin\theta, 0\right)$ をとり, 直線 NQ と直線 SR の交点を P とする. r, θ が $0 < r$, $0 \leqq \theta \leqq 2\pi$ の範囲を動くとき, P はどのような図形の上を動くか. (北大)

2.54 xyz 空間において, 平面 $x = 1$ 上にあり点 $(1, 0, 1)$ を中心とする半径 1 の円を C とし, 点 $(0, 0, a)$ を A とする. 点 P が C 上を動くとき, 直線 AP と xy 平面との交点 Q が描く図形を求めよ. ただし, $a > 0$ とする.

第3章　行列，および一次変換

　簡単な連立一次方程式を解くとき，代入法や消去法が用いられることは中学で勉強した通りです．この手続きは，しかし，未知数の個数が増えていくと大変な労力を要するものになります．行列は，そのような場合も含めて，より一般的に一次方程式系を取り扱うために考えられ発展してきたもので，現在では1つの完成した体系をつくっているといえるでしょう．高校数学の中ではやや抽象度の高い分野ですが，微分，積分とあわせて大学の数学に対する入門であるという点でも大切です．

第1節　行列
1–1　行列の演算
(a)　次のいくつかの連立方程式の解はどうなるでしょうか．

$$\left.\begin{array}{l} x+y=2 \\ x-y=0 \end{array}\right\} \cdots \text{①}, \quad \left.\begin{array}{l} x+y=2 \\ 2x+2y=4 \end{array}\right\} \cdots \text{②}, \quad \left.\begin{array}{l} x+y=2 \\ 2x+2y=3 \end{array}\right\} \cdots \text{③},$$

$$\left.\begin{array}{l} x+y+2z=3 \\ 2x-y+z=0 \\ x-2y+3z=5 \end{array}\right\} \cdots \text{④}, \quad \left.\begin{array}{l} x+y+2z=3 \\ 2x-y+z=0 \\ x-2y-z=-3 \end{array}\right\} \cdots \text{⑤}, \quad \left.\begin{array}{l} x+y+2z=3 \\ 2x-y+z=0 \\ x-2y-z=1 \end{array}\right\} \cdots \text{⑥}.$$

　①は $(x,y)=(1,1)$ という唯一の解をもちます．②の2つの式は同値な式なので $x+y=2$ をみたすすべての実数が解です．実数上を変化するパラメータ t を用いて $(x,y)=(t,2-t)$ と表現することもできます．③の2式を同時にみたす (x,y) が存在しないことはすぐ分ります．④は $(x,y,z)=(-1,0,2)$ を唯一の解としてもちます．⑤ではどの2つの式からも残りの1つが導かれます．つまり3個の式のうち独立な式は2つだけなので，$x+y+2z=3, 2x-y+z=0$ をみたすすべての (x,y,z) が解で，これは直線 $x=y-1=-z+1$ 上のすべての点が解であることを意味します．パラメータ t を用いて $(t,t+1,-t+1)$ と表わすこともできます．⑥では第2式から第1式をひくと $x-2y-z=-3$ となり，第3式と比べれば (x,y,z) は存在しないことが分ります．

　このように解の性質がいろいろと変化することは，これらの連立方程式の係数行列，あるいは拡大係数行列の性質によって系統的に説明され，その鍵になる概念はランク (階数) と呼ばれるものですが，高校の範囲を越えることなのでここでは立ち入りません．

一般に n 個の未知数 $x_1, x_2, \cdots, x_n$ に関する m 個の連立方程式

$$\left.\begin{array}{l} a_{11}x_1 + a_{12}x_2 + \cdots + a_{1n}x_n = b_1 \\ a_{21}x_1 + a_{22}x_2 + \cdots + a_{2n}x_n = b_2 \\ \cdots\cdots \\ a_{m1}x_1 + a_{m2}x_2 + \cdots + a_{mn}x_n = b_m \end{array}\right\} \quad (3\text{-}1)$$

が与えられたとき，係数を並べた次の行列

$$\begin{pmatrix} a_{11} & a_{12} & \cdots & a_{1n} \\ \vdots & \vdots & & \vdots \\ a_{m1} & a_{m2} & \cdots & a_{mn} \end{pmatrix}, \quad \text{および} \quad \begin{pmatrix} a_{11} & a_{12} & \cdots & a_{1n} & b_1 \\ \vdots & \vdots & & \vdots & \vdots \\ a_{m1} & a_{m2} & \cdots & a_{mn} & b_m \end{pmatrix}$$

をそれぞれ (3-1) の係数行列，拡大係数行列といいます．

ここでは (3-1) の解の議論には立ち入りません．連立一次方程式の解法については 18 世紀には分っていたらしく，その後，行列という道具 (言語) によって現代的な形に書き直されてきた，というのが歴史的な経緯のようです．

$$\text{第} i \text{行} \begin{pmatrix} a_{11} & \cdots & a_{1j} & \cdots & a_{1n} \\ \vdots & & \vdots & & \vdots \\ a_{i1} & \cdots & a_{ij} & \cdots & a_{in} \\ \vdots & & \vdots & & \vdots \\ a_{m1} & \cdots & a_{mj} & \cdots & a_{mn} \end{pmatrix} \overset{\text{第} j \text{列}}{}$$

さて，ここでの主役である行列とは上のようにいくつかの数を矩状に並べたもので，横の並びを行，縦の並びを列といいます．行と列の数によって $m \times n$ 行列とよび i 行 j 列目の数を ij 成分といいます．$m = n$ のときは n 次正方行列といいます．

(b) 行列の演算を定義しましょう．

行列 A, B ともに $m \times n$ 行列のとき (このことを A と B は同じ型の行列であるともいいます)，それぞれの ij 成分を a_{ij}, b_{ij} とすると

$A = B$ はすべての i, j に対して $a_{ij} = b_{ij}$ であること，

$A \pm B$ の ij 成分は $a_{ij} \pm b_{ij}$

で定めます．

すべての i, j に対して $a_{ij} = b_{ij}$，つまり $A = B$ ならば $A - B$ の成分はすべて 0 です．このような行列を零行列と呼び，O で表わすことにします．以下数字の零は小さめに，零行列は大きめにかくことにしますが，多くの場合前後の文脈からどちらであるかは判断できるでしょう．

k を実数とするとき，行列の実数倍に対して

kA は ka_{ij} を ij 成分とする行列

と定めます．$0A = O$, $kO = O$ が成り立つことはすぐ分ります．また $(-1)B$ を $-B$ と略記しても $A - B$ の定義にさしつかえないことは明らかでしょう．

k, ℓ を実数とするとき次式も明らかです．

$$k(\ell A) = (k\ell)A, \quad (k + \ell)A = kA + \ell A, \quad k(A + B) = kA + kB.$$

2 つの行列 A, B の積は，A が $m \times n$ 行列，B が $n \times \ell$ 行列のとき定義され，次式

$$\begin{pmatrix} a_{11} & a_{12} & \cdots & a_{1n} \\ \vdots & \vdots & & \vdots \\ a_{i1} & a_{i2} & \cdots & a_{in} \\ \vdots & \vdots & & \vdots \\ a_{m1} & a_{m2} & \cdots & a_{mn} \end{pmatrix} \begin{pmatrix} b_{11} & \cdots & b_{1j} & \cdots & b_{1\ell} \\ b_{21} & \cdots & b_{2j} & \cdots & b_{2\ell} \\ \vdots & & \vdots & & \vdots \\ b_{n1} & \cdots & b_{nj} & \cdots & b_{n\ell} \end{pmatrix}$$

$$= \text{第 } i \text{ 行} \begin{pmatrix} & \overset{\text{第 } j \text{ 列}}{\vdots} & \\ \cdots & \sum_{k=1}^{n} a_{ik} b_{kj} & \cdots \\ & \vdots & \end{pmatrix}$$

のように，積 AB の ij 成分は $\sum_{k=1}^{n} a_{ik} b_{kj}$ で定められます．これから分るように積は $m \times \ell$ 行列になります．

この定義にしたがえば (3-1) は $A \begin{pmatrix} x_1 \\ \vdots \\ x_n \end{pmatrix} = \begin{pmatrix} b_1 \\ \vdots \\ b_m \end{pmatrix}$ と表わされることになりますが，このことから逆にこの定義が自然であることが感じられるでしょう．

積に関して以下が成り立ちます．

$$(AB)C = A(BC), \text{ (結合則)}$$
$$(A+B)C = AC + BC, \quad C(A+B) = CA + CB, \text{ (分配則)}$$
$$(kA)B = A(kB) = k(AB).$$

結合則により第 1 式は単に ABC と記すことができます．第 2 式の分配則と第 3 式は積の定義から容易に示されますが，結合則の証明にはやや面倒な $\sum$ に関する計算が必要です．簡単な例 (m, n が小さい場合) によって確かめてください．

n 次の正方行列で ii 成分が 1，他の成分がすべて 0 であるような行列を n 次の単位行列といいます．これを E で表わすと，n 次正方行列 A に対して

$$AE = EA = A$$

が成り立つことも上の積の定義から確かめられます．さらに

$$AO = OA = O$$

も明らかでしょう．

n 次正方行列 A を k 個かけ合わせたもの $\overbrace{A \cdots A}^{k \text{ 個}}$ を A^k と表わします．k, ℓ が正の整数のとき

$$A^k A^\ell = A^{k+\ell}, \quad (A^k)^\ell = A^{k\ell}$$

であることも分ります．

(c) 行列の演算において数の演算と異なる点が 2 つあり，いずれも間違えやすい点なので充分な注意が必要です．

 (i) 2 つの正方行列 A, B に対して一般に $AB \neq BA$ である．

(ⅱ) 次の主張は一般に成立しない.

$AB = O$ ならば $A = O$ または $B = O$ である.

(ⅰ) については, たとえば
$$\begin{pmatrix} 1 & 0 \\ 0 & 0 \end{pmatrix} \begin{pmatrix} 1 & 1 \\ 1 & 1 \end{pmatrix} = \begin{pmatrix} 1 & 1 \\ 0 & 0 \end{pmatrix}, \begin{pmatrix} 1 & 1 \\ 1 & 1 \end{pmatrix} \begin{pmatrix} 1 & 0 \\ 0 & 0 \end{pmatrix} = \begin{pmatrix} 1 & 0 \\ 1 & 0 \end{pmatrix}$$
から明らかです. したがって $(A+B)^2 \neq A^2 + 2AB + B^2$ であり, 正しくは $(A+B)^2 = A^2 + AB + BA + B^2$ となります.

$AB = BA$ ならば (このことを A と B は交換可能である, または可換であるといいます), A と B の式は通常の数と同様の計算ができます. たとえば単位行列 E はすべての行列と可換ですから,
$$(A+E)^2 = A^2 + 2A + E, \ (A+E)^3 = A^3 + 3A^2 + 3A + E$$
などは成り立ちます.

(ⅱ) も, たとえば $A = \begin{pmatrix} 1 & 0 \\ 0 & 0 \end{pmatrix}$, $B = \begin{pmatrix} 0 & 0 \\ 0 & 1 \end{pmatrix}$ とおくと $AB = O$ ですが, $A \neq O$, $B \neq O$ であることから明らかです. このような A, B を零因子といいます. したがって, たとえば $A^2 = E$ が条件として与えられているとき,

条件より $(A-E)(A+E) = O$ なので $A - E = O$ または $A + E = O$ となり,

よって $A = E$ または $A = -E$ である

といった議論は根本的に誤りであるということになります. このような, 極めて基本的なルールに対する認識不足による間違いは, 入試などでは単純な計算間違いなどに比べるとずっと厳しく見られてしまうでしょう. その意味でも前述したように充分な注意を促しておきたいと思います.

1–2　逆行列と行列式

(a)　以下この章では, 特に断らない限り行列はすべて 2×2 の正方行列, E は単位行列とします.

行列 $A = \begin{pmatrix} a & b \\ c & d \end{pmatrix}$ に対して $AX = XA = E$ をみたす行列 X を A の逆行列といい, A^{-1} で表わします. 上の式は A が X の逆行列であることも意味していますから, $X^{-1} = A$, したがって $(A^{-1})^{-1} = A$ となります.

A^{-1} が存在する条件を求めてみましょう. $X = \begin{pmatrix} x & y \\ z & u \end{pmatrix}$ とおいて $AX = E$ を成分で表わすと
$$ax + bz = 1, \ ay + bu = 0, \ cx + dz = 0, \ cy + du = 1$$
で, これより
$$(ad-bc)x = d, \ (ad-bc)y = -b, \ (ad-bc)z = -c, \ (ad-bc)u = a$$
が得られます.

$ad - bc = 0$ なら $a = b = c = d = 0$, つまり $A = O$ となるので, $AX = XA = E$ をみたす X が存在しないことは明白です.

$ad - bc \neq 0$ のときは $X = \dfrac{1}{ad-bc}\begin{pmatrix} d & -b \\ -c & a \end{pmatrix}$ が得られますが, これが $AX = E$ だけでなく $XA = E$ もみたしていることは容易に確かめられます.

以上により次のことが分ります.

$$\left.\begin{aligned} ad - bc \neq 0 \text{ のとき } A^{-1} \text{は存在し}, \quad A^{-1} = \dfrac{1}{ad-bc}\begin{pmatrix} d & -b \\ -c & a \end{pmatrix} \\ ad - bc = 0 \text{ のとき } A^{-1} \text{は存在しない} \qquad\qquad\qquad\qquad \end{aligned}\right\} \quad (3\text{-}2)$$

また, X が A の逆行列かどうかは, $AX = E$ または $XA = E$ の一方を確かめればよいことも上の計算から分ります.

$ad - bc \neq 0$ のとき行列 A は正則であるといいます. 高校では使われませんが覚えておくとよいでしょう.

(b) 行列 $A = \begin{pmatrix} a & b \\ c & d \end{pmatrix}$ に対して, (a) で現れた $ad - bc$ を行列 A の行列式といって $\det A$ で表わします. また $a + d$ を行列 A の固有和, あるいは跡といい, $\operatorname{Tr} A$ で表わします. 記号は determinant と trace に由来します. $\det A$ は次の性質をもちます.

$$\left.\begin{aligned} &(\text{i}) \quad \det(AB) = (\det A)(\det B) \\ &(\text{ii}) \quad \det(AB) = \det(BA) \\ &(\text{iii}) \quad \det A^n = (\det A)^n \end{aligned}\right\} \quad (3\text{-}3)$$

(i) は A, B を成分で表わして左右両辺を直接計算して確かめられます.

(ii) は (i) により
$$\det(AB) = (\det A)(\det B) = (\det B)(\det A) = \det(BA)$$
となることから示されますし, (iii) は, (i) において $A = B$ としたものと帰納法により容易に証明されます.

(c) 次の定理は A の巾乗 A^n に関して議論するときによく利用されます.

$$\text{行列 } A \text{ に対して } A^2 - (a+d)A + (ad-bc)E = O \text{ が成り立つ.} \quad (3\text{-}4)$$

これはケーリー・ハミルトンの定理と呼ばれます. この定理を用いるときは次の点に注意する必要があります. いま, A が $A^2 - 5A + 6E = O$ をみたしているとき, $a+d = 5$, $ad-bc = 6$ とは限らないということです. つまり, この等式と (3-4) とで係数を比べることは一般には許されないわけです. たとえば, $A = \begin{pmatrix} 2 & 0 \\ 0 & 2 \end{pmatrix}$ や $\begin{pmatrix} 3 & 0 \\ 0 & 3 \end{pmatrix}$ も $A^2 - 5A + 6E = O$ をみたしますが, $a+d$ や $ad-bc$ は $5, 6$ ではありません.

行列の巾乗を比較的簡単に計算できる場合を以下に挙げておきます.

$$A = \begin{pmatrix} a & b \\ c & d \end{pmatrix}, \operatorname{Tr} A = a + d = \alpha, \det A = ad - bc = \beta$$ とおきましょう.

(ⅰ) $b = c = 0$ のとき, $A = \begin{pmatrix} a & 0 \\ 0 & d \end{pmatrix}$ は対角行列といい

$$A^n = \begin{pmatrix} a^n & 0 \\ 0 & d^n \end{pmatrix}$$

となります. 証明は帰納法により容易にできます.

(ⅱ) $\beta = 0$ のとき, ケーリー・ハミルトンの定理により $A^2 = \alpha A$ なので $A^3 = \alpha A \cdot A = \alpha A^2 = \alpha \cdot \alpha A = \alpha^2 A$ となります. これをくり返して

$$A^n = \alpha^{n-1} A = (a+d)^{n-1} \begin{pmatrix} a & b \\ c & d \end{pmatrix}$$

となります.

(ⅲ) $\alpha = 0$ のとき, ケーリー・ハミルトンの定理より $A^2 = -\beta E$ で, これを用いて $A^3 = -\beta A$, $A^4 = -\beta A^2 = (-\beta)^2 E$, $A^5 = (-\beta)^2 A$, $A^6 = (-\beta)^3 E$, $\cdots$ となるので

$$A^{2n} = (-\beta)^n E, \quad A^{2n+1} = (-\beta)^n A$$

となります.

(ⅳ) $b = 0$ または $c = 0$ のとき, $A = \begin{pmatrix} a & 0 \\ c & d \end{pmatrix}$ または $A = \begin{pmatrix} a & b \\ 0 & d \end{pmatrix}$ で, それぞれ下三角行列, 上三角行列 (両方まとめて三角行列) といいます. 上三角行列の場合

$$A^n = \begin{pmatrix} a^n & b_n \\ 0 & d^n \end{pmatrix}, \quad b_n = b(a^{n-1} + a^{n-2}d + a^{n-3}d^2 + \cdots + ad^{n-2} + d^{n-1})$$

です. 証明は帰納法で容易にできます. b_n は等比数列の和として計算できます.

下三角行列では, $(1, 2)$ 成分を 0 にし b_n で b を c に代えたものを $(2, 1)$ 成分にすると A^n が得られます.

(ⅴ) $d = a$, $b = -c$ のときは $A = \begin{pmatrix} a & -c \\ c & a \end{pmatrix}$ です. $\sqrt{a^2 + c^2} = r$ とおくと $\frac{a}{r} = \cos\theta$, $\frac{c}{r} = \sin\theta$ をみたす θ をとることができ, $A = r\begin{pmatrix} \cos\theta & -\sin\theta \\ \sin\theta & \cos\theta \end{pmatrix}$ となります. 第 2 節で述べるように $\begin{pmatrix} \cos\theta & -\sin\theta \\ \sin\theta & \cos\theta \end{pmatrix}$ は原点のまわりの角 θ の回転を表わす行列で, これを $R(\theta)$ とおくと $\{R(\theta)\}^n = R(n\theta)$ が成り立ちます. これは $R(\theta)$ の図形的意味から明らかですが, 帰納法で示すことも簡単です.

したがって

$$A^n = r^n \{R(\theta)\}^n = r^n R(n\theta) = r^n \begin{pmatrix} \cos n\theta & -\sin n\theta \\ \sin n\theta & \cos n\theta \end{pmatrix}$$

となります.

練習 1 次の行列の n 乗を求めよ．(5) については $4n$ 乗を求めよ．

(1) $\begin{pmatrix} 1 & 0 \\ 0 & 2 \end{pmatrix}$. 　(2) $\begin{pmatrix} 2 & 6 \\ 1 & 3 \end{pmatrix}$. 　(3) $\begin{pmatrix} 1 & 2 \\ 3 & -1 \end{pmatrix}$. 　(4) $\begin{pmatrix} 1 & 2 \\ 0 & 3 \end{pmatrix}$.

(5) $\begin{pmatrix} 1 & -1 \\ 1 & 1 \end{pmatrix}$.

[解] 各問とも問題の行列を A とする．

(1) $A^n = \begin{pmatrix} 1 & 0 \\ 0 & 2^n \end{pmatrix}$ を仮定すると

$$A^{n+1} = A^n A = \begin{pmatrix} 1 & 0 \\ 0 & 2^n \end{pmatrix} \begin{pmatrix} 1 & 0 \\ 0 & 2 \end{pmatrix} = A^n = \begin{pmatrix} 1 & 0 \\ 0 & 2^{n+1} \end{pmatrix}$$

なので，帰納法により $A^n = \begin{pmatrix} 1 & 0 \\ 0 & 2^n \end{pmatrix}$ である∎

(2) ケーリー・ハミルトンの定理より $A^2 = 5A$ である．よって $A^3 = 5A^2 = 5^2 A$ で，以下同様にして $A^n = 5^{n-1} A = 5^{n-1} \begin{pmatrix} 2 & 6 \\ 1 & 3 \end{pmatrix}$ が得られる∎

(3) ケーリー・ハミルトンの定理より $A^2 = 7E$ である．よって $A^3 = 7A$, $A^4 = 7A^2 = 7^2 E$, $A^5 = 7^2 A$, $\cdots$ となり，これをくり返して

$$A^{2n-1} = 7^{n-1} A = 7^{n-1} \begin{pmatrix} 1 & 2 \\ 3 & -1 \end{pmatrix}, \quad A^{2n} = 7^n E = 7^n \begin{pmatrix} 1 & 0 \\ 0 & 1 \end{pmatrix}$$

となる∎

(4) $A^n = \begin{pmatrix} 1 & 2(1+3+3^2+\cdots+3^{n-1}) \\ 0 & 3^n \end{pmatrix} = \begin{pmatrix} 1 & 3^n - 1 \\ 0 & 3^n \end{pmatrix}$ を仮定すると

$$A^{n+1} = A^n A = \begin{pmatrix} 1 & 3^n - 1 \\ 0 & 3^n \end{pmatrix} \begin{pmatrix} 1 & 2 \\ 0 & 3 \end{pmatrix} = \begin{pmatrix} 1 & 3^{n+1} - 1 \\ 0 & 3^{n+1} \end{pmatrix}$$

なので，帰納法により $A^n = \begin{pmatrix} 1 & 3^n - 1 \\ 0 & 3^n \end{pmatrix}$ である∎

(5) $R(\theta)$ を原点のまわりの角 θ の回転を表わす行列とすると

$$A = \sqrt{2} \begin{pmatrix} \frac{1}{\sqrt{2}} & -\frac{1}{\sqrt{2}} \\ \frac{1}{\sqrt{2}} & \frac{1}{\sqrt{2}} \end{pmatrix} = \sqrt{2} R\left(\frac{\pi}{4}\right)$$

である．よって $\cos n\pi = (-1)^n$, $\sin n\pi = 0$ に注意して

$$A^{4n} = (\sqrt{2})^{4n} R\left(\frac{4n}{4}\pi\right) = 4^n R(n\pi) = 4^n \begin{pmatrix} \cos n\pi & -\sin n\pi \\ \sin n\pi & \cos n\pi \end{pmatrix}$$
$$= 4^n (-1)^n E = (-4)^n E$$

を得る∎

練習 2 本問では A, B, X は行列を表わすものとする．また E は単位行列, O は零行列である．さらに $A = \begin{pmatrix} a & b \\ c & d \end{pmatrix}$ に対して, $a+d = \text{Tr}\, A = \alpha$, $ad-bc = \det A = \beta$ とおくことにする．

(1) $A^2 + A + 2E = O$, $A^2 - 3A + 2E = O$ をみたすおのおのの A に対して, α, β のとりうる値を求めよ．

(2) 次の条件をみたす行列 A の一般形をそれぞれ求めよ．

　　(ⅰ) $A^2 = O$. 　　(ⅱ) $A^2 = E$. 　　(ⅲ) $A^2 = A$.

(3) $A = \begin{pmatrix} -5 & 7 \\ -3 & 4 \end{pmatrix}$ に対して, $A^2 + A + E$, A^3, $A + A^2 + \cdots + A^{47}$ を求めよ．

(山形大)

(4) A, B が $A^2 = B^2$, $\text{Tr}\, A \neq 0$, $\text{Tr}\, B \neq 0$ をみたすならば $AB = BA$ であることを示せ． (筑波大)

(5) 任意の X に対して $AX = XA$ をみたす A はいかなる行列か．

(6) $A = \begin{pmatrix} 1 & 2 \\ 3 & 4 \end{pmatrix}$ とする．X が $AX = XA$ をみたすならば適当な実数 k, ℓ を用いて $X = kA + \ell E$ と表わされることを示せ． (お茶の水大)

(7) $A = \begin{pmatrix} a & b \\ c & d \end{pmatrix}$, $d \neq 0$, $\det A = 1$ とする．

$A = \begin{pmatrix} 1 & u \\ 0 & 1 \end{pmatrix} \begin{pmatrix} x & 0 \\ 0 & \frac{1}{x} \end{pmatrix} \begin{pmatrix} 1 & 0 \\ v & 1 \end{pmatrix}$ をみたす u, x, v を求めよ． (神戸商船大)

(8) $A^2 - A + E = O$ のとき A は逆行列をもつか．また, $A^2 = A$, $A \neq E$ のとき A は逆行列をもつか． (滋賀大)

[解] (1) $A^2 + A + 2E = O$ と $A^2 = \alpha A - \beta E$ (ケーリー・ハミルトンの定理) より

　　$(A^2 =) -A - 2E = \alpha A - \beta E$, よって $(\alpha + 1)A = (\beta - 2)E$

となる．

$\alpha + 1 = 0$ ならば $\beta - 2 = 0$ なので $(\alpha, \beta) = (-1, 2)$ が得られる．

$\alpha + 1 \neq 0$ のときは A は kE とおくことができる．ただし $k = \dfrac{\beta - 2}{\alpha + 1}$ である．これを条件に代入すると $(k^2 + k + 2)E = O$, つまり $k^2 + k + 2 = 0$ となるが, これをみたす実数 k

は存在しない.したがって $(\alpha, \beta) = (-1, 2)$ である∎

次に,$A^2 - 3A + 2E = O$ のとき上と同様に,$A^2 = 3A - 2E = \alpha A - \beta E$ より $(\alpha - 3)A = (\beta - 2)E$ となる.

$\alpha - 3 = 0$ ならば $\beta - 2 = 0$ なので $(\alpha, \beta) = (3, 2)$ が得られる.

$\alpha - 3 \neq 0$ ならば $A = kE$ とおけるので,条件式に代入して $(k^2 - 3k + 2)E = O$ となり,よって $k^2 - 3k + 2 = 0$ だから $k = 1, 2$,つまり $A = E$ または $2E$ を得る.それぞれに対して $(\alpha, \beta) = (2, 1), (4, 4)$ であるから,結局,$(\alpha, \beta) = (3, 2), (2, 1), (4, 4)$ が得られる∎

(2) $A = \begin{pmatrix} a & b \\ c & d \end{pmatrix}$ とおく.

(ⅰ) $A^2 = O$ とケーリー・ハミルトンの定理より $\alpha A - \beta E = O$ なので $\alpha A = \beta E$ となる.$\alpha = 0$ ならば $\beta = 0$ で,逆にこのとき $A^2 = O$ は成り立つ.$\alpha \neq 0$ のときは $A = kE$ とおくことができるが,$A^2 = O$ より $k^2 E = O$,つまり $k = 0$ となるので $A = O$ である.これはしかし,$\alpha \neq 0$ に反する.

したがって A の一般形は
$$A = \begin{pmatrix} a & b \\ c & -a \end{pmatrix}, \quad \text{ただし} \quad a^2 + bc = 0$$
である∎

(ⅱ) (ⅰ) と同じく $A^2 = \alpha A - \beta E = E$ より $\alpha A = (\beta + 1)E$ だから,$\alpha = 0$ ならば $\beta = -1$ で,このとき $A^2 = E$ は成り立つ.$\alpha \neq 0$ ならば,$A = kE$ とおいて条件に代入すると,$(k^2 - 1)E = O$ より $k = \pm 1$ となる.したがって
$$A = E, \text{または} -E, \text{または} \begin{pmatrix} a & b \\ c & -a \end{pmatrix}, \quad \text{ただし} \quad a^2 + bc = 1$$
が得られる∎

(ⅲ) $A^2 = \alpha A - \beta E = A$ より $(\alpha - 1)A = \beta E$ である.(ⅰ),(ⅱ) と同様の議論により $\alpha = 1$ ならば $\beta = 0$ であり,$\alpha \neq 1$ ならば $A = O$ または $A = E$ となる.したがって
$$A = O, \text{または} E, \text{または} \begin{pmatrix} a & b \\ c & 1-a \end{pmatrix}, \quad \text{ただし} \quad a(1-a) - bc = 0$$
を得る∎

(3) ケーリー・ハミルトンの定理より $A^2 + A + E = O$ である∎

次にこれに $A - E$ をかけると $A^3 - E = O$ つまり $A^3 = E$ を得る∎

さらに上の 2 つの結果を用いると
$$A + A^2 + \cdots + A^{47} = (A + A^2 + A^3) + A^3(A + A^2 + A^3) +$$
$$\cdots + A^{42}(A + A^2 + A^3) + A^{45}(A + A^2)$$
$$= A(E + A + A^2) \times 15 + A + A^2 = -E$$
が得られる∎

(4) ケーリー・ハミルトンの定理より $A^2 = \alpha A - \beta E$,$B^2 = \gamma B - \delta E$ とおくことができる.

$A^2 = B^2$ なので $\alpha A - \beta E = \gamma B - \delta E$ で，さらに $\gamma = \operatorname{Tr} B \neq 0$ より $B = \dfrac{\alpha}{\gamma} A + \dfrac{\delta - \beta}{\gamma} E$ となる．したがって
$$AB - BA = A\left(\dfrac{\alpha}{\gamma} A + \dfrac{\delta - \beta}{\gamma} E\right) - \left(\dfrac{\alpha}{\gamma} A + \dfrac{\delta - \beta}{\gamma} E\right) A = O$$
となり，$AB = BA$ が成り立つ ∎

(5)　$X = \begin{pmatrix} x & y \\ z & u \end{pmatrix}$, $A = \begin{pmatrix} a & b \\ c & d \end{pmatrix}$ とおくと $AX = XA$ より
$$ax + cy = ax + bz, \ bx + dy = ay + bu, \ az + cu = cx + dz, \ bz + du = cy + du$$
で，これをさらにまとめると
$$cy - bz = 0, \ bx + (d-a)y - bu = 0, \ cx + (d-a)z - cu = 0$$
となる．

　これがすべての x, y, z, u に対して成り立つ条件は $b = c = 0, d = a$ である．

　したがって求める A は一般に aE と表わされる ∎

(6)　$X = \begin{pmatrix} x & y \\ z & u \end{pmatrix}$ とおくと $AX = XA$ より $3y - 2z = 0$, $2x + 3y - 2u = 0$, $x + z - u = 0$ が得られ，これらをまとめると $z = \dfrac{3}{2}y$, $u = x + \dfrac{3}{2}y$ となる．

　したがって
$$X = kA + \ell E \Leftrightarrow \begin{pmatrix} x & y \\ \dfrac{3}{2}y & x + \dfrac{3}{2}y \end{pmatrix} = k\begin{pmatrix} 1 & 2 \\ 3 & 4 \end{pmatrix} + \ell\begin{pmatrix} 1 & 0 \\ 0 & 1 \end{pmatrix}$$
$$\Leftrightarrow x = k + \ell, \ y = 2k, \ \dfrac{3}{2}y = 3k, \ x + \dfrac{3}{2}y = 4k + \ell$$
であるが，これら 4 式は $k = \dfrac{1}{2}y$, $\ell = x - \dfrac{1}{2}y$ にとれば成り立つ．

　したがって主張は成り立つ ∎

(7)　条件より
$$\begin{pmatrix} a & b \\ c & d \end{pmatrix} = \begin{pmatrix} 1 & u \\ 0 & 1 \end{pmatrix}\begin{pmatrix} x & 0 \\ 0 & \dfrac{1}{x} \end{pmatrix}\begin{pmatrix} 1 & 0 \\ v & 1 \end{pmatrix} = \begin{pmatrix} x + \dfrac{uv}{x} & \dfrac{u}{x} \\ \dfrac{v}{x} & \dfrac{1}{x} \end{pmatrix}$$
だから
$$a = x + \dfrac{uv}{x} \cdots ①, \ b = \dfrac{u}{x} \cdots ②, \ c = \dfrac{v}{x} \cdots ③, \ d = \dfrac{1}{x} \cdots ④$$
となる．

　まず④より $x = \dfrac{1}{d}$ で，このとき①～③は
$$a = \dfrac{1}{d} + duv \cdots ①', \ b = du \cdots ②', \ c = dv \cdots ③'$$
となる．②$'$,③$'$ より $u = \dfrac{b}{d}$, $v = \dfrac{c}{d}$ であり，このとき $ad - bc = 1$ より
$$a - \left(\dfrac{1}{d} + duv\right) = a - \left(\dfrac{1}{d} + d\dfrac{bc}{d^2}\right) = a - \dfrac{1 + bc}{d} = \dfrac{ad - bc - 1}{d} = 0$$
だから①$'$ は成り立つ．

以上より $x = \frac{1}{d}$, $u = \frac{b}{d}$, $v = \frac{c}{d}$ を得る∎

(8)　$A^2 - A + E = O$ より $A(E-A) = (E-A)A = E$ だから A は逆行列 $E-A$ をもつ∎

次に $A^2 = A$ より $A(A-E) = O$ である．もし A^{-1} が存在するならこれを左からかけて $A - E = O$，つまり $A = E$ となるが，これは $A \neq E$ に反する．したがって A の逆行列は存在しない∎

> **注意**　(1) では，ケーリー・ハミルトンの定理の説明における注意を思い出して，A の二次式の条件の正しい処理の仕方を身につけてください．
> 　(2) は頻繁に出てくる計算です．
> 　(6) は A が一般の行列の場合でも成立します．
> 　(8) の後半は次のように示すこともできます．
> 　$A^2 = \alpha A - \beta E = A$ より $(\alpha - 1)A = \beta E$ なので，$\alpha = 1$ ならば $\beta = 0$ です．$\alpha \neq 1$ ならば $A = kE$ とおくことができますが，このとき $A^2 = A$ より $(k^2 - k)E = O$ となり，$k = 0, 1$ です．$k = 1$ は $A \neq E$ に反するから，$k = 0$，つまり $A = O$ となり，この場合も $\beta = \det A = 0$ より A^{-1} は存在しないことが分ります．
> 　行列に関する計算をその成分を用いて比較的簡単に行なうことができるのは 2×2 行列くらいまでで，三次以上の行列に関する成分計算は一般にかなり面倒です．したがって (8) の解答のように成分表現に依存しない計算にも充分慣れておきたいものです．

第 2 節　一次変換

2–1　一次変換

(**a**)　第 1 節の最初の方程式 ① は行列を用いて書くと

$$\begin{pmatrix} 1 & 1 \\ 1 & -1 \end{pmatrix} \begin{pmatrix} x \\ y \end{pmatrix} = \begin{pmatrix} 2 \\ 0 \end{pmatrix}$$

となり，これは点 (x, y) が，左辺の行列による何らかの作用によって点 $(2, 0)$ に変換されることを表わしているものとみなすことができます．上の式から分るように，この変換はベクトルをベクトルにうつすものと考えることもでき，未知数の個数が多いとそのベクトルも必然的に次元の高いものにしていかなければなりません．このようにみると，(3-1) は n 次元のベクトルが m 次元のベクトルにうつされることを表わしている，ととらえることができます．

したがって，連立方程式 (3-1) を解くことは，この変換によって m 次元ベクトル $\begin{pmatrix} b_1 \\ \vdots \\ b_m \end{pmatrix}$ にうつされる n 次元ベクトル $\begin{pmatrix} x_1 \\ \vdots \\ x_n \end{pmatrix}$ を求めることに他ならない，ということになります．

こうして連立一次方程式の解法は，他方で変換の理論へと展開されていくことになります．以下，平面ベクトルの変換のみを取り扱います．

さて，一次変換 f とは平面から平面への写像で次の性質をもつものです．

$$\left.\begin{array}{l} f(\vec{x} + \vec{y}) = f(\vec{x}) + f(\vec{y}) \\ f(c\vec{x}) = cf(\vec{x}) \quad (c は実数) \end{array}\right\} \tag{3-5}$$

これらは $f(\alpha\vec{x} + \beta\vec{y}) = \alpha f(\vec{x}) + \beta f(\vec{y})$ にまとめることもできます．この性質は線形性と呼ばれます．

一次変換は線形変換ともいい，後者のほうが用語としては一般的でしょう．一次，あるいは線形に対応する英語は linear で，これは line つまり直線の形容詞です．一次関数 $f(x) = mx$ を実数から実数への写像とみなすと $f(x_1 + x_2) = m(x_1 + x_2) = f(x_1) + f(x_2)$, $f(cx) = mcx = cf(x)$，つまり (3-5) が成り立ち，$y = f(x)$ のグラフは直線です．"線形"あるいは"一次"の由来はこういったところにあるようです．線形性は，上の $f(x) = mx$ の例からも分るように何もベクトルに限った話ではなく，高校数学の他の分野にも顔を出します．たとえば，$\dfrac{df(x)}{dx}$ や $\displaystyle\int_a^x f(x)dx$ における $\dfrac{d}{dx}*$ や $\displaystyle\int_a^x * dx$ を，微分可能な関数や連続関数に作用して別の関数，つまり導関数や原始関数へとうつす写像とみれば

$$\frac{d}{dx}\{\alpha f(x) + \beta g(x)\} = \alpha \frac{d}{dx}f(x) + \beta \frac{d}{dx}g(x),$$
$$\int_a^x \{\alpha f(x) + \beta g(x)\}dx = \alpha \int_a^x f(x)dx + \beta \int_a^x g(x)dx$$

から分るように，これらも線形性をもちます．

"線形"という用語は，数学や物理学において直線的な変化，ないし比例といったイメージと結び付いて極めて広範に用いられます．物体をある力で引っ張ると，その力が弱い時には伸びは力に比例しますが (いわゆるフックの法則)，それ以上に力を加えていくと比例関係は失われて，いずれ物体は壊れます．小さい力による伸び縮みは線形現象ですが，他方，破壊は典型的な非線形現象の 1 つであるというわけです．一般に，非線形な対象に対するいろいろな研究は線形なものに比べて著しく遅れており，これからの自然科学における大きな課題の 1 つといえるでしょう．

(b) 一次変換 f がいかなる変換であるかを定めるためには，任意のベクトル $\vec{x}$ の f による像が分れば充分です．そこでいま，$\vec{a}, \vec{b}$ を一次独立なベクトルとし，f によるそれらの像 $\vec{a'}, \vec{b'}$ が与えられているとしましょう．任意のベクトル $\vec{x}$ は適当な実数 α, β を用いて $\vec{x} = \alpha\vec{a} + \beta\vec{b}$ と表わされます．したがって (3-5) を用いると

$$f(\vec{x}) = f(\alpha\vec{a} + \beta\vec{b}) = \alpha f(\vec{a}) + \beta f(\vec{b}) = \alpha\vec{a'} + \beta\vec{b'}$$

となり，$f(\vec{x})$ を求めることができます．このことは次の重要な事柄が成り立つことを示しています．

$$\text{一次独立なベクトルの } f \text{ による像が与えられれば } f \text{ は確定する．} \tag{3-6}$$

さて，平面上に適当な座標系を導入して，上の一次独立なベクトルの組として $\vec{e} = \begin{pmatrix} 1 \\ 0 \end{pmatrix}$ と $\vec{f} = \begin{pmatrix} 0 \\ 1 \end{pmatrix}$ をとることにしましょう．$\vec{e}, \vec{f}$ の像がおのおの，$\vec{a} = \begin{pmatrix} a \\ c \end{pmatrix}$, $\vec{b} = \begin{pmatrix} b \\ d \end{pmatrix}$ であるとします．$\vec{x} = \begin{pmatrix} x \\ y \end{pmatrix}$, $f(\vec{x}) = \vec{x'} = \begin{pmatrix} x' \\ y' \end{pmatrix}$ とおいて，$\vec{x} = x\vec{e} + y\vec{f}$ を f でうつした式 $f(\vec{x}) = xf(\vec{e}) + yf(\vec{f})$，つまり $\vec{x'} = x\vec{a} + y\vec{b}$ を成分で表わすと

$$\begin{pmatrix} x' \\ y' \end{pmatrix} = x\begin{pmatrix} a \\ c \end{pmatrix} + y\begin{pmatrix} b \\ d \end{pmatrix} = \begin{pmatrix} a & b \\ c & d \end{pmatrix}\begin{pmatrix} x \\ y \end{pmatrix}$$

から

$$\vec{x'} = A\vec{x}, \quad \text{ただし } A = \begin{pmatrix} a & b \\ c & d \end{pmatrix}$$

となります．これは，ベクトル $\vec{x}$ の f による像を行列 A を $\vec{x}$ に作用させたもので求められることを示しています．つまり，行列 A によって f がいかなる変換であるかが表わされているわけです．この意味で A を f の表現であるともいいます．

さて，f が確定するとそれを表わす行列 A も決まることは当り前です．したがって (3-6) から分るように，一次独立なベクトル $\vec{a}, \vec{b}$ とその像 $\vec{a'}, \vec{b'}$ が与えられれば A は決まるはずです．実際に A がどう求められるかを次に考えましょう．

第 1 章でみたように，$\vec{a} = \begin{pmatrix} a \\ c \end{pmatrix}$ と $\vec{b} = \begin{pmatrix} b \\ d \end{pmatrix}$ が平行である条件は $ad - bc = 0$ で，これは $\vec{a} = \vec{0}$，あるいは $\vec{b} = \vec{0}$ の場合も成り立ちます．他方，$\vec{a} \neq \vec{0}$, $\vec{b} \neq \vec{0}$, $\vec{a} \not\parallel \vec{b}$，つまり $\vec{a}$ と $\vec{b}$ が一次独立ならば $ad - bc \neq 0$ です．したがって，$A = \begin{pmatrix} a & b \\ c & d \end{pmatrix}$ とおくと次の関係が成り立ちます．

$$A^{-1} \text{ が存在する} \Leftrightarrow \det A = ad - bc \neq 0 \Leftrightarrow \vec{a}, \vec{b} \text{ が一次独立である} \tag{3-7}$$

ここで，f を表わす行列を F，f による $\vec{a}, \vec{b}$ の像をそれぞれ $\vec{a'} = \begin{pmatrix} a' \\ c' \end{pmatrix}$, $\vec{b'} = \begin{pmatrix} b' \\ d' \end{pmatrix}$ とおきましょう．$F\vec{a} = \vec{a'}$, $F\vec{b} = \vec{b'}$，つまり $F\begin{pmatrix} a \\ c \end{pmatrix} = \begin{pmatrix} a' \\ c' \end{pmatrix}$, $F\begin{pmatrix} b \\ d \end{pmatrix} = \begin{pmatrix} b' \\ d' \end{pmatrix}$ の 2 式は，まとめて次の 1 つの式 $F\begin{pmatrix} a & b \\ c & d \end{pmatrix} = \begin{pmatrix} a' & b' \\ c' & d' \end{pmatrix}$ で表わされます．ところが上でみたように $\begin{pmatrix} a & b \\ c & d \end{pmatrix}^{-1}$ が存在しますから

$$F = \begin{pmatrix} a' & b' \\ c' & d' \end{pmatrix} \begin{pmatrix} a & b \\ c & d \end{pmatrix}^{-1}$$

によって F が定められることが分ります.

(c) 一次変換 f, g を表わす行列を F, G とおきましょう. すると次が成立します. ただし, 恒等変換とは任意の $\vec{x}$ を $\vec{x}$ 自身にうつす変換のことです.

$$\left. \begin{aligned} &\text{合成変換 } g \circ f \text{ を表わす行列は } GF \text{ である} \\ &\text{恒等変換を表わす行列は単位行列 } E \text{ である} \\ &f \text{ の逆変換が存在する場合 } f^{-1} \text{ を表わす行列は } F^{-1} \text{ である} \end{aligned} \right\} \quad (3\text{-}8)$$

また, (b) の議論から明らかですが, 次の2つの主張は成立しません.

$A\vec{a} = \vec{0}$ かつ $\vec{a} \neq \vec{0}$ ならば $A = O$ である.

$A\vec{a} = B\vec{a}$ かつ $\vec{a} \neq \vec{0}$ ならば $A = B$ である.

他方, 次の2つは成り立ちます.

$\vec{a}, \vec{b}$ が一次独立で $A\vec{a} = \vec{0}$ かつ $A\vec{b} = \vec{0}$ ならば $A = O$ である.

$\vec{a}, \vec{b}$ が一次独立で $A\vec{a} = B\vec{a}$ かつ $A\vec{b} = B\vec{b}$ ならば $A = B$ である.

$A = O$ は, 任意の $\vec{x}$ に対して $A\vec{x} = \vec{0}$ が成り立つことを意味し, $A = B$ は, 任意の $\vec{x}$ に対して $A\vec{x} = B\vec{x}$ が成り立つことと同じです. これらを念頭において上の2つの証明を考えてみてください.

(d) 次の定理は応用の広い大切な定理です.

$$A\vec{x} = \vec{0}, \vec{x} \neq \vec{0} \text{ である } \vec{x} \text{ が存在する} \Leftrightarrow \det A = 0 \quad (3\text{-}9)$$

練習 3 (1) (3-8) の第1の主張を証明せよ.

(2) (3-9) を証明せよ. また $A = \begin{pmatrix} 4 & -1 \\ 2 & 1 \end{pmatrix}$ に対して, $A\vec{x} = \lambda\vec{x}$ をみたす実数 λ とベクトル $\vec{x} (\neq \vec{0})$ を求めよ.

[解] (1) $\vec{e} = \begin{pmatrix} 1 \\ 0 \end{pmatrix}$, $\vec{f} = \begin{pmatrix} 0 \\ 1 \end{pmatrix}$ の f による像を $\begin{pmatrix} a \\ c \end{pmatrix}$, $\begin{pmatrix} b \\ d \end{pmatrix}$, g による像を $\begin{pmatrix} p \\ r \end{pmatrix}$, $\begin{pmatrix} q \\ s \end{pmatrix}$ とおく. 任意のベクトル $\vec{x} = \begin{pmatrix} x \\ y \end{pmatrix}$ の $g \circ f$ による像を $\vec{x'} = \begin{pmatrix} x' \\ y' \end{pmatrix}$ とおくと, f, g の線形性により

$$\begin{pmatrix} x' \\ y' \end{pmatrix} = (g \circ f)(\vec{x}) = g(f(\vec{x})) = g(f(x\vec{e} + y\vec{f})) = g\left(x\begin{pmatrix} a \\ c \end{pmatrix} + y\begin{pmatrix} b \\ d \end{pmatrix}\right)$$
$$= xg\begin{pmatrix} a \\ c \end{pmatrix} + yg\begin{pmatrix} b \\ d \end{pmatrix} = xg(a\vec{e} + c\vec{f}) + yg(b\vec{e} + d\vec{f})$$

$$= axg(\vec{e}) + cxg(\vec{f}) + byg(\vec{e}) + dyg(\vec{f})$$
$$= (ax+by)\begin{pmatrix} p \\ r \end{pmatrix} + (cx+dy)\begin{pmatrix} q \\ s \end{pmatrix} = \begin{pmatrix} (ap+cq)x + (bp+dq)y \\ (ar+cs)x + (br+ds)y \end{pmatrix}$$
$$= \begin{pmatrix} p & q \\ r & s \end{pmatrix} \begin{pmatrix} a & b \\ c & d \end{pmatrix} \begin{pmatrix} x \\ y \end{pmatrix}$$

より $\vec{x'} = GF\vec{x}$ である．よって主張は成り立つ∎

(2) $\det A \neq 0$ とすると A^{-1} が存在するので，これを $A\vec{x} = \vec{0}$ の左からかけると $\vec{x} = \vec{0}$ が得られ，これは $\vec{x} \neq \vec{0}$ に反する．よって条件をみたす $\vec{x}$ が存在するなら $\det A = 0$ である．

逆に $\det A = 0$ とする．$A = O$ ならば $\vec{x}(\neq \vec{0})$ の存在は明らかなので，$A \neq O$ とする．$A = \begin{pmatrix} a & b \\ c & d \end{pmatrix}$ とおくと $ad - bc = 0$ だから，$\vec{x_1} = \begin{pmatrix} -b \\ a \end{pmatrix}$, $\vec{x_2} = \begin{pmatrix} -d \\ c \end{pmatrix}$ とおくと

$$A\vec{x_1} = \begin{pmatrix} a & b \\ c & d \end{pmatrix} \begin{pmatrix} -b \\ a \end{pmatrix} = \vec{0}, \quad A\vec{x_2} = \begin{pmatrix} a & b \\ c & d \end{pmatrix} \begin{pmatrix} -d \\ c \end{pmatrix} = \vec{0}$$

であり，$A \neq O$ より $\vec{x_1}, \vec{x_2}$ のうち少なくとも 1 つは $\vec{0}$ ではない．それを $\vec{x}$ にとればよい．

以上より (3-9) が成り立つ∎

次に，E を単位行列とすると，$A\vec{x} = \lambda \vec{x}$ は $(A - \lambda E)\vec{x} = \vec{0}$ と同値で，これをみたす $\vec{x}(\neq \vec{0})$ が存在する条件は，前半の結果により $\det(A - \lambda E) = 0$ である．これより $\lambda^2 - 5\lambda + 6 = 0$ が得られ，よって $\lambda = 2$, または 3 となる．

ここで $\vec{x} = \begin{pmatrix} x \\ y \end{pmatrix}$ とおく．

$\lambda = 2$ のとき，$\begin{pmatrix} 4 & -1 \\ 2 & 1 \end{pmatrix} \begin{pmatrix} x \\ y \end{pmatrix} = 2 \begin{pmatrix} x \\ y \end{pmatrix}$ より $2x - y = 0$ だから $\vec{x} = k \begin{pmatrix} 1 \\ 2 \end{pmatrix} (k \neq 0)$ である．

また，$\lambda = 3$ ならば，$\begin{pmatrix} 4 & -1 \\ 2 & 1 \end{pmatrix} \begin{pmatrix} x \\ y \end{pmatrix} = 3 \begin{pmatrix} x \\ y \end{pmatrix}$ より $x - y = 0$ だから $\vec{x} = k \begin{pmatrix} 1 \\ 1 \end{pmatrix} (k \neq 0)$ が得られる．

以上より結論として

$$\lambda = 2 \text{ ならば } \vec{x} = k\begin{pmatrix} 1 \\ 2 \end{pmatrix}, \quad \lambda = 3 \text{ ならば } \vec{x} = k\begin{pmatrix} 1 \\ 1 \end{pmatrix}$$

が得られる．ただし $k \neq 0$ とする∎

注意 (3-9) は図形的には大体次のような内容を表わしています．

$A = \begin{pmatrix} a & b \\ c & d \end{pmatrix}$, $\vec{x} = \begin{pmatrix} x \\ y \end{pmatrix}$ とおくと，(3-9) は

$\left.\begin{array}{l} ax + by = 0 \\ cx + dy = 0 \end{array}\right\}$ および $\begin{pmatrix} x \\ y \end{pmatrix} \neq \vec{0}$ をみたす x, y が存在する $\Leftrightarrow ad - bc = 0$

と同値です．$ax + by = 0$, $cx + dy = 0$ は，特殊な場合，たとえば $a = b = 0$ のときなどを除くと，ともに原点を通る 2 直線を表わします．したがって，この 2 直線が原点以外の点を共有する条件を求めればよいわけですが，それはこの 2 直線が一致すること，つまり $a : c = b : d$ が成り立つことに他なりません．こう考えると (3-9) の内容もつかみやすいでしょう．

(2) の解答の後半の $\det(A - \lambda E) = 0$ を A の固有方程式，λ を A の固有値，$\lambda = 2, 3$ に対するベクトル $\vec{x}$ を，それぞれの λ に属する固有ベクトルといいます．これらは高校で学ぶ範囲をこえますが，実際の入試問題の材料として頻繁に利用されてきました．

練習 4 (1) A と $A + E$ が逆行列をもたないならば $A(A + E) = O$ である．これを示せ． (群馬大)

(2) $A = \begin{pmatrix} 4 & -1 \\ 2 & 1 \end{pmatrix}$ とする．$A = 2X + 3Y$, $X + Y = E$ をみたす X, Y, および XY, YX を求めよ．さらに A^n を求めよ．

(3) $A = \begin{pmatrix} 4 & 1 \\ -1 & 2 \end{pmatrix}$ とする．$A - 3E = P$ とおくとき，P^2 を求め，さらに A^n を求めよ．

[解] (1) $\det A = \det(A + E) = 0$ より $A\vec{a} = \vec{0}$, $(A + E)\vec{b} = \vec{0}$ をみたす $\vec{a} (\neq \vec{0})$, $\vec{b} (\neq \vec{0})$ が存在する．もし $\vec{b} \parallel \vec{a}$ ならば，$\vec{b} = k\vec{a}$ (k は 0 でない実数) とおくことができる．他方，$A\vec{b} = -\vec{b}$ なので $A(k\vec{a}) = -k\vec{a}$ より $A\vec{a} = -\vec{a}$ となるが，$A\vec{a} = \vec{0}$ だから $\vec{a} = \vec{0}$ が得られ，これは $\vec{a} \neq \vec{0}$ に反する．したがって $\vec{b} \not\parallel \vec{a}$ である．以上より $\vec{a}, \vec{b}$ は一次独立であることが分ったから，任意のベクトル $\vec{x}$ を $\vec{x} = \alpha\vec{a} + \beta\vec{b}$ と表わすと，$A\vec{a} = \vec{0}$, $A\vec{b} = -\vec{b}$ により

$A(A + E)\vec{x} = A(A + E)(\alpha\vec{a} + \beta\vec{b})$
$\phantom{A(A + E)\vec{x}} = A(\alpha A\vec{a} + \beta A\vec{b} + \alpha\vec{a} + \beta\vec{b}) = A(\alpha\vec{a}) = \alpha A\vec{a} = \vec{0}$

となる．したがって $A(A + E) = O$ である∎

(2) $2X + 3Y = A$, $X + Y = E$ より

$X = 3E - A = \begin{pmatrix} -1 & 1 \\ -2 & 2 \end{pmatrix}$, $Y = A - 2E = \begin{pmatrix} 2 & -1 \\ 2 & -1 \end{pmatrix}$

を得る∎

これより $XY = \begin{pmatrix} -1 & 1 \\ -2 & 2 \end{pmatrix} \begin{pmatrix} 2 & -1 \\ 2 & -1 \end{pmatrix} = O$ で，同様に $YX = O$ である ∎

次に，ケーリー・ハミルトンの定理により $X^2 = X$, $Y^2 = Y$ で，これより $X^n = X$, $Y^n = Y$ が成り立つことが分る．そして $XY = YX = O$ だったから，2 項展開を念頭におくと
$$A^n = (2X + 3Y)^n = 2^n X^n + 3^n Y^n = 2^n X + 3^n Y$$
$$= \begin{pmatrix} -2^n + 2 \cdot 3^n & 2^n - 3^n \\ -2^{n+1} + 2 \cdot 3^n & 2^{n+1} - 3^n \end{pmatrix}$$
を得る ∎

(3) ケーリー・ハミルトンの定理により
$$P^2 = (A - 3E)^2 = A^2 - 6A + 9E = 6A - 9E - 6A + 9E = O$$
となる ∎

この結果と 2 項展開を用いると
$$A^n = (3E + P)^n = (3E)^n + {}_n\mathrm{C}_1 (3E)^{n-1} P = 3^n E + n3^{n-1}(A - 3E)$$
$$= 3^n \begin{pmatrix} 1 & 0 \\ 0 & 1 \end{pmatrix} + n3^{n-1} \begin{pmatrix} 1 & 1 \\ -1 & -1 \end{pmatrix} = \begin{pmatrix} 3^n + n3^{n-1} & n3^{n-1} \\ -n3^{n-1} & 3^n - n3^{n-1} \end{pmatrix}$$
が得られる ∎

注意 (1) は次のように解くこともできます．

$A = \begin{pmatrix} a & b \\ c & d \end{pmatrix}$ とおくと $A + E = \begin{pmatrix} 1+a & b \\ c & 1+d \end{pmatrix}$ であり，条件より $\det A = \det(A+E) = 0$ ですから，$ad - bc = 0$, $(1+a)(1+d) - bc = 0$ です．後者を前者のもとでまとめると $1 + a + d = 0$ が得られます．以上を用いると
$$A(A + E) = A^2 + A = (a+d)A - (ad-bc)E + A = O$$
が直ちに得られます．この方が普通の解き方でしょう．しかし，成分表現に依存せずに考えることもできるという例として上の解答をあげておきます．

なお次の 2 つの命題

すべての $\vec{x}$ に対して $A\vec{x} = \vec{0}$ である

一次独立な $\vec{a}, \vec{b}$ に対して $A\vec{a} = A\vec{b} = \vec{0}$ である

は同値です (確認してください)．したがって (1) では $A(A+E)\vec{a} = \vec{0}$, $A(A+E)\vec{b} = \vec{0}$ の 2 つを示すことでも構いません．

(2), (3) は，練習 3 の注意で述べた固有値を利用して行列の巾乗を求める例です．(2) では X, Y の係数の $2, 3$ が固有値であり，(3) では $A - 3E = P$ における 3 が A の固有値で，この場合，固有方程式は重解をもっています．(2) は A の射影子分解と呼ばれる方法を利用しています．ここではともに 2 項展開を用いていますが，一般に次のような計算もできます．

$A = \begin{pmatrix} a & b \\ c & d \end{pmatrix}$ とおくと固有方程式 $\det(A - \lambda E) = 0$ は $\lambda^2 - (a+d)\lambda + ad - bc = 0$ となります. この解, つまり固有値を α, β とおくと, 解と係数の関係によって $a + d = \alpha + \beta$, $ad - bc = \alpha\beta$ ですからケーリー・ハミルトンの定理は $A^2 - (\alpha + \beta)A + \alpha\beta E = O$ と表わされることになります.

このあとは漸化式の解法と類似していて, 次のようになります.

まず上式より $A(A - \alpha E) = \beta(A - \alpha E)$ で, これより $A^n(A - \alpha E) = \beta^n(A - \alpha E) \cdots (*)$ が得られます. $(*)$ では α と β を入れ替えた式も成立することに注意しておきましょう. $\alpha \neq \beta$ なら, $(*)$ で α, β を入れ替えた式と $(*)$ とを引くと $(\alpha - \beta)A^n = \alpha^n(A - \beta E) - \beta^n(A - \alpha E)$ となり, A^n が計算されます. $\alpha = \beta (\neq 0)$ ならば $(*)$ は $\frac{A^{n+1}}{\alpha^{n+1}} - \frac{A^n}{\alpha^n} = \frac{1}{\alpha}(A - \alpha E)$ となり, 左辺は階差の形をしているので, $\frac{A^n}{\alpha^n}$, したがって A^n が求められます.

異なる固有値に属する固有ベクトルは平行になりません. つまり $A\vec{x_i} = \lambda_i \vec{x_i}, \vec{x_i} \neq \vec{0}$ $(i = 1, 2)$ のとき, $\lambda_1 \neq \lambda_2$ ならば $\vec{x_1} \not\parallel \vec{x_2}$ が成り立ち, これは背理法で簡単に示されます. したがって $\vec{x_1}$ と $\vec{x_2}$ は一次独立です. よって $\vec{x_1}, \vec{x_2}$ の A^n による像が求められれば, 2-1 (b) で示したように A^n を求めることができます. ところが, $A\vec{x_1} = \lambda_1 \vec{x_1}, A\vec{x_2} = \lambda_2 \vec{x_2}$ より $A^n \vec{x_1} = \lambda_1^n \vec{x_1}, A^n \vec{x_2} = \lambda_2^n \vec{x_2}$ となるので, ここから A^n が計算できるというわけです. この方法もよく用いられ, 例えば (2) では練習 3 でみたように, $A\begin{pmatrix} 1 \\ 2 \end{pmatrix} = 2\begin{pmatrix} 1 \\ 2 \end{pmatrix}$, $A\begin{pmatrix} 1 \\ 1 \end{pmatrix} = 3\begin{pmatrix} 1 \\ 1 \end{pmatrix}$ となりますから,

$$A^n \begin{pmatrix} 1 \\ 2 \end{pmatrix} = 2^n \begin{pmatrix} 1 \\ 2 \end{pmatrix}, \quad A^n \begin{pmatrix} 1 \\ 1 \end{pmatrix} = 3^n \begin{pmatrix} 1 \\ 1 \end{pmatrix}, \quad \text{つまり } A^n \begin{pmatrix} 1 & 1 \\ 2 & 1 \end{pmatrix} = \begin{pmatrix} 2^n & 3^n \\ 2^{n+1} & 3^n \end{pmatrix}$$

となり, したがって $A^n = \begin{pmatrix} 2^n & 3^n \\ 2^{n+1} & 3^n \end{pmatrix} \begin{pmatrix} 1 & 1 \\ 2 & 1 \end{pmatrix}^{-1}$ を計算すれば結論が得られます.

2-2 一次変換による図形の像

(a) ここでは, $\det A \neq 0$ であるような行列 A で表わされる一次変換 f によって, いろいろな図形がどのようにうつされるかを考えます. 次の (b) で $\det A = 0$ の場合を取り扱います. 一般に, $\det A \neq 0$ のとき, 図形の定性的な性質は像でも保存されることが多いのですが, $\det A = 0$ のときは像はつぶれて, たかだか原点を通る直線にしかなりません. この点に大きな違いがあることを強調しておきます.

さて, $\det A \neq 0$ のとき次の (ⅰ)〜(ⅵ) が成り立ちます.

(ⅰ) $\vec{a} \neq \vec{0}$ ならば $A\vec{a} \neq \vec{0}$ である.

(ⅱ) $\vec{a}, \vec{b}$ が一次独立ならば $A\vec{a}, A\vec{b}$ も一次独立である.

(iii) 直線の像は直線である.
(iv) 三角形の像は三角形である.
(v) 平行四辺形の像は平行四辺形である.
(vi) 全平面の像は全平面である.

また,写像 f は 1 対 1 の写像です.

> **練習 5** 上の (i)〜(vi) を示せ.さらに f が 1 対 1 の写像であることも示せ.

[解] (i) $A\vec{a} = \vec{0}$ とする.$\det A \neq 0$ なので A^{-1} が存在するから左からかけて $\vec{a} = \vec{0}$ を得る.よって $\vec{a} \neq \vec{0}$ ならば $A\vec{a} \neq \vec{0}$ が成り立つ■

(ii) 条件より $\vec{a} \neq \vec{0}$, $\vec{b} \neq \vec{0}$, $\vec{a} \not\parallel \vec{b}$ である.よって (i) により $A\vec{a} \neq \vec{0}$, $A\vec{b} \neq \vec{0}$ は直ちにいえるから,$A\vec{a} \not\parallel A\vec{b}$ を示せばよい.

$A\vec{a} \parallel A\vec{b}$ とすると,適当な実数 k によって $A\vec{b} = kA\vec{a}$ とおくことができるが,A^{-1} を左からかけて $\vec{b} = k\vec{a}$,つまり $\vec{b} \parallel \vec{a}$ が得られ,これは条件に反する.よって $A\vec{a} \not\parallel A\vec{b}$ である■

(iii) 直線を $\vec{p} + t\vec{\ell}$ (t はパラメータで $\vec{\ell} \neq \vec{0}$ は方向ベクトル) で表わすと,この像は $A(\vec{p} + t\vec{\ell}) = A\vec{p} + tA\vec{\ell}$ である.ここで (i) により $A\vec{\ell} \neq \vec{0}$ だから,像は,$A\vec{p}$ で表わされる点を通り,$A\vec{\ell}$ を方向ベクトルにもつ直線である■

(iv) 次図のような $\vec{a}$, $\vec{b}$ でつくられる三角形の周または内部を
$$\vec{p} + s\vec{a} + t\vec{b} \ (s \geq 0, t \geq 0, s+t \leq 1)$$
で表わすと,その像は
$$A(\vec{p} + s\vec{a} + t\vec{b}) = A\vec{p} + sA\vec{a} + tA\vec{b}$$
である.ここで $\vec{a}$, $\vec{b}$ は一次独立なので,(ii) より $A\vec{a}$, $A\vec{b}$ も一次独立である.したがって像は,$A\vec{p}$ で表わされる点を頂点とし,そこを始点とするベクトル $A\vec{a}$, $A\vec{b}$ でつくられる三角形の周と内部である■

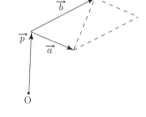

(v) (iv) において条件 $s \geq 0, t \geq 0, s+t \leq 1$ を $0 \leq s \leq 1, 0 \leq t \leq 1$ にかえれば,証明はそのまま成り立つ■

(vi) 任意のベクトル $\vec{x'}$ をとる.A^{-1} が存在するので $A^{-1}\vec{x'} = \vec{x}$ とおくと $A\vec{x} = A(A^{-1}\vec{x'}) = (AA^{-1})\vec{x'} = \vec{x'}$ なので,どの $\vec{x'}$ に対しても f によって $\vec{x'}$ にうつされる $\vec{x}$ が存在するから f は平面から平面への上への写像である.よって主張は成り立つ■

最後に,$A\vec{a} = A\vec{b}$ ならば A^{-1} を左からかけて $\vec{a} = \vec{b}$ が直ちに得られ,したがって $\vec{a} \neq \vec{b}$ ならば $A\vec{a} \neq A\vec{b}$ となるが,これは f が 1 対 1 の写像であることを示している■

(b) $\det A = 0$ としましょう．$A = \begin{pmatrix} a & b \\ c & d \end{pmatrix}$ とおくと (3-7) から，$\det A = 0$ は，$\vec{a} = \begin{pmatrix} a \\ c \end{pmatrix}$ と $\vec{b} = \begin{pmatrix} b \\ d \end{pmatrix}$ が一次独立ではないこと，つまり $\vec{a} = \vec{0}$ または $\vec{b} = \vec{0}$ の場合も含めて $\vec{a} \mathbin{/\mkern-5mu/} \vec{b}$ であることを意味します．このことはさらに，あるベクトル $\begin{pmatrix} p \\ q \end{pmatrix} \neq \vec{0}$ と実数 ℓ, k を用いて $\vec{a} = \ell\begin{pmatrix} p \\ q \end{pmatrix}$, $\vec{b} = k\begin{pmatrix} p \\ q \end{pmatrix}$ と表わすことができることと同じです．実際，このとき $\vec{a} \mathbin{/\mkern-5mu/} \vec{b} \mathbin{/\mkern-5mu/} \begin{pmatrix} p \\ q \end{pmatrix}$ であり，$\vec{a} = \vec{0}$ や $\vec{b} = \vec{0}$ の場合は ℓ や k を 0 にとればよいことは明らかでしょう．したがって $\det A = 0$ をみたす行列 A の一般形は $A = \begin{pmatrix} \ell p & kp \\ \ell q & kq \end{pmatrix}$ で与えられることが分ります．このとき，任意の点 (x, y) の f による像は

$$A = \begin{pmatrix} \ell p & kp \\ \ell q & kq \end{pmatrix} \begin{pmatrix} x \\ y \end{pmatrix} = (\ell x + ky)\begin{pmatrix} p \\ q \end{pmatrix}$$

となりますから，すべての点が原点を通る直線 $py - qx = 0$ の上の点にうつされることが分ります．とくに $\ell = k = 0$（つまり $A = O$）なら，当り前のことですが全平面の像は原点のみになります．

　いろいろな図形の像が直線 $py - qx = 0$ のすべてなのか一部なのか，一部ならばどの部分であるか，といったことは，$x' = (\ell x + ky)p$ のとりうる値の範囲を x, y の条件から決定することで得られます．たとえば，$\ell^2 + k^2 \neq 0$ ならば x, y がそれぞれ実数上を変化すると $\ell x + ky$ も全実数をとりますから，全平面の像は直線 $py - qx = 0$ 全体です．(x, y) が直線 $\ell x + ky = m$（定数）上を動くときは，像は定点 (mp, mq) になりますが，別の直線上を動くときには直線 $py - qx = 0$ になることもあります．いずれにせよ (x, y) が動く図形から x' の範囲を知ることが必要です．

練習 6 (1) 行列 $A = \begin{pmatrix} 4 & -1 \\ 2 & 1 \end{pmatrix}$ で表わされる一次変換 f による直線 $x - 2y = 1$ の像を求めよ．

(2) 行列 $A = \begin{pmatrix} a & b \\ c & d \end{pmatrix}$ で表わされる一次変換 f によって直線 $x - y = 1$ が直線 $x - 2y = 2$ にうつされるための，a, b, c, d がみたすべき条件を求めよ．

(3) 行列 $A = \begin{pmatrix} a & 1 \\ -1 & 2 \end{pmatrix}$ で表わされる一次変換を f とする．原点を通る直線で f によって自分自身にうつされるものが 1 本だけ存在するという．
　a の値とそのときの直線の方程式を求めよ．

(4) 行列 A で表わされる一次変換 f によって三角形 ABC が三角形 A'B'C' にうつされるという．三角形 ABC と三角形 A'B'C' の面積をそれぞれ S, S' とすると $S' = S|\det A|$ が成り立つ．これを示せ．

[解] (1) 直線 $x - 2y = 1$ を $t\begin{pmatrix}2\\1\end{pmatrix} + \begin{pmatrix}1\\0\end{pmatrix}$ と表わすと，f による像は

$$\begin{pmatrix}4 & -1\\2 & 1\end{pmatrix}\left(t\begin{pmatrix}2\\1\end{pmatrix} + \begin{pmatrix}1\\0\end{pmatrix}\right) = t\begin{pmatrix}7\\5\end{pmatrix} + \begin{pmatrix}4\\2\end{pmatrix}$$

で，これは点 $(4, 2)$ を通り，方向ベクトル $\begin{pmatrix}7\\5\end{pmatrix}$ の直線を表わしている．よって $y - 2 = \frac{5}{7}(x - 4)$ が求める像で，これをまとめて $5x - 7y - 6 = 0$ を得る ∎

(2) 直線 $x - y = 1$ を $t\begin{pmatrix}1\\1\end{pmatrix} + \begin{pmatrix}0\\-1\end{pmatrix}$ で表わすと，像は

$$\begin{pmatrix}a & b\\c & d\end{pmatrix}\left(t\begin{pmatrix}1\\1\end{pmatrix} + \begin{pmatrix}0\\-1\end{pmatrix}\right) = t\begin{pmatrix}a+b\\c+d\end{pmatrix} + \begin{pmatrix}-b\\-d\end{pmatrix}$$

で，これが直線 $x - 2y = 2$ を表わす条件は

$(-b, -d)$ が $x - 2y = 2$ 上にあり，$\begin{pmatrix}2\\1\end{pmatrix} \parallel \begin{pmatrix}a+b\\c+d\end{pmatrix}$，かつ $\begin{pmatrix}a+b\\c+d\end{pmatrix} \neq \vec{0}$

である．最初の2つの条件から $-b + 2d = 2$, $2(c+d) - (a+b) = 0$ が得られ，これをまとめると $b = 2(d-1)$, $a = 2(c+1)$ となる．このとき

$$\begin{pmatrix}a+b\\c+d\end{pmatrix} = \begin{pmatrix}2d - 2 + 2c + 2\\c+d\end{pmatrix} = (c+d)\begin{pmatrix}2\\1\end{pmatrix} \neq \vec{0}$$

は $c + d \neq 0$ と同値である．

以上より求める条件は $b = 2(d-1)$, $a = 2(c+1)$, $c + d \neq 0$ となる ∎

(3) $\begin{pmatrix}a & 1\\-1 & 2\end{pmatrix}\begin{pmatrix}0\\1\end{pmatrix} = \begin{pmatrix}1\\2\end{pmatrix} \nparallel \begin{pmatrix}0\\1\end{pmatrix}$ なので，直線 $x = 0$，つまり y 軸が f によって自分自身にうつされることはない．よって f で自分自身にうつされる直線の方向ベクトルを $\begin{pmatrix}1\\m\end{pmatrix}$ とおくと，$\begin{pmatrix}1\\m\end{pmatrix} \parallel A\begin{pmatrix}1\\m\end{pmatrix} \neq \vec{0}$ であるような m がただ1つだけ存在するような a の値を求めればよい．

$A\begin{pmatrix}1\\m\end{pmatrix} = \begin{pmatrix}a & 1\\-1 & 2\end{pmatrix}\begin{pmatrix}1\\m\end{pmatrix} = \begin{pmatrix}a+m\\-1+2m\end{pmatrix}$ だから，まず平行条件より

$$\begin{pmatrix}1\\m\end{pmatrix} /\!/ A\begin{pmatrix}1\\m\end{pmatrix} \Leftrightarrow \begin{pmatrix}1\\m\end{pmatrix} /\!/ \begin{pmatrix}a+m\\-1+2m\end{pmatrix}$$
$$\Leftrightarrow -1+2m-m(a+m)=0$$
$$\Leftrightarrow m^2+(a-2)m+1=0$$

が得られる．この判別式を D とおくと $D=(a-2)^2-4=a(a-4)$ である．

$D<0$ は明らかに条件をみたさない．

$D=0$ なら $a=0$ または 4 で

$$a=0 \text{ ならば } m=1 \text{ で } A\begin{pmatrix}1\\m\end{pmatrix}=\begin{pmatrix}1\\1\end{pmatrix}\neq\vec{0},$$

$$a=4 \text{ ならば } m=-1 \text{ で } A\begin{pmatrix}1\\m\end{pmatrix}=\begin{pmatrix}3\\-3\end{pmatrix}\neq\vec{0}$$

であるからともに条件をみたす．

$D>0$ のときは，$a>4$, または $a<0$ である．ここで，$\begin{pmatrix}a+m\\-1+2m\end{pmatrix}=\vec{0}$ となるのは $a=-m=-\frac{1}{2}$ のときに限り，このとき $D>0$ である．

$a=-\frac{1}{2}$ とすると，m の方程式は $\left(m-\frac{1}{2}\right)(m-2)=0$ となり，$m=\frac{1}{2}$ または 2 である．ところが $m=\frac{1}{2}$ のときは $A\begin{pmatrix}1\\m\end{pmatrix}=\vec{0}$ となって，像は直線を表わさず，$m=2$ のときは $A\begin{pmatrix}1\\m\end{pmatrix}=\frac{3}{2}\begin{pmatrix}1\\2\end{pmatrix}\neq\vec{0}$ で，像は直線となるから，自分自身にうつされる原点を通る直線はたしかに 1 本である．

以上により

$$a=0 \text{ のとき } y=x, \quad a=4 \text{ のとき } y=-x, \quad a=-\frac{1}{2} \text{ のとき } y=2x$$

が求める結論である ∎

(4) $\overrightarrow{\mathrm{CA}}=\vec{a}=\begin{pmatrix}a\\c\end{pmatrix}$, $\overrightarrow{\mathrm{CB}}=\vec{b}=\begin{pmatrix}b\\d\end{pmatrix}$ とおく．$A=\begin{pmatrix}p&q\\r&s\end{pmatrix}$ とおくと

$$\overrightarrow{\mathrm{C'A'}}=A\vec{a}=\begin{pmatrix}p&q\\r&s\end{pmatrix}\begin{pmatrix}a\\c\end{pmatrix}=\begin{pmatrix}pa+qc\\ra+sc\end{pmatrix}, \quad \text{同様に } \overrightarrow{\mathrm{C'B'}}=\begin{pmatrix}pb+qd\\rb+sd\end{pmatrix}$$

であるから

$$S'=\frac{1}{2}|(pa+qc)(rb+sd)-(ra+sc)(pb+qd)|$$
$$=\frac{1}{2}|adps+bcqr-adqr-bcps|$$
$$=\frac{1}{2}|(ad-bc)ps-(ad-bc)qr|$$
$$=\frac{1}{2}|ad-bc||ps-qr|$$
$$=S|\det A|$$

となり，主張は成り立つ∎

注意 一般に図形 C の像を求める場合，C の点がパラメータによって $(x(t), y(t))$ と表わされているならば，$\begin{pmatrix} x'(t) \\ y'(t) \end{pmatrix} = A \begin{pmatrix} x(t) \\ y(t) \end{pmatrix}$ から像 C' の点のパラメータ表現 $(x'(t), y'(t))$ が得られ，これから C' の方程式が得られます．A^{-1} が存在していることが分っている場合には，$\begin{pmatrix} x \\ y \end{pmatrix} = A^{-1} \begin{pmatrix} x' \\ y' \end{pmatrix}$ を C を表わす方程式に代入することで像を求めることもできます．

一般に

$(x'(t), y'(t))$ が C' 上の点である

$\Leftrightarrow A \begin{pmatrix} x \\ y \end{pmatrix} = \begin{pmatrix} x' \\ y' \end{pmatrix}$ であるような C 上の点 (x, y) が存在する $\cdots (*)$

が成り立ちますが，A^{-1} が存在するときは A で表わされる一次変換は 1 対 1 でしたから，(x', y') にうつされる点 (x, y) は $A^{-1} \begin{pmatrix} x' \\ y' \end{pmatrix}$ のみです．したがって $(*)$ は $A^{-1} \begin{pmatrix} x' \\ y' \end{pmatrix}$ が C 上の点であることと同じということになり，A^{-1} が存在するときは上の方法を用いることができます．この手法は，C が平面上の領域や曲線 (とりわけ二次曲線が多い) である場合にとくに有効です．直線の像に関する限りでは解答のような方法でほとんどの問題は解決されます．

(2) において $c+d \neq 0$ を忘れないようにしましょう．

$b = 2(d-1)$, $a = 2(c+1)$, $c+d = 0$ のときには $A \begin{pmatrix} 1 \\ 1 \end{pmatrix} = \vec{0}$, つまり直線 $x-y = 1$ の像の方向ベクトルが $\vec{0}$ となってしまうため像は直線でなく 1 点になってしまうわけです．このときはもちろん $\det A = 0$ になっています．$\det A \neq 0$ ならば 2-2(**a**)(i) より $A \begin{pmatrix} 1 \\ 1 \end{pmatrix} \neq \vec{0}$ となるからです．$c+d = 0$ なら実際に，$b = -2(c+1)$, $a = 2(c+1)$, $d = -c$ より $ad - bc = 0$ はすぐ確かめられます．

なお (1)〜(3) では，直線のベクトル表示 $\vec{p} + t\vec{\ell}$ が与えられた直線 ℓ を表わすための条件が

$\vec{p}$ で表わされる点が ℓ 上にあり，かつ
$\vec{\ell} \neq \vec{0}$, かつ $\vec{\ell}$ が ℓ の方向ベクトルに平行である

ことを用いています．

これはこの後も頻繁に利用します．

(2) で，$x' = (a+b)t - b$, $y = (c+d)t - d$ として $x - 2y = 2$ に代入した式がすべての t に対して成り立つ，と考えて条件を求めても $c+d \neq 0$ は得られません．x', y'

を代入して成り立つというのは点 (x', y') が直線 $x - 2y = 2$ 上にあることを主張しますが, $x - 2y = 2$ 全体を表わすことまでは保障しないからです.

$A \begin{pmatrix} x \\ y \end{pmatrix} = \begin{pmatrix} ax + by \\ cx + dy \end{pmatrix}$ を $x - 2y = 2$ に代入した式 $(ax + by) - 2(cx + dy) = 2$ が $x - y = 1$ を表わす, と考えてもやはり $c + d \neq 0$ は得られません. この場合にも上と同じような問題があります.

一般に $A = \begin{pmatrix} a & b \\ c & d \end{pmatrix}$ で表わされる一次変換 f で曲線 $C : f(x, y) = 0$ が曲線 $C' : g(x, y) = 0$ にうつされたとしましょう. そのとき, $A \begin{pmatrix} x \\ y \end{pmatrix}$ を $g(x, y) = 0$ に代入した方程式 $g(ax + by, cx + dy) = 0$ が主張していることは, f で (x, y) をうつした点が C' 上にあることであり, したがって $g(ax + by, cx + dy) = 0$ をみたす (x, y) とは C' の原像, つまり f によって C' 上にうつされる (x, y) の全体に他なりません. これと $f(x, y) = 0$ を比べても, この2つが本来比較できるものかどうかが一般に不明です. このことについては次の練習の注意でもう少し具体的にみることにします.

(3) は少し意地の悪い問題です. $D = 0$ だけでよさそうですが, 実は, $D > 0$ のときの2解 m_1, m_2 の1つに対して像の方向ベクトル $= \overrightarrow{0}$ となるような場合があるため, 条件をみたす直線がやはり1本ということになってしまうことがある, というのが種明かしです. くどいようですが, 像が直線であるためには像の方向ベクトル $\neq \overrightarrow{0}$ が必要であることを忘れないようにしましょう. なお (3) では, 直線が y 軸に平行である場合とそうでない場合とで場合分けをしていることを注意しておきます.

(4) は $\det A$ のよく知られている性質の1つです.

練習7 (1) 行列 $A = \begin{pmatrix} 1 & 2 \\ 3 & 6 \end{pmatrix}$ で表わされる一次変換によって次の図形はどのような図形にうつされるか.

 (i) 直線 $y = x$. (ii) 直線 $y = x + 1$. (iii) 直線 $y = -\frac{1}{2}x$.

 (iv) 直線 $y = -\frac{1}{2}x + 1$.

 (v) A$(1, 1)$, B$(-1, 0)$, C$(2, -1)$ を頂点とする三角形 ABC の周と内部.

 (vi) 円 $x^2 + y^2 = 1$.

(2) 次の各行列 A で表わされる一次変換によって自分自身にうつされる直線をすべて求めよ.

 (i) $\begin{pmatrix} 4 & -2 \\ 3 & -1 \end{pmatrix}$. (ii) $\begin{pmatrix} 3 & -2 \\ 2 & -1 \end{pmatrix}$. (iii) $\begin{pmatrix} -1 & 0 \\ -3 & 2 \end{pmatrix}$.

(iv) $\begin{pmatrix} \frac{3}{4} & \frac{\sqrt{3}}{4} \\ \frac{\sqrt{3}}{4} & \frac{1}{4} \end{pmatrix}$.

(3) 行列 $A = \begin{pmatrix} -1 & 2 \\ 2 & -4 \end{pmatrix}$ で表わされる一次変換 f によって点 (x, y) をうつしたとき，その像が次のそれぞれの点，または直線に含まれるような (x, y) の全体はいかなる図形であるか．

(ⅰ) $(-1, 2)$．　　(ⅱ) $(0, 0)$．　　(ⅲ) $(1, 1)$．　　(ⅳ) $y = -2x$．
(ⅴ) $y = -2x + 1$．

[解]　(1)　まず $A\begin{pmatrix} x \\ y \end{pmatrix} = (x + 2y)\begin{pmatrix} 1 \\ 3 \end{pmatrix}$ である．

(ⅰ)　直線 $y = x$ を $t\begin{pmatrix} 1 \\ 1 \end{pmatrix}$ で表わせば，像は $(t + 2t)\begin{pmatrix} 1 \\ 3 \end{pmatrix} = 3t\begin{pmatrix} 1 \\ 3 \end{pmatrix}$，つまり $y = 3x$ である∎

(ⅱ)　同じく直線 $y = x + 1$ を $t\begin{pmatrix} 1 \\ 1 \end{pmatrix} + \begin{pmatrix} 0 \\ 1 \end{pmatrix}$ で表わすと，像は $(t + 2(t+1))\begin{pmatrix} 1 \\ 3 \end{pmatrix} = (3t + 2)\begin{pmatrix} 1 \\ 3 \end{pmatrix}$ で，やはり直線 $y = 3x$ である∎

(ⅲ)　直線 $y = -\frac{1}{2}x$ を $t\begin{pmatrix} -2 \\ 1 \end{pmatrix}$ で表わすと，像は $(-2t + 2t)\begin{pmatrix} 1 \\ 3 \end{pmatrix} = \vec{0}$，つまり原点である∎

(ⅳ)　直線 $y = -\frac{1}{2}x + 1$ を $t\begin{pmatrix} -2 \\ 1 \end{pmatrix} + \begin{pmatrix} 0 \\ 1 \end{pmatrix}$ で表わすと，$(-2t + 2(t+1))\begin{pmatrix} 1 \\ 3 \end{pmatrix} = 2\begin{pmatrix} 1 \\ 3 \end{pmatrix}$ なので定点 $(2, 6)$ が像になる∎

(ⅴ)　△ABC の周と内部を
$$\overrightarrow{OC} + s\overrightarrow{CA} + t\overrightarrow{CB} = \begin{pmatrix} 2 \\ -1 \end{pmatrix} + s\begin{pmatrix} -1 \\ 2 \end{pmatrix} + t\begin{pmatrix} -3 \\ 1 \end{pmatrix}$$
$$= \begin{pmatrix} 2 - s - 3t \\ -1 + 2s + t \end{pmatrix}$$

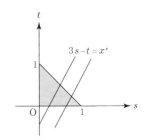

で表わす．ただし $0 \leqq s, 0 \leqq t, s + t \leqq 1$ である．像は
$$(2 - s - 3t + 2(-1 + 2s + t))\begin{pmatrix} 1 \\ 3 \end{pmatrix} = (3s - t)\begin{pmatrix} 1 \\ 3 \end{pmatrix}$$

となり，$s \geqq 0, t \geqq 0, s + t \leqq 1$ より $-1 \leqq 3s - t \leqq 3$ であるから (上図参照)，求める像は線分 $y = 3x\,(-1 \leqq x \leqq 3)$ である∎

(vi) 円 $x^2+y^2=1$ を $x=\cos\theta, y=\sin\theta$ で表わすと
$$(\cos\theta+2\sin\theta)\begin{pmatrix}1\\3\end{pmatrix}=\sqrt{5}\sin(\theta+\alpha)\begin{pmatrix}1\\3\end{pmatrix} \quad (\alpha\text{ は定数})$$
であるから，像は線分 $y=3x\,(-\sqrt{5}\leqq x\leqq\sqrt{5})$ となる ∎

(2) (i) $A\begin{pmatrix}0\\1\end{pmatrix}=\begin{pmatrix}-2\\-1\end{pmatrix}\not\parallel\begin{pmatrix}0\\1\end{pmatrix}$ なので，y 軸に平行な直線で自分自身にうつるものは存在しない．よって，問題の直線を $y=mx+n$ とおいて，これを $t\begin{pmatrix}1\\m\end{pmatrix}+\begin{pmatrix}0\\n\end{pmatrix}$ で表わすと，像は
$$\begin{pmatrix}4&-2\\3&-1\end{pmatrix}\left(t\begin{pmatrix}1\\m\end{pmatrix}+\begin{pmatrix}0\\n\end{pmatrix}\right)=t\begin{pmatrix}4-2m\\3-m\end{pmatrix}+\begin{pmatrix}-2n\\-n\end{pmatrix}$$
となる．$\begin{pmatrix}4-2m\\3-m\end{pmatrix}\neq\vec{0}$ は成立していることに注意すると，これが元の直線を表わす条件は
$$(-2n,-n)\text{ が }y=mx+n\text{ 上にあり，かつ }\begin{pmatrix}1\\m\end{pmatrix}\parallel\begin{pmatrix}4-2m\\3-m\end{pmatrix}$$
である．これより $-n=m(-2n)+n$, $3-m-m(4-2m)=0$, つまり $2n(m-1)=0$, $(m-1)(2m-3)=0$ が得られる．

したがって $m=1$ なら n は任意，$m=\frac{3}{2}$ なら $n=0$ となる．

よって求める直線は $y=\frac{3}{2}x$，または $y=x+n$ (n は任意の実数) である ∎

(ii) (i) と同様に y 軸に平行でないものを考えればよいことが分るので，それを $t\begin{pmatrix}1\\m\end{pmatrix}+\begin{pmatrix}0\\n\end{pmatrix}$ とおくと，像は
$$\begin{pmatrix}3&-2\\2&-1\end{pmatrix}\left(t\begin{pmatrix}1\\m\end{pmatrix}+\begin{pmatrix}0\\n\end{pmatrix}\right)=t\begin{pmatrix}3-2m\\2-m\end{pmatrix}+\begin{pmatrix}-2n\\-n\end{pmatrix}$$
で，これが $y=mx+n$ を表わす条件は
$$-n=m(-2n)+n,\text{ かつ }\begin{pmatrix}1\\m\end{pmatrix}\parallel\begin{pmatrix}3-2m\\2-m\end{pmatrix}\,(\neq\vec{0}\text{ は成立})$$
である．これをまとめて $2n(m-1)=0$, $(m-1)^2=0$ を得るので，$m=1, n$ は任意の実数となる．

したがって求める直線は $y=x+n$ (n は任意の実数) である ∎

(iii) 求める直線が $x=k$ の形の場合，これを $t\begin{pmatrix}0\\1\end{pmatrix}+\begin{pmatrix}k\\0\end{pmatrix}$ とおくと，像は
$$\begin{pmatrix}-1&0\\-3&2\end{pmatrix}\left(t\begin{pmatrix}0\\1\end{pmatrix}+\begin{pmatrix}k\\0\end{pmatrix}\right)=t\begin{pmatrix}0\\2\end{pmatrix}+\begin{pmatrix}-k\\-3k\end{pmatrix}$$

で, $\begin{pmatrix}0\\2\end{pmatrix} /\!/ \begin{pmatrix}0\\1\end{pmatrix}$ だから, これが $x=k$ を表わす条件は $-k=k$, つまり $k=0$ である. したがって直線 $x=0$ は条件をみたす.

求める直線が $t\begin{pmatrix}1\\m\end{pmatrix}+\begin{pmatrix}0\\n\end{pmatrix}$ で表わされるとき

$$\begin{pmatrix}-1 & 0\\-3 & 2\end{pmatrix}\left(t\begin{pmatrix}1\\m\end{pmatrix}+\begin{pmatrix}0\\n\end{pmatrix}\right)=t\begin{pmatrix}-1\\-3+2m\end{pmatrix}+\begin{pmatrix}0\\2n\end{pmatrix}$$

が $y=mx+n$ を表わす条件は

$$2n=m\cdot 0+n, \quad \begin{pmatrix}1\\m\end{pmatrix}/\!/\begin{pmatrix}-1\\-3+2m\end{pmatrix}\ (\neq \vec{0}\ \text{は成立})$$

で, これより $m=1, n=0$ を得る.

以上より求める直線は $x=0$ と $y=x$ である ∎

(iv) (i) と同様に求める直線は $t\begin{pmatrix}1\\m\end{pmatrix}+\begin{pmatrix}0\\n\end{pmatrix}$ の形で表わされる.

$$\begin{pmatrix}\frac{3}{4} & \frac{\sqrt{3}}{4}\\ \frac{\sqrt{3}}{4} & \frac{1}{4}\end{pmatrix}\left(t\begin{pmatrix}1\\m\end{pmatrix}+\begin{pmatrix}0\\n\end{pmatrix}\right)=t\begin{pmatrix}\frac{1}{4}(3+\sqrt{3}m)\\ \frac{1}{4}(\sqrt{3}+m)\end{pmatrix}+\frac{1}{4}\begin{pmatrix}\sqrt{3}n\\n\end{pmatrix}$$

が $y=mx+n$ を表わすから

$$\frac{1}{4}n=m\cdot\frac{\sqrt{3}}{4}n+n, \quad \begin{pmatrix}1\\m\end{pmatrix}/\!/\begin{pmatrix}3+\sqrt{3}m\\ \sqrt{3}+m\end{pmatrix}\neq\vec{0}$$

で, これをまとめて $n(3+\sqrt{3}m)=0$, $(\sqrt{3}m-1)(m+\sqrt{3})=0$, $m+\sqrt{3}\neq 0$ となる. したがって $m=\frac{1}{\sqrt{3}}, n=0$ となり, 求める直線は $y=\frac{1}{\sqrt{3}}x$ である ∎

(3) まず, $\begin{pmatrix}-1 & 2\\2 & -4\end{pmatrix}\begin{pmatrix}x\\y\end{pmatrix}=(-x+2y)\begin{pmatrix}1\\-2\end{pmatrix}$ である.

(i) 条件より $(-x+2y)\begin{pmatrix}1\\-2\end{pmatrix}=\begin{pmatrix}-1\\2\end{pmatrix}$, つまり $-x+2y=-1$ である. よって点 $(-1, 2)$ にうつされる (x, y) の全体は直線 $x-2y-1=0$ である ∎

(ii) (i) と同様に $(-x+2y)\begin{pmatrix}1\\-2\end{pmatrix}=\begin{pmatrix}0\\0\end{pmatrix}$ より $-x+2y=0$ だから直線 $x-2y=0$ が求める図形である ∎

(iii) $(-x+2y)\begin{pmatrix}1\\-2\end{pmatrix}=\begin{pmatrix}1\\1\end{pmatrix}$ をみたす x, y は存在しない ∎

(iv) 求める図形は $\begin{pmatrix}-x+2y\\2x-4y\end{pmatrix}$ が $y=-2x$ 上にあるような (x, y) の全体であるが,

$(-x+2y, 2x-4y)$ はすべての x, y に対して $y = -2x$ 上にあるから，求める図形は全平面である ∎

(ⅴ) (ⅳ) から分るように，$(-x+2y, 2x-4y)$ が $y = -2x+1$ 上にくることはあり得ないので求める図形は存在しない ∎

注意 (1) は $\det A = 0$ の場合の像の求め方の典型的かつ基本的な例です．

(2) では，練習 6(3) と同じく，平面上の直線が $x = k$，または $y = mx + n$ の形で表わされることにもとづいて場合分けをしています．

$ax + by + c = 0$ $(a^2 + b^2 \neq 0)$ と表わせば場合分けは不要です．この場合のパラメータ表現としては，たとえば，$t \begin{pmatrix} -b \\ a \end{pmatrix} - \dfrac{c}{a^2+b^2} \begin{pmatrix} a \\ b \end{pmatrix}$ とおくことができますが，この表現ではこの後の計算がやや煩雑になってしまうので場合分けをしました．ただ，この表現が役に立つこともあります．なお，自分自身にうつされる直線は入試でよく取り扱われますが，しょせん直線の変換にすぎないので解答のように地道に計算すればよいだけです．

(3) は $\det A = 0$ のときの，いろいろな図形の原像を求める問題です．

$\det A \neq 0$ ならば，A で表わされる一次変換は全平面を全平面にうつす 1 対 1 かつ上への写像ですが，$\det A = 0$ だと事情はそれほど単純ではなく，f は一般に，全平面を全平面の一部にうつす多対 1 かつ中への写像になることがこの問からも分るでしょう．

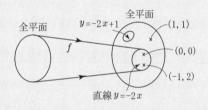

(2) の (ⅳ) について再度議論しておきます．この行列 A は，次の 2–3 で述べるように直線 $y = \dfrac{1}{\sqrt{3}}x$ に対する正射影を表わします．したがって，自分自身にうつされる直線が $y = \dfrac{1}{\sqrt{3}}x$ のみであることは図形的に明らかでしょう．これを次のように解くことには論理的な欠陥があります．

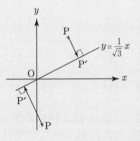

求める直線を $y = mx + n$ とし，その上の点を (x, y) とすると

$$\begin{pmatrix} \frac{3}{4} & \frac{\sqrt{3}}{4} \\ \frac{\sqrt{3}}{4} & \frac{1}{4} \end{pmatrix} \begin{pmatrix} x \\ y \end{pmatrix} = \begin{pmatrix} \frac{\sqrt{3}}{4}(\sqrt{3}x + y) \\ \frac{1}{4}(\sqrt{3}x + y) \end{pmatrix}$$

が再び $y = mx + n$ 上にあるので，$\dfrac{1}{4}(\sqrt{3}x + y) = m \cdot \dfrac{\sqrt{3}}{4}(\sqrt{3}x + y) + n$，つまり

$\dfrac{3m-\sqrt{3}}{4}x + \dfrac{\sqrt{3}m-1}{4}y + n = 0 \cdots (*)$ が得られます.

(*) に $y=mx+n$ を代入して,それがすべての x に対して成り立つと考えると
$$m = \dfrac{1}{\sqrt{3}},\ n=0,\ \text{または}\ m=-\sqrt{3},\ n\text{は任意}$$
となり,求める直線として $y=\dfrac{1}{\sqrt{3}}x,\ y=-\sqrt{3}x+n$ が得られますが,後者の場合,練習6の注意でも述べたように $A\begin{pmatrix}1\\-\sqrt{3}\end{pmatrix} = \vec{0}$ となっていることが見落とされています.

(*) を $mx-y+n=0$ と比べる方向で考えると

$n \neq 0$ なら $\dfrac{3m-\sqrt{3}}{4} = m,\ \dfrac{\sqrt{3}m-1}{4} = -1$ より $m = -\sqrt{3}$,

$n = 0$ なら $\dfrac{3m-\sqrt{3}}{4} : \dfrac{\sqrt{3}m-1}{4} = m : (-1)$ より $m = \dfrac{1}{\sqrt{3}}$,または $-\sqrt{3}$

となって,上と同じ結果が得られますが,そもそも $n=0,\ m=\dfrac{1}{\sqrt{3}}$ のとき (*) は $0x+0y+0=0$ という式なので,$mx-y+n=0$ と比べようがないのです.

いずれにしても数学の議論としてはかなりまずいことは明らかでしょう.

2-3 代表的な一次変換

(**a**) 代表的な一次変換として,原点のまわりの回転,原点を通る直線に関する線対称移動,および原点を通る直線に対する正射影をあげておきます.

(ⅰ) 原点を中心とする角 θ の反時計まわりの回転を表わす行列を $R(\theta)$ とおくと
$$R(\theta) = \begin{pmatrix} \cos\theta & -\sin\theta \\ \sin\theta & \cos\theta \end{pmatrix} \tag{3-10}$$

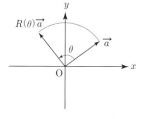

です.これに関連して $A = \begin{pmatrix} a & -b \\ b & a \end{pmatrix}\ (a^2+b^2 \neq 0)$ は,$rR(\theta)$,つまり回転と原点を中心とする r 倍の相似変換との合成を表わします.実際 $r = \sqrt{a^2+b^2}$ とおいて $\dfrac{a}{r} = \cos\theta,\ \dfrac{b}{r} = \sin\theta$ をみたす θ をとると
$$A = r\begin{pmatrix} \dfrac{a}{r} & -\dfrac{b}{r} \\ \dfrac{b}{r} & \dfrac{a}{r} \end{pmatrix} = r\begin{pmatrix} \cos\theta & -\sin\theta \\ \sin\theta & \cos\theta \end{pmatrix} = rR(\theta)$$
となります.

(ⅱ) 原点を通る直線 $\ell: y\cos\theta - x\sin\theta = 0$ に関する線対称移動を表わす行列を $S(\theta)$ とおくと

$$S(\theta) = \begin{pmatrix} \cos 2\theta & \sin 2\theta \\ \sin 2\theta & -\cos 2\theta \end{pmatrix} \quad (3\text{-}11)$$

です.

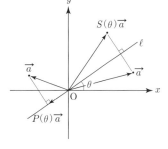

（iii） （ii）の直線 ℓ への正射影，つまり点 P を P から ℓ に下した垂線の足にうつす変換を表わす行列 $P(\theta)$ は

$$P(\theta) = \begin{pmatrix} \cos^2 \theta & \sin\theta\cos\theta \\ \sin\theta\cos\theta & \sin^2 \theta \end{pmatrix} \quad (3\text{-}12)$$

で与えられます.

(b) $\tan\frac{\theta}{2} = t$ （ただし $-\pi < \theta < \pi$）とおくと $\cos\theta = \frac{1-t^2}{1+t^2}$, $\sin\theta = \frac{2t}{1+t^2}$ ですから

$$R(\theta) = \frac{1}{1+t^2}\begin{pmatrix} 1-t^2 & -2t \\ 2t & 1-t^2 \end{pmatrix}$$

とも表わされます.

角 α の回転をして，つづけて角 β の回転をすると $\alpha+\beta$ の回転をすることと同じです．したがって

$$R(\beta)R(\alpha) = R(\alpha+\beta)$$

が成り立ちます．直接計算して確かめてください．

この式で $\alpha = \beta = \theta$ とおくと $\{R(\theta)\}^2 = R(2\theta)$ で，これをくり返し用いると

$$\{R(\theta)\}^n = R(n\theta)$$

が成り立つことも分ります．さらに，θ の回転をして $-\theta$ の回転をするとすべての点はもとに戻りますから $\{R(\theta)\}^{-1} = R(-\theta)$ です．これも直接計算して確かめられます.

(a) の (ii), (iii) で ℓ の傾き $\tan\theta$ を m とおくと

$$\cos 2\theta = \frac{1-m^2}{1+m^2}, \quad \sin 2\theta = \frac{2m}{1+m^2},$$

$$\cos^2\theta = \frac{1+\cos 2\theta}{2} = \frac{1}{1+m^2}, \quad \sin^2\theta = \frac{1-\cos 2\theta}{2} = \frac{m^2}{1+m^2},$$

$$\sin\theta\cos\theta = \frac{1}{2}\sin 2\theta = \frac{m}{1+m^2}$$

ですから

$$S(\theta) = \frac{1}{1+m^2}\begin{pmatrix} 1-m^2 & 2m \\ 2m & -1+m^2 \end{pmatrix}, \quad P(\theta) = \frac{1}{1+m^2}\begin{pmatrix} 1 & m \\ m & m^2 \end{pmatrix}$$

と表わされ，これらもよく用いられます.

任意の点 P は ℓ に関する線対称移動を 2 回くり返すと P に戻ります．また，P を 1 度 ℓ に正射影すると，あとは何度やっても P はもはや動きません．したがって

$$\{S(\theta)\}^2 = E \quad (\text{よって } \{S(\theta)\}^{-1} = S(\theta)), \quad \{P(\theta)\}^2 = P(\theta)$$

が成り立ちます.

また ℓ への正射影によって全平面は ℓ にうつされますから,当然のことですが
$$\det P(\theta) = 0$$
です.これらも (3-11), (3-12) から直接計算して示すことができます.

練習 8 (1) (3-10), (3-11), (3-12) を導け.

(2) $A = \begin{pmatrix} 1 & -\sqrt{3} \\ \sqrt{3} & 1 \end{pmatrix}$ のとき,$E - A^{3n}$,および $E + A + A^2 + \cdots + A^{3n-1}$ を求めよ.ただし,E は単位行列とする.

(3) 原点を通る 2 直線 ℓ, m に関する線対称移動をつづけて行なう変換は原点のまわりのある回転移動と同等であることを示せ.

(4) 原点を通る直線 ℓ への正射影を表わす行列を P とするとき,ℓ に垂直で原点を通る直線 m に対する正射影を表わす行列を P を用いて表わせ.

[解] 以下,E は単位行列とする.

(1) $x = r\cos\alpha, y = r\sin\alpha$ とおく.点 (x, y) を θ 回転した点 (x', y') は
$$\begin{pmatrix} x' \\ y' \end{pmatrix} = \begin{pmatrix} r\cos(\theta + \alpha) \\ r\sin(\theta + \alpha) \end{pmatrix} = \begin{pmatrix} r\cos\alpha\cos\theta - r\sin\alpha\sin\theta \\ r\sin\alpha\cos\theta + r\cos\alpha\sin\theta \end{pmatrix}$$
$$= \begin{pmatrix} x\cos\theta - y\sin\theta \\ y\cos\theta + x\sin\theta \end{pmatrix} = \begin{pmatrix} \cos\theta & -\sin\theta \\ \sin\theta & \cos\theta \end{pmatrix} \begin{pmatrix} x \\ y \end{pmatrix}$$
となり,(3-10) が得られる∎

次に,$P(x, y)$ の $\ell : y\cos\theta - x\sin\theta = 0$ に関して対称な点を $P'(x', y')$ とおくと,線分 PP' の中点は ℓ 上にあり,かつ $PP' \perp \ell$ だから
$$\frac{y + y'}{2}\cos\theta - \frac{x + x'}{2}\sin\theta = 0, \quad \text{かつ} \quad \begin{pmatrix} x' - x \\ y' - y \end{pmatrix} \perp \begin{pmatrix} \cos\theta \\ \sin\theta \end{pmatrix}$$
となる.第 1 式は $\sin\theta \cdot x' - \cos\theta \cdot y' = -\sin\theta \cdot x + \cos\theta \cdot y$ となり,第 2 式より $(x' - x)\cos\theta + (y' - y)\sin\theta = 0$,つまり $\cos\theta \cdot x' + \sin\theta \cdot y' = \cos\theta \cdot x + \sin\theta \cdot y$ が得られるから,2 式をまとめて
$$\begin{pmatrix} \sin\theta & -\cos\theta \\ \cos\theta & \sin\theta \end{pmatrix} \begin{pmatrix} x' \\ y' \end{pmatrix} = \begin{pmatrix} -\sin\theta & \cos\theta \\ \cos\theta & \sin\theta \end{pmatrix} \begin{pmatrix} x \\ y \end{pmatrix}$$
が得られる.左辺の行列は $R\left(\frac{\pi}{2} - \theta\right)$ で
$$\left\{R\left(\frac{\pi}{2} - \theta\right)\right\}^{-1} = R\left(\theta - \frac{\pi}{2}\right) = \begin{pmatrix} \sin\theta & \cos\theta \\ -\cos\theta & \sin\theta \end{pmatrix}$$
に注意すると

$$\begin{pmatrix} x' \\ y' \end{pmatrix} = R\left(\theta - \frac{\pi}{2}\right) \begin{pmatrix} -\sin\theta & \cos\theta \\ \cos\theta & \sin\theta \end{pmatrix} \begin{pmatrix} x \\ y \end{pmatrix}$$

$$= \begin{pmatrix} \sin\theta & \cos\theta \\ -\cos\theta & \sin\theta \end{pmatrix} \begin{pmatrix} -\sin\theta & \cos\theta \\ \cos\theta & \sin\theta \end{pmatrix} \begin{pmatrix} x \\ y \end{pmatrix}$$

$$= \begin{pmatrix} \cos^2\theta - \sin^2\theta & 2\sin\theta\cos\theta \\ 2\sin\theta\cos\theta & -\cos^2\theta + \sin^2\theta \end{pmatrix} \begin{pmatrix} x \\ y \end{pmatrix}$$

$$= \begin{pmatrix} \cos 2\theta & \sin 2\theta \\ \sin 2\theta & -\cos 2\theta \end{pmatrix} \begin{pmatrix} x \\ y \end{pmatrix}$$

となり，(3-11) が示された▮

最後に，$P'(x',y')$ が $P(x,y)$ の ℓ への正射影であることは，P' が ℓ 上にありかつ $PP' \perp \ell$ が成り立つことによって表わされるから，$\cos\theta \cdot y' - \sin\theta \cdot x' = 0$ と $\cos\theta \cdot x' + \sin\theta \cdot y' = \cos\theta \cdot x + \sin\theta \cdot y$ が成り立ち，これらをまとめると

$$\begin{pmatrix} -\sin\theta & \cos\theta \\ \cos\theta & \sin\theta \end{pmatrix} \begin{pmatrix} x' \\ y' \end{pmatrix} = \begin{pmatrix} 0 & 0 \\ \cos\theta & \sin\theta \end{pmatrix} \begin{pmatrix} x \\ y \end{pmatrix}$$

である．したがって

$$\begin{pmatrix} x' \\ y' \end{pmatrix} = \begin{pmatrix} -\sin\theta & \cos\theta \\ \cos\theta & \sin\theta \end{pmatrix}^{-1} \begin{pmatrix} 0 & 0 \\ \cos\theta & \sin\theta \end{pmatrix} \begin{pmatrix} x \\ y \end{pmatrix} = \begin{pmatrix} \cos^2\theta & \sin\theta\cos\theta \\ \sin\theta\cos\theta & \sin^2\theta \end{pmatrix} \begin{pmatrix} x \\ y \end{pmatrix}$$

となり，(3-12) が得られる▮

(2) $A = 2\begin{pmatrix} \frac{1}{2} & -\frac{\sqrt{3}}{2} \\ \frac{\sqrt{3}}{2} & \frac{1}{2} \end{pmatrix} = 2R\left(\frac{\pi}{3}\right)$ である．ただし $R(\theta)$ は角 θ の回転を表わす行列である．よって $\cos n\pi = (-1)^n$, $\sin n\pi = 0$ に注意すると

$$E - A^{3n} = E - \left\{2R\left(\frac{\pi}{3}\right)\right\}^{3n} = E - 2^{3n}R(n\pi) = \{1 - (-8)^n\}E$$

が得られる▮

次に，$E + A + A^2 + \cdots + A^{3n-1} = B$ とおくと $(E-A)B = (E-A)(E+A+\cdots A^{3n-1}) = E - A^{3n}$ となる．

ここで，$E - A = \begin{pmatrix} 0 & \sqrt{3} \\ -\sqrt{3} & 0 \end{pmatrix}$ より $(E-A)^{-1} = \frac{1}{3}\begin{pmatrix} 0 & -\sqrt{3} \\ \sqrt{3} & 0 \end{pmatrix}$ だから

$$B = (E-A)^{-1}(E-A^{3n}) = \frac{1}{3}\begin{pmatrix} 0 & -\sqrt{3} \\ \sqrt{3} & 0 \end{pmatrix}\{1-(-8)^n\}E$$

$$= \frac{1-(-8)^n}{\sqrt{3}}\begin{pmatrix} 0 & -1 \\ 1 & 0 \end{pmatrix}$$

を得る▮

(3) ℓ, m についての線対称移動を表わす行列をおのおの $S(\alpha), S(\beta)$ とおくと，問題の変換

を表わす行列は

$$S(\beta)S(\alpha) = \begin{pmatrix} \cos 2\beta & \sin 2\beta \\ \sin 2\beta & -\cos 2\beta \end{pmatrix} \begin{pmatrix} \cos 2\alpha & \sin 2\alpha \\ \sin 2\alpha & -\cos 2\alpha \end{pmatrix}$$

$$= \begin{pmatrix} \cos 2\alpha \cos 2\beta + \sin 2\alpha \sin 2\beta & \sin 2\alpha \cos 2\beta - \cos 2\alpha \sin 2\beta \\ \cos 2\alpha \sin 2\beta - \sin 2\alpha \cos 2\beta & \sin 2\alpha \sin 2\beta + \cos 2\alpha \cos 2\beta \end{pmatrix}$$

$$= \begin{pmatrix} \cos(2\beta - 2\alpha) & -\sin(2\beta - 2\alpha) \\ \sin(2\beta - 2\alpha) & \cos(2\beta - 2\alpha) \end{pmatrix}$$

となり，これは $2\beta - 2\alpha$ の回転を表わしている∎

(4) 任意の点 Q の ℓ, m への正射影をそれぞれ Q$'$, Q$''$ とすると

$$\overrightarrow{OQ} = \overrightarrow{OQ'} + \overrightarrow{OQ''} = P\overrightarrow{OQ} + \overrightarrow{OQ''}$$

より

$$\overrightarrow{OQ''} = \overrightarrow{OQ} - P\overrightarrow{OQ} = (E - P)\overrightarrow{OQ}$$

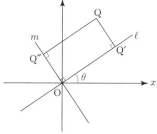

である．求める行列は Q を Q$''$ にうつす変換を表わすものなので，上式より $E - P$ である∎

> **注意** (4) は $P = P(\theta)$ を用いて $P\left(\theta + \frac{\pi}{2}\right)$ を表すとどうなるか，という問ですから (3-12) を用いて計算することも容易にできます．

第3節 第3章の問題

以下，$A, B, \cdots$ 等は実数を成分とする 2×2 行列とし，E, O はそれぞれ単位行列，零行列とする．

3.1 n を正の整数とする．$AB + BA = 2E$ のとき，$AB^{2n} - B^{2n}A$ を求めよ．また，$AB^{2n-1} + B^{2n-1}A$ を B を用いて表わせ．

3.2 A, B が次の 3 条件をみたしている．ただし k は実数である．
 (i) $A \neq B$.
 (ii) A, B はともに kE の形をしていない．
 (iii) $A^2 = B^2 = (AB)^2 = E$.

(1) $AB = BA$ を示せ．
(2) $\det A, \det B, \det(AB)$ の値を求めよ．
(3) $A + B = O$ を示せ． (横市大)

3.3 2×2 行列の集合 L を $L = \left\{ \begin{pmatrix} s & 0 \\ t & s \end{pmatrix} \middle| s > 0 \right\}$ で定める．

(1) $A \in L, B \in L$ ならば $A + B \in L, AB \in L, A^{-1} \in L$ であることを示せ．

(2)　$C = M^2 + M$, $D = M^3 + M$ かつ $C \in L$, $D \in L$ ならば $M \in L$ であることを示せ.
(慶大)

3.4　(1)　$\mathrm{Tr}(AB) = \mathrm{Tr}(BA)$ を示せ.
(2)　$X = AB$, $Y = BA$ とおくとき, $X^2 = O$ ならば $Y^2 = O$ であることを示せ. (群馬大)
(3)　次の (i), (ii) を示せ.
　　(i)　$\mathrm{Tr}\, A = \mathrm{Tr}(A^2) = 0$ ならば $A^2 = O$ である.
　　(ii)　$A = AB - BA$ ならば $A^2 = O$ である. (上智大)

3.5　$\mathbb{R}$ を実数の集合, $M_2(\mathbb{R})$ を二次の正方行列の集合とし, $M_2(\mathbb{R})$ から $\mathbb{R}$ への写像 f が次の 3 条件をみたしている.
　　(i)　任意の実数 α, β と任意の $A, B \in M_2(\mathbb{R})$ に対して
$$f(\alpha A + \beta B) = \alpha f(A) + \beta f(B).$$
　　(ii)　任意の $A, B \in M_2(\mathbb{R})$ に対して $f(AB) = f(BA)$.
　　(iii)　$f\begin{pmatrix} 1 & 0 \\ 0 & 1 \end{pmatrix} = 1.$
このとき $f(A) = \frac{1}{2}\mathrm{Tr}\, A$ であることを示せ. (お茶の水大)

3.6　A, B は逆行列をもち, 1 でない実数 λ に対して $AB = \lambda BA$ をみたすものとする.
(1)　$\mathrm{Tr}(AB) = \mathrm{Tr}(BA)$, $\mathrm{Tr}(B^{-1}AB) = \mathrm{Tr}\, A$ であることを示せ.
(2)　$\mathrm{Tr}\, A$, $\mathrm{Tr}\, B$ の値を定めよ.
(3)　$A^2 B^2 = \lambda^4 B^2 A^2$ が成り立つことを示し, λ の値を求めよ.
(4)　$\det A = \alpha$, $\det B = \beta$ とおく. $(AB)^{2n}$ を α, β を用いて表わせ. (慶大)

3.7　相異なる n 個の正方行列 $A_i = \begin{pmatrix} a_i & b_i \\ c_i & d_i \end{pmatrix}$ $(i = 1, 2, \cdots, n,$ ただし $n \geqq 2$ とする$)$ はすべて逆行列をもち, どの j, k $(1 \leqq j \leqq n, 1 \leqq k \leqq n)$ に対しても積 $A_j A_k$ は上の n 個の行列の中のどれかに等しいという.
(1)　$X = A_1 + A_2 + \cdots + A_n$ とおく. $\ell = 1, 2, \cdots, n$ に対して $A_\ell X = X$ であることを示せ.
(2)　$\sum_{i=1}^{n} \mathrm{Tr}\, A_i$ の値は 0 または n であることを示せ. (神戸商船大)

3.8　2×2 行列 A, B が次の 2 条件をみたしている.
　　(i)　$AB + BA = E$.　　(ii)　$A^2 = B^2 = O$.
このとき, 任意の個数の A, B を用いて任意の順にかけ合わせてできる行列で互いに異なるものをすべて求めよ. (東工大)

3.9　x, y の 2 文字からなる文字の列 z_n を次の規則 (イ), (ロ) で順次定める.
　　(イ)　$z_1 = x$ とおく.
　　(ロ)　z_n の中に現れるすべての x を yx で, すべての y を xx で置き換えてできる文字

列を z_{n+1} とする．ただし $n = 1, 2, 3, \cdots$ である．

したがって，$z_1 = x$, $z_2 = yx$, $z_3 = xxyx$, $\cdots$ である．

z_n の中のすべての x，すべての y をおのおの行列 A，行列 B で置き換えて，そのままこれらをかけ合わせた行列の積を C_n とする．

つまり $C_1 = A$, $C_2 = BA$, $C_3 = AABA$, $\cdots$ である．

$A = \begin{pmatrix} 1 & 1 \\ 0 & 1 \end{pmatrix}$, $B = \begin{pmatrix} -1 & 0 \\ 0 & 1 \end{pmatrix}$ のとき，$C_n = \begin{pmatrix} -1 & 1 \\ 0 & 1 \end{pmatrix}$ $(n \geqq 3)$ であることを示せ．

(京大)

3.10 A, B が $AB = A + B$ をみたしている．

(1) $A - E$ の逆行列は存在することを示せ．

(2) 適当な実数 α, β を用いて $B = \alpha A + \beta E$ と表わされることを示せ． (千葉大)

3.11 (1) $A = \begin{pmatrix} a & 1 \\ b & c \end{pmatrix}$ と $B = \begin{pmatrix} p & q \\ r & s \end{pmatrix}$ が $AB = BA$ をみたすとき，$B = \alpha A + \beta E$ の形で表わされることを示せ．

(2) $A = \begin{pmatrix} u & 1 \\ v & w \end{pmatrix}$ と $C = \begin{pmatrix} a & b \\ c & d \end{pmatrix}$ に対して，$D = AC - CA$ とおく．

$AD = DA$, $CD = DC$ が成り立つならば $AC = CA$ が成り立つことを示せ．

(大阪教大)

3.12 $A^m = O$ をみたす自然数 m が存在することと $A^2 = O$ は同値である．これを示せ．

3.13 A は逆行列をもたず，また $A \neq O$ とする．さらに n を 3 以上の奇数とする．このとき $X^n = A$ をみたす X が存在するための必要十分条件は $\mathrm{Tr}\, A \neq 0$ である．これを示せ．

(大阪市大)

3.14 E の実数倍ではない行列 A が，3 以上のある整数 n に対して $A^n = A^{n-1}$ かつ $A^n \neq O$ をみたしているとき，$\mathrm{Tr}\, A$ と $\det A$ の値を求めよ． (横国大)

3.15 (1) $A = \begin{pmatrix} 3 & 2 \\ -2 & -1 \end{pmatrix}$ に対して，$B^{-1}AB = \begin{pmatrix} 1 & p \\ 0 & 1 \end{pmatrix}$ をみたす B と実数 p が存在することを示せ．

(2) $A^n = E$ となる自然数 n は存在するか．ただし A は (1) で与えられたものとする．

3.16 2 つの列ベクトル $\vec{x} = \begin{pmatrix} x_1 \\ x_2 \end{pmatrix}$, $\vec{y} = \begin{pmatrix} y_1 \\ y_2 \end{pmatrix}$ を並べてできる行列 $\begin{pmatrix} x_1 & y_1 \\ x_2 & y_2 \end{pmatrix}$ を $[\vec{x}, \vec{y}]$ で表わすことにする．

(1) $B = \begin{pmatrix} p & b \\ c & -p \end{pmatrix}$ が E の実数倍ではないとき

$$P^{-1}BP = \begin{pmatrix} 0 & p^2 + bc \\ 1 & 0 \end{pmatrix}, \quad P = [\vec{x}, \vec{y}]$$

をみたすベクトル $\vec{x}, \vec{y}$ が存在することを示せ.

(2) A も A' も E の実数倍ではなく，$\mathrm{Tr}\, A = \mathrm{Tr}\, A'$, $\det A = \det A'$ が成り立つとき，$P^{-1}AP = A'$ をみたす P が存在することを示せ. (京大)

3.17 $A = \begin{pmatrix} a & b \\ c & d \end{pmatrix}$ とする.

(1) $\begin{pmatrix} x' \\ y' \end{pmatrix} = A \begin{pmatrix} x \\ y \end{pmatrix}$ とおいたとき，x, y が整数ならば x', y' も整数になるという．a, b, c, d は整数であることを示せ.

(2) (1) の性質に加えて，A は逆行列 A^{-1} をもち，さらに $\begin{pmatrix} x \\ y \end{pmatrix} = A^{-1} \begin{pmatrix} x' \\ y' \end{pmatrix}$ において x', y' が整数ならば x, y も整数になるという.

$ad - bc$ の値を求めよ. (九州大)

3.18 次の2式を証明せよ．ただし，x は 2π の整数倍ではないとする.

$$1 + \cos x + \cos 2x + \cdots + \cos nx = \frac{\sin \frac{n+1}{2}x \cos \frac{n}{2}x}{\sin \frac{x}{2}}.$$

$$\sin x + \sin 2x + \cdots + \sin nx = \frac{\sin \frac{n+1}{2}x \sin \frac{n}{2}x}{\sin \frac{x}{2}}.$$

3.19 行列の列 A_n ($n = 1, 2, \cdots$) が

$$A_1 = \begin{pmatrix} 1 & 1 \\ 0 & 1 \end{pmatrix}, \quad A_{n+1}(A_n + 2E) = A_n \quad (n = 1, 2, \cdots)$$

をみたしている.

(1) $A_n, A_n + 2E$ はともに逆行列をもつことを示せ.

(2) $B_n = A_n^{-1}$ とする．B_{n+1} と B_n の関係式を求めよ.

(3) A_n を求めよ. (都立大)

3.20 (1) $|\vec{a}| + |\vec{b}| \geqq |\vec{a} + \vec{b}| \geqq \left| |\vec{a}| - |\vec{b}| \right|$ が成り立つことを示せ.

(2) $c_n = \sum_{k=0}^{n} \frac{1}{2^k} \cos \theta_k$, $s_n = \sum_{k=0}^{n} \frac{1}{2^k} \sin \theta_k$ とおき，さらに $\vec{c_n} = \begin{pmatrix} c_n \\ s_n \end{pmatrix}$ とおく．$\vec{c_n} \neq \vec{0}$ を示せ．ただし，θ_i ($i = 0, 1, 2, \cdots, n$) は定数とする.

(3) $f(x) = \sum_{k=0}^{n} \frac{1}{2^k} \cos(x + \theta_k)$ とおく．ただし θ_i ($i = 0, 1, 2, \cdots, n$) は定数とする．このとき，$f(\alpha) = f(\beta) = 0$ ならば $\alpha - \beta$ は π の整数倍である．これを示せ.

3.21 次の条件 $(*)$ をみたす一次変換 f を考える.

$(*)$ f は $\begin{pmatrix} a & b \\ b & c \end{pmatrix}$ の形の行列で表わされ，ある m, n に対して

点 $(1, m)$ を $(1, m)$ に，点 $(1, n)$ を $(2, 2n)$ にうつす.

(1) $mn, a+c, ac-b^2$ の値を求めよ．

(2) $(*)$ をみたすすべての f による点 $(1,0)$ の像の全体の集合はどんな図形になるか．

(一橋大)

3.22 平面上に原点 O を中心とする正五角形 $A_1A_2A_3A_4A_5$ があり，この平面上の恒等写像ではない一次変換 f が次の性質 $(*)$ をもつものとする．

$(*)$ この正五角形の各頂点 A_i $(i=1,2,\cdots,5)$ に対して
$$f(\overrightarrow{OA_i}) = \overrightarrow{OA_j}$$
をみたす A_j が存在し，任意の i に対して
$$f\left(f(\overrightarrow{OA_i})\right) = \overrightarrow{OA_i}$$
である．

次の (1), (2) を証明せよ．

(1) $A_1 \sim A_5$ の中に，$f(\overrightarrow{OA_k}) = \overrightarrow{OA_k}$ をみたす A_k が存在する．

(2) $f(\overrightarrow{OA_1}) = \overrightarrow{OA_1}$ ならば $f(\overrightarrow{OA_2}) = \overrightarrow{OA_5}$, $f(\overrightarrow{OA_3}) = \overrightarrow{OA_4}$ である． (京府医大)

3.23 $\begin{pmatrix} p \\ r \end{pmatrix} \neq \overrightarrow{0}$, $\begin{pmatrix} q \\ s \end{pmatrix} \neq \overrightarrow{0}$, $A\begin{pmatrix} p \\ r \end{pmatrix} = \begin{pmatrix} q \\ s \end{pmatrix}$, $A\begin{pmatrix} q \\ s \end{pmatrix} = -\begin{pmatrix} p \\ r \end{pmatrix}$ が成り立つとき

(1) $\begin{pmatrix} p & q \\ r & s \end{pmatrix}$ は逆行列をもつことを証明せよ．

(2) A^2 を求めよ． (一橋大)

3.24 平面上の一次変換 f に対して，$f(\vec{v}) \neq \vec{v}$ かつ $f^3(\vec{v}) = \vec{v}$ をみたす $\vec{v}$ が存在するならば，$f^3 = f \circ (f \circ f)$ は恒等変換であることを示せ． (京大)

3.25 $A = \begin{pmatrix} a & b \\ c & d \end{pmatrix}$ $(ad-bc \neq 0)$ で表わされる一次変換 f が次の性質 $(*)$ をみたすものとする．

$(*)$ $\vec{x}$ と $\vec{y}$ のなす角 θ が $0 \leqq \theta \leqq \frac{\pi}{2}$ をみたすならば
$f(\vec{x})$ と $f(\vec{y})$ のなす角 θ' も $0 \leqq \theta' \leqq \frac{\pi}{2}$ となる．

(1) $\vec{x} \perp \vec{y}$ ならば $f(\vec{x}) \perp f(\vec{y})$ である．これを示せ．

(2) a, b, c, d のみたすべき必要十分条件を求めよ．

(3) 任意のベクトル $\vec{x}$ $(\neq \vec{0})$ に対して $\dfrac{|f(\vec{x})|}{|\vec{x}|}$ は一定であることを示せ． (早大)

3.26 平面上の3点 A, B, C と一次変換 f が次の (i), (ii), (iii) をみたしているとする．

(i) A, B, C は同一直線上になく，また原点 O は三角形 ABC の内部には属さない．

(ii) 3点 A, B, C の f による像は全体として3点 A, B, C に一致する．すなわち
$$\{f(A), f(B), f(C)\} = \{A, B, C\}.$$

(iii) f は恒等変換ではない．

このとき，3点 A, B, C のうち f によって自分自身にうつされるものが1つだけ存在することを示せ． (京大)

3.27 行列 $A = \begin{pmatrix} a & b \\ c & d \end{pmatrix}$ で表わされる一次変換を f とする．ある点 $P_0(x_0, y_0)$ をとり，$\overrightarrow{OP_{n+1}} = f(\overrightarrow{OP_n})$ によって順次 P_n ($n = 0, 1, 2, \cdots$) を定める．このとき，点列 $\{P_n\}$ はある直線 m 上で左から右へ順次一定の間隔 $\ell (> 0)$ で並んだという．x 軸の正方向から反時計方向に m へ至る角を α として以下の問に答えよ．

(1) A を x_0, y_0, ℓ, α を用いて表わせ．

(2) P_0 と異なる点 $Q_0(u_0, v_0)$ をとり，$\overrightarrow{OQ_{n+1}} = f(\overrightarrow{OQ_n})$ ($n = 0, 1, 2, \cdots$) によって点列 $\{Q_n\}$ を定める．この点列はどのように並んでいるか． (九州大)

3.28 行列 $\begin{pmatrix} k & -1 \\ 0 & 1 \end{pmatrix}$ で表わされる一次変換 f が次の条件 (i), (ii) を同時にみたすように k の値を定めよ．

（i） 原点を通る直線 ℓ で，f による ℓ の像 ℓ' が ℓ と直交する直線であるようなものが存在する．

（ii） (1) をみたす ℓ はただ1つしか存在しない． (大阪府大)

3.29 $A = \begin{pmatrix} 2 & 1 \\ 1 & 1 \end{pmatrix}$ で表わされる一次変換 f によって点 P が点 P' にうつされるとする．

(1) 原点を O とするとき，すべての点 P に対して不等式 $OP' \leqq t \cdot OP$ が成り立つような実数 t の最小値 t_0 を求めよ．

(2) $OP' = t_0 \cdot OP$ をみたす点 P の全体がつくる図形は何か． (名大)

3.30 $A = \begin{pmatrix} k & 1 \\ 1 & k \end{pmatrix}$ で表わされる一次変換 f によって自分自身にうつされる直線の方程式を求めよ． (信州大)

3.31 $A = \begin{pmatrix} 3 & -2 \\ -2 & 3 \end{pmatrix}$ とし，$AB = BA$ をみたす行列 B で定められる一次変換を f とすると，f によって点 $P(1, 1)$ が P と異なる点 (t, t^3) にうつされるという．

(1) t を求めよ．

(2) f によって動かない平面上の点の集合が直線のとき，B を求めよ． (東工大)

3.32 O を原点とする平面上で，O を中心とする相似比 $k(> 0)$ の相似変形を f，ベクトル $\vec{u} (\neq \vec{0})$ で表わされる平行移動を g とする．

(1) 合成変換 $g \circ f$ は一次変換であるか．

(2) $g \circ f = f \circ g$ であるための条件は何か．

(3) $k \neq 1$ とする．$g \circ f$ による点 P の像を P' とするとき，$\overrightarrow{AP'} = k\overrightarrow{AP}$ がすべての点 P に対して成り立つような点 A が存在することを示せ．

(4) $g \circ f$ によって自分自身にうつされる直線はいかなるものか. (奈良女大)

3.33 f は逆変換をもつ一次変換とし,直線 ℓ の f による像を $f(\ell)$ で表わす.いま,原点を通る相異なる 3 直線 ℓ_1, ℓ_2, ℓ_3 があり,各 $i = 1, 2, 3$ について ℓ_i と $f(\ell_i)$ とが互いに直交しているとする.このとき,任意の直線とその f による像とは互いに直交することを示せ.
(京府医大)

3.34 行列 $A = \begin{pmatrix} a & a-2 \\ 1 & 1 \end{pmatrix}$ で表わされる一次変換を f とし,原点を通る直線 ℓ の f による像を $f(\ell)$ とする.ℓ と $f(\ell)$ が直交するとき,ℓ は "性質 P をもつ" ということにする.
(1) 性質 P をもつ直線 ℓ が存在するような a の値の範囲を求めよ.
(2) 性質 P をもつ直線 ℓ が 2 本存在して,かつ,それらのなす角が $\frac{\pi}{3}$ であるような a の値を求めよ. (阪大)

3.35 xy 平面上の直線 $y = mx$ ($m \neq 0$) を ℓ とし,この平面上の一次変換 f が次の 2 条件をみたすとする.
 (i) f は ℓ 上の各点を動かさない.
 (ii) f は点 P $(1, 0)$ を,この点 P を通り ℓ に平行な直線上の点にうつす.
f を表わす行列を A とするとき
(1) $\det A$ を求めよ.
(2) 平面上の任意の点 Q は,f によって Q を通り ℓ に平行な直線上の点にうつることを示せ. (東工大)

3.36 平面上に互いに異なる 3 点 A, B, C があり,3 直線 AB, BC, CA はいずれも原点 O を通らないものとする.この平面上の一次変換 f によって A は A に,B は C にうつるとき,次の問に答えよ.
(1) 直線 BC は f によって直線 BC 自身にうつされることを示せ.
(2) 直線 BC に平行な直線 ℓ は f によって ℓ 自身にうつされることを示せ.

3.37 座標平面上に,原点を通らず,かつ互いに平行でない 2 直線 ℓ, m がある.この平面上の一次変換 f によって ℓ は ℓ に,m は m にうつされるという.
 f は恒等変換であることを示せ.

3.38 一次変換 f は逆変換をもつものとし,直線 ℓ の f による像を $f(\ell)$ で表わす.このとき,次の (1), (2) は同値であることを示せ.
(1) $f(P) = P$ となる原点と異なる点 P が存在する.
(2) $f(\ell) = \ell$ となる原点を通らない直線 ℓ が存在する. (東大,東医歯大,京府医大)

3.39 xy 平面上で,$13x^2 - 10xy + 13y^2 + 6x + 42y - 27 = 0 \cdots$ ① で表わされるグラフを G とする.
(1) 適当な平行移動によって ① を $ax^2 + 2bxy + cy^2 + d = 0 \cdots$ ①′ の形に変換せよ.
(2) 原点を中心とする適当な回転によって ①′ を $px^2 + qy^2 + r = 0$ の形に変換し,G の概

形を描け． (大阪教大)

3.40 平面上の定点 A のまわりの角 α の回転を f で，定点 B のまわりの角 β の回転を g で表わすと，合成変換 $g \circ f$ はこの平面上のある定点 C のまわりのある角度の回転と同等である．これを証明せよ．ただし $\alpha + \beta$ は 2π の整数倍ではないものとする．

3.41 原点のまわりの角 θ の回転を表わす行列を $R(\theta)$ とする．
(1) 行列 X が $X^3 = R(\theta)$ をみたすならば，X は逆行列をもち，かつ $R(\theta)X = XR(\theta)$ が成立することを示せ．
(2) 行列 X が，ある角 α の回転を表わす行列 $R(\alpha)$ と，(1, 1) 成分が正で (2, 1) 成分が 0 であるような行列 T との積であるとする．すなわち
$$X = R(\alpha)T, \text{ ただし } T = \begin{pmatrix} a & b \\ 0 & c \end{pmatrix} \text{で} a > 0$$
とする．このとき，X が $R(\theta)X = XR(\theta)$ をみたし，さらに θ が π の整数倍でないならば $a = c, b = 0$ であることを示せ．
(3) 一般に，逆行列をもつ行列 X は，ある角 α の回転を表わす行列 $R(\alpha)$ と，(1, 1) 成分が正で (2, 1) 成分が 0 であるような行列 T との積 $X = R(\alpha)T$ として表わされる．行列に対応する一次変換を考えることによってこのことを示せ．
(4) $X^3 = R(\theta)$ をみたす X は，θ が π の整数倍でないならばちょうど 3 個存在し，θ が π の整数倍ならば無限に多く存在する．このことを示せ． (京大)

3.42 $A = \begin{pmatrix} a & b \\ b & -a \end{pmatrix}$ とし，行列 $A, E + A, E - A$ で表わされる一次変換をそれぞれ f, g_1, g_2 とする．

g_1 が平面全体を 1 つの直線 ℓ_1 にうつすとき，次の (1), (2), (3) を証明せよ．
(1) $a^2 + b^2 = 1$ である．
(2) g_2 は平面全体を ℓ_1 と直交する直線にうつす．
(3) f は ℓ_1 に関する線対称移動である． (一橋大)

3.43 $A = \begin{pmatrix} a & b \\ c & d \end{pmatrix}$ は $A^2 = E, b \neq 0$ をみたすものとする．次の (1), (2) を示せ．
(1) A で表わされる一次変換による点 P の像を Q とすると，線分 PQ の中点は原点を通る定直線 ℓ 上にある．
(2) (1) において，線分 PQ がつねに定直線 ℓ と垂直であるための必要十分条件は $b = c$ である． (京大)

3.44 行列 $A = \begin{pmatrix} a & b \\ c & d \end{pmatrix}$ で表わされる一次変換を f とする．

次の (1), (2), (3) は同値であることを示せ．
(1) 任意の $\vec{x}$ に対して $|f(\vec{x})| = |\vec{x}|$ である．

(2) $a^2+c^2=b^2+d^2=1,\ ab+cd=0$.

(3) 一次変換 f は，原点のまわりの回転，または原点を通る直線に関する線対称移動である．

3.45 (1) 行列 $A=\begin{pmatrix} a & b \\ b & c \end{pmatrix}$ は $A^2=A,\ A\ne E,\ A\ne O$ をみたしている．A は原点を通るある定直線への正射影であることを示せ．

(2) A,B をそれぞれ原点を通る直線 ℓ_A,ℓ_B への正射影を表わす行列とする．ただし，ℓ_A と ℓ_B は異なる直線であるものとする．$AB=BA$ が成り立つとき，B を A で表わせ．

3.46 平面上に 4 点 $(0,0),(1,0),(1,1),(0,1)$ を頂点とする正方形 F_1 (周および内部) と，4 点 $(1,0),(0,1),(-1,0),(0,-1)$ を頂点とする正方形 F_2 (周および内部) がある．

(1) 行列 $A=\begin{pmatrix} 1 & a \\ 0 & b \end{pmatrix}$ で表わされる一次変換による図形 F_1 の像が F_2 に含まれるとする．このとき，点 (a,b) の存在する領域を図示せよ．

(2) (1) の性質をもつ行列全体の集合を G とおくとき，集合 G が行列の乗法に関して閉じているか否かを調べよ．ただし G が乗法に関して閉じているとは，G の任意の要素 X,Y に対して $XY\in G$ が成り立つことである． (秋田大)

3.47 行列 $A=\begin{pmatrix} 3a+b & \sqrt{3}(a-b) \\ \sqrt{3}(a-b) & a+3b \end{pmatrix}$ (ただし，$ab\ne 0,\ |a|\ne|b|$) で表わされる一次変換を f とする．xy 平面上で，原点を 1 つの頂点とし $y\geqq 0$ の部分にある正方形のうち，f によって長方形にうつされるものを求めよ． (名大)

3.48 xy 平面上の一次変換 f を表わす行列を $\begin{pmatrix} a & 0 \\ b & 1 \end{pmatrix}$ とし，さらに，領域 A,B,C を

$$A=\{(x,y)\mid y\geqq x^2+1\},\quad B=\{(x,y)\mid y\geqq x^2\},\quad C=\{(x,y)\mid y\geqq 0\}$$

と定め，f による A の像を $f(A)$ とする．

(1) $f(A)\subseteqq C$ であるための a,b の条件を求めよ．

(2) $f(A)\subseteqq B$ であるための a,b の条件を求めよ．

(3) $f(A)\subseteqq A$ であるための a,b の条件を求めよ． (慶大)

3.49 双曲線 $xy=1$ を自分自身にうつすような一次変換 f を表わす行列 A の一般形を求めよ． (京大)

3.50 平面上に 2 つの円 C,C' がある．一次変換 f は逆変換をもち，かつ C を C' にうつしている．

(1) ℓ を C 上の点 P における C の接線とする．このとき，ℓ の f による像 ℓ' は P の f による像 P$'$ における C' の接線となることを示せ．

(2) A を C の中心とする．A の f による像 A$'$ は C' の中心となることを示せ． (京大)

3.51 F$(1,0)$ と F$'(-1,0)$ を焦点とする楕円 $\dfrac{x^2}{2}+y^2=1$ の一次変換 f による像が，再

び F, F′ を焦点とする楕円であるという．この条件をみたすすべての f による点 F の像の全体はいかなる図形であるか．ただし，f を表わす行列の行列式の値は 1 とする．

3.52 xy 平面上の原点を通らない直線全体の集合を S とする．S から xy 平面への写像 g を次のように定める．

S の要素 ℓ の方程式を $ax + by = 1$ とかくとき，$g(\ell) = (a, b)$．

また，行列 $\begin{pmatrix} p & q \\ r & s \end{pmatrix}$ $(ps - qr \neq 0)$ が表わす一次変換 f による直線 $ax + by = 1$ の像を $a'x + b'y = 1$ とし，平面から平面への一次変換 f^* を

$$f^* \begin{pmatrix} a \\ b \end{pmatrix} = \begin{pmatrix} a' \\ b' \end{pmatrix} \quad (a^2 + b^2 \neq 0), \quad f^* \begin{pmatrix} 0 \\ 0 \end{pmatrix} = \begin{pmatrix} 0 \\ 0 \end{pmatrix}$$

で定める．

(1) f^* を表わす行列を求めよ．

(2) S' を $y = x^2$ の接線全体から x 軸を除いたものとする．
　$g(S') = \{g(\ell) \mid \ell \in S'\}$ を求めよ．

(3) f が $y = x^2$ を自分自身にうつすとき，f^* は $g(S')$ を $g(S')$ にうつすかどうかを調べよ．

(新潟大)

3.53 $A = \begin{pmatrix} 2 & -3 \\ -1 & 2 \end{pmatrix}$ とする．

(1) $x^2 - 3y^2 = 1$, $x > 0$, $y \geqq 1$ のとき，$\begin{pmatrix} x' \\ y' \end{pmatrix} = A \begin{pmatrix} x \\ y \end{pmatrix}$ で x', y' を定める．

　$x'^2 - 3y'^2 = 1$, $y > y' \geqq 0$ が成り立つことを示せ．

(2) x, y が $x^2 - 3y^2 = 1$ をみたす自然数ならば，ある自然数 n に対して

$$A^n \begin{pmatrix} x \\ y \end{pmatrix} = \begin{pmatrix} 1 \\ 0 \end{pmatrix}$$

となることを示せ．

(京大)

第4章　複素数

　虚数は，16 世紀頃に二次あるいは三次方程式の解を表わすために，多分に便宜的に導入されたようです．しかし，ガウスらによって代数学や整数論において複素数が果たす画期的な役割が明らかにされ，他方，ド・モアブル，オイラー，コーシーらによって複素関数論が建設されます．複素数の発見が数学の発展にとって決定的だったことは，今や誰も否定できない事実でしょう．

　この数十年の間高校数学の教程に出たり入ったりしている分野ですが，是非高校で基本を勉強しておきたい分野です．

第1節　複素数

1–1　複素数の演算

　複素数は 2 つの実数 x, y と記号 i からつくられ，$x + iy$ で表わされます．$x \times 1 + y \times i$ と書けば，1 と i を単位とする二次元の数と考えてもいいでしょう．i は $\sqrt{-1}$ とも書き，虚数単位と呼ばれます．複素数における四則演算では

　　　　i^2 はそのつど -1 に置き換え，$a > 0$ のとき $\sqrt{-a}$ は $\sqrt{a}\,i$ に置き換える

ことによって実数の場合と同様にできます．

　複素数 $z = x + iy$ に対して，x, y をそれぞれ z の実部，虚部といい，ここでは $\mathrm{Re}\,z$, $\mathrm{Im}\,z$ で表わすことにします．したがって，$\mathrm{Re}\,z = x$, $\mathrm{Im}\,z = y$ ということになります．Re は real に，Im は imaginary に由来します．

　2 つの複素数が等しいことは，実部同士，虚部同士が等しいことと約束します．つまり

　　　　$a + bi = c + di \Leftrightarrow a = c$ かつ $b = d$，とくに $a + bi = 0 \Leftrightarrow a = b = 0$

となります．

　四則演算は次のように行なわれます．ただし，最後の式では $c + di \neq 0$ とします．

$$\left.\begin{aligned}
(a + bi) \pm (c + di) &= (a \pm c) + (b \pm d)i \\
(a + bi)(c + di) &= ac + (bc + ad)i + bdi^2 \\
&= (ac - bd) + (bc + ad)i \\
\frac{a + bi}{c + di} &= \frac{(a + bi)(c - di)}{(c + di)(c - di)} \\
&= \frac{(ac + bd) + (bc - ad)i}{c^2 - d^2 i^2} = \frac{ac + bd}{c^2 + d^2} + \frac{bc - ad}{c^2 + d^2}i
\end{aligned}\right\} \quad (4\text{-}1)$$

また，実数の場合と同様に α, β を複素数とするとき
$$\alpha\beta = 0 \text{ ならば } \alpha = 0 \text{ または } \beta = 0$$
も成り立ちます．各自確認してください．

なお，複素数の間には大小関係は存在しません (もちろん実数同士の場合は別です)．しばしば誤解される点なので注意しておきたいと思います．

1–2 共役複素数，絶対値

(**a**) 複素数 $z = x + iy$ に対して，$x - iy$ を z の共役複素数といい，通常 $\bar{z}$ で表わします．定義より
$$\bar{\bar{z}} = z, \quad \text{Re}\, z = \frac{1}{2}(z + \bar{z}), \quad \text{Im}\, z = \frac{1}{2i}(z - \bar{z}) \tag{4-2}$$
が成り立つことは明らかでしょう．z が実数のとき $\text{Im}\, z = 0$，z が純虚数のときは $\text{Re}\, z = 0$ ですから

(ⅰ) z が実数である $\Leftrightarrow z = \bar{z}$，　(ⅱ) z が純虚数である $\Leftrightarrow z + \bar{z} = 0$ $\quad$ (4-3)

が成り立ちます．

さらに
$$\overline{z_1 \pm z_2} = \overline{z_1} \pm \overline{z_2}, \quad \overline{z_1 z_2} = \overline{z_1} \cdot \overline{z_2}, \quad \overline{\left(\frac{z_1}{z_2}\right)} = \frac{\overline{z_1}}{\overline{z_2}} \; (z_2 \neq 0) \tag{4-4}$$
が成り立ちます．いずれも $z_j = x_j + iy_j$ ($j = 1, 2$) とおいて計算で直接確かめられます．これからさらに
$$\overline{z_1 + z_2 + \cdots + z_n} = \overline{z_1} + \overline{z_2} + \cdots + \overline{z_n}, \quad \overline{z^n} = \bar{z}^n \tag{4-4a}$$
が導かれます．

(**b**) $z = x + iy$ に対して実数 $\sqrt{x^2 + y^2}$ を z の絶対値といって $|z|$ で表わします．いうまでもなく $|z| \geq 0$ です．z が実数の場合の絶対値の定義を含んでいることは明らかでしょう．次の公式も容易に証明できます．
$$|z| = |\bar{z}|, \; |z|^2 = z\bar{z}, \; |z_1 z_2| = |z_1||z_2|, \; \left|\frac{z_1}{z_2}\right| = \frac{|z_1|}{|z_2|} \; (z_2 \neq 0) \tag{4-5}$$
第3式で $z_1 = z_2 = z$ とおくと $|z^2| = |z|^2$ で，これよりさらに $|z^n| = |z|^n$ が導かれます．(4-1) の複素数の除法は $\frac{z_1}{z_2} = \frac{z_1 \overline{z_2}}{z_2 \overline{z_2}} = \frac{z_1 \overline{z_2}}{|z_2|^2}$ という計算になっていることが分るでしょう．

また，複素数に対しても三角不等式
$$||z_1| - |z_2|| \leq |z_1 + z_2| \leq |z_1| + |z_2| \tag{4-6}$$
が成立します．

今まで得られた結果から次の重要な定理が証明されます．

練習1 $f(x) = a_n x^n + a_{n-1} x^{n-1} + \cdots + a_1 x + a_0$ (各係数 a_k は実数) とおくとき，方程式 $f(x) = 0$ が虚数解 α をもつならば $\bar{\alpha}$ も $f(x) = 0$ の解である．これを示せ．

[解] 条件より $f(\alpha)=0$ だから $0=a_n\alpha^n+a_{n-1}\alpha^{n-1}+\cdots+a_1\alpha+a_0$ である．両辺の共役複素数をとり，(4-3), (4-4), (4-4a) 等を用いると

$$\begin{aligned}0&=\overline{a_n\alpha^n+a_{n-1}\alpha^{n-1}+\cdots+a_1\alpha+a_0}\\&=\overline{a_n\alpha^n}+\overline{a_{n-1}\alpha^{n-1}}+\cdots+\overline{a_1\alpha}+\overline{a_0}\\&=\overline{a_n}\,\overline{\alpha^n}+\overline{a_{n-1}}\,\overline{\alpha^{n-1}}+\cdots+\overline{a_1}\,\overline{\alpha}+\overline{a_0}\\&=a_n\overline{\alpha}^n+a_{n-1}\overline{\alpha}^{n-1}+\cdots+a_1\overline{\alpha}+a_0=f(\overline{\alpha})\end{aligned}$$

となるが，これは $\overline{\alpha}$ が $f(x)=0$ の解であることを示している ∎

練習 2 (1) α,β を虚数とする．$\alpha+\beta,\alpha\beta$ がともに実数ならば $\alpha=\overline{\beta}$ である．これを示せ．

(2) a,b は実数で $b\neq 0$ とする．$a+2bi=z^2$ をみたす複素数 z を a,b で表わせ．

(3) $z^2-(4+2i)z+6+8i=0$ を解け．

(4) $\dfrac{z}{1+z^2}$ が実数であるための z のみたすべき条件は何か． (中央大)

(5) $|z_1|=|z_2|=|z_1+z_2|=1$ ならば $z_1^3=z_2^3$ である．これを示せ． (広島大)

(6) $|\alpha|=|\beta|=|\gamma|=1$ ならば $\dfrac{(\alpha+\beta)(\beta+\gamma)(\gamma+\alpha)}{\alpha\beta\gamma}$ は実数であることを示せ． (茨城大)

(7) $|z_1|=|z_2|=\cdots=|z_n|=r\ (>0)$ のとき，次の式の値を求めよ． (鹿児島大)

(i) $\left|\dfrac{\dfrac{1}{z_1}+\dfrac{1}{z_2}+\dfrac{1}{z_3}}{z_1+z_2+z_3}\right|$． (ii) $\left|\dfrac{\sum_{k=1}^n\dfrac{z_1z_2\cdots z_n}{z_k}}{\sum_{k=1}^n z_k}\right|$．

[解] (1) 条件より $\alpha+\beta=\overline{\alpha+\beta}=\overline{\alpha}+\overline{\beta}$, $\alpha\beta=\overline{\alpha\beta}=\overline{\alpha}\overline{\beta}$ で，両者より β を消去すると $\overline{\alpha}\overline{\beta}=\alpha(\overline{\alpha}+\overline{\beta}-\alpha)$ となる．よって $(\alpha-\overline{\alpha})(\alpha-\overline{\beta})=0$ が得られる．ここで α は虚数だから $\alpha\neq\overline{\alpha}$ であり，したがって $\alpha=\overline{\beta}$ となる ∎

(2) x,y を実数とし，$z=x+iy$ とおくと，$a+2bi=z^2=(x+iy)^2=x^2-y^2+2xyi$ より $x^2-y^2=a\cdots$①, $xy=b\cdots$② となる．

② と $b\neq 0$ より $xy\neq 0$ だから ② より $y=\dfrac{b}{x}$ で，これを ① に代入してまとめると $x^4-ax^2-b^2=0$ となる．したがって $x^2=\dfrac{a\pm\sqrt{a^2+4b^2}}{2}$ であるが，$b\neq 0$ より $\dfrac{a-\sqrt{a^2+4b^2}}{2}<0$ で，これは $x^2>0$ をみたさないから $x^2=\dfrac{a+\sqrt{a^2+4b^2}}{2}$，したがって $x=\pm\sqrt{\dfrac{\sqrt{a^2+4b^2}+a}{2}}$ を得る．このとき

$$y=\dfrac{b}{x}=\pm b\sqrt{\dfrac{2}{\sqrt{a^2+4b^2}+a}}=\pm b\sqrt{\dfrac{2(\sqrt{a^2+4b^2}-a)}{4b^2}}$$

$$= \pm \frac{b}{|b|}\sqrt{\frac{\sqrt{a^2+4b^2}-a}{2}}$$

なので $z = \pm\sqrt{\dfrac{\sqrt{a^2+4b^2}+a}{2}} \pm \sqrt{\dfrac{\sqrt{a^2+4b^2}-a}{2}}\, i$ が得られる．ただし $\pm$ は，$b>0$ ならば上同士と下同士，$b<0$ ならば逆にとるものとする．∎

(3) まず $z = 2+i \pm \sqrt{(2+i)^2-(6+8i)} = 2+i \pm \sqrt{-3-4i}$ である．ここで，(2) で $a=-3$, $b=-2$ とおくことで $-3-4i = w^2$ をみたす w は $w = \pm\sqrt{\dfrac{\sqrt{9+16}-3}{2}} \mp \sqrt{\dfrac{\sqrt{9+16}+3}{2}}\, i = \pm 1 \mp 2i$ であることが分る．ただし，複号は上同士または下同士をとる．

したがって $z = 2+i \pm 1 \mp 2i = 1+3i$，または $3-i$ を得る．∎

(4) まず $z^2 \neq -1$，つまり $z \neq \pm i$ で，このとき条件は
$$\frac{z}{1+z^2} = \overline{\left(\frac{z}{1+z^2}\right)} = \frac{\overline{z}}{1+\overline{z}^2}$$
$$\Leftrightarrow z(1+\overline{z}^2) = \overline{z}(1+z^2) \Leftrightarrow z - \overline{z} - z\overline{z}(z-\overline{z}) = 0$$
$$\Leftrightarrow (z-\overline{z})(1-z\overline{z}) = 0 \Leftrightarrow z = \overline{z} \text{ または } z\overline{z} = 1$$
となり，z が実数であるか，または $|z|=1$ をみたす複素数であること（ただし $z \neq \pm i$）が求める条件となる．∎

(5) 条件より $z_1\overline{z_1} = 1$, $z_2\overline{z_2} = 1$, $(z_1+z_2)(\overline{z_1+z_2}) = (z_1+z_2)(\overline{z_1}+\overline{z_2}) = 1$ である．第1, 2 式より $\overline{z_1} = \dfrac{1}{z_1}$, $\overline{z_2} = \dfrac{1}{z_2}$ で，これを第3式に代入すると $(z_1+z_2)\left(\dfrac{1}{z_1}+\dfrac{1}{z_2}\right) = 1$ となる．これをまとめると $z_1^2 + z_1 z_2 + z_2^2 = 0$ が得られ，さらに z_1-z_2 をかけて $z_1^3 - z_2^3 = 0$, つまり $z_1^3 = z_2^3$ が得られる．∎

(6) $z = \dfrac{(\alpha+\beta)(\beta+\gamma)(\gamma+\alpha)}{\alpha\beta\gamma}$ とおく．$\overline{z} = z$ を示せばよい．

$|\alpha|=|\beta|=|\gamma|=1$ より $\alpha\overline{\alpha} = \beta\overline{\beta} = \gamma\overline{\gamma} = 1$ だから $\overline{\alpha} = \dfrac{1}{\alpha}$, $\overline{\beta} = \dfrac{1}{\beta}$, $\overline{\gamma} = \dfrac{1}{\gamma}$ である．よって
$$\overline{z} = \overline{\left\{\frac{(\alpha+\beta)(\beta+\gamma)(\gamma+\alpha)}{\alpha\beta\gamma}\right\}} = \frac{(\overline{\alpha}+\overline{\beta})(\overline{\beta}+\overline{\gamma})(\overline{\gamma}+\overline{\alpha})}{\overline{\alpha}\,\overline{\beta}\,\overline{\gamma}}$$
$$= \alpha\beta\gamma\left(\frac{1}{\alpha}+\frac{1}{\beta}\right)\left(\frac{1}{\beta}+\frac{1}{\gamma}\right)\left(\frac{1}{\gamma}+\frac{1}{\alpha}\right)$$
$$= \alpha\beta\gamma \frac{(\alpha+\beta)(\beta+\gamma)(\gamma+\alpha)}{\alpha\beta\cdot\beta\gamma\cdot\gamma\alpha} = z$$
が確かに成り立つ．∎

(7)（ⅰ）$|z_1| = |z_2| = |z_3| = r$ より $z_1\overline{z_1} = z_2\overline{z_2} = z_3\overline{z_3} = r^2$ である．したがって
$$\left|\frac{\frac{1}{z_1}+\frac{1}{z_2}+\frac{1}{z_3}}{z_1+z_2+z_3}\right| = \left|\frac{\overline{z_1}+\overline{z_2}+\overline{z_3}}{z_1+z_2+z_3}\cdot\frac{1}{r^2}\right| = \frac{1}{r^2}\frac{|\overline{z_1}+\overline{z_2}+\overline{z_3}|}{|z_1+z_2+z_3|} = \frac{1}{r^2}$$
である．∎

（ⅱ）（ⅰ）と同じく $z_k\overline{z_k} = r^2$ ($k=1, 2, \cdots, n$) だから

$$\left|\frac{\sum_{k=1}^{n}\frac{z_1 z_2 \cdots z_n}{z_k}}{\sum_{k=1}^{n} z_k}\right| = \left|z_1 z_2 \cdots z_n \frac{\sum_{k=1}^{n}\frac{1}{z_k}}{\sum_{k=1}^{n} z_k}\right|$$

$$= |z_1|\cdots|z_n| \frac{|\overline{z_1}+\overline{z_2}+\cdots+\overline{z_n}|}{|z_1+z_2+\cdots+z_n|} \frac{1}{r^2}$$

$$= |z_1|\cdots|z_n| \frac{|\overline{z_1+z_2+\cdots+z_n}|}{|z_1+z_2+\cdots+z_n|} \frac{1}{r^2} = r^{n-2}$$

が得られる ∎

> **注意** (1) は $\alpha = a+bi$, $\beta = c+di$ とおいて計算しても容易にできます.
>
> (2) の結果は $\alpha = a+2bi$ とおいて後述する極形式で考えると
> $$|z| = \sqrt{|\alpha|}, \quad 2\arg z = \arg\alpha$$
> にとればよいことが分り,ここから結果を得ることもできます. arg については次節を参照してください.
>
> (3) 以下では,複素数をすべて $x+iy$ の形に表わして議論することが原理的には可能ですが,(5) 以下で実際に計算することは大変でしょう. $|z|^2 = z\bar{z}$ が役立っていることに注意してください.
>
> (3) では二次方程式の解の公式を用いました. α, β が複素数でも $z^2 + \alpha z + \beta = \left(z+\frac{\alpha}{2}\right)^2 + \beta - \frac{\alpha^2}{4}$ と変形できることは実数の場合と同様ですから,解の公式は成り立ちます. もちろん $z = x+iy$ とおいて
> $$(x+iy)^2 - (4+2i)(x+iy) + 6 + 8i = 0$$
> が成り立つ条件,つまり左辺の実部,虚部ともに 0 であるという方程式
> $$x^2 - y^2 - 4x + 2y + 6 = 0, \quad xy - x - 2y + 4 = 0$$
> を解いて x, y を求めることも可能です. たとえば y を消去して x の四次方程式を解けばできますが,上の 2 式を $(x-2)^2 - (y-1)^2 + 3 = 0$, $(x-2)(y-1) + 2 = 0$ と変形して $X = x-2, Y = y-1$ とおくと計算が少し簡単になります.

第 2 節　複素平面

2–1　複素平面

(**a**)　xy 座標系が定められた平面上の点 (a,b) と複素数 $a+bi$ を対応させると,平面上の点全体と複素数全体を 1 対 1 に対応づけることができます. このように複素数 $a+bi$ を点 (a,b) で表わしたとき,この平面を複素数平面,または複素平面,あるいはガウス平面といいます. 複素平面では,xy 座標系における x 軸,y 軸に対応する座標軸をそれぞれ実軸,虚軸といいます. また,各点に複素数が対応しますから,誤解のおそれがない場合,xy 平面上の点 A$(1,0)$, B$(0,1)$, C$(2,-1)$ に対応する複素平面上の点は,それぞれ A(1), B(i), C$(2-i)$ などと表わされます.

(b) $z = x + iy \neq 0$ としましょう．$|z| = r \ (> 0)$ とおくと $x^2 + y^2 = r^2$ ですから $x = r\cos\theta, y = r\sin\theta$ をみたす θ が存在します．したがって，x, y の代わりに r, θ を用いると
$$z = r(\cos\theta + i\sin\theta)$$
と表わされます．これを z の極形式または極表示といいます．θ は $\cos\theta = \frac{x}{r}, \sin\theta = \frac{y}{r}$ で定められる角ですから，一般に 2π の整数倍の不定性をもちます．したがって θ に関する等式は，つねにこの不定性を除いて成り立つと考えます．通常，θ としては $0 \leq \theta < 2\pi$，または $-\pi \leq \theta < \pi$ で考えておけば充分でしょう．この θ を z の偏角といって，$\arg z$ で表わします．arg は argument に由来します．

(c) O を原点とする複素平面上の点 $A(\alpha)$, $B(\beta)$ を考えましょう．このとき以下が成り立つことは容易に分ります．

（ⅰ） O, A $(\neq O)$, B が一直線上にあることは，$\beta = k\alpha$ をみたす実数 k が存在することと同値である．

（ⅱ） $\alpha + \beta = \gamma$ で表わされる点 C は，OA, OB を 2 辺にもつ平行四辺形の 4 番目の頂点である．

（ⅲ） $\beta - \alpha = \gamma$ で表わされる点 C は，1 辺が OA，対角線が OB であるような平行四辺形の 4 番目の頂点である．

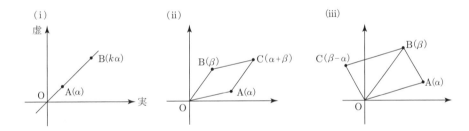

これらの内容が，ベクトルにおける定数倍や和，差の定義と類似していることに気付くでしょう．実際，$\alpha = a + bi$ とおいたとき，複素平面上の点 α，xy 平面上の点 (a, b)，平面ベクトル $\begin{pmatrix} a \\ b \end{pmatrix}$ はすべて同一視することができます．いいかえるとこの点をどの平面上において議論しても構わないというわけです．

さらに以下が成り立ちます．

（ⅳ） $A \neq B$ のとき，$(1-t)\alpha + t\beta$ は線分 AB を $|t| : |1-t|$ に分ける点を表わし，$0 < t < 1$ ならば内分点，$t(1-t) < 0$ ならば外分点を表わす．また，t が実数全体を変化するパラメータならば直線 AB を表わす．

（ⅴ） $A(\alpha), B(\beta), C(\gamma)$ がつくる三角形 ABC の重心を $G(\delta)$ とおくと，$\delta = \frac{1}{3}(\alpha + \beta + \gamma)$ である．

ベクトルの世界では普通の数と同様の乗法や除法が定義されません．複素数の世界はその点でベクトルの世界と一線を画しますが，のみならずそれらの演算の結果を複素平面上で図

示することが可能です．

次の式は，複素数による図形の表現を考える場合，基本的に大切です．

$$\left. \begin{array}{l} \arg z_1 z_2 = \arg z_1 + \arg z_2 \\ \arg \dfrac{z_1}{z_2} = \arg z_1 - \arg z_2, \text{ とくに } \arg \dfrac{1}{z_2} = -\arg z_2 \ (z_2 \neq 0) \end{array} \right\} \qquad (4\text{-}7)$$

> **練習 3** (4-7) を証明せよ．

[解]　z_1, z_2 の極形式をそれぞれ $r_1(\cos\theta_1 + i\sin\theta_1), r_2(\cos\theta_2 + i\sin\theta_2)$ とおくと

$$\begin{aligned} z_1 z_2 &= r_1 r_2 (\cos\theta_1 + i\sin\theta_1)(\cos\theta_2 + i\sin\theta_2) \\ &= r_1 r_2 \{(\cos\theta_1 \cos\theta_2 - \sin\theta_1 \sin\theta_2) + i(\sin\theta_1 \cos\theta_2 + \cos\theta_1 \sin\theta_2)\} \\ &= r_1 r_2 \{\cos(\theta_1 + \theta_2) + i\sin(\theta_1 + \theta_2)\}, \\ \frac{z_1}{z_2} &= \frac{z_1 \overline{z_2}}{z_2 \overline{z_2}} = \frac{r_1 r_2}{r_2^2} (\cos\theta_1 + i\sin\theta_1)(\cos\theta_2 - i\sin\theta_2) \\ &= \frac{r_1}{r_2} \{\cos(\theta_1 - \theta_2) + i\sin(\theta_1 - \theta_2)\} \end{aligned}$$

より主張は成り立つ ∎

> **注意**　(4-7) の第 1 式を前提にすると，第 2 式は
> $$\arg \frac{z_1}{z_2} = \arg \frac{z_1 \overline{z_2}}{z_2 \overline{z_2}} = \arg z_1 \overline{z_2} = \arg z_1 + \arg \overline{z_2} = \arg z_1 - \arg z_2$$
> として証明できます．ただし，$k>0$ のとき $\arg(kz) = \arg z$, $\arg \overline{z} = -\arg z$ であることを用いています．
>
> さて，上の解答から
>
> $$\left. \begin{array}{l} z_1 z_2 \text{ の絶対値は } r_1 r_2 \text{ で偏角は } \theta_1 + \theta_2 \\ \dfrac{z_1}{z_2} \text{ の絶対値は } \dfrac{r_1}{r_2} \text{ で偏角は } \theta_1 - \theta_2 \\ \text{とくに } \dfrac{1}{z_2} \text{ の絶対値は } \dfrac{1}{r_2} \text{ で偏角は } -\theta \end{array} \right\} \qquad (4\text{-}8)$$
>
> であることが分ります．このことを念頭において次の問題を考えてみましょう．

> **練習 4**　図の P(1) を利用して，(1) $\dfrac{1}{z}$, (2) $z_1 z_2$, (3) $\dfrac{z_1}{z_2}$ が表わす点を以下の複素平面上に図示せよ．
>
>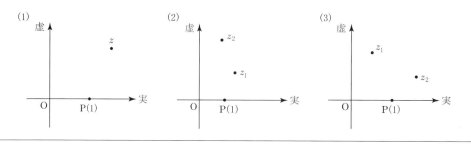

[解]　z が表わす点を A とする.

(1)　実軸に関して A と反対側に $\triangle\mathrm{OAP} \backsim \triangle\mathrm{OPB}$ をみたす点 B をとり (図 (1)), B を表わす複素数を w とおくと $\arg w = -\arg z$ で, OA : OP = OP : OB より $|z| : 1 = 1 : |w|$, つまり $|w| = \dfrac{1}{|z|}$ である. したがって $w = \dfrac{1}{z}$ は B で表わされる ∎

(2)　z_1, z_2 の表わす点を A, B とする. $\triangle\mathrm{OPA} \backsim \triangle\mathrm{OBC}$ をみたす点 C を図 (2) のようにとり, C を表わす複素数を w とおくと

$$\arg w = \arg z_2 + \angle\mathrm{BOC} = \arg z_2 + \angle\mathrm{POA} = \arg z_1 + \arg z_2 = \arg z_1 z_2$$

で, OP : OA = OB : OC より $1 : |z_1| = |z_2| : |w|$, つまり $|w| = |z_1 z_2|$ であるから, $w = z_1 z_2$ である. したがって $z_1 z_2$ は C で表わされる ∎

(3)　上と同様に A, B を定め, C は, 図 (3) のように $\triangle\mathrm{OBP} \backsim \triangle\mathrm{OAC}$ をみたすようにとる. すると

$$\arg w = \arg z_1 - \arg z_2 = \arg \dfrac{z_1}{z_2}$$

で, $1 : |z_2| = |w| : |z_1|$ より $|w| = \dfrac{|z_1|}{|z_2|}$ だから, $w = \dfrac{z_1}{z_2}$ は C で表わされる ∎

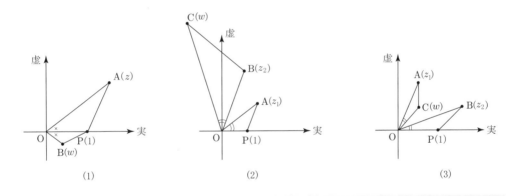

(1)　　　　　　　　　(2)　　　　　　　　　(3)

> **注意**　練習 3 から, 次の応用上重要な事実は明らかでしょう. z で表わされる点を A とするとき
>
> $$\left.\begin{array}{l}(\cos\theta + i\sin\theta)z \text{ は A を原点のまわりに } \theta \text{ だけ回転した点を表わし}\\ (\cos\theta - i\sin\theta)z \text{ は A を原点のまわりに } -\theta \text{ だけ回転した点を表わす}\end{array}\right\} \quad (4\text{-}9)$$

(**d**)　(4-8) において $z_1 = z_2 = z$ とおいて, $|z| = 1$, $\arg z = \theta$ とすると, $|z|^2 = 1$, $\arg z^2 = 2\theta$ ですから

$$z = \cos\theta + i\sin\theta \text{ ならば } z^2 = \cos 2\theta + i\sin 2\theta$$

が成り立ちます. これをくり返すと自然数 n に対して $z^n = \cos n\theta + i\sin n\theta$ が得られます. さらにこれを用いると

$$\begin{aligned}z^{-n} &= \dfrac{1}{z^n} = \dfrac{\overline{z^n}}{z^n \overline{z^n}} = \overline{z}^n = (\cos\theta - i\sin\theta)^n \\ &= \{\cos(-\theta) + i\sin(-\theta)\}^n = \cos(-n\theta) + i\sin(-n\theta)\end{aligned}$$

となります．以上から

$$\text{任意の整数 } n \text{ に対して } (\cos\theta + i\sin\theta)^n = \cos n\theta + i\sin n\theta \tag{4-10}$$

が成り立つことが分かりました．これはド・モアブルの定理と呼ばれます．

(e) 極形式とド・モアブルの定理を用いると，与えられた z_0 に対する z の方程式 $z^n = z_0 \, (\neq 0)$ を解く手続きが得られます．

z_0, z の極形式をそれぞれ $R(\cos\alpha + i\sin\alpha)$, $r(\cos\theta + i\sin\theta)$ とおきます．すると $z^n = z_0$ は，ド・モアブルの定理により

$$r^n(\cos n\theta + i\sin n\theta) = R(\cos\alpha + i\sin\alpha)$$

となりますから

$$r^n \cos n\theta = R\cos\alpha \cdots (*), \quad r^n \sin n\theta = R\sin\alpha \cdots (**)$$

を解けばよいことになります．

$(*), (**)$ を平方して加えることで $r^n = R$ つまり $r = R^{\frac{1}{n}}$ が直ちに得られます．このとき $(*), (**)$ は $\cos n\theta = \cos\alpha$, $\sin n\theta = \sin\alpha$ となり，これをみたす $n\theta, \alpha$ は $n\theta = \alpha + 2k\pi$ (ただし k は整数) なる関係をもち，結局 $\theta = \frac{1}{n}\alpha + \frac{2k\pi}{n}$ が得られます．2π の整数倍の不定性は解 z に影響しませんから，上の解の中で互いに異なるものは $k = 0, 1, 2, \cdots, n-1$ の n 個で与えられます．したがって $z^n = R(\cos\alpha + i\sin\alpha)$ の解は

$$z_k = R^{\frac{1}{n}}(\cos\theta_k + i\sin\theta_k), \quad \theta_k = \frac{1}{n}\alpha + \frac{2\pi}{n}k, \; k = 0, 1, 2, \cdots, n-1$$

となります．とくに $R = 1, \alpha = 0$ のときの方程式 $z^n = 1$ の解，つまり 1 の n 乗根は

$$z_k = \cos\frac{2\pi}{n}k + i\sin\frac{2\pi}{n}k, \; (k = 0, 1, 2, \cdots, n-1) \tag{4-11}$$

で与えられます．

$z_0 = 1, z_1, z_2, \cdots, z_{n-1}$ は，複素平面上の単位円に内接するひとつの正 n 角形の頂点を表わしていることを注意しておきます．

練習 5 (1) $\left(\dfrac{1+i}{\sqrt{3}+i}\right)^{12}$ を求めよ． (北大)

(2) $\left(\dfrac{\sqrt{3}+i}{2}\right)^n + i^n = 0$ をみたす n を求めよ．ただし n は自然数とする． (高知大)

(3) $\left(\dfrac{1 + \cos\theta + i\sin\theta}{1 + \cos\theta - i\sin\theta}\right)^n$ を簡単にせよ．ただし n は整数とする．

(4) $z^2 = 8 + 6i$ のとき，$w = z^3 - 16z - \dfrac{100}{z}$ を求めよ． (広島大)

(5) $|z| = 1$ で $z^2 + 2z + \dfrac{1}{z}$ が負の実数のとき，z を求めよ． (大阪教大)

(6) $z^3 + z^2 - z + a = 0$ が $\cos\theta + i\sin\theta$ を解にもつとき，実数 a, θ の値を求めよ．ただし $0 < \theta < \dfrac{\pi}{2}$ とする． (九大)

(7) α, β, γ は $|\alpha| = 1, |\beta| = 2, |\gamma| = 3$ をみたす複素数で，$\alpha\beta, \beta\gamma$ はともに正の実数，$\gamma\alpha$ は負の実数である．α, β, γ を求めよ． (東医歯大)

［解］　(1)　ド・モアブルの定理により

$$\left(\frac{1+i}{\sqrt{3}+i}\right)^{12} = \left(\frac{\sqrt{2}\frac{1+i}{\sqrt{2}}}{2\frac{\sqrt{3}+i}{2}}\right)^{12}$$

$$= \frac{1}{2^6}\left(\cos\frac{\pi}{4} + i\sin\frac{\pi}{4}\right)^{12}\left(\cos\frac{\pi}{6} + i\sin\frac{\pi}{6}\right)^{-12}$$

$$= \frac{1}{64}(\cos 3\pi + i\sin 3\pi)(\cos(-2\pi) + i\sin(-2\pi)) = -\frac{1}{64}$$

を得る ∎

(2)　$n = 12m + k$ (ただし m, k は 0 以上の整数で $0 \leqq k \leqq 11$) とおくと

$$\left(\frac{\sqrt{3}+i}{2}\right)^n + i^n = \left(\cos\frac{\pi}{6} + i\sin\frac{\pi}{6}\right)^n + i^n = \cos\frac{n\pi}{6} + i\sin\frac{n\pi}{6} + i^n$$

$$= \cos\frac{k\pi}{6} + i\sin\frac{k\pi}{6} + i^k$$

となり，$k = 0, 1, 2, \cdots, 11$ のうちこの値を 0 にするものは $k = 3, 9$ である．

よって $n = 12m + 3$，または $12m + 9$ ($m = 0, 1, 2, \cdots$) となるが，これらはまとめて $n = 6m + 3$ ($m = 0, 1, 2, \cdots$) と表わされる ∎

(3)　倍角公式を用いると

$$1 + \cos\theta + i\sin\theta = 1 + 2\cos^2\frac{\theta}{2} - 1 + i\cdot 2\sin\frac{\theta}{2}\cos\frac{\theta}{2}$$

$$= 2\cos\frac{\theta}{2}\left(\cos\frac{\theta}{2} + i\sin\frac{\theta}{2}\right)$$

で，同様に $1 + \cos\theta - i\sin\theta = 2\cos\frac{\theta}{2}\left(\cos\frac{\theta}{2} - i\sin\frac{\theta}{2}\right)$ だから

$$\left(\frac{1+\cos\theta + i\sin\theta}{1+\cos\theta - i\sin\theta}\right)^n = \left(\frac{\cos\frac{\theta}{2} + i\sin\frac{\theta}{2}}{\cos\frac{\theta}{2} - i\sin\frac{\theta}{2}}\right)^n$$

$$= \left\{\left(\cos\frac{\theta}{2} + i\sin\frac{\theta}{2}\right)^2\right\}^n = \cos n\theta + i\sin n\theta$$

となる ∎

(4)　条件より $zw = z^4 - 16z^2 - 100 = (8+6i)^2 - 16(8+6i) - 100 = -200$ なので，$w = -\frac{200}{z}$ である．

$z = r(\cos\theta + i\sin\theta)$ とおくと，$z^2 = 8 + 6i = r^2(\cos 2\theta + i\sin 2\theta)$ となるので，$r^2 = 10$, $\cos 2\theta = \frac{4}{5}$, $\sin 2\theta = \frac{3}{5}$ が得られる．よって $r = \sqrt{10}$ で，θ が鋭角であることに注意すると $\cos\theta = \frac{3}{\sqrt{10}}$, $\sin\theta = \frac{1}{\sqrt{10}}$ となる．以上より

$$w = -\frac{200}{z} = -\frac{200}{\sqrt{10}\cdot\frac{3+i}{\sqrt{10}}} = -20(3-i)$$

を得る ∎

(5)　$|z| = 1$ より $z = \cos\theta + i\sin\theta$ ($0 \leqq \theta < 2\pi$) とおくことができ，このとき

$$z^2 + 2z + \frac{1}{z} = \cos 2\theta + i\sin 2\theta + 2(\cos\theta + i\sin\theta) + \cos\theta - i\sin\theta$$

$$= (\cos 2\theta + 3\cos\theta) + i(\sin 2\theta + \sin\theta)$$

なので，条件より
$$\sin 2\theta + \sin\theta = 0 \cdots ①, \quad \cos 2\theta + 3\cos\theta < 0 \cdots ②$$
となり，①はさらに $\sin\theta(2\cos\theta+1)=0$ となる．

$\sin\theta=0$ ならば，$\theta=0$，または π で，②より $\theta=\pi$ である．

$\cos\theta=-\dfrac{1}{2}$ ならば，$\theta=\dfrac{2}{3}\pi$，または $\theta=\dfrac{4}{3}\pi$ で，このとき②は成り立つ．

以上より $z=-1, \dfrac{-1\pm\sqrt{3}\,i}{2}$ を得る ∎

(6) 条件より $(\cos 3\theta + i\sin 3\theta) + (\cos 2\theta + i\sin 2\theta) - (\cos\theta + i\sin\theta) + a = 0$ だから
$$\cos 3\theta + \cos 2\theta - \cos\theta + a = 0 \cdots ①, \quad \sin 3\theta + \sin 2\theta - \sin\theta = 0 \cdots ②$$
となる．②より $\sin\theta(3-4\sin^2\theta+2\cos\theta-1)=0$，よってさらに $\sin\theta(\cos\theta+1)(2\cos\theta-1)=0$ が得られるが，$0<\theta<\dfrac{\pi}{2}$ なので，$\cos\theta=\dfrac{1}{2}$ より $\theta=\dfrac{\pi}{3}$ となる．このとき，①より $a=\cos\dfrac{\pi}{3}-\cos\dfrac{2}{3}\pi-\cos\pi=2$ である ∎

(7) $|\alpha|=1, |\beta|=2, |\gamma|=3$ より $\alpha=\cos a + i\sin a$, $\beta=2(\cos b+i\sin b)$, $\gamma=3(\cos c+i\sin c)$ とおくと，$\alpha\beta=2\{\cos(a+b)+i\sin(a+b)\}$, $\beta\gamma=6\{\cos(b+c)+i\sin(b+c)\}$, $\gamma\alpha=3\{\cos(c+a)+i\sin(c+a)\}$ だから
$$\sin(a+b)=0\cdots①, \quad \sin(b+c)=0\cdots②, \quad \sin(c+a)=0\cdots③$$
$$\cos(a+b)>0\cdots④, \quad \cos(b+c)>0\cdots⑤, \quad \cos(c+a)<0\cdots⑥$$
である．ただし，$0\leqq a<2\pi, 0\leqq b<2\pi, 0\leqq c<2\pi$ とする．さて①〜⑥より
$$a+b=0 \text{ または } 2\pi, \quad b+c=0 \text{ または } 2\pi, \quad c+a=\pi \text{ または } 3\pi$$
となり，このすべての組み合わせを解いて $(a,b,c)=\left(\dfrac{\pi}{2}, \dfrac{3}{2}\pi, \dfrac{\pi}{2}\right)$，または $\left(\dfrac{3}{2}\pi, \dfrac{\pi}{2}, \dfrac{3}{2}\pi\right)$ を得る．

したがって $(\alpha,\beta,\gamma)=(i,-2i,3i)$，または $(-i,2i,-3i)$ である ∎

注意 上では，偏角に対する 2π の整数倍の不定性については省略しています．

(6) は次のように考えることもできます．

$\cos\theta+i\sin\theta$ が解のとき $\cos\theta-i\sin\theta$ も解ですから，z^3+z^2-z+a は
$$z^2 - \{(\cos\theta+i\sin\theta)+(\cos\theta-i\sin\theta)\}z + (\cos\theta+i\sin\theta)(\cos\theta-i\sin\theta)$$
$$= z^2 - 2\cos\theta\cdot z + 1$$
で割り切れます．そこで割り算を実行して，得られる余りの一次式 $2(2\cos^2\theta+\cos\theta-1)z+a-(1+2\cos\theta)$ が恒等的に 0 に等しいという条件から θ, a が求められます．

2-2 複素平面上のいろいろな図形

この節では，点 A, B, C, D を表わす複素数を $\alpha, \beta, \gamma, \delta$ とし，O は原点を表わすものとします．

(a) まず，$\angle$BAC を α, β, γ で表わすとどうなるかを考えましょう．もちろん A, B, C は互いに異なる点とします．

A を原点 O に重なるように図形全体を平行移動したとき，B, C がくる点を B′, C′ とすると，∠BAC = ∠B′OC′ です．この角度は右の2つの場合に応じて

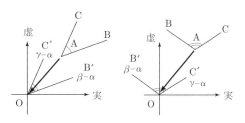

$$\angle \mathrm{B'OC'} = \arg(\gamma - \alpha) - \arg(\beta - \alpha)$$
$$= \arg \frac{\gamma - \alpha}{\beta - \alpha}$$

または

$$\angle \mathrm{B'OC'} = \arg(\beta - \alpha) - \arg(\gamma - \alpha) = \arg \frac{\beta - \alpha}{\gamma - \alpha} = -\arg \frac{\gamma - \alpha}{\beta - \alpha}$$

で与えられます．したがって

$$\angle \mathrm{BAC} = \left| \arg \frac{\gamma - \alpha}{\beta - \alpha} \right| \tag{4-12}$$

となります．

A, B, C が同一直線上にある条件は ∠BAC = 0，または π です．このとき，$\arg \frac{\gamma - \alpha}{\beta - \alpha}$ は 0 か ±π であり，これは $\frac{\gamma - \alpha}{\beta - \alpha}$ が実数であることと同値です．よって

$$\text{A, B, C が同一直線上にある} \Leftrightarrow \frac{\gamma - \alpha}{\beta - \alpha} \text{ が実数である} \Leftrightarrow \frac{\gamma - \alpha}{\beta - \alpha} = \frac{\overline{\gamma} - \overline{\alpha}}{\overline{\beta} - \overline{\alpha}} \tag{4-13}$$

が成り立ちます．

同様に，AB⊥AC のときは $\arg \frac{\gamma - \alpha}{\beta - \alpha} = \pm \frac{\pi}{2}$ で，このとき $\frac{\gamma - \alpha}{\beta - \alpha}$ は純虚数ですから

$$\text{AB⊥AC である} \Leftrightarrow \frac{\gamma - \alpha}{\beta - \alpha} \text{ が純虚数である} \Leftrightarrow \frac{\gamma - \alpha}{\beta - \alpha} + \frac{\overline{\gamma} - \overline{\alpha}}{\overline{\beta} - \overline{\alpha}} = 0 \tag{4-14}$$

が成り立ちます．

上と同様に

$$\text{AB // CD} \Leftrightarrow \frac{\delta - \gamma}{\beta - \alpha} \text{ が実数である}, \quad \text{AB⊥CD} \Leftrightarrow \frac{\delta - \gamma}{\beta - \alpha} \text{ が純虚数である}$$

が成り立つことは明らかでしょう．

(b) 2点 A, B を通る直線上の任意の点が，パラメータ t を用いて $z = (1-t)\alpha + t\beta$ で表わされることはすでに述べました．これを z の式で表わすと次のようになります．

上の式から $t = \frac{z - \alpha}{\beta - \alpha}$ で，他方，上式と共役な式は $\overline{z} = \overline{\alpha} + t(\overline{\beta} - \overline{\alpha})$ ですから，両者から t を消去すると

$$\frac{z - \alpha}{\beta - \alpha} = \frac{\overline{z} - \overline{\alpha}}{\overline{\beta} - \overline{\alpha}} (= t), \quad \text{つまり} \quad (\beta - \alpha)\overline{z} - (\overline{\beta} - \overline{\alpha})z + \alpha\overline{\beta} - \overline{\alpha}\beta = 0$$

となります．当り前ですが，これは (4-13) で $\gamma = z$ とおいた式と同じです．

いろいろな図形の式が z と $\overline{z}$ の関係式となります．図形の式は xy 平面上ならば x と y の式，いいかえると $z = x + iy$ の実部 x と虚部 y の関係式で与えられますから，それを z で表わそうとすると z と $\overline{z}$ の関係式になるわけです．$x = \frac{1}{2}(z + \overline{z}), y = \frac{1}{2i}(z - \overline{z})$ に注意すれば当然のことでしょう．

点 A を通り OB に垂直な直線，つまり点 A を通り $\overrightarrow{\mathrm{OB}}$ を法線ベクトルとする直線を考えてみましょう．この直線は，PA⊥OB をみたす点 P の全体ですから，P を z で表わすと (4-14)

と同様に考えて $\dfrac{z-\alpha}{\beta} + \dfrac{\overline{z}-\overline{\alpha}}{\overline{\beta}} = 0$, つまり
$$\beta\overline{z} + \overline{\beta}z - (\alpha\overline{\beta} + \overline{\alpha}\beta) = 0$$
が得られます．上式において点 A を表わす複素数 α は定数項にのみ現れ，しかもこの定数項 $-(\alpha\overline{\beta}+\overline{\alpha}\beta)$ は実数です．したがって，一般に OB に垂直な直線は
$$\beta\overline{z} + \overline{\beta}z + a = 0 \quad (a\text{ は実数})$$
の形で与えられることが分るでしょう．

練習 6 (1) 線分 AB の垂直 2 等分線はどのように表わされるか．
(2) 2 点 A, B を通る直線に点 C から下した垂線の長さを α, β, γ で表わせ．

[解] (1) 線分 AB の垂直 2 等分線は PA = PB をみたす点 P の全体なので，P を z で表わすと $|z-\alpha|=|z-\beta|$ が得られる▪

(2) C から 2 点 A, B を通る直線 $(1-t)\alpha + t\beta = t(\beta-\alpha)+\alpha$ までの距離は C と直線 AB 上の点との最短距離である．

$$|t(\beta-\alpha)+\alpha-\gamma|^2$$
$$= \{(\beta-\alpha)t+(\alpha-\gamma)\}\{(\overline{\beta}-\overline{\alpha})t+(\overline{\alpha}-\overline{\gamma})\}$$
$$= |\beta-\alpha|^2 t^2 + \{(\beta-\alpha)(\overline{\alpha}-\overline{\gamma})+(\overline{\beta}-\overline{\alpha})(\alpha-\gamma)\}t + |\alpha-\gamma|^2$$
$$= |\beta-\alpha|^2 \left\{t + \dfrac{(\beta-\alpha)(\overline{\alpha}-\overline{\gamma})+(\overline{\beta}-\overline{\alpha})(\alpha-\gamma)}{2|\beta-\alpha|^2}\right\}^2$$
$$\quad - \dfrac{\{(\beta-\alpha)(\overline{\alpha}-\overline{\gamma})+(\overline{\beta}-\overline{\alpha})(\alpha-\gamma)\}^2}{4|\beta-\alpha|^2} + |\alpha-\gamma|^2$$

だから，$(\beta-\alpha)(\overline{\alpha}-\overline{\gamma})+(\overline{\beta}-\overline{\alpha})(\alpha-\gamma)$ が実数であることに注意すると求める長さは

$$\sqrt{|\alpha-\gamma|^2 - \dfrac{\{(\beta-\alpha)(\overline{\alpha}-\overline{\gamma})+(\overline{\beta}-\overline{\alpha})(\alpha-\gamma)\}^2}{4|\beta-\alpha|^2}}$$
$$= \sqrt{\dfrac{4(\alpha-\gamma)(\overline{\alpha}-\overline{\gamma})(\beta-\alpha)(\overline{\beta}-\overline{\alpha}) - \{(\beta-\alpha)(\overline{\alpha}-\overline{\gamma})+(\overline{\beta}-\overline{\alpha})(\alpha-\gamma)\}^2}{4|\beta-\alpha|^2}}$$
$$= \sqrt{-\dfrac{\{(\beta-\alpha)(\overline{\alpha}-\overline{\gamma})-(\overline{\beta}-\overline{\alpha})(\alpha-\gamma)\}^2}{4|\beta-\alpha|^2}}$$
$$= \dfrac{|(\beta-\alpha)(\overline{\alpha}-\overline{\gamma})-(\overline{\beta}-\overline{\alpha})(\alpha-\gamma)|}{2|\beta-\alpha|}$$

となる▪

注意 (1) の結果より $(z-\alpha)(\overline{z}-\overline{\alpha}) = (z-\beta)(\overline{z}-\overline{\beta})$ となり，これよりさらに $(\beta-\alpha)\overline{z} + (\overline{\beta}-\overline{\alpha})z + \alpha\overline{\alpha} - \beta\overline{\beta} = 0$ も得られます．

(2) の最後の等号は，$(\beta-\alpha)(\overline{\alpha}-\overline{\gamma})-(\overline{\beta}-\overline{\alpha})(\alpha-\gamma)$ が純虚数であることを念頭においた計算です．

練習 7 直線 OA に関して点 P と対称な点 Q，および P から直線 OA に下した垂線の足 H を表わす複素数を求めよ．

[解] P, A, Q を表わす複素数をそれぞれ z, α, w とする．OA に関して P, Q が対称であることは，PQ⊥OA かつ線分 PQ の中点が OA 上にあること，と同値であり，したがって $\dfrac{w-z}{\alpha}$ は純虚数，$\dfrac{w+z}{2}\dfrac{1}{\alpha}$ は実数である．よって
$$\frac{w-z}{\alpha}+\frac{\overline{w}-\overline{z}}{\overline{\alpha}}=0, \quad \frac{w+z}{\alpha}-\frac{\overline{w}+\overline{z}}{\overline{\alpha}}=0$$
となり，2 式を加えて $\dfrac{2w}{\alpha}-\dfrac{2\overline{z}}{\overline{\alpha}}=0$，つまり $w=\dfrac{\alpha}{\overline{\alpha}}\overline{z}$ が得られる▮

次に，H は線分 PQ の中点であるから $\dfrac{1}{2}(z+w) = \dfrac{\overline{\alpha}z+\alpha\overline{z}}{2\overline{\alpha}}$ で表わされる▮

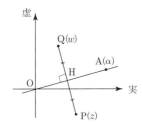

> **注意** Q は，$2\arg\dfrac{\alpha}{z}\left(=\arg\dfrac{\alpha^2}{z^2}\right)$ だけ P を回転したものであり，この回転は，絶対値が 1 で偏角が $2\arg\dfrac{\alpha}{z}$ の複素数，つまり
> $$\frac{1}{\left|\dfrac{\alpha^2}{z^2}\right|}\cdot\frac{\alpha^2}{z^2}=\frac{|z|^2}{|\alpha|^2}\cdot\frac{\alpha^2}{z^2}=\frac{z\overline{z}}{\alpha\overline{\alpha}}\cdot\frac{\alpha^2}{z^2}=\frac{\alpha\overline{z}}{\overline{\alpha}z}$$
> をかけることで表わされますから
> $$w=\frac{\alpha\overline{z}}{\overline{\alpha}z}\cdot z=\frac{\alpha}{\overline{\alpha}}\overline{z}$$
> を得ることができます．
>
> この議論は，図の P, Q が逆になっても，$2\arg\dfrac{\alpha}{z}$ の回転が時計方向の回転になるので成り立ちます．$2\arg\dfrac{z}{\alpha}=-2\arg\dfrac{\alpha}{z}$ に注意すれば明らかでしょう．

(c) 三角形 ABC と三角形 PQR が相似であるための条件を次に考えます．P, Q, R を表わす複素数を p, q, r とおきましょう．△ABC ∽ △PQR のとき，図の (i) のように，A を P に移動して A = P のまわりで適当に回転して相似拡大または縮小することで両者を重ね合わせることができる場合と，(ii) のように，△ABC をいったん裏返した後で上と同様の操作で両者が重ね合わせられる場合の，2 つの場合があります．

(i) の場合，△ABC ∽ △PQR である条件は ∠CAB = ∠RPQ と $\dfrac{\text{AC}}{\text{AB}}=\dfrac{\text{PR}}{\text{PQ}}$ だから
$$\arg\frac{\gamma-\alpha}{\beta-\alpha}=\arg\frac{r-p}{q-p}, \quad \text{かつ} \quad \frac{|\gamma-\alpha|}{|\beta-\alpha|}=\frac{|r-p|}{|q-p|} \quad \left(\text{つまり}\left|\frac{\gamma-\alpha}{\beta-\alpha}\right|=\left|\frac{r-p}{q-p}\right|\right)$$

で表わされますが，これは $\dfrac{\gamma-\alpha}{\beta-\alpha}$ と $\dfrac{r-p}{q-p}$ の絶対値と偏角が等しいこと，つまり $\dfrac{\gamma-\alpha}{\beta-\alpha}=\dfrac{r-p}{q-p}$ に他なりません．

(ii) の場合は
$$\left|\dfrac{\gamma-\alpha}{\beta-\alpha}\right|=\left|\dfrac{r-p}{q-p}\right|,\ \text{かつ}\ \arg\dfrac{\gamma-\alpha}{\beta-\alpha}=\arg\dfrac{q-p}{r-p}=-\arg\dfrac{r-p}{q-p}$$
が条件で，これは $\dfrac{\gamma-\alpha}{\beta-\alpha}$ と $\dfrac{r-p}{q-p}$ が複素共役であることを意味します．

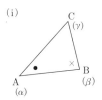 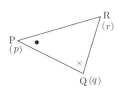 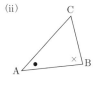

以上から次が成り立ちます．
$$\triangle\mathrm{ABC}\backsim\triangle\mathrm{PQR} \Leftrightarrow \dfrac{\gamma-\alpha}{\beta-\alpha}=\dfrac{r-p}{q-p},\ \text{または}\ \dfrac{\gamma-\alpha}{\beta-\alpha}=\dfrac{\overline{r}-\overline{p}}{\overline{q}-\overline{p}} \tag{4-15}$$

練習 8 (1) 四辺形 ABCD が正方形であるための $\alpha,\beta,\gamma,\delta$ がみたすべき必要十分条件を求めよ．
(2) $\dfrac{\beta-\alpha}{\gamma-\alpha}=1+\sqrt{3}i$ のとき，三角形 ABC の 3 つの頂角を求めよ．（大阪府大）
(3) $\beta=\dfrac{1+i}{2}\alpha$ のとき，三角形 OAB はいかなる三角形か．
(4) 三角形 ABC が正三角形であるための必要十分条件は $\alpha^2+\beta^2+\gamma^2-\alpha\beta-\beta\gamma-\gamma\alpha=0$ であることを証明せよ．
(5) 三角形 ABC の面積を S とする．$S=\dfrac{1}{2}|\operatorname{Im}(\beta-\alpha)(\overline{\gamma}-\overline{\alpha})|$ であることを示せ．

［解］ (1) 求める条件は $\overrightarrow{\mathrm{AB}}=\overrightarrow{\mathrm{DC}}$ かつ $\mathrm{AB}\perp\mathrm{AD}$ である．前者は $\beta-\alpha=\gamma-\delta$ で表わされ，後者は，$\overrightarrow{\mathrm{AB}}$ を $\dfrac{\pi}{2}$，または $-\dfrac{\pi}{2}$ 回転したものが $\overrightarrow{\mathrm{AD}}$ であることを意味するから，$\delta-\alpha=i(\beta-\alpha)$ または $-i(\beta-\alpha)$ で表わされる．

よって，$\beta+\delta=\alpha+\gamma$ かつ $\dfrac{\delta-\alpha}{\beta-\alpha}=\pm i$ が求める条件である■

(2) 条件より
$$\angle\mathrm{BAC}=\left|\arg\dfrac{\beta-\alpha}{\gamma-\alpha}\right|=\dfrac{\pi}{3},$$
$$\dfrac{\mathrm{BA}}{\mathrm{CA}}=\left|\dfrac{\beta-\alpha}{\gamma-\alpha}\right|=2$$
なので，△ABC は図の三角形と相似である．

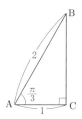

したがって
$$\angle A=\dfrac{\pi}{3},\ \angle B=\dfrac{\pi}{6},\ \angle C=\dfrac{\pi}{2}$$

(3) $\beta = \dfrac{1+i}{2}\alpha = \dfrac{1}{\sqrt{2}}\left(\cos\dfrac{\pi}{4} + i\sin\dfrac{\pi}{4}\right)\alpha$ より，A を O のまわりに $\dfrac{\pi}{4}$ 回転して $\dfrac{1}{\sqrt{2}}$ 倍に相似縮小した点が B である．

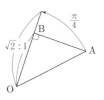

よって △OAB は BO = BA, $\angle B = \dfrac{\pi}{2}$ の直角 2 等辺三角形である■

(4) 三角形 ABC が正三角形である条件は，AB を A のまわりに $\dfrac{\pi}{3}$，または $-\dfrac{\pi}{3}$ 回転したものが AC と重なることである．したがって求める条件は
$$\gamma - \alpha = \left(\dfrac{1}{2} + \dfrac{\sqrt{3}}{2}i\right)(\beta - \alpha) \text{ または } \left(\dfrac{1}{2} - \dfrac{\sqrt{3}}{2}i\right)(\beta - \alpha)$$
$$\Leftrightarrow \gamma - \dfrac{\alpha + \beta}{2} = \pm\dfrac{\sqrt{3}}{2}i(\beta - \alpha)$$
$$\Leftrightarrow \left(\gamma - \dfrac{\alpha + \beta}{2}\right)^2 = -\dfrac{3}{4}(\beta - \alpha)^2$$
$$\Leftrightarrow \alpha^2 + \beta^2 + \gamma^2 - \alpha\beta - \beta\gamma - \gamma\alpha = 0$$
となる■

(5) $AB = |\beta - \alpha|$, $AC = |\gamma - \alpha|$, $\angle BAC = \left|\arg\dfrac{\gamma - \alpha}{\beta - \alpha}\right|$ であるから

$$2S = AB \cdot AC \sin(\angle BAC) = |\beta - \alpha| \cdot |\gamma - \alpha| \cdot \sin\left|\arg\dfrac{\gamma - \alpha}{\beta - \alpha}\right|$$
$$= |\beta - \alpha| \cdot |\gamma - \alpha| \cdot \left|\sin\left(\arg\dfrac{\gamma - \alpha}{\beta - \alpha}\right)\right|$$
$$= |\beta - \alpha| \cdot |\gamma - \alpha| \cdot \left|\mathrm{Im}\left(\left|\dfrac{\beta - \alpha}{\gamma - \alpha}\right| \cdot \dfrac{\gamma - \alpha}{\beta - \alpha}\right)\right|$$
$$= |\beta - \alpha| \cdot |\gamma - \alpha| \cdot \left|\dfrac{\beta - \alpha}{\gamma - \alpha}\right| \left|\mathrm{Im}\dfrac{\gamma - \alpha}{\beta - \alpha}\right|$$
$$= \left|(\beta - \alpha)(\overline{\beta} - \overline{\alpha})\dfrac{1}{2i}\left(\dfrac{\gamma - \alpha}{\beta - \alpha} - \dfrac{\overline{\gamma} - \overline{\alpha}}{\overline{\beta} - \overline{\alpha}}\right)\right|$$
$$= \dfrac{1}{2}\left|(\overline{\beta} - \overline{\alpha})(\gamma - \alpha) - (\overline{\gamma} - \overline{\alpha})(\beta - \alpha)\right|$$
$$= \left|\mathrm{Im}\,(\beta - \alpha)(\overline{\gamma} - \overline{\alpha})\right|$$

となり，したがって主張は成り立つ■

> **注意** (4) において，三角形 ABC が正三角形であることは $|\alpha - \beta| = |\beta - \gamma| = |\gamma - \alpha|$ でも表わされますが，これと問題の条件式が同値であることの証明は少し面倒です．
>
> (5) において，$w = r(\cos\theta + i\sin\theta)$ に対して成り立つ当たり前の関係式
> $$\sin(\arg w) = \sin\theta = \mathrm{Im}\,\dfrac{w}{r} = \mathrm{Im}\,\dfrac{w}{|w|}$$
> が用いられていることに注意してください．

(d) 最後に円の方程式を考えましょう．

A を中心とする半径 r の円は $|z - \alpha| = r$ をみたす z で表わされる点の全体です．上式は $|z - \alpha|^2 = r^2$，つまり $(z - \alpha)(\overline{z} - \overline{\alpha}) = r^2$ となりますから一般に円を表わす方程式は

$$z\bar{z} - \alpha\bar{z} - \bar{\alpha}z + c = 0 \qquad (4\text{-}16)$$

の形で与えられることが分ります．ただし定数 $c = |\alpha|^2 - r^2$ は実数であることを注意しておきます．

練習 9 (1) 線分 AB を直径とする円（ただし点 A を除く）の方程式は，周上の点を z で表わすと $\operatorname{Re}\dfrac{\beta - \alpha}{z - \alpha} = 1$ で与えられることを示せ．

(2) $\mathrm{PA} : \mathrm{PB} = a : 1$（$a > 0$, $a \neq 1$）をみたす点 P の描く図形を求めよ．

[解] (1) 問題の円周上の点を P，P を表わす複素数を z とすると，$\mathrm{PA} \perp \mathrm{PB}$ をみたす P の方程式を求めればよいが，それは $\dfrac{z - \beta}{z - \alpha}$ が純虚数であること，つまり $\dfrac{z - \beta}{z - \alpha} + \dfrac{\bar{z} - \bar{\beta}}{\bar{z} - \bar{\alpha}} = 0$ である．この式はさらに

$$0 = \frac{z - \alpha - (\beta - \alpha)}{z - \alpha} + \frac{\bar{z} - \bar{\alpha} - (\bar{\beta} - \bar{\alpha})}{\bar{z} - \bar{\alpha}}$$
$$= 2 - \left(\frac{\beta - \alpha}{z - \alpha} + \frac{\bar{\beta} - \bar{\alpha}}{\bar{z} - \bar{\alpha}}\right)$$

となるが，これは $2\operatorname{Re}\dfrac{\beta - \alpha}{z - \alpha} = 2$, つまり $\operatorname{Re}\dfrac{\beta - \alpha}{z - \alpha} = 1$ に他ならない ■

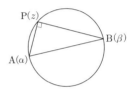

(2) P が z で表わされるとすると
$\mathrm{PA} : \mathrm{PB} = a : 1$
$\Leftrightarrow |z - \alpha| = a|z - \beta|$
$\Leftrightarrow (z - \alpha)(\bar{z} - \bar{\alpha}) - a^2(z - \beta)(\bar{z} - \bar{\beta}) = 0$
$\Leftrightarrow (1 - a^2)z\bar{z} + (a^2\beta - \alpha)\bar{z} + (a^2\bar{\beta} - \bar{\alpha})z + \alpha\bar{\alpha} - a^2\beta\bar{\beta} = 0$
$\Leftrightarrow \left(z + \dfrac{a^2\beta - \alpha}{1 - a^2}\right)\left(\bar{z} + \dfrac{a^2\bar{\beta} - \bar{\alpha}}{1 - a^2}\right) - \dfrac{(a^2\beta - \alpha)(a^2\bar{\beta} - \bar{\alpha})}{(1 - a^2)^2} + \dfrac{|\alpha|^2 - a^2|\beta|^2}{1 - a^2} = 0$
$\Leftrightarrow \left|z - \dfrac{\alpha - a^2\beta}{1 - a^2}\right| = \left|\dfrac{a}{1 - a^2}(\beta - \alpha)\right|$

となる．

よって z は，$\dfrac{\alpha - a^2\beta}{1 - a^2}$ で表わされる点を中心とし，半径が $\left|\dfrac{a}{1 - a^2}(\beta - \alpha)\right|$ で与えられる円を描く ■

注意 (1) の円は，中心が $\dfrac{\alpha + \beta}{2}$, 半径が $\left|\dfrac{\beta - \alpha}{2}\right|$ で与えられますから，その方程式は $\left|z - \dfrac{\alpha + \beta}{2}\right| = \left|\dfrac{\beta - \alpha}{2}\right|$ です．これを変形して $\operatorname{Re}\dfrac{\beta - \alpha}{z - \alpha} = 1$ を導くこともできます．

(2) の円がアポロニウスの円と呼ばれていることはよく知られています．

練習 10 (1) 次の条件をみたす z が複素平面上で描く図形を求め, 図示せよ.
 (i) $|z-3i|=|i+2\bar{z}|$.　　(ii) $|z+i|+|z-i|=3$.
 (iii) $\dfrac{(i-1)z}{i(z-2)}$ が実数である.　　　　　　　　(信州大, 東京水産大, 神戸大)

(2) z が原点を中心とする半径 1 の円周上を動くとき, 次式で与えられる w で表わされる点が描く図形を求めよ. ただし a は $a\neq 0$, $|a|\neq 1$ をみたす一定の複素数とする.
 (i) $w=\dfrac{z-a}{1-\bar{a}z}$.　　(ii) $w=\dfrac{1+z}{1-z}i$, $z\neq 1$.

(3) z が次の図形上を動くとき, $w=\dfrac{1}{z}$ で表わされる点が描く図形は何か.
 (i) $\operatorname{Re} z=1$.　　(ii) $|z-1|=1$, $z\neq 0$.　　(iii) $|z-(2+i)|=2$.

［解］　(1)　(i)　条件より
$$|z-3i|=|i+2\bar{z}| \Leftrightarrow |z-3i|^2=|2\bar{z}+i|^2$$
$$\Leftrightarrow (z-3i)(\bar{z}+3i)=(2\bar{z}+i)(2z-i)$$
$$\Leftrightarrow z\bar{z}+\frac{i}{3}\bar{z}-\frac{i}{3}z-\frac{8}{3}=0$$
$$\Leftrightarrow \left(z+\frac{i}{3}\right)\left(\bar{z}-\frac{i}{3}\right)=\frac{8}{3}+\frac{1}{9}=\frac{25}{9}$$
$$\Leftrightarrow \left|z+\frac{i}{3}\right|^2=\frac{25}{9}$$
$$\Leftrightarrow \left|z+\frac{i}{3}\right|=\frac{5}{3}$$

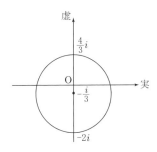

であるから, z は $-\dfrac{i}{3}$ を中心とする半径 $\dfrac{5}{3}$ の円を描く■

(ii)　条件式 $|z+i|+|z-i|=3$ は, z と i との距離および $-i$ との距離の和が 3 であること, つまり z で表わされる点が i と $-i$ を焦点とする長軸の長さが 3 の楕円を描くことを意味している.

xy 平面上の方程式で表わすなら, この楕円を $\dfrac{x^2}{a^2}+\dfrac{y^2}{b^2}=1$ とおくと, $0<a<b$, かつ $2b=3$, $\sqrt{b^2-a^2}=1$ なので, $b=\dfrac{3}{2}$, $a=\dfrac{\sqrt{5}}{2}$ が得られる. よって求める図形の方程式は
$$\frac{x^2}{\left(\frac{\sqrt{5}}{2}\right)^2}+\frac{y^2}{\left(\frac{3}{2}\right)^2}=1$$

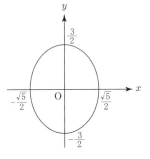

である■

(iii)　条件より
$$\frac{(i-1)z}{i(z-2)}=\overline{\left\{\frac{(i-1)z}{i(z-2)}\right\}}=\frac{(-i-1)\bar{z}}{-i(\bar{z}-2)}$$

である. 分母を払ってまとめると

$$zz\bar{} - (1-i)z - (1+i)\bar{z} = 0$$
である．これよりさらに
$$(z-(1+i))(\bar{z}-(1-i)) = (1+i)(1-i) = 2$$
つまり
$$|z-(1+i)| = \sqrt{2}$$
が得られる．ただし条件より $z \neq 2$ である．したがって求める図形は $1+i$ を中心とする半径 $\sqrt{2}$ の円である．ただし点 2 を除く ∎

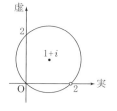

(2)（ⅰ） 条件式より $(1+\bar{a}w)z = a+w$ となる．もし $w = -\dfrac{1}{\bar{a}}$ ならば左辺は 0, 右辺は $a - \dfrac{1}{\bar{a}} = \dfrac{|a|^2-1}{\bar{a}} \neq 0$ ($|a| \neq 1$ による) となって不合理を生ずるから，$w \neq -\dfrac{1}{\bar{a}}$ で, $z = \dfrac{a+w}{1+\bar{a}w}$ となる．したがって w で表わされる点が描く図形は $|z| = \left|\dfrac{a+w}{1+\bar{a}w}\right| = 1$, $w \neq -\dfrac{1}{\bar{a}}$ で与えられる．$|a| \neq 1$ に注意して前者を変形していくと
$$|a+w| = |1+\bar{a}w| \Leftrightarrow (a+w)(\bar{a}+\bar{w}) = (1+\bar{a}w)(1+a\bar{w})$$
$$\Leftrightarrow (1-|a|^2)(|w|^2-1) = 0$$
$$\Leftrightarrow |w| = 1$$
が得られ，これは $w \neq -\dfrac{1}{\bar{a}}$ をみたす．したがって求める図形も単位円である ∎

（ⅱ）（ⅰ）と同様に条件式より $(w+i)z = w-i$ が得られるから，$w \neq -i$ で $z = \dfrac{w-i}{w+i}$ である．このとき
$$|z| = 1 \Leftrightarrow \left|\dfrac{w-i}{w+i}\right| = 1 \Leftrightarrow (w-i)(\bar{w}+i) = (w+i)(\bar{w}-i) \Leftrightarrow w = \bar{w}$$
となり，w は実数であることが分る．またこのとき，$w \neq -i$ は成り立つ．よって求める図形は実軸である ∎

(3) $w = \dfrac{1}{z}$ より $z = \dfrac{1}{w}$, $w \neq 0 \cdots ①$ である．

（ⅰ） ①のもとで
$$\mathrm{Re}\, z = 1 \Leftrightarrow \dfrac{1}{2}\left(\dfrac{1}{w} + \dfrac{1}{\bar{w}}\right) = 1$$
$$\Leftrightarrow w\bar{w} - \dfrac{1}{2}(w+\bar{w}) = 0$$
$$\Leftrightarrow \left(w - \dfrac{1}{2}\right)\left(\bar{w} - \dfrac{1}{2}\right) = \dfrac{1}{4}$$
$$\Leftrightarrow \left|w - \dfrac{1}{2}\right| = \dfrac{1}{2}$$

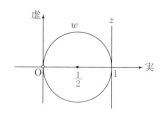

なので，w は $\dfrac{1}{2}$ を中心とする半径 $\dfrac{1}{2}$ の円を描く．ただし原点を除く ∎

（ⅱ） ①のもとで
$$|z-1| = 1 \Leftrightarrow \left|\dfrac{1}{w} - 1\right| = 1$$
$$\Leftrightarrow \left(\dfrac{1}{w} - 1\right)\left(\dfrac{1}{\bar{w}} - 1\right) = 1$$
$$\Leftrightarrow w + \bar{w} = 1$$
$$\Leftrightarrow \mathrm{Re}\, w = \dfrac{1}{2}$$

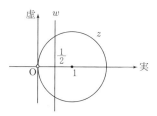

となり，$w \neq 0$ をみたしている．よって w は直線 $\operatorname{Re} w = \frac{1}{2}$ を描く∎

(iii) 上と同様に

$|z - (2+i)| = 2$
$\Leftrightarrow \left(\frac{1}{\overline{w}} - (2+i)\right)\left(\frac{1}{w} - (2-i)\right) = 4$
$\Leftrightarrow 4w\overline{w} = 1 - (2+i)w - (2-i)\overline{w} + 5w\overline{w}$
$\Leftrightarrow \{w - (2-i)\}\{\overline{w} - (2+i)\} = 4$
$\Leftrightarrow |w - (2-i)| = 2$

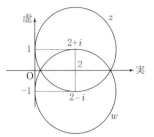

が得られ，$w \neq 0$ は成り立つ．

したがって w は $2-i$ を中心とする半径 2 の円を描く∎

注意 (1) (i) は，条件を書き直して $|z - 3i| = |i + 2\overline{z}| = |2z - i| = 2\left|z - \frac{i}{2}\right|$ とすると，$\left|z - \frac{i}{2}\right| : |z - 3i| = 1 : 2$ であることが分りますが，これはアポロニウスの円であることを示しています．

この練習の問題はすべて，$z = x + iy$ とおいて x, y の座標計算に還元することが可能です．たとえば (1)(i) では

$$|z - 3i| = |2\overline{z} + i| \Leftrightarrow x^2 + (y-3)^2 = 4x^2 + (2y-1)^2$$
$$\Leftrightarrow x^2 + \left(y + \frac{1}{3}\right)^2 = \left(\frac{5}{3}\right)^2$$

となって結論が得られます．

(1)(ii) は z のままで計算していっても図形の本質はむしろ見えにくいでしょう．

(2), (3) でも，$z = x + iy$ とおくと与えられた関係式 $w = f(z)$ から $\operatorname{Re} w = u(x, y)$，$\operatorname{Im} w = v(x, y)$ が得られますから，z，つまり x, y の条件から (u, v) の軌跡を求めればよいという，通常の座標の問題として捉えることができます．

もちろん，与えられた z の関係式や方程式 $w = f(z)$ 次第でこれらの計算が煩雑なものになる場合もありますが，x, y の計算にもちこむことが 1 つの有効な手だてであることは確かです．

上の解答では次の事実を利用しています．

一般に z が曲線 C 上を動くとき，$w = f(z)$ が描く曲線を C' とすると
$$w \in C' \Leftrightarrow f(x) = w \text{ であるような } z \in C \text{ が存在する}$$

したがって，$f(z) = w$ を逆に解くことができれば，その $z = f^{-1}(w)$ が C の方程式をみたすことが w のみたすべき必要十分条件に他ならないわけです．

(3) で $z = x + iy$，$w = u + iv$ とおくと，$u = \frac{x}{x^2 + y^2}$，$v = -\frac{y}{x^2 + y^2}$ が得られます．y をあらためて $-y$ とおくと $u = \frac{x}{x^2 + y^2}$，$v = \frac{y}{x^2 + y^2}$ となって，これは，xy 平面から uv 平面への (z 平面から w 平面への) 写像を与え，反転と呼ばれます．$u^2 + v^2 = \frac{1}{x^2 + y^2}$ より $u = x(u^2 + v^2)$，$v = y(u^2 + v^2)$ が得られ，

$w = \frac{1}{z} \neq 0$ より $u^2 + v^2 \neq 0$ ですから，この写像の逆写像は $x = \dfrac{u}{u^2+v^2}$, $y = -\dfrac{v}{u^2+v^2}$ で与えられることになります．したがって，たとえば (3)(i) の $\mathrm{Re}\, z = 1$ は，$x = \dfrac{u}{u^2+v^2} = 1$，つまり $\left(u - \dfrac{1}{2}\right)^2 + v^2 = \dfrac{1}{4}$（ただし $(u,v) = (0,0)$ を除く）に変換されることが分ります．

一般に反転では次のことが知られています．

原点を通る直線は自分自身に，原点を通らない直線は原点を通る円に，

原点を通る円は直線に，原点を通らない円は原点を通らない円にうつる．

(e) 本節 2–2 で述べた事柄を覚えこむことはあまりすすめられません．複素数特有の計算とその図形的意味が理解されていれば，そのつど容易に導けることばかりです．(4-12) から後の公式を覚えるよりも，(4-11) までをしっかり理解しておくことが大切でしょう．

第3節　第4章の問題

4.1 (1) α は複素数で，x の方程式 $x^2 + \alpha x + 1 + 2i = 0$ が実数解をもつという．$|\alpha|$ の最小値を求めよ． (東医歯大)

(2) x の方程式 $x^3 + 2px + q = 0$ が虚数解をもつとき，その実数部分を a とする．このとき，a は $8x^3 + 4px - q = 0$ の解で q と同符号であることを示せ．ただし p, q は実数とする．

4.2 実数を係数とする三次方程式 $f(x) = 0$ が 1 つの実数解 α と虚数解 $\beta + i\gamma, \beta - i\gamma$ をもつとき，この 3 解が表わす複素平面上の点をそれぞれ A, B, C とする．このとき，$f'(x) = 0$ の解で表わされる複素平面上の点はいずれも三角形 ABC の周または内部に含まれることを示せ．ただし β, γ は実数で $\alpha \neq \beta$，$\gamma > 0$ とする．

4.3 a, b, c を複素数とする．次のうち正しいものは証明し，正しくないものについては反例をあげよ．

(1) $a^2 + b^2 + c^2 > 0$ ならば a, b, c のうち少なくとも 1 つは実数である．

(2) $a + b + c = 0$, $ab + bc + ca = 0$ ならば $a^3 = b^3 = c^3$ である．

(3) $a + b + c = 0$, $ab + bc + ca = 0$ ならば a, b, c のうち互いに等しいものがある．

4.4 $|z| \leq 1$ をみたすすべての複素数 z に対して $0 < |\alpha z + \beta| < 2$ が成り立つための，複素数 α, β がみたすべき条件を求めよ． (九工大)

4.5 $a = \dfrac{1}{2} + \dfrac{\sqrt{3}}{2}i$ のとき，$\dfrac{(1-a^n)(1-a^{2n})\cdots(1-a^{5n})}{(1-a)(1-a^2)\cdots(1-a^5)}$ の値を求めよ．ただし n は自然数とする． (東大)

4.6 相異なる 3 つの複素数がある．これらのうちから重複を許してとったどの 2 つの積も，これらの 3 数のどれかであるという．3 数の組を求めよ． (東工大)

4.7 絶対値が 1 の 4 個の複素数からなる集合 S が次の 2 条件をみたしている.
  (i) $1 \in S$.
  (ii) $z \in S, w \in S$ ならば $z - 2w\cos\theta \in S$ である. ただし $\theta = \arg\frac{z}{w}$ とする.
集合 S を決定せよ. (東工大)

4.8 α, β, γ は互いに異なる複素数で $w^3 = 1$ とする. $\alpha + \beta w + \gamma w^2 = 0$ が成り立つならば, α, β, γ で表わされる点を頂点とする三角形は正三角形であるか, または原点を重心とする三角形である. これを示せ. ただし 3 点は同一直線上にないものとする.

4.9 z, z^2, z^3 で表わされる 3 点が直角三角形をつくるような z を求めよ. ただし $|z| = 2$ とする. (小樽商大)

4.10 互いに異なる複素数 α, β, γ と実数 m が $\alpha^2 = m\beta\gamma$, $\beta^2 = m\gamma\alpha$ をみたしている. α, β, γ で表わされる点が正三角形の頂点であるように m の値を定めよ. (山口大)

4.11 三角形 ABC の頂点 A, B, C を表わす複素数を α, β, γ とするとき, この三角形の外心 P を表わす複素数 z を求めよ.

4.12 三角形 ABC の外側に正方形 ABDE と正方形 ACFG をつくり, 線分 GE の中点を M とする.
  AM⊥BC, および CE⊥BG が成り立つことを示せ.

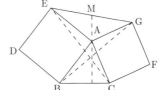

4.13 複素平面上の凸四辺形 ABCD の頂点 A, B, C, D を表わす複素数をそれぞれ $\alpha, \beta, \gamma, \delta$ とする. この四辺形の外側に各辺を斜辺とする直角 2 等辺三角形 ABP, BCQ, CDR, DAS をつくる.
(1) PR = QS, PR⊥QS であることを示せ.
(2) 四辺形 PQRS が正方形になるための条件を求めよ. (新潟大)

4.14 $\alpha = \cos\frac{2}{5}\pi + i\sin\frac{2}{5}\pi$ とする.
(1) $\alpha^4 + \alpha^3 + \alpha^2 + \alpha + 1$ の値を求めよ.
(2) 複素平面上で $1, \alpha, \alpha^2, \alpha^3, \alpha^4$ で表わされる点をおのおの A_0, A_1, A_2, A_3, A_4 とするとき, 4 本の線分の長さの積 $A_0A_1 \cdot A_0A_2 \cdot A_0A_3 \cdot A_0A_4$ の値を求めよ. (群馬大)

4.15 複素平面において, 原点を内部に含む凸 n 角形の頂点を表わす複素数を $z_1, z_2, \cdots, z_n$ とする. このとき, 任意の z_j, z_k $(j \neq k)$ に対して $|z_j - z_k| > |z_j|$ が成り立つならば $n < 6$ であることを示せ. (都立大)

4.16 (1) 相異なる 4 つの複素数 $\alpha, \beta, \gamma, \delta$ で表わされる点を A, B, C, D とする. これら 4 点が同一円周上, または同一直線上にあるための必要十分条件は, $\frac{\beta - \gamma}{\alpha - \gamma} \cdot \frac{\alpha - \delta}{\beta - \delta}$ が実数であることである. これを示せ.
(2) $f(z) = \frac{az + b}{cz + d}$ (a, b, c, d は実数で $ad - bc \neq 0$) とする. (1) の A, B, C, D が同一円周上, または同一直線上の点ならば, $f(\alpha), f(\beta), f(\gamma), f(\delta)$ で表わされる点も同一円周上,

または同一直線上にあることを示せ．

4.17 複素数 $z, \dfrac{1}{z}, \overline{z}$ で表わされる 3 点を頂点とする三角形が直角三角形であるとき，z が描く図形を求めよ． (横市大)

4.18 a, b は実数で $a<b$ とする．$t>0$ のとき，z の方程式 $\dfrac{1}{t}(z-a)^2+t(z-b)^2=0$ の虚数解を $x \pm iy\,(y>0)$ とおく．

t が正の実数全体を動くときの点 (x, y) が描く曲線を求めよ． (東大)

4.19 複素平面上の点 A, B を表わす複素数をそれぞれ α, β とするとき，$|\alpha|=|\beta|=1$，$\arg\dfrac{\beta}{\alpha}=\dfrac{2}{3}\pi$ が成り立つという．

(1) $\dfrac{\gamma-\alpha}{\beta-\alpha}$ が実数で $0 \leqq \dfrac{\gamma-\alpha}{\beta-\alpha} \leqq 1$ が成り立つとき，γ が描く図形を求めよ．

(2) γ が (1) の図形上を動くとき，$|z-\gamma|=|\gamma|$ をみたす z が動く範囲の面積を求めよ． (九工大)

4.20 a, b は実数で，$x^2+ax+b=0$ の解を α, β とする．複素平面上で α, β が表わす点を直径の両端とする円が原点 O を内部に含むとき，$w=a+ib$ の存在範囲を求め，図示せよ． (東医歯大)

4.21 以下の式の値を求めるか，または等式ならば証明せよ．ただし n は自然数であり，また (1)～(5) では x は π の整数倍ではないとする．

(1) $1+\cos x+\cos 2x+\cdots+\cos nx$．

(2) $\sin x+\sin 2x+\cdots+\sin nx$．

(3) $\cos x+\cos 3x+\cdots+\cos(2n-1)x$．

(4) $\sin x+\sin 3x+\cdots+\sin(2n-1)x$．

(5) $\sin x-\sin 2x+\cdots+(-1)^{n-1}\sin nx$．

(6) $\cos nx=\cos^n x-{}_n\mathrm{C}_2\cos^{n-2}x\sin^2 x+{}_n\mathrm{C}_4\cos^{n-4}x\sin^4 x-\cdots$．
$\sin nx={}_n\mathrm{C}_1\cos^{n-1}x\sin x-{}_n\mathrm{C}_3\cos^{n-3}x\sin^3 x+\cdots$．

(7) $\cos x+{}_n\mathrm{C}_1\cos 2x+\cdots+{}_n\mathrm{C}_{n-1}\cos nx+\cos(n+1)x$．

(8) $\sin x+{}_n\mathrm{C}_1\sin 2x+\cdots+{}_n\mathrm{C}_{n-1}\sin nx+\sin(n+1)x$．

(9) 半径 1 の円に内接する正 n 角形の，すべての辺とすべての対角線の長さの和は $n\cot\dfrac{\pi}{2n}$ に等しい．

第5章 問題の解答

◆ 第1章の答 ◆

1.1 $\overrightarrow{AB} = \vec{b}$, $\overrightarrow{AC} = \vec{c}$ とおく. $\vec{b}$, $\vec{c}$ は一次独立なので $\overrightarrow{AP} = \vec{p} = \alpha\vec{b} + \beta\vec{c}$ とおくことができる. したがって

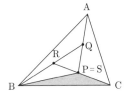

$$\overrightarrow{AS} = \frac{1}{2}(\overrightarrow{AR} + \vec{c})$$
$$= \frac{1}{2} \cdot \frac{1}{2}(\vec{b} + \overrightarrow{AQ}) + \frac{1}{2}\vec{c}$$
$$= \frac{1}{4}\vec{b} + \frac{1}{4} \cdot \frac{1}{2}(\alpha\vec{b} + \beta\vec{c}) + \frac{1}{2}\vec{c}$$
$$= \left(\frac{1}{4} + \frac{\alpha}{8}\right)\vec{b} + \left(\frac{\beta}{8} + \frac{1}{2}\right)\vec{c}$$

となる. よって
$$P = S \Leftrightarrow \alpha\vec{b} + \beta\vec{c} = \left(\frac{1}{4} + \frac{\alpha}{8}\right)\vec{b} + \left(\frac{\beta}{8} + \frac{1}{2}\right)\vec{c}$$
$$\Leftrightarrow \alpha = \frac{1}{4} + \frac{\alpha}{8}, \beta = \frac{\beta}{8} + \frac{1}{2}$$

より $\alpha = \frac{2}{7}$, $\beta = \frac{4}{7}$ が得られる.

したがって, P = S をみたす点 P は $\vec{p} = \frac{1}{7}(2\vec{b} + 4\vec{c})$ で表わされる点であり, かつこれに限る ∎

次に, AP_0 の延長と辺 BC との交点を D とし, $\overrightarrow{AD} = k\overrightarrow{AP_0} = \frac{2k}{7}\vec{b} + \frac{4k}{7}\vec{c}$ とおくと, D は辺 BC 上の点であるから $\frac{2k}{7} + \frac{4k}{7} = 1$, つまり $k = \frac{7}{6}$ となる. よって $|\overrightarrow{AD}| = \frac{7}{6}|\overrightarrow{AP_0}|$, つまり $AP_0 : AD = 6 : 7$ となるから $AD : P_0D = 7 : 1$ である. 以上より $\triangle ABC : \triangle P_0 BC = AD : P_0 D = 7 : 1$ を得る ∎

> **注意** 後半については, $\overrightarrow{AP_0} = \frac{1}{7}(2\vec{b} + 4\vec{c}) = \frac{6}{7} \cdot \frac{2\vec{b} + 4\vec{c}}{2 + 4}$ で, $\frac{2\vec{b} + 4\vec{c}}{2 + 4}$ は辺 BC 上の点 (D) を表わすから $AD : P_0 D = 7 : 1$ である, という程度の簡単な議論でもいいでしょう.

1.2 $\overrightarrow{OB} = \vec{b}$, $|\vec{b}| = OB = b$ とおく. また, 辺 AB の中点を M とする.

まず

$$|\vec{a}| = a, \quad |\vec{b}| = b,$$
$$a^2 + b^2 = 1, \quad (\vec{a}, \vec{b}) = 0 \quad \Big\} \cdots ①$$

である．$OA' = OA = a$ で，MA, MB, MO は $\triangle OAB$ の外接円の半径だから
$$MA = MB = MO = \frac{1}{2}$$
である．よって

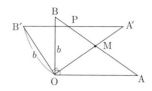

$$\overrightarrow{OA'} = |\overrightarrow{OA'}| \frac{\overrightarrow{OM}}{|\overrightarrow{OM}|}$$
$$= a \cdot 2 \cdot \frac{\vec{a} + \vec{b}}{2} = a(\vec{a} + \vec{b}) \cdots ②$$

となる．次に $\overrightarrow{OB'} = \alpha \vec{a} + \beta \vec{b}$ とおくと，
$$(\overrightarrow{OB'}, \overrightarrow{OA'}) = 0, \quad |\overrightarrow{OB'}| = |\overrightarrow{OB}| = b$$
なので
$$(\alpha \vec{a} + \beta \vec{b}, a\vec{a} + a\vec{b}) = 0, \quad |\alpha \vec{a} + \beta \vec{b}|^2 = b^2$$
であり，これを①のもとでまとめると $\alpha a^2 + \beta b^2 = 0$, $\alpha^2 a^2 + \beta^2 b^2 = b^2$ となる．$\alpha < 0$, $\beta > 0$, および①の第3式に注意してこれを解いて $\alpha = -\frac{b^2}{a}$, $\beta = a$ を得る．よって $\overrightarrow{OB'} = -\frac{b^2}{a}\vec{a} + a\vec{b}$ となる．これと②より
$$\overrightarrow{OP} = (1-s)(a\vec{a} + a\vec{b}) + s\left(-\frac{b^2}{a}\vec{a} + a\vec{b}\right) = (1-t)\vec{a} + t\vec{b}$$
とおくことができ，$\vec{a}, \vec{b}$ は一次独立だから
$$(1-s)a - \frac{b^2}{a}s = 1 - t, \quad (1-s)a + sa = t$$
が得られる．第2式より $t = a$, さらに第1式より $s = a(2a - 1)$ となるので
$$\overrightarrow{OP} = (1-a)\vec{a} + a\vec{b}$$
となる■

注意 次のような解答もできます．

M は $\triangle OAB$ の外接円の中心ですから
$$MA = MB = MO = \frac{1}{2}AB = \frac{1}{2}$$

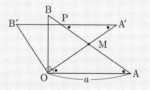

です．したがって $\triangle MOA$ は2等辺三角形となるので
$$\angle MOA = \angle MAO$$
となりますが，他方，$\angle MAO = \angle BAO = \angle B'A'O = \angle PA'M$ ですから，$\angle MOA = \angle PA'M$, つまり $PA' \parallel OA$ であることが分ります．したがって，$\triangle MPA'$ も $MP = MA'$ の2等辺三角形になるので
$$AP = AM + MP = OM + MA' = OA' = OA = a$$
ですから，$BP = AB - AP = 1 - a$, つまり点 P は辺 AB を $a : (1-a)$ に内分することが分り，結論が得られます．

OA, OB を x, y 軸にとって座標計算をしても比較的容易にできるでしょう．ただ，

> 最後に P の座標をベクトル表示 $\overrightarrow{OP}$ に直さなければならないところが少し余計です．

1.3 $A, A_1, \cdots$ の位置ベクトルを $\vec{a}, \vec{a_1}, \cdots$ で表わすと
$$\vec{a_1} = \frac{1}{3}(\vec{a} + 2\vec{b}), \quad \vec{b_1} = \frac{1}{3}(\vec{b} + 2\vec{c}), \quad \vec{c_1} = \frac{1}{3}(\vec{c} + 2\vec{a})$$
で，さらに
$$\vec{a_2} = \frac{1}{3}(\vec{a_1} + 2\vec{b_1}) = \frac{1}{9}(\vec{a} + 2\vec{b} + 2\vec{b} + 4\vec{c}) = \frac{1}{9}(\vec{a} + 4\vec{b} + 4\vec{c})$$
となる．同様に
$$\vec{b_2} = \frac{1}{9}(\vec{b} + 4\vec{c} + 4\vec{a}),$$
$$\vec{c_2} = \frac{1}{9}(\vec{c} + 4\vec{a} + 4\vec{b})$$

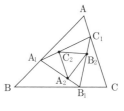

も導かれる．したがって
$$\overrightarrow{B_2C_2} = \vec{c_2} - \vec{b_2} = \frac{1}{9}(\vec{c} + 4\vec{a} + 4\vec{b} - \vec{b} - 4\vec{c} - 4\vec{a})$$
$$= -\frac{1}{3}(\vec{c} - \vec{b}) = -\frac{1}{3}\overrightarrow{BC}$$
となり，同様に $\overrightarrow{C_2A_2} = -\frac{1}{3}\overrightarrow{CA}$, $\overrightarrow{A_2B_2} = -\frac{1}{3}\overrightarrow{AB}$ も成り立つ．

したがって $\triangle A_2B_2C_2 \sim \triangle ABC$ であることが分る ∎

1.4 $A_1, A_2, \cdots$ の位置ベクトルを $\vec{a_1}, \vec{a_2}, \cdots$ で表わすことにする．

$k = 1, 2, \cdots, n$ に対して，条件より
$$\frac{\overrightarrow{p_{k-1}} + \overrightarrow{p_k}}{2} = \vec{a_k}$$
つまり

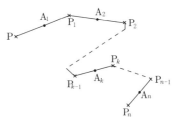

$$\vec{p_k} = -\overrightarrow{p_{k-1}} + 2\vec{a_k} \cdots ①$$
が成り立つ．ただし $\vec{p_0} = \vec{p}$ とする．

$(-1)^k \vec{p_k} = \vec{q_k}$ とおくと ① は
$$\vec{q_k} = \overrightarrow{q_{k-1}} + 2(-1)^k \vec{a_k}, \quad \text{よって} \quad \vec{q_k} - \overrightarrow{q_{k-1}} = 2(-1)^k \vec{a_k}$$
となり，したがって
$$\vec{q_k} - \vec{q_0} = 2\left\{(-1)^k \vec{a_k} + (-1)^{k-1}\overrightarrow{a_{k-1}} + \cdots + (-1)\vec{a_1}\right\} = 2\sum_{\ell=1}^{k}(-1)^\ell \vec{a_\ell}$$
が得られる．$\vec{q_0} = \vec{p}$, $\vec{q_k} = (-1)^k \vec{p_k}$ だから $(-1)^k \vec{p_k} = \vec{p} + 2\sum_{\ell=1}^{k}(-1)^\ell \vec{a_\ell}$ であり，結局
$$\vec{p_k} = (-1)^k \vec{p} + 2(-1)^k \sum_{\ell=1}^{k}(-1)^\ell \vec{a_\ell}$$
となる．以下，これを適宜用いる．

m を正の整数とする．
(1) $n = 2m$ とおくと
$$\overrightarrow{PP_n} = \overrightarrow{PP_{2m}} = \overrightarrow{p_{2m}} - \vec{p}$$
$$= \vec{p} + 2\sum_{\ell=1}^{2m}(-1)^\ell \vec{a_\ell} - \vec{p} = 2\sum_{\ell=1}^{2m}(-1)^\ell \vec{a_\ell} = \text{定ベクトル}$$
であり，したがって主張は成り立つ ∎

(2) $n = 2m-1$ とすると $\vec{p} + \vec{p_n} = \vec{p} + \overrightarrow{p_{2m-1}} = \vec{p} + (-1)\vec{p} - 2\sum_{\ell=1}^{2m-1}(-1)^{\ell}\overrightarrow{a_\ell}$ より

$$\frac{1}{2}(\vec{p} + \vec{p_n}) = \sum_{\ell=1}^{2m-1}(-1)^{\ell+1}\overrightarrow{a_\ell} = 定ベクトル$$

となり，したがって主張は成り立つ■

注意 漸化式①の解法については数列の章を参照してください．これを解かなくても①から

$$\frac{\overrightarrow{p_{k+1}} + \overrightarrow{p_k}}{2} - \frac{\overrightarrow{p_k} + \overrightarrow{p_{k-1}}}{2} = \overrightarrow{a_{k+1}} - \overrightarrow{a_k}, \text{ つまり } \overrightarrow{P_{k-1}P_{k+1}} = 2\overrightarrow{A_kA_{k+1}}$$

が得られ，これを用いると

n が偶数のとき
$$\overrightarrow{PP_n} = \overrightarrow{P_0P_2} + \overrightarrow{P_2P_4} + \cdots + \overrightarrow{P_{n-2}P_n}$$
$$= 2(\overrightarrow{A_1A_2} + \overrightarrow{A_3A_4} + \cdots + \overrightarrow{A_{n-1}A_n}),$$

n が奇数のとき
$$\vec{p} + \vec{p_n} = \overrightarrow{OP} + (\overrightarrow{OP_1} + \overrightarrow{P_1P_3} + \cdots + \overrightarrow{P_{n-2}P_n})$$
$$= \overrightarrow{OP} + 2\overrightarrow{a_1} - \vec{p} + 2(\overrightarrow{A_2A_3} + \overrightarrow{A_4A_5} + \cdots + \overrightarrow{A_{n-1}A_n})$$
$$= 2(\overrightarrow{a_1} + \overrightarrow{A_2A_3} + \overrightarrow{A_4A_5} + \cdots + \overrightarrow{A_{n-1}A_n})$$

となって結論が導かれます．ただし O は適当な始点です．

1.5 (1) M の任意の要素は
$$\vec{x} = \alpha\vec{a} + \beta\vec{b} + \gamma\vec{c},\ \alpha \geqq 0,\ \beta \geqq 0,\ \gamma \geqq 0,\ \alpha + \beta + \gamma = 1$$
で表わされる．したがって三角不等式を用いると
$$|\vec{x} - \vec{a}| = |\alpha\vec{a} + \beta\vec{b} + \gamma\vec{c} - (\alpha + \beta + \gamma)\vec{a}|$$
$$= |\beta(\vec{b} - \vec{a}) + \gamma(\vec{c} - \vec{a})|$$
$$\leqq |\beta||\vec{b} - \vec{a}| + |\gamma||\vec{c} - \vec{a}|$$
$$\leqq (\beta + \gamma)D = (1 - \alpha)D \leqq D$$
となり，$|\vec{x} - \vec{b}| \leqq D$, $|\vec{x} - \vec{c}| \leqq D$ も同様に示される■

(2) $\vec{y} = p\vec{a} + q\vec{b} + r\vec{c}\ (p \geqq 0,\ q \geqq 0,\ r \geqq 0,\ p + q + r = 1)$ とおく．
(1) の結果に注意すると
$$|\vec{x} - \vec{y}| = |(p+q+r)\vec{x} - (p\vec{a} + q\vec{b} + r\vec{c})|$$
$$= |p(\vec{x} - \vec{a}) + q(\vec{x} - \vec{b}) + r(\vec{x} - \vec{c})|$$
$$\leqq p|\vec{x} - \vec{a}| + q|\vec{x} - \vec{b}| + r|\vec{x} - \vec{c}|$$
$$\leqq (p + q + r)D$$
$$= D$$
となり，主張は成り立つ■

1.6 (1) 直線 PQ が G を通る条件は

$$\overrightarrow{OG} = \frac{1}{3}(\overrightarrow{OA} + \overrightarrow{OB}) = (1-s)\overrightarrow{OP} + s\overrightarrow{OQ} = (1-s)h\overrightarrow{OA} + sk\overrightarrow{OB}$$

をみたす実数 s が存在することである.

$\overrightarrow{OA}, \overrightarrow{OB}$ は一次独立なので
$$\frac{1}{3} = (1-s)h = sk$$

が成り立ち，したがって $s = \frac{1}{3k}$, $1-s = \frac{1}{3h}$ となる.

両式を加えてまとめると $\frac{1}{h} + \frac{1}{k} = 3$ が得られる ∎

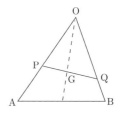

(2) P, Q は辺 OA, OB 上の点で, $h \neq 0$, $k \neq 0$ は (1) より明らかだから $0 < h \leqq 1$, $0 < k \leqq 1$ である.

他方, (1) より $hk = \frac{1}{3}(h+k)$ で, これよりさらに $\left(h - \frac{1}{3}\right)\left(k - \frac{1}{3}\right) = \frac{1}{9}$ となるから, グラフから分るように $\frac{1}{2} \leqq h \leqq 1 \cdots ①$ の範囲を h は変化する.

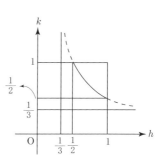

さて
$$T = \triangle OPQ = \frac{1}{2}OP \cdot OQ \cdot \sin(\angle AOB)$$
$$= \frac{1}{2}h \cdot OA \cdot k \cdot OB \cdot \sin(\angle AOB)$$
$$= hkS$$

より $\frac{S}{T} = \frac{1}{hk}$ である. 他方
$$\frac{4}{9}S \leqq T \leqq \frac{1}{2}S \Leftrightarrow 2 \leqq \frac{S}{T} \leqq \frac{9}{4}$$

であるから, $2 \leqq \frac{1}{hk} \leqq \frac{9}{4}$ を示せばよい. (1) より $\frac{1}{k} = 3 - \frac{1}{h}$ だから
$$\frac{1}{hk} = \frac{1}{h}\left(3 - \frac{1}{h}\right) = -\left(\frac{1}{h} - \frac{3}{2}\right)^2 + \frac{9}{4}$$

で, ① より $1 \leqq \frac{1}{h} \leqq 2$ であるから $2 \leqq \frac{1}{hk} \leqq \frac{9}{4}$ となる.

したがって $\frac{4}{9}S \leqq T \leqq \frac{1}{2}S$ が成立する ∎

1.7 (1) まず
$$(\text{i}) \Leftrightarrow \overrightarrow{AB} - \overrightarrow{AP} + \overrightarrow{AC} - \overrightarrow{AP} = -k\overrightarrow{AP}$$
$$\Leftrightarrow (2-k)\overrightarrow{AP} = \overrightarrow{AB} + \overrightarrow{AC}$$
$$\Leftrightarrow \frac{2-k}{2}\overrightarrow{AP} = \frac{1}{2}(\overrightarrow{AB} + \overrightarrow{AC})$$

が成り立つが，これは，辺 BC の中点を M とすると $\overrightarrow{AP} \parallel \overrightarrow{AM}$, つまり M が D に他ならないことを意味している. したがって BD : DC $= 1 : 1$ である ∎

(2) (ii), (iii) を (1) と同様に A を始点にして書き直すと
$$(2-k)\overrightarrow{AQ} = \overrightarrow{AC} - k\overrightarrow{AB}, \quad (2-k)\overrightarrow{AR} = \overrightarrow{AB} - k\overrightarrow{AC}$$

となり，この 2 式よりさらに $(2-k)(\overrightarrow{AQ} - \overrightarrow{AR}) = (1+k)(\overrightarrow{AC} - \overrightarrow{AB})$, つまり $(2-k)\overrightarrow{RQ} = (1+k)\overrightarrow{BC}$ が得られる. $k = 2$ とすると $\overrightarrow{BC} = \vec{0}$ となって不合理を生ずるから $k \neq 2$ である. また $\overrightarrow{QR} = \vec{0}$ とすると $k = -1$ で，このとき (ii) は $\overrightarrow{QA} + \overrightarrow{QB} + \overrightarrow{QC} = \vec{0}$, つま

り Q が △ABC の重心となってやはり不合理である．よって $\overrightarrow{QR} \neq \vec{0}$ となる．したがって QR // BC が成り立つ ∎

(3) 辺 BC, CA, AB の中点をおのおの D, E, F とすると，(1) から分るように D, E, F はそれぞれ AP, BQ, CR 上にあり，この 3 直線は △ABC の重心 G において交わる．

さて，(2) の結果より ∠RQB = ∠QBC であるが，他方，∠RQB = ∠RCB (弧 $\stackrel{\frown}{BR}$ に対する円周角) だから ∠QBC = ∠RCB，つまり △GBC は GB = GC の 2 等辺三角形となる．(2) と同様に RP // CA, PQ // AB もいえるので GC = GA, GA = GB も導かれるから，GA = GB = GC となって G は外心と一致する．したがって △ABC は正三角形である ∎

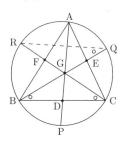

注意 (3) の最後で，重心と外心が一致する三角形は正三角形であるということを用いています．これは次のように証明できます．

重心 = 外心 = X とし，辺 BC, CA, AB の中点を D, E, F としましょう．

X は外心だから XA = XB = XC で，重心でもあるから $XD = XE = XF = \frac{1}{2}XA$ であり，さらに ∠AXF = ∠CXD なので △XAF ≡ △XCD です．

次に，XD⊥BC, XE⊥CA より △XDC, △XEC は直角三角形で，XD = XE だから △XDC ≡ △XEC です．同様にして，X を頂点にもつ 6 個の直角三角形はすべて合同になるので AB = BC = CA がいえます．

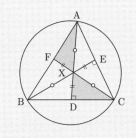

結果からみると $k = \frac{1}{2}$ であることが分りますが，これを (ⅰ)～(ⅲ) のベクトル演算のみから導くことはやさしくないようです．P, Q, R が外接円の円周上にあることの表現が簡単ではないからでしょう．

円周上にあることを方巾の定理で表わすことにすると次のような考え方もできます．
A, B, … の位置ベクトルを $\vec{a}, \vec{b}, \ldots$ で表わしましょう．

まず (ⅰ) は $\vec{p} = \dfrac{\vec{b} + \vec{c} - k\vec{a}}{2-k} = \dfrac{2\vec{d} - k\vec{a}}{2-k}$ となります．ただし，$\vec{d} = \dfrac{\vec{b} + \vec{c}}{2}$ は辺 BC の中点です．ここで始点を A にとると，$\overrightarrow{AP} = \dfrac{2}{2-k}\overrightarrow{AD}$ より $2-k>0$，つまり $k<2$ であり，D を始点にとれば $k\overrightarrow{DA} = -(2-k)\overrightarrow{DP}$ となります．D に関して A と P が反対側にあること，および $2-k>0$ に注意すると $k>0$ となり，よって $0<k<2$ が成り立ちます．したがって P は AD を $2:k$ に外分する点であることが分り，これよりさらに $AD:DP = (2-k):k$，つまり $DP = \dfrac{k}{2-k}AD$ が得られます．

さて，$BC = a, CA = b, AB = c$ とおきましょう．方巾の定理より $DA \cdot DP =$

DB·DC, DB = DC = $\frac{1}{2}a$ ですから $\frac{k}{2-k}$AD^2 = $\frac{1}{4}a^2$, つまり AD^2 = $\frac{2-k}{4k}a^2$ です. よって中線定理 $2(AD^2+BD^2) = AB^2+AC^2$ に代入してまとめると $b^2+c^2 = \frac{1}{k}a^2$ が得られ, 同様に, (ii), (iii) から $c^2+a^2 = \frac{1}{k}b^2$, $a^2+b^2 = \frac{1}{k}c^2$ となり, これら 3 式を加えることで $k = \frac{1}{2}$ が直ちに得られます.

1.8 $\overrightarrow{OX}$, $\overrightarrow{OY}$ と同方向の単位ベクトルをそれぞれ $\vec{e}$, $\vec{f}$ とし, OA = s, OB = t とおくと, $\overrightarrow{OA} = s\vec{e}$, $\overrightarrow{OB} = t\vec{f}$ である.

さらに $\overrightarrow{OP} = p\vec{e} + q\vec{f}$ とおくと, P は ∠XOY の内側にあるので $p>0$, $q>0$ である. さて
$$\overrightarrow{OP} = p\vec{e} + q\vec{f} = (1-\alpha)\overrightarrow{OA} + \alpha\overrightarrow{OB}$$
$$= (1-\alpha)s\vec{e} + \alpha t\vec{f}$$

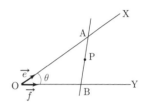

をみたす α が存在する. ただし P は線分 AB 上にあるので $0 < \alpha < 1$ である.

$\vec{e}$, $\vec{f}$ は一次独立なので $p = (1-\alpha)s$, $q = \alpha t$ が得られ, $pq \neq 0$ より $st \neq 0$ だから
$$\alpha = 1 - \frac{p}{s} = \frac{q}{t} \cdots ①$$
が成り立つ.

△OAB = S, ∠AOB = θ とおくと
$$S = \frac{1}{2}\text{OA} \cdot \text{OB} \cdot \sin\theta = \frac{\sin\theta}{2}st$$
となる. ここで ① を用いると
$$\frac{1}{st} = \frac{1}{s} \cdot \frac{1}{q}\left(1 - \frac{p}{s}\right) = -\frac{p}{q}\left(\frac{1}{s^2} - \frac{1}{p}\frac{1}{s}\right)$$
$$= -\frac{p}{q}\left\{\left(\frac{1}{s} - \frac{1}{2p}\right)^2 - \frac{1}{4p^2}\right\} = -\frac{p}{q}\left(\frac{1}{s} - \frac{1}{2p}\right)^2 + \frac{1}{4pq}$$

だから, $\frac{1}{st}$ は $\frac{1}{s} = \frac{1}{2p}$ ($t = 2q$) で最大, つまり st は最小となる. このとき ① より $\alpha = \frac{1}{2}$ である. また, 与えられた p, q に対して $s = 2p$, $t = 2q$ なる s, t をとれば, ① より $\alpha = \frac{1}{2}$, つまり P が線分 AB の中点となるように AB を引くことができる. したがって, P が線分 AB の中点となるように AB を引けば △OAB は最小となる ∎

1.9 $\overrightarrow{OP} + \overrightarrow{OQ} = \overrightarrow{OS}$ とおくと $\overrightarrow{OR} = \frac{1}{2}\overrightarrow{OS}$ であるから, R の動き得る範囲は, S の動き得る範囲 (これを D とする) を O を中心に $\frac{1}{2}$ 倍に相似縮小したものである. したがって求める面積は $\frac{1}{4} \times$ (D の面積) で与えられる.

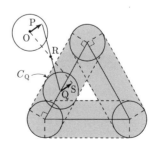

Q を固定して P を条件下で動かすと, S は Q を中心とする半径 1 の円の周と内部を動く. この円を C_Q とすると, おのおのの Q に対して S の範囲 C_Q が得られるから, D は Q が △ABC の周上を動いたときの C_Q が

通過する範囲に他ならない．

この範囲は図の通りである．

したがって D の面積は

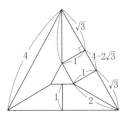

$$= 3 \cdot \frac{1}{2} \cdot 1^2 \cdot \frac{2}{3}\pi + 12 + \frac{\sqrt{3}}{4} \cdot 4^2 - \frac{\sqrt{3}}{4}(4 - 2\sqrt{3})^2$$

$$= \pi + 24 - 3\sqrt{3}$$

になるので，求める面積は $\dfrac{\pi}{4} + 6 - \dfrac{3}{4}\sqrt{3}$ である∎

> **注意** P を固定して Q を動かすと分りにくくなります．
> 上の考え方はよく利用されるので充分理解しておきたいところです．
> $\frac{1}{2}\overrightarrow{OP}, \frac{1}{2}\overrightarrow{OQ}$ で表わされる点は，P, Q が動くそれぞれの円と正三角形を $\frac{1}{2}$ 倍に縮小した図形上を動くので，1辺の長さが2の正三角形の周上に中心をもつ半径 $\frac{1}{2}$ の円の通過範囲と考えることもできます．

1.10 $\overrightarrow{AB} = \vec{b}, \overrightarrow{AC} = \vec{c}$ とおく．$|\vec{b}| = |\vec{c}| = 1 \cdots$ ① として一般性を失わない．
$\angle BAC = \theta$ とおくと①より

$$(\vec{b}, \vec{c}) = \cos\theta \cdots ②$$

である．さて，AD⊥AF という条件は $\mathrm{DF}^2 = \mathrm{AD}^2 + \mathrm{AF}^2$ が成り立つことと同じである．

$\mathrm{CF} = \mathrm{BC} = 2\sin\dfrac{\theta}{2}$, $\mathrm{AC} = 1$,

$\angle \mathrm{ACF} = \dfrac{\pi}{2} + \dfrac{\pi - \theta}{2} = \pi - \dfrac{\theta}{2}$

だから余弦定理より

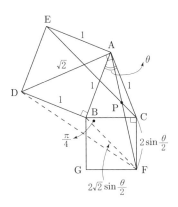

$$\mathrm{AF}^2 = 1 + 4\sin^2\frac{\theta}{2} - 2 \cdot 2\sin\frac{\theta}{2}\cos\left(\pi - \frac{\theta}{2}\right)$$

$$= 1 + 2(1 - \cos\theta) + 2\sin\theta$$

$$= 3 + 2\sin\theta - 2\cos\theta$$

である．次に

$\mathrm{BD} = 1$, $\mathrm{BF} = 2\sqrt{2}\sin\dfrac{\theta}{2}$,

$$\angle \mathrm{DBF} = \begin{cases} 2\pi - \left(\dfrac{\pi - \theta}{2} + \dfrac{\pi}{2} + \dfrac{\pi}{4}\right) = \dfrac{3}{4}\pi + \dfrac{\theta}{2} & \left(0 < \theta \leqq \dfrac{\pi}{2}\right) \\ \dfrac{\pi - \theta}{2} + \dfrac{\pi}{2} + \dfrac{\pi}{4} = 2\pi - \left(\dfrac{3}{4}\pi + \dfrac{\theta}{2}\right) & \left(\dfrac{\pi}{2} < \theta < \pi\right) \end{cases}$$

なので，余弦定理により

$$\mathrm{DF}^2 = 1 + 8\sin^2\frac{\theta}{2} - 4\sqrt{2}\sin\frac{\theta}{2}\cos\left(\frac{3}{4}\pi + \frac{\theta}{2}\right)$$

$$= 1 + 4(1 - \cos\theta) + 4\left\{\frac{1}{2}\sin\theta + \frac{1}{2}(1 - \cos\theta)\right\}$$

$$= 7 + 2\sin\theta - 6\cos\theta$$

となり，さらに $\mathrm{AD}^2 = 2$ であるから，結局，条件は

$$7+2\sin\theta-6\cos\theta=2+3+2\sin\theta-2\cos\theta,\ \text{つまり}\ \cos\theta=\frac{1}{2}$$

となる∎

上の結果より $\theta=\dfrac{\pi}{3}$ だから $\triangle\mathrm{ABC}$ は正三角形である．また，② は $(\vec{b},\vec{c})=\dfrac{1}{2}\cdots$ ②$'$ となる．

$\overrightarrow{\mathrm{AE}}=\alpha\vec{b}+\beta\vec{c}$ とおくと $|\overrightarrow{\mathrm{AE}}|=1$, $\overrightarrow{\mathrm{AE}}\perp\vec{b}$ より
$$|\alpha\vec{b}+\beta\vec{c}|^2=1,\quad (\vec{b},\ \alpha\vec{b}+\beta\vec{c})=0$$
となり，これを ①, ②$'$ を用いて整理すると
$$\alpha^2+\beta^2+\alpha\beta=1,\quad \alpha+\frac{1}{2}\beta=0$$

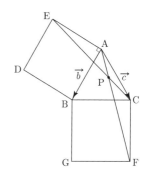

で，$\beta<0$ に注意してこれを解いて $\alpha=\dfrac{1}{\sqrt{3}},\ \beta=-\dfrac{2}{\sqrt{3}}$ を得る．

次に，$\mathrm{CF}=1$, $\overrightarrow{\mathrm{CF}}\parallel\vec{b}+\vec{c}$, かつ $|\vec{b}+\vec{c}|=\sqrt{3}$ なので
$$\overrightarrow{\mathrm{AF}}=\overrightarrow{\mathrm{AC}}+\overrightarrow{\mathrm{CF}}=\vec{c}+\frac{\vec{b}+\vec{c}}{|\vec{b}+\vec{c}|}$$
$$=\vec{c}+\frac{\vec{b}+\vec{c}}{\sqrt{3}}=\frac{1}{\sqrt{3}}\vec{b}+\frac{\sqrt{3}+1}{\sqrt{3}}\vec{c}$$
である．

以上より
$$\overrightarrow{\mathrm{AP}}=s\overrightarrow{\mathrm{AF}}=(1-t)\overrightarrow{\mathrm{AC}}+t\overrightarrow{\mathrm{AE}}$$
$$=s\left(\frac{1}{\sqrt{3}}\vec{b}+\frac{\sqrt{3}+1}{\sqrt{3}}\vec{c}\right)=(1-t)\vec{c}+t\left(\frac{1}{\sqrt{3}}\vec{b}-\frac{2}{\sqrt{3}}\vec{c}\right)$$
とおくことができ，$\vec{b},\vec{c}$ は一次独立だから
$$\frac{s}{\sqrt{3}}=\frac{t}{\sqrt{3}},\quad \frac{\sqrt{3}+1}{\sqrt{3}}s=1-t-\frac{2}{\sqrt{3}}t$$
となり，これより $s=t=2-\sqrt{3}$ が得られる．したがって
$$\overrightarrow{\mathrm{AP}}=\frac{2-\sqrt{3}}{\sqrt{3}}\vec{b}+\frac{(2-\sqrt{3})(\sqrt{3}+1)}{\sqrt{3}}\vec{c}=\frac{2\sqrt{3}-3}{3}\vec{b}+\frac{3-\sqrt{3}}{3}\vec{c}$$

となる∎

注意 前半では次の考え方が普通でしょうが，少し計算が面倒です．

解と同じように，$\overrightarrow{\mathrm{AE}}=\alpha\vec{b}+\beta\vec{c}$ とおいて，$|\overrightarrow{\mathrm{AE}}|=1$ と $(\overrightarrow{\mathrm{AE}},\vec{b})=0$ から $\alpha,\beta\ (<0)$ を決めると $\overrightarrow{\mathrm{AE}}=\dfrac{\cos\theta}{\sin\theta}\vec{b}-\dfrac{1}{\sin\theta}\vec{c}$ が得られます．したがって
$$\overrightarrow{\mathrm{AD}}=\vec{b}+\overrightarrow{\mathrm{AE}}=\left(1+\frac{\cos\theta}{\sin\theta}\right)\vec{b}-\frac{1}{\sin\theta}\vec{c}\cdots(*)$$
となります．次に，やはり解と同様に考えて
$$\overrightarrow{\mathrm{AF}}=\overrightarrow{\mathrm{AC}}+\overrightarrow{\mathrm{CF}}=\vec{c}+2\sin\frac{\theta}{2}\cdot\frac{\vec{b}+\vec{c}}{|\vec{b}+\vec{c}|}$$

$$= \vec{c} + 2\sin\frac{\theta}{2} \frac{1}{2\cos\frac{\theta}{2}}(\vec{b} + \vec{c})$$
$$= \tan\frac{\theta}{2} \cdot \vec{b} + \left(1 + \tan\frac{\theta}{2}\right)\vec{c} \cdots (**)$$

が得られます．$(\overrightarrow{AD}, \overrightarrow{AF}) = 0$ に $(*), (**)$ を代入して解の ①, ② を用いると θ の方程式

$$\left(1 + \frac{\cos\theta}{\sin\theta}\right)\tan\frac{\theta}{2} - \left(1 + \tan\frac{\theta}{2}\right)\frac{1}{\sin\theta}$$
$$+ \left(1 + \frac{\cos\theta}{\sin\theta}\right)\left(1 + \tan\frac{\theta}{2}\right)\cos\theta - \frac{\tan\frac{\theta}{2}}{\sin\theta}\cos\theta = 0$$

が得られます．これを解くのは少々大変ですが

$$\tan\frac{\theta}{2} = u, \quad \cos\theta = \frac{1-u^2}{1+u^2}, \quad \sin\theta = \frac{2u}{1+u^2}$$

を用いて u の方程式に直すと $u^2 = \frac{1}{3}$ が求められ，$\cos\theta = \frac{1}{2}$ が導けます．

解で示したように $\mathrm{AF}^2 = 3 + 2\sin\theta - 2\cos\theta$ でした．したがって $\angle\mathrm{FAC} = \varphi$ とおくと，余弦定理より

$$\cos\varphi = \frac{1 + 3 + 2\sin\theta - 2\cos\theta - 4\sin^2\frac{\theta}{2}}{2\sqrt{3 + 2\sin\theta - 2\cos\theta}} = \frac{1 + \sin\theta}{\sqrt{3 + 2\sin\theta - 2\cos\theta}}$$

が得られ，これよりさらに

$$\sin\varphi = \sqrt{1 - \frac{(1 + \sin\theta)^2}{3 + 2\sin\theta - 2\cos\theta}} = \frac{1 - \cos\theta}{\sqrt{3 + 2\sin\theta - 2\cos\theta}}$$

が得られます．これらの2式と $\theta - \varphi = \frac{\pi}{4}$ から導かれる次式

$$\tan\varphi = \frac{1 - \cos\theta}{1 + \sin\theta} = \tan\left(\theta - \frac{\pi}{4}\right) = \frac{\tan\theta - 1}{1 + \tan\theta} = \frac{\sin\theta - \cos\theta}{\cos\theta + \sin\theta}$$

から $\cos\theta$ を求めることもできます．

1.11 条件は
$$(\overrightarrow{AB}, \overrightarrow{AC} - \overrightarrow{AB}) = (\overrightarrow{AC} - \overrightarrow{AB}, \overrightarrow{AD} - \overrightarrow{AC})$$
$$= (\overrightarrow{AD} - \overrightarrow{AC}, -\overrightarrow{AD}) = (-\overrightarrow{AD}, \overrightarrow{AB})$$

であり，これは

$$\left.\begin{array}{l}(\overrightarrow{AB}, \overrightarrow{AC} - \overrightarrow{AB} + \overrightarrow{AD}) = 0, \quad (\overrightarrow{CD}, \overrightarrow{AC} - \overrightarrow{AB} + \overrightarrow{AD}) = 0 \\ (\overrightarrow{AD}, \overrightarrow{AB} - \overrightarrow{AD} + \overrightarrow{AC}) = 0, \quad (\overrightarrow{BC}, \overrightarrow{AB} - \overrightarrow{AD} + \overrightarrow{AC}) = 0\end{array}\right\} \cdots ①$$

と同値である．

もし $\overrightarrow{AC} - \overrightarrow{AB} + \overrightarrow{AD} = \vec{0}$ ならば $\overrightarrow{AC} = \overrightarrow{AB} - \overrightarrow{AD} = \overrightarrow{DB}$ となって，□ABCD の2本の対角線が平行になり不合理である．したがって $\overrightarrow{AC} - \overrightarrow{AB} + \overrightarrow{AD} \neq \vec{0}$ だから，① の初めの2式より $\overrightarrow{AB} \perp \overrightarrow{AC} - \overrightarrow{AB} + \overrightarrow{AD}$，$\overrightarrow{CD} \perp \overrightarrow{AC} - \overrightarrow{AB} + \overrightarrow{AD}$，つまり $\overrightarrow{AB} \parallel \overrightarrow{CD}$ が得られる．

同様に $\overrightarrow{AB} - \overrightarrow{AD} + \overrightarrow{AC} \neq \vec{0}$ に注意すると，① の残りの2式より $\overrightarrow{AD} \parallel \overrightarrow{BC}$ が得られ，したがって □ABCD は平行四辺形でなければならない．

よって $\vec{DC} = \vec{AB}$, $\vec{AD} = \vec{BC}$ で，このとき①は
$$0 = (\vec{AB}, \vec{AC} - \vec{AB} + \vec{AD}) = (\vec{AB}, \vec{AC} - \vec{DC} + \vec{AD}) = 2(\vec{AB}, \vec{AD})$$
$$0 = (\vec{AD}, \vec{AB} - \vec{AD} + \vec{AC}) = (\vec{AD}, \vec{AB} - \vec{BC} + \vec{AC}) = 2(\vec{AD}, \vec{AB})$$
つまり $(\vec{AB}, \vec{AD}) = 0$ と同値で，これは AB⊥AD を意味する．

以上により □ABCD は長方形である ∎

> **注意** $|\vec{a}| = a$, $|\vec{b}| = b$, $|\vec{c}| = c$, $|\vec{d}| = d$, 内角を A, B, C, D とおきましょう．
> すると条件は
> $$ab\cos(\pi - B) = bc\cos(\pi - C) = cd\cos(\pi - D) = da\cos(\pi - A)$$
> つまり
> $$ab\cos B = bc\cos C = cd\cos D = da\cos A \cdots (*)$$
> となります．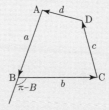
>
> したがって，$\cos A, \cos B, \cos C, \cos D$ はすべて正か，すべて負か，すべて 0 か，のいずれかが成り立ちます．
>
> 第1の場合，A, B, C, D はすべて鋭角で $A+B+C+D < 2\pi$ となり，第2の場合も $A+B+C+D > 2\pi$ となって，どちらも $A+B+C+D = 2\pi$ に反します．第3の場合 $A = B = C = D = \frac{\pi}{2}$ となるので □ABCD が長方形であるという結論を得ることができます．
>
> $AC = l$, $BD = m$ とおいて $(*)$ に余弦定理を用いても議論できます．

1.12 △ABC の内角を A, B, C とおく．

以下 $A + B + C = \pi$ を随時用いる．

条件は
$$|\vec{p}| = |\vec{a}||\vec{b}||\vec{c}|$$
$$\Leftrightarrow |(\vec{a}, \vec{b})\vec{c} + (\vec{b}, \vec{c})\vec{a} + (\vec{c}, \vec{a})\vec{b}|^2 = |\vec{a}|^2|\vec{b}|^2|\vec{c}|^2$$
$$\Leftrightarrow (\vec{a}, \vec{b})^2|\vec{c}|^2 + (\vec{b}, \vec{c})^2|\vec{a}|^2 + (\vec{c}, \vec{a})^2|\vec{b}|^2 + 6(\vec{a}, \vec{b})(\vec{b}, \vec{c})(\vec{c}, \vec{a}) = |\vec{a}|^2|\vec{b}|^2|\vec{c}|^2$$
$$\Leftrightarrow |\vec{a}|^2|\vec{b}|^2|\vec{c}|^2\{\cos^2(\pi - C) + \cos^2(\pi - A) + \cos^2(\pi - B) + 6\cos(\pi - C)\cos(\pi - A)\cos(\pi - B)\} = |\vec{a}|^2|\vec{b}|^2|\vec{c}|^2$$
$$\Leftrightarrow \cos^2 A + \cos^2 B + \cos^2 C - 6\cos A \cos B \cos C = 1$$
$$\Leftrightarrow \cos^2 A + \frac{1}{2}(1 + \cos 2B) + \frac{1}{2}(1 + \cos 2C) - 6\cos A \cos B \cos C = 1$$
$$\Leftrightarrow \cos^2 A + \frac{1}{2} \cdot 2\cos(B+C)\cos(B-C) - 6\cos A \cdot \frac{1}{2}\{\cos(B+C) + \cos(B-C)\} = 0$$
$$\Leftrightarrow \cos^2 A - \cos A \cos(B-C) - 3\cos A(-\cos A + \cos(B-C)) = 0$$
$$\Leftrightarrow \cos A\{\cos A - \cos(B-C)\} = 0$$

$$\Leftrightarrow \cos A \cdot (-2) \sin \frac{A+B-C}{2} \sin \frac{A-B+C}{2} = 0$$
$$\Leftrightarrow \cos A \sin \frac{\pi - 2C}{2} \sin \frac{\pi - 2B}{2} = 0$$
$$\Leftrightarrow \cos A \cos B \cos C = 0$$

と同値変形される．この最後の式は，A, B, C のいずれかが $\frac{\pi}{2}$ であることを意味している．したがって主張は成り立つ．■

注意 次のような解もできます．
$|\vec{a}| = a, |\vec{b}| = b, |\vec{c}| = c, (\vec{a}, \vec{b}) = \gamma, (\vec{b}, \vec{c}) = \alpha, (\vec{c}, \vec{a}) = \beta$ とおきましょう．△ABC が直角三角形であることは $\alpha\beta\gamma = 0$ が成り立つことと同じですから
$$|\alpha\vec{a} + \beta\vec{b} + \gamma\vec{c}|^2 = a^2 b^2 c^2 \Leftrightarrow \alpha\beta\gamma = 0 \cdots (*)$$
を示せばよいことになります．$\vec{a} + \vec{b} + \vec{c} = \vec{0}$ より $\vec{c} = -\vec{a} - \vec{b}$ なので
$$c^2 = |\vec{a} + \vec{b}|^2 = a^2 + b^2 + 2\gamma,$$
$$\alpha = (\vec{b}, -\vec{a} - \vec{b}) = -\gamma - b^2, \ \beta = (\vec{a}, -\vec{a} - \vec{b}) = -a^2 - \gamma$$
が成り立ち，これらより $a^2 = -\beta - \gamma, b^2 = -\alpha - \gamma, c^2 = -\alpha - \beta$ が得られます．したがって
$$|\alpha\vec{a} + \beta\vec{b} + \gamma\vec{c}|^2 - a^2 b^2 c^2$$
$$= \alpha^2 a^2 + \beta^2 b^2 + \gamma^2 c^2 + 6\alpha\beta\gamma - (-\beta-\gamma)(-\gamma-\alpha)(-\alpha-\beta)$$
$$= \alpha^2(-\beta-\gamma) + \beta^2(-\gamma-\alpha) + \gamma^2(-\alpha-\beta)$$
$$\quad + 6\alpha\beta\gamma + \alpha^2\beta + \alpha\beta^2 + \beta^2\gamma + \beta\gamma^2 + \gamma^2\alpha + \gamma\alpha^2 + 2\alpha\beta\gamma$$
$$= 8\alpha\beta\gamma$$
となって $(*)$ が導けます．

1.13 B と B$'$，C と C$'$ がおのおの m, ℓ に関して対称であることは
$$\vec{b'} - \vec{b} \parallel \vec{c} \ \text{かつ} \ \frac{1}{2}(\vec{b'} + \vec{b}) \perp \vec{c},$$
および
$$\vec{c'} - \vec{c} \parallel \vec{b} \ \text{かつ} \ \frac{1}{2}(\vec{c'} + \vec{c}) \perp \vec{b}$$

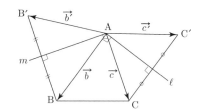

が成り立つことと同じである．これらは
$$(\alpha - 1)\vec{b} + \vec{c} \parallel \vec{c} \cdots ①,$$
$$((\alpha + 1)\vec{b} + \vec{c}, \vec{c}) = 0 \cdots ②,$$
$$n\vec{b} + (\beta - 1)\vec{c} \parallel \vec{b} \cdots ③,$$
$$(n\vec{b} + (\beta + 1)\vec{c}, \vec{b}) = 0 \cdots ④$$
となる．①,③ より $\alpha = 1, \beta = 1$ が得られる．このとき ②,④ は
$$2(\vec{b}, \vec{c}) + |\vec{c}|^2 = 0, \quad n|\vec{b}|^2 + 2(\vec{b}, \vec{c}) = 0$$
であり，$\angle \mathrm{BAC} = \theta$ とおくと，$|\vec{b}| = 1$ なので，さらに
$$2\cos\theta + |\vec{c}| = 0 \cdots ②', \quad n + 2|\vec{c}|\cos\theta = 0 \cdots ④'$$
となる．

②′, ④′ より $|\vec{c}|$ を消去して $\cos^2\theta = \frac{1}{4}n$ が得られるが，$n \neq 0$ より $0 < \cos^2\theta < 1$ だから $n = 1, 2, 3$ となる．ここで，$0 < \theta < \pi$，かつ ②′ より $\cos\theta = -\frac{1}{2}|\vec{c}| < 0$ だから $\frac{\pi}{2} < \theta < \pi$ である．このことに注意すると

$$n = 1 \text{ のとき } \cos\theta = -\frac{1}{2} \text{ より } \theta = \frac{2}{3}\pi, |\vec{c}| = -2\cos\theta = 1,$$

$$n = 2 \text{ のとき } \cos\theta = -\frac{1}{\sqrt{2}} \text{ より } \theta = \frac{3}{4}\pi, |\vec{c}| = \sqrt{2},$$

$$n = 3 \text{ のとき } \cos\theta = -\frac{\sqrt{3}}{2} \text{ より } \theta = \frac{5}{6}\pi, |\vec{c}| = \sqrt{3}$$

が得られる．以上より

$$\alpha = \beta = 1,\ (n, \angle\text{BAC}, |\vec{c}|) = \left(1, \frac{2}{3}\pi, 1\right), \left(2, \frac{3}{4}\pi, \sqrt{2}\right), \left(3, \frac{5}{6}\pi, \sqrt{3}\right)$$

を得る ∎

1.14 $\angle\text{AOB} = \frac{\pi}{3}$ なので，図のように $\triangle\text{ABC}$ に外接する正三角形 ODE をつくると，

$\angle\text{OAB} + \angle\text{AOB}$
$= \angle\text{ABD} = \angle\text{ABC} + \angle\text{CBD}$

で，さらに $\angle\text{AOB} = \angle\text{ABC} = \frac{\pi}{3}$ なので $\angle\text{OAB} = \angle\text{CBD}$ が成り立ち，他の角度についても同様の等式が成り立つので，

$\triangle\text{OAB} \equiv \triangle\text{DBC} \equiv \triangle\text{ECA}$

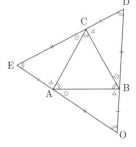

となる．したがって C は線分 DE を $|\vec{b}| : |\vec{a}|$ に内分する点であり

$$\overrightarrow{\text{OD}} = \frac{|\vec{a}| + |\vec{b}|}{|\vec{b}|}\vec{b}, \quad \overrightarrow{\text{OE}} = \frac{|\vec{a}| + |\vec{b}|}{|\vec{a}|}\vec{a}$$

である．よって

$$\vec{c} = \frac{|\vec{a}|\overrightarrow{\text{OD}} + |\vec{b}|\overrightarrow{\text{OE}}}{|\vec{a}| + |\vec{b}|} = \frac{|\vec{b}|}{|\vec{a}|}\vec{a} + \frac{|\vec{a}|}{|\vec{b}|}\vec{b}$$

が得られる ∎

注意 本問では次のようにいろいろな考え方ができます．

まず複素平面上で考えてみましょう．

O を原点とする複素平面上で A, B, C を表わす複素数をそれぞれ α, β, γ としましょう．AB を $\frac{\pi}{3}$ 回転すると AC に重なりますから

$$\gamma = \alpha + (\gamma - \alpha) = \alpha + \frac{1 + \sqrt{3}i}{2}(\beta - \alpha)$$
$$= \frac{1 - \sqrt{3}i}{2}\alpha + \frac{1 + \sqrt{3}i}{2}\beta$$

が成り立ちます．また，$\angle\text{AOB} = \frac{\pi}{3}$ なので，OB を $\frac{\pi}{3}$ 回

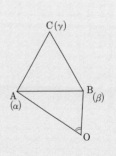

転して $\dfrac{|\alpha|}{|\beta|}$ 倍にしたものが OA を与えます．したがって

$$\alpha = \dfrac{|\alpha|}{|\beta|} \cdot \dfrac{1+\sqrt{3}i}{2}\beta, \quad \text{つまり} \quad \dfrac{1+\sqrt{3}i}{2}\beta = \dfrac{|\beta|}{|\alpha|}\alpha$$

となり，この両辺に $\dfrac{1-\sqrt{3}i}{2}$ をかけて

$$\beta = \dfrac{1-\sqrt{3}i}{2}\dfrac{|\beta|}{|\alpha|}\alpha, \quad \text{よって} \quad \dfrac{1-\sqrt{3}i}{2}\alpha = \dfrac{|\alpha|}{|\beta|}\beta$$

が得られます．

したがって $\gamma = \dfrac{|\beta|}{|\alpha|}\alpha + \dfrac{|\alpha|}{|\beta|}\beta$ が成り立ち，この式をベクトルによる表現に直して結論が得られます．

初等幾何的には次のように解くことができます．

簡単のため $|\vec{a}| = a$, $|\vec{b}| = b$ とおきましょう．図のように，OA, OB 上に点 A′, B′ を，□OA′CB′ が平行四辺形になるようにとると

$$\overrightarrow{OA'} = \dfrac{b}{a}\vec{a}, \quad \overrightarrow{OB'} = \dfrac{a}{b}\vec{b}$$

を示せばよいことになりますが，これらは OA′ $= b$, OB′ $= a$ を示すことと同じです．

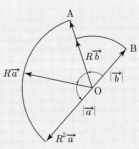

さて，∠CBA $=$ ∠CA′A $= \dfrac{\pi}{3}$ ですから，C, A, A′, B は同一円周上の点です．したがって ∠CA′B $=$ ∠CAB $= \dfrac{\pi}{3}$ になりますから ∠BA′O $= \dfrac{\pi}{3}$ がいえます．

これと ∠BOA′ $= \dfrac{\pi}{3}$ をあわせて △OA′B は正三角形になり，OA′ $=$ OB $= b$ であることが分かります．

次に ∠CAB $+$ ∠CB′B $= \dfrac{\pi}{3} + \dfrac{2}{3}\pi = \pi$ より C, A, B, B′ は同一円周上の点です．よって ∠AB′C $=$ ∠ABC $= \dfrac{\pi}{3}$，したがってさらに ∠OB′A $= \dfrac{\pi}{3}$ もいえて，△OAB′ は正三角形になり，OB′ $=$ OA $= a$ も得られます．

複素数を利用する考え方と本質的に同じですが，一次変換の知識を利用することもできます．O を原点とし，$\dfrac{\pi}{3}$ の回転を表わす行列を R で，単位行列を E で表わしましょう．ケーリー・ハミルトンの定理より $E - R = -R^2$ が成り立つことに注意すると

$$\begin{aligned}
\vec{c} &= \vec{a} + \overrightarrow{AC} = \vec{a} + R\overrightarrow{AB} \\
&= \vec{a} + R(\vec{b} - \vec{a}) \\
&= (E - R)\vec{a} + R\vec{b} \\
&= -R^2\vec{a} + R\vec{b} \\
&= -\left(-\dfrac{|\vec{a}|}{|\vec{b}|}\vec{b}\right) + \dfrac{|\vec{b}|}{|\vec{a}|}\vec{a} \\
&= \dfrac{|\vec{b}|}{|\vec{a}|}\vec{a} + \dfrac{|\vec{a}|}{|\vec{b}|}\vec{b}
\end{aligned}$$

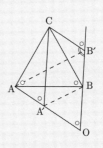

となって結論が得られます.

　この問題をベクトルの計算のみで解こうとすると次のようになります.
$\vec{c} = \alpha \vec{a} + \beta \vec{b}$ とおくと条件より $(\vec{a}, \vec{b}) = \frac{1}{2}ab \cdots (*)$ となります.

　△ABC が正三角形である条件は $|\vec{c} - \vec{a}| = |\vec{c} - \vec{b}| = |\vec{a} - \vec{b}|$, つまり
$$|(\alpha-1)\vec{a} + \beta\vec{b}|^2 = |\alpha\vec{a} + (\beta-1)\vec{b}|^2 = |\vec{a} - \vec{b}|^2$$
です. これを (*) のもとでまとめると
$$(\alpha-1)^2 a^2 + (\alpha-1)\beta ab + \beta^2 b^2 = \alpha^2 a^2 + \alpha(\beta-1)ab + (\beta-1)^2 b^2 = a^2 - ab + b^2$$
が得られます. 実は $\alpha > 0$, $\beta > 0$ が成り立ちますが (理由を考えてみて下さい), これを α, β について解かねばならないことになり, 少し大変でしょう.

1.15 (1) S の 2 つのベクトル $\vec{a}, \vec{b}$ のなす角を θ とすると, 条件 (*) より $\frac{2|\vec{a}|\cos\theta}{|\vec{b}|} \in \mathbb{Z}$ である. この条件は $\vec{a}$ と $\vec{b}$ を入れかえても成り立つから $\frac{2|\vec{b}|\cos\theta}{|\vec{a}|} \in \mathbb{Z}$ となり, この 2 条件より $4\cos^2\theta \in \mathbb{Z}$ となる. $0 \le 4\cos^2\theta \le 4$ だから $4\cos^2\theta = 0, 1, 2, 3, 4$ であり, したがって $\cos\theta = 0, \pm\frac{1}{2}, \pm\frac{1}{\sqrt{2}}, \pm\frac{\sqrt{3}}{2}, \pm 1$, つまり $\theta = 0, \frac{\pi}{6}, \frac{\pi}{4}, \frac{\pi}{3}, \frac{\pi}{2}, \frac{2}{3}\pi, \frac{3}{4}\pi, \frac{5}{6}\pi, \pi$ となり, 主張は成り立つ∎

(2) $\frac{|\vec{a}|}{|\vec{b}|} = \alpha$ とおく. $\theta = 0, \frac{\pi}{6}, \frac{\pi}{3}$ の場合 $\cos\theta > 0$ であること, および $\alpha > 0$ に注意すると, (1) で見たように $2\alpha\cos\theta \in \mathbb{N}$ と, $\frac{2}{\alpha}\cos\theta \in \mathbb{N}$ が成り立つ.

　(ⅰ) $\theta = 0$ のとき, 条件は $2\alpha \in \mathbb{N}$, $\frac{2}{\alpha} \in \mathbb{N}$ だから, p, q を自然数として $2\alpha = p$, $\frac{2}{\alpha} = q$ とおくと $pq = 4$ となる. よって $(p, q) = (1, 4), (2, 2), (4, 1)$ であり, おのおのに対して $\alpha = \frac{1}{2}$, または 1, または 2 となる.

　したがって $|\vec{a}| : |\vec{b}| = 1 : 2$, または $1 : 1$, または $2 : 1$ を得る∎

　(ⅱ) $\theta = \frac{\pi}{6}$ のとき, 同様に $\sqrt{3}\alpha = p$, $\frac{\sqrt{3}}{\alpha} = q$ とおくと, $pq = 3$ より $(p, q) = (1, 3), (3, 1)$ となる. よって $\alpha = \frac{1}{\sqrt{3}}$, または $\sqrt{3}$ だから $|\vec{a}| : |\vec{b}| = 1 : \sqrt{3}$, または $\sqrt{3} : 1$ である∎

　(ⅲ) $\theta = \frac{\pi}{3}$ のとき, $\alpha \in \mathbb{N}$, $\frac{1}{\alpha} \in \mathbb{N}$ より $\alpha = 1$ だから $|\vec{a}| : |\vec{b}| = 1 : 1$ である∎

(3) $\frac{|\vec{a}|}{|\vec{b}|} = \sqrt{3}$ として, 次ページの図のように $\frac{\pi}{6}$ の角度をなす 12 個のベクトルの集合を考える. このうちの任意の 2 個のベクトルは

　　なす角が $\frac{\pi}{6}, \frac{\pi}{2}, \frac{5}{6}\pi$ のとき, 長さの比は $\sqrt{3} : 1$ で,

　　なす角が $\frac{\pi}{3}, \frac{2}{3}\pi$ のとき, 長さの比は $1 : 1$

である.

前者の場合

$$\frac{2(\vec{a},\vec{b})}{|\vec{b}|^2} = 2\sqrt{3} \times \left(0 \text{ または } \pm\frac{\sqrt{3}}{2}\right),$$

$$\text{または } \frac{2}{\sqrt{3}} \times \left(0 \text{ または } \pm\frac{\sqrt{3}}{2}\right)$$

となり，いずれも整数で $(*)$ をみたしている．

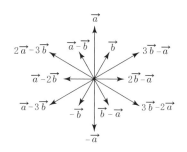

後者の場合

$$\frac{2(\vec{a},\vec{b})}{|\vec{b}|^2} = 2 \times \left(\pm\frac{1}{2}\right) = \pm 1$$

で，条件 $(*)$ は成り立つ．

以上により上の図は S の1つの例である ∎

1.16 (1) 右図は S_6 の1つの例である ∎

(2) (ⅰ)でとくに $\vec{a} = \vec{b}$ とすると $\vec{0} \in S_n$ である．よって，再び(ⅰ)において $\vec{a} = \vec{0}$ とすると，$\vec{b} \in S_n$ ならば $-\vec{b} \in S_n$ であることがいえる．

さて，(ⅲ)の $\vec{a_0}$ に対して，(ⅱ)より

$$R\left(\frac{2\pi}{n}\right)\vec{a_0} \in S_n$$

が成り立ち，よってさらに

$$-R\left(\frac{2\pi}{n}\right)\vec{a_0} \in S_n, \quad \vec{a_0} - R\left(\frac{2\pi}{n}\right)\vec{a_0} \in S_n$$

が成り立つ．ただし，$R(\theta)$ は角 θ の回転を表わす行列とする．

$\left(\vec{a_0}, R\left(\frac{2\pi}{n}\right)\vec{a_0}\right) = |a_0|^2 \cos\frac{2}{n}\pi$ に注意すると

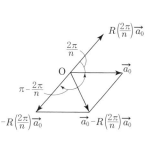

$$\left|\vec{a_0} - R\left(\frac{2\pi}{n}\right)\vec{a_0}\right|^2 = 2|a_0|^2 - 2|a_0|^2 \cos\frac{2}{n}\pi$$

$$= 2|a_0|^2 \left(1 - \cos\frac{2}{n}\pi\right)$$

$$= 4|\vec{a_0}|^2 \sin^2\frac{\pi}{n}$$

である．

ここで，もし $n \geq 7$ ならば $0 < \frac{\pi}{n} \leq \frac{\pi}{7} < \frac{\pi}{6}$ より $0 < \sin\frac{\pi}{n} < \frac{1}{2}$ である．よって $0 < 4\sin^2\frac{\pi}{n} < 1$ となるから $\left|\vec{a_0} - R\left(\frac{2\pi}{n}\right)\vec{a_0}\right|^2 < |a_0|^2$，つまり $\left|\vec{a_0} - R\left(\frac{2\pi}{n}\right)\vec{a_0}\right| < |a_0|$ となり，$\vec{a_0}$ が最小元であることに反する．したがって $n \leq 6$ である ∎

注意 (1)の S_6 は，$|\vec{e}| = |\vec{f}| \neq 0$, かつ $\vec{e}$ と $\vec{f}$ のなす角が $\frac{\pi}{3}$ であるような $\vec{e}, \vec{f}$ を用いて $S_6 = \{m\vec{e} + n\vec{f} \mid m \in \mathbb{Z}, n \in \mathbb{Z}\}$ で表わされます．これが実際に(ⅰ)～(ⅲ)をみたすことは計算でも容易に確かめられますから各自試みてください．

本問は難しい問題です．(ⅰ), (ⅱ)は S_n を構成するルールを述べたもの，(ⅲ)は

S_n の1つの性質を示したもので，このような間接的な形で集合を規定することが高校ではほとんどないことが難しさのもとでしょう．

1.17 (1)　AIと辺BCの交点をDとすると，$\angle BAD = \angle CAD$ より $BD:DC = AB:AC = c:b$ である．よって，$BC = a$ に注意して
$$BD = \frac{ca}{b+c}, \quad DC = \frac{ba}{b+c}$$
が得られる．同様に
$$AI:ID = CA:CD$$
$$= b:\frac{ba}{b+c} = (b+c):a$$

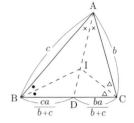

よりIは線分ADを $(b+c):a$ に内分することが分る．さらに，DはBCを $c:b$ に内分するから
$$\overrightarrow{PI} = \frac{a\overrightarrow{PA} + (b+c)\overrightarrow{PD}}{(b+c)+a} = \frac{1}{a+b+c}\left\{a\overrightarrow{PA} + (b+c)\frac{b\overrightarrow{PB} + c\overrightarrow{PC}}{b+c}\right\}$$
$$= \frac{a\overrightarrow{PA} + b\overrightarrow{PB} + c\overrightarrow{PC}}{a+b+c}$$
である▮

(2)　(1) において $P = I$ にとると $a\overrightarrow{IA} + b\overrightarrow{IB} + c\overrightarrow{IC} = \overrightarrow{0}$ となる．これに正弦定理を用いると直ちに $\sin A \cdot \overrightarrow{IA} + \sin B \cdot \overrightarrow{IB} + \sin C \cdot \overrightarrow{IC} = \overrightarrow{0}$ が得られる▮

注意　Iは $\angle A$, $\angle B$ の2等分線の交点です．したがって，s, t を実数として
$$\overrightarrow{AI} = s\left(\frac{1}{c}\overrightarrow{AB} + \frac{1}{b}\overrightarrow{AC}\right) = \overrightarrow{AB} + t\left(\frac{1}{c}\overrightarrow{BA} + \frac{1}{a}\overrightarrow{BC}\right)$$
$$= \left\{1 - t\left(\frac{1}{a} + \frac{1}{c}\right)\right\}\overrightarrow{AB} + \frac{t}{a}\overrightarrow{AC}$$
と表わされ，これより $\frac{s}{b} = \frac{t}{a}$, $\frac{s}{c} = 1 - \frac{c+a}{ac}t$ が得られます．これを解くと $s = \frac{bc}{a+b+c}$ となり，したがって $\overrightarrow{AI} = \frac{b}{a+b+c}\overrightarrow{AB} + \frac{c}{a+b+c}\overrightarrow{AC}$ が得られ，これをPを始点にして書き直すと (1) の結論が導けます．

(1) を利用せず，直接 (2) を証明するために，たとえば
$$\left|\sin A \cdot \overrightarrow{IA} + \sin B \cdot \overrightarrow{IB} + \sin C \cdot \overrightarrow{IC}\right|^2 = 0$$
を示す，といったことも考えられますが，この計算は少し大変です．

この他に次のような方法も可能です．

3点 A', B', C' を
$$\overrightarrow{IA'} = \sin A \cdot \overrightarrow{IA}, \quad \overrightarrow{IB'} = \sin B \cdot \overrightarrow{IB}, \quad \overrightarrow{IC'} = \sin C \cdot \overrightarrow{IC}$$
によって定めると，問題の式は

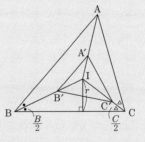

$$\overrightarrow{\mathrm{IA'}} + \overrightarrow{\mathrm{IB'}} + \overrightarrow{\mathrm{IC'}} = \vec{0}$$

つまり I が $\triangle \mathrm{A'B'C'}$ の重心であるという主張を表わしています．

ここで，$0 < \sin A < 1$ より $\mathrm{A'}$ は線分 IA 上の点で，$\mathrm{B'}$, $\mathrm{C'}$ も同様だから I は $\triangle \mathrm{A'B'C'}$ の内部の点です．よって，$\triangle \mathrm{IB'C'} = \triangle \mathrm{IC'A'} = \triangle \mathrm{IA'B'}$ を示せば，I は $\triangle \mathrm{A'B'C'}$ の重心となり主張が裏付けられます．さて内接円の半径を r として

$$\left. \begin{array}{l} \angle \mathrm{B'IC'} = \angle \mathrm{BIC} = \pi - \dfrac{B+C}{2} = \pi - \dfrac{\pi - A}{2} = \dfrac{\pi + A}{2} \\[2mm] \mathrm{IB} \sin \dfrac{B}{2} = r, \quad \mathrm{IC} \sin \dfrac{C}{2} = r \end{array} \right\} \cdots (*)$$

を用いると

$$\begin{aligned}
\triangle \mathrm{IB'C'} &= \tfrac{1}{2} |\overrightarrow{\mathrm{IB'}}||\overrightarrow{\mathrm{IC'}}| \sin(\angle \mathrm{B'IC'}) = \tfrac{1}{2} \sin B \cdot \mathrm{IB} \cdot \sin C \cdot \mathrm{IC} \cdot \sin(\angle \mathrm{BIC}) \\
&= \tfrac{1}{2} \sin B \sin C \frac{r^2}{\sin \tfrac{B}{2} \sin \tfrac{C}{2}} \sin \frac{\pi + A}{2} \\
&= 2r^2 \cos \frac{A}{2} \cos \frac{B}{2} \cos \frac{C}{2}
\end{aligned}$$

となります．$\triangle \mathrm{IC'A'}$, $\triangle \mathrm{IA'B'}$ に対して同じ式が得られることは A, B, C の対称性から明らかでしょう．

$(*)$，および $\angle \mathrm{CIA}$, $\angle \mathrm{AIB}$, IA に対する同様の表式を用いると，上の $\left| \sin A \cdot \overrightarrow{\mathrm{IA}} + \sin B \cdot \overrightarrow{\mathrm{IB}} + \sin C \cdot \overrightarrow{\mathrm{IC}} \right|^2 = 0$ は

$$\cos^2 \frac{A}{2} + \cos^2 \frac{B}{2} + \cos^2 \frac{C}{2} - 2 \cos \frac{A}{2} \cos \frac{B}{2} \sin \frac{C}{2}$$
$$- 2 \cos \frac{B}{2} \cos \frac{C}{2} \sin \frac{A}{2} - 2 \cos \frac{C}{2} \cos \frac{A}{2} \sin \frac{B}{2} = 0$$

を示すことに帰着されます．練習のため各自証明してみてください．

1.18 K は $\angle \mathrm{A}$, $\angle \mathrm{B}$ の外角の2等分線の交点であるから，実数 s, t によって

$$\begin{aligned}
\overrightarrow{\mathrm{CK}} &= \overrightarrow{\mathrm{CA}} + s \left(\frac{\overrightarrow{\mathrm{CA}}}{b} + \frac{\overrightarrow{\mathrm{AB}}}{c} \right) \\
&= \overrightarrow{\mathrm{CB}} + t \left(\frac{\overrightarrow{\mathrm{CB}}}{a} + \frac{\overrightarrow{\mathrm{BA}}}{c} \right)
\end{aligned}$$

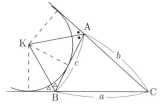

と表わされる．

上式はさらに

$$\begin{aligned}
\overrightarrow{\mathrm{CK}} &= \overrightarrow{\mathrm{CA}} + s \left(\frac{\overrightarrow{\mathrm{CA}}}{b} + \frac{\overrightarrow{\mathrm{CB}} - \overrightarrow{\mathrm{CA}}}{c} \right) \\
&= \overrightarrow{\mathrm{CB}} + t \left(\frac{\overrightarrow{\mathrm{CB}}}{a} + \frac{\overrightarrow{\mathrm{CA}} - \overrightarrow{\mathrm{CB}}}{c} \right)
\end{aligned}$$

となり，$\overrightarrow{\mathrm{CA}}, \overrightarrow{\mathrm{CB}}$ は一次独立であるから

$$1 + \left(\frac{1}{b} - \frac{1}{c} \right) s = \frac{t}{c}, \quad \frac{s}{c} = 1 + \left(\frac{1}{a} - \frac{1}{c} \right) t$$

が成り立つ．これを解いて $s = \dfrac{bc}{a+b-c}$, $t = \dfrac{ca}{a+b-c}$ となるので

$$\overrightarrow{\mathrm{CK}} = \left\{1 + \left(\frac{1}{b} - \frac{1}{c}\right)\frac{bc}{a+b-c}\right\}\overrightarrow{\mathrm{CA}} + \frac{b}{a+b-c}\overrightarrow{\mathrm{CB}} = \frac{a\overrightarrow{\mathrm{CA}} + b\overrightarrow{\mathrm{CB}}}{a+b-c}$$

となる．これを，K の位置ベクトルを $\vec{k}$ として位置ベクトルで書き直すと

$$\vec{k} - \vec{c} = \frac{a(\vec{a} - \vec{c}) + b(\vec{b} - \vec{c})}{a+b-c}$$

より

$$\vec{k} = \vec{c} + \frac{a\vec{a} + b\vec{b} - (a+b)\vec{c}}{a+b-c} = \frac{a\vec{a} + b\vec{b} - c\vec{c}}{a+b-c}$$

が得られる∎

> **注意** 最初から
> $$\vec{k} = \vec{a} + s\left(\frac{\vec{a}-\vec{c}}{b} + \frac{\vec{b}-\vec{a}}{c}\right) = \vec{b} + t\left(\frac{\vec{b}-\vec{c}}{a} + \frac{\vec{a}-\vec{b}}{c}\right)$$
> とおいて，$\vec{a}, \vec{b}, \vec{c}$ の係数を比べることは一般には許されません．平面上の 3 つの
> ベクトルは一次独立ではないので，係数同士が等しくなる必然性はないからです．
> ∠A の外角の 2 等分線と直線 BC との交点が存在するときは，それを D とすると，
> DB : DC $= c : b$ が成り立つのでこれを利用することもできますが，AB $=$ AC のと
> きは D が存在せず別扱いが必要になります．

1.19 ∠EIF $= \pi - A$, ∠FID $= \pi - B$, ∠DIE $= \pi - C$ だから，r を内接円の半径とすると

$$\left|\sin A \cdot \overrightarrow{\mathrm{ID}} + \sin B \cdot \overrightarrow{\mathrm{IE}} + \sin C \cdot \overrightarrow{\mathrm{IF}}\right|^2$$
$$= r^2(\sin^2 A + \sin^2 B + \sin^2 C)$$
$$\quad + 2r^2\{\sin A \sin B \cos(\pi - C)$$
$$\quad + \sin B \sin C \cos(\pi - A)$$
$$\quad + \sin C \sin A \cos(\pi - B)\}$$
$$= r^2(\sin^2 A + \sin^2 B + \sin^2 C - 2\sin A \sin B \cos C$$
$$\quad - 2\sin B \sin C \cos A - 2\sin C \sin A \cos B)$$

である．この ( ) の部分は $A + B + C = \pi$ を用いて

$$\sin^2 A + \sin^2 B + \sin^2 C - \sin A\{\sin(B+C) + \sin(B-C)\}$$
$$\quad - \sin B\{\sin(C+A) + \sin(C-A)\}$$
$$\quad - \sin C\{\sin(A+B) + \sin(A-B)\}$$
$$= \sin^2 A + \sin^2 B + \sin^2 C$$
$$\quad - \sin A \sin(\pi - A) - \sin B \sin(\pi - B) - \sin C \sin(\pi - C)$$
$$\quad - \sin A \sin(B-C) - \sin B \sin(C-A) - \sin C \sin(A-B)$$
$$= \tfrac{1}{2}\{\cos(A+B-C) - \cos(A-B+C)\}$$
$$\quad + \tfrac{1}{2}\{\cos(B+C-A) - \cos(B-C+A)\}$$
$$\quad + \tfrac{1}{2}\{\cos(C+A-B) - \cos(C-A+B)\}$$
$$= 0$$

となる．したがって $\left|\sin A \cdot \overrightarrow{\mathrm{ID}} + \sin B \cdot \overrightarrow{\mathrm{IE}} + \sin C \cdot \overrightarrow{\mathrm{IF}}\right| = 0$，つまり $\sin A \cdot \overrightarrow{\mathrm{ID}} + \sin B \cdot \overrightarrow{\mathrm{IE}}$

$+\sin C \cdot \overrightarrow{\mathrm{IF}} = \vec{0}$ であることが分る ∎

注意 本問も次問もともに前々問と同じようにいろいろな考え方ができます．

A, B, C ともに 0 と π の間の角ですから，$\sin A, \sin B, \sin C$ はすべて 0 と 1 の間の数です．よって線分 $\mathrm{ID}, \mathrm{IE}, \mathrm{IF}$ 上にそれぞれ点 $\mathrm{A}', \mathrm{B}', \mathrm{C}'$ を $\sin A \cdot \overrightarrow{\mathrm{ID}} = \overrightarrow{\mathrm{IA}'}$, $\sin B \cdot \overrightarrow{\mathrm{IE}} = \overrightarrow{\mathrm{IB}'}$, $\sin C \cdot \overrightarrow{\mathrm{IF}} = \overrightarrow{\mathrm{IC}'}$ をみたすようにとることができます．このとき問題の式は $\overrightarrow{\mathrm{IA}'} + \overrightarrow{\mathrm{IB}'} + \overrightarrow{\mathrm{IC}'} = \vec{0}$ ですから，I が $\triangle \mathrm{A}'\mathrm{B}'\mathrm{C}'$ の重心であることを示せばよいことになります．

$\angle \mathrm{EIF} = \pi - A$, $\angle \mathrm{FID} = \pi - B$, $\angle \mathrm{DIE} = \pi - C$ なので

$$\triangle \mathrm{IB}'\mathrm{C}' = \frac{1}{2} \mathrm{IB}' \cdot \mathrm{IC}' \cdot \sin(\pi - A) = \frac{1}{2} \sin B \cdot \mathrm{IE} \sin C \cdot \mathrm{IF} \sin A$$
$$= \frac{1}{2} r^2 \sin A \sin B \sin C$$

となり，同様に

$$\triangle \mathrm{IC}'\mathrm{A}' = \triangle \mathrm{IA}'\mathrm{B}' = \frac{1}{2} r^2 \sin A \sin B \sin C$$

が得られます．

よって $\triangle \mathrm{IB}'\mathrm{C}' = \triangle \mathrm{IC}'\mathrm{A}' = \triangle \mathrm{IA}'\mathrm{B}'$ となり，I は $\triangle \mathrm{A}'\mathrm{B}'\mathrm{C}'$ の内部に含まれますから，I は $\triangle \mathrm{A}'\mathrm{B}'\mathrm{C}'$ の重心であることが示されます．

I を原点とする複素平面上で考えてみましょう．

$\mathrm{D}, \mathrm{E}, \cdots$ が表わす複素数を $d, e, \cdots$ とします．

e は d を $\pi - C$ だけ回転したもの，f は d を $-(\pi - B)$ だけ回転したものですから

$$e = \{\cos(\pi - C) + i \sin(\pi - C)\} d = (-\cos C + i \sin C) d,$$
$$f = \{\cos(B - \pi) + i \sin(B - \pi)\} d = (-\cos B - i \sin B) d$$

となります．したがって

$$\sin A \cdot d + \sin B \cdot e + \sin C \cdot f$$
$$= d\{\sin A + \sin B(-\cos C + i \sin C) + \sin C(-\cos B - i \sin B)\}$$
$$= d\{\sin A - (\sin B \cos C + \sin C \cos B)\}$$
$$= d\{\sin A - \sin(B + C)\} = d\{\sin A - \sin(\pi - A)\} = 0$$

となって結論が得られます．

上と本質的に変わりませんが，行列を利用する議論も可能です．

I の回りの角 θ の回転を表わす行列を $R(\theta)$，単位行列を E としましょう．すると $\overrightarrow{\mathrm{IE}} = R(\pi - C)\overrightarrow{\mathrm{ID}}$, $\overrightarrow{\mathrm{IF}} = R(B - \pi)\overrightarrow{\mathrm{ID}}$ ですから

$$\sin A \cdot \overrightarrow{\mathrm{ID}} + \sin B \cdot \overrightarrow{\mathrm{IE}} + \sin C \cdot \overrightarrow{\mathrm{IF}}$$
$$= (\sin A \cdot E + \sin B \cdot R(\pi - C) + \sin C \cdot R(B - \pi))\overrightarrow{\mathrm{ID}}$$
$$= \left\{ \sin A \begin{pmatrix} 1 & 0 \\ 0 & 1 \end{pmatrix} + \sin B \begin{pmatrix} -\cos C & -\sin C \\ \sin C & -\cos C \end{pmatrix} \right.$$

$$+ \sin C \begin{pmatrix} -\cos B & \sin B \\ -\sin B & -\cos B \end{pmatrix} \Bigg\} \overrightarrow{\mathrm{ID}}$$

となります．$\{\ \} = O$ であることは，上の複素平面上で考えたときの計算と同じように示されます．

なお，解答の $\sin A, \sin B, \sin C$ を正弦定理で表わし，$\cos A, \cos B, \cos C$ を余弦定理で表わして計算すると，三角関数の代わりに a, b, c の比較的簡単な計算になります．

1.20 (1) $\triangle \mathrm{ABC}$ は鋭角三角形なので，$\sin 2A > 0$, $\sin 2B > 0$, $\sin 2C > 0$ である．そこで線分 OA, OB, OC 上に $\sin 2A \cdot \overrightarrow{\mathrm{OA}} = \overrightarrow{\mathrm{OA'}}$, $\sin 2B \cdot \overrightarrow{\mathrm{OB}} = \overrightarrow{\mathrm{OB'}}$, $\sin 2C \cdot \overrightarrow{\mathrm{OC}} = \overrightarrow{\mathrm{OC'}}$ をみたす A′, B′, C′ をとると，問題の式は

$$\overrightarrow{\mathrm{OA'}} + \overrightarrow{\mathrm{OB'}} + \overrightarrow{\mathrm{OC'}} = \vec{0}$$

つまり，O が $\triangle \mathrm{A'B'C'}$ の重心であることを意味している．

したがって，O が $\triangle \mathrm{A'B'C'}$ の内部にあることに注意すると

$$\triangle \mathrm{OA'B'} = \triangle \mathrm{OB'C'} = \triangle \mathrm{OC'A'}$$

を示せばよいことになる．

外接円の半径を R とすると

$$\mathrm{OA'} = \sin 2A \cdot \mathrm{OA} = R \sin 2A,$$
$$\mathrm{OB'} = R \sin 2B, \quad \angle \mathrm{AOB} = 2C$$

だから

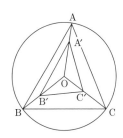

$$\triangle \mathrm{OA'B'} = \tfrac{1}{2} \mathrm{OA'} \cdot \mathrm{OB'} \cdot \sin(\angle \mathrm{AOB})$$
$$= \tfrac{1}{2} R^2 \sin 2A \sin 2B \sin 2C$$

となり，$\triangle \mathrm{OB'C'} = \triangle \mathrm{OC'A'} = \tfrac{1}{2} R^2 \sin 2A \sin 2B \sin 2C$ も同様にいえる．

したがって主張は成り立つ ∎

(2) $\tan A > 0$ なので，線分 HA またはその延長上に $\overrightarrow{\mathrm{HA'}} = \tan A \cdot \overrightarrow{\mathrm{HA}}$ をみたす点 A′ をとり，点 B′, C′ も同様に定めると，(1) と同様に，H が $\triangle \mathrm{A'B'C'}$ の重心であることをいえばよい．今の場合も H は $\triangle \mathrm{A'B'C'}$ の内部の点だから，結局，$\triangle \mathrm{HA'B'} = \triangle \mathrm{HB'C'} = \triangle \mathrm{HC'A'}$ を示せばよいことになる．

R を (1) と同様に定め，$\mathrm{BC} = a$, $\mathrm{CA} = b$, $\mathrm{AB} = c$ とする．図において

$$B = \angle \mathrm{ABD} = \pi - \angle \mathrm{FHD} = \angle \mathrm{AHF}$$

だから

$$\mathrm{HA} \sin B = \mathrm{FA} = \mathrm{CA} \cos A$$
$$= b \cos A = 2R \sin B \cos A$$

となり，$\mathrm{HA} = 2R \cos A$ が得られる．

同様に

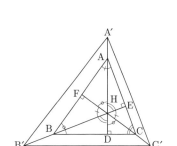

$$\mathrm{HB} = 2R\cos B, \quad \mathrm{HC} = 2R\cos C$$

であるから,

$$\begin{aligned}
\triangle \mathrm{HA'B'} &= \frac{1}{2}\mathrm{HA'} \cdot \mathrm{HB'} \sin(A+B) \\
&= \frac{1}{2}\mathrm{HA} \cdot \tan A \cdot \mathrm{HB} \cdot \tan B \cdot \sin(\pi - C) \\
&= \frac{1}{2} \cdot 2R\cos A \tan A \cdot 2R\cos B \tan B \sin C \\
&= 2R^2 \sin A \sin B \sin C
\end{aligned}$$

となり,$\triangle \mathrm{HB'C'}$, $\triangle \mathrm{HC'A'}$ に対しても同様の表式が得られる.

したがって主張は成り立つ ∎

注意 複素平面上で考えると次のようになります.

R を外接円の半径とし,(1) では O を,(2) では H を原点とし,A, B, C を表わす複素数をそれぞれ α, β, γ とおきましょう.

(1) では α を $2C, -2B$ 回転したものがそれぞれ β, γ を与えますから

$$\beta = (\cos 2C + i\sin 2C)\alpha, \quad \gamma = (\cos 2B - i\sin 2B)\alpha$$

です.したがって

$$\begin{aligned}
&\sin 2A \cdot \alpha + \sin 2B \cdot \beta + \sin 2C \cdot \gamma \\
&= \{\sin 2A + \sin 2B(\cos 2C + i\sin 2C) + \sin 2C(\cos 2B - i\sin 2B)\}\alpha \\
&= \{\sin 2A + \sin(2B + 2C)\}\alpha = \{\sin 2A + \sin 2(\pi - A)\}\alpha \\
&= 0
\end{aligned}$$

となり,これは (1) の式が成り立つことを示しています.

次に,(2) の解と同様に $\mathrm{HA} = 2R\cos A$, $\mathrm{HB} = 2R\cos B$, $\mathrm{HC} = 2R\cos C$ を導いておきましょう.さて,$\angle \mathrm{AHB} = \pi - C$, $\angle \mathrm{AHC} = \pi - B$ ですから

$$\beta = \frac{\mathrm{HB}}{\mathrm{HA}}\{\cos(\pi - C) + i\sin(\pi - C)\}\alpha = \frac{\cos B}{\cos A}(-\cos C + i\sin C)\alpha,$$

$$\gamma = \frac{\mathrm{HC}}{\mathrm{HA}}\{\cos(B - \pi) + i\sin(B - \pi)\}\alpha = \frac{\cos C}{\cos A}(-\cos B - i\sin B)\alpha$$

です.したがって

$$\begin{aligned}
&\tan A \cdot \alpha + \tan B \cdot \beta + \tan C \cdot \gamma \\
&= \frac{\sin A}{\cos A}\alpha + \frac{\sin B}{\cos B} \cdot \frac{\cos B}{\cos A}(-\cos C + i\sin C)\alpha \\
&\quad + \frac{\sin C}{\cos C} \cdot \frac{\cos C}{\cos A}(-\cos B - i\sin B)\alpha \\
&= \frac{\alpha}{\cos A}\{\sin A + \sin B(-\cos C + i\sin C) - \sin C(\cos B + i\sin B)\} \\
&= \frac{\alpha}{\cos A}\{\sin A - \sin(B + C)\} = \frac{\alpha}{\cos A}\{\sin A - \sin(\pi - A)\} \\
&= 0
\end{aligned}$$

となって,結論が導けます.

一般に,G が $\triangle \mathrm{ABC}$ の重心ならば $\triangle \mathrm{GAB} = \triangle \mathrm{GBC} = \triangle \mathrm{GCA}$ は成り立ちますが,逆は成立しません.しかし,G が $\triangle \mathrm{ABC}$ の内部の点であれば逆も成り立ちます.1.17, 1.19 の注意や上の解において,I, O, H などが $\triangle \mathrm{A'B'C'}$ の中にあることに言及

しているのはそのためです.

本問では △ABC を鋭角三角形としましたが，この条件がなくても問題の式は成り立ちます．たとえば，$\angle A > \dfrac{\pi}{2}$ としてみましょう．

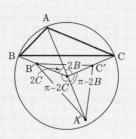

(1) では △A′B′C′ は右図のようになって
$$\triangle OA'B' = \triangle OB'C' = \triangle OC'A'$$
$$= -\frac{R^2}{2}\sin 2A \sin 2B \sin 2C$$
となります．

(2) でも，△BCF ∽ △BHD, △CHD ∽ △CBE に注意すると，∠BHD = C, ∠CHD = B が導かれ，これらを利用して

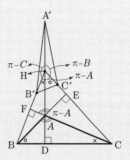

$$HA = -2R\cos A, \quad HB = 2R\cos B,$$
$$HC = 2R\cos C$$

が求められます．右図を参考にして考えてみてください．この結果と，
$$\angle A'HB' = \pi - C, \quad \angle B'HC' = \pi - A, \quad \angle C'HA' = \pi - B$$
などを用いて解と同様の議論ができます．

本問でも，前問の注と同じく回転を表わす行列を用いて証明が可能です．

ここでは，(2) に対して，$\pi - C$ や $B - \pi$ の回転ではなく，$\dfrac{\pi}{2}$ の回転を利用した解答を試みてみます．同じ手続きは 1.19 に対しても可能です．

さて，解の図で，$\overrightarrow{BC}$ を H の回りに $\dfrac{\pi}{2}$ 回転すると $\overrightarrow{HA}$ と同方向になります．そこで，$\dfrac{\pi}{2}$ の回転を表わす行列を U とおくと，$\overrightarrow{HA} = \dfrac{HA}{BC}U\overrightarrow{BC}$ と $HA = 2R\cos A$, および正弦定理を用いて

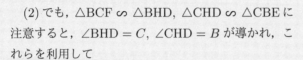
$$\tan A \cdot \overrightarrow{HA} = \frac{\sin A}{\cos A} \cdot \frac{2R\cos A}{a} U\overrightarrow{BC} = U\overrightarrow{BC}$$

となります．他も同様なので
$$\tan A \cdot \overrightarrow{HA} + \tan B \cdot \overrightarrow{HB} + \tan C \cdot \overrightarrow{HC} = U(\overrightarrow{BC} + \overrightarrow{CA} + \overrightarrow{AB}) = U\vec{0} = \vec{0}$$
が得られます．

さらに
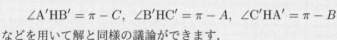
$$\left| \sin 2A \cdot \overrightarrow{OA} + \sin 2B \cdot \overrightarrow{OB} + \sin 2C \cdot \overrightarrow{OC} \right|^2 = 0,$$
$$\left| \tan A \cdot \overrightarrow{HA} + \tan B \cdot \overrightarrow{HB} + \tan C \cdot \overrightarrow{HC} \right|^2 = 0$$

を示すこともできます．三角関数の計算練習として各自考えてみてください．

平面において，あるベクトル $\vec{c}$ が $\vec{0}$ であることは，一次独立なベクトル $\vec{a}, \vec{b}$ に対して $(\vec{a}, \vec{c}) = 0, (\vec{b}, \vec{c}) = 0$ が成り立つことを意味します．この証明は，$\vec{c} = \alpha \vec{a} + \beta \vec{b}$ とおいて $\alpha = \beta = 0$ を示せばよいので各自試みてください．

さてこのことを利用すると，$\overrightarrow{OA}, \overrightarrow{OB}$ は一次独立ですから，たとえば (1) では
$$(\sin 2A \cdot \overrightarrow{OA} + \sin 2B \cdot \overrightarrow{OB} + \sin 2C \cdot \overrightarrow{OC}, \overrightarrow{OA}) = 0,$$

$$(\sin 2A \cdot \overrightarrow{OA} + \sin 2B \cdot \overrightarrow{OB} + \sin 2C \cdot \overrightarrow{OC}, \overrightarrow{OB}) = 0$$

を示せばよいことになります．第 1 式の左辺を R^2 で割ったものは

$$\sin 2A + \sin 2B \cos 2C + \sin 2C \cos 2B$$
$$= \sin 2A + \sin(2B + 2C) = \sin 2A + \sin(2\pi - 2A) = 0$$

であり，第 2 式も同様で，したがって結論が得られます．

(2) も HA, HB, HC の表式と $\angle AHB = \pi - C$ などを用いて同じように計算できます．

1.21 $y = m(x - 3)$ に関して対称な 2 点 $P(p, p^2)$, $Q(q, q^2)$ が存在するための m の条件をまず求める．このような 2 点が存在することは

$$\text{PQ の中点}\left(\frac{p+q}{2}, \frac{p^2+q^2}{2}\right) \text{ が } y = m(x-3) \text{ 上にある}$$

かつ

$$\begin{pmatrix}1\\m\end{pmatrix} \perp \overrightarrow{PQ} = (q-p)\begin{pmatrix}1\\q+p\end{pmatrix}$$

をみたす p, q が存在することであり，この条件は

$$\frac{1}{2}(p^2+q^2) = m\left(\frac{p+q}{2} - 3\right), \quad 1 + m(p+q) = 0 \cdots \text{①}$$

となる．$p+q = u$, $pq = v$ とおくと

$$\text{①} \Leftrightarrow \frac{1}{2}(u^2 - 2v) = m\left(\frac{u}{2} - 3\right), \quad mu = -1$$
$$\Leftrightarrow u = -\frac{1}{m}, \quad v = \frac{1}{2m^2} + \frac{1}{2} + 3m \cdots \text{①}'$$

であり，さらに p, q は異なる実数で $x^2 - ux + v = 0$ の解だから $u^2 - 4v > 0 \cdots \text{②}$ である．

p, q が存在する条件は ①$'$, ② をみたす u, v が存在する条件であり，それは ①$'$ が ② をみたすこと，つまり

$$\frac{1}{m^2} - 4\left(\frac{1}{2m^2} + \frac{1}{2} + 3m\right) > 0$$

で，これはさらに

$$12m^3 + 2m^2 + 1 < 0 \quad (\text{かつ } m \neq 0 \text{ だが，これは成立})$$

となる．よって $(2m+1)(6m^2 - 2m + 1) < 0$ となって，$6m^2 - 2m + 1 > 0$ だから $2m + 1 < 0$ を得る．

したがって求める条件は $2m + 1 \geqq 0$, つまり $m \geqq -\frac{1}{2}$ となる ∎

1.22 $y = ax + b$ を $y = -x^2$, $y = \frac{1}{2}x^2 - 6x + \frac{33}{2}$ に代入してまとめると

$$x^2 + ax + b = 0 \cdots \text{①}, \quad x^2 - 2(a+6)x + 33 - 2b = 0 \cdots \text{②}$$

となる．各々の判別式は正であるから

$$a^2 - 4b > 0, \quad (a+6)^2 - (33 - 2b) > 0 \cdots \text{③}$$

となる．このとき，①, ② の解を $\alpha, \beta\,;\,\gamma, \delta$ とおくと

$$\alpha + \beta = -a, \quad \alpha\beta = b, \quad \gamma + \delta = 2(a+6), \quad \gamma\delta = 33 - 2b \cdots \text{④}$$

が成り立つ．

さて，問題の線分の長さは $(\alpha, a\alpha+b)$ と $(\beta, a\beta+b)$，および $(\gamma, a\gamma+b)$ と $(\delta, a\delta+b)$ の距離であるから，条件より
$$\sqrt{(\gamma-\delta)^2+(a\gamma-a\delta)^2}=2\sqrt{(\beta-\alpha)^2+(a\beta-a\alpha)^2}$$
つまり
$$(\gamma-\delta)^2=4(\beta-\alpha)^2$$
となり，これらはさらに $(\gamma+\delta)^2-4\gamma\delta=4\{(\alpha+\beta)^2-4\alpha\beta\}$ となるから，④により
$$4(a+6)^2-4(33-2b)=4(a^2-4b), \text{つまり } b=-2a-\frac{1}{2}$$
を得る．この式と③をみたす a のとりうる値の範囲は，上式を③に代入した式
$$a^2-4\left(-2a-\frac{1}{2}\right)>0, \quad (a+6)^2-33+2\left(-2a-\frac{1}{3}\right)>0$$
で与えられ，これを解いて $a>-4+\sqrt{14}$ または $a<-4-\sqrt{14}$ が得られる■

さらに $b=-2a-\frac{1}{2}$ のとき，問題の直線は $y=ax-2a-\frac{1}{2}$，つまり $(x-2)a-\left(y+\frac{1}{2}\right)=0$ となり，これは a の値によらず，つねに定点 $\left(2, -\frac{1}{2}\right)$ を通る■

1.23 (1) $\overrightarrow{OP}=\begin{pmatrix}2\\0\end{pmatrix}+2\begin{pmatrix}\cos\theta\\\sin\theta\end{pmatrix}$ とおく．ただし $0\leqq\theta<2\pi$ とする．条件は

$OP=2AP \Leftrightarrow OP^2=4AP^2$
$\Leftrightarrow (2+2\cos\theta)^2+(2\sin\theta)^2=4\{(2+2\cos\theta-a)^2+(2\sin\theta)^2\}$
$\Leftrightarrow a^2-4(1+\cos\theta)a+6(1+\cos\theta)=0\cdots①$

となる．これをみたす θ が存在するための a の条件を求めればよい．ただし $A\neq O$ より $a\neq 0$ である．①はさらに
$$(4a-6)\cos\theta=a^2-4a+6$$
となる．$a=\frac{3}{2}$ ならば $0\cdot\cos\theta=\frac{9}{4}$ となって θ は存在しないから $a\neq\frac{3}{2}$ で，このとき $\cos\theta=\frac{a^2-4a+6}{4a-6}$ をみたす θ が存在する条件は
$$-1\leqq\frac{a^2-4a+6}{4a-6}=\frac{a^2}{4a-6}-1\leqq 1, \text{つまり } 0\leqq\frac{a^2}{4a-6}\leqq 2$$
である．左側の不等式から $4a-6>0$ で，このとき右側の不等式より $a^2-8a+12\leqq 0$ となる．これらを解いて $2\leqq a\leqq 6$ が得られ，これは $a\neq 0$ をみたす■

(2) ①をみたす実数 $a\neq 0$ が存在するための θ の条件を求めるとよい．

$1+\cos\theta=0$ なら①の解は $a=0$ のみとなって条件をみたさない．

したがって
$$1+\cos\theta\neq 0\cdots②$$
でなければならない．このとき，①は $a\neq 0$ なる解をもつので，求める条件は①の判別式 $\geqq 0$，つまり
$$4(1+\cos\theta)^2-6(1+\cos\theta)\geqq 0$$
である．②に注意すると $1+\cos\theta>0$ だから上式より直ちに $\cos\theta\geqq\frac{1}{2}$，したがって

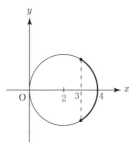

$$0 \leqq \theta \leqq \frac{\pi}{3}, \quad \frac{5}{3}\pi \leqq \theta < 2\pi$$

が得られる．

よって求める P の範囲は前ページの図の太線の部分である．∎

注意 P を θ で表わさず，P(x, y) (ただし $(x-2)^2 + y^2 = 4$) とおいても大差ありません．

(2) では，(1) の結果 $2 \leqq a \leqq 6$ における $\cos\theta = \dfrac{a^2 - 4a + 6}{4a - 6}$ の値域から $\cos\theta$ の範囲を決めることもできます．ただ，a の分数関数なので，微分して調べるか，さもなければ $a - \dfrac{3}{2} = u$ として

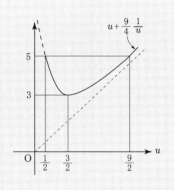

$$\cos\theta = \frac{1}{4} \cdot \frac{a^2 - 4a + 6}{a - \frac{3}{2}}$$

$$= \frac{1}{4} \cdot \frac{\left(u + \frac{3}{2}\right)^2 - 4\left(u + \frac{3}{2}\right) + 6}{u}$$

$$= \frac{1}{4}\left(u + \frac{9}{4} \cdot \frac{1}{u} - 1\right)$$

と変形して，$\dfrac{1}{2} \leqq u \leqq \dfrac{9}{2}$ における値域を求めることが必要となります．上のグラフを利用すると簡明でしょう．

1.24 y 軸は明らかに除いてよいので，$(0, k)$ を通る直線を $y = mx + k$ とおく．これを O_1, O_2 の方程式 $(x-3)^2 + y^2 = 9$, $(x+3)^2 + y^2 = 4$ に代入してまとめると，おのおの

$$\left.\begin{array}{l}(1+m^2)x^2 + 2(km-3)x + k^2 = 0 \\ (1+m^2)x^2 + 2(km+3)x + k^2 + 5 = 0\end{array}\right\} \cdots ①$$

である．それぞれの判別式は正でなければならないから

$$(km-3)^2 - (1+m^2)k^2 > 0, \quad (km+3)^2 - (1+m^2)(k^2+5) > 0$$

であり，これをまとめると

$$k^2 + 6km - 9 < 0, \quad k^2 - 6km + 5m^2 - 4 < 0 \cdots ②$$

が得られる．このとき，①の第 1 式の解を α, β，第 2 式の解を γ, δ とすると，直線が O_1, O_2 によって切り取られる線分の両端はおのおの

$$(\alpha, m\alpha + k) \text{ と } (\beta, m\beta + k) \ ; \ (\gamma, m\gamma + k) \text{ と } (\delta, m\delta + k)$$

であるから，この長さが等しいことは

$$\sqrt{(\beta-\alpha)^2 + (m\beta - m\alpha)^2} = \sqrt{(\delta-\gamma)^2 + (m\delta - m\gamma)^2}$$

つまり

$$(\beta-\alpha)^2 = (\delta-\gamma)^2, \quad \text{よって} \ (\alpha+\beta)^2 - 4\alpha\beta = (\gamma+\delta)^2 - 4\gamma\delta$$

で表わされる．ここで

$$\alpha + \beta = \frac{-2(km-3)}{1+m^2}, \quad \alpha\beta = \frac{k^2}{1+m^2},$$
$$\gamma + \delta = \frac{-2(km+3)}{1+m^2}, \quad \gamma\delta = \frac{k^2+5}{1+m^2}$$

を用いて上式を書き直すと

$$\left\{\frac{-2(km-3)}{1+m^2}\right\}^2 - 4\frac{k^2}{1+m^2} = \left\{\frac{-2(km+3)}{1+m^2}\right\}^2 - 4\frac{k^2+5}{1+m^2}$$

つまり

$$5m^2 - 12km + 5 = 0 \cdots ③$$

が得られる．

②と③をみたす m が 2 個存在するための k の条件を求めればよい．ところが，③のもとで②の第 2 式は

$$0 > k^2 - 6km + 5m^2 - 4 = k^2 - 6km + (12km - 5) - 4 = k^2 + 6km - 9$$

となり，第 1 式と同じである．よって③をみたす m が 2 個存在し，それらがともに②の第 1 式をみたすための k の条件を求めればよい．

まず③の判別式 >0 より $36k^2 - 25 > 0$ で，これより

$$|k| > \frac{5}{6} \cdots ④$$

を得る．このとき③の解は $m = \dfrac{6k \pm \sqrt{36k^2 - 25}}{5}$ である．他方，②の第 1 式は $6km < 9 - k^2 \cdots ②'$ である．

（ⅰ） $k > 0$ のとき，②$'$ は $m < \dfrac{9-k^2}{6k}$ だから $\dfrac{6k + \sqrt{36k^2 - 25}}{5} < \dfrac{9-k^2}{6k}$ が求める条件で，これをまとめると $6k\sqrt{36k^2 - 25} < 45 - 41k^2$ となる．

（ⅱ） $k < 0$ のとき，②$'$ は $m > \dfrac{9-k^2}{6k}$ だから，$\dfrac{6k - \sqrt{36k^2 - 25}}{5} > \dfrac{9-k^2}{6k}$ が求める条件で，これをまとめると $-6k\sqrt{36k^2 - 25} < 45 - 41k^2$ となる．

（ⅰ），（ⅱ）はまとめて $|6k\sqrt{36k^2 - 25}| < 45 - 41k^2$ であるから，まず

$$k^2 < \frac{45}{41} \cdots ⑤$$

でなければならず，このとき上式を平方すると $36k^2(36k^2 - 25) < (45 - 41k^2)^2$ で，これをまとめると

$$77k^4 - 558k^2 + 405 > 0, \quad \text{つまり} \quad (11k^2 - 9)(7k^2 - 45) > 0$$

が得られる．これと④，⑤より，結局，$\dfrac{5}{6} < |k| < \dfrac{3}{\sqrt{11}}$ を得る．∎

1.25 円の中心が y 軸上にある場合を考えて充分なので，その半径を r とし，その周上の任意の点を $(r\cos\theta, r + r\sin\theta)$ で表わす．問題の図形は $0 \leqq y \leqq a(1-x^2)$ で表わされるから

$$0 \leqq r(1 + \sin\theta) \leqq a(1 - r^2\cos^2\theta) \cdots ①$$

がすべての θ に対して成り立つような r の最大値を求めればよい．

①の左の不等式は成立する．右側の不等式をまとめると

$$ar^2\sin^2\theta - r\sin\theta + a - ar^2 - r \geqq 0$$

となる．そこで
$$f(u) = ar^2u^2 - ru + a - ar^2 - r = ar^2\left(u - \frac{1}{2ar}\right)^2 + a - ar^2 - r - \frac{1}{4a}$$
とおいて，$-1 \leqq u \leqq 1$ をみたすすべての u に対して，$f(u) \geqq 0$ となる a, r の条件をまず求める．以下，$a > 0, r > 0$ に注意する．

（ⅰ）$\dfrac{1}{2ar} \leqq 1$ つまり $ar \geqq \dfrac{1}{2}$ のとき，求める条件は

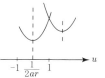

$$f\left(\frac{1}{2ar}\right) = -ar^2 - r + a - \frac{1}{4a} \geqq 0$$
で，これより $\{2ar + (1-2a)\}\{2ar + (1+2a)\} \leqq 0$ となり，さらに $2ar + 1 - 2a \leqq 0$ が得られる．

（ⅱ）$ar < \dfrac{1}{2}$ のとき，同様に $f(1) = ar^2 - r + a - ar^2 - r \geqq 0$
より $2r - a \leqq 0$ を得る．

（ⅰ），（ⅱ）を ar 平面上で図示すると右の通りである．ただし境界は a 軸上を除く．図より，r は

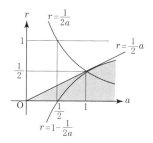

$0 < a \leqq 1$ のとき，最大値 $\dfrac{1}{2}a$ をとり

$1 < a$ のとき，最大値 $1 - \dfrac{1}{2a}$ をとる

ことが分る ∎

注意 上の解答の場合分けが，下図の場合に対応していることは容易に分るでしょう．そこで，始めから $y = a(1-x^2)$ と $x^2 + (y-r)^2 = r^2$ が接する場合を考え，2式から x を消去した式 $ay^2 - (2ar+1)y + a = 0$ において判別式を 0 とすると $r = \dfrac{2a-1}{2a}$ が得られます．しかし，場合分けになりません．どうしてでしょう．この理由を考えるためには，そもそも2つの曲線が接するとはどういうことであるか，という点まで遡る必要があります．

楕円や放物線，双曲線と直線が接する場合なら，y を消去した x の二次方程式の判別式 $= 0$ として接する条件を表わすことができますが，二次曲線同士の場

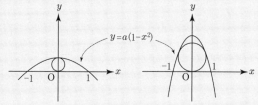

合や三次曲線が登場すると事情はそう簡単ではなくなります．本問でも，x を消去するとたまたま y の二次方程式になるわけですが，y を消去すれば x の四次方程式になりますから接するという議論を判別式ですませるわけにはいかなくなるわけです．

さて，一般に点 A において2曲線が接することは，A において両者が接線を共有することで定めます．

これをもとに本問を取り扱うと次のような計算になります．

接点は $y = a(1-x^2)$ 上の点なので $(t, a-at^2)$ とおきましょう．この点は円 $x^2 + (y-r)^2 = r^2$ の上の点でもあるので
$$t^2 + \{a(1-t^2) - r\}^2 = r^2 \cdots (*)$$

です．さて円と放物線の接線は
$$y = -2at(x-t) + a(1-t^2), \text{ および } tx + (a-at^2-r)(y-r) = r^2$$
つまり
$$tx + \frac{1}{2a}y - \frac{t^2+1}{2} = 0, \text{ および } tx + (a-at^2-r)y + art^2 - ar = 0 \cdots (\dagger)$$
となります．(†) の 2 式が一致することが条件です．

$t=0$ なら (†) は $y = a$ と $(a-r)y - ar = 0$ になり，$r = \frac{a}{2}$ が得られ，このとき (∗) は成立しています．

$t \neq 0$ のとき (†) の 2 式が一致する条件は $\frac{1}{2a} = a - at^2 - r$, $-\frac{t^2+1}{2} = art^2 - ar$ で，これらより
$$t^2 = \frac{2a^2 - 2ar - 1}{2a^2} = \frac{2ar-1}{2ar+1}$$
となって，さらに $r = \frac{2a-1}{2a}$, $t^2 = \frac{a-1}{a}$ が得られ，(∗) は成立しています．

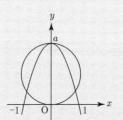

以上の議論は，円と放物線が接点をもつ条件にのみ関するものであって，円が $0 \leqq y \leqq a(1-x^2)$ の範囲に含まれるか否かについては別途吟味が必要であることはいうまでもないでしょう．たとえば，$t=0$ の場合でも $a>1$ で上のようになっている場合があります．したがって
$$x^2 + (y-r)^2 = r^2 \text{ をみたすすべての } x, y \text{ に対して } 0 \leqq y \leqq a(1-x^2) \text{ が成り立つ}$$
ための a, r の条件を考える，というのが本筋でしょう．

1.26 線分の両端を (α, α^2), (β, β^2), M の y 座標を Y とおくと，条件より
$$(\beta-\alpha)^2 + (\beta^2-\alpha^2)^2 = \ell^2 \cdots ①, \quad Y = \frac{\alpha^2 + \beta^2}{2} \cdots ②$$
である．

① のもとで α, β が変化するときの ② の最小値を求めればよい．

$\alpha+\beta = u$, $\alpha\beta = v$ とおくと，α, β は $x^2 - ux + v = 0$ の解だから α, β が実数である条件は $u^2 - 4v \geqq 0 \cdots ③$ である．さて
$$① \Leftrightarrow (\beta-\alpha)^2\{1 + (\beta+\alpha)^2\} = \ell^2$$
$$\Leftrightarrow \{(\alpha+\beta)^2 - 4\alpha\beta\}\{1 + (\beta+\alpha)^2\} = \ell^2$$
$$\Leftrightarrow (u^2 - 4v)(u^2 + 1) = \ell^2 \cdots ①',$$
$$② \Leftrightarrow Y = \frac{1}{2}\{(\alpha+\beta)^2 - 2\alpha\beta\} = \frac{1}{2}u^2 - v \cdots ②'$$
なので，③ と ①′ のもとで ②′ の最小値を求めればよい．③ は ①′ のもとで成り立つことに注意すると，①′ より $v = \frac{1}{4}\left(u^2 - \frac{\ell^2}{u^2+1}\right)$ だから
$$Y = \frac{1}{2}u^2 - \frac{1}{4}\left(u^2 - \frac{\ell^2}{u^2+1}\right) = \frac{u^2 + 1 - 1}{4} + \frac{\ell^2}{4(u^2+1)}$$
$$= \frac{1}{4}\left(u^2 + 1 + \frac{\ell^2}{u^2+1}\right) - \frac{1}{4}$$

となり，さらに $u^2+1=z$ とおくと $z\geqq 1$ で
$$Y = \frac{1}{4}\left(z + \frac{\ell^2}{z}\right) - \frac{1}{4}$$
となる．$w = z + \frac{\ell^2}{z}$ のグラフは右の通りである．したがって

$0 < \ell < 1$ のとき，Y は $z=1$ ($u=0$) で最小値 $\frac{\ell^2}{4}$ を，

$\ell \geqq 1$ のとき，Y は $z=\ell$ (つまり $u = \pm\sqrt{\ell-1}$) で
最小値 $\frac{2\ell-1}{4}$ をとる． ∎

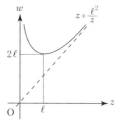

1.27 正方形の中心を $\mathrm{C}(X,Y)$ とおく．

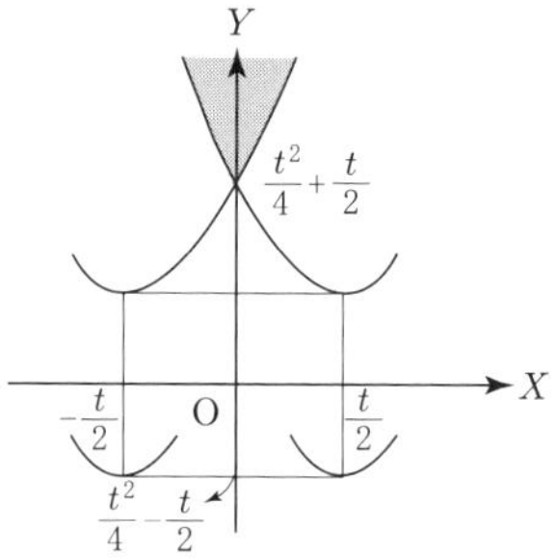

(ⅰ) 正方形の辺が座標軸に平行なとき，4頂点は
$\left(X \pm \frac{t}{2}, Y \pm \frac{t}{2}\right)$ で，これらが $y \geqq x^2$ をみたさなければならないから $Y \pm \frac{t}{2} \geqq \left(X \pm \frac{t}{2}\right)^2$，つまり
$$Y \geqq \left(X \pm \frac{t}{2}\right)^2 \pm \frac{t}{2}$$
でなければならない．

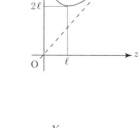

この4つの不等式すべてが成り立つ領域は上図の通りで，したがって Y の最小値は
$$\frac{1}{4}t^2 + \frac{t}{2}$$
である．

(ⅱ) 正方形の辺が座標軸と $\frac{\pi}{4}$ の角をなすとき，4頂点は
$$\left(X, Y \pm \frac{t}{\sqrt{2}}\right) \text{ と } \left(X \pm \frac{t}{\sqrt{2}}, Y\right)$$
であるから，(ⅰ)と同様に
$$Y \geqq X^2 \pm \frac{t}{\sqrt{2}}, \quad Y \geqq \left(X \pm \frac{t}{\sqrt{2}}\right)^2$$
でなければならない．これらで表わされる
領域は右図のようになる．グラフより

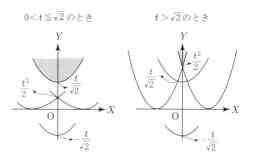

$0 < t \leqq \sqrt{2}$ ならば Y の最小値は $\frac{t}{\sqrt{2}}$，

$\sqrt{2} < t$ ならば Y の最小値は $\frac{t^2}{2}$
となる．

(ⅰ)または(ⅱ)の最小値を求めればよい．

(ⅰ), (ⅱ)を t の関数としてグラフに描くと右図のようになる．よって求める最小値は

$0 < t \leqq 2(\sqrt{2}-1)$ のとき $\frac{t^2}{4} + \frac{t}{2}$，

$2(\sqrt{2}-1) < t \leqq \sqrt{2}$ のとき $\frac{t}{\sqrt{2}}$，

$\sqrt{2} < t \leqq 2$ のとき $\frac{t^2}{2}$，

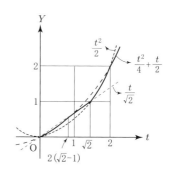

$2<t$ のとき $\dfrac{t^2}{4}+\dfrac{t}{2}$

となり，グラフは図の太線の通りである■

> **注意** 注意するまでもないかも知れませんが，解答のグラフは，下の2つのグラフ(実線部分)を重ね合わせて最小となる部分をたどっていったものです.
>
>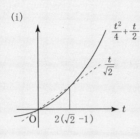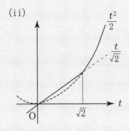

1.28 $f(x)=\dfrac{3}{4}x^2-3x+4=\dfrac{3}{4}(x-2)^2+1$ とおく.

（i） $0<a<b\leqq 2$ のとき，y の値域は $f(b)\leqq y\leqq f(a)$ である.

よって条件より $f(b)=a,\ f(a)=b$ となるので
$$a=\dfrac{3}{4}b^2-3b+4,\quad b=\dfrac{3}{4}a^2-3a+4$$
である．これを解くと $a=b=\dfrac{4}{3}$ が得られるが，これは $a<b$ をみたさない.

（ii） $0<a<2<b$ のとき，y の値域は $1\leqq y\leqq \max\{f(a),f(b)\}$ である．ただし，$\max\{u,v\}$ は u,v のうち小さくない方を表わすものとする．条件よりまず $a=1$ である.

$f(a)=f(1)\geqq f(b)$ ならば，$b=f(1)=\dfrac{7}{4}$ となって $2<b$ に反する.

$f(a)=f(1)<f(b)$ ならば，$b=f(b)$ より $(3b-4)(b-4)=0$ となり，$b>2$ より $b=4$ を得る.

（iii） $2\leqq a<b$ のとき，$f(a)\leqq y\leqq f(b)$ だから $a=f(a),\ b=f(b)$ であり，これより
$$(a,b)=\left(\dfrac{4}{3},\dfrac{4}{3}\right),\ \left(\dfrac{4}{3},4\right),\ \left(4,\dfrac{4}{3}\right),\ (4,4)$$
のいずれかであるが，これはすべて $2\leqq a<b$ をみたさない.

（i）〜（iii）より $a=1,\ b=4$ である■

1.29 （1） 頂点を (X,Y) とおくと $X=-\dfrac{a}{2},\ Y=b-\dfrac{a^2}{4}$，つまり
$$a=-2X,\quad b=Y+X^2\cdots\text{①}$$
である．求める範囲は，①と $|f(1)|<\dfrac{1}{2},\ |f(-1)|<\dfrac{1}{2}$ をみたす a,b が存在する条件で与えられ，それは，①を
$$|1+a+b|<\dfrac{1}{2},\quad |1-a+b|<\dfrac{1}{2}$$
に代入して得られる
$$|1-2X+Y+X^2|<\dfrac{1}{2},\quad |1+2X+Y+X^2|<\dfrac{1}{2}$$
である．これらより

$$-(X-1)^2 - \frac{1}{2} < Y < -(X-1)^2 + \frac{1}{2},$$
$$-(X+1)^2 - \frac{1}{2} < Y < -(X+1)^2 + \frac{1}{2}$$

を得る．これを図示すると右の通りである．ただし境界は除く∎

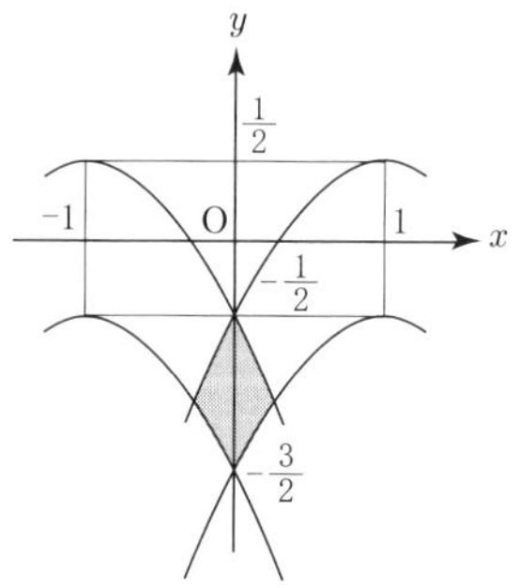

(2) $-1 \leqq x \leqq 1$ をみたす任意の x に対して $|f(x)| < \frac{1}{2}$ が成り立つものと仮定する．

（ i ） $\left|-\frac{a}{2}\right| > 1$，つまり $|a| > 2$ のとき $f(x)$ は $-1 \leqq x \leqq 1$ で単調なので，上の仮定から

$$|f(-1)| < \frac{1}{2}, \quad |f(1)| < \frac{1}{2}$$

で，これより

$$-a - \frac{3}{2} < b < -a - \frac{1}{2}, \quad a - \frac{3}{2} < b < a - \frac{1}{2}$$

となる．これを ab 平面上で図示すると右のようになるが，これは $|a| > 2$ をみたさない．

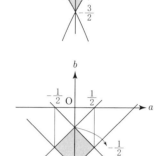

（ii） $\left|-\frac{a}{2}\right| \leqq 1$，つまり $|a| \leqq 2$ のとき，$-1 \leqq x \leqq 1$ において

$$f\left(-\frac{a}{2}\right) \leqq f(x) \leqq \max\{f(-1), f(1)\}$$

だから，仮定により

$$-\frac{1}{2} < f\left(-\frac{a}{2}\right), \quad \max\{f(-1), f(1)\} < \frac{1}{2}$$

であり，前者は

$$b > \frac{a^2}{4} - \frac{1}{2} \cdots ①,$$

後者は

$$\max\{1 - a + b, 1 + a + b\} < \frac{1}{2} \cdots ②$$

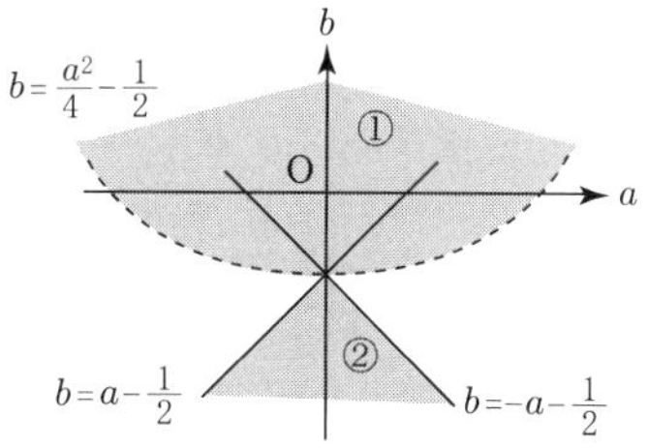

となる．後者はさらに

$$1 - a + b \geqq 1 + a + b \text{ つまり } a \leqq 0 \text{ ならば } b < a - \frac{1}{2},$$
$$1 + a + b \geqq 1 - a + b \text{ つまり } a \geqq 0 \text{ ならば } b < -a - \frac{1}{2},$$

となるが，上の図から分るように，①，②をみたす (a, b) は存在しない．

（ i ），（ii）より主張は成り立つ∎

注意 $\max\{\cdots\}$ の意味は前問と同じです．

(2) は上の解答以外にもいろいろできます．たとえば上と同じ仮定のもとで

$$|f(-1)| < \frac{1}{2}, \quad |f(1)| < \frac{1}{2}, \quad |f(0)| < \frac{1}{2}$$

が不合理であることを容易に示すことができます．あるいは，同じ仮定のもとで

$$|f(x) + f(-x)| \leqq |f(x)| + |f(-x)| < \frac{1}{2} + \frac{1}{2} < 1$$

より $|x^2 + b| < \frac{1}{2}$ が得られますが，$-1 \leqq x \leqq 1$，つまり $0 \leqq x^2 \leqq 1$ をみたすすべて

> の x に対して $-\frac{1}{2}<x^2+b<\frac{1}{2}$ が成り立つ条件は，$-b-\frac{1}{2}<0, 1<-b+\frac{1}{2}$，つまり $b>-\frac{1}{2}$ かつ $b<-\frac{1}{2}$ となって，やはり不合理が導かれます．

1.30 P(x_0, y_0) とし，ℓ, m の傾きをそれぞれ a, b とおく．ℓ, m の方程式 $y = a(x-x_0) + y_0$，$y = b(x-x_0) + y_0$ を $y = cx^2$ に代入してまとめると
$$cx^2 - ax + ax_0 - y_0 = 0, \quad cx^2 - bx + bx_0 - y_0 = 0 \cdots ①$$
で，条件よりこれらの判別式は正だから $a^2 - 4c(ax_0 - y_0) > 0$，$b^2 - 4c(bx_0 - y_0) > 0$ である．このとき，①の解をそれぞれ α, β ; γ, δ とおくと，Q, R の座標は
$$(\alpha, a(\alpha - x_0) + y_0), \quad (\beta, a(\beta - x_0) + y_0)$$
であり S, T の座標は
$$(\gamma, b(\gamma - x_0) + y_0), \quad (\delta, b(\delta - x_0) + y_0)$$
である．

したがって，$\alpha + \beta = \frac{a}{c}$，$\alpha\beta = \frac{ax_0 - y_0}{c}$，$\gamma + \delta = \frac{b}{c}$，$\gamma\delta = \frac{bx_0 - y_0}{c}$ に注意すると
$$\begin{aligned}
\mathrm{PQ} \cdot \mathrm{PR} &= \sqrt{(\alpha - x_0)^2 + a^2(\alpha - x_0)^2}\sqrt{(\beta - x_0)^2 + a^2(\beta - x_0)^2}\\
&= (1 + a^2)|(\alpha - x_0)(\beta - x_0)|\\
&= (1 + a^2)|\alpha\beta - (\alpha + \beta)x_0 + x_0^2|\\
&= (1 + a^2)\left|\frac{ax_0 - y_0}{c} - \frac{ax_0}{c} + x_0^2\right|\\
&= (1 + a^2)\left|x_0^2 - \frac{y_0}{c}\right|
\end{aligned}$$
となり，同様に $\mathrm{PS} \cdot \mathrm{PT} = (1 + b^2)\left|x_0^2 - \frac{y_0}{c}\right|$ となる．

P は C 上の点ではないので $y_0 \neq cx_0^2$ であるから，上の結果より
$$\frac{\mathrm{PQ} \cdot \mathrm{PR}}{\mathrm{PS} \cdot \mathrm{PT}} = \frac{(1 + a^2)\left|x_0^2 - \frac{y_0}{c}\right|}{(1 + b^2)\left|x_0^2 - \frac{y_0}{c}\right|} = \frac{1 + a^2}{1 + b^2} = 一定$$
となり，主張は成り立つ ∎

1.31 P(p, q) とおく．条件より $p^2 + q^2 > 1 \cdots ①$ である．円 $x^2 + y^2 = 1$ 上の点 (x_0, y_0) における接線の方程式は $x_0 x + y_0 y = 1$ であり，これが P を通る条件は $p x_0 + q y_0 = 1$ である．これと $x_0^2 + y_0^2 = 1$ との連立方程式は，P を与えたときの接点 (x_0, y_0) を決定する方程式であり，このことは，接点 (x_0, y_0) が円 $x^2 + y^2 = 1$ と直線 $px + qy = 1$ との交点であることを意味している．したがって直線 AB の方程式は $px + qy = 1 \cdots ②$ で与えられる．

（ⅰ）直線 QR が y 軸に平行な場合は，この方程式は $x = p$（ただし $-1 < p < 1$）で与えられ，これと $x^2 + y^2 = 1$ との交点 Q, R は $(p, \pm\sqrt{1 - p^2})$ である．$|p| < 1$ より $1 - p^2 > 0$，よって $q \neq 0$ に注意すると，②と $x = p$ から $y = \frac{1 - p^2}{q}$ となるので，S$\left(p, \frac{1 - p^2}{q}\right)$ が得られる．したがって①を用いて
$$\frac{1}{\mathrm{PQ}} + \frac{1}{\mathrm{PR}} = \frac{1}{|q - \sqrt{1 - p^2}|} + \frac{1}{|q + \sqrt{1 - p^2}|}$$

$$\frac{2}{\mathrm{PS}} = \frac{2}{\left|q - \dfrac{1-p^2}{q}\right|} = \frac{|q+\sqrt{1-p^2}| + |q-\sqrt{1-p^2}|}{p^2+q^2-1} = \frac{2|q|}{p^2+q^2-1}$$

となる．さて，① より $(q-\sqrt{1-p^2})(q+\sqrt{1-p^2}) = p^2+q^2-1 > 0$ だから $q-\sqrt{1-p^2}$ と $q+\sqrt{1-p^2}$ は同符号である．よって

$$\frac{1}{\mathrm{PQ}} + \frac{1}{\mathrm{PR}} = \frac{|q+\sqrt{1-p^2} + q-\sqrt{1-p^2}|}{p^2+q^2-1} = \frac{2|q|}{p^2+q^2-1} = \frac{2}{\mathrm{PS}}$$

が成り立つ．

（ii） QR が y 軸に平行でないとする．傾きを m とおくと，QR の方程式は $y = m(x-p)+q$ …③ であり，QR と円 $x^2+y^2=1$ が2交点をもつ条件は

$$\frac{|q-mp|}{\sqrt{1+m^2}} < 1 \cdots ④$$

である．③ を $x^2+y^2=1$ に代入してまとめると

$$(1+m^2)x^2 - 2m(mp-q)x + (mp-q)^2 - 1 = 0$$

で，この2解を α, β とおくと Q$(\alpha, m(\alpha-p)+q)$, R$(\beta, m(\beta-p)+q)$ であるから

$$\mathrm{PQ} = \sqrt{(p-\alpha)^2 + m^2(\alpha-p)^2} = \sqrt{1+m^2}\,|p-\alpha|,\ \mathrm{PR} = \sqrt{1+m^2}\,|p-\beta|$$

となる．他方，③ を ② に代入すると $(p+qm)x = 1 + mpq - q^2$ となる．もし $p+qm=0$ ならば $p = -qm$ なので，①, ④ は $(1+m^2)q^2 > 1$, $|q|\sqrt{1+m^2} < 1$ となって不合理を生ずるから $p+qm \neq 0$ である．したがって $x = \dfrac{1+mpq-q^2}{p+qm}$ が S の x 座標である．① に注意してこの x を用いると

$$\mathrm{PS} = \sqrt{1+m^2}\,|p-x| = \sqrt{1+m^2}\left|p - \frac{1+mpq-q^2}{p+qm}\right| = \sqrt{1+m^2}\,\frac{p^2+q^2-1}{|p+qm|}$$

となる．

さて，$\alpha+\beta = \dfrac{2m(mp-q)}{1+m^2}$, $\alpha\beta = \dfrac{(mp-q)^2-1}{1+m^2}$ だから，① より

$$(p-\alpha)(p-\beta) = p^2 - \frac{2m(mp-q)}{1+m^2}\cdot p + \frac{(mp-q)^2-1}{1+m^2} = \frac{p^2+q^2-1}{1+m^2} > 0$$

となり，$p-\alpha, p-\beta$ は同符号である．このことと上の計算を用いると

$$\frac{1}{\mathrm{PQ}} + \frac{1}{\mathrm{PR}}$$
$$= \frac{1}{\sqrt{1+m^2}}\frac{|p-\alpha|+|p-\beta|}{|p-\alpha||p-\beta|} = \frac{1}{\sqrt{1+m^2}}\frac{|p-\alpha+p-\beta|}{\dfrac{p^2+q^2-1}{1+m^2}}$$
$$= \sqrt{1+m^2}\frac{\left|2p - \dfrac{2m(mp-q)}{1+m^2}\right|}{p^2+q^2-1} = \frac{1}{\sqrt{1+m^2}}\frac{2|p+qm|}{p^2+q^2-1}$$
$$= \frac{2}{\mathrm{PS}}$$

が成り立つことが分る ∎

注意 初等幾何的には以下のように実に簡単に証明できます．

OP と AB の交点を H, O から QR に下した垂線の足を M としましょう．
△OPA ∽ △APH により
$$OP : AP = AP : HP \quad \text{つまり}$$
$$OP \cdot HP = AP^2$$

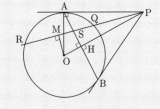

です．他方，方べきの定理より $AP^2 = PQ \cdot PR$ なので $OP \cdot HP = PQ \cdot PR$ となります．

次に △SPH ∽ △OPM より OP : MP = SP : HP で，M が線分 QR の中点であることに注意すると $MP = \frac{1}{2}(PQ + PR)$ だから，$OP \cdot HP = PS \cdot \frac{1}{2}(PQ + PR)$ が得られ，これと前半の結果とをあわせて $PQ \cdot PR = \frac{1}{2}PS(PQ + PR)$ となり，これより直ちに結論が導かれます．

1.32 $P(p, p^2 - 2)$, $Q(q, q^2 - 2)$, $R(r, r^2 - 2)$ とおく．直線 PQ の方程式は $y - (p^2 - 2) = \frac{p^2 - q^2}{p - q}(x - p)$, つまり $(p+q)x - y - (pq + 2) = 0$ である．同様に直線 PR は $(p+r)x - y - (pr + 2) = 0$ で，これらが C に接する条件は

$$\frac{|pq + 2|}{\sqrt{(p+q)^2 + 1}} = 1, \quad \frac{|pr + 2|}{\sqrt{(p+r)^2 + 1}} = 1$$

つまり
$$(pq + 2)^2 = (p+q)^2 + 1, \quad (pr + 2)^2 = (p+r)^2 + 1 \cdots ①$$
である．

① のもとで $(qr + 2)^2 = (q+r)^2 + 1 \cdots ②$ が成り立つことを示せばよい．

① の 2 式をひいて $q \neq r$ に注意してまとめると $(p^2 - 1)(q + r) = -2p$ となる．よって $p^2 \neq 1$ で，$q + r = \frac{2p}{1 - p^2} \cdots ③$ となる．

① の 2 式を加えると $(p^2 - 1)\{(q+r)^2 - 2qr\} + 2p(q+r) = 2p^2 - 6$ となり，③ を代入してまとめると $qr = \frac{3 - p^2}{p^2 - 1}$ となる．これと ③ より

$$(qr + 2)^2 = \left(\frac{3 - p^2}{p^2 - 1} + 2\right)^2 = \left(\frac{p^2 + 1}{p^2 - 1}\right)^2,$$
$$(q + r)^2 + 1 = \left(\frac{2p}{1 - p^2}\right)^2 + 1 = \frac{4p^2 + (1 - p^2)^2}{(1 - p^2)^2} = \left(\frac{1 + p^2}{1 - p^2}\right)^2$$

が得られ，したがって ② が成り立つことが分る ∎

注意 次のように考えると上のやや煩雑な計算が多少軽減されます．

① までは上の解と同じで，① をさらに
$$(p^2 - 1)q^2 + 2pq + 3 - p^2 = 0, \quad (p^2 - 1)r^2 + 2pr + 3 - p^2 = 0$$

と変形します. $p=1, -1$ のときはいずれも $q=r$ となって条件に反するので $p^2-1 \neq 0$ です. したがって上の 2 式は, q, r が二次方程式 $(p^2-1)x^2+2px+3-p^2=0$ の解であることを意味しますから
$$q+r = \frac{-2p}{p^2-1}, \quad qr = \frac{3-p^2}{p^2-1}$$
が成り立ちます. あとは解と同じです.

1.33 $\mathrm{A}(r\cos\theta, r\sin\theta)$ とおく.

$\theta = 0, \pi$ のときは, P は $(r, 0)$, または $(-r, 0)$ にあると考えて, $\theta \neq 0, \pi$ とする.

$x^2+y^2=r^2$ と, A を中心とする円の方程式
$$(x-r\cos\theta)^2+(y-r\sin\theta)^2 = r^2\sin^2\theta$$
とを辺々ひいてまとめると
$$\cos\theta\cdot x + \sin\theta\cdot y = \frac{r}{2}(1+\cos^2\theta)$$
となり, これが直線 QR の方程式を与える.

よって $\mathrm{P}(X, Y)$ とおくと, $X = r\cos\theta$ より
$$\cos\theta\cdot r\cos\theta + \sin\theta\cdot Y = \frac{r}{2}(1+\cos^2\theta), \quad \text{つまり} \quad \sin\theta\cdot Y = \frac{r}{2}\sin^2\theta$$
を得る. $\theta \neq 0, \pi$ より $\sin\theta \neq 0$ なので, $Y = \frac{r}{2}\sin\theta$ となる.

これと $X = r\cos\theta$ をみたす θ の存在条件は
$$1 = \cos^2\theta + \sin^2\theta = \left(\frac{X}{r}\right)^2 + \left(\frac{2Y}{r}\right)^2, \quad \text{つまり} \quad \frac{X^2}{r^2} + \frac{Y^2}{\left(\frac{r}{2}\right)^2} = 1$$

であり, これは $(\pm r, 0)$ を含んでいる. よってこれが求める P の軌跡である ∎

1.34 ℓ に関して A と対称な点を A', $\mathrm{A}'\mathrm{B}$ と ℓ との交点を P_0 とすると
$$\begin{aligned}\mathrm{AP}+\mathrm{PB} &= \mathrm{A}'\mathrm{P}+\mathrm{PB} \\ &\geqq \mathrm{A}'\mathrm{B} = \mathrm{A}'\mathrm{P}_0+\mathrm{P}_0\mathrm{B} \\ &= \mathrm{AP}_0+\mathrm{P}_0\mathrm{B}\end{aligned}$$
だから, $\mathrm{AP}+\mathrm{PB}$ は $\mathrm{P}=\mathrm{P}_0$ のとき最小である.

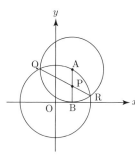

$\mathrm{A}'(a, b)$ とおくと
$$\begin{pmatrix}a-1\\b\end{pmatrix} \perp \begin{pmatrix}1\\m\end{pmatrix}, \quad \left(\frac{a+1}{2}, \frac{b}{2}\right) \text{ は } \ell \text{ 上の点}$$
であるから, $a-1+bm=0$, $\frac{b}{2} = m\cdot\frac{a+1}{2}$, つまり $a+mb=1$, $-ma+b=m$ となり, これを解いて $a = \frac{1-m^2}{1+m^2}$, $b = \frac{2m}{1+m^2}$ を得る.

これより直線 $\mathrm{A}'\mathrm{B}$ の方程式は $y = -\frac{2m}{3m^2+1}(x-2)$ となり, これと $y=mx$ を $m \neq 0$ に注意して解いて, $x = \frac{4}{3}\frac{1}{m^2+1}$, $y = mx = \frac{4}{3}\frac{m}{m^2+1}$ が得られる. この 2 式をみたす

$m\,(\neq 0)$ が存在するための $x,\,y$ の条件を求めればよい．

第 1 式より $x\neq 0$ なので第 2 式より $m=\dfrac{y}{x}$ で，これを第 1 式と $m\neq 0$ に代入して
$$x=\dfrac{4}{3}\dfrac{1}{\dfrac{y^2}{x^2}+1},\ y\neq 0,\ \text{つまり}\ \left(x-\dfrac{2}{3}\right)^2+y^2=\dfrac{4}{9},\ y\neq 0$$
が得られ，このとき $x\neq 0$ は成立している．したがって円 $\left(x-\dfrac{2}{3}\right)^2+y^2=\dfrac{4}{9}$ の $(0,0)$, $\left(\dfrac{4}{3},\,0\right)$ を除いた部分が求める軌跡である ∎

> **注意** ℓ に関する線対称移動を表わす行列 $\dfrac{1}{1+m^2}\begin{pmatrix}1-m^2 & 2m \\ 2m & -1+m^2\end{pmatrix}$ を用いると，A$'$ の座標は直ちに求められます．
>
> コロンブスの卵みたいなものですが，幾何的には次のように解釈できます．
>
>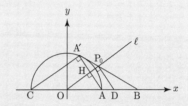
>
> A$'$ を通り ℓ に平行な直線と x 軸との交点を C，AA$'$ の中点を H とすると，$\triangle$AHO $\sim$ $\triangle$AA$'$C で，相似比は $1:2$ ですから，C$(-1,0)$ です．
>
> さらに，$\angle$AA$'$C $=\dfrac{\pi}{2}$ ですから，A$'$ は AC を直径とする円周上の点です．
>
> 次に，P$_0$ を通り A$'$A と平行な直線と x 軸との交点を D とします．$\triangle$CA$'$B $\sim$ $\triangle$OP$_0$B より A$'$B : P$_0$B $=$ CB : OB $= 3:2$ ですから，A$'$P$_0$: P$_0$B $= 1:2$ です．よって，$\triangle$AA$'$B $\sim$ $\triangle$DP$_0$B に注意すると，AD : DB $=$ A$'$P$_0$: P$_0$B $= 1:2$ となり，D$\left(\dfrac{4}{3},\,0\right)$，つまり D は定点です．$\angle$OP$_0$D $=\dfrac{\pi}{2}$ ですから，P$_0$ が線分 OD を直径とする円周上を動くことがこれで分ります．

1.35 (X,Y) が U の点であることは，$\dfrac{x+X}{2}=a,\ \dfrac{y+Y}{2}=b$ をみたす $(x,y)\in D$ が存在することであり，$x=2a-X,\ y=2b-Y$ であるから，U は $2b-Y\geqq (2a-X)^2$，つまり $y\leqq -(x-2a)^2+2b$ で表わされる．

$D\cap U\neq \phi$ であるための条件は $x^2\leqq -(x-2a)^2+2b$，つまり $x^2-2ax+2a^2-b\leqq 0$ をみたす x が存在するための条件だから，$a^2-(2a^2-b)\geqq 0$，したがって $b\geqq a^2$ で与えられる．

同様に $E\cap U\neq \phi$ に対しては，$x^2-2(a+2)x+2a^2-b+8\leqq 0$ をみたす x が存在する条件として $b\geqq (a-2)^2$ が得られる．

$D\cap E$ は，$(x\geqq 2$ かつ $y\geqq x^2)$ または $(x\leqq 2$ かつ $y\geqq (x-4)^2)$ で与えられるから，$D\cap E\cap U=\phi$ は

(ⅰ) $x\geqq 2$ をみたす任意の x に対して $x^2>-(x-2a)^2+2b$,

(ⅱ) $x\leqq 2$ をみたす任意の x に対して $(x-4)^2>-(x-2a)^2+2b$

がともに成り立つ条件に他ならない．

(ⅰ) の不等式は $x^2-2ax+2a^2-b>0$ である．左辺を $f(x)$ とおく．

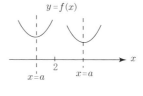

$a<2$ ならば $f(2)=4-4a+2a^2-b>0$ より
$$b<2(a-1)^2+2$$
となる．

$a\geqq 2$ ならば $f(a)=a^2-2a^2+2a^2-b>0$ より
$$b<a^2$$
であるが，これは $D\cap U\neq\phi$ に反する．

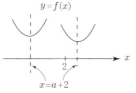

(ⅱ) の不等式は $x^2-2(a+2)x+2a^2-b+8>0$ である．左辺を $g(x)$ とおく．

$a+2>2$，つまり $a>0$ ならば $g(2)=4-4a-8+2a^2-b+8>0$ より
$$b<2a^2-4a+4=2(a-1)^2+2$$
となる．

$a+2\leqq 2$，つまり $a\leqq 0$ ならば $g(a+2)>0$ より
$$b<(a-2)^2$$
となるが，これは $E\cap U\neq\phi$ に反する．

以上より求める P(a,b) の集合は
$$\mathrm{P}(a,b)=\{(a,b)\,|\,b\geqq a^2,\ b\geqq(a-2)^2,\ b<2(a-1)^2+2,\ 0<a<2\}$$
で与えられ，これを図示すると右のようになる．ただし境界の ○ と --- を除く ∎

1.36 一般に，半径が $\dfrac{1}{\sqrt{2}}$ の円は必ず格子点を含むことをまず示す．

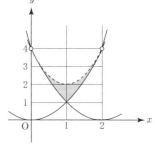

併進対称性 (注意参照) により中心は $0\leqq x\leqq 1$，$0\leqq y\leqq 1$ をみたす範囲 (これを D とする) にあるとして充分だから，中心を $(a,b)\in D$ とおく．中心から格子点 (m,n) までの距離の平方は $(m-a)^2+(n-b)^2$ で，m,n が変化したときのこの最小値は
$$a^2+b^2,\ (1-a)^2+b^2,\ a^2+(1-b)^2,\ (1-a)^2+(1-b)^2\cdots ①$$
のいずれかである．したがって，もしこの円が格子点を含まないならば
$$a^2+b^2>\tfrac{1}{2},\ (1-a)^2+b^2>\tfrac{1}{2},\ a^2+(1-b)^2>\tfrac{1}{2},\ (1-a)^2+(1-b)^2>\tfrac{1}{2}$$
となるが，ab 平面上でこれらの不等式が表わす範囲を描くと分るように，これらをみたす $(a,b)\in D$ は存在しない．よって $(a,b)\in D$ ならば ① の中で $\dfrac{1}{2}$ 以下のものが存在する，つまり主張は成り立つ．

したがってさらに，半径が $\dfrac{1}{\sqrt{2}}$ 以上の円についても明らかに同様のことがいえる．

さて，上のことから $\sqrt{\dfrac{r^2+s^2}{2}}<\dfrac{1}{\sqrt{2}}$，つまり $r^2+s^2<1$ でなければならない．$r\geqq 0$，$s\geqq 0$

なので，問題の条件は，円が $(0, 0), (1, 0), (0, 1), (1, 1)$ を含まないことである．よって
$$r^2 + s^2 > \frac{1}{2}(r^2+s^2), \quad (r-1)^2 + s^2 > \frac{1}{2}(r^2+s^2),$$
$$r^2 + (s-1)^2 > \frac{1}{2}(r^2+s^2), \quad (r-1)^2 + (s-1)^2 > \frac{1}{2}(r^2+s^2)$$
となり，これらをまとめると
$$(r, s) \neq (0, 0),$$
$$(r-2)^2 + s^2 > 2,$$
$$r^2 + (s-2)^2 > 2,$$
$$(r-2)^2 + (s-2)^2 > 4$$

が得られ，$r \geq 0, s \geq 0, r^2 + s^2 < 1$ のもとでこれらを図示すると右のようになる．ただし境界の ○ と --- は除く∎

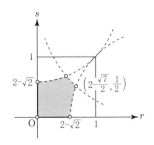

注意 前半で，$(m-a)^2 + (n-b)^2$ の最小値をまず4つに絞りました．図形的にはほとんど当たり前ですが，たとえば $(m-a)^2$ の項で m を動かすと
$$\cdots > (-2-a)^2 > (-1-a)^2 > a^2, \quad (1-a)^2 < (2-a)^2 < \cdots$$
であり，同様に n を動かしてみれば4つに絞られることが分るでしょう．

ある図形をある定ベクトルの整数倍だけ平行移動した図形がもとの図形と重なるとき，その図形は併進対称性をもつといいます．同様に，ある図形をある点のまわりにある角度だけ回転したときにもとの図形と重なるとき，その図形は回転対称性をもつといいます．

解答の冒頭の主張を証明するために，右図の D_1 の代わりに D_2 で考えても不都合がないことは明らかでしょうが，それは適当な平行移動のもとで格子構造が不変であることにもとづいているわけです．

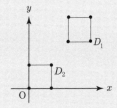

1.37 (1) 楕円を $\dfrac{x^2}{a^2} + \dfrac{y^2}{b^2} = 1$ とし，離心率を e，さらに P(x_0, y_0) とおく．ただし，$a>b>0$ とする．ℓ の方程式は $\dfrac{x_0}{a^2}x + \dfrac{y_0}{b^2}y = 1$，つまり $b^2 x_0 x + a^2 y_0 y = a^2 b^2$ なので，この方向ベクトルとして $\vec{\ell} = \begin{pmatrix} -a^2 y_0 \\ b^2 x_0 \end{pmatrix}$ をとる．

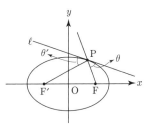

また，焦点を F$(ea, 0)$, F$'(-ea, 0)$ とおく．
PF $= a - ex_0$, PF$' = a + ex_0$ なので，ℓ と PF, PF$'$ とのなす角をおのおの θ, θ' とおくと
$$\cos\theta = \frac{|(\overrightarrow{\text{PF}}, \vec{\ell})|}{|\overrightarrow{\text{PF}}||\vec{\ell}|} = \frac{|(ea-x_0)(-a^2 y_0) - y_0 \cdot b^2 x_0|}{|\vec{\ell}|(a-ex_0)}$$
$$= \frac{|ea^3 y_0 - (a^2-b^2)x_0 y_0|}{|\vec{\ell}|(a-ex_0)} = \frac{|ea^3 y_0 - a^2 e^2 x_0 y_0|}{|\vec{\ell}|(a-ex_0)}$$

$$= \frac{|ea^2 y_0|(a-ex_0)}{|\vec{\ell}|(a-ex_0)} = \frac{ea^2|y_0|}{|\vec{\ell}|}$$

となる．ただし，$\sqrt{a^2-b^2}=ae$ と，$0<e<1$, $-a \leqq x_0 \leqq a$ より $a-ex_0>0$ であること，を用いた．

まったく同様に
$$\cos\theta' = \frac{|(\overrightarrow{PF'}, \vec{\ell})|}{|\overrightarrow{PF'}||\vec{\ell}|} = \frac{|ea^3 y_0 + a^2 e^2 x_0 y_0|}{|\vec{\ell}|(a+ex_0)} = \frac{ea^2|y_0|}{|\vec{\ell}|}$$

が得られるので，$\theta=\theta'$ が成り立つ ∎

(2) 双曲線を $\dfrac{x^2}{a^2} - \dfrac{y^2}{b^2} = 1$ ($a>0$, $b>0$) とし，離心率を e，また，$P(x_0, y_0)$ とおく．$x_0 \geqq a$ で考えて充分である．

ℓ の方程式は $\dfrac{x_0}{a^2}x - \dfrac{y_0}{b^2}y = 1$，つまり $b^2 x_0 x - a^2 y_0 y = a^2 b^2$ なので，この方向ベクトルとして $\vec{\ell} = \begin{pmatrix} a^2 y_0 \\ b^2 x_0 \end{pmatrix}$ をとる．

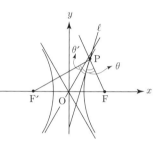

また，焦点を $F(ea, 0)$, $F'(-ea, 0)$ とおく．

$PF = ex_0 - a$, $PF' = ex_0 + a$ なので，ℓ と PF, PF' のなす角をおのおの θ, θ' として $e^2 a^2 = a^2 + b^2$ を用いると

$$\cos\theta = \frac{|(\overrightarrow{PF}, \vec{\ell})|}{|\overrightarrow{PF}||\vec{\ell}|} = \frac{|(x_0-ea)\cdot a^2 y_0 + y_0 \cdot b^2 x_0|}{|\vec{\ell}|(ex_0-a)}$$
$$= \frac{|-ea^3 y_0 + (a^2+b^2)x_0 y_0|}{|\vec{\ell}|(ex_0-a)} = \frac{|e^2 a^2 x_0 y_0 - ea^3 y_0|}{|\vec{\ell}|(ex_0-a)}$$
$$= \frac{ea^2|y_0|(ex_0-a)}{|\vec{\ell}|(ex_0-a)} = \frac{ea^2|y_0|}{|\vec{\ell}|}$$

であり，同様に
$$\cos\theta' = \frac{|(\overrightarrow{PF'}, \vec{\ell})|}{|\overrightarrow{PF'}||\vec{\ell}|} = \frac{ea^2|y_0|}{|\vec{\ell}|}$$

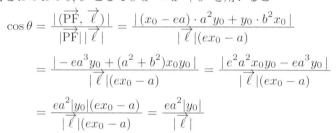

も示されるので主張は成り立つ ∎

(3) C を $y^2 = 4px$ ($p>0$)，F を焦点とし，$P(x_0, y_0)$ とおくと，$F(p, 0)$, $H(-p, y_0)$ であり，ℓ の方程式は $y_0 y = 2p(x+x_0)$ である．したがって，ℓ の方向ベクトルとして $\vec{\ell} = \begin{pmatrix} y_0 \\ 2p \end{pmatrix}$ をとり，ℓ と PH, ℓ と PF のなす角をおのおの θ, θ' とおくと，$PH = PF = x_0 + p$ だから

$$\cos\theta = \frac{|(\overrightarrow{PH}, \vec{\ell})|}{|\overrightarrow{PH}||\vec{\ell}|} = \frac{|y_0(-p-x_0) + 2p \cdot 0|}{|\vec{\ell}|(x_0+p)} = \frac{|y_0|}{|\vec{\ell}|},$$

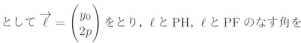
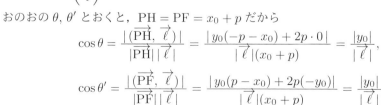

$$\cos\theta' = \frac{|(\overrightarrow{PF}, \vec{\ell})|}{|\overrightarrow{PF}||\vec{\ell}|} = \frac{|y_0(p-x_0) + 2p(-y_0)|}{|\vec{\ell}|(x_0+p)} = \frac{|y_0|}{|\vec{\ell}|}$$

となり，$\theta = \theta'$ が得られる ∎

注意 (1) において，θ, θ' の余弦の代りに正弦を用いて議論することもできます．$b^2 = a^2(1-e^2)$ に注意してヘッセの公式を用いると

$$\mathrm{FH} = \frac{|b^2 x_0 ea - a^2 b^2|}{\sqrt{b^4 x_0^2 + a^4 y_0^2}} = \frac{a^3(1-e^2)(a - ex_0)}{\sqrt{b^4 x_0^2 + a^4 y_0^2}}$$

$$= \frac{a^3(1-e^2)\mathrm{PF}}{\sqrt{b^4 x_0^2 + a^4 y_0^2}}$$

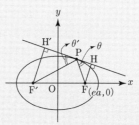

となりますから

$$\sin\theta = \frac{\mathrm{FH}}{\mathrm{PF}} = \frac{a^3(1-e^2)}{\sqrt{b^4 x_0^2 + a^4 y_0^2}}$$

です．$\sin\theta'$ も同様に計算すると同一の式が得られます．

同じ考え方は (2) にも利用できます．

また (2) では，ℓ と x 軸との交点を Q とおくと $\mathrm{Q}\left(\dfrac{a^2}{x_0}, 0\right)$ なので

$$\mathrm{FQ} = ea - \frac{a^2}{x_0} = \frac{a}{x_0}(ex_0 - a) = \frac{a}{x_0}\mathrm{PF}$$
$$\mathrm{QF}' = \frac{a^2}{x_0} + ea = \frac{a}{x_0}(a + ex_0) = \frac{a}{x_0}\mathrm{PF}'$$

となり，$\mathrm{FQ} : \mathrm{F}'\mathrm{Q} = \mathrm{PF} : \mathrm{PF}'$ が成り立つので，ℓ は ∠FPF$'$ の 2 等分線であることが分ります．

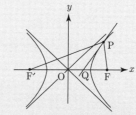

(1) は次のように考えることもできます．

F$'$ の ℓ に関する対称点を F$''$，ℓ 上の点 Q と F$'$ を結ぶ線分と楕円との交点を R とします．楕円の定義より RF$'$ + RF = PF$'$ + PF であること，および三角不等式を念頭におくと

$$\mathrm{QF} + \mathrm{QF}' = \mathrm{QF} + \mathrm{QR} + \mathrm{RF}'$$
$$\geq \mathrm{RF} + \mathrm{RF}' = \mathrm{PF} + \mathrm{PF}'$$

で，等号は Q = R，つまり Q = P のとき成立します．

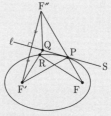

したがって QF + QF$'$ = QF + QF$''$ は Q = P のとき最小値をとることになりますが，これは，P が FF$''$ と ℓ との交点であることを意味します．したがって ∠QPF$''$ = ∠FPS (対頂角) であり，F$'$, F$''$ が ℓ に関して対称なので ∠F$''$PQ = ∠F$'$PQ となり結論が得られます．

(3) の結果から，放物線の軸に平行に入射してきた光線が放物線上で鏡面反射されるとかならず焦点 F を通ることが分ります (右の図)．
このことはパラボラアンテナの原理を与えています．

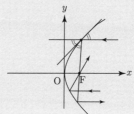

1.38 (1)（ⅰ）楕円の場合，その方程式を $\dfrac{x^2}{a^2}+\dfrac{y^2}{b^2}=1$ とおく．2本の接線が座標軸に平行な場合，接線の交点は $(\pm a, \pm b)$ の4点である．これ以外の場合の軌跡上の点を (X,Y)（$X\neq \pm a$）とおく．この点がみたすべき条件は

　　　(X,Y) から上の楕円に2本の直行する接線をひくことができる … ①

ことである．点 (X,Y) を通る傾き m の直線の方程式 $y=m(x-X)+Y$ を楕円の方程式 $b^2x^2+a^2y^2=a^2b^2$ に代入してまとめると $(m^2a^2+b^2)x^2+2a^2(Y-mX)mx+a^2(Y-mX)^2-a^2b^2=0$ となり，直線が楕円に接する条件は，判別式 $=0$ より $a^4m^2(Y-mX)^2-(m^2a^2+b^2)\{(Y-mX)^2-b^2\}a^2=0$ で，これをまとめると
$$(X^2-a^2)m^2-2XYm+Y^2-b^2=0\cdots ②$$
が得られる．これは，(X,Y) が与えられたとき，そこから楕円にひいた接線の傾き m を決める方程式である．したがって①が成り立つ条件は，②が $m_1m_2=-1$ をみたす実数解 m_1,m_2 をもつことであり，それは $X^2\neq a^2$ に注意して
$$X^2Y^2-(X^2-a^2)(Y^2-b^2)\geqq 0,\quad \dfrac{Y^2-b^2}{X^2-a^2}=-1$$
つまり
$$\dfrac{X^2}{a^2}+\dfrac{Y^2}{b^2}\geqq 1,\quad X^2+Y^2=a^2+b^2$$
で与えられる．第2式は第1式をみたしており，さらに $(\pm a,\pm b)$ も含んでいるから，結局，求める軌跡は円 $x^2+y^2=a^2+b^2$ である■

（ⅱ）（ⅰ）と同様に，求める図形上の点を (X,Y) とする．（ⅰ）と異なり，座標軸に平行な接線で直行する組は存在しないから①が条件である．

双曲線の方程式を $\dfrac{x^2}{a^2}-\dfrac{y^2}{b^2}=1$ とおき，$y=m(x-X)+Y$ を代入してまとめると $(b^2-a^2m^2)x^2-2a^2m(Y-mX)x-a^2\{b^2+(Y-mX)^2\}=0$ となる．これが重解をもつので，$b^2-a^2m^2\neq 0$，かつ $a^4m^2(Y-mX)^2+a^2(b^2-a^2m^2)\{b^2+(Y-mX)^2\}=0$ で，これらはさらに
$$|m|\neq \dfrac{b}{a},\quad (X^2-a^2)m^2-2XYm+(Y^2+b^2)=0\cdots ③$$
となる．③が $m_1m_2=-1$，かつ $m_i\neq \pm\dfrac{b}{a}$（$i=1,2$）をみたす実数解 m_1,m_2 をもつことが求める条件であるから判別式の条件も考慮して
$$X^2-a^2\neq 0,\quad \dfrac{Y^2+b^2}{X^2-a^2}=-1,\quad X^2Y^2-(X^2-a^2)(Y^2+b^2)\geqq 0,$$
$$(X^2-a^2)\dfrac{b^2}{a^2}\pm 2XY\dfrac{b}{a}+Y^2+b^2\neq 0$$
が得られ，これより
$$X\neq \pm a,\quad X^2+Y^2=a^2-b^2,\quad \dfrac{X^2}{a^2}-\dfrac{Y^2}{b^2}\leqq 1,\quad bX\pm aY\neq 0$$
となる．

以上より求める図形は円 $x^2+y^2=a^2-b^2$ から4点 $\left(\pm a\sqrt{\dfrac{a^2-b^2}{a^2+b^2}},\pm b\sqrt{\dfrac{a^2-b^2}{a^2+b^2}}\right)$ を除いた部分である■

(2) 放物線を $y^2 = 4px\,(p > 0)$ とおく．この上の 2 点 (x_1, y_1), (x_2, y_2) における接線はおのおの $y_1 y = 2p(x + x_1)$, $y_2 y = 2p(x + x_2)$ で，これより両者の交点は $(x, y) = \left(\dfrac{y_1 y_2}{4p}, \dfrac{y_1 + y_2}{2} \right)$ である．ただし，$y_1 \neq y_2$, $y_i^2 = 4p x_i\,(i = 1, 2)$ であること，さらに，座標軸に平行な接線の組で直行するものは存在しないから $y_1 \neq 0$, $y_2 \neq 0$ であることなどを用いた．

他方，2 接線が直行する条件は $\begin{pmatrix} 2p \\ -y_1 \end{pmatrix} \perp \begin{pmatrix} 2p \\ -y_2 \end{pmatrix}$，つまり $y_1 y_2 + 4p^2 = 0$ である．よって，$y_1 \neq y_2$, $y_1 y_2 \neq 0$ は成り立ち，$x = \dfrac{y_1 y_2}{4p} = -p$ となる．このとき，y_1, y_2 を解とする二次方程式 $t^2 - 2yt - 4p^2 = 0$ はたしかに 0 でない異なる 2 実解をもつ．

したがって主張は成り立つ ∎

注意 (1) も (2) と同じように，接線を何らかの形で表わして交点を求め，その軌跡を議論する，という考え方でできます．

接線を $y = mx + k$ とおきましょう．

楕円の方程式に代入した式で判別式 $= 0$ とすると $k^2 = a^2 m^2 + b^2$ が得られます．これと直交する接線は，上で m を $-\dfrac{1}{m}$ に代えた $y = -\dfrac{1}{m}x + \ell$, $\ell^2 = \dfrac{a^2}{m^2} + b^2$ で与えられますから，交点 (x, y) が描く図形は

$$y = mx + k,\ k^2 = a^2 m^2 + b^2,\ y = -\dfrac{1}{m}x + \ell,\ \ell^2 = \dfrac{a^2}{m^2} + b^2$$

をみたす k, ℓ, m が存在する条件で与えられることになります．これはさらに

$$(y - mx)^2 = a^2 m^2 + b^2\,(= k^2),\ (my + x)^2 = a^2 + b^2 m^2\,(= m^2 \ell^2)$$

をみたす m の存在条件になります．両者を加えて $x^2 + y^2 = a^2 + b^2$ が直ちに得られ，このとき $y^2 - b^2 = -(x^2 - a^2)$ により上の第 1 式 $(x^2 - a^2)m^2 - 2xym + y^2 - b^2 = 0$ の判別式は

$$4x^2 y^2 - 4(x^2 - a^2)(y^2 - b^2) = 4x^2 y^2 + 4(x^2 - a^2)^2 \geqq 0$$

となって，m は確かに存在します．

以上はもちろん $x \neq \pm a$ の場合の議論です．

双曲線 $\dfrac{x^2}{a^2} - \dfrac{y^2}{b^2} = 1\,(a > 0, b > 0)$ の場合に，接線を $y = mx + k$ とおいて代入してまとめると $(b^2 - a^2 m^2)x^2 - 2a^2 mkx - a^2(b^2 + k^2) = 0$ となるので，重解をもつ条件より，

$$b^2 \neq a^2 m^2 \text{ かつ } a^4 m^2 k^2 + (b^2 - a^2 m^2)a^2(b^2 + k^2) = 0$$

つまり

$$|m| \neq \dfrac{b}{a},\ k^2 = m^2 a^2 - b^2$$

でなければなりません．したがって，上の第 1 式より $k \neq 0$ であることに注意して

$$y = mx + k,\ k^2 = a^2 m^2 - b^2 \neq 0,\ y = -\dfrac{1}{m}x + \ell,\ \ell^2 = \dfrac{a^2}{m^2} - b^2 \neq 0$$

なる k, ℓ, m の存在条件を求めることになります．$k^2 > 0$, $\ell^2 > 0$ から直ちに $\dfrac{b}{a} <$

$|m|<\dfrac{a}{b}$ が得られ，これより $\dfrac{b}{a}<\dfrac{a}{b}$，つまり $a^2>b^2$，よって $a>b$ でなければならないことが分りますが，これが解答の結論 $x^2+y^2=a^2-b^2$ に意味を与えていることは明らかでしょう．$a\leqq b$ のときは，直交する2接線は存在せず，このことはグラフの上からも読み取ることができます．

上からさらに
$$(y-mx)^2=m^2a^2-b^2,\quad (my+x)^2=a^2-m^2b^2,\quad \dfrac{b}{a}<|m|<\dfrac{a}{b}$$
をみたす m の存在条件を求めなければなりません．第1, 2式を加えて $x^2+y^2=a^2-b^2$ はすぐ得られます．

第3式から4点を除くことが導かれるのですが，その計算にはここではもはや立ち入りません．

双曲線の場合の結果をグラフにすると右のようになります．

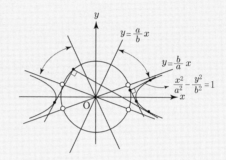

直交する2直線の傾きの存在範囲 $\dfrac{b}{a}<|m|<\dfrac{a}{b}$ は，図の矢印で示されています．

1.39 (1) (ⅰ) 楕円の場合，その方程式を $\dfrac{x^2}{a^2}+\dfrac{y^2}{b^2}=1\,(a>b>0)$，離心率を $e=\dfrac{\sqrt{a^2-b^2}}{a}$，焦点の1つを $\mathrm{F}(ea,0)$ とする．

AB $/\!/$ y 軸のときは，A, B の座標は $(ea,\pm b\sqrt{1-e^2}\,)$ なので
$$\dfrac{1}{\mathrm{FA}}+\dfrac{1}{\mathrm{FB}}=\dfrac{2}{b\sqrt{1-e^2}}$$
である．

AB $\not/\!/$ y 軸の場合，AB の方程式を $y=m(x-ea)$ とおいて楕円の方程式に代入してまとめると
$$(a^2m^2+b^2)x^2-2ea^3m^2x+a^2(a^2e^2m^2-b^2)=0$$
となる．グラフからも明らかであるが，これは2実解 α,β をもち，これらが A, B の x 座標を与える．したがって，焦点半径の公式 $\mathrm{FA}=a-e\alpha$, $\mathrm{FB}=a-e\beta$，および $\alpha+\beta=\dfrac{2ea^3m^2}{a^2m^2+b^2}$, $\alpha\beta=\dfrac{a^2(a^2e^2m^2-b^2)}{a^2m^2+b^2}$，さらに $b^2=a^2(1-e^2)$ を用いて
$$\dfrac{1}{\mathrm{FA}}+\dfrac{1}{\mathrm{FB}}=\dfrac{1}{a-e\alpha}+\dfrac{1}{a-e\beta}=\dfrac{2a-e(\alpha+\beta)}{a^2-ae(\alpha+\beta)+e^2\alpha\beta}$$
$$=\dfrac{2a(a^2m^2+b^2)-e\cdot 2ea^3m^2}{a^2(a^2m^2+b^2)-ae\cdot 2ea^3m^2+a^2e^2(e^2a^2m^2-b^2)}$$
$$=\dfrac{2ab^2+2a^3m^2(1-e^2)}{(1-e^2)a^2b^2+a^4m^2(1-e^2)^2}=\dfrac{2ab^2(1+m^2)}{b^4+m^2b^4}$$
$$=\dfrac{2a}{b^2}=\dfrac{2}{b\sqrt{1-e^2}}$$

が得られる．

したがって主張は成り立つ∎

（ⅱ） 双曲線の場合，その方程式を $\dfrac{x^2}{a^2} - \dfrac{y^2}{b^2} = 1$（$a>0, b>0$），離心率を $e = \dfrac{\sqrt{a^2+b^2}}{a}$，焦点の1つを F($ea, 0$) とする．

AB が $x = ea$ のときは，A, B の y 座標は $\pm b\sqrt{e^2-1} = \pm a(e^2-1)$ なので
$$\dfrac{1}{\mathrm{FA}} + \dfrac{1}{\mathrm{FB}} = \dfrac{2}{a(e^2-1)}$$
である．

AB ∦ y 軸のとき，AB を $y = m(x - ea)$ とおいて双曲線の方程式に代入してまとめると
$$(b^2 - a^2m^2)x^2 + 2ea^3m^2 x - a^2(e^2 a^2 m^2 + b^2) = 0$$
となる．これが2解をもたなければならないから $b^2 - a^2m^2 \neq 0$ で，このとき判別式を計算すると $4a^2b^4(1+m^2) > 0$ となるので上式は2実解をもつ．それを α, β とおくと FA $= e\alpha - a$, FB $= e\beta - a$ なので，$\alpha + \beta = -\dfrac{2ea^3m^2}{b^2 - a^2m^2}$, $\alpha\beta = \dfrac{-a^2(a^2e^2m^2 + b^2)}{b^2 - a^2m^2}$，および $b^2 = a^2(e^2 - 1)$ を用いると

$$\dfrac{1}{\mathrm{FA}} + \dfrac{1}{\mathrm{FB}} = \dfrac{1}{e\alpha - a} + \dfrac{1}{e\beta - a} = \dfrac{e(\alpha+\beta) - 2a}{e^2 \alpha\beta - ae(\alpha+\beta) + a^2}$$
$$= \dfrac{-e \cdot 2ea^3m^2 - 2a(b^2 - a^2m^2)}{-a^2e^2(e^2a^2m^2 + b^2) + ae \cdot 2ea^3m^2 + a^2(b^2 - a^2m^2)}$$
$$= \dfrac{2a^3(m^2+1)(e^2-1)}{a^4(m^2+1)(e^2-1)^2} = \dfrac{2}{a(e^2-1)}$$

となる．

したがって主張は成り立つ∎

（ⅲ） 放物線の場合，方程式を $y^2 = 4px$（$p>0$）とおく．F を通る直線を $x - p = my$ とおいて放物線の方程式に代入してまとめると $y^2 - 4pmy - 4p^2 = 0$ となる．判別式は $4p^2(m^2+1) > 0$ となり，これは2実解をもつのでそれを α, β とおくと，AB の x 座標は $p + m\alpha, p + m\beta$ だから FA $= 2p + m\alpha$, FB $= 2p + m\beta$ である．

よって $\alpha + \beta = 4pm$, $\alpha\beta = -4p^2$ を用いると
$$\dfrac{1}{\mathrm{FA}} + \dfrac{1}{\mathrm{FB}} = \dfrac{1}{2p + m\alpha} + \dfrac{1}{2p + m\beta} = \dfrac{4p + m(\alpha + \beta)}{4p^2 + 2pm(\alpha + \beta) + m^2 \alpha\beta}$$
$$= \dfrac{4p + m \cdot 4pm}{4p^2 + 2pm \cdot 4pm - 4p^2m^2} = \dfrac{4p(1+m^2)}{4p^2(1+m^2)} = \dfrac{1}{p} = \text{一定}$$

が得られ，主張が成り立つことが分る∎

(2) (1) と同様に弦を AB とする．

（ⅰ） 楕円の場合，$b^2 = a^2(1-e^2)$ に注意して (1)(ⅰ) と同様に計算すると，$m \neq 0$ のときは
$$\rho = \mathrm{FA} + \mathrm{FB} = 2a - e(\alpha + \beta) = 2a - e\dfrac{2ea^3m^2}{a^2m^2 + b^2}$$
$$= \dfrac{2a^3m^2(1-e^2) + 2a^3(1-e^2)}{a^2m^2 + b^2} = \dfrac{2a^3(1-e^2)(1+m^2)}{a^2m^2 + b^2}$$

となる．$m \neq 0$ のとき，σ はこの式で $m \to -\dfrac{1}{m}$ とすればよいから

$$\sigma = \dfrac{2a^3(1-e^2)\left(1+\dfrac{1}{m^2}\right)}{\dfrac{a^2}{m^2}+b^2} = \dfrac{2a^3(1-e^2)(1+m^2)}{a^2+b^2m^2}$$

となる．よって

$$\dfrac{1}{\rho}+\dfrac{1}{\sigma} = \dfrac{a^2m^2+b^2+a^2+b^2m^2}{2a^3(1-e^2)(1+m^2)} = \dfrac{a^2+a^2(1-e^2)}{2a^3(1-e^2)} = \dfrac{2-e^2}{2a(1-e^2)} = \text{一定}$$

となる．

$m=0$，つまり AB が x 軸に平行な場合は，$\rho = 2a$, $\sigma = 2b\sqrt{1-e^2} = 2a(1-e^2)$ となり

$$\dfrac{1}{\rho}+\dfrac{1}{\sigma} = \dfrac{1}{2a}+\dfrac{1}{2a(1-e^2)} = \dfrac{2-e^2}{2a(1-e^2)}$$

で，$m \neq 0$ の場合と同じになる．

よって主張は成り立つ∎

(ii) 双曲線の場合，$b^2 = a^2(e^2-1)$ に注意して (1)(ii) と同様に計算すると

$$\rho = \mathrm{FA}+\mathrm{FB} = e(\alpha+\beta)-2a = -2a-\dfrac{2e^2a^3m^2}{b^2-a^2m^2}$$
$$= \dfrac{2a^3m^2(e^2-1)+2a^3(e^2-1)}{a^2m^2-b^2} = \dfrac{2a^3(e^2-1)(1+m^2)}{a^2m^2-b^2}$$

となる．双曲線の場合，$m=0$ のときは直交する 2 つの弦は存在しないから $m \neq 0$ で考えてよい．よって m を $-\dfrac{1}{m}$ に代えて

$$\sigma = \dfrac{2a^3(e^2-1)\left(1+\dfrac{1}{m^2}\right)}{\dfrac{a^2}{m^2}-b^2} = \dfrac{2a^3(e^2-1)(1+m^2)}{a^2-b^2m^2}$$

となるから

$$\dfrac{1}{\rho}+\dfrac{1}{\sigma} = \dfrac{a^2m^2-b^2+a^2-b^2m^2}{2a^3(e^2-1)(1+m^2)} = \dfrac{a^2-a^2(e^2-1)}{2a^3(e^2-1)}$$
$$= \dfrac{2-e^2}{2a(e^2-1)} = \text{一定}$$

が成り立つ∎

(iii) 放物線の場合は $m \neq 0$ で考えてよい．(1)(iii) と同様に

$$\rho = 4p+m(\alpha+\beta) = 4p+m \cdot 4pm = 4p(1+m^2),$$
$$\sigma = 4p\left(1+\dfrac{1}{m^2}\right) = \dfrac{4p(1+m^2)}{m^2}$$

より

$$\dfrac{1}{\rho}+\dfrac{1}{\sigma} = \dfrac{1+m^2}{4p(1+m^2)} = \dfrac{1}{4p} = \text{一定}$$

となり，主張は成り立つ∎

> **注意** 楕円の焦点半径はよく $|a \pm ex_0|$ で表わされますが，$\mathrm{F}(ae,0)$, $\mathrm{F}'(-ae,0)$ とおくと，$0<e<1$, $-a \leqq x_0 \leqq a$ ですから，$\mathrm{PF} = a-ex_0$, $\mathrm{PF}' = a+ex_0$ であるこ

とは図形から考えてもすぐ分るでしょう．

　双曲線の場合の焦点半径 $|a\pm ex_0|$ を上のように表わそうとすると次のようになります．図の A, B, A′ 等に対してその x 座標を α とすると
$$\mathrm{F}* = e\alpha - a, \quad \mathrm{F}'* = e\alpha + a$$
です．ただし，$*$ は A, B, A′ を表わすものとします．B′ の場合，x 座標を $\beta(<0)$ として
$$\mathrm{FB}' = a - e\beta, \quad \mathrm{F}'\mathrm{B}' = -a - e\beta$$
となることも分るでしょう．図の AB は弦ですが，A′B′ は弦とはいえないでしょう．実際，本問の (1), (2) の内容は A′, B′ に対しては成り立ちません．つまり $\dfrac{1}{\mathrm{FA}'} + \dfrac{1}{\mathrm{FB}'}$ も，AB⊥A′B′ のときの $\dfrac{1}{\mathrm{AB}} + \dfrac{1}{\mathrm{A}'\mathrm{B}'}$ も一定値はとりません．

　(2) の双曲線の場合に直交する2弦が存在する条件を考えてみましょう．
まず，方程式
$$(b^2 - a^2 m^2)x^2 + 2ea^3 m^2 x - a^2(e^2 a^2 m^2 + b^2) = 0$$
が2実解をもたなければならないから，$b^2 - a^2 m^2 \neq 0$，つまり $|m| \neq \dfrac{b}{a}$ です．このとき，判別式>0 は成り立ちますが，交点が A′, B′ のようになっていては弦をつくらないので，交点が A, B のような組を与える条件を考えなければなりません．それは A, B の x 座標 α, β が同符号であること，つまり $\alpha\beta = \dfrac{-a^2(a^2 e^2 m^2 + b^2)}{b^2 - a^2 m^2} > 0$ で，これより $b^2 - a^2 m^2 < 0$，したがって $|m| > \dfrac{b}{a}$ となり，$|m| \neq \dfrac{b}{a}$ は成立しています．同じ条件が m を $-\dfrac{1}{m}$ に代えても成り立たなければならないので，$\left|-\dfrac{1}{m}\right| > \dfrac{b}{a}$ となり，結局 $\dfrac{b}{a} < |m| < \dfrac{a}{b}$ となります．これをみたす m が存在するための a, b の条件が最終的に求めたいもので，それは $\dfrac{b}{a} < \dfrac{a}{b}$，つまり $a > b$ に他なりません．このとき，$0 < \dfrac{b}{a} < 1$ より
$$e = \dfrac{\sqrt{a^2 + b^2}}{a} = \sqrt{1 + \left(\dfrac{b}{a}\right)^2} < \sqrt{2}$$
が得られます．これが $\dfrac{1}{\rho} + \dfrac{1}{\sigma}$ の値に意味を与えていることは明らかでしょう．

1.40 $\dfrac{x^2}{a^2} - \dfrac{y^2}{b^2} = 1$ のグラフは y 軸対称なので円の中心は y 軸上にある．よってこの方程式を $x^2 + (y-q)^2 = r^2$ とおく．両者が (x_0, y_0) で接する条件は，(x_0, y_0) が両曲線上の点であって，接線が一致することである．よってまず
$$x_0^2 + (y_0 - q)^2 = r^2 \cdots ①, \quad b^2 x_0^2 - a^2 y_0^2 = a^2 b^2 \cdots ②$$
である．接線はそれぞれ
$$x_0 x + (y_0 - q)y = x_0^2 + y_0(y_0 - q), \quad \dfrac{x_0}{a^2}x - \dfrac{y_0}{b^2}y = 1$$

であり，後者は $x_0 x - \dfrac{a^2 y_0}{b^2} y = a^2$ だから，$x_0 \neq 0$ に注意すると両者が一致する条件として
$$q - y_0 = \dfrac{a^2 y_0}{b^2} \cdots ③, \quad x_0^2 + y_0(y_0 - q) = a^2 \cdots ④$$
が得られる．③,④ より
$$y_0 = \dfrac{qb^2}{a^2 + b^2}, \quad x_0^2 = a^2 - \dfrac{qb^2}{a^2 + b^2}\left(\dfrac{qb^2}{a^2 + b^2} - q\right) = \dfrac{a^2\{(a^2 + b^2)^2 + b^2 q^2\}}{(a^2 + b^2)^2}$$
となり，さらに ① より
$$r^2 = \dfrac{a^2\{(a^2 + b^2)^2 + b^2 q^2\}}{(a^2 + b^2)^2} + \left(\dfrac{qb^2}{a^2 + b^2} - q\right)^2 = \dfrac{a^2(a^2 + b^2 + q^2)}{a^2 + b^2}$$
が得られる．さて問題の角度の半分を θ とおくと，図において

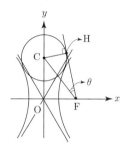

$$\sin^2 \theta = \left(\dfrac{\mathrm{CH}}{\mathrm{CF}}\right)^2 = \dfrac{\mathrm{CH}^2}{\mathrm{OF}^2 + \mathrm{OC}^2}$$
$$= \dfrac{r^2}{a^2 + b^2 + q^2}$$
$$= \dfrac{1}{a^2 + b^2 + q^2} \dfrac{a^2(a^2 + b^2 + q^2)}{a^2 + b^2}$$
$$= \dfrac{a^2}{a^2 + b^2} = 一定$$

となるので，主張が成り立つことが分る ∎

注意 ② は③,④から導かれるので上では用いていません．
①〜④の代わりに，①と②，および，双曲線の接線 $b^2 x_0 x - a^2 y_0 y - a^2 b^2 = 0$ に円が接する条件 $\dfrac{|a^2 y_0 q + a^2 b^2|}{\sqrt{b^4 x_0^2 + a^4 y_0^2}} = r \cdots (*)$ の3式から出発すると，計算にかなり工夫が必要になります．まず，①,(*) から r を消去すると
$$(a^2 y_0 q + a^2 b^2)^2 = (b^4 x_0^2 + a^4 y_0^2)\{x_0^2 + (y_0 - q)^2\} \cdots (**)$$
となります．ここで，② の $a^2 b^2$ を用いて
$$a^2 y_0 q + a^2 b^2 = a^2 y_0 q + b^2 x_0^2 - a^2 y_0^2 = b^2 x_0^2 - a^2 y_0(y_0 - q)$$
と変形した式を $(**)$ の左辺に代入し，展開してまとめると $\{a^2 y_0 + b^2(y_0 - q)\}^2 = 0$，つまり ③ が導かれます．

円と双曲線の方程式から x^2 を消去してまとめると
$$(a^2 + b^2)y^2 - 2b^2 qy + b^2(a^2 + q^2 - r^2) = 0 \cdots (\dagger)$$
となり，判別式を0とすると r^2 が直ちに得られ，そのときの $(\dagger)$ の重解として $y_0 = \dfrac{b^2 q}{a^2 + b^2}$ も得られます．しかし 1.25 の注意でも述べたように，x を消去してたまたま得られた二次方程式 (y を消去すると x のかなり複雑な方程式となります) が重解をもつことと2曲線が接することとの間には論理的なギャップが存在します．解答のように考えても，判別式から出発しても，得られるものは x_0, y_0, r に対する同じ表現ですが，これは結果論でしょう．判別式を利用しても 1.25 ではうまく行かなかった

ことと考え合わせてなるべく原則に忠実な考え方を心がけたいものです．

1.41 AD $\parallel y$ 軸の場合主張は明らかなので，AD $\not\parallel y$ 軸の場合を考え，AD の方程式を $y = mx + n$ とおく．これを $\dfrac{x^2}{a^2} - \dfrac{y^2}{b^2} = 1$ に代入してまとめると
$$(b^2 - a^2m^2)x^2 - 2a^2mnx - a^2(n^2 + b^2) = 0$$
となる．2 交点 B, C が存在する条件は
$$b^2 - a^2m^2 \neq 0,$$
$$a^4m^2n^2 + (b^2 - a^2m^2)a^2(n^2 + b^2) > 0$$
つまり
$$|m| \neq \frac{b}{a}, \quad n^2 + b^2 > a^2m^2$$
で，このとき，上の二次方程式の解を α, β とおくと，これらが B, C の x 座標を与え，
$$\alpha + \beta = \frac{2a^2mn}{b^2 - a^2m^2} \cdots ①$$
が成り立つ．

次に，$y = \dfrac{b}{a}x$ と $y = mx + n$ を解くと $x = \dfrac{an}{b - am}$ であり，$y = -\dfrac{b}{a}x$ と $y = mx + n$ より $x = \dfrac{-an}{b + am}$ を得るが，これらが A, D の x 座標 γ, δ を与える．これらより
$$\gamma + \delta = \frac{an}{b - am} - \frac{an}{b + am} = \frac{an(b + am - b + am)}{b^2 - a^2m^2} = \frac{2a^2mn}{b^2 - a^2m^2}$$
となる．したがって ① より $\alpha + \beta = \gamma + \delta$，つまり $\dfrac{\alpha + \beta}{2} = \dfrac{\gamma + \delta}{2}$ が得られるが，A, B, C, D が同一直線上の点であることに注意すると，上式は線分 BC と線分 AD の中点が一致することを示しており，このことは AB = CD が成り立つことを意味する．

4 点が図の A′, B′, C′, D′ で与えられる場合も，A, D と B, C を入れかえて考えれば上の議論は成り立つ．よって主張は成り立つ∎

1.42 OP の傾きを m とする．$|m| \neq \dfrac{b}{a}$ で考えてよい．また $m = 0$ のときは P($\pm a, 0$)，Q($0, \pm b$) だから，$\dfrac{1}{\mathrm{OP}^2} - \dfrac{1}{\mathrm{OQ}^2} = \dfrac{1}{a^2} - \dfrac{1}{b^2}$ である．以下，$m \neq 0, \pm\dfrac{b}{a}$ とする．

$y = mx$ と $\dfrac{x^2}{a^2} - \dfrac{y^2}{b^2} = 1$ より $(b^2 - a^2m^2)x^2 = a^2b^2$ となり，これが実解をもつから $b^2 > a^2m^2$ つまり $|m| < \dfrac{b}{a}$ でなければならず，このとき
$$(x, y) = \left(\pm\frac{ab}{\sqrt{b^2 - a^2m^2}}, \pm\frac{mab}{\sqrt{b^2 - a^2m^2}}\right)$$
を得る．これが P の座標である．

同様に，$y = -\dfrac{1}{m}x$ と $\dfrac{x^2}{a^2} - \dfrac{y^2}{b^2} = -1$ より Q の座標として
$$|m| < \frac{a}{b}, \quad (x, y) = \left(\pm\frac{mab}{\sqrt{a^2 - b^2m^2}}, \mp\frac{ab}{\sqrt{a^2 - b^2m^2}}\right)$$

が得られる．ただし，P, Q ともに ± は上同士，下同士をとるものとする．以上より

$$\frac{1}{\mathrm{OP}^2} - \frac{1}{\mathrm{OQ}^2} = \frac{b^2 - a^2m^2}{a^2b^2 + m^2a^2b^2} - \frac{a^2 - b^2m^2}{a^2b^2 + m^2a^2b^2}$$

$$= \frac{(b^2 - a^2)(1 + m^2)}{a^2b^2(1 + m^2)} = \frac{1}{a^2} - \frac{1}{b^2}$$

となり，主張は成立する ∎

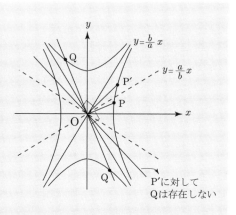

P′ に対して
Q は存在しない

注意 P は $\frac{x^2}{a^2} - \frac{y^2}{b^2} = 1$ 上の点ですから $|m| < \frac{b}{a}$ でなければならないのは当たり前ですが，Q の存在まで考慮に入れると，結局，$|m| < \min\left\{\frac{b}{a}, \frac{a}{b}\right\}$ でなければなりません．もちろん，これは問題が成立するための条件ですから，あまり気にする必要はないでしょう．

前問 1.41 の判別式の条件 $n^2 + b^2 > a^2m^2$ も，あとの議論に影響しませんが，考察の対象となっている m, n はもちろん $n^2 + b^2 > a^2m^2$ をみたすものに限られているわけです．

1.43 $\mathrm{AB} = c$, $\mathrm{AC} = b$ とおく．$b = c$ のときは $\mathrm{M} = \mathrm{L} = \mathrm{N}$ となって条件は成り立たないから，以下，$b \neq c$ とする．

$\mathrm{BN} : \mathrm{CN} = \mathrm{AB} : \mathrm{AC} = c : b$ だから

$$\mathrm{BN} = \frac{c}{b+c}\mathrm{BC}$$

である．また，M に関して L と対称な点を L′ とすると，$\mathrm{ML} = \mathrm{ML}'$, $\mathrm{CL} = \mathrm{BL}'$ だから

$$|\mathrm{BL} - \mathrm{CL}| = |\mathrm{BL} - \mathrm{BL}'| = \mathrm{LL}' = \mathrm{LM} + \mathrm{ML}' = 2\mathrm{ML}$$

が成り立つ．よって

$$\mathrm{MN} = \left|\mathrm{BN} - \frac{1}{2}\mathrm{BC}\right| = \left|\frac{c}{b+c} - \frac{1}{2}\right|\mathrm{BC}$$

$$= \frac{1}{2} \cdot \mathrm{BC} \cdot \frac{(c-b)^2}{|c^2 - b^2|} = \frac{1}{2} \cdot \mathrm{BC} \cdot \frac{(c-b)^2}{|(\mathrm{BL}^2 + \mathrm{AL}^2) - (\mathrm{CL}^2 + \mathrm{AL}^2)|}$$

$$= \frac{1}{2} \cdot \mathrm{BC} \cdot \frac{(c-b)^2}{(\mathrm{BL} + \mathrm{CL})|\mathrm{BL} - \mathrm{CL}|} = \frac{(c-b)^2}{2|\mathrm{BL} - \mathrm{CL}|}$$

$$= \frac{(c-b)^2}{2 \cdot 2\mathrm{ML}} = \frac{(c-b)^2}{4\mathrm{ML}}$$

となる．したがって条件より

$$a^2 = \mathrm{ML} \cdot \mathrm{MN} = \frac{(c-b)^2}{4}, \quad \text{つまり} \quad |c - b| = 2a$$

が得られるから，A は 2 点 B, C を焦点とする双曲線を描くことが分る ∎

注意 M を原点，MC を x 軸にとり，$BC = 2\ell \,(\ell>0)$，$A(X, Y)$ とおきましょう．

まず，上の解では $2a < BC$，つまり $a < \ell$ という条件はあからさまには用いられていませんが，三角不等式により $|c-b| < BC < c+b$ ですから，$2a > BC$ とすると結論からみて三角不等式が成立せず，条件をみたす点 A は存在しないはずです．この事情は，次のように座標計算をするとかえってよくみえるかも知れません．

$c = \sqrt{(X+\ell)^2 + Y^2}$，$b = \sqrt{(X-\ell)^2 + Y^2}$ ですから，解と同様に

$$MN = \frac{BC}{2} \cdot \frac{(c-b)^2}{|c^2-b^2|}$$
$$= \frac{1}{2} \cdot 2\ell \cdot \frac{2(X^2+Y^2+\ell^2) - 2\sqrt{(X+\ell)^2+Y^2}\sqrt{(X-\ell)^2+Y^2}}{4\ell|X|}$$

で，$ML = |X|$ だから，上式と条件より

$$\sqrt{(X+\ell)^2+Y^2}\sqrt{(X-\ell)^2+Y^2} = X^2 + Y^2 + \ell^2 - 2a^2$$

が得られます．左辺は正なので $X^2 + Y^2 + \ell^2 - 2a^2 > 0 \cdots (*)$ でなければならず，このとき，上式を平方してまとめると $(\ell^2 - a^2)X^2 - a^2 Y^2 = a^2(\ell^2 - a^2)$ となります．これは，$\ell > a$ のときは，B, C を焦点とする双曲線 $\dfrac{x^2}{a^2} - \dfrac{y^2}{\ell^2 - a^2} = 1$ となります．

$\ell < a$ のときは，B, C を焦点とする楕円 $\dfrac{x^2}{a^2} + \dfrac{y^2}{a^2 - \ell^2} = 1$ を表わしますが，このときは，$X^2 \leq a^2$, $Y^2 \leq a^2 - \ell^2$ ですから

$$X^2 + Y^2 + \ell^2 - 2a^2 \leq a^2 + a^2 - \ell^2 + \ell^2 - 2a^2 = 0$$

となり，$(*)$ に反します．したがって軌跡は双曲線のみになるわけです．

$a < \ell$ でないと $|c-b| = 2a$ となりえないことは次の計算

$$0 \leq |c-b| = \left|\sqrt{(X+\ell)^2 + Y^2} - \sqrt{(X-\ell)^2 + Y^2}\right|$$
$$= \frac{4\ell|X|}{\sqrt{(X+\ell)^2+Y^2} + \sqrt{(X-\ell)^2+Y^2}}$$
$$= \frac{4\ell}{\sqrt{\left(1+\dfrac{\ell}{X}\right)^2 + \left(\dfrac{Y}{X}\right)^2} + \sqrt{\left(1-\dfrac{\ell}{X}\right)^2 + \left(\dfrac{Y}{X}\right)^2}}$$
$$\leq \frac{4\ell}{\left|1+\dfrac{\ell}{X}\right| + \left|1-\dfrac{\ell}{X}\right|} \leq \frac{4\ell}{\left|1+\dfrac{\ell}{X} + 1 - \dfrac{\ell}{X}\right|} \leq \frac{4\ell}{2} = 2\ell$$

からも分ります．

なお，解答では明記していませんが，答の双曲線と辺 BC との 2 交点はもちろん除外されます．

1.44 楕円を $\dfrac{x^2}{a^2} + \dfrac{y^2}{b^2} = 1 \,(a>0, b>0)$ で表わす．

直線 PP′ の傾きを $m\,(\neq 0)$ とし，直線 $Q_1 Q_1'$ の方程式を $y = px + q \,(q \neq 0)$ とおいて楕円の方程式に代入してまとめると

$$(b^2 + a^2 p^2)x^2 + 2a^2 pqx + a^2(q^2 - b^2) = 0 \cdots ①$$

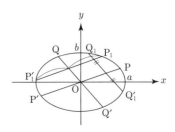

となる．この判別式が正という条件は
$$a^2p^2 + b^2 > q^2 \cdots ②$$
で表わされ，このときの①の解を α, β とおくと，PP$'$ が Q$_1$Q$_1'$ を2等分する条件は，Q$_1$Q$_1'$ の中点がPP$'$上にあること，つまり
$$\frac{1}{2}\{(p\alpha+q)+(p\beta+q)\} = m\cdot\frac{1}{2}(\alpha+\beta)$$
である．$\alpha+\beta = \dfrac{-2a^2pq}{b^2+a^2p^2}$ を代入してまとめると $pm = -\dfrac{b^2}{a^2}\cdots③$ が得られる．したがって，QQ$'$ によって2等分される弦の傾きを r とすると，③と同様に $rp = -\dfrac{b^2}{a^2}$ が成り立ち，これと③より $r = m$ が直ちに得られる．したがって主張は成立する ∎

注意 直径PP$'$，QQ$'$ を共役直径と呼ぶことがあります．

1.45 (1) OP, OQ が座標軸に平行な場合は $\dfrac{1}{\mathrm{OP}^2}+\dfrac{1}{\mathrm{OQ}^2} = \dfrac{1}{a^2}+\dfrac{1}{b^2}$ である．これ以外の場合，OPの方程式を
$$y = mx \,(m \neq 0)$$
とし，楕円の方程式とあわせて解くと
$$\mathrm{P}\left(\pm\frac{ab}{\sqrt{b^2+a^2m^2}},\, \pm\frac{mab}{\sqrt{b^2+a^2m^2}}\right)$$
となる．ここで，$m \to -\dfrac{1}{m}$ とおき直して
$$\mathrm{Q}\left(\pm\frac{mab}{\sqrt{a^2+b^2m^2}},\, \mp\frac{ab}{\sqrt{a^2+b^2m^2}}\right)$$
が得られ，したがって

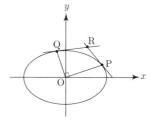

$$\frac{1}{\mathrm{OP}^2}+\frac{1}{\mathrm{OQ}^2} = \frac{b^2+a^2m^2}{a^2b^2+m^2a^2b^2} + \frac{a^2+b^2m^2}{m^2a^2b^2+a^2b^2}$$
$$= \frac{a^2+b^2}{a^2b^2} = \frac{1}{a^2}+\frac{1}{b^2}$$

である．以上より主張は成り立つ ∎

(2) $\dfrac{1}{\mathrm{OP}} = u, \dfrac{1}{\mathrm{OQ}} = v$ とおくと，(1) より $u^2+v^2 = \dfrac{1}{a^2}+\dfrac{1}{b^2}\cdots①$ である．また，$a>b>0$ より $b \leq \mathrm{OP} \leq a, b \leq \mathrm{OQ} \leq a$ だから，$\dfrac{1}{a} \leq u \leq \dfrac{1}{b}, \dfrac{1}{a} \leq v \leq \dfrac{1}{b}$ で，これと①を uv 平面上で図示すると図の通りである．

この円弧と直線 $u+v = k$ が共有点をもつ条件は
$\dfrac{1}{a}+\dfrac{1}{b} \leq k \leq \sqrt{2\left(\dfrac{1}{a^2}+\dfrac{1}{b^2}\right)}$ であり，左の等号は
$$(u,v) = \left(\frac{1}{a},\frac{1}{b}\right), \text{または} \left(\frac{1}{b},\frac{1}{a}\right)$$
のとき，右の等号は

$$u = v = \sqrt{\frac{1}{2}\left(\frac{1}{a^2} + \frac{1}{b^2}\right)}$$

のときに成り立つ．したがって

$$\frac{1}{\mathrm{OP}} + \frac{1}{\mathrm{OQ}} \text{ の最小値は } \frac{1}{a} + \frac{1}{b}, \text{ 最大値は } \sqrt{2\left(\frac{1}{a^2} + \frac{1}{b^2}\right)}$$

となる．■

(3) P, Q における接線の交点を R(X, Y) とおく．これらの接線が座標軸に平行な場合は，R は ($\pm a, \pm b$) の 4 点である．これ以外の場合，接線の傾きを $m (\neq 0)$ とおくと，接線の方程式は $y = m(x - X) + Y$ で，これを楕円の方程式に代入してまとめると

$$(a^2 m^2 + b^2) x^2 + 2a^2 m(Y - mX) x + a^2\{(Y - mX)^2 - b^2\} = 0 \cdots ①$$

となる．判別式を 0 としてまとめると

$$(X^2 - a^2) m^2 - 2XY m + Y^2 - b^2 = 0 \cdots ②$$

が得られる．2本の接線が存在するから $X^2 - a^2 \neq 0$ で，②の判別式が正であるという条件は，$\dfrac{X^2}{a^2} + \dfrac{Y^2}{b^2} > 1$，つまり R は楕円の外になければならないという当たり前の条件にすぎない．さて，②の解 m_1, m_2 が接線 PR, QR の傾きを与え，このときの①の重解 x_1, x_2 が P, Q の x 座標を与えるから

$$x_i = \frac{-a^2 m_i(Y - m_i X)}{a^2 m_i^2 + b^2}, \quad y_i = m_i(x_i - X) + Y = \frac{b^2(Y - m_i X)}{a^2 m_i^2 + b^2}$$

である．ただし $i = 1, 2$ で，y_1, y_2 は P, Q の y 座標である．

さて R(X, Y) が求める図形上の点であることは，R からひいた接線の接点 P, Q に対して $\angle \mathrm{POQ} = \dfrac{\pi}{2}$，つまり $\mathrm{OP} \perp \mathrm{OQ}$ が成立することに他ならない．したがって

$$0 = (\overrightarrow{\mathrm{OP}}, \overrightarrow{\mathrm{OQ}}) = x_1 x_2 + y_1 y_2$$
$$= \frac{a^4 m_1 m_2 (Y - m_1 X)(Y - m_2 X) + b^4 (Y - m_1 X)(Y - m_2 X)}{(a^2 m_1^2 + b^2)(a^2 m_2^2 + b^2)} \cdots ③$$

となる．ここで $Y = m_i X$ とおくと，②は $b^2 + a^2 m_i^2 = 0$ となって不合理を生ずるから $(Y - m_1 X)(Y - m_2 X) \neq 0$ である．

よって，③と $m_1 m_2 = \dfrac{Y^2 - b^2}{X^2 - a^2}$ より $a^4 \dfrac{Y^2 - b^2}{X^2 - a^2} + b^4 = 0$ が得られ，これをまとめて $\dfrac{X^2}{a^4} + \dfrac{Y^2}{b^4} = \dfrac{1}{a^2} + \dfrac{1}{b^2}$ となる．これは ($\pm a, \pm b$) の 4 点も含む．したがって求める図形は楕円 $\dfrac{x^2}{a^4} + \dfrac{y^2}{b^4} = \dfrac{1}{a^2} + \dfrac{1}{b^2}$ である．■

> **注意** (2) で $\dfrac{1}{\mathrm{OP}} + \dfrac{1}{\mathrm{OQ}}$ を m で表わすと $\dfrac{1}{ab}\left(\sqrt{\dfrac{a^2 m^2 + b^2}{1 + m^2}} + \sqrt{\dfrac{a^2 + b^2 m^2}{1 + m^2}}\right)$ となります．ここで $\dfrac{a^2 - b^2}{1 + m^2} = u$ とおくと

$$\frac{1}{\mathrm{OP}} + \frac{1}{\mathrm{OQ}} = \frac{1}{ab}(\sqrt{a^2-u} + \sqrt{b^2+u})$$

となり，$m^2 \geqq 0$ より $0 < u \leqq a^2 - b^2$ です．この範囲で $f(u) = \sqrt{a^2-u} + \sqrt{b^2+u}$ の増減を微分して調べることでも結論が得られます．

(3) では，OP の傾き m をパラメータに用いて R の座標を表わしてもできます．P,Q の座標は (1) で得た通りですから，P,Q における接線はおのおの

$$\frac{1}{a^2}\left(\pm \frac{ab}{\sqrt{b^2+a^2m^2}}\right)x + \frac{1}{b^2}\left(\pm \frac{mab}{\sqrt{b^2+a^2m^2}}\right)y = 1$$

$$\frac{1}{a^2}\left(\pm \frac{mab}{\sqrt{a^2+b^2m^2}}\right)x + \frac{1}{b^2}\left(\mp \frac{ab}{\sqrt{a^2+b^2m^2}}\right)y = 1$$

つまり

$$b^2 x + ma^2 y = \pm ab\sqrt{b^2+a^2m^2}, \quad mb^2 x - a^2 y = \pm ab\sqrt{a^2+b^2m^2} \cdots (*)$$

となり，これらは $m = 0$ でも成立します．

当然のことですが，$(*)$ から R として 4 交点が出てきますが，グラフの対称性から $(*)$ の 1 交点の軌跡を m の存在条件として求めればよいでしょう．

なお，$(*)$ の 2 式を平方して加えると m が直ちに消去できて結論の式が導かれます．

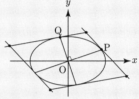

1.46 (1) (ii) より $\left(\dfrac{x_1+x_2}{2}, \dfrac{y_1+y_2}{2}\right)$ は C 上にあるから

$$\frac{(x_1+x_2)^2}{4a^2} + \frac{(y_1+y_2)^2}{4b^2} = 1 \cdots ①$$

である．また，接線の方程式は $\dfrac{x_1+x_2}{2a^2}x + \dfrac{y_1+y_2}{2b^2}y = 1$ で，$(x_1, y_1), (x_2, y_2)$ はこの上の点だから

$$\frac{x_1(x_1+x_2)}{2a^2} + \frac{y_1(y_1+y_2)}{2b^2} = 1 \cdots ②,$$

$$\frac{x_2(x_1+x_2)}{2a^2} + \frac{y_2(y_1+y_2)}{2b^2} = 1 \cdots ③$$

が成り立つ．②, ③ より $\dfrac{x_1^2 + x_1 x_2 - x_2 x_1 - x_2^2}{2a^2} + \dfrac{y_1^2 + y_1 y_2 - y_2 y_1 - y_2^2}{2b^2} = 0$，つまり $\dfrac{x_1^2}{a^2} + \dfrac{y_1^2}{b^2} = \dfrac{x_2^2}{a^2} + \dfrac{y_2^2}{b^2}$ が得られる ∎

(2) (1) より $\dfrac{x_i^2}{a^2} + \dfrac{y_i^2}{b^2}$ $(i = 1, 2, \cdots)$ は一定なので，P_i はすべてある楕円上の点であり，$x_1 = \sqrt{\dfrac{5}{6}}a, y_1 = \dfrac{1}{\sqrt{2}}b$ なのでこの楕円は $\dfrac{x^2}{a^2} + \dfrac{y^2}{b^2} = \dfrac{5}{6} + \dfrac{1}{2} = \dfrac{4}{3}$ である．そこで，$x_k = \dfrac{2}{\sqrt{3}}a\cos\theta_k, y_k = \dfrac{2}{\sqrt{3}}b\sin\theta_k$（ただし $0 < \theta_1 < \dfrac{\pi}{2}$，かつ $\theta_1 < \theta_2 < \cdots$）とおくと，② と同様に

$$\frac{x_k^2 + x_k x_{k+1}}{2a^2} + \frac{y_k^2 + y_k y_{k+1}}{2b^2} = 1$$

が成り立つから
$$1 = \frac{\frac{4}{3}a^2\cos^2\theta_k + \frac{4}{3}a^2\cos\theta_k\cos\theta_{k+1}}{2a^2} + \frac{\frac{4}{3}b^2\sin^2\theta_k + \frac{4}{3}b^2\sin\theta_k\sin\theta_{k+1}}{2b^2}$$
$$= \frac{2}{3} + \frac{2}{3}(\cos\theta_k\cos\theta_{k+1} + \sin\theta_k\sin\theta_{k+1}) = \frac{2}{3} + \frac{2}{3}\cos(\theta_{k+1} - \theta_k)$$
となり, これより $\cos(\theta_{k+1} - \theta_k) = \frac{1}{2}$ を得る.

2π の整数倍を除くと $0 < \theta_{k+1} - \theta_k < \pi$ としてよいから $\theta_{k+1} - \theta_k = \frac{\pi}{3}$ であり, したがって $\theta_n = \theta_1 + \frac{\pi}{3}(n-1)$ となる.

よって $\theta_7 = \theta_1 + 2\pi$ となり, P_1 と P_7 は一致する ∎

1.47 接線の傾きを $m\,(\ne 0)$ とおく. 傾きが $m, -\frac{1}{m}$ である接線はおのおの
$$mx - y \pm \sqrt{a^2m^2 + b^2} = 0, \quad \frac{1}{m}x + y \pm \sqrt{\frac{a^2}{m^2} + b^2} = 0$$
で与えられる. これら4本で囲まれる長方形の面積を S とすると

$S = ($図の灰色の部分$) \times 4$

$$= 4\frac{\sqrt{a^2m^2 + b^2}}{\sqrt{m^2 + 1}} \frac{\sqrt{b^2 + \frac{a^2}{m^2}}}{\sqrt{\frac{1}{m^2} + 1}}$$

$$= 4\sqrt{\frac{(a^2m^2 + b^2)(b^2m^2 + a^2)}{(m^2 + 1)^2}}$$

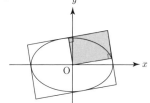

であり, これは $m = 0$ のときも成立する. さらに
$$\frac{(a^2m^2 + b^2)(b^2m^2 + a^2)}{(m^2 + 1)^2}$$
$$= \frac{a^2b^2m^4 + (a^4 + b^4)m^2 + a^2b^2}{(m^2 + 1)^2}$$
$$= \frac{a^2b^2(m^2 + 1)^2 - 2a^2b^2m^2 + (a^4 + b^4)m^2}{(m^2 + 1)^2}$$
$$= \frac{a^2b^2(m^2 + 1)^2 + (a^2 - b^2)^2(m^2 + 1) - (a^2 - b^2)^2}{(m^2 + 1)^2}$$
$$= -(a^2 - b^2)^2(u^2 - u) + a^2b^2$$
$$= -(a^2 - b^2)^2\left(u - \frac{1}{2}\right)^2 + \frac{1}{4}(a^2 + b^2)^2$$

である. ただし $\frac{1}{m^2 + 1} = u$ とおいた. 上式からさらに
$$S = 4\sqrt{-(a^2 - b^2)^2\left(u - \frac{1}{2}\right)^2 + \frac{1}{4}(a^2 + b^2)^2}$$

が得られる. $m^2 \geqq 0$ より $0 < u \leqq 1$ であるから, 上式より S は $u = \frac{1}{2}, 1$ のときそれぞれ最大値と最小値をとり, 最大値は $2(a^2 + b^2)$, 最小値は $4ab$ となる ∎

1.48 (1) g と楕円との接点を $\mathrm{T}(x_0, y_0)$ とおくと, g の方程式は

$$\frac{x_0}{a^2}x + \frac{y_0}{b^2}y = 1, \quad \text{つまり} \quad b^2 x_0 x + a^2 y_0 y - a^2 b^2 = 0$$

である．よって $\mathrm{F}(c, 0)$, $\mathrm{F}'(-c, 0)$ ($c = \sqrt{a^2 - b^2}$) とおくと

$$\mathrm{FH} = \frac{|b^2 x_0 c - a^2 b^2|}{\sqrt{b^4 x_0^2 + a^4 y_0^2}},$$

$$\mathrm{F}'\mathrm{H}' = \frac{|-b^2 x_0 c - a^2 b^2|}{\sqrt{b^4 x_0^2 + a^4 y_0^2}}$$

となる．

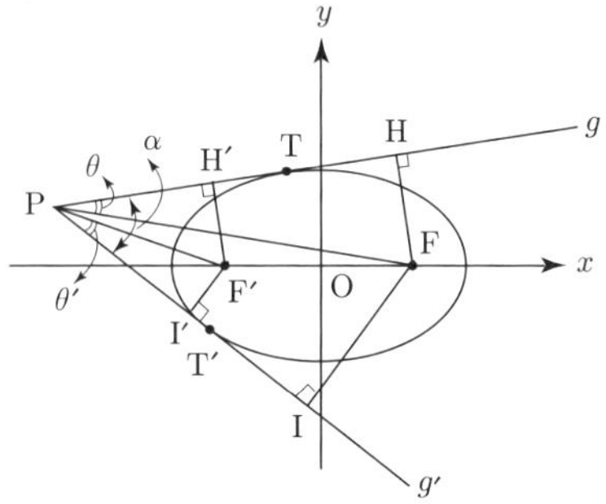

よって $\dfrac{x_0^2}{a^2} + \dfrac{y_0^2}{b^2} = 1$ に注意すると

$$\mathrm{FH} \cdot \mathrm{F}'\mathrm{H}' = \frac{|a^4 b^4 - b^4 x_0^2 c^2|}{b^4 x_0^2 + a^4 y_0^2}$$

$$= \frac{b^4 |a^4 - x_0^2(a^2 - b^2)|}{b^4 x_0^2 + a^4 y_0^2}$$

$$= \frac{b^4 \left| a^4 \left(1 - \dfrac{x_0^2}{a^2}\right) + b^2 x_0^2 \right|}{b^4 x_0^2 + a^4 y_0^2} = \frac{b^4 \left| a^4 \dfrac{y_0^2}{b^2} + b^2 x_0^2 \right|}{b^4 x_0^2 + a^4 y_0^2} = b^2$$

がたしかに成り立つ ∎

(2)　図のように H, H', I, I' を定め，$\angle \mathrm{IPH} = \alpha$, $\angle \mathrm{FPH} = \theta$, $\angle \mathrm{F}'\mathrm{PI}' = \theta'$ とおくと

$$\mathrm{FH} = \mathrm{PF} \sin \theta, \quad \mathrm{F}'\mathrm{H}' = \mathrm{PF}' \sin(\alpha - \theta'),$$

$$\mathrm{FI} = \mathrm{PF} \sin(\alpha - \theta), \quad \mathrm{F}'\mathrm{I}' = \mathrm{PF}' \sin \theta'$$

となる．(1) より $\mathrm{FH} \cdot \mathrm{F}'\mathrm{H}' = \mathrm{FI} \cdot \mathrm{F}'\mathrm{I}'$ ($= b^2$) が成り立つから，上の 4 式を代入すると

$$0 = \mathrm{FH} \cdot \mathrm{F}'\mathrm{H}' - \mathrm{FI} \cdot \mathrm{F}'\mathrm{I}'$$

$$= \mathrm{PF} \cdot \mathrm{PF}' \{\sin \theta \sin(\alpha - \theta') - \sin(\alpha - \theta) \sin \theta'\}$$

$$= \mathrm{PF} \cdot \mathrm{PF}' (\sin \theta \sin \alpha \cos \theta' - \sin \theta \cos \alpha \sin \theta'$$

$$\quad - \sin \alpha \cos \theta \sin \theta' + \cos \alpha \sin \theta \sin \theta')$$

$$= \mathrm{PF} \cdot \mathrm{PF}' \sin \alpha \sin(\theta - \theta')$$

となり，明らかに $\sin \alpha > 0$ なので $\sin(\theta - \theta') = 0$ を得る．さらに $0 < \theta < \pi$, $0 < \theta' < \pi$ より $-\pi < \theta - \theta' < \pi$ となるので $\theta - \theta' = 0$，つまり $\angle \mathrm{FPT} = \angle \mathrm{F}'\mathrm{PT}'$ が成り立つ ∎

注意　(2) は初等幾何により次のように示すこともできます．

(1) の結果より $\mathrm{FH} \cdot \mathrm{F}'\mathrm{H}' = \mathrm{FI} \cdot \mathrm{F}'\mathrm{I}'$ ($= b^2$) なので

$$\frac{\mathrm{F}'\mathrm{I}'}{\mathrm{FH}} = \frac{\mathrm{F}'\mathrm{H}'}{\mathrm{FI}} \cdots (*)$$

がまず成り立ちます．

次に，$\angle \mathrm{PHF} = \angle \mathrm{PIF} = \dfrac{\pi}{2}$ より，P, H, F, I は PF を直径とする円周上にあり，したがって

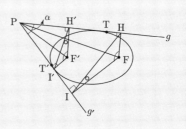

∠HFI = π − ∠HPI = π − α で，∠I′F′H′ = π − α も同様にいえます．よって (∗) とあわせて △FHI ∽ △F′I′H′ となり，∠FIH = ∠F′H′I′ が得られます．

他方，∠FIH = ∠FPH (= FH に対する円周角)，∠F′H′I′ = ∠F′PI′ (F′I′ に対する円周角) が成り立つので，∠FPH = ∠F′PI′，つまり結論が成り立つことが分ります．

1.49 P の極座標を (r, θ) とする．双曲線 $x^2 - y^2 = 1$ 上の点 (x_0, y_0) における接線の方程式は $x_0 x - y_0 y = 1$ であるから，これに関して $P(r\cos\theta, r\sin\theta)$ と O が対称である条件は

$$\begin{pmatrix} \cos\theta \\ \sin\theta \end{pmatrix} \perp \begin{pmatrix} y_0 \\ x_0 \end{pmatrix}, \quad \text{かつ} \quad x_0 \frac{r\cos\theta}{2} - y_0 \frac{r\sin\theta}{2} = 1$$

である．ここで，原点を通る接線は存在しないから $r \neq 0$ である．これらより

$$x_0 \sin\theta + y_0 \cos\theta = 0 \cdots \text{①}, \quad x_0 \cos\theta - y_0 \sin\theta = \frac{2}{r} \cdots \text{②}$$

を得る．

①，②，および $x_0^2 - y_0^2 = 1 \cdots \text{③}$ をみたす x_0, y_0 が存在するための r, θ の条件を求めればよい．それは①，②から得られる x_0, y_0 が③をみたすことである．

$$\text{①, ②} \Leftrightarrow \begin{pmatrix} \cos\theta & \sin\theta \\ -\sin\theta & \cos\theta \end{pmatrix} \begin{pmatrix} y_0 \\ x_0 \end{pmatrix} = \frac{2}{r} \begin{pmatrix} 0 \\ 1 \end{pmatrix}$$

$$\Leftrightarrow \begin{pmatrix} y_0 \\ x_0 \end{pmatrix} = \frac{2}{r} \begin{pmatrix} \cos\theta & -\sin\theta \\ \sin\theta & \cos\theta \end{pmatrix} \begin{pmatrix} 0 \\ 1 \end{pmatrix} = \frac{2}{r} \begin{pmatrix} -\sin\theta \\ \cos\theta \end{pmatrix}$$

なので，これを③に代入して $\frac{4}{r^2}(\cos^2\theta - \sin^2\theta) = 1$，つまり $r^2 = 4\cos 2\theta$ となる．

したがって求める極方程式は $r = 2\sqrt{\cos 2\theta}, r \neq 0$ である ∎

注意 当たり前のことですが，$\cos 2\theta > 0$ より θ の範囲は $-\frac{\pi}{4} < \theta < \frac{\pi}{4}$，$\frac{3}{4}\pi < \theta < \frac{5}{4}\pi$ となります．

この曲線はレムニスケートと呼ばれています．直交座標のもとで表わした方程式は $(x^2+y^2)^2 = 4(x^2-y^2)$ です．

接点をパラメータ θ を用いて $\left(\frac{1}{\cos\theta}, \tan\theta\right)$ とおいても上の解と大差ないでしょう．

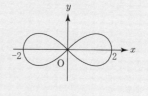

1.50 (1) $\frac{x^2}{a^2} + \frac{y^2}{b^2} = 1$ に $x = ae + r\cos\theta, y = r\sin\theta$ を代入してまとめると

$$(b^2\cos^2\theta + a^2\sin^2\theta)r^2 + 2ab^2 e\cos\theta \cdot r + b^2 a^2(e^2 - 1) = 0$$

となる．これに $b^2 = a^2(1 - e^2)$ を代入してさらにまとめると

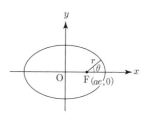

$$(1-e^2\cos^2\theta)r^2+2a(1-e^2)e\cos\theta\cdot r-a^2(1-e^2)^2=0$$

となり,よって

$$r=\frac{-ae(1-e^2)\cos\theta\pm\sqrt{a^2e^2(1-e^2)^2\cos^2\theta+a^2(1-e^2)^2(1-e^2\cos^2\theta)}}{1-e^2\cos^2\theta}$$

$$=\frac{-a(1-e^2)e\cos\theta\pm a(1-e^2)}{(1-e\cos\theta)(1+e\cos\theta)}=\frac{a(1-e^2)}{1+e\cos\theta}, \text{ または } \frac{-a(1-e^2)}{1-e\cos\theta}$$

が得られる.

後者で表わされる (r,θ) は $(-r,\theta+\pi)$ と同一で前者に一致する.

したがって $r=\dfrac{a(1-e^2)}{1+e\cos\theta}$ が求める極方程式である∎

(2)　$\mathrm{FP}=\dfrac{a(1-e^2)}{1+e\cos\theta}$ とおくと

$\mathrm{FQ}=\dfrac{a(1-e^2)}{1+e\cos(\theta+\pi)}=\dfrac{a(1-e^2)}{1-e\cos\theta}$,

$\mathrm{FR}=\dfrac{a(1-e^2)}{1+e\cos\left(\theta+\frac{\pi}{2}\right)}=\dfrac{a(1-e^2)}{1-e\sin\theta}$,

$\mathrm{FS}=\dfrac{a(1-e^2)}{1+e\cos\left(\theta+\frac{\pi}{2}+\pi\right)}=\dfrac{a(1-e^2)}{1+e\sin\theta}$

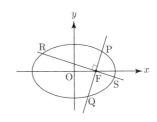

であるから

$$\frac{1}{\mathrm{FP}\cdot\mathrm{FQ}}+\frac{1}{\mathrm{FR}\cdot\mathrm{FS}}$$
$$=\frac{1}{a^2(1-e^2)^2}\{(1-e^2\cos^2\theta)+(1-e^2\sin^2\theta)\}$$
$$=\frac{2-e^2}{a^2(1-e^2)^2}=\text{一定}$$

が得られる∎

> **注意**　(1) の結果は非常に有名で,ニュートン力学にもとづいて惑星の運動を取り扱う,いわゆるケプラー問題を大学で勉強するときに必ず出会うものです.

◆ 第2章の答 ◆

2.1　右図において
$$\mathrm{S_1T}=\sqrt{(1+r)^2-1}=\sqrt{r^2+2r}$$
であり,8個の球が互いに外接しているから $\mathrm{S_1T}\sin\dfrac{\pi}{8}=r$ である.よって

$$r^2=(r^2+2r)\sin^2\frac{\pi}{8}$$
$$=(r^2+2r)\frac{1-\cos\frac{\pi}{4}}{2}$$

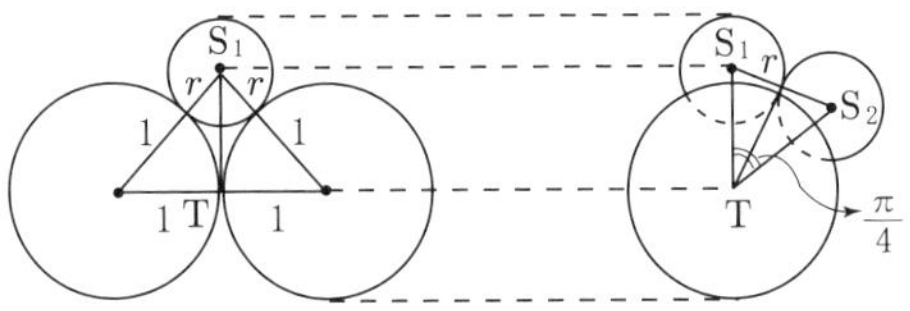

となる.これを解いて $r=2(3-2\sqrt{2})$ を得る∎

2.2　(1)　BD の中点を M とすると △DBC ∽ △DFM より DB : DC = DF : DM である.

よって
$$\begin{aligned}\mathrm{DF} &= \frac{\mathrm{DB}\cdot\mathrm{DM}}{\mathrm{DC}}\\ &= \frac{\frac{1}{2}\sqrt{a^2+b^2}\cdot\sqrt{a^2+b^2}}{a} = \frac{a^2+b^2}{2a}\cdots\text{①},\\ \mathrm{CF} &= a - \mathrm{DF}\\ &= a - \frac{a^2+b^2}{2a} = \frac{a^2-b^2}{2a}\cdots\text{②}\end{aligned}$$

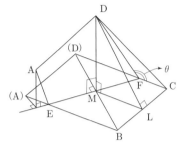

となる．さて，BC の中点を L とすると
$$\begin{aligned}\mathrm{CD}^2 &= \mathrm{DL}^2 + \mathrm{LC}^2\\ &= \mathrm{DM}^2 + \mathrm{ML}^2 + \mathrm{LC}^2\\ &= \left(\frac{1}{2}\sqrt{a^2+b^2}\right)^2 + \left(\frac{1}{2}a\right)^2 + \left(\frac{1}{2}b\right)^2\\ &= \frac{1}{2}(a^2+b^2)\end{aligned}$$
であるから，これと①，②より
$$\begin{aligned}\cos\theta &= \frac{\mathrm{FC}^2 + \mathrm{FD}^2 - \mathrm{CD}^2}{2\mathrm{FC}\cdot\mathrm{FD}}\\ &= \frac{1}{2}\frac{4a^2}{(a^2+b^2)(a^2-b^2)}\left\{\frac{(a^2+b^2)^2 + (a^2-b^2)^2}{4a^2} - \frac{1}{2}(a^2+b^2)\right\}\\ &= -\frac{b^2}{a^2+b^2}\end{aligned}$$
が得られる．■

(2) $t = \frac{a}{b}$ とおくと，$a > b > 0$ より $t > 1$ である．よって
$$0 > \cos\theta = -\frac{1}{t^2+1} > -\frac{1}{2}, \quad \text{つまり} \quad \frac{\pi}{2} < \theta < \frac{2}{3}\pi$$
となる．■

2.3 (1) $\triangle\mathrm{ABC}$ の内接円の半径を r とおくと $\mathrm{HD} = \mathrm{HE} = \mathrm{HF} = r$ だから
$$\mathrm{VD}^2 = \mathrm{VH}^2 + r^2, \quad \mathrm{VE}^2 = \mathrm{VH}^2 + r^2, \quad \mathrm{VF}^2 = \mathrm{VH}^2 + r^2$$
より $\mathrm{VD} = \mathrm{VE} = \mathrm{VF}$ である．■

(2) (1) の結果 $\mathrm{VD} = \mathrm{VF}$ と $\mathrm{AD} = \mathrm{AF}$ より $\triangle\mathrm{VAD} \equiv \triangle\mathrm{VAF}$ である．

よって $\angle\mathrm{AVD} = \angle\mathrm{AVF}$ であり，この角を α とおく．

同様に $\angle\mathrm{BVD} = \angle\mathrm{BVE}$，$\angle\mathrm{CVE} = \angle\mathrm{CVF}$ が成り立ち，これらの角をそれぞれ β, γ とおくと，条件は $\alpha + \beta = 105°$, $\beta + \gamma = 75°$, $\gamma + \alpha = 90°$ となり，これらより $\alpha = 60°$, $\beta = 45°$, $\gamma = 30°$ が得られる．したがって
$$\begin{aligned}\mathrm{VA}\cos\alpha &= \mathrm{VD},\\ \mathrm{VB}\cos\beta &= \mathrm{VE},\\ \mathrm{VC}\cos\gamma &= \mathrm{VF}\end{aligned}$$

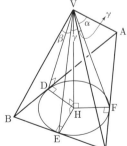

と (1) の結果より
$$\mathrm{VA} : \mathrm{VB} : \mathrm{VC} = \frac{1}{\cos\alpha} : \frac{1}{\cos\beta} : \frac{1}{\cos\gamma} = 2 : \sqrt{2} : \frac{2}{\sqrt{3}} = \sqrt{6} : \sqrt{3} : \sqrt{2}$$

を得る∎

> **注意** VA = a, VB = b, VC = c とおきましょう.
> $\frac{1}{2}$AB·VD = △VAB より VD = $\frac{2 \cdot \triangle \text{VAB}}{\text{AB}}$ で, VE, VF についても同様の式が得られます.
> 他方, 2△VAB = $ab\sin 105°$, AB = $\sqrt{a^2+b^2-2ab\cos 105°}$, および △VBC, △VCA, BC, CA に対する同様の表現を用いると, VD = VE = VF は
> $$\frac{\sqrt{a^2+b^2-2ab\cos 105°}}{ab\sin 105°} = \frac{\sqrt{b^2+c^2-2bc\cos 75°}}{bc\sin 75°} = \frac{\sqrt{c^2+a^2-2ca\cos 90°}}{ca\sin 90°}$$
> となって, これから $a:b:c$ を決めることは可能ですが計算は少し煩雑です.

2.4 PD = PF = x とする. ∠BPD = ∠BPF = ∠DPF = θ とおくと $\sin(\pi-\theta) = \frac{1}{x}$ より $\sin\theta = \frac{1}{x}$ だから, θ が鈍角であることに注意すると

$$\cos\theta = -\sqrt{1-\frac{1}{x^2}} \cdots ①$$

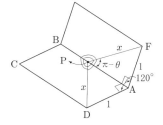

である. 他方, DF^2 = $1+1-2\cos 120° = 3$ なので

$$\cos\theta = \cos(\angle\text{DPF}) = \frac{x^2+x^2-3}{2x^2} = \frac{2x^2-3}{2x^2}$$

が成り立つ. これと ① より

$$\frac{2x^2-3}{2x^2} = -\sqrt{1-\frac{1}{x^2}}$$

となる. $1 \leq x^2 \leq \frac{3}{2}$ のもとで上式を平方して $x^2 = \frac{9}{8}$ が得られるが, これは $1 \leq x^2 \leq \frac{3}{2}$ をみたしている. したがって DP = $x = \frac{3}{2\sqrt{2}} = \frac{3}{4}\sqrt{2}$ を得る∎

2.5 飛行機の運動を上方からみたものが下の図である. この図において

$$(\sqrt{7})^2 = \left(\frac{3}{2}h+1\right)^2 + \left(\frac{\sqrt{3}}{2}h\right)^2$$

が成り立つ. ただし h は飛行機の高度 (km) である.

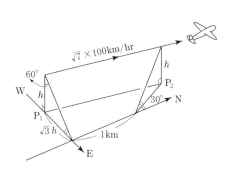
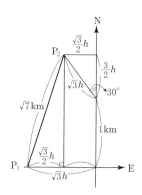

式は $(h+2)(h-1)=0$ とまとめられ，$h>0$ なので $h=1\mathrm{km}=1000\mathrm{m}$ が得られる■

2.6 問題の平面は図の通りである．

△OAC ∽ △BAO より
$$\mathrm{AB}:\mathrm{BO}:5 = 5:3:4$$
である．

よって $\mathrm{AB}=\dfrac{25}{4}$，$\mathrm{BO}=\dfrac{15}{4}$ となり，したがって，東西方向の勾配は
$$\dfrac{1}{\mathrm{OB}}=\dfrac{4}{15}$$
である■

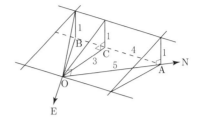

2.7 空間は 1 つの平面 α によって 2 つの半無限の領域に分けられ，4 つの点はそれぞれの領域に

（ⅰ）4 個と 0 個，　（ⅱ）3 個と 1 個，　（ⅲ）2 個と 2 個

のいずれかに振り分けられる．

（ⅰ）のとき，4 個の点は同一平面上にないので α から等距離にはならない．

（ⅱ）のとき，3 個の点のつくる平面 π と残りの 1 点との距離を d とすると，π と平行で π から $\dfrac{d}{2}$ の距離にあり，残りの 1 点からも $\dfrac{d}{2}$ の距離にある平面 α のみが条件をみたす．このような α は，3 点の選び方にしたがって ${}_4\mathrm{C}_3=4$ 枚存在する．

（ⅲ）のとき，2 個の点を通る直線を ℓ，残りの 2 点を通る直線を m とする．

ℓ, m はねじれの位置にあるので，ℓ に平行で m を含む平面を π_1，m に平行で ℓ を含む平面を π_2 とすると，π_1, π_2 の両方に平行で，かつ，両平面から等距離にある平面 α のみが条件をみたす．このような α は，4 点を 2 点ずつに分ける方法にしたがって ${}_4\mathrm{C}_2\times\dfrac{1}{2}=3$ 枚存在する．

（ⅰ）〜（ⅲ）より求める平面の数は 7 である■

2.8 (1) 図のように ABCD を定める．辺 AB のまわりに △DAB を回転させて D を平面 ABC 上に移動させたとき，D の位置は 2 つある．それらを $\mathrm{D}_1, \mathrm{D}_2$ とおくと x のとり得る値の範囲は $\mathrm{CD}_1 < x < \mathrm{CD}_2$ である．

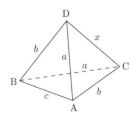 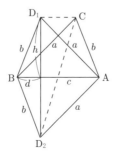 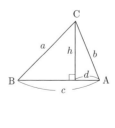

上の右図において $h^2+d^2=b^2$，$h^2+(c-d)^2=a^2$ が成り立ち，これらより $d=$

$\dfrac{b^2+c^2-a^2}{2c}$, $h^2 = b^2 - d^2$ となって

$$CD_1 = c - 2d = c - \dfrac{b^2+c^2-a^2}{c} = \dfrac{a^2-b^2}{c},$$

$$CD_2 = \sqrt{CD_1^2 + D_1D_2^2} = \sqrt{\left(\dfrac{a^2-b^2}{c}\right)^2 + (2h)^2}$$

$$= \sqrt{\dfrac{(a^2-b^2)^2}{c^2} + 4b^2 - 4\dfrac{(b^2+c^2-a^2)^2}{4c^2}}$$

$$= \sqrt{2a^2 + 2b^2 - c^2}$$

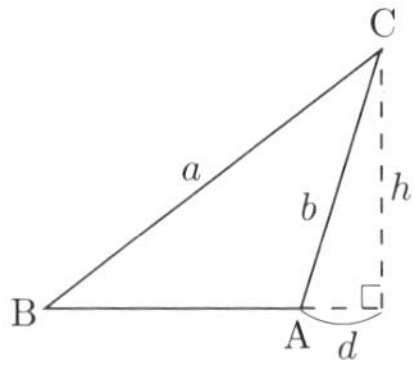

が得られる．これらが右の図の場合でも成り立つことは (上の議論で $d<0$ となることに注意すると) 容易に確かめられる．

以上より求める x の範囲は $\dfrac{a^2-b^2}{c} < x < \sqrt{2a^2+2b^2-c^2}$ である ∎

(2) 三角形の 3 辺の長さを a, b, c とすると，条件をみたす四面体は下図のようなものである．

$a \geqq b$ として一般性を失わない．このとき求める条件は，(1) の x の範囲に c が含まれること，つまり

$$\dfrac{a^2-b^2}{c} < c < \sqrt{2a^2+2b^2-c^2}$$

であり，これより $b^2+c^2 > a^2$, $a^2+b^2 > c^2$ を得る．

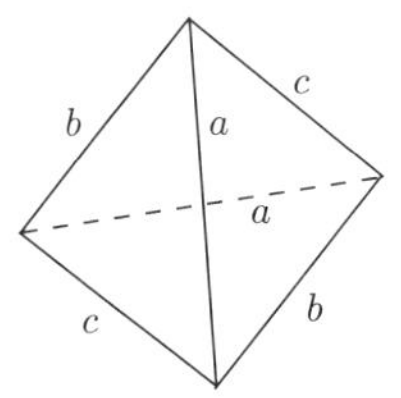

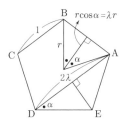

$a \geqq b$ より $c^2+a^2 > b^2$ も成立していることとあわせて，これらは三角形が鋭角三角形であることを意味している ∎

2.9 正 12 面体の隣り合う 2 面 ABCDE と ABFGH のなす角を θ とし，$\dfrac{\pi}{5} = \alpha$, $\cos\dfrac{\pi}{5} = \lambda = \dfrac{\sqrt{5}+1}{4}$ とおく．

正 5 角形 ABCDE の対角線の長さは $2\cos\alpha = 2\lambda$ であり，また外接円の半径を r とすると，$2r\sin\alpha = 1$ より

$$r = \dfrac{1}{2\sin\alpha}$$

である．

次に，正 5 角形 ABCDE, ABFGH の外接円の中心を通り，それぞれの面に垂直な直線を ℓ, m とすると，ℓ, m は明らかに辺 AB の垂直 2 等分面内にある．よってその交点を O とすると，O から 2 つの正 5 角形の頂点までの距離はすべて等しい，言い換えると O は正 12 面体の外接球の中心である．

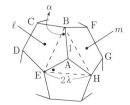
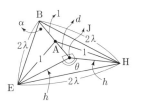

さて，四面体 ABEH は $BE = EH = HB = 2\lambda$ をみたす正三角錐であるから，$AB \perp EH$ で

ある．よって直線 EH を含み直線 AB に垂直な平面と直線 AB との交点を J とすると，∠EJH が 2 面角 θ を与える．$AJ = d$, $EJ = HJ = h$ とおくと
$$d^2 + h^2 = 1, \ (1+d)^2 + h^2 = 4\lambda^2$$
が成り立ち，これより
$$d = 2\lambda^2 - 1, \ h^2 = 4\lambda^2(1-\lambda^2)$$
となる．よって

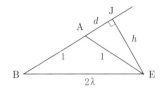

$$\cos\theta = \frac{2h^2 - 4\lambda^2}{2h^2} = 1 - \frac{2\lambda^2}{h^2}$$
$$= 1 - \frac{1}{2(1-\lambda^2)}$$

となり，λ の値を代入して計算すると，$\cos\theta = -\frac{1}{\sqrt{5}}$, さらに $\sin\theta = \frac{2}{\sqrt{5}}$ が得られる．

さて，辺 AB の垂直 2 等分面上で考えると，O と平面 ABCDE までの距離は $\lambda r \tan\frac{\theta}{2}$ で与えられる．

以上より，求める体積を V とすると

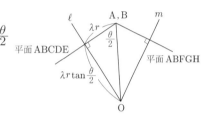

$$V = 12 \cdot \frac{1}{3}(\text{正 5 角形 ABCDE の面積})\lambda r \tan\frac{\theta}{2}$$
$$= 4 \cdot 5 \cdot \frac{1}{2} r^2 \sin 2\alpha \cdot \lambda r \tan\frac{\theta}{2}$$
$$= 10\lambda r^3 \cdot 2\sin\alpha\cos\alpha \cdot \frac{\sin\theta}{1+\cos\theta}$$
$$= 20\lambda \sin\alpha\cos\alpha \cdot \frac{1}{8\sin^3\alpha} \cdot \frac{\sin\theta}{1+\cos\theta}$$
$$= \frac{5\lambda^2 \sin\theta}{2(1-\lambda^2)(1+\cos\theta)}$$
$$= \frac{15 + 7\sqrt{5}}{4}$$

を得る ∎

2.10 K の中心を O, NA, NB と K との交点を A', B' とする．P が弧 $\widehat{AB}$ 上を動くとき，$NS = SP = 2$ なので，O, A', B' を含む平面で K を切った切り口の大円の弧 $\widehat{A'B'}$ 上を Q は動く．この長さは半径 1 の四分円の長さなので $\frac{1}{4} \cdot 2\pi = \frac{\pi}{2}$ である．

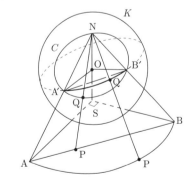

P が線分 AB 上を動くとき，平面 ABN による K の切り口の円を C とすると，Q は円 C の弧 $\widehat{A'B'}$ 上を動く．円 C は △$NA'B'$ の外接円で，$NA' = A'B' = NB' = \sqrt{2}$ であるから △$NA'B'$ は正三角形である．よって r を △$NA'B'$ の外接円の半径とすると Q の動く長さは $\frac{1}{3} \cdot 2\pi r$ である．

$r\cos 30° = \frac{\sqrt{2}}{2}$ より $r = \sqrt{\frac{2}{3}}$ だから，

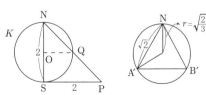

上の長さは $\dfrac{2\pi}{3}\sqrt{\dfrac{2}{3}}=\dfrac{2\sqrt{6}}{9}\pi$ である．

以上より求める長さは $\left(\dfrac{1}{2}+\dfrac{2\sqrt{6}}{9}\right)\pi$ となる．∎

2.11 底面の1辺の長さを a，高さを h とおく．まず $0<h\leqq 2$, $0<a\leqq\sqrt{2}$ …① であり，体積の条件から $\dfrac{a^2}{3}h=\dfrac{1}{4}$ …② が成り立つ．

さて，a が与えられたとき，球に内接する四角錐の高さ h のとりうる値の範囲は

$$0<h\leqq 1+\sqrt{1-\dfrac{a^2}{2}}\cdots\text{③}$$

である．①〜③をみたす h のとり得る値の範囲を調べればよいが，②より $a=\sqrt{\dfrac{3}{4h}}$ なので，①，③に代入して

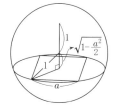

$$0<\sqrt{\dfrac{3}{4h}}\leqq\sqrt{2},$$
$$0<h\leqq 1+\sqrt{1-\dfrac{1}{2}\dfrac{3}{4h}}=1+\sqrt{1-\dfrac{3}{8h}}$$

となる．第1式より $h\geqq\dfrac{3}{8}$ を得る．第2式は $h-1\leqq\sqrt{1-\dfrac{3}{8h}}$ であり，したがって，$h\leqq 1$，または，$h\geqq 1$ かつ $(h-1)^2\leqq 1-\dfrac{3}{8h}$ となる．さらに $h\geqq 1$ のもとで

$$\begin{aligned}(h-1)^2\leqq 1-\dfrac{3}{8h}&\Leftrightarrow h^2-2h+\dfrac{3}{8h}\leqq 0\\&\Leftrightarrow 8h^3-16h^2+3\leqq 0\\&\Leftrightarrow (2h-1)(4h^2-6h-3)\leqq 0\\&\Leftrightarrow 4h^2-6h-3\leqq 0\\&\Leftrightarrow (1\leqq)h\leqq\dfrac{3+\sqrt{21}}{4}\end{aligned}$$

となるので，$0<h\leqq 2$ とあわせて結局，$\dfrac{3}{8}\leqq h\leqq\dfrac{3+\sqrt{21}}{4}$ が得られる．∎

2.12 直円錐の底面の半径を r，高さを h とする．右の展開図において $\sqrt{r^2+h^2}\,\theta=2\pi r$ なので，条件は

$$\begin{aligned}\pi a^2&=\pi r^2+\dfrac{\theta}{2\pi}\cdot\pi(\sqrt{r^2+h^2})^2\\&=\pi r^2+\pi r\sqrt{r^2+h^2}\end{aligned}$$

となり，これより $a^2-r^2=r\sqrt{r^2+h^2}$ となる．

よって $r\leqq a$ であり，$(a^2-r^2)^2=r^2(r^2+h^2)$ より

$$h^2=\dfrac{a^4-2a^2r^2}{r^2}\cdots\text{①}$$

が得られる．これからさらに $a^2-2r^2>0$，つまり $r<\dfrac{a}{\sqrt{2}}$ でなければならないことが分る．

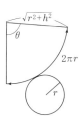

体積を V とすると①より

$$V=\dfrac{\pi}{3}r^2h=\dfrac{\pi}{3}r^2\dfrac{a\sqrt{a^2-2r^2}}{r}=\dfrac{\pi a}{3}\sqrt{-2r^4+a^2r^2}$$

$$= \frac{\pi a}{3}\sqrt{-2\left(r^2 - \frac{a^2}{4}\right)^2 + \frac{a^4}{8}}$$

となり，$0 < r^2 < \frac{a^2}{2}$ だから $r^2 = \frac{a^2}{4}$，つまり $r = \frac{a}{2}$ のとき V は最大となる ∎

2.13 ABCD を底面にして AE 方向に z 軸をとり，共通部分 V の平面 $z = t$ による切り口の面積を S とする．切り口は，おのおのの三角錐の $z = t$ による切り口の共通部分であり，おのおのの三角錐の切り口は底面に相似であることに注意すると次図のように変化する．

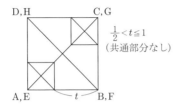
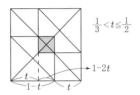

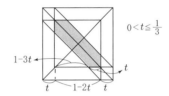

上図を参考にして $S(t)$ を求めると

$0 \leq t \leq \frac{1}{3}$ のとき，$S(t) = (1-2t)^2 - (1-3t)^2 = 2t - 5t^2$，

$\frac{1}{3} \leq t \leq \frac{1}{2}$ のとき，$S(t) = (1-2t)^2$

となる．したがって V の体積は

$$\int_0^{\frac{1}{3}}(2t - 5t^2)dt + \int_{\frac{1}{3}}^{\frac{1}{2}}(1-2t)^2 dt = \frac{1}{18}$$

である ∎

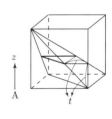

注意 V は右図のような立体 (BDLMN) です．

この図を描くことができれば，体積は

$\triangle$MBD $\times \frac{1}{2}$LN $\times \frac{1}{3} \times 2$

で求められます．

また，断面積が六角形から四角形に変化することも図から読み取れるでしょう．

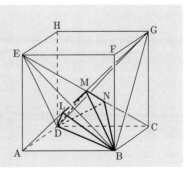

2.14 (1) QP $= x$, QR $= y$ とおくと $x^2 + y^2 = a^2$ である．さらに四面体の体積を V とおいて QS $= y$ に注意すると

$$V = \frac{1}{3} \cdot \frac{1}{2} y^2 \cdot x = \frac{1}{6} x(a^2 - x^2)$$

となる．ただし $0 < x < a$ は明らかである．

$$\frac{dV}{dx} = \frac{1}{6}(a^2 - 3x^2)$$

なので，V は $x = \dfrac{a}{\sqrt{3}}$ のとき最大となり，最大値は

$$\frac{1}{6} \cdot \frac{a}{\sqrt{3}} \left(a^2 - \frac{a^2}{3} \right) = \frac{\sqrt{3}}{27} a^3$$

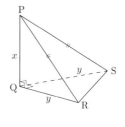

となる．∎

(2) 辺 BD の中点を M とする．

△ABD, △CBD ともに 2 等辺三角形だから AM⊥BD, CM⊥BD である．四面体 ABCD は，AB = BC = CD = DA = a のもとで，∠AMC と BD の長さが変わる．

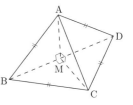

そこでまず BD を固定して ∠AMC を変えると，平面 BCD⊥AM のとき体積は最大となる．したがって ∠CMA = $\dfrac{\pi}{2}$ (= ∠AMB = ∠BMC) のときを考えればよい．四面体 ABCM と四面体 ADCM は合同で，かつともに (1) の条件をみたしているからおのおのの最大値は (1) の結果で与えられる．よって求める最大値は

$$\frac{\sqrt{3}}{27} a^3 \times 2 = \frac{2\sqrt{3}}{27} a^3$$

である．∎

注意 与えられた条件下で立体がどのように形を変えるかをきちんと把握しておくことが大切です．

(1) 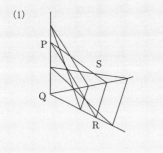　(2)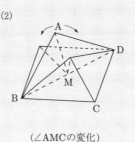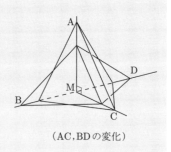
（∠AMC の変化）　　　（AC, BD の変化）

2.15 (1) 条件 ∠APB ≧ 90° は，K が，辺 AB を直径とする球の表面と内部の点から成る集合であることを意味する．よって △ABC と K との共通部分は右図の灰色部分であり，この面積は

 × 2 +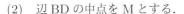

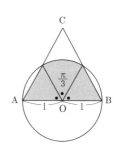

$$= \frac{\sqrt{3}}{4} \times 2 + \pi \cdot 1^2 \cdot \frac{1}{6} = \frac{\pi}{6} + \frac{\sqrt{3}}{2}$$

となる．∎

(2) K と $\triangle$ABC, K と $\triangle$ABD の共通部分の面積はともに (1) で与えられる.

K と $\triangle$ACD, K と $\triangle$BCD の共通部分は同じ面積をもち, たとえば K と $\triangle$ACD の共通部分は, 平面 ACD による K の切り口の円と $\triangle$ACD の共通部分である.

辺 AB の中点を O, O から平面 ACD に下した垂線の足を H とする. 正四面体の高さは $\sqrt{2^2 - \left(\frac{2}{3}\sqrt{3}\right)^2} = \frac{2}{3}\sqrt{6}$ なので

$$\mathrm{OH} = \frac{2}{3}\sqrt{6} \times \frac{1}{2} = \frac{\sqrt{6}}{3},$$

$$\mathrm{AH} = \sqrt{\mathrm{AO}^2 - \mathrm{OH}^2} = \sqrt{1 - \frac{6}{9}} = \frac{1}{\sqrt{3}}$$

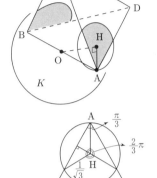

である. これらより図の面積は

$$\frac{1}{2}\left(\frac{1}{\sqrt{3}}\right)^2 \cdot \sin\frac{2}{3}\pi \times 2 + \frac{1}{2}\left(\frac{1}{\sqrt{3}}\right)^2 \cdot \frac{2}{3}\pi$$
$$= \frac{\sqrt{3}}{6} + \frac{\pi}{9}$$

となる. したがって求める面積は

$$\left(\frac{\pi}{6} + \frac{\sqrt{3}}{2}\right) \times 2 + \left(\frac{\sqrt{3}}{6} + \frac{\pi}{9}\right) \times 2 = \frac{4}{3}\sqrt{3} + \frac{5}{9}\pi$$

である.∎

2.16 (1) Z, Z' から平面 OXY に下した垂線の足をそれぞれ H, H' とすると, ZH : Z'H' $=$ OZ : OZ' $= 1 : n$ だから

$$V' = \frac{1}{3}\triangle\mathrm{OX'Y'} \cdot \mathrm{Z'H'} = \frac{1}{3} \cdot \frac{1}{2} \cdot \mathrm{OX'} \cdot \mathrm{OY'} \sin(\angle\mathrm{X'OY'}) \cdot n\mathrm{ZH}$$
$$= \frac{1}{3} \cdot \frac{1}{2} \ell\mathrm{OX} \cdot m\mathrm{OY} \sin(\angle\mathrm{XOY}) \cdot n\mathrm{ZH}$$
$$= \ell m n \cdot \frac{1}{3} \cdot \frac{1}{2} \mathrm{OX} \cdot \mathrm{OY} \sin(\angle\mathrm{XOY}) \cdot \mathrm{ZH}$$
$$= \ell m n \cdot \frac{1}{3} \cdot \triangle\mathrm{OXY} \cdot \mathrm{ZH} = \ell m n V$$

である. よって $V' : V = \ell m n : 1$ を得る.∎

(2) $\overrightarrow{\mathrm{AE}} = k\overrightarrow{\mathrm{AB}}$ とおく. ただし, E は PR と AB の交点で, これは SQ と AB の交点でもある. P は BC と ER の交点なので

$$\overrightarrow{\mathrm{AP}} = \alpha k\overrightarrow{\mathrm{AB}} + (1-\alpha)(1-t)\overrightarrow{\mathrm{AC}} = (1-t)\overrightarrow{\mathrm{AB}} + t\overrightarrow{\mathrm{AC}}$$

とおくことができ, 平面 ABC 上で $\overrightarrow{\mathrm{AB}}, \overrightarrow{\mathrm{AC}}$ は一次独立であるから

$$\alpha k = 1 - t, \quad (1-\alpha)(1-t) = t$$

である. これを解いて $k = \dfrac{(1-t)^2}{1-2t}$ が得られる. したがって

$$\left.\begin{array}{l}\mathrm{AE} = \dfrac{(1-t)^2}{1-2t}, \\ \mathrm{BE} = \dfrac{(1-t)^2}{1-2t} - 1 = \dfrac{t^2}{1-2t}\end{array}\right\} \cdots \text{①}$$

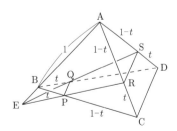

となる．さて，(1) の結果を念頭におくと ① より

$$四面体\ \mathrm{AERS} = \frac{(1-t)^2}{1-2t} \cdot (1-t) \cdot (1-t)V_0 = \frac{(1-t)^4}{1-2t}V_0$$

である．ただし V_0 は四面体 ABCD の体積とする．

次に，再び ① を用いて

$$四面体\ \mathrm{EBPQ} = t^2 \cdot 四面体\ \mathrm{EBCD} = t^2 \cdot \frac{\mathrm{EB}}{\mathrm{AB}} \cdot 四面体\ \mathrm{ABCD} = \frac{t^4}{1-2t}V_0$$

である．

条件 $V_1 : V_2 = 3 : 1$ は $V_1 = \frac{3}{4}V_0$ に他ならないから

$$\frac{3}{4}V_0 = V_1 = 四面体\ \mathrm{EARS} - 四面体\ \mathrm{EBPQ} = \left\{ \frac{(1-t)^4}{1-2t} - \frac{t^4}{1-2t} \right\}V_0$$

となり，これを $0 < t < \frac{1}{2}$ のもとで解いて $t = \frac{2-\sqrt{2}}{4}$ が得られる．∎

2.17 π を平面 $z=0$ とし，AB が平面 $z=1$ 上にあるように z 軸をとる．問題の立体を K，K の平面 $z=t$ ($0 \leqq t \leqq 1$) による切り口の面積を S とする．

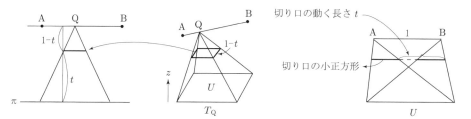

Q を頂点とし，U を底面とする四角錐を T_Q とすると，K の切り口は T_Q の切り口のすべての Q に対する和集合である．T_Q の $z=t$ による切り口は1辺の長さが $1-t$ の正方形で，この小正方形は Q の移動とともに t だけ移動する．

したがって $z=t$ による K の切り口は下図のような六角形になり，面積 S は t，および U の対角線の1つと AB のなす角 θ に依存する．

図より

$$S(t) = (1-t)^2 + t\sqrt{2}(1-t)\sin\theta = (1-t)^2 - \sqrt{2}\,t(t-1)\sin\theta$$

が得られる．これより

$$\begin{aligned}V &= \int_0^1 S(t)dt \\ &= \int_0^1 \{(t-1)^2 - \sqrt{2}\sin\theta(t^2 - t)\}dt \\ &= \frac{1}{3} + \frac{\sqrt{2}}{6}\sin\theta\end{aligned}$$

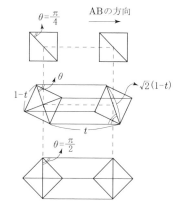

となり，さらに $\frac{\pi}{4} \leqq \theta \leqq \frac{\pi}{2}$ で考えて充分だから $\frac{1}{\sqrt{2}} \leqq \sin\theta \leqq 1$ である．よって V のとり得る値の範囲として

$$\frac{1}{2} \leqq V \leqq \frac{1}{3} + \frac{\sqrt{2}}{6}$$

が得られる．∎

注意 U と AB との間の距離が一定なので，K の体積は，AB に対して U がどのように傾いているか (この傾きを θ で表わしたわけです) だけに依存することに注意しましょう．実際，小正方形の1辺の長さは，AB と U の相対的位置にかかわらず $1-t$ で与えられます．

2.18 (1) 図のように x, y, z 軸をとる．$\vec{\ell} = \begin{pmatrix} 0 \\ 0 \\ 1 \end{pmatrix}$ とすると円錐面は

$$(\overrightarrow{OX}, \vec{\ell}) = |\overrightarrow{OX}||\vec{\ell}|\cos\frac{\pi}{4}$$

をみたすような点 X の全体で与えられる．

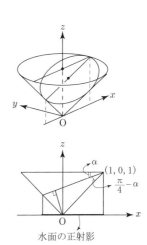

したがって $X(x, y, z)$ とおくと，上式より
$$z = \sqrt{x^2 + y^2 + z^2} \cdot \frac{1}{\sqrt{2}}$$
となり，$0 \leqq z \leqq 1$ に注意してまとめると
$$z^2 = x^2 + y^2, \quad 0 \leqq z \leqq 1 \cdots ①$$
が得られる．

他方，水面を表わす方程式は
$$z = \tan\alpha \cdot (x - 1) + 1$$
であり，$\tan\alpha = m$ とおいて ① に代入してまとめると
$$\frac{\left(x - \frac{m}{m+1}\right)^2}{\left(\frac{1}{1+m}\right)^2} + \frac{y^2}{\left(\sqrt{\frac{1-m}{1+m}}\right)^2} = 1$$
となる．これは水面を xy 平面に正射影してできる楕円の方程式を表わしている．よって，水面の方程式 $z = m(x-1) + 1$ に $x = \frac{m}{1+m}$ を代入して得られる $z = \frac{1}{1+m}$ は水面の中心の z 座標だから
$$\ell = 1 - z = 1 - \frac{1}{1+m} = \frac{m}{1+m}$$
が得られる■

また，水面の y 方向の半径は $\sqrt{\frac{1-m}{1+m}}$，x 方向の半径は $\frac{1}{\cos\alpha} \frac{1}{1+m} = \frac{\sqrt{1+m^2}}{1+m}$ で，$\frac{\sqrt{1+m^2}}{1+m} > \frac{\sqrt{1-m^2}}{1+m} = \sqrt{\frac{1-m}{1+m}}$ だから，x, y 方向がおのおの長軸，短軸の方向である．よって $a = \frac{\sqrt{1+m^2}}{1+m}$，$b = \sqrt{\frac{1-m}{1+m}}$ である■

(2) 残っている水の深さは $\sqrt{2}\sin\left(\frac{\pi}{4} - \alpha\right) = \cos\alpha - \sin\alpha = \frac{1-m}{\sqrt{1+m^2}}$ である．条件は，残っている水の量がグラスの容積の $\frac{1}{2}$ であることと同じだから
$$\frac{1}{3} \cdot \pi \cdot 1^2 \cdot 1 \times \frac{1}{2} = \frac{1}{3}\pi ab \cdot \frac{1-m}{\sqrt{1+m^2}}$$

$$= \frac{\pi}{3} \cdot \frac{\sqrt{1+m^2}}{1+m} \sqrt{\frac{1-m}{1+m}} \frac{1-m}{\sqrt{1+m^2}}$$

より，$\left(\dfrac{1-m}{1+m}\right)^{\frac{3}{2}} = \dfrac{1}{2}$，つまり $\dfrac{1+m}{1-m} = 2^{\frac{2}{3}}$ となる．

これを解いて $m = \dfrac{2^{\frac{2}{3}} - 1}{2^{\frac{2}{3}} + 1}$ を得る■

注意 いろいろな図形的手法が可能な問題で，その1つを以下で示しますが，上のような座標計算を行なえば，幾何的な考察はほとんど不要でかなり機械的な計算ですみます．座標計算のもつ利点の1つでしょう．

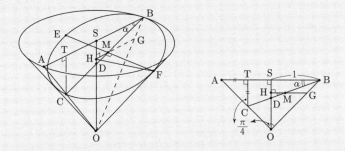

さて，上図において水面を表わす楕円の軸は BC と EF です．中心は M で，S はグラスの縁の円の中心です．

まず $AT = CT = BC \sin \alpha$ なので
$$BT = 2 - BC \sin \alpha = BC \cos \alpha$$
が成り立ちます．
$$\sin \alpha = \frac{m}{\sqrt{1+m^2}}, \quad \cos \alpha = \frac{1}{\sqrt{1+m^2}}$$
に注意すると上式より
$$BC = \frac{2}{\sin \alpha + \cos \alpha} = \frac{2\sqrt{1+m^2}}{1+m} \cdots (*)$$
が得られます．

次に，$BD \cos \alpha = 1$ より $BD = \dfrac{1}{\cos \alpha}$ で，さらに $BM = \dfrac{1}{2} BC$ ですから $(*)$ を用いると
$$MD = BD - BM = \frac{1}{\cos \alpha} - \frac{\sqrt{1+m^2}}{1+m} = \frac{m\sqrt{1+m^2}}{1+m}$$
となります．したがって
$$HM = MD \cos \alpha = \frac{m}{1+m} \cdots (**)$$
です．また
$$HF = HG = OH = OS - SH = 1 - BM \sin \alpha$$
$$= 1 - \frac{1}{2} BC \sin \alpha = 1 - \frac{m}{1+m} = \frac{1}{1+m}$$
なので，$(**)$ とあわせて

$$\mathrm{MF}^2 = \mathrm{HF}^2 - \mathrm{HM}^2 = \frac{1-m^2}{(1+m)^2} = \frac{1-m}{1+m}$$

が得られます．あとは $\mathrm{BM} = \frac{1}{2}\mathrm{BC} > \mathrm{MF}$ を示せば $a = \mathrm{BM}$, $b = \mathrm{MF}$ であることが結論付けられます．

また，$\ell = \mathrm{SH}$ は $\mathrm{SD} - \mathrm{HD} = \tan\alpha - \mathrm{MH}\tan\alpha$ から求められます．

2.19 V の内側から外へ向かう，4つの面の単位法線ベクトルを $\vec{e_i}$ ($i = 1, 2, 3, 4$) とし，α の単位法線ベクトルを $\vec{n}$ とおく．

S は，V の 4 つの面の α に対する正射影の面積の和の半分である．これは，α が紙面に平行であるとしたとき，V の α に対する正射影は，たとえば下図のような四角形，または三角形で与えられることから分る．

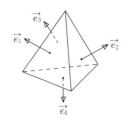 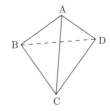 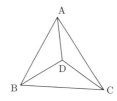

1つの面の面積は $\frac{\sqrt{3}}{4}$ で，$\vec{e_i}$ を法線ベクトルとする面と α とのなす角は $\vec{e_i}$ と $\vec{n}$ のなす角，またはその補角なので，正射影の面積は $\frac{\sqrt{3}}{4}|(\vec{n}, \vec{e_i})|$ である．したがって

$$S = \frac{\sqrt{3}}{8}\{|(\vec{n}, \vec{e_1})| + |(\vec{n}, \vec{e_2})| + |(\vec{n}, \vec{e_3})| + |(\vec{n}, \vec{e_4})|\} \cdots ①$$

となる．ここで

$$\vec{e_1} + \vec{e_2} + \vec{e_3} + \vec{e_4} = \vec{0} \cdots ②$$

は明らかであり，さらに $i, j = 1, 2, 3, 4$ に対して

$$|\vec{e_i}| = 1, \quad (\vec{e_i}, \vec{e_j}) = -\frac{1}{3} \quad (i \neq j) \cdots ③$$

が成り立つ．ただし，第2式は正四面体の隣り合う2面角の補角に対する余弦から得られる．

さて，①に現れる4つの内積は，同時に0以上になることも同時に0以下になることもない．あとで示すが，$\vec{e_1} \sim \vec{e_4}$ と，同時に鋭角をなすベクトルも同時に鈍角をなすベクトルも存在しないことは図からもほとんど明らかである．よって4つのうち0以下のものが1個，2個，3個の場合を考えればよいが，1個と3個の場合は $\vec{n}$ を $-\vec{n}$ に置き換えることと同じなので，1個と2個の場合を考えれば充分である．さらに1個，2個は4個のうちのどれをとっても一般性を失わない．したがって

(ⅰ) $(\vec{n}, \vec{e_4}) \leq 0$, 他は0以上,

(ⅱ) $(\vec{n}, \vec{e_3}) \leq 0$, $(\vec{n}, \vec{e_4}) \leq 0$, 他は0以上

の場合を考える．以下では②，③を随時用いる．

$\vec{n} = \alpha\vec{e_1} + \beta\vec{e_2} + \gamma\vec{e_3}$ とおくと，①より

$$S = \frac{\sqrt{3}}{8}\left\{\left|\alpha - \frac{\beta+\gamma}{3}\right| + \left|\beta - \frac{\gamma+\alpha}{3}\right|\right.$$
$$\left. + \left|\gamma - \frac{\alpha+\beta}{3}\right| + \left|-\frac{\alpha+\beta+\gamma}{3}\right|\right\}\cdots\text{①}'$$

となる．

 もし $\alpha \geqq \frac{\beta+\gamma}{3}$, $\beta \geqq \frac{\gamma+\alpha}{3}$, $\gamma \geqq \frac{\alpha+\beta}{3}$, $-\frac{\alpha+\beta+\gamma}{3} \geqq 0$ ならば，はじめの 3 式を加えて $\alpha+\beta+\gamma \geqq 0$ が得られ，これと第 4 式から $\alpha+\beta+\gamma = 0$ となる．これと再び第 1 式から $\alpha \geqq \frac{-\alpha}{3}$，つまり $\alpha \geqq 0$ が得られ，第 2, 3 式から $\beta \geqq 0$, $\gamma \geqq 0$ も得られ，結局 $\alpha = \beta = \gamma = 0$ となるが，これは $\vec{n} = \vec{0}$ を意味し不合理である．

 ①′ の絶対値の中の式がすべて 0 以下のときも同様の議論ができる．

 よってすでに述べたように上の (ⅰ), (ⅱ) の場合を考えればよいことが分った．

 (ⅰ) の場合，①′ はさらに
$$S = \frac{\sqrt{3}}{8}\left(\alpha - \frac{\beta+\gamma}{3} + \beta - \frac{\gamma+\alpha}{3} + \gamma - \frac{\alpha+\beta}{3} + \frac{\alpha+\beta+\gamma}{3}\right)$$
$$= \frac{\sqrt{3}}{12}(\alpha+\beta+\gamma)\cdots\text{①}''$$

である．ただし
$$\alpha \geqq \frac{\beta+\gamma}{3},\ \beta \geqq \frac{\gamma+\alpha}{3},\ \gamma \geqq \frac{\alpha+\beta}{3},\ \frac{\alpha+\beta+\gamma}{3} \geqq 0 \cdots \text{④}$$

であり，さらに $|\vec{n}| = 1$ より
$$\alpha^2 + \beta^2 + \gamma^2 - \frac{2}{3}(\alpha\beta + \beta\gamma + \gamma\alpha) = 1 \cdots \text{⑤}$$

が成り立つ．④, ⑤ のもとで ①″ のとりうる値の最大値と最小値を求めればよい．それは，①″, ④, ⑤ をみたす実数 α, β, γ が存在するための S の条件から求められる．①″ は $\gamma = 4\sqrt{3}\,S - (\alpha+\beta)$ で，これを ④, ⑤ に代入してまとめると

$$\left.\begin{array}{l}\alpha \geqq \sqrt{3}\,S,\ \beta \geqq \sqrt{3}\,S,\ \alpha+\beta \leqq 3\sqrt{3}\,S,\ S \geqq 0 \\ \alpha^2 + \beta^2 + \{4\sqrt{3}\,S - (\alpha+\beta)\}^2 - \frac{2}{3}\alpha\beta \\ \qquad -\frac{2}{3}(\alpha+\beta)\{4\sqrt{3}\,S - (\alpha+\beta)\} = 1\end{array}\right\}\cdots\text{⑥}$$

となる．さらに，$\alpha+\beta = u$, $\alpha\beta = v$ とおいて
$$\alpha \geqq \sqrt{3}\,S,\ \beta \geqq \sqrt{3}\,S \Leftrightarrow \alpha+\beta - 2\sqrt{3}\,S \geqq 0,\ (\alpha-\sqrt{3}\,S)(\beta-\sqrt{3}\,S) \geqq 0$$
に注意すると，$S \geqq 0$ を前提にして ⑥ は
$$u - 2\sqrt{3}\,S \geqq 0,\ v - \sqrt{3}\,Su + 3S^2 \geqq 0,\ u \leqq 3\sqrt{3}\,S,$$
$$u^2 - 2v + (4\sqrt{3}\,S - u)^2 - \frac{2}{3}v - \frac{2}{3}u(4\sqrt{3}\,S - u) = 1$$

つまり
$$\left.\begin{array}{l}2\sqrt{3}\,S \leqq u \leqq 3\sqrt{3}\,S,\ v \geqq \sqrt{3}\,Su - 3S^2, \\ v = u^2 - 4\sqrt{3}\,Su + 18S^2 - \frac{3}{8} = (u - 2\sqrt{3}\,S)^2 + 6S^2 - \frac{3}{8}\end{array}\right\}\cdots\text{⑥}'$$

となる．さらに，α, β は $x^2 - ux + v = 0$ の 2 実数解なので
$$u^2 - 4v \geqq 0 \cdots \text{⑦}$$

でなければならない．⑥′ のはじめの 2 条件と ⑦ を uv 平面上で図示すると次のようになる．

この領域と⑥′の第3式の放物線が共有点をもつようなSの条件を求めればよいが，それは放物線
$$v = (u - 2\sqrt{3}S)^2 + k \cdots ⑧$$
が図の領域と共有点をもつためのkの条件を$6S^2 - \frac{3}{8}$がみたすことである．

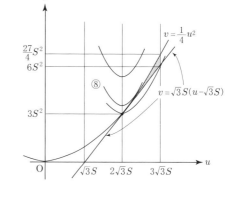

⑧が$v = \frac{1}{4}u^2$に接するとき，$k = 4S^2$となる．

⑧が$\left(3\sqrt{3}S, \frac{27}{4}S^2\right)$を通るとき，$k = \frac{15}{4}S^2$となる．

⑧が$(2\sqrt{3}S, 3S^2)$を通るとき（このとき$(3\sqrt{3}S, 6S^2)$も通る），$k = 3S^2$となる．

したがって$3S^2 \leqq k \leqq 4S^2$が得られる．ゆえに$3S^2 \leqq 6S^2 - \frac{3}{8} \leqq 4S^2$となり，これを解いて$\frac{\sqrt{2}}{4} \leqq S \leqq \frac{\sqrt{3}}{4}$を得る．

(ii)の場合，①″と④に対応して
$$S = \frac{\sqrt{3}}{6}(\alpha + \beta - \gamma), \text{ つまり } \gamma = (\alpha + \beta) - 2\sqrt{3}S,$$
$$\alpha \geqq \frac{\beta + \gamma}{3}, \quad \beta \geqq \frac{\gamma + \alpha}{3}, \quad \gamma \leqq \frac{\alpha + \beta}{3}, \quad \alpha + \beta + \gamma \geqq 0$$
が得られ，これらはさらにγを消去して
$$|\beta - \alpha| \leqq \sqrt{3}S, \quad \sqrt{3}S \leqq \alpha + \beta \leqq 3\sqrt{3}S$$
となる．よって(i)と同様にu, vを用いると，⑤，⑦をあわせて⑥′に対応して
$$0 \leqq u^2 - 4v \leqq 3S^2, \quad \sqrt{3}S \leqq u \leqq 3\sqrt{3}S,$$
$$v = \frac{1}{2}u^2 - \sqrt{3}Su + \frac{9}{2}S^2 - \frac{3}{8}$$
$$= \frac{1}{2}(u - \sqrt{3}S)^2 + 3S^2 - \frac{3}{8}$$
が得られる．(i)と同様に
$$v = \frac{1}{2}(u - \sqrt{3}S)^2 + k \cdots ⑨$$
とおいてkの範囲を求めると$0 \leqq k \leqq \frac{3}{2}S^2$となり，したがって$0 \leqq 3S^2 - \frac{3}{8} \leqq \frac{3}{2}S^2$を解いて$\frac{\sqrt{2}}{4} \leqq S \leqq \frac{1}{2}$が得られる．

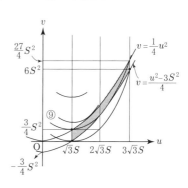

(i), (ii)よりSの最大値は$\frac{1}{2}$，最小値は$\frac{\sqrt{2}}{4}$であることが分る∎

注意 入試問題としてはかなり難しい問題です．図形的な考え方を用いた解答も可能ですが，上ではあえて計算で押し通してみました．解答の中のα, β, γを用いずに

(i)の場合 $S = \frac{\sqrt{3}}{8}(\vec{n}, \vec{e_1} + \vec{e_2} + \vec{e_3} - \vec{e_4}) = \frac{\sqrt{3}}{4}(\vec{n}, -\vec{e_4})$

(ii) の場合 $S = \dfrac{\sqrt{3}}{8}(\vec{n}, \vec{e_1}+\vec{e_2}-\vec{e_3}-\vec{e_4}) = \dfrac{\sqrt{3}}{4}(\vec{n}, \vec{e_1}+\vec{e_2})$

と表わして (② による), $\vec{n}$ と $-\vec{e_4}$, あるいは $\vec{n}$ と $\vec{e_1}+\vec{e_2}$ のなす角が $\vec{n}$ の変化によってどう変わるかを調べても解が得られますが

(i) では, $\vec{n}$ と $\vec{e_1}, \vec{e_2}, \vec{e_3}$ とのなす角は $\dfrac{\pi}{2}$ 以下, $\vec{n}$ と $\vec{e_4}$ のなす角は $\dfrac{\pi}{2}$ 以上

(ii) では, $\vec{n}$ と $\vec{e_1}, \vec{e_2}$ とのなす角は $\dfrac{\pi}{2}$ 以下, $\vec{n}$ と $\vec{e_3}, \vec{e_4}$ のなす角は $\dfrac{\pi}{2}$ 以上

という条件があり, 図形的には必ずしも考えやすくはありません.

2.20 条件を A を始点にして書き直すと
$$(p+q+r)\overrightarrow{AM} = q\overrightarrow{AB} + r\overrightarrow{AC}$$
となる.

$p+q+r \neq 0$ なら M は $\overrightarrow{AM} = \dfrac{q\overrightarrow{AB}+r\overrightarrow{AC}}{p+q+r}$ で定められ, 確かに存在する.

$p+q+r = 0$ ならば $0 \cdot \overrightarrow{AM} = q\overrightarrow{AB} + r\overrightarrow{AC}$ であり, これをみたす M が存在する条件は $q\overrightarrow{AB} + r\overrightarrow{AC} = \vec{0}$ である. このとき M は任意の点でよい. A, B, C は同一直線上にないので平面 ABC 上で $\overrightarrow{AB}$ と $\overrightarrow{AC}$ は一次独立であるから上式は $q = r = 0$ が成り立つことを意味し, したがってさらに $p = -q-r = 0$ である.

以上より求める条件は $p+q+r \neq 0$ または $p = q = r = 0$ である ∎

2.21 (1) $\vec{\ell} = \dfrac{1}{\sqrt{3}}\begin{pmatrix} 1 \\ 1 \\ 1 \end{pmatrix}$ とおくと $\overrightarrow{OP'} = (\overrightarrow{OP}, \vec{\ell})\vec{\ell}$ である.

よって $\overrightarrow{OP} = \begin{pmatrix} x \\ y \\ z \end{pmatrix}$ とおくと $\overrightarrow{OP'} = \dfrac{x+y+z}{3}\begin{pmatrix} 1 \\ 1 \\ 1 \end{pmatrix}$ となり

$$\dfrac{|\overrightarrow{OP'}|}{|\overrightarrow{OP}|} = \sqrt{\dfrac{1}{3}\dfrac{(x+y+z)^2}{x^2+y^2+z^2}} = \sqrt{\dfrac{1}{3}\left(1 + 2 \cdot \dfrac{xy+yz+zx}{x^2+y^2+z^2}\right)}$$

であるが, $x \geq 0, y \geq 0, z \geq 0$ なので $\dfrac{xy+yz+zx}{x^2+y^2+z^2} \geq 0$ となり, 等号は x, y, z のうち 2 つが 0 のとき成り立つ.

したがって $\dfrac{|\overrightarrow{OP'}|}{|\overrightarrow{OP}|}$ の最小値は $\dfrac{1}{\sqrt{3}}$ である ∎

(2) P'_k を P_k の ℓ への正射影とする. (1) より $|\overrightarrow{OP_k}| \leq \sqrt{3}|\overrightarrow{OP'_k}|$ であり, $|\overrightarrow{OP'_k}| \leq |\overrightarrow{OP_k}|$ は明らかで, また, $\overrightarrow{OP'_k}$ $(k = 1, 2, \cdots, m)$ はすべて $\vec{\ell}$ と同方向なので
$$|\overrightarrow{OP'_1} + \overrightarrow{OP'_2} + \cdots + \overrightarrow{OP'_m}| = |\overrightarrow{OP'_1}| + |\overrightarrow{OP'_2}| + \cdots + |\overrightarrow{OP'_m}|$$
も成り立つ. さらに, $\overrightarrow{OP} = \overrightarrow{OP_1} + \overrightarrow{OP_2} + \cdots + \overrightarrow{OP_m}$ とおくと
$$\overrightarrow{OP'} = \left(\sum_{k=1}^{m} \overrightarrow{OP_k}, \vec{\ell}\right)\vec{\ell} = \sum_{k=1}^{m}\left(\overrightarrow{OP_k}, \vec{\ell}\right)\vec{\ell} = \sum_{k=1}^{m}\overrightarrow{OP'_k}$$

である．以上を用いると
$$\sum_{k=1}^{m}|\overrightarrow{\mathrm{OP}_k}| \leqq \sum_{k=1}^{m}\sqrt{3}|\overrightarrow{\mathrm{OP}'_k}| = \sqrt{3}\left|\sum_{k=1}^{m}\overrightarrow{\mathrm{OP}'_k}\right| = \sqrt{3}|\overrightarrow{\mathrm{OP}'}|$$
$$\leqq \sqrt{3}|\overrightarrow{\mathrm{OP}}| = \sqrt{3}\left|\sum_{k=1}^{m}\overrightarrow{\mathrm{OP}_k}\right|$$
となり，主張が成り立つ∎

(3) xy, yz, zx 平面で分けられる空間の8個の部分を $K_1, K_2, \cdots, K_8$ とし，$\mathrm{A}_1, \mathrm{A}_2, \cdots, \mathrm{A}_n$ のうち K_ℓ に含まれるものを $\mathrm{A}_{\ell_1}, \mathrm{A}_{\ell_2}, \cdots, \mathrm{A}_{\ell_m}$ とする．ただし，座標平面上にある A_k は，その座標平面で隔てられる空間のいずれかに帰属させるものとする．$\ell = 1 \sim 8$ に対して $|\overrightarrow{\mathrm{OA}_{\ell_1}}| + |\overrightarrow{\mathrm{OA}_{\ell_2}}| + \cdots + |\overrightarrow{\mathrm{OA}_{\ell_m}}|$ が最大である K_ℓ を K_i とし，$\mathrm{A}_1 \sim \mathrm{A}_n$ のうち K_i に含まれるものを $\mathrm{A}_{i_1}, \mathrm{A}_{i_2}, \cdots, \mathrm{A}_{i_k}$ とする．ここで，たとえば $x \leqq 0, y \geqq 0, z \leqq 0$ であるような領域に対しては (1) の直線 $x = y = z$ の代わりに $-x = y = -z$ を用いると (1) と同様の議論ができるから，各 K_ℓ に対して (2) の結果が成り立つ．よって
$$|\overrightarrow{\mathrm{OA}_1}| + |\overrightarrow{\mathrm{OA}_2}| + \cdots + |\overrightarrow{\mathrm{OA}_n}|$$
$$= \sum_{\ell=1}^{8}(K_\ell \text{に含まれるベクトルの絶対値の和})$$
$$\leqq 8 \times (K_i \text{に含まれるベクトルの絶対値の和})$$
$$= 8\left(|\overrightarrow{\mathrm{OA}_{i_1}}| + |\overrightarrow{\mathrm{OA}_{i_2}}| + \cdots + |\overrightarrow{\mathrm{OA}_{i_k}}|\right)$$
$$\leqq 8\sqrt{3}|\overrightarrow{\mathrm{OA}_{i_1}} + \overrightarrow{\mathrm{OA}_{i_2}} + \cdots + \overrightarrow{\mathrm{OA}_{i_k}}|$$
となって主張は成り立つ∎

2.22 (1) $s(\vec{c}, \vec{a}) + t(\vec{c}, \vec{b}) = (\vec{c}, s\vec{a} + t\vec{b}) = |\vec{c}|^2 \geqq 0$ より主張は成り立つ∎

(2) $(\vec{c}, \vec{a}) < 0, (\vec{c}, \vec{b}) < 0$ とすると $s \geqq 0, t \geqq 0$ なので，(1) より $s = t = 0$ でなければならない．しかし，このときは $\vec{c} = \vec{0}$，よってさらに $(\vec{c}, \vec{a}) = (\vec{c}, \vec{b}) = 0$ となって不合理を生ずる．したがって $(\vec{c}, \vec{a}) \geqq 0$ または $(\vec{c}, \vec{b}) \geqq 0$ が成り立つ∎

(3) $|\vec{c}| \geqq |\vec{a}|, |\vec{c}| \geqq |\vec{b}|$ より $s|\vec{c}| \geqq s|\vec{a}|, t|\vec{c}| \geqq t|\vec{b}|$ である．したがって，$s \geqq 0, t \geqq 0$ に注意すると
$$(s+t)|\vec{c}| \geqq s|\vec{a}| + t|\vec{b}| \geqq |s\vec{a} + t\vec{b}| = |\vec{c}|$$
が成り立つ．ここで，もし $|\vec{c}| = 0$ ならば，条件より直ちに $|\vec{a}| = |\vec{b}| = 0$ となって $\vec{a} \neq \vec{0}, \vec{b} \neq \vec{0}$ に反するから $|\vec{c}| \neq 0$ である．したがって上式から $s + t \geqq 1$ が得られる∎

2.23 OB は球の直径なので $\angle\mathrm{BAO} = \angle\mathrm{BCO} = \dfrac{\pi}{2}$ である．

よって $(\vec{a}, \vec{b} - \vec{a}) = 0, (\vec{c}, \vec{b} - \vec{c}) = 0$ である．

これらと条件 $\mathrm{OA} = \mathrm{OC} = 1, \angle\mathrm{AOC} = \dfrac{\pi}{2}, \mathrm{OB} = 2$ などをまとめると

$$\left.\begin{array}{l}|\vec{a}| = |\vec{c}| = 1, |\vec{b}| = 2, (\vec{a}, \vec{c}) = 0 \\ (\vec{a}, \vec{b}) = (\vec{b}, \vec{c}) = 1\end{array}\right\} \cdots \text{①}$$

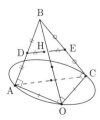

である．以下これらを随時用いる．

(1) まず
$$\overrightarrow{OH} = \frac{1}{2}(\overrightarrow{OD} + \overrightarrow{OE}) = \frac{1}{2}\left(\frac{\vec{a}+\vec{b}}{2} + \frac{\vec{b}+\vec{c}}{2}\right) = \frac{\vec{a}+2\vec{b}+\vec{c}}{4}$$
である．

これよりさらに①を用いて
$$|\overrightarrow{OH}|^2 = \frac{1}{16}(1+16+1+4+4) = \frac{26}{16}$$
となるから，$|\overrightarrow{OH}| = \frac{1}{4}\sqrt{26}$ を得る．

(2) ①を用いると
$$(\overrightarrow{OH}, \overrightarrow{DE}) = \left(\frac{\vec{a}+2\vec{b}+\vec{c}}{4}, \frac{\vec{c}-\vec{a}}{2}\right)$$
$$= \frac{1}{8}\left\{|\vec{c}|^2 - |\vec{a}|^2 + 2(\vec{b},\vec{c}) - 2(\vec{b},\vec{a})\right\} = 0$$
だから OH⊥DE である．

また，中点連結の定理により $DE = \frac{1}{2}AC = \frac{\sqrt{2}}{2}$ なので
$$\triangle ODE = \frac{1}{2} OH \cdot DE = \frac{1}{2} \frac{\sqrt{26}}{4} \frac{\sqrt{2}}{2} = \frac{\sqrt{13}}{8}$$
となる．

(3) ①より
$$(\overrightarrow{OB}, \overrightarrow{AC}) = (\vec{b}, \vec{c}-\vec{a}) = (\vec{b},\vec{c}) - (\vec{b},\vec{a}) = 0$$
となるので $\overrightarrow{OB}$ と $\overrightarrow{AC}$ のなす角は $\frac{\pi}{2}$ である．

2.24 $\vec{a} = \overrightarrow{OA}$, $\vec{b} = \overrightarrow{OB}$, $\vec{c} = \overrightarrow{OC}$ とし，さらに $\overrightarrow{OD} = \alpha\vec{a} + \beta\frac{1}{2}\vec{b} + \gamma\frac{1}{3}\vec{c}$ とおく．ただし，D は O から平面 AMN に下した垂線の足であり
$$\alpha + \beta + \gamma = 1 \cdots ①$$
である．

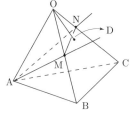

OD⊥AM, OD⊥AN より
$$0 = \left(\frac{1}{2}\vec{b} - \vec{a}, \alpha\vec{a} + \frac{\beta}{2}\vec{b} + \frac{\gamma}{3}\vec{c}\right)$$
$$= \left(\frac{1}{3}\vec{c} - \vec{a}, \alpha\vec{a} + \frac{\beta}{2}\vec{b} + \frac{\gamma}{3}\vec{c}\right) \cdots ②$$
であるが，四面体 OABC は 1 辺の長さが 1 の正四面体なので
$$|\vec{a}| = |\vec{b}| = |\vec{c}| = 1, \quad (\vec{a},\vec{b}) = (\vec{b},\vec{c}) = (\vec{c},\vec{a}) = \frac{1}{2} \cdots ③$$
が成り立つ．③のもとで②をまとめると $\gamma = -9\alpha$, $\beta = -2\alpha$ となり，これらと①より $\alpha = -\frac{1}{10}$, $\beta = \frac{1}{5}$, $\gamma = \frac{9}{10}$ が得られる．したがって，再び③に注意すると
$$|\overrightarrow{OD}|^2 = \left|-\frac{1}{10}\vec{a} + \frac{1}{10}\vec{b} + \frac{3}{10}\vec{c}\right|^2 = \frac{1}{100}(1+1+9-1+3-3) = \frac{1}{10}$$
となり，$d = |\overrightarrow{OD}| = \frac{1}{\sqrt{10}}$ となる．

注意 ③ を利用して $\triangle\mathrm{AMN} = \frac{1}{2}\sqrt{|\overrightarrow{\mathrm{AM}}|^2|\overrightarrow{\mathrm{AN}}|^2 - (\overrightarrow{\mathrm{AM}}, \overrightarrow{\mathrm{AN}})^2}$ を求めておいて
$$\frac{1}{3} \cdot \triangle\mathrm{AMN} \cdot \mathrm{OD} = \text{四面体 OAMN} = \frac{1}{6}\text{四面体 OABC}$$
から OD を求めることもできます．

2.25 まず $\mathrm{AM}\perp\mathrm{NL}$ は明らかだから $S = \frac{1}{2}\mathrm{AM}\cdot\mathrm{NL}$ である．また，$\triangle\mathrm{PDB}$ に対する中点連結の定理より
$$\mathrm{NL} = \tfrac{1}{2}\mathrm{BD} = \tfrac{\sqrt{2}}{2}a$$
である．

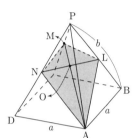

さて，右下の図で EF // AC とする．
$\triangle\mathrm{OPE} \equiv \triangle\mathrm{OQA}$ より
$$\mathrm{PE} = \mathrm{QA} = \tfrac{\sqrt{2}}{2}a$$
である．さらに $\triangle\mathrm{MPE} \backsim \triangle\mathrm{MCA}$ なので
$$\mathrm{ME}:\mathrm{MA} = \mathrm{PE}:\mathrm{CA} = \tfrac{\sqrt{2}}{2}a : \sqrt{2}a = 1:2$$
となるから $\mathrm{MA} = 2\mathrm{ME} = \frac{2}{3}\mathrm{AE}$ である．さらに
$$\mathrm{AE} = \sqrt{\mathrm{EF}^2 + \mathrm{AF}^2} = \sqrt{\mathrm{EF}^2 + \mathrm{PA}^2 - \mathrm{PF}^2}$$
$$= \sqrt{(\sqrt{2}a)^2 + b^2 - \left(\tfrac{\sqrt{2}}{2}a\right)^2} = \sqrt{\tfrac{3}{2}a^2 + b^2}$$
だから

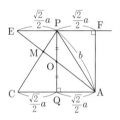

$$S = \frac{1}{2}\cdot\frac{\sqrt{2}}{2}a \cdot \frac{2}{3}\sqrt{\frac{3}{2}a^2 + b^2} = \frac{1}{6}a\sqrt{3a^2 + 2b^2}$$
が得られる∎

注意 $\overrightarrow{\mathrm{AB}} = \vec{b}, \overrightarrow{\mathrm{AD}} = \vec{d}, \overrightarrow{\mathrm{AP}} = \vec{p}$ とおくと
$$\left.\begin{aligned}&|\vec{b}| = |\vec{d}| = a,\ (\vec{b},\vec{d}) = 0,\ |\vec{p}| = b,\\ &(\vec{p},\vec{b}) = (\vec{p},\vec{d}) = ab\cos(\angle\mathrm{PAB})\\ &\qquad = ab\frac{a^2+b^2-b^2}{2ab} = \frac{a^2}{2}\end{aligned}\right\}\cdots(*)$$
が成り立ちます．また
$$\overrightarrow{\mathrm{AM}} = (1-\alpha)\overrightarrow{\mathrm{AP}} + \alpha\overrightarrow{\mathrm{AC}} = s\overrightarrow{\mathrm{AL}} + t\overrightarrow{\mathrm{AN}}$$
とおくと
$$(1-\alpha)\vec{p} + \alpha(\vec{b}+\vec{d}) = s\frac{\vec{p}+\vec{b}}{2} + t\frac{\vec{p}+\vec{d}}{2}$$
より $1-\alpha = \frac{1}{2}(s+t),\ \alpha = \frac{s}{2} = \frac{t}{2}$ となり，$\alpha = \frac{1}{3}, s = t = \frac{2}{3}$ が得られます．
したがって

$$|\overrightarrow{\mathrm{AM}}|^2 = \left|\frac{2}{3}\vec{p} + \frac{1}{3}\vec{b} + \frac{1}{3}\vec{d}\right|^2$$

を，(∗) を用いて計算することで，AM，したがって S を求めることができます．

また，NL も $\left|\dfrac{\vec{d}-\vec{b}}{2}\right|$ として求められます．

ベクトルによる計算では，始点は上の A 以外に P などをとっても構いません．

2.26 $\cos(\angle \mathrm{AOB}) = \lambda$, $\cos(\angle \mathrm{AOP}) = \mu$, $\mathrm{OP} = p$ とおく．まず条件より

$$\left.\begin{array}{l}|\overrightarrow{\mathrm{OA}}|=1,\ |\overrightarrow{\mathrm{OB}}|=2,\ |\overrightarrow{\mathrm{OC}}|=3,\\ (\overrightarrow{\mathrm{OA}},\overrightarrow{\mathrm{OB}})=2\lambda,\ (\overrightarrow{\mathrm{OB}},\overrightarrow{\mathrm{OC}})=6\lambda,\ (\overrightarrow{\mathrm{OC}},\overrightarrow{\mathrm{OA}})=3\lambda\end{array}\right\}\cdots ①$$

である．

$\overrightarrow{\mathrm{OP}} = \alpha\overrightarrow{\mathrm{OA}} + \beta\overrightarrow{\mathrm{OB}} + \gamma\overrightarrow{\mathrm{OC}}$ とおく．ただし $\alpha + \beta + \gamma = 1 \cdots ②$ である．

$\angle \mathrm{AOP} = \angle \mathrm{BOP} = \angle \mathrm{COP}$ なので，$\overrightarrow{\mathrm{OP}}$ と $\overrightarrow{\mathrm{OA}}, \overrightarrow{\mathrm{OB}}, \overrightarrow{\mathrm{OC}}$ との内積をとって ① を用いると

$$p\mu = (\alpha\overrightarrow{\mathrm{OA}} + \beta\overrightarrow{\mathrm{OB}} + \gamma\overrightarrow{\mathrm{OC}}, \overrightarrow{\mathrm{OA}}) = \alpha + 2\lambda\beta + 3\lambda\gamma \cdots ③,$$
$$2p\mu = (\alpha\overrightarrow{\mathrm{OA}} + \beta\overrightarrow{\mathrm{OB}} + \gamma\overrightarrow{\mathrm{OC}}, \overrightarrow{\mathrm{OB}}) = 2\lambda\alpha + 4\beta + 6\lambda\gamma \cdots ④,$$
$$3p\mu = (\alpha\overrightarrow{\mathrm{OA}} + \beta\overrightarrow{\mathrm{OB}} + \gamma\overrightarrow{\mathrm{OC}}, \overrightarrow{\mathrm{OC}}) = 3\lambda\alpha + 6\lambda\beta + 9\gamma \cdots ⑤$$

が得られる．③,④，および ③,⑤ から

$$2(1-\lambda)\alpha + 4(\lambda-1)\beta = 0, \quad 3(1-\lambda)\alpha + 9(\lambda-1)\gamma = 0$$

となるが，$0 < \angle \mathrm{AOB} < \pi$ より $\lambda \neq 1$ だから $\beta = \dfrac{1}{2}\alpha$, $\gamma = \dfrac{1}{3}\alpha$ となる．

したがって ② により $\alpha = \dfrac{6}{11}$, $\beta = \dfrac{3}{11}$, $\gamma = \dfrac{2}{11}$ となるので，結局

$$\overrightarrow{\mathrm{OP}} = \frac{6}{11}\overrightarrow{\mathrm{OA}} + \frac{3}{11}\overrightarrow{\mathrm{OB}} + \frac{2}{11}\overrightarrow{\mathrm{OC}}$$

を得る ∎

注意 次のような簡明な考え方もできます．

OA, OB の延長上に $\mathrm{OA}' = \mathrm{OB}' = \mathrm{OC} = 3$ をみたす点 A′, B′ をとり，平面 A′B′C と OP との交点を P′ とすると，条件から P′ が △A′B′C の重心であることが容易に示されます．したがって

$$\overrightarrow{\mathrm{OP}'} = \frac{1}{3}(\overrightarrow{\mathrm{OA}'} + \overrightarrow{\mathrm{OB}'} + \overrightarrow{\mathrm{OC}})$$
$$= \overrightarrow{\mathrm{OA}} + \frac{1}{2}\overrightarrow{\mathrm{OB}} + \frac{1}{3}\overrightarrow{\mathrm{OC}}$$

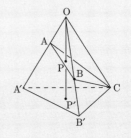

なので，$\overrightarrow{\mathrm{OP}} = k\overrightarrow{\mathrm{OP}'}$ とおいて，P が ABC 上にあることを用いて k を決定すれば $\overrightarrow{\mathrm{OP}}$ が求められます．

2.27 (1) $\overrightarrow{\mathrm{AB}} = \vec{b}$, $\overrightarrow{\mathrm{AC}} = \vec{c}$, $\overrightarrow{\mathrm{AD}} = \vec{d}$ とおく．

$\mathrm{AB} = \mathrm{AC}$ より $|\vec{b}| = |\vec{c}|$ である．この条件下で

$$\text{BD}^2 + \text{CD}^2 = 2(\text{AB}^2 + \text{AD}^2)$$
$$\Leftrightarrow |\vec{d} - \vec{b}|^2 + |\vec{d} - \vec{c}|^2 = 2(|\vec{b}|^2 + |\vec{d}|^2)$$
$$\Leftrightarrow |\vec{d}|^2 - 2(\vec{b}, \vec{d}) + |\vec{b}|^2 + |\vec{d}|^2 - 2(\vec{c}, \vec{d}) + |\vec{c}|^2 = 2|\vec{b}|^2 + 2|\vec{d}|^2$$
$$\Leftrightarrow (\vec{b}, \vec{d}) + (\vec{c}, \vec{d}) = 0$$
$$\Leftrightarrow |\vec{b}||\vec{d}|\cos(\angle\text{BAD}) + |\vec{c}||\vec{d}|\cos(\angle\text{CAD}) = 0$$
$$\Leftrightarrow \cos(\angle\text{BAD}) + \cos(\angle\text{CAD}) = 0$$
$$\Leftrightarrow 2\cos\frac{\angle\text{BAD} + \angle\text{CAD}}{2}\cos\frac{\angle\text{BAD} - \angle\text{CAD}}{2} = 0$$

である.$0 < \angle\text{BAD} < \pi$, $0 < \angle\text{CAD} < \pi$ より

$$0 < \frac{\angle\text{BAD} + \angle\text{CAD}}{2} < \pi, \quad -\frac{\pi}{2} < \frac{\angle\text{BAD} - \angle\text{CAD}}{2} < \frac{\pi}{2}$$

であるから,上式は $\frac{\angle\text{BAD} + \angle\text{CAD}}{2} = \frac{\pi}{2}$,つまり $\angle\text{BAD} + \angle\text{CAD} = \pi$ と同値であることが分る ∎

(2) (1)における式から $\angle\text{BAD} + \angle\text{CAD} = \pi$ は,$(\vec{b}, \vec{d}) + (\vec{c}, \vec{d}) = 0$,つまり $(\vec{b} + \vec{c}, \vec{d}) = 0$ と同値である.これは,辺 BC の中点を M とすると $\overrightarrow{\text{AM}} \perp \overrightarrow{\text{AD}}$ が成り立つことを意味しており,したがって,D は A を通り AM に垂直な平面上を動く.ただし平面 ABC 上を除く ∎

> **注意** 立体をつぶして A を辺 BC 上にもってくると,$\text{BD}^2 + \text{CD}^2 = 2(\text{AB}^2 + \text{AD}^2)$ は中線定理そのものです.したがって本問は中線定理のいわば立体版に関しているわけですが,平面の場合と異なり無条件には成り立たないこと,つまり前提として $\angle\text{BAD} + \angle\text{CAD} = \pi$ を必要としていることが分ります.

2.28 問題の切り口を図のように □PQRS とする.

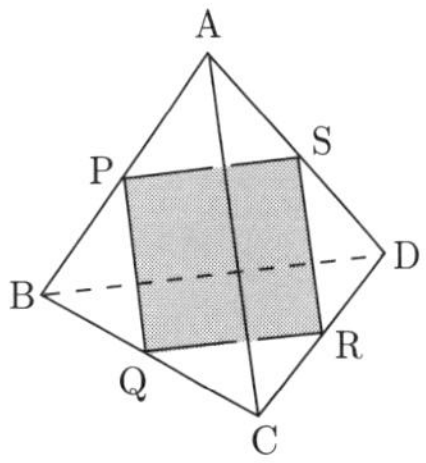

もし PQ ∦ AC なら,PQ と AC は平面 ABC 上で交点をもち,よって PQ を含む平面 PQRS も AC と交点をもつことになり,これは条件に反する.したがって PQ ∥ AC で,

SR ∥ AC, PS ∥ BD, QR ∥ BD

も同様に成り立つ.そこで

$$\overrightarrow{\text{AB}} = \vec{b}, \quad \overrightarrow{\text{AC}} = \vec{c}, \quad \overrightarrow{\text{AD}} = \vec{d},$$
$$\overrightarrow{\text{AP}} = p\vec{b}, \quad \overrightarrow{\text{AQ}} = (1-q)\vec{b} + q\vec{c}, \quad \overrightarrow{\text{AR}} = (1-r)\vec{c} + r\vec{d}, \quad \overrightarrow{\text{AS}} = s\vec{d}$$

とおくと

$$\overrightarrow{\text{PQ}} = (1-q-p)\vec{b} + q\vec{c} \; /\!/ \; \vec{c} \text{ より } 1-p-q = 0,$$
$$\overrightarrow{\text{QR}} = (1-r-q)\vec{c} + r\vec{d} - (1-q)\vec{b} \; /\!/ \; \vec{d} - \vec{b} \text{ より } 1-r-q = 0,$$
$$\quad\text{(このとき上式は } r(\vec{d} - \vec{b}) \; /\!/ \; \vec{d} - \vec{b} \text{ でたしかに成り立つ)}$$
$$\overrightarrow{\text{RS}} = (s-r)\vec{d} - (1-r)\vec{c} \; /\!/ \; \vec{c} \text{ より } s-r = 0,$$

$\overrightarrow{\mathrm{SP}} = p\vec{b} - s\vec{d} \mathbin{/\mkern-6mu/} \vec{b} - \vec{d}$ より $p = s$

であり，これらより $p = s = r = 1 - q$ が直ちに得られる．

よって $\overrightarrow{\mathrm{PQ}} = (1-p)\vec{c}, \overrightarrow{\mathrm{PS}} = p(\vec{d} - \vec{b})$ となり，□PQRS は平行四辺形であるから，面積を A とおくと

$$\begin{aligned}
A^2 &= |\overrightarrow{\mathrm{PQ}}|^2|\overrightarrow{\mathrm{PS}}|^2 - (\overrightarrow{\mathrm{PQ}}, \overrightarrow{\mathrm{PS}})^2 \\
&= (1-p)^2|\vec{c}|^2 p^2|\vec{d} - \vec{b}|^2 - \{p(1-p)(\vec{c}, \vec{d} - \vec{b})\}^2 \\
&= \{p(1-p)\}^2\{|\vec{d} - \vec{b}|^2|\vec{c}|^2 - (\vec{d} - \vec{b}, \vec{c})^2\} \\
&= \{|\vec{d} - \vec{b}|^2|\vec{c}|^2 - (\vec{d} - \vec{b}, \vec{c})^2\}\left\{-\left(p - \frac{1}{2}\right)^2 + \frac{1}{4}\right\}^2
\end{aligned}$$

となる．ここで $|\vec{d} - \vec{b}|^2|\vec{c}|^2 > (\vec{d} - \vec{b}, \vec{c})^2$, $0 < p < 1$ に注意すると，A は $p = \frac{1}{2}$ のとき最大となることが分る．したがって，P, Q, R, S がそれぞれ辺 AB, BC, CD, DA の中点にあるように切ればよいことが分る∎

2.29 (1) まず条件より $(\vec{a}, \vec{b}) = (\vec{b}, \vec{c}) = (\vec{c}, \vec{a}) = 0 \cdots$ ① である．

① を用いると条件は

$$\begin{aligned}
0 &= (\overrightarrow{\mathrm{AP}}, \overrightarrow{\mathrm{BP}}) + (\overrightarrow{\mathrm{BP}}, \overrightarrow{\mathrm{CP}}) + (\overrightarrow{\mathrm{CP}}, \overrightarrow{\mathrm{AP}}) \\
&= (\vec{p} - \vec{a}, \vec{p} - \vec{b}) + (\vec{p} - \vec{b}, \vec{p} - \vec{c}) + (\vec{p} - \vec{c}, \vec{p} - \vec{a}) \\
&= 3|\vec{p}|^2 - 2(\vec{a} + \vec{b} + \vec{c}, \vec{p}) \\
&= 3\left|\vec{p} - \frac{\vec{a} + \vec{b} + \vec{c}}{3}\right|^2 - 3\left|\frac{\vec{a} + \vec{b} + \vec{c}}{3}\right|^2
\end{aligned}$$

なので，△ABC の重心を G, $\overrightarrow{\mathrm{OG}} = \vec{g}$ とおくと，上式は $|\vec{p} - \vec{g}|^2 = |\vec{g}|^2$ つまり $|\overrightarrow{\mathrm{GP}}| = |\overrightarrow{\mathrm{OG}}|$ と同値である．

したがって P は G を中心とする半径 OG の球面を描く∎

(2) $|\vec{a}| = 1, |\vec{b}| = |\vec{c}| = 2 \cdots$ ② とし，$\overrightarrow{\mathrm{OH}} = \alpha\vec{a} + \beta\vec{b} + \gamma\vec{c}$ とおく．ただし $\alpha + \beta + \gamma = 1 \cdots$ ③ である．$\overrightarrow{\mathrm{OH}} \perp \overrightarrow{\mathrm{CA}}, \overrightarrow{\mathrm{OH}} \perp \overrightarrow{\mathrm{BA}}$ より

$$(\alpha\vec{a} + \beta\vec{b} + \gamma\vec{c}, \vec{a} - \vec{c}) = 0, \quad (\alpha\vec{a} + \beta\vec{b} + \gamma\vec{c}, \vec{a} - \vec{b}) = 0$$

で，これを ①, ② を用いてまとめると $\beta = \gamma = \frac{\alpha}{4}$ となる．これと ③ より $\alpha = \frac{2}{3}, \beta = \gamma = \frac{1}{6}$ が得られ，$\overrightarrow{\mathrm{OH}} = \frac{2}{3}\vec{a} + \frac{1}{6}\vec{b} + \frac{1}{6}\vec{c}$ となる∎

(3) (1) と同様に $(\overrightarrow{\mathrm{AP}}, \overrightarrow{\mathrm{BP}}) + (\overrightarrow{\mathrm{BP}}, \overrightarrow{\mathrm{CP}}) + (\overrightarrow{\mathrm{CP}}, \overrightarrow{\mathrm{AP}}) = 3(|\overrightarrow{\mathrm{GP}}|^2 - |\overrightarrow{\mathrm{OG}}|^2)$ が得られる．これが最小となるのは $|\overrightarrow{\mathrm{GP}}|$ が最小となるとき，つまり，問題の平面に G から下した垂線の足に P がきたときで，このとき $\overrightarrow{\mathrm{GP_0}} = \overrightarrow{\mathrm{HO}}$ が成り立つ．

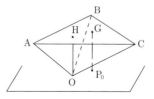

したがって

$$\begin{aligned}
\overrightarrow{\mathrm{OP_0}} &= \overrightarrow{\mathrm{OG}} + \overrightarrow{\mathrm{HO}} = \overrightarrow{\mathrm{OG}} - \overrightarrow{\mathrm{OH}} \\
&= \frac{\vec{a} + \vec{b} + \vec{c}}{3} - \left(\frac{2}{3}\vec{a} + \frac{\vec{b} + \vec{c}}{6}\right) \\
&= -\frac{1}{3}\vec{a} + \frac{1}{6}(\vec{b} + \vec{c})
\end{aligned}$$

を得る∎

2.30 小文字で各点の位置ベクトルを表わす．

条件より $n = 0, 1, 2, \cdots$ に対して

$$\left.\begin{array}{l}\overrightarrow{a_{n+1}} = \dfrac{1}{3}(\overrightarrow{b_n} + \overrightarrow{c_n} + \overrightarrow{d_n}), \quad \overrightarrow{b_{n+1}} = \dfrac{1}{3}(\overrightarrow{c_n} + \overrightarrow{d_n} + \overrightarrow{a_n}), \\ \overrightarrow{c_{n+1}} = \dfrac{1}{3}(\overrightarrow{d_n} + \overrightarrow{a_n} + \overrightarrow{b_n}), \quad \overrightarrow{d_{n+1}} = \dfrac{1}{3}(\overrightarrow{a_n} + \overrightarrow{b_n} + \overrightarrow{c_n})\end{array}\right\} \cdots ①$$

である．ただし $\overrightarrow{a_0}, \overrightarrow{b_0}, \overrightarrow{c_0}, \overrightarrow{d_0}$ はおのおの A, B, C, D の位置ベクトルとする．

(1) 線分 AA_1, BB_1, CC_1, DD_1 が点 P を共有するならば

$$\alpha \overrightarrow{a_0} + (1-\alpha)\frac{\overrightarrow{b_0} + \overrightarrow{c_0} + \overrightarrow{d_0}}{3} = \beta \overrightarrow{b_0} + (1-\beta)\frac{\overrightarrow{c_0} + \overrightarrow{d_0} + \overrightarrow{a_0}}{3}$$
$$= \gamma \overrightarrow{c_0} + (1-\gamma)\frac{\overrightarrow{d_0} + \overrightarrow{a_0} + \overrightarrow{b_0}}{3} = \delta \overrightarrow{d_0} + (1-\delta)\frac{\overrightarrow{a_0} + \overrightarrow{b_0} + \overrightarrow{c_0}}{3}$$

をみたす $\alpha, \beta, \gamma, \delta$ $(0 < \alpha, \beta, \gamma, \delta < 1)$ が存在しなければならないが，$\alpha = \beta = \gamma = \delta = \dfrac{1}{4}$ とおくと上式は成り立つ．また，このような点が2個以上存在するなら4本の線分が同一直線上にあることになって不合理である．したがってこのような点は1個しか存在しない．ゆえに4線分は $\dfrac{\overrightarrow{a_0} + \overrightarrow{b_0} + \overrightarrow{c_0} + \overrightarrow{d_0}}{4}$ で表わされる点 P を共有する∎

(2) P の位置ベクトルを $\overrightarrow{p}$ とする．① より

$$\overrightarrow{a_{n+1}} + \overrightarrow{b_{n+1}} + \overrightarrow{c_{n+1}} + \overrightarrow{d_{n+1}} = \overrightarrow{a_n} + \overrightarrow{b_n} + \overrightarrow{c_n} + \overrightarrow{d_n}$$
$$= \cdots = \overrightarrow{a_0} + \overrightarrow{b_0} + \overrightarrow{c_0} + \overrightarrow{d_0} = 4\overrightarrow{p}$$

が成り立つ．

したがって，$\overrightarrow{b_n} + \overrightarrow{c_n} + \overrightarrow{d_n} = 3\overrightarrow{a_{n+1}}$ を用いると $\overrightarrow{a_n} + 3\overrightarrow{a_{n+1}} = 4\overrightarrow{p}$ が得られる．これより

$$\overrightarrow{a_n} - \overrightarrow{p} = 3(\overrightarrow{p} - \overrightarrow{a_{n+1}}), \quad \text{つまり} \quad \overrightarrow{PA_n} = -3\overrightarrow{PA_{n+1}} \cdots ②$$

となるが，これは P, A_n, A_{n+1} が $n = 0, 1, 2, \cdots$ に対して同一直線上にあることを意味し，したがって主張は成り立つ∎

(3) ② より

$$\overrightarrow{PA_n} = -\frac{1}{3}\overrightarrow{PA_{n-1}} = \left(-\frac{1}{3}\right)^2 \overrightarrow{PA_{n-2}} = \cdots = \left(-\frac{1}{3}\right)^n \overrightarrow{PA_0} = \left(-\frac{1}{3}\right)^n \overrightarrow{PA}$$

となるので $|\overrightarrow{PA_n}| = \left|\left(-\dfrac{1}{3}\right)^n \overrightarrow{PA}\right| = \dfrac{1}{3^n}|\overrightarrow{PA}|$ が得られる∎

注意 (1)の等式において，$\overrightarrow{a_0}, \overrightarrow{b_0}, \overrightarrow{c_0}, \overrightarrow{d_0}$ の係数を比べて $\alpha = \beta = \gamma = \delta = \dfrac{1}{4}$ を導くことはできません．一般に $\overrightarrow{a_0}, \overrightarrow{b_0}, \overrightarrow{c_0}, \overrightarrow{d_0}$ は一次独立ではないからです．上の解答では，$\alpha = \beta = \gamma = \delta = \dfrac{1}{4}$ はいわば"にらんでみつけた"わけです．

この点をもっと必然性のともなうものにしたいならば，位置ベクトルの始点をたとえば A にとって議論するといいでしょう．このときは $\overrightarrow{a_0} = \overrightarrow{0}$ ですから，(1)の等式は

$$\frac{1-\alpha}{3}(\vec{b_0}+\vec{c_0}+\vec{d_0}) = \beta\vec{b_0} + \frac{1-\beta}{3}(\vec{c_0}+\vec{d_0})$$
$$= \gamma\vec{c_0} + \frac{1-\gamma}{3}(\vec{d_0}+\vec{b_0}) = \delta\vec{d_0} + \frac{1-\delta}{3}(\vec{b_0}+\vec{c_0})$$

となり，$\vec{b_0},\vec{c_0},\vec{d_0}$ は一次独立ですから係数を比べることで $\alpha=\beta=\gamma=\delta=\frac{1}{4}$ が導かれ，P の一意性も同時に保障されることになります．

(2), (3) は上の解答のように P を利用しなくても次のようにできます．

まず
$$\overrightarrow{A_{n+1}A_{n+2}} = \overrightarrow{a_{n+2}} - \overrightarrow{a_{n+1}} = \frac{1}{3}(\overrightarrow{b_{n+1}}+\overrightarrow{c_{n+1}}+\overrightarrow{d_{n+1}}) - \overrightarrow{a_{n+1}}$$
$$= \frac{1}{9}\{(\vec{c_n}+\vec{d_n}+\vec{a_n})+(\vec{d_n}+\vec{a_n}+\vec{b_n})+(\vec{a_n}+\vec{b_n}+\vec{c_n})\} - \overrightarrow{a_{n+1}}$$
$$= \frac{1}{3}\vec{a_n} + \frac{2}{9}(\vec{b_n}+\vec{c_n}+\vec{d_n}) - \overrightarrow{a_{n+1}}$$
$$= \frac{1}{3}\vec{a_n} + \frac{2}{9} \cdot 3\overrightarrow{a_{n+1}} - \overrightarrow{a_{n+1}}$$
$$= \frac{1}{3}(\vec{a_n} - \overrightarrow{a_{n+1}}) = -\frac{1}{3}\overrightarrow{A_nA_{n+1}}$$

より $A_nA_{n+1} \parallel A_{n+1}A_{n+2}$ $(n=0,1,2,\cdots)$，つまり (2) が導かれます．

次に上式より
$$\overrightarrow{a_{n+2}} - \overrightarrow{a_{n+1}} = -\frac{1}{3}\overrightarrow{a_{n+1}} + \frac{1}{3}\vec{a_n}, \quad \text{つまり} \quad \overrightarrow{a_{n+2}} = \frac{2}{3}\overrightarrow{a_{n+1}} + \frac{1}{3}\vec{a_n}$$

となりますが，これを，3 項漸化式を解く要領と同様に解いて (3) の結果が得られます．

あるいは
$$\overrightarrow{A_nA_{n+1}} = -\frac{1}{3}\overrightarrow{A_{n-1}A_n} = \cdots = \left(-\frac{1}{3}\right)^n \overrightarrow{A_0A_1}$$

より $\overrightarrow{PA_{n+1}} - \overrightarrow{PA_n} = \left(-\frac{1}{3}\right)^n \overrightarrow{A_0A_1}$ なので

$$\overrightarrow{PA_{n+1}} = \overrightarrow{PA_0} + \left\{1 + \left(-\frac{1}{3}\right) + \left(-\frac{1}{3}\right)^2 + \cdots + \left(-\frac{1}{3}\right)^n\right\}(\overrightarrow{PA_1} - \overrightarrow{PA_0})$$
$$= \overrightarrow{PA} + \frac{1-\left(-\frac{1}{3}\right)^{n+1}}{1+\frac{1}{3}}(\overrightarrow{PA_1} - \overrightarrow{PA})$$
$$= \overrightarrow{PA} + \frac{3}{4}\left\{1-\left(-\frac{1}{3}\right)^{n+1}\right\}\left(-\frac{1}{3}\overrightarrow{PA} - \overrightarrow{PA}\right)$$
$$= \left(-\frac{1}{3}\right)^{n+1}\overrightarrow{PA}$$

とすることもできます．ただし $\vec{a_1} = \frac{4\vec{p}-\vec{a}}{3}$ より $\overrightarrow{PA_1} = -\frac{1}{3}\overrightarrow{PA}$ であることを用いました．

2.31 (1) $\triangle ABC$ の重心を G, 外心を O', P から平面 ABC に下した垂線の足を K とする．OO', PK ともにこの平面に垂直なので $OO' \parallel PK$ である．また
$$\overrightarrow{OP} = \overrightarrow{OA} + \overrightarrow{OB} + \overrightarrow{OC} = 3\overrightarrow{OG}$$

より O, G, P は一直線上にあり
$$OG : GP = 1 : 2$$

である．

したがって O, O′, G, K, P は OO′ と PK でつくられる平面上にあって，△OO′G ∽ △PKG，かつ相似比は 1 : 2 であることが分る．

以上より $\mathrm{PK} = 2\,\mathrm{OO'} = 2d$ を得る ∎

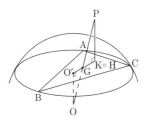

(2)　K = H であることを示せばよい．いいかえると，K が △ABC の垂心であること，つまり AK ⊥ BC, BK ⊥ CA を示せばよいことになる．

(1) より $\overrightarrow{\mathrm{PK}} = -2\,\overrightarrow{\mathrm{OO'}}$ なので

$$\begin{aligned}\overrightarrow{\mathrm{O'K}} &= \overrightarrow{\mathrm{O'O}} + \overrightarrow{\mathrm{OP}} + \overrightarrow{\mathrm{PK}} = -\overrightarrow{\mathrm{OO'}} + 3\overrightarrow{\mathrm{OG}} - 2\overrightarrow{\mathrm{OO'}} = 3\overrightarrow{\mathrm{O'G}}\\ &= \overrightarrow{\mathrm{O'A}} + \overrightarrow{\mathrm{O'B}} + \overrightarrow{\mathrm{O'C}}\end{aligned}$$

が成り立ち，さらに，O′ は △ABC の外心だから $|\overrightarrow{\mathrm{O'A}}| = |\overrightarrow{\mathrm{O'B}}| = |\overrightarrow{\mathrm{O'C}}|$ であることに注意すると

$$\begin{aligned}(\overrightarrow{\mathrm{AK}}, \overrightarrow{\mathrm{BC}}) &= (\overrightarrow{\mathrm{O'K}} - \overrightarrow{\mathrm{O'A}}, \overrightarrow{\mathrm{O'C}} - \overrightarrow{\mathrm{O'B}})\\ &= (\overrightarrow{\mathrm{O'C}} + \overrightarrow{\mathrm{O'B}}, \overrightarrow{\mathrm{O'C}} - \overrightarrow{\mathrm{O'B}}) = |\overrightarrow{\mathrm{O'C}}|^2 - |\overrightarrow{\mathrm{O'B}}|^2 = 0\end{aligned}$$

なので $\overrightarrow{\mathrm{AK}} \perp \overrightarrow{\mathrm{BC}}$ であり，$\overrightarrow{\mathrm{BK}} \perp \overrightarrow{\mathrm{CA}}$ も同様にいえる ∎

注意　一般に △ABC の外心，重心，垂心を O, G, H とすると

$$\overrightarrow{\mathrm{OH}} = \overrightarrow{\mathrm{OA}} + \overrightarrow{\mathrm{OB}} + \overrightarrow{\mathrm{OC}} = 3\overrightarrow{\mathrm{OG}}$$

が成り立つことが知られています．

ベクトルを利用する証明は，$\overrightarrow{\mathrm{OK}} = \overrightarrow{\mathrm{OA}} + \overrightarrow{\mathrm{OB}} + \overrightarrow{\mathrm{OC}}$ として，上の解答と同様に K = H を示すことでできます．

また，図形的な証明も可能で次の 2 つの証明を紹介しておきます．

(i)　右図で，AD は △ABC の外接円の直径，M は辺 AB の中点とします．

DB // CH (⊥ AB)，DC // BH (⊥ AC)

なので □BDCH は平行四辺形となりますから，BD = CH が成り立ちます．

他方，△AMO ∽ △ABD で，相似比は 1 : 2 ですから $\mathrm{OM} = \frac{1}{2}\mathrm{BD}$ であり，したがって $\mathrm{OM} = \frac{1}{2}\mathrm{HC}$ ですが，$\overrightarrow{\mathrm{OM}}$ と $\overrightarrow{\mathrm{HC}}$ は逆向きですから

$$\overrightarrow{\mathrm{OM}} = -\frac{1}{2}\overrightarrow{\mathrm{HC}} = \frac{1}{2}\overrightarrow{\mathrm{CH}}$$

となります．$\overrightarrow{\mathrm{OM}} = \frac{1}{2}(\overrightarrow{\mathrm{OA}} + \overrightarrow{\mathrm{OB}})$ を代入して $\overrightarrow{\mathrm{CH}} = \overrightarrow{\mathrm{OH}} - \overrightarrow{\mathrm{OC}}$ とすることで結論が得られます．

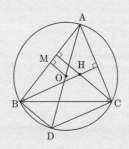

(ii)　次図のように

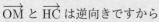

BC // B′C′，CA // C′A′，AB // A′B′

となるように △A'B'C' をつくります.

△ABC ∽ △A'B'C' で相似比が 1:2 であることは明らかでしょう. また, C, A, B がおのおのの辺 A'B', B'C', C'A' の中点であることも, △ABC ≡ △BAC' ≡ △A'CB ≡ △CB'A を示すことで容易にいえます.

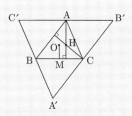

これと HC ⊥ AB ∥ A'B', つまり HC ⊥ A'B' により CH は辺 A'B' の垂直 2 等分線であることが分り, AH も同様に B'C' の垂直 2 等分線ですから H は △A'B'C' の外心です. したがって △ABC の O と辺 BC の中点 M が △A'B'C' の H と A に対応するので $\overrightarrow{HA} = -2\overrightarrow{OM}$ が成り立ち, これから結論が得られます.

2.32 (1) 条件より
$$\overrightarrow{OP} = \alpha\overrightarrow{OA} + \beta\overrightarrow{OB} + \gamma\overrightarrow{OC}$$
$$= s\overrightarrow{OL} + t\overrightarrow{OM} + u\overrightarrow{ON}$$
$$= s\ell\overrightarrow{OA} + tm\overrightarrow{OB} + un\overrightarrow{OC}$$

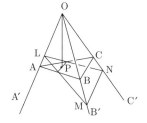

とおく. ただし $s+t+u=1$ である. $\overrightarrow{OA}, \overrightarrow{OB}, \overrightarrow{OC}$ は一次独立なので
$$\alpha = s\ell, \quad \beta = tm, \quad \gamma = un$$
である. $\ell > 0, m > 0, n > 0$ だから $s = \frac{\alpha}{\ell}, t = \frac{\beta}{m}, u = \frac{\gamma}{n}$ となり, これを $s+t+u=1$ に代入して
$$\frac{\alpha}{\ell} + \frac{\beta}{m} + \frac{\gamma}{n} = 1$$
が得られる∎

(2) $\alpha, \beta, \gamma, \ell, m, n$ はすべて正である. したがって, (1) の結果, および相加平均と相乗平均の大小関係を用いると
$$1 = \frac{\alpha}{\ell} + \frac{\beta}{m} + \frac{\gamma}{n} \geq 3\left(\frac{\alpha\beta\gamma}{\ell mn}\right)^{\frac{1}{3}}, \quad \text{つまり} \quad \ell mn \geq 27\alpha\beta\gamma$$
が得られる. したがって
$$V = \ell mn V_0 \geq 27\alpha\beta\gamma V_0$$
が成り立ち, 等号は $\frac{\alpha}{\ell} = \frac{\beta}{m} = \frac{\gamma}{n} = \frac{1}{3}$, つまり $\ell = 3\alpha, m = 3\beta, n = 3\gamma$ のときに成り立つ.

以上より, V の最小値を V_m とすると $V_m = 27\alpha\beta\gamma V_0$ である∎

(3) $\alpha + \beta + \gamma = 1$ より $1 = \alpha + \beta + \gamma \geq 3(\alpha\beta\gamma)^{\frac{1}{3}}$, つまり $\alpha\beta\gamma \leq \frac{1}{27}$ が成り立つ. したがって
$$V_m = 27\alpha\beta\gamma V_0 \leq 27 \cdot \frac{1}{27} V_0 = V_0$$
となり, 等号は $\alpha = \beta = \gamma = \frac{1}{3}$ のときに成り立つ.

このとき, 点 P は △ABC の重心の位置にあることが分る∎

注意 (2) では 2.16 (1) の結果を用いています.

2.33 (1) 求める条件は $p>0$, $q>0$, $r>0$, $p+q+r<1$ である ∎

(2) 条件を
$$\overrightarrow{PQ} = (p+q+r)\frac{p\overrightarrow{PA} + (q+r)\dfrac{q\overrightarrow{PB} + r\overrightarrow{PC}}{q+r}}{p+q+r}$$

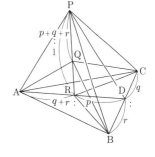

と変形し，辺 BC を $r:q$ に内分する点を D，線分 AD を $(q+r):p$ に内分する点を R とおくと
$$\overrightarrow{PQ} = (p+q+r)\frac{p\overrightarrow{PA} + (q+r)\overrightarrow{PD}}{p+(q+r)}$$
$$= (p+q+r)\overrightarrow{PR}$$
である.

よって $PR:QR = 1:\{1-(p+q+r)\}$ となるので，四面体 PABC の体積を V_0 とすると
$$V_Q = \{1-(p+q+r)\}V_0$$
となる.

次に，四面体 QPBC, RPBC, APBC の体積の比は，△PBC を底面とみなしたときの高さの比に等しいから
$$V_A = \frac{PQ}{PR} \cdot 四面体 RPBC = \frac{PQ}{PR} \cdot \frac{RD}{AD} \cdot 四面体 APBC$$
$$= (p+q+r) \cdot \frac{p}{p+(q+r)}V_0 = pV_0$$
が得られる．同様に
$$V_B = \frac{PQ}{PR} \cdot 四面体 RPAC = \frac{PQ}{PR} \cdot \frac{AR}{AD} \cdot 四面体 DPAC$$
$$= \frac{PQ}{PR} \cdot \frac{AR}{AD} \cdot \frac{DC}{BC} \cdot 四面体 BPAC$$
$$= (p+q+r) \cdot \frac{q+r}{(q+r)+p} \cdot \frac{q}{q+r}V_0 = qV_0$$
であり，さらに $V_C = rV_0$ も同様に導かれる.

したがって $V_A:V_B:V_C:V_Q = p:q:r:\{1-(p+q+r)\}$ が得られる ∎

注意 (1) を簡単に説明しておきましょう.

Q が四面体 PABC の内部にあることは，△ABC の内部の適当な点 R に対して，線分 PR (端を除く) 上に Q があることを意味します．AR の R 方向の延長は辺 BC と交点をもちますから，それを D とし
$$BD:DC = \alpha:(1-\alpha), \quad AR:RD = \beta:(1-\beta), \quad PQ:QR = \gamma:(1-\gamma)$$
とおくと
$$\overrightarrow{PQ} = \gamma\overrightarrow{PR} = \gamma\{(1-\beta)\overrightarrow{PA} + \beta\overrightarrow{PD}\}$$

$$= \gamma(1-\beta)\overrightarrow{PA} + \gamma\beta\{(1-\alpha)\overrightarrow{PB} + \alpha\overrightarrow{PC}\}$$
$$= \gamma(1-\beta)\overrightarrow{PA} + \gamma\beta(1-\alpha)\overrightarrow{PB} + \gamma\beta\alpha\overrightarrow{PC}$$

となります．そこで
$$\gamma(1-\beta) = p, \ \gamma\beta(1-\alpha) = q, \ \gamma\beta\alpha = r$$
とおきます．

$0<\alpha<1,\ 0<\beta<1,\ 0<\gamma<1$ と $p+q+r = \gamma$ に注意すると，上式は
$$\alpha = \frac{r}{q+r},\ \beta = \frac{q+r}{p+q+r},\ \gamma = p+q+r$$
と同値であり，これらを $0<\alpha<1,\ 0<\beta<1,\ 0<\gamma<1$ に代入してまとめることで結論が得られます．

2.34 (1) $\vec{a}+\vec{b}+\vec{c}+\vec{d}=\vec{0}$ より
$$\vec{b}+\vec{c} = -(\vec{a}+\vec{d}),\ \vec{d} = -(\vec{a}+\vec{b}+\vec{c})$$
であることに注意すると
$$|\vec{a}|^2 + |\vec{c}|^2 = |\vec{b}|^2 + |\vec{d}|^2$$
$$\Leftrightarrow |\vec{b}|^2 + |-\vec{a}-\vec{b}-\vec{c}|^2 - |\vec{a}|^2 - |\vec{c}|^2 = 0$$
$$\Leftrightarrow |\vec{b}|^2 + (\vec{a},\vec{b}) + (\vec{b},\vec{c}) + (\vec{c},\vec{a}) = 0$$
$$\Leftrightarrow (\vec{b}+\vec{a},\vec{b}+\vec{c}) = 0$$
$$\Leftrightarrow (\vec{b}+\vec{a},-\vec{a}-\vec{d}) = 0$$
$$\Leftrightarrow (\vec{a}+\vec{b},\vec{a}+\vec{d}) = 0$$
であるから主張は成り立つ ∎

(2) $\overrightarrow{DA} = \vec{a},\ \overrightarrow{AB} = \vec{b},\ \overrightarrow{BC} = \vec{c},\ \overrightarrow{CD} = \vec{d}$ とおくと
$$\vec{a}+\vec{b}+\vec{c}+\vec{d} = \vec{0},\ \vec{a}+\vec{b} = \overrightarrow{DB} \neq \vec{0},\ \vec{a}+\vec{d} = \overrightarrow{CA} \neq \vec{0}$$
である．

また，$\overrightarrow{DB} = \vec{a}+\vec{b},\ \overrightarrow{AC} = \vec{b}+\vec{c} = -(\vec{a}+\vec{d})$ なので，(1) により AC⊥BD は
$$|\vec{a}|^2 + |\vec{c}|^2 = |\vec{b}|^2 + |\vec{d}|^2,\ \text{つまり}\ AD^2 + BC^2 = AB^2 + CD^2$$
と同値であるが，条件よりこれはさらに
$$A'D'^2 + B'C'^2 = A'B'^2 + C'D'^2,\ \text{つまり}\ |\vec{a'}|^2 + |\vec{c'}|^2 = |\vec{b'}|^2 + |\vec{d'}|^2$$
が成り立つことを意味する．ただし，$\vec{a'} = \overrightarrow{D'A'},\ \vec{b'} = \overrightarrow{A'B'},\ \vec{c'} = \overrightarrow{B'C'},\ \vec{d'} = \overrightarrow{C'D'}$ である．$\vec{a'},\vec{b'},\vec{c'},\vec{d'}$ も $\vec{a},\vec{b},\vec{c},\vec{d}$ と同様に
$$\vec{a'}+\vec{b'}+\vec{c'}+\vec{d'} = \vec{0},\ \vec{a'}+\vec{b'} \neq \vec{0},\ \vec{a'}+\vec{d'} \neq \vec{0}$$
をみたすから，再び (1) の結果より
$$\vec{a'}+\vec{b'} \perp \vec{a'}+\vec{d'},\ \text{つまり}\ \overrightarrow{D'B'} \perp \overrightarrow{C'A'}$$
が成り立つ ∎

2.35 (1) 3線分が1点 G で交わるならば

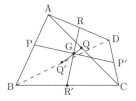

$$\overrightarrow{\mathrm{DG}} = (1-\alpha)\frac{\overrightarrow{\mathrm{DA}}}{2} + \alpha\frac{\overrightarrow{\mathrm{DB}} + \overrightarrow{\mathrm{DC}}}{2}$$

$$= (1-\beta)\frac{\overrightarrow{\mathrm{DB}}}{2} + \beta\frac{\overrightarrow{\mathrm{DC}} + \overrightarrow{\mathrm{DA}}}{2}$$

$$= (1-\gamma)\frac{\overrightarrow{\mathrm{DC}}}{2} + \gamma\frac{\overrightarrow{\mathrm{DA}} + \overrightarrow{\mathrm{DB}}}{2}$$

をみたす $\alpha, \beta, \gamma\ (0<\alpha, \beta, \gamma<1)$ が存在するが，$\overrightarrow{\mathrm{DA}}, \overrightarrow{\mathrm{DB}}, \overrightarrow{\mathrm{DC}}$ は一次独立なので，上式は

$$\frac{1-\alpha}{2} = \frac{\beta}{2} = \frac{\gamma}{2},\quad \frac{\alpha}{2} = \frac{1-\beta}{2} = \frac{\gamma}{2},\quad \frac{\alpha}{2} = \frac{\beta}{2} = \frac{1-\gamma}{2}$$

と同値で，これは $\alpha = \beta = \gamma = \frac{1}{2}$ のとき，かつ，このときに限り成立する．

したがって問題の 3 線分は $\overrightarrow{\mathrm{DG}} = \frac{1}{4}(\overrightarrow{\mathrm{DA}} + \overrightarrow{\mathrm{DB}} + \overrightarrow{\mathrm{DC}})$ で表わされる点 G を共有する∎

(2) $\overrightarrow{\mathrm{OA}} = \vec{a}$, $\overrightarrow{\mathrm{OB}} = \vec{b}$, $\cdots$ と表わすことにする．$\overrightarrow{\mathrm{DG}} = \frac{1}{4}(\overrightarrow{\mathrm{DA}} + \overrightarrow{\mathrm{DB}} + \overrightarrow{\mathrm{DC}})$ を O を始点にして書き直すと $\overrightarrow{\mathrm{OG}} = \vec{g} = \frac{1}{4}(\vec{a} + \vec{b} + \vec{c} + \vec{d})$ となる．

したがって

$$\overrightarrow{\mathrm{PH}} = \overrightarrow{\mathrm{OH}} - \overrightarrow{\mathrm{OP}} = 2\overrightarrow{\mathrm{OG}} - \overrightarrow{\mathrm{OP}}$$

$$= \frac{1}{2}(\vec{a} + \vec{b} + \vec{c} + \vec{d}) - \frac{\vec{a} + \vec{b}}{2} = \frac{\vec{c} + \vec{d}}{2}$$

であるから，$|\vec{c}| = |\vec{d}|\ (=|\vec{a}| = |\vec{b}|)$ を用いると

$$(\overrightarrow{\mathrm{PH}}, \overrightarrow{\mathrm{CD}}) = \left(\frac{\vec{d} + \vec{c}}{2}, \vec{d} - \vec{c}\right) = \frac{1}{2}(|\vec{d}|^2 - |\vec{c}|^2) = 0$$

となる．したがって主張は成り立つ∎

2.36 (1) まず，O は外接球の中心だから
$$|\overrightarrow{\mathrm{OA}}| = |\overrightarrow{\mathrm{OB}}| = |\overrightarrow{\mathrm{OC}}| = |\overrightarrow{\mathrm{OD}}| \cdots ①$$

である．

DA⊥BC, DB⊥CA より $(\overrightarrow{\mathrm{DA}}, \overrightarrow{\mathrm{DC}} - \overrightarrow{\mathrm{DB}}) = (\overrightarrow{\mathrm{DB}}, \overrightarrow{\mathrm{DC}} - \overrightarrow{\mathrm{DA}}) = 0$, つまり
$$(\overrightarrow{\mathrm{DA}}, \overrightarrow{\mathrm{DB}}) = (\overrightarrow{\mathrm{DB}}, \overrightarrow{\mathrm{DC}}) = (\overrightarrow{\mathrm{DC}}, \overrightarrow{\mathrm{DA}})$$

が成り立つ．したがってさらに
$$(\overrightarrow{\mathrm{DC}}, \overrightarrow{\mathrm{AB}}) = (\overrightarrow{\mathrm{DC}}, \overrightarrow{\mathrm{DB}} - \overrightarrow{\mathrm{DA}}) = (\overrightarrow{\mathrm{DC}}, \overrightarrow{\mathrm{DB}}) - (\overrightarrow{\mathrm{DC}}, \overrightarrow{\mathrm{DA}}) = 0$$

となる．$(\overrightarrow{\mathrm{DA}}, \overrightarrow{\mathrm{BC}})$, $(\overrightarrow{\mathrm{DB}}, \overrightarrow{\mathrm{CA}})$ についても同様で，よって
$$(\overrightarrow{\mathrm{DA}}, \overrightarrow{\mathrm{BC}}) = (\overrightarrow{\mathrm{DB}}, \overrightarrow{\mathrm{CA}}) = (\overrightarrow{\mathrm{DC}}, \overrightarrow{\mathrm{AB}}) = 0 \cdots ②$$

が成り立つ．さて，①,② を用いると

$$(\overrightarrow{\mathrm{AH}}, \overrightarrow{\mathrm{DB}}) = (\overrightarrow{\mathrm{OH}} - \overrightarrow{\mathrm{OA}}, \overrightarrow{\mathrm{OB}} - \overrightarrow{\mathrm{OD}})$$

$$= \frac{1}{2}(\overrightarrow{\mathrm{OB}} + \overrightarrow{\mathrm{OC}} + \overrightarrow{\mathrm{OD}} - \overrightarrow{\mathrm{OA}}, \overrightarrow{\mathrm{OB}} - \overrightarrow{\mathrm{OD}})$$

$$= \frac{1}{2}\{(\overrightarrow{\mathrm{OB}} + \overrightarrow{\mathrm{OD}}, \overrightarrow{\mathrm{OB}} - \overrightarrow{\mathrm{OD}}) + (\overrightarrow{\mathrm{OC}} - \overrightarrow{\mathrm{OA}}, \overrightarrow{\mathrm{OB}} - \overrightarrow{\mathrm{OD}})\}$$

$$= \frac{1}{2}\{|\overrightarrow{\mathrm{OB}}|^2 - |\overrightarrow{\mathrm{OD}}|^2 - (\overrightarrow{\mathrm{DB}}, \overrightarrow{\mathrm{CA}})\} = 0,$$

$$(\overrightarrow{AH}, \overrightarrow{DC}) = \tfrac{1}{2}(\overrightarrow{OB} + \overrightarrow{OC} + \overrightarrow{OD} - \overrightarrow{OA}, \overrightarrow{OC} - \overrightarrow{OD})$$
$$= \tfrac{1}{2}\{(\overrightarrow{OC} + \overrightarrow{OD}, \overrightarrow{OC} - \overrightarrow{OD}) + (\overrightarrow{OB} - \overrightarrow{OA}, \overrightarrow{OC} - \overrightarrow{OD})\}$$
$$= \tfrac{1}{2}\{|\overrightarrow{OC}|^2 - |\overrightarrow{OD}|^2 + (\overrightarrow{DC}, \overrightarrow{AB})\} = 0$$

となるので，$\overrightarrow{AH} \perp \overrightarrow{DB}$, $\overrightarrow{AH} \perp \overrightarrow{DC}$ であり，$\overrightarrow{DB} \not\parallel \overrightarrow{DC}$ であるから AH⊥平面 BCD であることが分る．

BH⊥平面 CDA, CH⊥平面 DAB も ①, ② を用いて上と同様に示される ∎

(2) 条件より
$$(\overrightarrow{DK} - \overrightarrow{DA}, \overrightarrow{DB}) = (\overrightarrow{DK} - \overrightarrow{DA}, \overrightarrow{DC}) = 0,$$
$$(\overrightarrow{DK} - \overrightarrow{DB}, \overrightarrow{DC}) = (\overrightarrow{DK} - \overrightarrow{DB}, \overrightarrow{DA}) = 0,$$
$$(\overrightarrow{DK} - \overrightarrow{DC}, \overrightarrow{DA}) = (\overrightarrow{DK} - \overrightarrow{DC}, \overrightarrow{DB}) = 0$$

であり，これらをまとめると
$$(\overrightarrow{DK}, \overrightarrow{DA}) = (\overrightarrow{DK}, \overrightarrow{DB}) = (\overrightarrow{DK}, \overrightarrow{DC})$$
$$= (\overrightarrow{DA}, \overrightarrow{DB}) = (\overrightarrow{DB}, \overrightarrow{DC}) = (\overrightarrow{DC}, \overrightarrow{DA}) \cdots ③$$

となる．③ より $(\overrightarrow{DA}, \overrightarrow{DC} - \overrightarrow{DB}) = 0$, $(\overrightarrow{DB}, \overrightarrow{DA} - \overrightarrow{DC}) = 0$, つまり $(\overrightarrow{DA}, \overrightarrow{BC}) = 0$, $(\overrightarrow{DB}, \overrightarrow{CA}) = 0$ が得られ，したがって DA⊥BC, DB⊥CA が成り立つ ∎

上と同様に DC⊥AB も ③ からいえるので ② が成り立ち，① はもとより成り立つ．

また，③ の $(\overrightarrow{DK}, \overrightarrow{DA}) = (\overrightarrow{DB}, \overrightarrow{DA})$ より
$$(\overrightarrow{OK} - \overrightarrow{OD}, \overrightarrow{DA}) - (\overrightarrow{DB}, \overrightarrow{DA}) = (\overrightarrow{OK}, \overrightarrow{DA}) - \{(\overrightarrow{OD}, \overrightarrow{DA}) + (\overrightarrow{DB}, \overrightarrow{DA})\}$$
$$= (\overrightarrow{OK}, \overrightarrow{DA}) - (\overrightarrow{OB}, \overrightarrow{DA}) = 0$$

つまり
$$(\overrightarrow{OK}, \overrightarrow{DA}) = (\overrightarrow{OB}, \overrightarrow{DA}) \cdots ④$$

が得られる．

④，および ①, ② を用いると
$$(\overrightarrow{KH}, \overrightarrow{DA}) = (\overrightarrow{OH} - \overrightarrow{OK}, \overrightarrow{DA}) = (\overrightarrow{OH}, \overrightarrow{DA}) - (\overrightarrow{OK}, \overrightarrow{DA})$$
$$= (\overrightarrow{OH}, \overrightarrow{DA}) - (\overrightarrow{OB}, \overrightarrow{DA}) = (\overrightarrow{OH} - \overrightarrow{OB}, \overrightarrow{DA})$$
$$= \left(\frac{\overrightarrow{OA} - \overrightarrow{OB} + \overrightarrow{OC} + \overrightarrow{OD}}{2}, \overrightarrow{OA} - \overrightarrow{OD}\right)$$
$$= \tfrac{1}{2}\{(\overrightarrow{OA} + \overrightarrow{OD}, \overrightarrow{OA} - \overrightarrow{OD}) + (\overrightarrow{OC} - \overrightarrow{OB}, \overrightarrow{OA} - \overrightarrow{OD})\}$$
$$= \tfrac{1}{2}\{|\overrightarrow{OA}|^2 - |\overrightarrow{OD}|^2 + (\overrightarrow{DA}, \overrightarrow{BC})\} = 0$$

が得られる．

④ を導いたときと同様に ③ から
$$(\overrightarrow{OK}, \overrightarrow{DB}) = (\overrightarrow{OC}, \overrightarrow{DB}), \quad (\overrightarrow{OK}, \overrightarrow{DC}) = (\overrightarrow{OA}, \overrightarrow{DC})$$

が示され，これらと ①, ② を用いると，上と同様にして
$$(\overrightarrow{KH}, \overrightarrow{DB}) = 0, \quad (\overrightarrow{KH}, \overrightarrow{DC}) = 0$$

が得られる．

これらは，$\overrightarrow{\mathrm{KH}}$ が，一次独立なベクトル $\overrightarrow{\mathrm{DA}}, \overrightarrow{\mathrm{DB}}, \overrightarrow{\mathrm{DC}}$ と直交することを示しており，$\overrightarrow{\mathrm{KH}} = \vec{0}$ が成り立つことを意味する．したがって K = H である■

次に
$$\overrightarrow{\mathrm{OA}} = \vec{a}, \ \overrightarrow{\mathrm{OB}} = \vec{b}, \ \overrightarrow{\mathrm{OC}} = \vec{c}, \ \overrightarrow{\mathrm{OD}} = \vec{d}, \ |\vec{a}| = |\vec{b}| = |\vec{c}| = |\vec{d}| = R$$
とおく．K が存在するので ② が成り立ち，これより
$$(\vec{a} - \vec{d}, \vec{b} - \vec{c}) = (\vec{b} - \vec{d}, \vec{c} - \vec{a}) = (\vec{c} - \vec{d}, \vec{a} - \vec{b}) = 0$$
つまり
$$(\vec{a}, \vec{b}) + (\vec{c}, \vec{d}) = (\vec{a}, \vec{c}) + (\vec{b}, \vec{d}) = (\vec{a}, \vec{d}) + (\vec{b}, \vec{c}) \cdots ⑤$$
が得られる．

さて，G = H = K より $\frac{1}{4}(\vec{a} + \vec{b} + \vec{c} + \vec{d}) = \frac{1}{2}(\vec{a} + \vec{b} + \vec{c} + \vec{d})$ であり，よって $\vec{a} + \vec{b} + \vec{c} + \vec{d} = \vec{0}$ となる．これと，$\vec{a}, \vec{b}, \vec{c}, \vec{d}$ との内積をとることで
$$(\vec{a}, \vec{b}) + (\vec{a}, \vec{c}) + (\vec{a}, \vec{d})$$
$$= (\vec{b}, \vec{a}) + (\vec{b}, \vec{c}) + (\vec{b}, \vec{d}) = (\vec{c}, \vec{a}) + (\vec{c}, \vec{b}) + (\vec{c}, \vec{d})$$
$$= (\vec{d}, \vec{a}) + (\vec{d}, \vec{b}) + (\vec{d}, \vec{c}) = -R^2 \cdots ⑥$$
を得る．さらに $\vec{d} = -(\vec{a} + \vec{b} + \vec{c})$ より
$$R^2 = |\vec{d}|^2 = |-(\vec{a} + \vec{b} + \vec{c})|^2$$
$$= 3R^2 + 2\{(\vec{a}, \vec{b}) + (\vec{b}, \vec{c}) + (\vec{c}, \vec{a})\}$$
となり，よって
$$(\vec{a}, \vec{b}) + (\vec{b}, \vec{c}) + (\vec{c}, \vec{a}) = -R^2 \cdots ⑦$$
であり，まったく同様に
$$(\vec{a}, \vec{b}) + (\vec{b}, \vec{d}) + (\vec{d}, \vec{a})$$
$$= (\vec{a}, \vec{c}) + (\vec{c}, \vec{d}) + (\vec{d}, \vec{a})$$
$$= (\vec{b}, \vec{c}) + (\vec{c}, \vec{d}) + (\vec{d}, \vec{b}) = -R^2 \cdots ⑧$$
が成り立つ．

⑥,⑦,⑧ の適当な組から
$$(\vec{a}, \vec{b}) = (\vec{c}, \vec{d}), \ (\vec{a}, \vec{c}) = (\vec{b}, \vec{d}), \ (\vec{b}, \vec{c}) = (\vec{a}, \vec{d})$$
が示される．これと ⑤ よりこれら 6 個の内積はすべて同じ値であることが分り，その値は ⑥, あるいは ⑦,⑧ より $-\frac{1}{3}R^2$ である．

以上を念頭において，A,B,C,D の任意の 2 つを X,Y で表わすと
$$|\overrightarrow{\mathrm{XY}}|^2 = |\overrightarrow{\mathrm{OY}} - \overrightarrow{\mathrm{OX}}|^2 = |\overrightarrow{\mathrm{OY}}|^2 + |\overrightarrow{\mathrm{OX}}|^2 - 2(\overrightarrow{\mathrm{OX}}, \overrightarrow{\mathrm{OY}})$$
$$= R^2 + R^2 - 2\left(-\frac{1}{3}R^2\right) = \frac{8}{3}R^2$$
となり，四面体 ABCD の 6 辺の長さはすべて $\sqrt{\frac{8}{3}}R$ である．

したがって四面体 ABCD は正四面体である■

注意 (1)の解答で示したように，DA⊥BC, DB⊥CA ならば DC⊥AB もいえます．また，AH⊥平面 BCD, BH⊥平面 CDA, CH⊥平面 DAB ならば DH⊥平面 ABC も成り立ちます．これは，③の K を H に代えた式から容易に証明できます．

(2) の K が存在するとき，K を四面体 ABCD の垂心といいます．四面体の場合，三角形の場合と違って垂心は無条件に存在するわけではありません．本問から分るように，垂心が存在するための必要十分条件は 3 組の対辺同士が垂直であることです．もちろん実際には 2 組の対辺が垂直であればよいわけです．

$K = H$ の証明では，$\overrightarrow{KH} = \vec{0}$ を示すために次の事実，すなわち，$\vec{a}, \vec{b}, \vec{c}$ が一次独立のとき，$(\vec{a}, \vec{x}) = (\vec{b}, \vec{x}) = (\vec{c}, \vec{x}) = \vec{0}$ ならば $\vec{x} = \vec{0}$ が成り立つことを用いました．図形的に考えればこれはほぼ明らかですが，各自証明してみてください．

なお，(2) の最後では，H = G からすぐに結論を導くことはできません．K が存在し，したがって K = H であること，つまり⑤が必要です．

2.37 (1) ℓ_1, ℓ_2, ℓ_3 を含む平面が存在するならば，それは，ℓ_1, ℓ_2, ℓ_3 上の点 $(2, 3, 4)$, $(3, 4, 2)$, $(4, 2, 3)$ を含むもの，つまり $x + y + z = 9$ である．逆にこれが ℓ_1, ℓ_2, ℓ_3 を含むためには

$$\begin{pmatrix} 1 \\ 1 \\ 1 \end{pmatrix} \perp \begin{pmatrix} 3 \\ -5 \\ 2 \end{pmatrix}, \quad \begin{pmatrix} 1 \\ 1 \\ 1 \end{pmatrix} \perp \begin{pmatrix} a^3 \\ -2a \\ 1 \end{pmatrix}, \quad \begin{pmatrix} 1 \\ 1 \\ 1 \end{pmatrix} \perp \begin{pmatrix} -2a^2 \\ 1 \\ a^3 \end{pmatrix}$$

でなければならない．

第 1 式は成り立つ．第 2, 3 式は $a^3 - 2a + 1 = 0, -2a^2 + 1 + a^3 = 0$, つまり $(a-1)(a^2 + a - 1) = 0, (a-1)(a^2 - a - 1) = 0$ となり，両者をみたす a として $a = 1$ が得られる ■

(2) $\begin{pmatrix} 1 \\ 1 \\ 1 \end{pmatrix} = \vec{n}, \begin{pmatrix} 0 \\ 0 \\ 1 \end{pmatrix} = \vec{m}$ とおくと $\cos\theta = \dfrac{|(\vec{\ell}, \vec{m})|}{|\vec{\ell}||\vec{m}|} = \dfrac{1}{\sqrt{3}}$ である．

したがって，$0 \leq \theta \leq \dfrac{\pi}{2}$ に注意して $\sin\theta = \sqrt{1 - \dfrac{1}{3}} = \sqrt{\dfrac{2}{3}}$ が得られるから

$$\tan 2\theta = \frac{\sin 2\theta}{\cos 2\theta} = \frac{2\sin\theta \cos\theta}{2\cos^2\theta - 1} = \frac{2\sqrt{\dfrac{2}{3}}\dfrac{1}{\sqrt{3}}}{\dfrac{2}{3} - 1} = -2\sqrt{2}$$

である ■

注意 この問題を正面から，たとえば，ℓ_1, ℓ_2 を含む平面を求めて，その上に ℓ_3 が存在するための条件を求める，といった考え方から解こうとすると，方法によっては a について高次の方程式が現れて解きにくくなることがあります．多少の工夫が必要でしょう．

2.38 問題の直線を ℓ とし，ℓ と ℓ_1, ℓ_2 との交点をそれぞれ $(s+1, s+2, -s+3)$, $(3t -$

$1, -3t-2, t-3$) とおく. $\ell \perp \ell_1$, $\ell \perp \ell_2$ だから

$$\begin{pmatrix} s-3t+2 \\ s+3t+4 \\ -s-t+6 \end{pmatrix} \perp \begin{pmatrix} 1 \\ 1 \\ -1 \end{pmatrix}, \begin{pmatrix} 3 \\ -3 \\ 1 \end{pmatrix}$$

より $s-3t+2+s+3t+4+s+t-6=0$, $3(s-3t+2)-3(s+3t+4)+(-s-t+6)=0$ であり,これより $s=t=0$ となる.したがって交点は $(1,2,3)$ と $(-1,-2,-3)$ となるから,ℓ の方程式は $x=\dfrac{y}{2}=\dfrac{z}{3}$ である.

ℓ と ℓ_3 が直交することが問題の条件で,それは

$$\begin{pmatrix} 1 \\ 2 \\ 3 \end{pmatrix} \perp \begin{pmatrix} a \\ 1 \\ 1 \end{pmatrix}, \quad \text{かつ} \quad \dfrac{u-2}{a}=2u-4=3u-b \text{ なる } u \text{ が存在すること}$$

である.前者より $a=-5$ が得られ,このとき後者は $u-2=-10u+20=-15u+5b$ となり,これより $u=2$, $b=6$ となる.

したがって $a=-5$, $b=6$ を得る∎

2.39 ℓ, m はそれぞれ $y=z=0$, $x=y=1-z$ で表わされるから,n と ℓ, m との交点をおのおの $(\alpha, 0, 0)$, $(\beta, \beta, 1-\beta)$ で表わすと,n のベクトル表示は γ をパラメータとして

$$\begin{pmatrix} \alpha \\ 0 \\ 0 \end{pmatrix} + \gamma \begin{pmatrix} \beta-\alpha \\ \beta \\ 1-\beta \end{pmatrix}$$

である.したがって問題の条件は,n が P を通るようにできること,つまり

$$\alpha+\gamma(\beta-\alpha)=1-t \cdots ①, \quad \gamma\beta=-t \cdots ②, \quad \gamma(1-\beta)=1-t \cdots ③$$

をみたす α, β, γ が存在することに他ならない.①,③ の $\gamma\beta$ を ② を用いて $-t$ でおきかえて整理すると

$$①, ②, ③ \Leftrightarrow 2t\alpha=1, \ (2t-1)\beta=t, \ \gamma=1-2t$$

となり,これらをみたす α, β, γ が存在する条件として $t \neq 0, \dfrac{1}{2}$ が得られる∎

さらにこのとき,上式より $\alpha=\dfrac{1}{2t}$, $\beta=\dfrac{t}{2t-1}$ となり,n は

$$\begin{pmatrix} \dfrac{1}{2t} \\ 0 \\ 0 \end{pmatrix} + \gamma \begin{pmatrix} \dfrac{t}{2t-1}-\dfrac{1}{2t} \\ \dfrac{t}{2t-1} \\ 1-\dfrac{t}{2t-1} \end{pmatrix}$$

で表わされる.

これより n の方程式として $\dfrac{2tx-1}{2t^2-2t+1}=\dfrac{y}{t}=\dfrac{z}{t-1}$ が得られる∎

注意 $t \neq 0$, $t \neq \dfrac{1}{2}$ という条件は,図形的には次のような場合に対応します.P は ℓ 上にないことに注意すると P と ℓ を含む平面は P ごとに決まるので,それを π_P とし

ましょう．

まず，$\pi_P \mathbin{/\mkern-6mu/} m$ のとき，π_P は P と ℓ 上の点を結んだ直線全体と P を通り ℓ に平行な直線でつくられる平面だからこれらの直線が m と交わることはないので n は存在しません．これが $t = \dfrac{1}{2}$ の場合に対応しています．

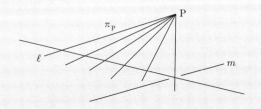 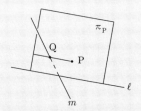

$\pi_P \not\mathbin{/\mkern-6mu/} m$ のとき，π_P と m との交点を Q としましょう．$PQ \mathbin{/\mkern-6mu/} \ell$ ならば n は存在しません．これが $t = 0$ の場合に対応し，これは，P と m を含む平面が ℓ に平行になっている場合でもあります．

なお $t = 1$ のときの n は，もちろん，$z = 0, y = 2x - 1$ で与えられます．

2.40 $x + y - 2z = -7a$ と $4x - 2y + z = 2a$ より $y = 3x + a$, $z = 2x + 4a$ となり，この連立方程式が α, β の交線を与える．この交線上の任意の点は $(t, 3t+a, 2t+4a)$ で表わされ，これを γ の方程式 $a^3 x - ay + z = a^3 - 4$ に代入してまとめると
$$(a-1)^2(a+2)t = (a+1)(a-2)(a+2) \cdots ①$$
が得られる．これは α, β, γ が共有する点を決定する方程式である．

(1) 任意の t に対して ① が成り立つ条件を求めればよい．

よって $(a-1)^2(a+2) = 0$, $(a+1)(a-2)(a+2) = 0$ より $a = -2$ を得る∎

(2) ① がただ 1 つの解をもつための条件を求めればよい．

それは $(a-1)^2(a+2) \neq 0$，つまり $a \neq 1$, $a \neq -2$ である∎

(3) ① をみたす t が存在しない条件，つまり
$$(a-1)^2(a+2) = 0, \quad (a+1)(a-2)(a+2) \neq 0$$
が求めるもので，したがって $a = 1$ を得る∎

注意 空間図形の問題の形をしていても，本質的には一次方程式 $ax + b = 0$ の解の性質に関する問題です．よく復習しておくことが大切です．

上の解答よりもやや面倒ですが (1) は次のように考えることもできます．

(1) の場合，α, β, γ は右図のようになっています．α, β の交線を含む平面で β 以外のものは $x + y - 2z + 7a + \lambda(4x - 2y + z - 2a) = 0$ で表わされますから，γ がこれと一致する

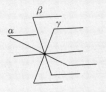

ようにできること，つまり上式が $a^3x - ay + z = a^3 - 4$ と一致するような λ が存在するための a の条件を求めればよいことになり，簡単な計算で

$$\lambda \neq 2, \quad a^3 = \frac{4\lambda + 1}{\lambda - 2}, \quad a = \frac{2\lambda - 1}{\lambda - 2}, \quad \frac{2\lambda - 7}{\lambda - 2} a = a^3 - 4$$

が得られます．これを解いて $(a, \lambda) = \left(-2, \dfrac{5}{4}\right)$ となります．

なお，容易に確かめられるように，γ が β に一致することはないので α, β の交線を含む平面を上のようにおいて充分であることに注意してください．

2.41 $D(3, 0, 0)$, $E(0, 0, k)$ とおく．四面体 OABC が問題の平面 BDE で分割されるためには，まず $0 < k < 3$ でなければならない．このとき，AC と DE の交点を F とする．平面 ABC は $x + \dfrac{y}{2} + \dfrac{z}{3} = 1$ であることに注意して $z = -3x + 3 = -\dfrac{k}{3}x + k$, $y = 0$ を解くと

$$F\left(\frac{3(3-k)}{9-k}, 0, \frac{6k}{9-k}\right)$$

が得られる．

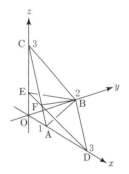

さて条件は 四面体 OABC $= 2 \times$ 四面体 BCEF であり，これは OB を高さと考えると $\triangle$OAC $= 2\triangle$CEF に他ならない．よって

$$\frac{1}{2} \cdot 1 \cdot 3 = 2 \cdot \frac{1}{2} \cdot \text{CE} \cdot (\text{F の } x \text{ 座標})$$
$$= (3-k)\frac{3(3-k)}{9-k}$$

となり，これを $0 < k < 3$ のもとで解いて $k = 1$ を得る∎

2.42 2 平面はともに原点を通るから，2 平面が直線を共有するならばこの直線も原点を通る．したがって，この直線上の任意の点を s をパラメータとして

$$s\begin{pmatrix} \ell \\ m \\ n \end{pmatrix}, \quad \text{ただし } \ell^2 + m^2 + n^2 \neq 0$$

で表わすと，2 平面がこの直線を含む条件は，任意の s に対して

$$(2+t)s\ell + (b+t)sm + sn = 0, \quad \text{かつ} \quad (3+at)s\ell + (4+t)sm + sn = 0$$

が成り立つこと，つまり

$$(2+t)\ell + (b+t)m + n = 0, \quad \text{かつ} \quad (3+at)\ell + (4+t)m + n = 0 \cdots \text{①}$$

である．

任意の t に対して①が成り立つような a, b, ℓ, m, n の条件をまず求める．

$$\text{①} \Leftrightarrow (\ell + m)t + 2\ell + bm + n = 0, \quad (a\ell + m)t + 3\ell + 4m + n = 0$$

であり，これが任意の t に対して成立する条件は

$$\ell + m = 0, \quad 2\ell + bm + n = 0, \quad a\ell + m = 0, \quad 3\ell + 4m + n = 0$$

である．これをさらにまとめると

$$m = -\ell, \quad n = \ell, \quad (b-3)\ell = 0, \quad (a-1)\ell = 0$$

となる．

$a \neq 1$ ならば $\ell = m = n = 0$ となって，$\ell^2 + m^2 + n^2 \neq 0$ に反するから $a = 1$ であり，$b = 3$ も同様に導かれる．逆にこのとき $\ell^2 + m^2 + n^2 \neq 0$ をみたす ℓ, m, n は存在し

$$\begin{pmatrix} 2+t \\ b+t \\ 1 \end{pmatrix} = \begin{pmatrix} t+2 \\ t+3 \\ 1 \end{pmatrix} \not\parallel \begin{pmatrix} t+3 \\ t+4 \\ 1 \end{pmatrix} = \begin{pmatrix} 3+at \\ 4+t \\ 1 \end{pmatrix}$$

だから，2 平面の交わりはたしかに直線 ($x = -y = z$) である．

以上より $a = 1$, $b = 3$ を得る ∎

注意 $a = 1$, $b = 3$ を決定するまでの議論は問題の 2 平面が一致していても成り立ちますが，問題の条件は 2 平面の交わりが直線であることです．細かいことですが，解答の最後で $\begin{pmatrix} 2+t \\ b+t \\ 1 \end{pmatrix} \not\parallel \begin{pmatrix} 3+at \\ 4+t \\ 1 \end{pmatrix}$ を確かめたのはこの事情によります．

2 平面の方程式から z, y を消去すると
$$(b-4)y = \{(a-1)t+1\}x, \quad (b-4)z = \{(1-a)t^2 + (3-ab)t + 8 - 3b\}x$$
が得られます．したがって 2 平面が共有する直線の方向ベクトルは

$$\begin{pmatrix} b-4 \\ (a-1)t+1 \\ (1-a)t^2 + (3-ab)t + 8 - 3b \end{pmatrix}$$

で与えられ，これが t によらず定ベクトル $\begin{pmatrix} \ell \\ m \\ n \end{pmatrix}$ ($\neq \vec{0}$) に等しいとすることで $a = 1$, $b = 3$, $\ell = n = -1$, $m = 1$ が得られます．この考え方の方が普通でしょう．

2.43 (1) $f_\alpha(x, y, z) = x + 2y + 2z - 6$, $f_\beta(x, y, z) = x + 2y + 2z + 3$ とおく．

$f_\alpha(9, 8, 9) > 0$, $f_\beta(9, 8, 9) > 0$,
$f_\alpha(-1, -3, -2) < 0$, $f_\beta(-1, -3, -2) < 0$

なので，A, B は α, β の両方に関して互いに反対側にある．
B から α, β に下した垂線の足をそれぞれ J, H とすると

$$BJ = \frac{|-1 - 6 - 4 - 6|}{\sqrt{1^2 + 2^2 + 2^2}} = \frac{17}{3},$$

$$BH = \frac{|-1 - 6 - 4 + 3|}{3} = \frac{8}{3}$$

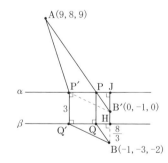

なので α, β 間の距離は $\frac{17}{3} - \frac{8}{3} = 3$ である ∎

(2) B を $\begin{pmatrix} 1 \\ 2 \\ 2 \end{pmatrix}$ に平行に β の方へ 3 だけ移動した点を B′ とする.

前図より Q′B = P′B′ であるから
$$AP' + P'Q' + Q'B = AP' + 3 + P'B' \geqq 3 + AB'$$
であり,等号は P′ が AB′ と α との交点 P にあるとき成り立つ.

ここで,$\overrightarrow{OH} = \overrightarrow{OB} + \overrightarrow{BH} = \begin{pmatrix} -1 \\ -3 \\ -2 \end{pmatrix} + k\begin{pmatrix} 1 \\ 2 \\ 2 \end{pmatrix}$ とおいて $f_\beta(x, y, z) = 0$ に代入すると,

$k - 1 + 2(2k - 3) + 2(2k - 2) + 3 = 0$ より $k = \dfrac{8}{9} > 0$ が得られる.よって $\overrightarrow{BB'}$ は $\overrightarrow{BH}$,したがって $\begin{pmatrix} 1 \\ 2 \\ 2 \end{pmatrix}$ と同方向で,$|\overrightarrow{BB'}| = 3$ だから $\overrightarrow{BB'} = \begin{pmatrix} 1 \\ 2 \\ 2 \end{pmatrix}$ である.よって

$$\overrightarrow{OB'} = \overrightarrow{OB} + \overrightarrow{BB'} = \begin{pmatrix} -1 \\ -3 \\ -2 \end{pmatrix} + \begin{pmatrix} 1 \\ 2 \\ 2 \end{pmatrix} = \begin{pmatrix} 0 \\ -1 \\ 0 \end{pmatrix}$$

となる.したがって
$$\text{APQB の長さ} = 3 + AB' = 3 + \sqrt{81 + 81 + 81} = 3 + 9\sqrt{3}$$
を得る∎

(3) $\overrightarrow{OP} = \overrightarrow{OB'} + \overrightarrow{B'P} = \begin{pmatrix} 0 \\ -1 \\ 0 \end{pmatrix} + \ell\begin{pmatrix} 9 \\ 9 \\ 9 \end{pmatrix}$ とおいて $f_\alpha(x, y, z) = 0$ に代入すると

$9\ell + 2(9\ell - 1) + 2 \cdot 9\ell - 6 = 0$ となり,これより $\ell = \dfrac{8}{45}$ が得られる.

したがって P $\left(\dfrac{8}{5}, \dfrac{3}{5}, \dfrac{8}{5}\right)$ を得る∎

> **注意** $\alpha, \beta,$ A, B の位置関係は,原点 O を媒介にしてみても分りやすいでしょう.O は α と β の間にあり,O と A は α に関して反対側,O と B は β に関して反対側にあることはすぐ分ります.なお (1) の答は,α 上の適当な点,たとえば $(2, 1, 1)$ から β に下ろした垂線の長さとしても容易に求められます.

2.44 (1) $\overrightarrow{OO'} = k\begin{pmatrix} 1 \\ 2 \\ 3 \end{pmatrix}$ とおく.OO′ の中点 $\left(\dfrac{k}{2}, k, \dfrac{3}{2}k\right)$ は π 上の点だから

$\dfrac{k}{2} + 2 \cdot k + 3 \cdot \dfrac{3}{2}k = 1$ であり,これより $k = \dfrac{1}{7}$ を得る.

したがって O′ $\left(\dfrac{1}{7}, \dfrac{2}{7}, \dfrac{3}{7}\right)$ となる∎

(2) O′ を通り π_1 に垂直な直線と π との交点が P を与える.したがって

$$\overrightarrow{\text{OP}} = \overrightarrow{\text{OO}'} + \overrightarrow{\text{O}'\text{P}}$$
$$= \frac{1}{7}\begin{pmatrix} 1 \\ 2 \\ 3 \end{pmatrix} + \ell \begin{pmatrix} 0 \\ 0 \\ 1 \end{pmatrix}$$

とおいて π の方程式に代入すると
$$\frac{1}{7} + 2 \cdot \frac{2}{7} + 3 \cdot \left(\frac{3}{7} + \ell\right) = 1$$

となる．これより $\ell = -\frac{1}{3}$ となるので
$$\text{P}\left(\frac{1}{7}, \frac{2}{7}, \frac{2}{21}\right)$$

が得られる■

(3) π_1 に関して O と対称な点を O'' とすると，O''$(0, 0, -2)$ である．

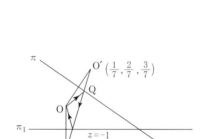

Q は直線 O'O'' と π との交点だから
$$\overrightarrow{\text{OQ}} = \overrightarrow{\text{OO}''} + \overrightarrow{\text{O}''\text{Q}}$$
$$= \begin{pmatrix} 0 \\ 0 \\ -2 \end{pmatrix} + m \left\{ \frac{1}{7}\begin{pmatrix} 1 \\ 2 \\ 3 \end{pmatrix} - \begin{pmatrix} 0 \\ 0 \\ -2 \end{pmatrix} \right\}$$
$$= \begin{pmatrix} \frac{1}{7}m \\ \frac{2}{7}m \\ \frac{17}{7}m - 2 \end{pmatrix}$$

とおいて，π の方程式に代入して m を求めると，$m = \frac{7}{8}$ が得られる．

よって $\text{Q}\left(\frac{1}{8}, \frac{1}{4}, \frac{1}{8}\right)$ を得る■

2.45 (1) $\dfrac{x-6}{2} = \dfrac{y-4}{-3} = \dfrac{z-1}{6}$ と $19x - 4y + 8z = 8$ の連立方程式を解いて A$(4, 7, -5)$ を得る■

(2) β の方程式は $2(x-6) - 3(y-4) + 6(z-1) = 0$，つまり $2x - 3y + 6z = 6$ で，これと α の方程式より m の方程式として

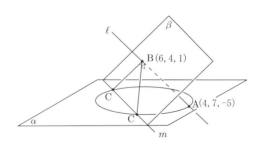

$$y = 2z - 2, \quad x = 0$$

が得られる■

(3) BC = BA = 一定なので C は図のような α 上に底面をもつ直円錐の底円の周上の点である．また，BA を底辺とみなすと $\triangle$ABC の面積は高さが最大のとき最大となる．よって，もし BC⊥BA をみたす C が存在すれば，その C に対して最大である．このような C は m

上の点である．よってC$(0, 2t-2, t)$とおいてAB = BCに代入すると
$$36 + (2t-6)^2 + (t-1)^2 = 2^2 + 3^2 + 6^2 = 49$$
となる．これを解いて$t = 4, \frac{6}{5}$が得られる．

したがってC$(0, 6, 4)$，またはC$\left(0, \frac{2}{5}, \frac{6}{5}\right)$である■

注意 (3)は，解答のように図形的に考えなくても次のように議論できます．
C(p, q, r)とおくと，まず
$$\text{Cが}\alpha\text{上にある} \Leftrightarrow 19p - 4q + 8r = 8 \cdots (*)$$
$$\text{AB} = \text{BC} \Leftrightarrow (p-6)^2 + (q-4)^2 + (r-1)^2 = 49 \,(= \text{AB}^2) \cdots (**)$$
が成り立ちます．

$\overrightarrow{BA} = \begin{pmatrix} -2 \\ 3 \\ -6 \end{pmatrix}, \overrightarrow{BC} = \begin{pmatrix} p-6 \\ q-4 \\ r-1 \end{pmatrix}$とBA = BC = 7, および，$(*), (**)$より

$$\triangle \text{ABC} = \frac{1}{2}\sqrt{|\overrightarrow{BA}|^2 |\overrightarrow{BC}|^2 - (\overrightarrow{BA}, \overrightarrow{BC})^2}$$
$$= \frac{1}{2}\sqrt{49^2 - \{-2(p-6) + 3(q-4) - 6(r-1)\}^2}$$
$$= \frac{1}{2}\sqrt{49^2 - (-2p + 3q - 6r + 6)^2}$$
$$= \frac{1}{2}\sqrt{49^2 - \left(-2p + \frac{3}{4} \cdot 19p\right)^2}$$
$$= \frac{49}{2}\sqrt{1 - \frac{1}{16}p^2}$$

が得られます．したがって，$p = 0$のとき$(*), (**)$が解をもてば，そのとき$\triangle$ABCは最大ということになります．

2.46 $(1, 0, 0)$と$\left(-\frac{5}{8}, -\frac{\sqrt{3}}{8}, -\frac{3}{4}\right)$を結ぶ線分の垂直2等分面，および$(0, 0, 1)$と$\left(-\frac{3}{4}, \frac{\sqrt{3}}{4}, \frac{1}{2}\right)$を結ぶ線分の垂直2等分面を，それぞれ$\alpha, \beta$とする．

α, βが交線をもてばそれがℓを与える．

α, βの方程式はそれぞれ
$$(x-1)^2 + y^2 + z^2$$
$$= \left(x + \frac{5}{8}\right)^2 + \left(y + \frac{\sqrt{3}}{8}\right)^2 + \left(z + \frac{3}{4}\right)^2,$$
$$x^2 + y^2 + (z-1)^2$$
$$= \left(x + \frac{3}{4}\right)^2 + \left(y - \frac{\sqrt{3}}{4}\right)^2 + \left(z - \frac{1}{2}\right)^2$$

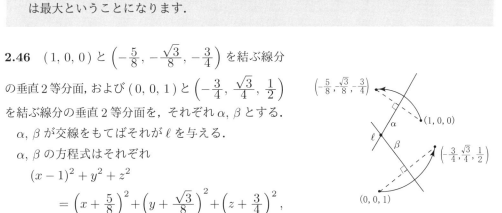

で，これをまとめると
$$13x + \sqrt{3}y + 6z = 0, \quad 3x - \sqrt{3}y + 2z = 0$$

となる．この両式から ℓ の方程式を求めると $\dfrac{x}{3} = \dfrac{y}{-\sqrt{3}} = \dfrac{z}{-6}$ が得られる．∎

次に，$(1, 0, 0)$ から ℓ に下した垂線の足を $\mathrm{H}(3t, -\sqrt{3}t, -6t)$ とおくと

$$\begin{pmatrix} 3t-1 \\ -\sqrt{3}t \\ -6t \end{pmatrix} \perp \begin{pmatrix} 3 \\ -\sqrt{3} \\ -6 \end{pmatrix}, \quad \text{つまり} \quad 3(3t-1) + 3t + 36t = 0$$

より $t = \dfrac{1}{16}$ が得られる．よって $\mathrm{H}\left(\dfrac{3}{16}, -\dfrac{\sqrt{3}}{16}, -\dfrac{3}{8}\right)$ である．そこで

$$\vec{a} = \begin{pmatrix} 1 \\ 0 \\ 0 \end{pmatrix} - \begin{pmatrix} \frac{3}{16} \\ -\frac{\sqrt{3}}{16} \\ -\frac{3}{8} \end{pmatrix} = \frac{1}{16}\begin{pmatrix} 13 \\ \sqrt{3} \\ 6 \end{pmatrix},$$

$$\vec{b} = \begin{pmatrix} -\frac{5}{8} \\ -\frac{\sqrt{3}}{8} \\ -\frac{3}{4} \end{pmatrix} - \begin{pmatrix} \frac{3}{16} \\ -\frac{\sqrt{3}}{16} \\ -\frac{3}{8} \end{pmatrix} = \frac{1}{16}\begin{pmatrix} -13 \\ -\sqrt{3} \\ -6 \end{pmatrix}$$

とおくと，θ は $\vec{a}$，$\vec{b}$ のなす角であり，$\vec{b} = -\vec{a}$ であるから $\theta = \pi$ を得る．∎

> **注意** 問題の 4 点を順に A, A′, B, B′, ℓ を $\dfrac{x-a}{\ell} = \dfrac{y-b}{m} = \dfrac{z-c}{n}$ とし，さらに，ℓ 上の任意の点を $\mathrm{P}(a+\ell t, b+mt, c+nt)$ とおきましょう．すると，つねに $\mathrm{PA} = \mathrm{PA}'$，$\mathrm{PB} = \mathrm{PB}'$，つまり任意の t に対して $\mathrm{PA} = \mathrm{PA}'$，$\mathrm{PB} = \mathrm{PB}'$ が成り立つという考え方から a, b, c, ℓ, m, n に関する条件を求めて直線 ℓ を決めることもできます．

2.47 D は $x^2 + y^2 + z^2 < 1$，かつ $2y + z - 2 = 0$ で表わされ，他方，問題の直線上の任意の点はパラメータ t を用いて $\left((a+1)t, \dfrac{a-1}{2}t, at\right)$ で表わされる．したがって

$$\left\{(a+1)^2 + \frac{(a-1)^2}{4} + a^2\right\}t^2 < 1, \quad 2 \cdot \frac{a-1}{2}t + at - 2 = 0 \cdots \text{①}$$

をみたす t が存在するための a の条件を求めるとよい．

$$\text{①} \Leftrightarrow (9a^2 + 6a + 5)t^2 < 4, \quad (2a-1)t = 2$$

であり，これをみたす t が存在する条件は，第 2 式から定められる t が第 1 式をみたすこと，つまり

$$2a - 1 \neq 0, \quad \text{かつ} \quad (9a^2 + 6a + 5)\left(\frac{2}{2a-1}\right)^2 < 4$$

となる．これを解いて $-1 - \dfrac{1}{\sqrt{5}} < a < -1 + \dfrac{1}{\sqrt{5}}$ を得る．∎

2.48 C_1, C_2 を含む任意の球面は，それぞれ，λ, μ をパラメータとして

$$(x-1)^2 + (y-a)^2 + (z-1)^2 - 10 - \lambda z = 0 \cdots \text{①},$$
$$x^2 + y^2 + (z-2)^2 - 16 - \mu(bx + 2y + 2z - 4) = 0 \cdots \text{②}$$

で表わされる．したがって，①,② が一致するような球面が存在すれば，それが求める球面 C である．①,② はおのおの
$$x^2 + y^2 + z^2 - 2x - 2ay - (2+\lambda)z + a^2 - 8 = 0,$$
$$x^2 + y^2 + z^2 - b\mu x - 2\mu y - (4+2\mu)z + 4\mu - 12 = 0$$
となるので，これらが一致する条件は
$$2 = b\mu,\ 2a = 2\mu,\ \lambda + 2 = 2\mu + 4,\ a^2 - 8 = 4\mu - 12$$
で，これらを解いて $\mu = a = 2,\ \lambda = 6,\ b = 1$ が得られる．

よって $a = 2,\ b = 1$ である ∎

このとき C の方程式は $x^2 + y^2 + z^2 - 2x - 4y - 8z - 4 = 0$，つまり
$$(x-1)^2 + (y-2)^2 + (z-4)^2 = 25$$
となる ∎

注意 C_1, C_2 を含む球面の方程式のパラメータ λ, μ による表現を利用しなくても，次のようにやや図形的に考えることもできます．ある円を含む球面の中心は，その円の中心を通り，かつ，この円を含む平面に垂直な直線上にあります．C_1, C_2 に対するこの直線を ℓ_1, ℓ_2 とすると，C_1, C_2 が同一球面上にある条件は

ℓ_1, ℓ_2 が共有点 P をもち，かつ，P から C_1, C_2 までの距離が等しい

ことです．P が中心で上述の距離が半径を与えることは明らかでしょう．

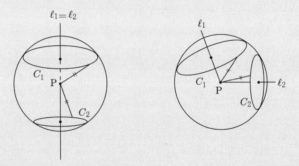

上の考え方にしたがって $\ell_1 : x = 1,\ y = a$ と $\ell_2 : \dfrac{x}{b} = \dfrac{y}{2} = \dfrac{z-2}{2}$ が共有点をもつ条件として $ab = 2$ が得られ，$P(1, a, a+2)$ であることが分ります．

あとは，C_1, C_2 上の点 A_1, A_2 を適当にみつけて $PA_1 = PA_2$ から a を決めることで結論が得られます．

2.49 (1) $A(0, 1, 3),\ B(0, 0, 1)$ とおく．点 $P(p, q, r)$ が接点であることは，$\overrightarrow{AP} \perp \overrightarrow{BP}$，かつ $|\overrightarrow{BP}| = 1$ が成り立つことであり，したがって
$$p^2 + (q-1)q + (r-3)(r-1) = 0,\ p^2 + q^2 + (r-1)^2 = 1 \cdots ①$$
が P がみたすべき条件である．さらに
$$① \Leftrightarrow p^2 + q^2 + (r-1)^2 = 1,\ p^2 + q^2 + r^2 - q - 4r + 3 = 0$$
$$\Leftrightarrow p^2 + q^2 + (r-1)^2 = 1,\ q + 2r - 3 = 0$$

であるから，P の全体は球 $x^2+y^2+(z-1)^2=1$ と平面 $y+2z-3=0$ との交わりに他ならない．よって P は平面 $y+2z-3=0$ 上にある ∎

(2) C 上の点を P(p,q,r) とおくと，まず
$$p^2+q^2+r^2-2p-8=0\cdots ②,\quad 3q+4r-9=0\cdots ③$$
である．

点 P における接平面の方程式は $(p-1)(x-p)+q(y-q)+r(z-r)=0$ で与えられ，これを ② を用いて変形すると
$$(x-1)p+yq+zr-(x+8)=0\cdots ④$$
が得られる．

さて問題の主張は，適当な (x,y,z) をとると，②,③ をみたすどんな p,q,r をとっても ④ が成り立つことであり，②,③ をみたす任意の p,q,r に対して ④ が成り立つことは，pqr 空間において ②,③ で表わされる図形が ④ で表わされる図形に含まれることを意味する．④ は，$(x,y,z)=(1,0,0)$ の場合は空集合を表わし，それ以外のときは平面を表わしている．他方，②,③ は球と平面が共有する円，つまり C を表わすから，④ と ③ は一致しなければならない．したがって，$x-1=0$，つまり $x=1$ でなければならず，このとき ④ は $yq+zr-9=0$ となるからさらに ③ と比べて $y=3, z=4$ となる．

以上より問題の接平面はすべて定点 $(1,3,4)$ を通る ∎

注意 空間における円は，一般に，球と平面，あるいは，球と球の連立方程式で表わされますが，1 個のパラメータによる表現もできます．右のような円 C 上の任意の点 X は，C の半径を r として
$$\overrightarrow{\mathrm{OX}}=\vec{a}+\cos\theta\cdot\vec{e}+\sin\theta\cdot\vec{f}$$
で表わされます．ただし，$\vec{e},\vec{f}$ は C を含む平面上のベクトルで
$$\vec{e}\perp\vec{f},\quad |\vec{e}|=|\vec{f}|=r$$
をみたすものです．この $\vec{e},\vec{f}$ を見つける予備的な計算が結構煩雑になることが多いのですが，円 C の図形的位置が単純で $\vec{e},\vec{f}$ を比較的簡単に見つけられる場合は上の表現が役に立つことがあります．本問の (2) で上の表現が求められたら，この表現で表わされた p,q,r を ④ に代入した式が θ に関する恒等式であるように x,y,z をとればよいことになりますが，適当な $\vec{e},\vec{f}$ を求める計算がちょっと面倒です．

なお，上の表現式の証明は各自試みてください．これが，xy 平面上の，(a,b) を中心とする半径 r の円のパラメータによる表現
$$\begin{pmatrix}x\\y\end{pmatrix}=\begin{pmatrix}a\\b\end{pmatrix}+\begin{pmatrix}r\cos\theta\\r\sin\theta\end{pmatrix}=\begin{pmatrix}a\\b\end{pmatrix}+\cos\theta\begin{pmatrix}r\\0\end{pmatrix}+\sin\theta\begin{pmatrix}0\\r\end{pmatrix}$$
を空間に拡張したものであることも分るでしょう．

(1),(2) が下図のような場合に対応していることは容易に理解できます．しかし，証明を“図を描いて終わり”とするのは本問では感心できません．

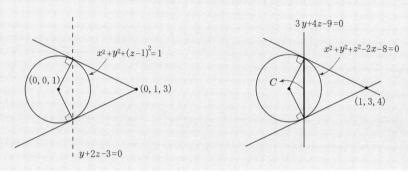

2.50 (1) 点 $P(p,q,r)$ から ℓ, m, n に下した垂線の足をパラメータ s, t, u を用いて，それぞれ，$H(0, s, -1)$, $I(t, t, 0)$, $J(u, 0, 1)$ とおく．

$$\overrightarrow{HP} = \begin{pmatrix} p \\ q-s \\ r+1 \end{pmatrix} \perp \begin{pmatrix} 0 \\ 1 \\ 0 \end{pmatrix} \text{ より } q = s \text{ なので } PH^2 = p^2 + (r+1)^2 \text{ である．}$$

$$\overrightarrow{IP} = \begin{pmatrix} p-t \\ q-t \\ r \end{pmatrix} \perp \begin{pmatrix} 1 \\ 1 \\ 0 \end{pmatrix} \text{ より } t = \frac{p+q}{2} \text{ なので}$$

$$PI^2 = \left(p - \frac{p+q}{2}\right)^2 + \left(q - \frac{p+q}{2}\right)^2 + r^2 = \frac{(p-q)^2}{2} + r^2$$

である．

$$\overrightarrow{JP} = \begin{pmatrix} p-u \\ q \\ r-1 \end{pmatrix} \perp \begin{pmatrix} 1 \\ 0 \\ 0 \end{pmatrix} \text{ より } p = u \text{ なので } PJ^2 = q^2 + (r-1)^2 \text{ である．}$$

さて，ℓ, m, n に同時に接する球は
$$p^2 + (r+1)^2 = \frac{1}{2}(p-q)^2 + r^2 = q^2 + (r-1)^2 = R^2 \cdots ①$$
をみたす (p, q, r) と $R(>0)$ によって定められ，それぞれが中心と半径を与える．さらに

$$① \Leftrightarrow p^2 + (r+1)^2 - \frac{1}{2}(p-q)^2 - r^2 = 0,$$
$$\quad p^2 + (r+1)^2 - q^2 - (r-1)^2 = 0,$$
$$\quad p^2 + (r+1)^2 = R^2$$
$$\Leftrightarrow 4r + p^2 - q^2 + 2pq + 2 = 0, \; 4r + p^2 - q^2 = 0, \; p^2 + (r+1)^2 = R^2$$
$$\Leftrightarrow pq = -1, \; r = \frac{1}{4}(q^2 - p^2), \; p^2 + (r+1)^2 = R^2 \cdots ①'$$

となる．第1式をみたす p, q に対して第2式から r が決まり，さらに第3式から R が定められるが，第1式をみたす p, q は無数に存在するから，これら4つの数の組 (p, q, r, R) も無数に存在する．よって主張は成り立つ∎

(2) (1)の P から直線 $x = -y, z = 2$ に下した垂線の足を $K(t, -t, 2)$ とおく．

$$\overrightarrow{\mathrm{KP}} = \begin{pmatrix} p-t \\ q+t \\ r-2 \end{pmatrix} \perp \begin{pmatrix} 1 \\ -1 \\ 0 \end{pmatrix} \text{ より } t = \frac{p-q}{2} \text{ なので}$$

$$\mathrm{PK}^2 = \left(p - \frac{p-q}{2}\right)^2 + \left(q + \frac{p-q}{2}\right)^2 + (r-2)^2 = \frac{(p+q)^2}{2} + (r-2)^2$$

である．これと①が等しいから $\frac{(p-q)^2}{2} + r^2 = \frac{(p+q)^2}{2} + (r-2)^2$ で，これより $2r - 2 = pq$ が得られる．これと①′ より

$$r = \frac{1}{2}, \ p^2 = \sqrt{2} - 1, \ q^2 = \sqrt{2} + 1, \ R^2 = \frac{5}{4} + \sqrt{2}$$

となり，したがって $R = \sqrt{\frac{5}{4} + \sqrt{2}}$ を得る ■

2.51 S の中心を S_0 とすると，$\mathrm{P}(p, q, r)$ が A 上の点であることは

$$\mathrm{P} \text{ は } S \text{ 上，かつ } \overrightarrow{\mathrm{OP}} \perp \overrightarrow{S_0 \mathrm{P}}$$

が成り立つことで，よって

$$(p-2)^2 + q^2 + (r-1)^2 = 4, \ p(p-2) + q^2 + r(r-1) = 0 \cdots ①$$

となる．さらに ① $\Leftrightarrow p^2 + q^2 + r^2 = 1, \ 2p + r = 1$ なので，A は

$$x^2 + y^2 + z^2 = 1, \ 2x + z = 1 \cdots ②$$

で表わされる円である．

A' の方程式は，② をみたす z が存在するための x, y の条件で与えられ，それは $x^2 + y^2 + (1 - 2x)^2 = 1$ である．

これをまとめると楕円

$$\frac{\left(x - \frac{2}{5}\right)^2}{\left(\frac{2}{5}\right)^2} + \frac{y^2}{\left(\frac{2}{\sqrt{5}}\right)^2} = 1$$

が得られ，図示すると下図の左の通りである ■

A'' は，② を満たす y が存在する条件，つまり $2x + z = 1, \ y^2 = 1 - (x^2 + z^2) \geqq 0$ で与えられ，これは線分

$$2x + z = 1, \ x^2 + z^2 \leqq 1$$

を表わし，図示すると下図の右のようになる ■

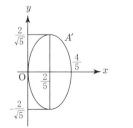 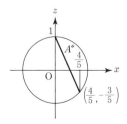

2.52 (1) K は明らかに yz 平面に関して対称なので $0 \leqq t \leqq 1$ で考える．

平面 $x = t$ と BA および PA との交点をそれぞれ R, Q とすると，求める切り口は，Q が図の Q_1 から Q_2 まで動いたときに線分 RQ が通過する領域である．

まず，R$(t, 1, 0)$ である．

次に P$(0, \sqrt{2}\cos\theta, \sqrt{2}\sin\theta)$ とおく．ただし，$y \leqq 0$ より $\cos\theta \leqq 0$ である．

さて直線 AP は

$$\overrightarrow{OA} + s\overrightarrow{AP} = \begin{pmatrix} 1 \\ 1 \\ 0 \end{pmatrix} + s\begin{pmatrix} -1 \\ \sqrt{2}\cos\theta - 1 \\ \sqrt{2}\sin\theta \end{pmatrix}$$

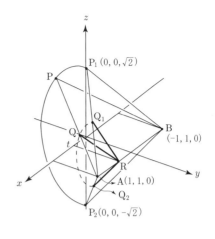

で表わされる．x 成分を t として $1 - s = t$，つまり $s = 1 - t$ となるから，Q(t, Y, Z) とおくと

$$\left.\begin{array}{l} Y = 1 + (1-t)(\sqrt{2}\cos\theta - 1) \\ \quad = t + \sqrt{2}(1-t)\cos\theta, \\ Z = \sqrt{2}(1-t)\sin\theta \end{array}\right\} \cdots ①$$

となる．$t = 1$ のときは Q, R ともに $(1, 1, 0)$ である．$0 \leqq t < 1$ のとき，平面 $x = t$ 上で Q が描く曲線は，① をみたす θ (ただし $\cos\theta \leqq 0$) が存在する条件で与えられる．

$$① \Leftrightarrow \cos\theta = \frac{Y-t}{\sqrt{2}(1-t)}, \quad \sin\theta = \frac{Z}{\sqrt{2}(1-t)}$$

なので，Q が描く曲線は

$$\left(\frac{Y-t}{\sqrt{2}(1-t)}\right)^2 + \left(\frac{Z}{\sqrt{2}(1-t)}\right)^2 = 1, \quad \frac{Y-t}{\sqrt{2}(1-t)} \leqq 0$$

つまり

$$(Y-t)^2 + Z^2 = 2(1-t)^2, \quad Y \leqq t$$

である．これは $t = 1$ の場合を含む．

対称性により $t \leqq 0$ の場合は

$$(Y+t)^2 + Z^2 = 2(1+t)^2, \quad Y \leqq -t$$

で与えられることも分る．

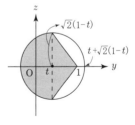

以上より $t \geqq 0$ の場合を図示すると右のようになる．∎

(2) (1) の図の面積を $S(t)$ とする．再び対称性により

$$K \text{の体積} = V = 2\int_0^1 S(t)dt$$

である．ここで

$$S(t) = \frac{1}{2}\pi(\sqrt{2}(1-t))^2 + \sqrt{2}(1-t)\cdot(1-t) = (\pi + \sqrt{2})(1-t)^2$$

だから

$$V = 2(\pi+\sqrt{2})\int_0^1 (1-t)^2 dt = \frac{2(\pi+\sqrt{2})}{3}$$

を得る ∎

2.53 直線 NQ, SR をそれぞれ

$$\begin{pmatrix} 0 \\ 0 \\ 1 \end{pmatrix} + s\begin{pmatrix} r\cos\theta \\ r\sin\theta \\ -1 \end{pmatrix}, \quad \begin{pmatrix} 0 \\ 0 \\ -1 \end{pmatrix} + t\begin{pmatrix} \frac{1}{r}\cos\theta \\ \frac{1}{r}\sin\theta \\ 1 \end{pmatrix}$$

で表わす.

P はこの両者が一致する点であるから

$$sr\cos\theta = \frac{t}{r}\cos\theta,$$
$$sr\sin\theta = \frac{t}{r}\sin\theta,$$
$$1 - s = -1 + t$$

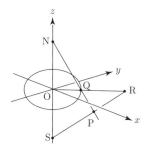

となる. $\cos\theta$ と $\sin\theta$ は同時に 0 になることはないので, 第 1, 2 式より $sr = \frac{t}{r}$, つまり $t = sr^2$ が得られる. これと第 3 式より $s = \frac{2}{r^2+1}$, $t = \frac{2r^2}{r^2+1}$ となる. したがって $\mathrm{P}(X, Y, Z)$ とおくと

$$\left.\begin{array}{l} X = sr\cos\theta = \dfrac{2r}{r^2+1}\cos\theta, \\ Y = \dfrac{2r}{r^2+1}\sin\theta, \\ Z = 1 - s = 1 - \dfrac{2}{r^2+1} \end{array}\right\} \cdots ①$$

が得られる. ①をみたす θ と $r(>0)$ が存在するための X, Y, Z の条件を求めればよい.

まず, θ が存在する条件は

$$1 = \cos^2\theta + \sin^2\theta = \left(\frac{r^2+1}{2r}X\right)^2 + \left(\frac{r^2+1}{2r}Y\right)^2$$

つまり

$$X^2 + Y^2 = \left(\frac{2r}{r^2+1}\right)^2 \cdots ②$$

である.

次に, ①の第 3 式より $\frac{2}{r^2+1} = 1 - Z$ だから, $Z \neq 1$ で $r^2 = \frac{2}{1-Z} - 1 = \frac{1+Z}{1-Z}$ となる. よって, これと②をみたす $r>0$ が存在する条件は

$$r^2 = \frac{1+Z}{1-Z} > 0, \quad X^2 + Y^2 = \left(\frac{2}{r^2+1}\right)^2 \cdot r^2 = (1-Z)^2 \cdot \frac{1+Z}{1-Z} = 1 - Z^2$$

である. 以上をまとめると, P が描く曲線は球 $x^2+y^2+z^2=1$ から $z=\pm 1$, つまり N と S を除いた部分であることが分る ∎

注意 カンのいい人は $X^2 + Y^2 = \left(\dfrac{2r}{r^2+1}\right)^2 = \dfrac{4r^2}{(r^2+1)^2}$ と $Z = \dfrac{r^2-1}{r^2+1}$ から直ちに $X^2 + Y^2 + Z^2 = 1$ を導くことができるでしょう．ただし，$Z \neq \pm 1$ については別途議論を要します．

P が描く図形を z 軸のまわりに回転しても不変であることは明らかです．したがって，平面 NSP 上で P が描く図形を z 軸のまわりに回転しても目的の図形が得られます．右図において

$$\mathrm{OQ} : \mathrm{ON} = r : 1 = 1 : \dfrac{1}{r} = \mathrm{OS} : \mathrm{OR}$$

ですから $\triangle \mathrm{OQN} \sim \triangle \mathrm{OSR}$ が成り立ち，したがって $\angle \mathrm{ONQ} = \angle \mathrm{PRQ}$ となります．これと $\angle \mathrm{PQR} = \angle \mathrm{OQN}$ によって $\triangle \mathrm{OQN} \sim \triangle \mathrm{PQR}$ がいえますから，$\angle \mathrm{QPR} = \angle \mathrm{QON} = \dfrac{\pi}{2}$ がつねに成り立ちます．言い換えると，P は NS を直径とする円周上にあることになり，これを回転することで解答が得られます．

なお，$\mathrm{P} \neq \mathrm{N}, \mathrm{S}$ は，$\mathrm{O} \neq \mathrm{Q}$，つまり $r > 0$ に注意すれば上図からも分るでしょう．

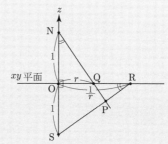

2.54 $\mathrm{Q}(X, Y, 0)$ とおく．Q が求める曲線上にあることは，直線 AQ と C が交点をもつこと，言い換えると，直線 AQ と平面 $x = 1$ の交点と点 $(1, 0, 1)$ との距離が C の半径 1 に等しいことに他ならない．

直線 AQ を

$$\overrightarrow{\mathrm{OA}} + s\overrightarrow{\mathrm{AQ}} = \begin{pmatrix} 0 \\ 0 \\ a \end{pmatrix} + s \begin{pmatrix} X \\ Y \\ -a \end{pmatrix}$$

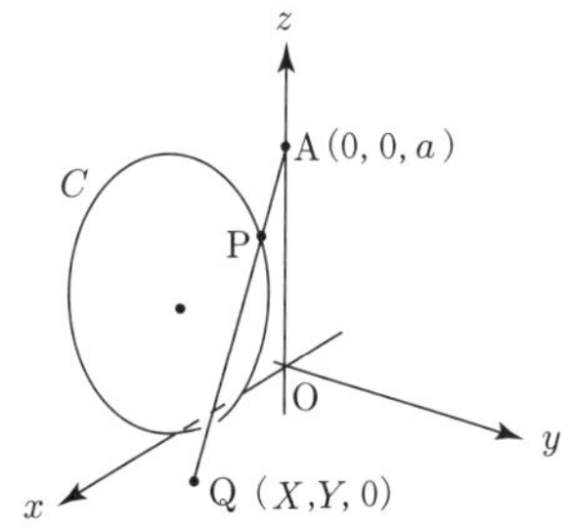

とおいて x 成分を 1 とおくと，$sX = 1$ だから $X \neq 0$ で $s = \dfrac{1}{X}$ である．したがって AQ と $x = 1$ との交点は $\left(1, \dfrac{Y}{X}, a - \dfrac{a}{X}\right)$ となるから求める図形は

$$\left(\dfrac{Y}{X}\right)^2 + \left(a - \dfrac{a}{X} - 1\right)^2 = 1$$

つまり

$$a(a-2)X^2 - 2a(a-1)X + a^2 + Y^2 = 0$$

である．このとき $X \neq 0$ は成立している．$a \neq 2$ のときは，上式はさらに

$$\dfrac{\left(X - \dfrac{a-1}{a-2}\right)^2}{\left(\dfrac{1}{a-2}\right)^2} + \dfrac{Y^2}{\dfrac{a}{a-2}} = 1$$

とまとめられる．以上より Q は

$a = 2$ のときは放物線 $\quad x = \dfrac{1}{4}y^2 + 1$,

$a>2$ のときは楕円　　$\dfrac{\left(x-\dfrac{a-1}{a-2}\right)^2}{\left(\dfrac{1}{a-2}\right)^2}+\dfrac{y^2}{\left(\sqrt{\dfrac{a}{a-2}}\right)^2}=1$,

$0<a<2$ のときは双曲線　　$\dfrac{\left(x-\dfrac{a-1}{a-2}\right)^2}{\left(\dfrac{1}{2-a}\right)^2}-\dfrac{y^2}{\left(\sqrt{\dfrac{a}{2-a}}\right)^2}=1$

を描くことが分る ∎

注意　上の解答よりも次の方法のほうがなじみ深いものかも知れません.

点 P を $(1,\cos\theta,1+\sin\theta)$ とおき，直線 AP を

$$\begin{pmatrix}0\\0\\a\end{pmatrix}+t\begin{pmatrix}1\\\cos\theta\\1+\sin\theta-a\end{pmatrix}$$

で表わして z 成分を 0 とおくと，$(1+\sin\theta-a)t+a=0\cdots(*)$ が得られます．これをみたす t を用いて $Q(X,Y,0)$ は $X=t,\ Y=t\cos\theta=X\cos\theta\cdots(**)$ で表わされますから，$(*),(**)$ をみたす t および θ の存在条件として X,Y の関係式を求めればよいことになります.

$1+\sin\theta-a=0$ なる θ が存在するときそれを α としましょう．$\theta=\alpha$ のとき $(*)$ をみたす t は存在せず，これは直線 AP が xy 平面と交わらないことを意味しますから，$\theta\neq\alpha$，つまり $1+\sin\theta-a\neq 0$ であるような θ についてのみ考えれば充分です.このとき $(*),(**)$ より

$$X=\dfrac{-a}{1+\sin\theta-a},\quad Y=X\cos\theta$$

となり，さらに，$X\neq 0,\ \sin\theta=a-1-\dfrac{a}{X},\ \cos\theta=\dfrac{Y}{X}$ が得られます．

最後に $\sin^2\theta+\cos^2\theta=1$ に代入してまとめれば解答と同じ結果が導かれます．

◆ 第3章の答 ◆

3.1　$AB+BA=2E\cdots$ ① とする．① により

$$AB^2-B^2A=AB^2-B(2E-AB)=AB^2-2B+(2E-AB)B=O$$

なので $AB^2=B^2A$ となる.

そこで $AB^{2n}-B^{2n}A=O$ を仮定して，さらに上の結果を用いると

$$AB^{2n+2}-B^{2n+2}A=AB^{2n+2}-B^2AB^{2n}=AB^{2n+2}-AB^2\cdot B^{2n}=O$$

となり，したがって帰納法により $AB^{2n}-B^{2n}A=O$ である ∎

次に，$AB^{2n-1}+B^{2n-1}A=2B^{2n-2}$ を仮定する．ただし，以下では $B^0=E$ と約束する．① により $n=1$ のとき仮定は成立する．また

$$AB^{2n+1}+B^{2n+1}A=AB^{2n+1}+B^2(2B^{2n-2}-AB^{2n-1})$$
$$=AB^{2n+1}+2B^{2n}-AB^2\cdot B^{2n-1}=2B^{2n}$$

が成り立つ．ただし $B^2A = AB^2$ を用いた．

したがって帰納法により $AB^{2n-1} + B^{2n-1}A = 2B^{2n-2}$ が得られる∎

> **注意** 上のように帰納法を用いると厳密ですが，本問では以下のような解答でも充分でしょう．前半に対して
> $$AB^{2n} = AB \cdot B^{2n-1} = (2E - BA)B^{2n-1} = 2B^{2n-1} - BAB \cdot B^{2n-2}$$
> $$= 2B^{2n-1} - B(2E - BA)B^{2n-2} = B^2AB^{2n-2}$$
> $$= B^4AB^{2n-4} = \cdots = B^{2n}A,$$
> 後半に対して
> $$AB^{2n-1} = AB \cdot B^{2n-2} = (2E - BA)B^{2n-2}$$
> $$= 2B^{2n-2} - B(2E - BA)B^{2n-3} = B^2AB^{2n-3} = \cdots$$
> $$= B^{2n-2}AB = B^{2n-2}(2E - BA) = 2B^{2n-2} - B^{2n-1}A$$
> となって結論を得ることができます．
>
> なお，解答中で $B^0 = E$ と約束しましたが，一般に了解されていることではないのでここだけの約束と考えてください．

3.2 (1) $E = (AB)^2 = ABAB$ の左から BA をかけて $A^2 = B^2 = E$ を用いると $BA = AB$ が直ちに得られる∎

(2) $\text{Tr}\, A = \alpha$, $\det A = \beta$ とおくと，ケーリー・ハミルトンの定理と $A^2 = E$ より $A^2 = \alpha A - \beta E = E$，つまり $\alpha A = (\beta + 1)E$ となる．もし $\alpha \neq 0$ なら $A = \dfrac{\beta + 1}{\alpha}E$ で，これは (ii) に反するから $\alpha = 0$，よってさらに $\beta = -1$ である．したがって $\det A = -1$ で，同様に $\det B = -1$ である∎

また，これらより $\det AB = \det A \cdot \det B = (-1)^2 = 1$ が得られる∎

(3) (2) の $\alpha = 0$ と同様に $\text{Tr}\, B = 0$ が示されるから，$\text{Tr}\,(A - B) = \text{Tr}\, A - \text{Tr}\, B = 0$ である．

したがって，もし $\det(A - B) = 0$ ならば
$$(A - B)^2 = \{\text{Tr}\,(A - B)\}(A - B) - \{\det(A - B)\}E = O$$
となり，(1) の結果と (iii) により $O = A^2 - 2AB + B^2 = 2E - 2AB$，つまり $AB = E$ となる．左から A をかけて $A^2 = E$ を用いると $B = A$ が得られ，これは (i) に反する．

したがって $\det(A - B) \neq 0$ であるから $(A - B)^{-1}$ が存在する．

他方，$A^2 = B^2$ と (1) の結果より $(A - B)(A + B) = O$ だから，左から $(A - B)^{-1}$ をかけて直ちに結論が得られる∎

> **注意** いろいろな方法が可能な問題でしょう．練習 2 (2) の (ii) の結果と $A^2 = B^2 = E$，および (ii) より

$$A = \begin{pmatrix} a & b \\ c & -a \end{pmatrix}, \quad B = \begin{pmatrix} p & q \\ r & -p \end{pmatrix}, \quad \text{ただし } a^2 + bc = p^2 + qr = 1 \cdots (*)$$

とおいて議論を始めると，$(AB)^2 = E$ という条件がすでに複雑で，(1) ですらかなり面倒な計算になりそうです．

$AB = BA$ と $A^2 = B^2 = E$ から $(AB)^2 = E$ は容易に示されますから，(iii) と，$A^2 = B^2 = E$ かつ $AB = BA$ とは同値であり，したがって，$(AB)^2 = E$ の代わりに $AB = BA$ を用いると，上の成分表現から $br = cq$, $bp = aq$, $cp = ar$ が得られます．これは $\begin{pmatrix} a \\ b \\ c \end{pmatrix} /\!/ \begin{pmatrix} p \\ q \\ r \end{pmatrix}$ を意味し，$(*)$ よりこれらのベクトルは $\vec{0}$ ではありませんから $\begin{pmatrix} p \\ q \\ r \end{pmatrix} = k \begin{pmatrix} a \\ b \\ c \end{pmatrix}$ とおくと，$(*)$ より $k^2 = 1$, つまり $k = \pm 1$ が得られますが，$k = 1$ は (i) に反し，したがって $k = -1$, つまり $B = -A$ が結論されます．

練習 2 (6) に対する注意で言及しましたが，$AB = BA$ ならば適当な λ, μ を用いて $B = \lambda A + \mu E$ と表わすことができます．これを用いると (3) は容易に示されます．

$A^2 = B^2 = E$ なので
$$E = (\lambda A + \mu E)^2 = \lambda^2 A^2 + 2\lambda\mu A + \mu^2 E = (\lambda^2 + \mu^2)E + 2\lambda\mu A$$

つまり
$$2\lambda\mu A = (1 - \lambda^2 - \mu^2)E$$

となり，さらに (ii) より $\lambda\mu = 0$, $1 - \lambda^2 - \mu^2 = 0$ が得られます．

よって $(\lambda, \mu) = (\pm 1, 0), (0, \pm 1)$ ですが，$(\lambda, \mu) = (-1, 0)$ のみが (i), (ii) をみたすことは明らかでしょう．

練習 2 の注意で述べたことは，しかし，高校数学で頻繁に利用されることではないので，参考程度に考えておくとよいでしょう．

最後に，(3) のまったく別の解を与えておきます．$A^2 = B^2 = E$, $AB = BA$ から出発して (3-9) を用います．

$A^2 = E$ より $(A - E)(A + E) = O$ です．もし $\det(A - E) \neq 0$ なら $(A - E)^{-1}$ を左からかけて $A + E = O$ となりますが，これは (ii) に反します．よって $\det(A - E) = 0$ で $\det(A + E) = 0$ も同様です．

同じく $B^2 = E$ から $\det(B - E) = \det(B + E) = 0$ もいえます．したがって (3-9) により
$$A\vec{a_1} = \vec{a_1}, \quad A\vec{a_2} = -\vec{a_2}, \quad B\vec{b_1} = \vec{b_1}, \quad B\vec{b_2} = -\vec{b_2} \cdots (**)$$

をみたす $\vec{a_i}, \vec{b_i} (\neq \vec{0}, i = 1, 2)$ が存在します．また，$\vec{a_1} /\!/ \vec{a_2}$ とすると $(**)$ の第 1, 2 式から容易に不合理を導くことができますから，$\vec{a_1}$ と $\vec{a_2}$ は 1 次独立で，$\vec{b_1}, \vec{b_2}$ も同じです．

さて，$B\vec{a_1} = \alpha\vec{a_1} + \beta\vec{a_2}$ とおきましょう．$AB = BA$ より $BA\vec{a_1} = AB\vec{a_1}$ で
$$BA\vec{a_1} = B\vec{a_1} = \alpha\vec{a_1} + \beta\vec{a_2}, \quad AB\vec{a_1} = A(\alpha\vec{a_1} + \beta\vec{a_2}) = \alpha\vec{a_1} - \beta\vec{a_2}$$
ですから，$\beta = 0$，ゆえに $B\vec{a_1} = \alpha\vec{a_1}$ となります．よってさらに，$B^2\vec{a_1} = \alpha B\vec{a_1} = \alpha^2\vec{a_1}$ となって $B^2 = E$ より $\alpha^2 = 1$，つまり $\alpha = \pm 1$ が得られます．

$B\vec{a_2} = \gamma\vec{a_1} + \delta\vec{a_2}$ とおくとまったく同様に $\gamma = 0, \delta = \pm 1$ となります．

ここで，一次独立なベクトル $\vec{x}, \vec{y}$ と行列 X, Y に対して
$$X\vec{x} = Y\vec{x} \text{ かつ } X\vec{y} = Y\vec{y} \text{ ならば } X = Y$$
が成り立つことに注意しておきましょう．すると

$\alpha = \delta = 1$ のとき，$B\vec{a_1} = \vec{a_1}, B\vec{a_2} = \vec{a_2}$ より $B = E$,

$\alpha = \delta = -1$ のとき，同様に $B = -E$,

$\alpha = 1, \delta = -1$ のとき，
$$B\vec{a_1} = \vec{a_1}, B\vec{a_2} = -\vec{a_2} \text{ で，これと } (**) \text{ の第 1,2 式より } B = A$$
となって，いずれも (i) または (ii) に反します．

したがって $\alpha = -1, \delta = 1$，つまり $B\vec{a_1} = -\vec{a_1}, B\vec{a_2} = \vec{a_2}$ でなければならず，これと $(**)$ の第 1,2 式から $(A+B)\vec{a_1} = \vec{0}, (A+B)\vec{a_2} = \vec{0}$ となり，$A + B = O$ が結論づけられます．

3.3 (1) $A = \begin{pmatrix} s & 0 \\ t & s \end{pmatrix}, B = \begin{pmatrix} u & 0 \\ v & u \end{pmatrix} (s > 0, u > 0)$ とおくと

$$A + B = \begin{pmatrix} s+u & 0 \\ t+v & s+u \end{pmatrix} \text{ で，} s+u > 0 \text{ だから } A + B \in L,$$

$$AB = \begin{pmatrix} su & 0 \\ tu + sv & su \end{pmatrix} \text{ で，} su > 0 \text{ だから } AB \in L,$$

$$A^{-1} = \frac{1}{s^2}\begin{pmatrix} s & 0 \\ -t & s \end{pmatrix} = \begin{pmatrix} \frac{1}{s} & 0 \\ -\frac{t}{s^2} & \frac{1}{s} \end{pmatrix} \text{ で，} \frac{1}{s} > 0 \text{ だから } A^{-1} \in L$$

が成り立つ∎

(2) $M^2 = C - M$ より
$$D = M + (C - M)M = M + CM - (C - M) = (C + 2E)M - C$$
つまり
$$(C + 2E)M = C + D$$
である．他方，$2E \in L$ は明らかで，$C \in L$ だから，(1) より $C + 2E \in L$ である．よってさらに，$(C + 2E)^{-1}$ が存在してこれも L の要素であり，さらに $C + D \in L$ だから
$$M = (C + 2E)^{-1}(C + D) \in L \text{ つまり } M \in L$$
である∎

注意 (2) は成分計算によっても示すことができます．

$M = \begin{pmatrix} p & q \\ r & s \end{pmatrix}$, $\operatorname{Tr} M = \alpha$, $\det M = \beta$ とおくと $M^2 = \alpha M - \beta E$ ですから

$$C = M^2 + M = (\alpha+1)M - \beta E = (\alpha+1)\begin{pmatrix} p & q \\ r & s \end{pmatrix} - \beta \begin{pmatrix} 1 & 0 \\ 0 & 1 \end{pmatrix},$$

$$D = M^3 + M = M(\alpha M - \beta E) + M = \alpha(\alpha M - \beta E) + (1-\beta)M$$
$$= (\alpha^2 - \beta + 1)\begin{pmatrix} p & q \\ r & s \end{pmatrix} - \alpha\beta \begin{pmatrix} 1 & 0 \\ 0 & 1 \end{pmatrix}$$

で，$C \in L, D \in L$ より

$(\alpha+1)p - \beta = (\alpha+1)s - \beta > 0 \cdots (*)$,
$(\alpha+1)q = 0 \cdots (**)$,
$(\alpha^2 - \beta + 1)p - \alpha\beta = (\alpha^2 - \beta + 1)s - \alpha\beta > 0 \cdots (\dagger)$,
$(\alpha^2 - \beta + 1)q = 0 \cdots (\dagger\dagger)$

が得られます．これらを用いて $q = 0$, $p = s > 0$ を示せば $M \in L$ がいえたことになります．

$q \neq 0$ とすると $(**), (\dagger\dagger)$ より $\alpha = -1, \alpha^2 - \beta + 1 = 0$, よって $\beta = 2$ で，このとき $(*)$ より $2 = \beta < 0$ となって不合理を生ずるので $q = 0$ でなければなりません．

また，$(*), (\dagger)$ より $(\alpha+1)(p-s) = 0$, $(\alpha^2 - \beta + 1)(p-s) = 0$ ですが，$p \neq s$ なら上と同様の不合理を生ずるので $p = s$ です．よって $\alpha = p + s = 2p$, $\beta = ps - qr = p^2$ となるので $(\dagger)$ は

$$0 < (4p^2 - p^2 + 1)p - 2p \cdot p^2 = p(p^2 + 1)$$

となり，これより $p > 0$ が得られます．

3.4 (1) $A = \begin{pmatrix} a & b \\ c & d \end{pmatrix}$, $B = \begin{pmatrix} p & q \\ r & s \end{pmatrix}$ とおくと

$$AB = \begin{pmatrix} ap+br & aq+bs \\ cp+dr & cq+ds \end{pmatrix}, \quad BA = \begin{pmatrix} pa+qc & pb+qd \\ ra+sc & rb+sd \end{pmatrix}$$

より $\operatorname{Tr}(AB) = \operatorname{Tr}(BA) \,(= ap + br + cq + ds)$ が成り立つ ∎

(2) $\operatorname{Tr} X = \alpha$, $\det X = \beta$ とおく．$X^2 = O$ の両辺の行列式をとると $0 = \det X^2 = (\det X)^2 = \beta^2$ より $\beta = 0$ だから，ケーリー・ハミルトンの定理と条件 $X^2 = O$ より $X^2 = \alpha X - \beta E = \alpha X = O$ となる．よって $\alpha = 0$ または $X = O$ であるが，$X = O$ ならば $\alpha = 0$ だからいずれにしても $\alpha = 0$ である．

他方，(1) より $\operatorname{Tr} Y = \operatorname{Tr}(BA) = \operatorname{Tr}(AB) = \alpha = 0$ であり，さらに $\det Y = \det(BA) = \det(AB) = \det X = \beta = 0$ であるから，ケーリー・ハミルトンの定理より

$$Y^2 = (\operatorname{Tr} Y)Y - (\det Y)E = \alpha Y - \beta E = O$$

が得られる∎

(3)（ⅰ）$\operatorname{Tr} A = t$, $\det A = d$ とおく．条件より $t = 0$ なので $A^2 = tA - dE = -dE$ である．よって条件より $\operatorname{Tr}(A^2) = \operatorname{Tr}\begin{pmatrix} -d & 0 \\ 0 & -d \end{pmatrix} = -2d = 0$, つまり $d = 0$ を得る．したがって $A^2 = O$ である∎

（ⅱ）(1) と $A = AB - BA$ より $\operatorname{Tr} A = \operatorname{Tr}(AB - BA) = \operatorname{Tr}(AB) - \operatorname{Tr}(BA) = 0$ となる．

また，$A = AB - BA$ より $A^2 = A^2 B - ABA$ である．(1) の結果は，ある行列 U がいくつかの行列の積からなるとき，積の順序をどう変えても $\operatorname{Tr} U$ の値は変わらないことを示している．よって
$$\operatorname{Tr}(A^2) = \operatorname{Tr}(A^2 B - ABA) = \operatorname{Tr}(A^2 B) - \operatorname{Tr}(ABA)$$
$$= \operatorname{Tr}(A^2 B) - \operatorname{Tr}(A \cdot AB) = 0$$
である．したがって（ⅰ）の結果により $A^2 = O$ となる∎

> **注意** 前々問と本問で $\operatorname{Tr}(X \pm Y) = \operatorname{Tr} X \pm \operatorname{Tr} Y$ を用いています．さらに，c が実数のとき $\operatorname{Tr}(cX) = c\operatorname{Tr} X$ が成り立ちますが，これらは明らかでしょう．
>
> 本問の内容から察しがつくかも知れませんが
> $$A^2 = O \Leftrightarrow \operatorname{Tr} A = 0,\ \det A = 0$$
> が成り立ちます．$\operatorname{Tr} A = \alpha$, $\det A = \beta$ とおくとケーリー・ハミルトンの定理 $A^2 = \alpha A - \beta E$ より $\Leftarrow$ は明らかです．$\Rightarrow$ は以下のように示されます．$O = A^2 = \alpha A - \beta E$ より $\alpha A = \beta E$ となり，$\alpha = 0$ ならば $\beta = 0$ です．$\alpha \neq 0$ ならば $A = kE$ の形をもつので，$A^2 = O$ に代入して $k^2 E = O$, つまり $k = 0$ を得ますが，このとき $A = O$, したがって $\alpha = 0$ となり不合理です．以上より $\alpha = \beta = 0$ が結論されます．
>
> ここに出てくる，$\alpha \neq 0$ から $\alpha = 0$ が導かれる論理は少し tricky に見えるかも知れませんが，$\alpha \neq 0$ の前提のもとでとにかく不合理が示されますから $\alpha = 0$ と結論して構いません．

3.5（ⅰ）より，これを一般化した式，つまり有限個の $A, B, C, \cdots$ に対して
$$f(\alpha A + \beta B + \gamma C + \cdots) = \alpha f(A) + \beta f(B) + \gamma f(C) + \cdots$$
が成り立つことは容易に分る．

他方
$$I = \begin{pmatrix} 1 & 0 \\ 0 & 0 \end{pmatrix},\quad J = \begin{pmatrix} 0 & 1 \\ 0 & 0 \end{pmatrix},\quad K = \begin{pmatrix} 0 & 0 \\ 1 & 0 \end{pmatrix},\quad L = \begin{pmatrix} 0 & 0 \\ 0 & 1 \end{pmatrix}$$
とおいて，$A = \begin{pmatrix} a & b \\ c & d \end{pmatrix} = aI + bJ + cK + dL$ と表わすと，初めに述べたことから $f(A) = af(I) + bf(J) + cf(K) + df(L)$ となる．したがって
$$f(I) = f(L) = \frac{1}{2} \cdots \text{①},\quad f(J) = f(K) = 0 \cdots \text{②}$$

を示せば $f(A) = \frac{1}{2}\operatorname{Tr} A$ であることがいえる．

まず $I + L = E$ なので (i), (iii) より
$$1 = f(E) = f(I + L) = f(I) + f(L) \cdots ③$$
である．また，p, q を 0 でない実数とすると
$$\begin{pmatrix} 0 & p \\ 0 & 0 \end{pmatrix}\begin{pmatrix} 0 & q \\ \frac{1}{p} & 0 \end{pmatrix} = I, \qquad \begin{pmatrix} 0 & q \\ \frac{1}{p} & 0 \end{pmatrix}\begin{pmatrix} 0 & p \\ 0 & 0 \end{pmatrix} = L$$
であるから，(ii) より $f(I) = f(L)$ である．これと③より①が直ちに得られる．

同様に $pq \neq 0$ とする．
$$\begin{pmatrix} p & q \\ 0 & 0 \end{pmatrix}\begin{pmatrix} 0 & \frac{1}{p} \\ 0 & 0 \end{pmatrix} = J, \qquad \begin{pmatrix} 0 & \frac{1}{p} \\ 0 & 0 \end{pmatrix}\begin{pmatrix} p & q \\ 0 & 0 \end{pmatrix} = O,$$
$$\begin{pmatrix} 0 & 0 \\ p & q \end{pmatrix}\begin{pmatrix} 0 & 0 \\ \frac{1}{q} & 0 \end{pmatrix} = K, \qquad \begin{pmatrix} 0 & 0 \\ \frac{1}{q} & 0 \end{pmatrix}\begin{pmatrix} 0 & 0 \\ p & q \end{pmatrix} = O$$
であり，(i) より $f(O) = f(A - A) = f(A) - f(A) = 0$ である．したがって上式と(ii)より
$$f(J) = f(O) = 0, \quad f(K) = f(O) = 0$$
となり②が示された．

逆に $f(A) = \frac{1}{2}\operatorname{Tr} A$ とする．

(i), (iii) は明らかに成り立ち，$A = \begin{pmatrix} a & b \\ c & d \end{pmatrix}$, $B = \begin{pmatrix} p & q \\ r & s \end{pmatrix}$ に対して
$$f(AB) = f(BA) = \frac{1}{2}(ap + br + cq + ds)$$
となり，(ii) も成立する．

以上より $f(A) = \frac{1}{2}\operatorname{Tr} A$ である ∎

注意 数字の 0 と零行列の O を混同しないようにしましょう．

$PQ = I, QP = L, RS = J, SR = O, TU = K, UT = O$ をみたす特別な行列 $P, Q \cdots$ は，もちろん，多少の計算を経て得られるもので，パッと見つけたわけではありません．しかし，そのプロセスを答案として書いておく必要はありません．もちろん，叙述していても構いません．どうやって因数分解したかを記述しないのと同じです．

入試の答案としては②を示したところまででよいかも知れません．しかし，ここまでの議論で主張できることは，(i)〜(iii) をみたす写像 f が存在するならばそれは $f(A) = \frac{1}{2}\operatorname{Tr} A$ である，ということであって，そのような f が存在するのか，また，$\frac{1}{2}\operatorname{Tr} A$ が(i)〜(iii)を実際にみたすか，ということについては何も主張されていません．この点に対する議論が最後の数行に対応しています．上で述べたように，答案としてはなくてもよいかもしれませんが，問題の内容 (主旨) に対して数学的に誠実な議

論を心がけるならば省くことはできない議論であると思います．

3.6 (1) $\mathrm{Tr}\,(AB) = \mathrm{Tr}\,(BA)$ は 3.4 (1) と同じなので省略する．

上式を用いると
$$\mathrm{Tr}\,(B^{-1}AB) = \mathrm{Tr}\,(AB \cdot B^{-1}) = \mathrm{Tr}\,A$$
が得られる■

(2) c が定数のとき，一般に $\mathrm{Tr}\,(cA) = c\mathrm{Tr}\,A$ は明らかである．よって $AB = \lambda BA$ つまり $A = \lambda BAB^{-1}$ より $\mathrm{Tr}\,A = \mathrm{Tr}\,(\lambda BAB^{-1}) = \lambda \mathrm{Tr}\,(AB^{-1} \cdot B) = \lambda \mathrm{Tr}\,A$ が得られ，したがって $(\lambda-1)\mathrm{Tr}\,A = 0$ となるが，$\lambda \neq 1$ だから $\mathrm{Tr}\,A = 0$ である■

同様に $B = \lambda A^{-1}BA$ と $\lambda \neq 1$ に注意すると，$\mathrm{Tr}\,B = \mathrm{Tr}\,(\lambda A^{-1}BA) = \lambda \mathrm{Tr}\,B$ より $\mathrm{Tr}\,B = 0$ が得られる■

(3) $AB = \lambda BA$ より
$$\begin{aligned}A^2 \cdot B^2 &= A \cdot AB \cdot B = A(\lambda BA)B = \lambda \cdot AB \cdot AB = \lambda(\lambda BA)(\lambda BA) \\ &= \lambda^3 B \cdot AB \cdot A = \lambda^3 B(\lambda BA)A = \lambda^4 B^2 A^2\end{aligned}$$
が得られる■

次に，上の結果と (1) より $(\lambda^4-1)\mathrm{Tr}\,(A^2B^2) = 0$ となる．他方，(2) の結果とケーリー・ハミルトンの定理により $A^2 = -\alpha E$, $B^2 = -\beta E$ であり，条件より $\alpha = \det A \neq 0$, $\beta = \det B \neq 0$ であるから
$$\mathrm{Tr}\,(A^2B^2) = \mathrm{Tr}\,(\alpha\beta E) = 2\alpha\beta \neq 0$$
である．よって $\lambda^4 - 1 = 0$ となり，$\lambda \neq 1$ より $\lambda = -1$ を得る■

(4) $A^2 = -\alpha E$, $B^2 = -\beta E$ と $AB = -BA$ より
$$\begin{aligned}(AB)^{2n} &= (ABAB)^n = (BABA)^n = \{B(-BA)A\}^n = (-B^2A^2)^n \\ &= (-1)^n\{(-\alpha E)(-\beta E)\}^n = (-1)^n \alpha^n \beta^n E = (-\alpha\beta)^n E\end{aligned}$$
である■

3.7 (1) $A_\ell X = A_\ell A_1 + A_\ell A_2 + \cdots + A_\ell A_n$ の各項は，条件より $A_1, \cdots, A_n$ のいずれかである．したがって，$i \neq j$ ならば $A_\ell A_i \neq A_\ell A_j$ であることを示せば，$\{A_\ell A_1, A_\ell A_2, \cdots, A_\ell A_n\}$ は集合として $\{A_1, A_2, \cdots, A_n\}$ に等しいことになり，$A_\ell X = X$ が結論できる．

さて，A_ℓ^{-1} は存在するので，もし $A_\ell A_i = A_\ell A_j$ ならば左から A_ℓ^{-1} をかけて $A_i = A_j$ となるから，$i \neq j$ ならば $A_\ell A_i \neq A_\ell A_j$ である．よって主張は成り立つ■

(2) (1) より $A_1 X = X$, $A_2 X = X$, $\cdots$, $A_n X = X$ で，これらを加えると
$$X^2 = nX \cdots ①$$
が得られる．

ここで，もし $\det X \neq 0$ ならば X^{-1} が存在するから，$A_\ell X = X$ ($\ell = 1, 2, \cdots, n$) の右から X^{-1} をかけて $A_\ell = E$ ($\ell = 1, 2, \cdots, n$) となり，$A_1, \cdots, A_n$ が互いに異なることに反する．したがって $\det X = 0$ であるから，① とケーリー・ハミルトンの定理より
$$X^2 = nX = (\mathrm{Tr}\,X)X, \text{ つまり } (\mathrm{Tr}\,X - n)X = O$$
となる．よって $\mathrm{Tr}\,X = n$ または $X = O$ であるが，後者の場合 $\mathrm{Tr}\,X = 0$ である．

以上より $\sum_{i=1}^{n} \operatorname{Tr} A_i = \operatorname{Tr}\left(\sum_{i=1}^{n} A_i\right) = \operatorname{Tr} X = n$ または 0 が成り立つ ∎

3.8 (ii) より O は条件をみたす行列の 1 つである．O と A と B を除くと，(ii) より
$$ABAB\cdots AB, \quad ABAB\cdots ABA, \quad BABA\cdots BA, \quad BABA\cdots BAB$$
が条件をみたす行列の候補である．

(ⅰ), (ⅱ) を用いると
$$\underbrace{ABAB\cdots AB}_{n\text{ 個}} = (E - BA)\underbrace{AB\cdots AB}_{n-2\text{ 個}}$$
$$= \underbrace{AB\cdots AB}_{n-2\text{ 個}} - BA^2B\cdots AB = \underbrace{AB\cdots AB}_{n-2\text{ 個}}$$

なので，これをくり返すと $ABAB\cdots AB = AB$ が得られる．これよりさらに
$$ABAB\cdots ABA = ABA = A(E - AB) = A - A^2B = A$$
となる．同様に
$$BABA\cdots BA = BA, \quad BABA\cdots BAB = BAB = B(E - BA) = B$$
が得られる．

以上より，O, A, B, AB, BA が条件をみたす行列として考えられる．

$O = A$ ならば (ⅰ) に矛盾するので $O \neq A$ であり，同様に $O \neq B$ である．

$O = AB$ ならば (ⅰ) より $BA = E$ で，左から B をかけて (ⅱ) を用いると $O = B$ となり，すでに示した $O \neq B$ に反する．よって $O \neq AB$ であり，同様に $O \neq BA$ も示される．

$A = B$ ならば (ⅰ), (ⅱ) は $A^2 = \frac{1}{2}E = O$ となって不合理を生ずるから $A \neq B$ である．

$A = AB$ ならば右から B をかけて (ⅱ) を用いると $AB = O$ となり，上で示した $O \neq AB$ に反するから $A \neq AB$ である．

$A \neq BA, B \neq AB, B \neq BA$ も同様に示される．

最後に，$AB = BA$ ならば左から A をかけて (ⅱ) を用いると $O = ABA$ となるが，$ABA = A$ だったからこれは $O \neq A$ に反し，よって $AB \neq BA$ である．

以上より O, A, B, AB, BA はすべて互いに異なることが分ったので，これらが求める行列である ∎

> **注意** 後半の O, A, B, AB, BA が互いに異なることの証明は，他にもいろいろな道筋が可能でしょう．
>
> 本問では，答が O や A, B で表わされるのではなくて，具体的な行列として求められるものだと思い込んで解き始める人がいるかもしれません．問題文が不親切かもしれませんが，問題の主旨を的確につかむこと自体数学の力量のうちである，という主張にも耳を傾けておきましょう．

3.9 E を単位行列とする．$C_3 = AABA$ において，(ロ) により A を BA で B を AA で置き換えて $C_4 = BABAAABA$ となる．この手続きをくり返すと C_n ($n \geq 3$) は明らかに AA と BA の積になり，さらに AA は $BABA$ に，BA は $AABA$ に置き換えられていくので，

C_n ($n \geq 3$) は $AABA = P$, $Q = BABA$ の積で表わされることになる.

簡単な計算により $Q = E$ であることが分るので, C_n 中の P, Q は自由に交換できることに注意しておく. さて, C_n 中の P, Q の個数をおのおの a_n, b_n とおくと, (ロ) によって

$$P = AABA \text{ は } BABAAABA = QP \text{ に}, \quad Q = BABA \text{ は } AABAAABA = P^2 \text{ に}$$

置き換えられて C_{n+1} がつくられるから, C_{n+1} は P, Q をそれぞれ $a_n + 2b_n$ 個, a_n 個含むことになり

$$a_{n+1} = a_n + 2b_n, \ b_{n+1} = a_n \ \ \text{つまり} \ \ a_{n+1} = a_n + 2a_{n-1} \cdots \text{①}$$

が成り立つ.

ここで, $a_3 = a_4 = 1$ と ① のもとで, すべての a_n ($n \geq 3$) が奇数であることは帰納的に考えて明らかである. このことと $Q = E$ を念頭におくと

$$P = \begin{pmatrix} 1 & 1 \\ 0 & 1 \end{pmatrix}^2 \begin{pmatrix} -1 & 0 \\ 0 & 1 \end{pmatrix} \begin{pmatrix} 1 & 1 \\ 0 & 1 \end{pmatrix} = \begin{pmatrix} -1 & 1 \\ 0 & 1 \end{pmatrix}, \quad P^2 = \begin{pmatrix} -1 & 1 \\ 0 & 1 \end{pmatrix}^2 = E$$

であるから, $C_n = P^{a_n} Q^{b_n} = P = \begin{pmatrix} -1 & 1 \\ 0 & 1 \end{pmatrix}$ となることが分る∎

注意 上の解答以外にもいろいろな解が考えられそうです. たとえば $C_{n+1} = C_{n-1}C_{n-1}C_n$ が成り立つことに気づく人もいるでしょう. もちろん証明は必要です. いずれにしても, 証明の厳密性という点でいろいろなレベルのものが現れそうです.

簡単なものとしてはたとえば

$Q = P^2 = E$ だから, (ロ) は, P を $QP = P$ に, Q を $P^2 = E$ に置きかえることを意味しており, したがって, $C_3 = P$ 以下, $C_4, C_5, \cdots$ すべて P である

といったものが考えられますが, $C_4, C_5, \cdots$ のおのおのが P, Q によってどのように表わされるのか, ということについての説明がないと少し乱暴かもしれません.

C_n を計算して単位行列などを取り除いてある行列 R になったとしましょう. このとき, (ロ) のようなある手続きによって得られる文字列の x, y を A, B で置き換えた C_n からつくられた C_{n+1} と, 同じ手続きで R からつくられた行列が等しくなるとは限らないからです. この点は, A, B がどう与えられるか, 手続きがどのように定められるかによります.

たとえば, A, B は $ABA = E$ をみたすものとし, $z_1 = x$, 手続きは x も y も xy に置き換える, ということにしましょう. たとえば $A = \frac{1}{2}\begin{pmatrix} 1 & -1 \\ 1 & 1 \end{pmatrix}$, $B = \begin{pmatrix} 0 & 2 \\ -2 & 0 \end{pmatrix}$ は $ABA = E$ をみたします. すると

$$C_1 = A, \ C_2 = AB, \ C_3 = ABAB, \cdots \text{ より } C_3 = (ABA)B = B$$

ですが, 手続きにしたがって $C_3 = ABAB$ からつくった C_4 は $ABABABAB =$

$(ABA)B(ABA)B = B^2$, 他方 $C_3 = B$ からつくった C_4 は AB です. 上の例では $B^2 = \begin{pmatrix} -4 & 0 \\ 0 & -4 \end{pmatrix}$, $AB = \begin{pmatrix} 1 & 1 \\ -1 & 1 \end{pmatrix}$ となって両者は一致しません.

上の例からも分るようにあくまで手続き (ロ) にしたがってつくられた z_n から得られる C_n を計算するとどうなるか，という視点を離れないことが大切でしょう.

3.10 (1) $AB = A + B$ より $(A - E)(B - E) = E$ である. ただし E は単位行列とする. 両辺の行列式をとると $\det(A-E) \cdot \det(B-E) = \det E = 1$ なので $\det(A-E) \neq 0$ となり, $A - E$ の逆行列が存在する∎

(2) $\operatorname{Tr} A = \alpha$, $\det A = \beta$ とおくと, 簡単な成分計算により $\det(A-E) = \beta - \alpha + 1$ となる. よって (1) より $\beta - \alpha + 1 \neq 0$ である. さて, ケーリー・ハミルトンの定理より
$$A^2 = \alpha A - \beta E = \alpha(A-E) - (\beta - \alpha + 1)E + E$$
で, これよりさらに $(A-E)(A+E) = \alpha(A-E) - (\beta - \alpha + 1)E$ なので, $(A-E)^{-1}$ を左からかけて
$$A + E = \alpha E - (\beta - \alpha + 1)(A-E)^{-1}$$
が得られる. $\beta - \alpha + 1 \neq 0$ だったから
$$(A-E)^{-1} = \frac{1}{\beta - \alpha + 1} \{-A + (\alpha - 1)E\}$$
で, これと $(A-E)(B-E) = E$ より
$$B = E + (A-E)^{-1} = E + \frac{1}{\beta - \alpha + 1} \{-A + (\alpha - 1)E\}$$
$$= -\frac{1}{\beta - \alpha + 1} A + \frac{\beta}{\beta - \alpha + 1} E$$
を得る. したがって主張は成り立つ∎

注意 (2) は成分計算でも同じようにできます. $A = \begin{pmatrix} a & b \\ c & d \end{pmatrix}$ とおき
$$(A-E)^{-1} = \begin{pmatrix} a-1 & b \\ c & d-1 \end{pmatrix}^{-1} = \frac{1}{(a-1)(d-1) - bc} \begin{pmatrix} d-1 & -b \\ -c & a-1 \end{pmatrix}$$
$$= \frac{1}{ad - bc - (a+d) + 1} \{-A + (a+d-1)E\}$$
と変形して $E + (A-E)^{-1}$ を求めれば, 結論が得られます.

3.11 (1) $AB = BA$ より
$$ap + r = ap + bq, \quad aq + s = p + qc, \quad bp + cr = ar + bs, \quad bq + cs = r + cs$$
が得られ, これらは
$$r = bq, \quad aq + s = p + cq \cdots ①$$
にまとめられる. 他方

$$B = \alpha A + \beta E \Leftrightarrow \begin{pmatrix} p & q \\ r & s \end{pmatrix} = \alpha \begin{pmatrix} a & 1 \\ b & c \end{pmatrix} + \beta \begin{pmatrix} 1 & 0 \\ 0 & 1 \end{pmatrix}$$
$$\Leftrightarrow p = \alpha a + \beta,\ q = \alpha,\ r = b\alpha,\ s = \alpha c + \beta \cdots ②$$

であるから，①のもとで，②をみたす α, β が存在することを示せばよい．

そこで，②の第 1, 2 式をみたすように $\alpha = q,\ \beta = p - aq$ にとると，第 3, 4 式はおのおの $r = bq,\ s = qc + p - aq$ となり，これらは①と同じ式である．したがって主張は成り立つ∎

(2) (1) の結果と $AD = DA$ より $D = \alpha A + \beta E$ とおくことができる．これを $CD - DC = O$ に代入してまとめると $\alpha(AC - CA) = O$ が得られる．

$\alpha \neq 0$ ならば $AC = CA$ である．

$\alpha = 0$ のときは，$D = \beta E$ より

$$\begin{pmatrix} u & 1 \\ v & w \end{pmatrix}\begin{pmatrix} a & b \\ c & d \end{pmatrix} - \begin{pmatrix} a & b \\ c & d \end{pmatrix}\begin{pmatrix} u & 1 \\ v & w \end{pmatrix} = \beta \begin{pmatrix} 1 & 0 \\ 0 & 1 \end{pmatrix}$$

である．両辺の $(1,1)$ 成分と $(2,2)$ 成分に注目すると

$$ua + c - au - bv = vb + dw - c - dw = \beta,\ \text{つまり}\ c - bv = -(c - bv) = \beta$$

となり，結局，$c - bv = \beta = 0$ が得られる．

よって $D = AC - CA = O$，つまり $AC = CA$ となる．

以上より $AC = CA$ が成り立つ∎

> **注意** (1) では，A の $(1,2)$ 成分 $= 1$ という特殊な場合に対する証明をしているわけですから，(2) で $D = \alpha A + \beta E$ とおくことができますが，$CD = DC$ だからといって D が C と E の一次式で表わされることまでは主張できません．ただし，前にも述べましたが，A の $(1,2)$ 成分が 1 でなくて任意の実数でも (1) の内容は成立します．証明は上の解答より少々煩雑になりますが，本質的には同じなので考えてみてください．一般の場合を前提にすれば，$AD = DA, CD = DC$ より $A = \alpha D + \beta E,\ C = \gamma D + \delta E$ とおくことができますから，$AC = CA$ は直ちに得られます．

3.12 $A = O$ のとき主張は自明なので，$A \neq O$，よって $m \geqq 2$ とする．$A^2 = O$ ならば $A^m = O$ は当たり前なので，$A^m = O$ をみたす $m\ (\geqq 2)$ が存在するとき $A^2 = O$ であることを示す．

$A^m = O$ より $0 = \det A^m = (\det A)^m$ だから $\det A = 0$ である．よって $\operatorname{Tr} A = \alpha$ とおくと，ケーリー・ハミルトンの定理より $A^2 = \alpha A$ である．これより $A^3 = \alpha A^2 = \alpha^2 A,\ A^4 = \alpha^2 A^2 = \alpha^3 A,\ \cdots,\ A^m = \alpha^{m-1} A$ となる．よって $A^m = O$ より $\alpha^{m-1} A = O$ で，$A \neq O$ だったから $\alpha = 0$，したがって $A^2 = \alpha A = O$ が得られる∎

3.13 $X^n = A$ をみたす X が存在するとする．$\det A = 0$ より $(\det X)^n = 0$，つまり $\det X = 0$ である．したがって $\operatorname{Tr} X = \alpha$ とおくと $X^2 = \alpha X$ で，これより $X^n = \alpha^{n-1} X$ となる．よって $X^n = A$ より $A = \alpha^{n-1} X$ となるので

$$\operatorname{Tr} A = \operatorname{Tr}(\alpha^{n-1} X) = \alpha^{n-1} \operatorname{Tr} X = \alpha^{n-1} \cdot \alpha = \alpha^n$$

276

である．

もし $\alpha = 0$ ならば $A = \alpha^{n-1}X = 0 \cdot X = O$ となり $A \neq O$ に反する．したがって $\alpha^n = \operatorname{Tr} A \neq 0$ が得られる．

$A = \begin{pmatrix} a & b \\ c & d \end{pmatrix}$ とおく．ただし $\operatorname{Tr} A = a + d \neq 0$, $\det A = ad - bc = 0$ とする．n は 3 以上の奇数なので $(\operatorname{Tr} A)^{\frac{1}{n}}$ は実数である．これを γ とおくと $\gamma \neq 0$ である．

そこで $X = \dfrac{1}{\gamma^{n-1}} A$ とおくと，$\det A = 0$ より $\det X = 0$ で，$\operatorname{Tr} X = \dfrac{1}{\gamma^{n-1}} \operatorname{Tr} A = \dfrac{\gamma^n}{\gamma^{n-1}} = \gamma$ だから $X^2 = \gamma X$ であり，これより $X^n = \gamma^{n-1} X = \gamma^{n-1} \dfrac{1}{\gamma^{n-1}} A = A$ となり，たしかに $X^n = A$ をみたす X は存在する．

以上より主張は成り立つ ∎

3.14 $A^n = A^{n-1}$ より $A^{n-1}(A - E) = O$ である．

もし $\det A \neq 0$ ならば A^{-1} が存在し，よって $(A^{-1})^{n-1}$ を条件式にかけることで $A - E = O$ が得られ，これは条件に反する．よって $\det A = 0$ である ∎

そこで $\operatorname{Tr} A = \alpha$ とおくと，$A^2 = \alpha A$ で，これより任意の m に対して $A^m = \alpha^{m-1} A$ となるので，$A^n = A^{n-1}$ より $\alpha^{n-2}(\alpha - 1) A = O$ が得られる．$A^n = \alpha^{n-1} A \neq O$ より $\alpha \neq 0$, $A \neq O$ であるから，結局 $\alpha = 1$ となり，よって $\operatorname{Tr} A = 1$ である ∎

> **注意** A の例としては，たとえば $A = \dfrac{1}{4} \begin{pmatrix} 1 & \sqrt{3} \\ \sqrt{3} & 3 \end{pmatrix}$ があります．
>
> もし $\det(A - E) \neq 0$ なら $A^{n-1}(A - E) = O$ から $A^{n-1} = O$ が得られ，$A^n = O$ となって条件に反するので $\det(A - E) = 0$ です．この式を具体的に表わすと $\det A - \alpha + 1 = 0$ であることは容易に分かりますから，$\det A = 0$ を示しておけば $\alpha = 1$ はここから直ちに得られます．

3.15 (1) $B = \begin{pmatrix} x & y \\ z & u \end{pmatrix}$ とおく．B^{-1} が存在するという前提のもとで

$B^{-1}AB = \begin{pmatrix} 1 & p \\ 0 & 1 \end{pmatrix} \Leftrightarrow \begin{pmatrix} 3 & 2 \\ -2 & -1 \end{pmatrix} \begin{pmatrix} x & y \\ z & u \end{pmatrix} = \begin{pmatrix} x & y \\ z & u \end{pmatrix} \begin{pmatrix} 1 & p \\ 0 & 1 \end{pmatrix}$

$\Leftrightarrow 3x + 2z = x, \ 3y + 2u = px + y,$
$\quad -2x - z = z, \ -2y - u = pz + u$
$\Leftrightarrow z = -x, \ u = \dfrac{1}{2} px - y$

である．このとき

$\det B = xu - yz = \dfrac{1}{2} px^2 - xy + xy = \dfrac{1}{2} px^2$

だから，$px \neq 0$ をみたす p, x, および任意の実数 y を用いて $B = \begin{pmatrix} x & y \\ -x & \dfrac{1}{2} px - y \end{pmatrix}$ とお

くと，$B^{-1}AB = \begin{pmatrix} 1 & p \\ 0 & 1 \end{pmatrix}$ がたしかに成り立つ ∎

(2) (1) の B を用いると
$$\begin{pmatrix} 1 & p \\ 0 & 1 \end{pmatrix}^n = (B^{-1}AB)^n = B^{-1}AB \cdot B^{-1}AB \cdots B^{-1}AB = B^{-1}A^n B$$

となる．したがって，もし $A^n = E$ ならば $\begin{pmatrix} 1 & p \\ 0 & 1 \end{pmatrix}^n = B^{-1}EB = E$ が成り立たねばならない．ここで $\begin{pmatrix} 1 & p \\ 0 & 1 \end{pmatrix}^n = \begin{pmatrix} 1 & np \\ 0 & 1 \end{pmatrix}$ を仮定すると，これは $n=1$ で成り立ち
$$\begin{pmatrix} 1 & p \\ 0 & 1 \end{pmatrix}^{n+1} = \begin{pmatrix} 1 & np \\ 0 & 1 \end{pmatrix}\begin{pmatrix} 1 & p \\ 0 & 1 \end{pmatrix} = \begin{pmatrix} 1 & (n+1)p \\ 0 & 1 \end{pmatrix}$$

となるので，帰納法により仮定は正しいことになる．よって $\begin{pmatrix} 1 & np \\ 0 & 1 \end{pmatrix} = E$ が得られるが，$p \neq 0$ であったからこれは不合理である．したがって $A^n = E$ となる n は存在しない ∎

> **注意** $\begin{pmatrix} 1 & np \\ 0 & 1 \end{pmatrix} = B^{-1}A^n B$ より $A^n = B \begin{pmatrix} 1 & np \\ 0 & 1 \end{pmatrix} B^{-1}$ で，これから A^n を計算することもでき，$A^n = \begin{pmatrix} 2n+1 & 2n \\ -2n & -2n+1 \end{pmatrix}$ が得られます．ここから $A^n \neq E$ を結論することもできます．

3.16 (1) $P = \begin{pmatrix} x_1 & y_1 \\ x_2 & y_2 \end{pmatrix}$ とおく．$\det P \neq 0$ を前提とすると
$$P^{-1}BP = \begin{pmatrix} 0 & p^2 + bc \\ 1 & 0 \end{pmatrix}$$
$$\Leftrightarrow BP = P \begin{pmatrix} 0 & p^2 + bc \\ 1 & 0 \end{pmatrix}$$
$$\Leftrightarrow \begin{pmatrix} p & b \\ c & -p \end{pmatrix}\begin{pmatrix} x_1 & y_1 \\ x_2 & y_2 \end{pmatrix} = \begin{pmatrix} x_1 & y_1 \\ x_2 & y_2 \end{pmatrix}\begin{pmatrix} 0 & p^2 + bc \\ 1 & 0 \end{pmatrix}$$
$$= \begin{pmatrix} y_1 & (p^2+bc)x_1 \\ y_2 & (p^2+bc)x_2 \end{pmatrix}$$
$$\Leftrightarrow B\vec{x} = \vec{y}, \quad B\vec{y} = (p^2+bc)\vec{x} \cdots ①$$

である．ただし $\vec{x} = \begin{pmatrix} x_1 \\ x_2 \end{pmatrix}$，$\vec{y} = \begin{pmatrix} y_1 \\ y_2 \end{pmatrix}$ とする．ここでケーリー・ハミルトンの定理により

単位行列 E を用いて $B^2 = (p^2+bc)E$ と表わされ，よって $B\vec{x} = \vec{y}$ のとき $B\vec{y} = B^2\vec{x} = (p^2+bc)\vec{x}$ は成り立つから，① は $B\vec{x} = \vec{y}$ と同値である．したがってこれをみたす一次独立な $\vec{x}$ と $\vec{y}$ が存在することを示せばよい（このとき $P^{-1} = [\vec{x}, \vec{y}]^{-1}$ はたしかに存在する）．

さて，$\vec{x}$ と $\vec{y} = B\vec{x}$ が一次独立でないことは
$$\begin{pmatrix} x_1 \\ x_2 \end{pmatrix} /\!/ \begin{pmatrix} p & b \\ c & -p \end{pmatrix} \begin{pmatrix} x_1 \\ x_2 \end{pmatrix} = \begin{pmatrix} px_1 + bx_2 \\ cx_1 - px_2 \end{pmatrix},$$
つまり
$$x_1(cx_1 - px_2) - x_2(px_1 + bx_2) = cx_1^2 - 2px_1x_2 - bx_2^2 = 0 \cdots ②$$
が成り立つことである．よって $cx_1^2 - 2px_1x_2 - bx_2^2 \neq 0 \cdots ③$ をみたす $\begin{pmatrix} x_1 \\ x_2 \end{pmatrix} \neq 0$ が存在することを示せばよい．

B が E の実数倍になるのは $b = c = p = 0$ のときに限るので，以下そうでない場合を考える．

$b \neq 0$ のとき，② は $bx_2^2 + 2px_1x_2 - cx_1^2 = 0$ なので，$p^2 + bc < 0$ ならばこれをみたす実数 x_1, x_2 は存在しない，つまり ③ は常に成り立つ．$p^2 + bc \geqq 0$ ならば ② をみたす x_1, x_2 は $x_2 = \dfrac{-p \pm \sqrt{p^2 + bc}}{b} x_1$ をみたすものに限るので，これ以外の x_1, x_2 （ただし $x_1^2 + x_2^2 \neq 0$）をとれば ③ は成り立つ．

$c \neq 0$ のときも上と同様の議論ができる．

$p \neq 0$, $b = c = 0$ のとき ② は $x_1x_2 = 0$ だから $x_1x_2 \neq 0$ をみたす x_1, x_2 をとれば ③ は成り立つ．

以上により ③ をみたす $\begin{pmatrix} x_1 \\ x_2 \end{pmatrix}$ ($\neq \vec{0}$) は存在し，したがって主張は成り立つことが分かった ∎

(2)　$A = \begin{pmatrix} a & b \\ c & d \end{pmatrix}$, $\operatorname{Tr} A = \alpha$, $\det A = \beta$ とおく．A は E の実数倍ではないから
$$A - \frac{\alpha}{2}E = \begin{pmatrix} a & b \\ c & d \end{pmatrix} - \frac{a+d}{2}\begin{pmatrix} 1 & 0 \\ 0 & 1 \end{pmatrix} = \begin{pmatrix} \frac{a-d}{2} & b \\ c & -\frac{a-d}{2} \end{pmatrix}$$
も E の実数倍ではない．よって $\left(\dfrac{a-d}{2}\right)^2 + bc = \dfrac{1}{4}\{(a+d)^2 - 4(ad-bc)\} = \dfrac{1}{4}(\alpha^2 - 4\beta) = \gamma$ とおくと，(1) より $P^{-1}\left(A - \dfrac{\alpha}{2}E\right)P = \begin{pmatrix} 0 & \gamma \\ 1 & 0 \end{pmatrix}$ をみたす P が存在する．

$\operatorname{Tr} A' = \operatorname{Tr} A$, $\det A' = \det A$ なので，まったく同様に $Q^{-1}(A' - \dfrac{\alpha}{2}E)Q = \begin{pmatrix} 0 & \gamma \\ 1 & 0 \end{pmatrix}$ をみたす Q が存在するから
$$P^{-1}\left(A - \frac{\alpha}{2}E\right)P = Q^{-1}\left(A' - \frac{\alpha}{2}E\right)Q = \begin{pmatrix} 0 & \gamma \\ 1 & 0 \end{pmatrix}$$
となり，これより $QP^{-1}APQ^{-1} = A'$，つまり $(PQ^{-1})^{-1}A(PQ^{-1}) = A'$ が得られる．よって PQ^{-1} をあらためて P とおくと結論が得られる ∎

注意 (2) は, (1) を利用せず次のように示すこともできますが, $\mathrm{Tr}\,(P^{-1}AP) = \mathrm{Tr}\,A$, $\det(P^{-1}AP) = \det A$ などが充分に頭に定着していないと難しいでしょう. (1) と同じことを行列 A に対して示すことが鍵です.

$\mathrm{Tr}\,A = \alpha$, $\det A = \beta$ とおくと, (1) の証明と同様に $P^{-1}AP = \begin{pmatrix} 0 & -\beta \\ 1 & \alpha \end{pmatrix}$ をみたす P が存在することが示されます. $\mathrm{Tr}\,A' = \alpha$, $\det A' = \beta$ ですから, $Q^{-1}A'Q = \begin{pmatrix} 0 & -\beta \\ 1 & \alpha \end{pmatrix}$ をみたす Q も存在するので, あとは上の解答と同じです.

さて, P の存在は次のように示されます.

P^{-1} が存在することを前提として, $P^{-1}AP = \begin{pmatrix} 0 & -\beta \\ 1 & \alpha \end{pmatrix}$ は

$$A\begin{pmatrix} x_1 & y_1 \\ x_2 & y_2 \end{pmatrix} = \begin{pmatrix} x_1 & y_1 \\ x_2 & y_2 \end{pmatrix}\begin{pmatrix} 0 & -\beta \\ 1 & \alpha \end{pmatrix} = \begin{pmatrix} y_1 & -\beta x_1 + \alpha y_1 \\ y_2 & -\beta x_2 + \alpha y_2 \end{pmatrix},$$

つまり

$$A\vec{x} = \vec{y},\quad A\vec{y} = -\beta\vec{x} + \alpha\vec{y}$$

と同じです. この第 1 式とケーリー・ハミルトンの定理を用いると

$$A\vec{y} = A^2\vec{x} = (\alpha A - \beta E)\vec{x} = \alpha A\vec{x} - \beta\vec{x} = \alpha\vec{y} - \beta\vec{x}$$

となり, 第 2 式が得られますから, 結局上の解答と同じように, $A\vec{x} = \vec{y}$ をみたす一次独立な $\vec{x}$, $\vec{y}$ が存在することを示せばよいことになります. あとは各自続けてみてください.

3.17 (1) $\begin{pmatrix} x \\ y \end{pmatrix} = \begin{pmatrix} 1 \\ 0 \end{pmatrix}$ とおくと $\begin{pmatrix} x' \\ y' \end{pmatrix} = \begin{pmatrix} a \\ c \end{pmatrix}$, $\begin{pmatrix} x \\ y \end{pmatrix} = \begin{pmatrix} 0 \\ 1 \end{pmatrix}$ とおくと $\begin{pmatrix} x' \\ y' \end{pmatrix} = \begin{pmatrix} b \\ d \end{pmatrix}$ であるから, 条件により a, b, c, d は整数である.

またこのとき, 任意の整数 x, y に対して x', y' も明らかに整数となる. よって主張は成り立つ ∎

(2) $\det A = ad - bc = \beta$ とおく. $\begin{pmatrix} x \\ y \end{pmatrix} = \dfrac{1}{\beta}\begin{pmatrix} d & -b \\ -c & a \end{pmatrix}\begin{pmatrix} x' \\ y' \end{pmatrix}$ で

$\begin{pmatrix} x' \\ y' \end{pmatrix} = \begin{pmatrix} 1 \\ 0 \end{pmatrix}$ とおくと $\begin{pmatrix} x \\ y \end{pmatrix} = \dfrac{1}{\beta}\begin{pmatrix} d \\ -c \end{pmatrix}$,

$\begin{pmatrix} x' \\ y' \end{pmatrix} = \begin{pmatrix} 0 \\ 1 \end{pmatrix}$ とおくと $\begin{pmatrix} x \\ y \end{pmatrix} = \dfrac{1}{\beta}\begin{pmatrix} -b \\ a \end{pmatrix}$

だから $\dfrac{d}{\beta}, \dfrac{-c}{\beta}, \dfrac{-b}{\beta}, \dfrac{a}{\beta}$ はすべて整数である.

したがって $\dfrac{d}{\beta}\dfrac{a}{\beta} - \dfrac{-b}{\beta}\dfrac{-c}{\beta} = \dfrac{\beta}{\beta^2} = \dfrac{1}{\beta}$ も整数だから, $\beta = \pm 1$ となる.

このとき問題の条件は明らかに成り立つから $ad - bc = \pm 1$ である．∎

3.18 角度 x の回転を表わす行列を $R(x)$ で表わす．問題の 2 式の左辺はそれぞれ
$$E + R(x) + R(2x) + \cdots + R(nx)$$
の $(1, 1)$ 成分と $(2, 1)$ 成分である．ただし E は単位行列である．また，上式の行列を S で表わすことにする．$R(x)$ を単に R とかくと，整数 k に対して $R(kx) = \{R(x)\}^k$ が成り立つから $S = E + R + R^2 + \cdots + R^n$ となる．よって $S(E-R) = (E + R + \cdots + R^n)(E-R) = E - R^{n+1}$ が得られる．

ここで，x は 2π の整数倍ではないから
$$\det(E - R) = \det \begin{pmatrix} 1 - \cos x & \sin x \\ -\sin x & 1 - \cos x \end{pmatrix}$$
$$= (1 - \cos x)^2 + \sin^2 x = 2(1 - \cos x) \neq 0$$
である．したがって，S の $(1, 1)$ 成分と $(2, 1)$ 成分に注目すると
$$S = (E - R^{n+1})(E - R)^{-1}$$
$$= \begin{pmatrix} 1 - \cos(n+1)x & \sin(n+1)x \\ -\sin(n+1)x & 1 - \cos(n+1)x \end{pmatrix}$$
$$\times \frac{1}{2(1 - \cos x)} \begin{pmatrix} 1 - \cos x & -\sin x \\ \sin x & 1 - \cos x \end{pmatrix}$$
$$= \frac{1}{2(1 - \cos x)}$$
$$\times \begin{pmatrix} (1 - \cos x)(1 - \cos(n+1)x) + \sin x \sin(n+1)x & \cdots \\ -(1 - \cos x)\sin(n+1)x + \sin x(1 - \cos(n+1)x) & \cdots \end{pmatrix}$$
となる．ここで
$$2(1 - \cos x) = 2\left(1 - \left(1 - 2\sin^2 \frac{x}{2}\right)\right) = 4\sin^2 \frac{x}{2},$$
$$(1 - \cos x)(1 - \cos(n+1)x) + \sin x \sin(n+1)x$$
$$= 1 - \cos x - \cos(n+1)x + \cos(n+1)x \cos x + \sin(n+1)x \sin x$$
$$= 1 + \cos nx - (\cos x + \cos(n+1)x)$$
$$= 1 + 2\cos^2 \frac{nx}{2} - 1 - 2\cos \frac{n+2}{2}x \cos \frac{n}{2}x$$
$$= 2\cos \frac{n}{2}x \left(\cos \frac{n}{2}x - \cos \frac{n+2}{2}x\right)$$
$$= 2\cos \frac{n}{2}x \cdot (-2) \sin \frac{1}{2}\left(\frac{n}{2} + \frac{n+2}{2}\right)x \cdot \sin \frac{1}{2}\left(\frac{n}{2} - \frac{n+2}{2}\right)x$$
$$= 4\cos \frac{n}{2}x \sin \frac{x}{2} \sin \frac{n+1}{2}x,$$
$$-(1 - \cos x)\sin(n+1)x + \sin x(1 - \cos(n+1)x)$$
$$= -\sin(n+1)x + \sin(n+1)x \cos x + \sin x - \cos(n+1)x \sin x$$
$$= -\sin(n+1)x + \sin x + \sin nx$$
$$= -2\sin \frac{n+1}{2}x \cos \frac{n+1}{2}x + 2\sin \frac{n+1}{2}x \cos \frac{n-1}{2}x$$
$$= 2\sin \frac{n+1}{2}x \left(\cos \frac{n-1}{2}x - \cos \frac{n+1}{2}x\right)$$

$$= 2\sin\frac{n+1}{2}x \cdot (-2)\sin\frac{1}{2}\left(\frac{n-1}{2}+\frac{n+1}{2}\right)x \cdot \sin\frac{1}{2}\left(\frac{n-1}{2}-\frac{n+1}{2}\right)x$$
$$= 4\sin\frac{n}{2}x \sin\frac{n+1}{2}x \sin\frac{x}{2}$$

なので

$$S \text{ の } (1,1) \text{ 成分} = \frac{4\cos\frac{n}{2}x \sin\frac{n+1}{2}x \sin\frac{x}{2}}{4\sin^2\frac{x}{2}} = \frac{\sin\frac{n+1}{2}x \cos\frac{n}{2}x}{\sin\frac{x}{2}},$$

$$S \text{ の } (2,1) \text{ 成分} = \frac{4\sin\frac{n+1}{2}x \sin\frac{n}{2}x \sin\frac{x}{2}}{4\sin^2\frac{x}{2}} = \frac{\sin\frac{n+1}{2}x \sin\frac{n}{2}x}{\sin\frac{x}{2}}$$

となり，結論が得られる∎

注意 第 4 章の問題 4.21 も参照してください．

3.19 (1) $\det A_1 = 1 \neq 0$ である．そこで $\det A_n \neq 0$ を仮定して，条件式の両辺の行列式をとると，$\det A_{n+1}(A_n + 2E) = \det A_{n+1} \cdot \det(A_n + 2E) = \det A_n \neq 0$ より

$$\det A_{n+1} \neq 0, \quad \det(A_n + 2E) \neq 0$$

であるから，帰納法により $\det A_n \neq 0$, $\det A_n + 2E \neq 0$ がいえる．
　したがって主張は成り立つ∎

(2) $A_{n+1}(A_n + 2E) = A_n$ で，$A_n = B_n^{-1}$, $A_{n+1} = B_{n+1}^{-1}$ を代入すると $B_{n+1}^{-1}(B_n^{-1}+2E) = B_n^{-1}$ となる．この両辺の左から B_{n+1}，右から B_n をかけて $B_{n+1} = 2B_n + E$ を得る∎

(3) (2) より
$$B_{n+1} + E = 2(B_n + E) = 2^2(B_{n-1} + E) = \cdots = 2^n(B_1 + E)$$

であり，$B_1 = A_1^{-1} = \begin{pmatrix} 1 & -1 \\ 0 & 1 \end{pmatrix}$ なので

$$B_n = -E + 2^{n-1}\begin{pmatrix} 2 & -1 \\ 0 & 2 \end{pmatrix} = \begin{pmatrix} 2^n - 1 & -2^{n-1} \\ 0 & 2^n - 1 \end{pmatrix}$$

となり，これは $n = 1$ でも成立する．したがって

$$A_n = B_n^{-1} = \frac{1}{(2^n - 1)^2}\begin{pmatrix} 2^n - 1 & 2^{n-1} \\ 0 & 2^n - 1 \end{pmatrix}$$

を得る∎

3.20 (1) $\vec{a}, \vec{b}$ のなす角を θ とおくと

$$(|\vec{a}| + |\vec{b}|)^2 - |\vec{a} + \vec{b}|^2 = 2|\vec{a}||\vec{b}|(1 - \cos\theta) \geqq 0,$$
$$|\vec{a} + \vec{b}|^2 - ||\vec{a}| - |\vec{b}||^2 = 2|\vec{a}||\vec{b}|(1 + \cos\theta) \geqq 0$$

より $|\vec{a}| + |\vec{b}| \geqq |\vec{a} + \vec{b}| \geqq ||\vec{a}| - |\vec{b}||$ は成立する∎

(2) $\vec{a_k} = \frac{1}{2^k}\begin{pmatrix} \cos\theta_k \\ \sin\theta_k \end{pmatrix}$ とおくと $|\vec{a_k}| = \frac{1}{2^k}$, $\vec{c_n} = \sum_{k=0}^{n} \vec{a_k}$ である．

　よって (1) を用いて

$$|\vec{c_n}| = |\vec{a_0} + \vec{a_1} + \cdots + \vec{a_n}|$$
$$\geqq |\vec{a_0}| - |\vec{a_1} + \vec{a_2} + \cdots \vec{a_n}| \geqq |\vec{a_0}| - (|\vec{a_1}| + |\vec{a_2}| + \cdots + |\vec{a_n}|)$$
$$= 1 - \left(\frac{1}{2} + \frac{1}{2^2} + \cdots + \frac{1}{2^n}\right) = 1 - \frac{1}{2} \cdot \frac{1 - \frac{1}{2^n}}{1 - \frac{1}{2}} = \frac{1}{2^n} > 0$$

なので，$\vec{c_n} \neq \vec{0}$ である■

(3) まず $f(x) = \sum_{k=0}^{n} \frac{1}{2^k}(\cos x \cos\theta_k - \sin x \sin\theta_k) = c_n \cos x - s_n \sin x$ である．$f(\alpha) = f(\beta) = 0$ は

$$\left.\begin{array}{l}\cos\alpha \cdot c_n - \sin\alpha \cdot s_n = 0 \\ \cos\beta \cdot c_n - \sin\beta \cdot s_n = 0\end{array}\right\}, \quad \text{つまり} \quad \begin{pmatrix} \cos\alpha & -\sin\alpha \\ \cos\beta & -\sin\beta \end{pmatrix}\vec{c_n} = \vec{0}$$

となり，(2) より $\vec{c_n} \neq \vec{0}$ だったから，$\det\begin{pmatrix} \cos\alpha & -\sin\alpha \\ \cos\beta & -\sin\beta \end{pmatrix} = 0$ でなければならない．

よって $-\cos\alpha\sin\beta + \sin\alpha\cos\beta = \sin(\alpha - \beta) = 0$ となり，$\alpha - \beta$ は π の整数倍である■

3.21 (1) $(*)$ より
$$a + bm = 1 \cdots ①, \quad b + cm = m \cdots ②,$$
$$a + bn = 2 \cdots ③, \quad b + cn = 2n \cdots ④$$

である．

② より $b = m(1-c) \cdots ②'$ で，②' を ① に代入して $a = 1 - m^2(1-c) \cdots ①'$ となる．
同様に ③, ④ より $b = n(2-c) \cdots ④'$，$a = 2 - n^2(2-c) \cdots ③'$ を得る．
①' 〜 ④' は
$$b = m(1-c) = n(2-c) \cdots ⑤,$$
$$a = 1 - m^2(1-c) = 2 - n^2(2-c) \cdots ⑥$$

となり，さらに
$$(m-n)c = m - 2n \cdots ⑤',$$
$$(m+n)(m-n)c = -2n^2 + m^2 + 1 \cdots ⑥'$$

となる．⑤' を ⑥' に代入して $(m+n)(m-2n) = -2n^2 + m^2 + 1$ で，これより $mn = -1$ を得る■

この結果から $m \neq 0$ で，かつ $(*)$ からすぐ分るように $m = n$ はあり得ないから，⑤' および $mn = -1$ より
$$c = \frac{m - 2n}{m - n} = \frac{m + \frac{2}{m}}{m + \frac{1}{m}} = \frac{m^2 + 2}{m^2 + 1}$$

となる．これと ①', ②' より
$$a = 1 - m^2\left(1 - \frac{m^2 + 2}{m^2 + 1}\right) = \frac{2m^2 + 1}{m^2 + 1}, \quad b = m\left(1 - \frac{m^2 + 2}{m^2 + 1}\right) = -\frac{m}{m^2 + 1}$$

が得られる．以上を用いて
$$a + c = \frac{2m^2 + 1 + m^2 + 2}{m^2 + 1} = 3,$$

$$ac - b^2 = \frac{(2m^2+1)(m^2+2) - (-m)^2}{(m^2+1)^2} = 2$$

を得る■

(2) f による $(1,0)$ の像を (X,Y) とおくと, $X=a, Y=b$ なので, ①, ③ と $n = -\dfrac{1}{m}$ により

$$X + mY = 1, \quad X - \frac{Y}{m} = 2 \cdots ⑦$$

となる. ⑦ をみたす $m(\neq 0)$ が存在する条件を求めればよい. ⑦ の第2式より $(X-2)m = Y$ で, $X=2$ なら $Y=0$ だが, このとき第1式をみたす m は存在しない. よって $X \neq 2$ で $m = \dfrac{Y}{X-2}$ となり, これを ⑦ の第1式と $m \neq 0$ に代入することにより

$$Y \neq 0, \quad X + \frac{Y^2}{X-2} = 1$$

が得られる. 以上をまとめると

$$\left(x - \frac{3}{2}\right)^2 + y^2 = \frac{1}{4}, \quad y \neq 0$$

が求める図形として得られる■

注意 (1) の答は,高校の範囲をこえる事柄を用いると直ちに分るのですが,ここでは立ち入りません.知識のつまみ食いほど役に立たないものはないからです.

勉強したい人は大学で使われる本をきちんと読むとよいでしょう.

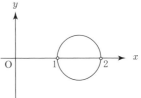

(2) の ⑦ 式

$$X + mY = 1, \quad X - \frac{1}{m}Y = 2$$

は互いに直交する直線で,おのおの定点 $(1,0), (2,0)$ を通ります.このことからも解答の円が得られます.

なお,f を表わす行列を A として,条件 $(*)$ を

$$A \begin{pmatrix} 1 & 1 \\ m & n \end{pmatrix} = \begin{pmatrix} 1 & 2 \\ m & 2n \end{pmatrix}$$

と表わし,$m \neq n$ に注意して A を求め,各成分を a, b, c と比べることで (1) の結論を導くこともできます.

3.22 (1) もし,任意の i に対して $f(\overrightarrow{\mathrm{OA}_i}) = \overrightarrow{\mathrm{OA}_j}, j \neq i$ であるとすると

$$f(\overrightarrow{\mathrm{OA}_j}) = f\left(f(\overrightarrow{\mathrm{OA}_i})\right) = f^2(\overrightarrow{\mathrm{OA}_i}) = \overrightarrow{\mathrm{OA}_i}$$

であるから,A_i と A_j は f によって互いにうつりあうが,5個の点をこのように互いにうつりあう2点の組に分けることはできない.

したがって主張は成り立つ■

(2) (1) の A_k はただ 1 つである.

実際, $f(\overrightarrow{OA_k}) = \overrightarrow{OA_k}$, $f(\overrightarrow{OA_\ell}) = \overrightarrow{OA_\ell}$ ($k \neq \ell$) ならば, $\overrightarrow{OA_k}$ と $\overrightarrow{OA_\ell}$ は一次独立だから f は恒等変換となり条件に反する. したがって A_1 が A_1 自身にうつることに注意すると, A_2 のうつる点は, A_3, A_4, A_5 のいずれかである.

$f(\overrightarrow{OA_2}) = \overrightarrow{OA_3}$ とする. $\overrightarrow{OA_3} = \alpha \overrightarrow{OA_1} + \beta \overrightarrow{OA_2}$ とおくと

$$\overrightarrow{OA_2} = f^2(\overrightarrow{OA_2}) = f(\overrightarrow{OA_3}) = f(\alpha \overrightarrow{OA_1} + \beta \overrightarrow{OA_2})$$
$$= \alpha f(\overrightarrow{OA_1}) + \beta f(\overrightarrow{OA_2}) = \alpha \overrightarrow{OA_1} + \beta \overrightarrow{OA_3}$$
$$= \alpha \overrightarrow{OA_1} + \beta(\alpha \overrightarrow{OA_1} + \beta \overrightarrow{OA_2})$$

となり, $\overrightarrow{OA_1}$, $\overrightarrow{OA_2}$ は一次独立なので $\alpha(1 + \beta) = 0$, $\beta^2 = 1$ である.

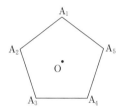

これより, $\alpha = 0$ かつ $\beta = \pm 1$, または $\beta = -1$ を得るが, おのおのの場合, $\overrightarrow{OA_3} = \pm \overrightarrow{OA_2}$, または $\overrightarrow{OA_3} + \overrightarrow{OA_2} = \alpha \overrightarrow{OA_1}$ となって, いずれも不合理である.

よって A_2 が A_3 にうつることはない.

$f(\overrightarrow{OA_2}) = \overrightarrow{OA_4}$ の場合も同様の議論によって不合理を生ずる.

したがって $f(\overrightarrow{OA_2}) = \overrightarrow{OA_5}$ であり, よってさらに $f(\overrightarrow{OA_3}) = \overrightarrow{OA_4}$ となる ∎

> **注意** $f(\overrightarrow{OA_2}) = \overrightarrow{OA_5}$ のときも同じように不合理が導かれるのでは, と考える人がいるかもしれませんが, $\beta = -1$ の場合, $\overrightarrow{OA_2} + \overrightarrow{OA_5} = \alpha \overrightarrow{OA_1}$ は, 適当な α をとると成り立つ式であることに注意してください. 実際は, f が $\overrightarrow{OA_1}$ に関する線対称移動であることはすぐ分るでしょう.

3.23 (1) $\begin{pmatrix} p \\ r \end{pmatrix} = \vec{p}$, $\begin{pmatrix} q \\ s \end{pmatrix} = \vec{q}$ とおく. $\vec{p}$, $\vec{q}$ が一次独立であることを示せばよいが, $\vec{p} \neq \vec{0}$, $\vec{q} \neq \vec{0}$ なので $\vec{p} \not\parallel \vec{q}$ を示す.

もし $\vec{p} \parallel \vec{q}$ ならば, 適当な実数 k を用いて $\vec{q} = k\vec{p}$ と表わすことができるので $A\vec{p} = \vec{q}$, $A\vec{q} = -\vec{p}$ より

$$-\vec{p} = A\vec{q} = A(k\vec{p}) = kA\vec{p} = k\vec{q} = k^2\vec{p}$$

つまり $(k^2 + 1)\vec{p} = \vec{0}$ となるが, $k^2 + 1 \neq 0$, $\vec{p} \neq \vec{0}$ なのでこれは不合理である.

よって $\vec{p} \not\parallel \vec{q}$ が成り立つ ∎

(2) 条件より $A^2\vec{p} = A\vec{q} = -\vec{p}$, $A^2\vec{q} = A(-\vec{p}) = -\vec{q}$ であり, $\vec{p}$, $\vec{q}$ は一次独立だったから, $A = \begin{pmatrix} -1 & 0 \\ 0 & -1 \end{pmatrix}$ である ∎

> **注意** (2) はもう少していねいに書くなら次のようになります.

$\vec{p}, \vec{q}$ は一次独立なので,任意のベクトルを $\vec{x} = \alpha\vec{p} + \beta\vec{q}$ で表わすと, $A^2\vec{p} = -\vec{p}, A^2\vec{q} = -\vec{q}$ より
$$A^2\vec{x} = A^2(\alpha\vec{p} + \beta\vec{q}) = \alpha A^2\vec{p} + \beta A^2\vec{q} = -(\alpha\vec{p} + \beta\vec{q}) = -\vec{x},$$
つまり, A^2 によって任意の $\vec{x}$ が $-\vec{x}$ にうつされるから $A^2 = -\begin{pmatrix} 1 & 0 \\ 0 & 1 \end{pmatrix}$ が結論づけられることになります.

やや技巧的ですが,(1) は次のように考えることもできます.

条件より $A\begin{pmatrix} p & q \\ r & s \end{pmatrix} = \begin{pmatrix} q & -p \\ s & -r \end{pmatrix}$ なので,右から $\begin{pmatrix} s & -q \\ -r & p \end{pmatrix}$ をかけると
$$(ps - qr)A = \begin{pmatrix} qs + pr & -(p^2 + q^2) \\ r^2 + s^2 & -(qs + pr) \end{pmatrix}$$
が得られます.もし $ps - qr = 0$ なら $p^2 + q^2 = r^2 + s^2 = 0$ より $p = q = r = s = 0$ となって条件に反することになり, $ps - qr \neq 0$ が得られます.

さらに (2) は (1) を利用して, $A = \begin{pmatrix} q & -p \\ s & -r \end{pmatrix} \begin{pmatrix} p & q \\ r & s \end{pmatrix}^{-1}$ から直接計算することももちろんできます.

3.24 もし $\vec{v} = \vec{0}$ ならば $\vec{0} = \vec{v} \neq f(\vec{v}) = f(\vec{0}) = \vec{0}$ となり不合理である.よって $\vec{v} \neq \vec{0}$ である.

また $f(\vec{v}) = \vec{0}$ ならば $\vec{v} = f^3(\vec{v}) = f^2(f(\vec{v})) = f^2(\vec{0}) = \vec{0}$ で, $\vec{v} \neq \vec{0}$ に反するから $f(\vec{v}) \neq \vec{0}$ である.

さらにもし $f(\vec{v}) /\!/ \vec{v}$ ならば,適当な実数 k によって $f(\vec{v}) = k\vec{v}$ とおくことができるので, $f^2(\vec{v}) = f(k\vec{v}) = kf(\vec{v}) = k^2\vec{v}$,よってさらに, $\vec{v} = f^3(\vec{v}) = k^2 f(\vec{v}) = k^3\vec{v}$ となり, $k^3 = 1$,つまり $k = 1$ が得られるが,これは $f(\vec{v}) \neq \vec{v}$ に反する.したがって $f(\vec{v}) \not/\!/ \vec{v}$ である.

以上により $\vec{v}$ と $f(\vec{v})$ は一次独立であることが分った.他方
$$f^3(\vec{v}) = \vec{v}, \quad f^3(f(\vec{v})) = f(f^3(\vec{v})) = f(\vec{v})$$
だから, f^3 によって $\vec{v}$ と $f(\vec{v})$ は各々自分自身にうつる.したがって f^3 は恒等変換である. ∎

注意 単位行列を E, f を表わす行列を A とし,$\operatorname{Tr} A = \alpha, \det A = \beta$ とおくと
$$A^3 = A(\alpha A - \beta E) = \alpha(\alpha A - \beta E) - \beta A = (\alpha^2 - \beta)A - \alpha\beta E$$
です.よって $A^3\vec{v} = \vec{v}$ より $(\alpha^2 - \beta)A\vec{v} = (\alpha\beta + 1)\vec{v}$ が得られます.もし $\alpha^2 - \beta \neq 0$ ならば $A\vec{v} = k\vec{v}$ とおけますから,$\vec{v} \neq \vec{0}$ を示しておけば,解答と同様に $k = 1$ となって条件に反するので $\alpha^2 - \beta = 0$,したがってさらに $\alpha\beta + 1 = 0$ と

なります．よって $A^3 = (\alpha^2 - \beta)A - \alpha\beta E = E$ が得られます．

いきなり $A = \begin{pmatrix} a & b \\ c & d \end{pmatrix}$ とおいて力づくの計算を始めるのは得策ではないでしょう．

3.25 (1) $\vec{x} \perp \vec{y}$ とすると $\vec{x} \perp -\vec{y}$ である．よって $f(\vec{x})$ と $f(\vec{y})$ のなす角を α とおくと，$f(\vec{x})$ と $f(-\vec{y}) = -f(\vec{y})$ のなす角は $\pi - \alpha$ で，$(*)$ により $\alpha \leqq \frac{\pi}{2}$, かつ $\pi - \alpha \leqq \frac{\pi}{2}$ となるから $\alpha = \frac{\pi}{2}$ である．

したがって $f(\vec{x}) \perp f(\vec{y})$ となる∎

(2) $\vec{x} = \begin{pmatrix} x \\ y \end{pmatrix}$, $\vec{y} = \begin{pmatrix} -y \\ x \end{pmatrix}$ とおくと (1) より $\begin{pmatrix} ax + by \\ cx + dy \end{pmatrix} \perp \begin{pmatrix} -ay + bx \\ -cy + dx \end{pmatrix}$ が成り立つ．
よって $(ax + by)(-ay + bx) + (cx + dy)(-cy + dx) = 0$ であり，さらにこれをまとめると $(ab + cd)x^2 + (b^2 - a^2 + d^2 - c^2)xy - (ab + cd)y^2 = 0$ となる．

これがすべての $x, y \,(x^2 + y^2 \neq 0)$ に対して成り立つから，(x, y) として $(1, 0)$, $(1, 1)$ を代入すると
$$ab + cd = 0, \quad a^2 + c^2 = b^2 + d^2 \cdots ①$$
でなければならないことが分る．

① が成り立つとき，$\vec{x} = \begin{pmatrix} x_1 \\ x_2 \end{pmatrix} \neq 0$, $\vec{y} = \begin{pmatrix} y_1 \\ y_2 \end{pmatrix} \neq 0$ とおく．さて，$\vec{x}, \vec{y}$ のなす角 θ が $0 \leqq \theta \leqq \frac{\pi}{2}$ をみたすことは $(\vec{x}, \vec{y}) \geqq 0$, つまり $x_1 y_1 + x_2 y_2 \geqq 0 \cdots ②$ で表わされる．

このとき，①，② より
$$\begin{aligned}
(A\vec{x}, A\vec{y}) &= (ax_1 + bx_2)(ay_1 + by_2) + (cx_1 + dx_2)(cy_1 + dy_2) \\
&= (a^2 + c^2)x_1 y_1 + (ab + cd)(x_1 y_2 + x_2 y_1) + (b^2 + d^2)x_2 y_2 \\
&= (a^2 + c^2)(x_1 y_1 + x_2 y_2) \geqq 0
\end{aligned}$$
となり，$(*)$ が成り立つことが分る．以上より求める条件は，$ad - bc \neq 0$ のもとで
$$ab + cd = 0, \quad a^2 + c^2 = b^2 + d^2$$
である∎

(3) $\vec{x} = \begin{pmatrix} x \\ y \end{pmatrix} (x^2 + y^2 > 0)$ とおく．(2) の結果より
$$\begin{aligned}
\frac{|A\vec{x}|^2}{|\vec{x}|^2} &= \frac{(ax + by)^2 + (cx + dy)^2}{x^2 + y^2} \\
&= \frac{(a^2 + c^2)x^2 + 2(ab + cd)xy + (b^2 + d^2)y^2}{x^2 + y^2} = a^2 + c^2
\end{aligned}$$
となり，よってたしかに主張は成り立つ∎

3.26 A, B, C のうち 2 点が自分自身にうつれば，(ii) により必然的に 3 点ともに自分自身にうつることになる．この場合，$\overrightarrow{OA}, \overrightarrow{OB}, \overrightarrow{OC}$ のうち少なくとも 2 つは一次独立だから f は恒等変換となり (iii) に反する．したがって A, B, C のうち，自分自身にうつされるものは 1

個または 0 個であるから，後者の場合があり得ないことを示せばよい．この場合は
$$(f(A), f(B), f(C)) = (B, C, A), \text{ または } (C, A, B)$$
のいずれかである．

A, B, C の像がそれぞれ B, C, A の場合．$\overrightarrow{OA}, \overrightarrow{OB}, \overrightarrow{OC}$ のうちの少なくとも 2 つは一次独立である．その組を $\overrightarrow{OA}, \overrightarrow{OB}$ としても議論は一般性を失わない．そこで $\overrightarrow{OC} = \alpha \overrightarrow{OA} + \beta \overrightarrow{OB}$ とおくと，$f(\overrightarrow{OA}) = \overrightarrow{OB}, f(\overrightarrow{OB}) = \overrightarrow{OC}, f(\overrightarrow{OC}) = \overrightarrow{OA}$ より
$$\overrightarrow{OA} = f(\overrightarrow{OC}) = f(\alpha \overrightarrow{OA} + \beta \overrightarrow{OB}) = \alpha f(\overrightarrow{OA}) + \beta f(\overrightarrow{OB})$$
$$= \alpha \overrightarrow{OB} + \beta \overrightarrow{OC} = \alpha \overrightarrow{OB} + \beta (\alpha \overrightarrow{OA} + \beta \overrightarrow{OB})$$
となる．よって $\alpha\beta = 1, \alpha + \beta^2 = 0$ が得られ，これより $\alpha = \beta = -1$ である．したがって，$\overrightarrow{OC} = -\overrightarrow{OA} - \overrightarrow{OB}$，つまり $\overrightarrow{OA} + \overrightarrow{OB} + \overrightarrow{OC} = \vec{0}$ となるが，これは O が △ABC の重心であることを意味し，(i) に反する．

A, B, C の像が C, A, B の場合も同様の不合理を導くことができ，したがって主張は成り立つ■

3.27 (1) 条件より，$n = 1, 2, \cdots$ に対して
$$f(\overrightarrow{P_{n-1}P_n}) = \overrightarrow{P_n P_{n+1}}, \quad \overrightarrow{P_{n-1}P_n} = \ell \begin{pmatrix} \cos\alpha \\ \sin\alpha \end{pmatrix}$$

であるから $A \begin{pmatrix} \ell\cos\alpha \\ \ell\sin\alpha \end{pmatrix} = \begin{pmatrix} \ell\cos\alpha \\ \ell\sin\alpha \end{pmatrix}$，つまり
$$A \begin{pmatrix} \cos\alpha \\ \sin\alpha \end{pmatrix} = \begin{pmatrix} \cos\alpha \\ \sin\alpha \end{pmatrix} \cdots ①$$

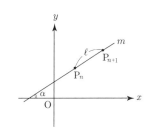

が得られる．また $A \begin{pmatrix} x_0 \\ y_0 \end{pmatrix} = \begin{pmatrix} x_1 \\ y_1 \end{pmatrix} = \begin{pmatrix} x_0 + \ell\cos\alpha \\ y_0 + \ell\sin\alpha \end{pmatrix}$
で，これと ① より
$$A \begin{pmatrix} x_0 & \cos\alpha \\ y_0 & \sin\alpha \end{pmatrix} = \begin{pmatrix} x_0 + \ell\cos\alpha & \cos\alpha \\ y_0 + \ell\sin\alpha & \sin\alpha \end{pmatrix} \cdots ②$$
となる．ここで，もし $x_0 \sin\alpha - y_0 \cos\alpha = 0$，つまり $\begin{pmatrix} x_0 \\ y_0 \end{pmatrix} /\!/ \begin{pmatrix} \cos\alpha \\ \sin\alpha \end{pmatrix}$ ならば，実数 c を用いて $\begin{pmatrix} x_0 \\ y_0 \end{pmatrix} = c \begin{pmatrix} \cos\alpha \\ \sin\alpha \end{pmatrix}$ とおくことができる．このとき，① を用いると
$$\begin{pmatrix} x_1 \\ y_1 \end{pmatrix} = A \begin{pmatrix} x_0 \\ y_0 \end{pmatrix} = cA \begin{pmatrix} \cos\alpha \\ \sin\alpha \end{pmatrix} = c \begin{pmatrix} \cos\alpha \\ \sin\alpha \end{pmatrix} = \begin{pmatrix} x_0 \\ y_0 \end{pmatrix}$$
となって $\ell > 0$ に反する．よって $\begin{pmatrix} x_0 \\ y_0 \end{pmatrix} \not/\!/ \begin{pmatrix} \cos\alpha \\ \sin\alpha \end{pmatrix}$ で，$\begin{pmatrix} x_0 \\ y_0 \end{pmatrix} \neq 0$ は明らかだからこの 2 つのベクトルは一次独立，したがって $\det \begin{pmatrix} x_0 & \cos\alpha \\ y_0 & \sin\alpha \end{pmatrix} \neq 0$ である．

よって ② より

$$A = \begin{pmatrix} x_0 + \ell\cos\alpha & \cos\alpha \\ y_0 + \ell\sin\alpha & \sin\alpha \end{pmatrix} \begin{pmatrix} x_0 & \cos\alpha \\ y_0 & \sin\alpha \end{pmatrix}^{-1}$$

$$= \begin{pmatrix} 1 & 0 \\ 0 & 1 \end{pmatrix} + \frac{\ell}{x_0\sin\alpha - y_0\cos\alpha} \begin{pmatrix} \sin\alpha\cos\alpha & -\cos^2\alpha \\ \sin^2\alpha & -\sin\alpha\cos\alpha \end{pmatrix}$$

が得られる∎

(2)　$\Delta = x_0\sin\alpha - y_0\cos\alpha$ とおく．(1) の結果より

$$\overrightarrow{OQ_1} = \overrightarrow{OQ_0} + \frac{\ell}{\Delta}\begin{pmatrix} \sin\alpha\cos\alpha & -\cos^2\alpha \\ \sin^2\alpha & -\sin\alpha\cos\alpha \end{pmatrix}\begin{pmatrix} u_0 \\ v_0 \end{pmatrix}$$

なので

$$\overrightarrow{Q_0Q_1} = \frac{\ell}{\Delta}\begin{pmatrix} u_0\sin\alpha\cos\alpha - v_0\cos^2\alpha \\ u_0\sin^2\alpha - v_0\sin\alpha\cos\alpha \end{pmatrix} = \ell\,\frac{u_0\sin\alpha - v_0\cos\alpha}{\Delta}\begin{pmatrix} \cos\alpha \\ \sin\alpha \end{pmatrix}$$

である．よって，$\Delta' = u_0\sin\alpha - v_0\cos\alpha$ とおいて，さらに①を用いると

$$\overrightarrow{Q_1Q_2} = A\overrightarrow{Q_0Q_1} = \ell\,\frac{\Delta'}{\Delta}A\begin{pmatrix}\cos\alpha \\ \sin\alpha\end{pmatrix} = \ell\,\frac{\Delta'}{\Delta}\begin{pmatrix}\cos\alpha \\ \sin\alpha\end{pmatrix}$$

で，以下同様に

$$\overrightarrow{Q_0Q_1} = \overrightarrow{Q_1Q_2} = \cdots = \overrightarrow{Q_{n-1}Q_n} = \cdots = \ell\,\frac{\Delta'}{\Delta}\begin{pmatrix}\cos\alpha \\ \sin\alpha\end{pmatrix}$$

が得られる．したがって点列 $\{Q_n\}$ は，Q_0 を通り m に平行な直線上に順次等間隔 $\ell\left|\frac{\Delta'}{\Delta}\right|$ で並ぶことが分る∎

3.28　ℓ の方向ベクトルを $\begin{pmatrix}\ell \\ m\end{pmatrix}$ とおくと，条件 (i),(ii) は

$$\left.\begin{array}{l}\begin{pmatrix}\ell \\ m\end{pmatrix} \neq \vec{0},\quad \begin{pmatrix}k & -1 \\ 0 & 1\end{pmatrix}\begin{pmatrix}\ell \\ m\end{pmatrix} = \begin{pmatrix}k\ell - m \\ m\end{pmatrix} \neq \vec{0}, \\ \begin{pmatrix}\ell \\ m\end{pmatrix} \perp \begin{pmatrix}k\ell - m \\ m\end{pmatrix}\end{array}\right\} \cdots ①$$

をみたすベクトル $\begin{pmatrix}\ell \\ m\end{pmatrix}$ が，定数倍を除いてただ 1 つ存在することと同じである．① の第 3 式より，$\ell(k\ell - m) + m^2 = 0$，つまり $m^2 - \ell m + k\ell^2 = 0$ が得られる．$\ell = 0$ ならば $m = 0$ となって $\begin{pmatrix}\ell \\ m\end{pmatrix} \neq \vec{0}$ に反するから，上式はさらに $\left(\frac{m}{\ell}\right)^2 - \frac{m}{\ell} + k = 0$ となる．

判別式 $= 1 - 4k = 0$，つまり $k = \frac{1}{4}$ のとき，$\frac{m}{\ell} = \frac{1}{2}$ となり，$\begin{pmatrix}\ell \\ m\end{pmatrix} /\!/ \begin{pmatrix}2 \\ 1\end{pmatrix}$ がたしかにただ 1 つ存在する．

$1 - 4k > 0$，つまり $k < \frac{1}{4}$ のとき，上の二次方程式は異なる 2 実解をもつ．その 1 つを α

とすると $\begin{pmatrix} \ell \\ m \end{pmatrix} /\!/ \begin{pmatrix} 1 \\ \alpha \end{pmatrix}$ であり

$$\begin{pmatrix} k & -1 \\ 0 & 1 \end{pmatrix}\begin{pmatrix} 1 \\ \alpha \end{pmatrix} = \vec{0} \Leftrightarrow \begin{cases} k-\alpha = 0 \\ \alpha = 0 \end{cases} \Leftrightarrow k = \alpha = 0$$

が成り立つ．よって $k \neq 0$ ならば (i) をみたす ℓ は 2 本存在する．

$k = 0$ のとき，①の第 3 式は $m(m-\ell) = 0$ となる．$m = 0$, $m = \ell$ のおのおのに対して $\begin{pmatrix} \ell \\ m \end{pmatrix} = \begin{pmatrix} 1 \\ 0 \end{pmatrix}, \begin{pmatrix} 1 \\ 1 \end{pmatrix}$ をとると

$$\begin{pmatrix} 0 & -1 \\ 0 & 1 \end{pmatrix}\begin{pmatrix} 1 \\ 0 \end{pmatrix} = \begin{pmatrix} 0 \\ 0 \end{pmatrix}, \quad \begin{pmatrix} 0 & -1 \\ 0 & 1 \end{pmatrix}\begin{pmatrix} 1 \\ 1 \end{pmatrix} = \begin{pmatrix} -1 \\ 1 \end{pmatrix}$$

となり，前者に対応する直線 $y = 0$ の像は直線にならず，後者の場合，$y = x$ の像は $y = -x$ となる．したがって $k = 0$ は条件 (i), (ii) をみたしている．

以上より $k = \dfrac{1}{4}$, $k = 0$ が得られる ∎

注意 練習 6 (3) に関する注意を想起してください．

3.29 (1) $\overrightarrow{\mathrm{OP}} = \begin{pmatrix} x \\ y \end{pmatrix}$ とおく．$t \geqq 0$ でなければならないのは明らかで，この条件下で

$$\mathrm{OP}' \leqq t\mathrm{OP} \Leftrightarrow \sqrt{(2x+y)^2 + (x+y)^2} \leqq t\sqrt{x^2+y^2}$$
$$\Leftrightarrow (5-t^2)x^2 + 6xy + (2-t^2)y^2 \leqq 0 \cdots ①$$

であり，これがすべての x, y について成立する条件は

$$5 - t^2 < 0, \quad 9 - (5-t^2)(2-t^2) \leqq 0 \cdots ②$$

である．実際，$5-t^2 > 0$ なら y を固定して x を充分大きくとると①は成立しないし，$5-t^2 = 0$ ならば①は $2xy - y^2 \leqq 0$ となり，$(x, y) = (0, 1)$ に対してこれは成り立たない．よって $5 - t^2 < 0$ でなければならず，逆にこのとき，①は $x^2 + \dfrac{6y}{5-t^2}x + \dfrac{2-t^2}{5-t^2}y^2 \geqq 0$ となり，これがすべての x について成り立つ条件 $\left(\dfrac{3}{5-t^2}\right)^2 y^2 - \left(\dfrac{2-t^2}{5-t^2}\right)y^2 \leqq 0$ が，さらにすべての y に対して成り立たなければならないから②の第 2 式が得られる．

さて，②の第 2 式を $t^2 > 5$, $t \geqq 0$ のもとで解くと

$$t^2 \geqq \frac{7 + 3\sqrt{5}}{2} \quad \text{つまり} \quad t \geqq \frac{3 + \sqrt{5}}{2}$$

となる．したがって $t_0 = \dfrac{3+\sqrt{5}}{2}$ を得る ∎

(2) $t = t_0$ となる場合は②の等号が成り立つので，①の左辺が x, y の一次式の平方に因数分解される場合であり，それは

$$\left(x+\frac{3y}{5-t^2}\right)^2=0, \quad \text{つまり} \quad (5-t^2)x+3y=0$$

となる．

$t^2=\dfrac{7+3\sqrt{5}}{2}$ を代入してまとめると直線 $2y-(\sqrt{5}-1)x=0$ が得られる∎

3.30 $\begin{pmatrix} k & 1 \\ 1 & k \end{pmatrix}\begin{pmatrix} 0 \\ 1 \end{pmatrix}=\begin{pmatrix} 1 \\ k \end{pmatrix} \not\parallel \begin{pmatrix} 0 \\ 1 \end{pmatrix}$ なので，y 軸に平行な直線で条件をみたすものはない．そこで，直線を $y=mx+n$ とし，そのベクトル表示を $t\begin{pmatrix} 1 \\ m \end{pmatrix}+\begin{pmatrix} 0 \\ n \end{pmatrix}$ とおくと，f による像は

$$\begin{pmatrix} k & 1 \\ 1 & k \end{pmatrix}\left(t\begin{pmatrix} 1 \\ m \end{pmatrix}+\begin{pmatrix} 0 \\ n \end{pmatrix}\right)=t\begin{pmatrix} k+m \\ 1+km \end{pmatrix}+\begin{pmatrix} n \\ kn \end{pmatrix}$$

である．これがもとの方程式を表わす条件は

$$(n,kn) \text{ が } y=mx+n \text{ 上にあり，かつ } \begin{pmatrix} 1 \\ m \end{pmatrix} \parallel \begin{pmatrix} k+m \\ 1+km \end{pmatrix} \neq \vec{0},$$

つまり

$$n\{k-(m+1)\}=0 \cdots ①, \quad m^2=1 \cdots ②, \quad \begin{pmatrix} k+m \\ 1+km \end{pmatrix}\neq \vec{0} \cdots ③$$

である．

$k=2$ のとき，①，②を解くと，$(m,n)=(-1,0)$ または $(1,\text{任意})$ で，このとき③は成立する．

$k=0$ のとき，①，②より $(m,n)=(1,0)$ または $(-1,\text{任意})$ で，このとき③は成り立つ．

$k\neq 0, 2$ のとき，$(m,n)=(1,0),(-1,0)$ となる．このとき

$$\begin{pmatrix} k+m \\ 1+km \end{pmatrix}=\vec{0} \Leftrightarrow k+m=1+km=0$$
$$\Leftrightarrow (k,m)=(1,-1), \text{ または } (-1,1)$$

であるから，③より $k=1$ のときは $m\neq -1$，$k=-1$ のときは $m\neq 1$ でなければならない．

以上より

$k=0$ のとき，$y=-x+n, y=x$,
$k=2$ のとき，$y=x+n, y=-x$,
$k=1$ のとき，$y=x$,
$k=-1$ のとき，$y=-x$,
$k\neq 0, 2, 1, -1$ のとき，$y=x, y=-x$

が得られる．ただし n は任意の実数である∎

注意 場合分けをきちんとすることが大切です．この場合，k を与えるごとに①〜③

をみたす組 (m, n) がどう決まるのか，という視点から離れないことが肝要でしょう．その意味では，③から出発して，$k = 1$, $k = -1$，その他，という場合分けの方が考えやすいかも知れません．

3.31 (1) $B = \begin{pmatrix} a & b \\ c & d \end{pmatrix}$ とおく．$AB = BA$ より，成分計算を通して $a = d$, $b = c$ が得られるので，$B = \begin{pmatrix} a & b \\ b & a \end{pmatrix}$ となる．条件より $B\begin{pmatrix} 1 \\ 1 \end{pmatrix} = \begin{pmatrix} t \\ t^3 \end{pmatrix}$ だから，$a + b = t = t^3$ で，かつ $f(\mathrm{P}) \neq \mathrm{P}$ より $t \neq 1$ だから，$t = 0, -1$ を得る ∎

(2) (ⅰ) $t = 0$ のとき，$b + a = 0$ より $B = \begin{pmatrix} a & -a \\ -a & a \end{pmatrix}$ である．f によって動かない点 (x, y) は $B\begin{pmatrix} x \\ y \end{pmatrix} = \begin{pmatrix} x \\ y \end{pmatrix}$ を満たす点で

$$B\begin{pmatrix} x \\ y \end{pmatrix} = \begin{pmatrix} x \\ y \end{pmatrix} \Leftrightarrow \begin{pmatrix} ax - ay \\ -ax + ay \end{pmatrix} = \begin{pmatrix} x \\ y \end{pmatrix} \Leftrightarrow \begin{cases} (a-1)x - ay = 0 \\ ax - (a-1)y = 0 \end{cases}$$

が成り立つ．$\begin{pmatrix} a-1 \\ -a \end{pmatrix} \neq \vec{0}$, $\begin{pmatrix} a \\ -(a-1) \end{pmatrix} \neq \vec{0}$ に注意すると，上の連立方程式で表わされる (x, y) の全体が直線を表わす条件は，両者が同じ直線を表わすこと，つまり $\begin{pmatrix} a-1 \\ -a \end{pmatrix} /\!/ \begin{pmatrix} a \\ -(a-1) \end{pmatrix}$ である．これより $-(a-1)^2 + a^2 = 0$，よって $a = \frac{1}{2}$ となり，$B = \begin{pmatrix} \frac{1}{2} & -\frac{1}{2} \\ -\frac{1}{2} & \frac{1}{2} \end{pmatrix}$ が得られる ∎

(ⅱ) $t = -1$ のとき，(ⅰ) と同様に $B = \begin{pmatrix} a & -a-1 \\ -a-1 & a \end{pmatrix}$ で

$$B\begin{pmatrix} x \\ y \end{pmatrix} = \begin{pmatrix} x \\ y \end{pmatrix} \Leftrightarrow \begin{cases} (a-1)x - (a+1)y = 0 \\ -(a+1)x + (a-1)y = 0 \end{cases}$$

より $(a-1)^2 - (a+1)^2 = 0$, つまり $a = 0$ となり，$B = \begin{pmatrix} 0 & -1 \\ -1 & 0 \end{pmatrix}$ を得る ∎

注意 $A\begin{pmatrix} 1 \\ 1 \end{pmatrix} = \begin{pmatrix} 1 \\ 1 \end{pmatrix}$ であることに気づけば，$B\begin{pmatrix} 1 \\ 1 \end{pmatrix} = \begin{pmatrix} t \\ t^3 \end{pmatrix}$ と $AB = BA$ より

$$AB\begin{pmatrix} 1 \\ 1 \end{pmatrix} = BA\begin{pmatrix} 1 \\ 1 \end{pmatrix} \text{ つまり } A\begin{pmatrix} t \\ t^3 \end{pmatrix} = \begin{pmatrix} t \\ t^3 \end{pmatrix}$$

が得られ，$3t - 2t^3 = t$, $-2t + 3t^3 = t^3$ より $t^3 = t$ が得られます．

なお，問題 3.11 の注意で述べたことを用いると，$B = \alpha A + \beta E$ とおくことができますから，$\begin{pmatrix} t \\ t^3 \end{pmatrix} = B\begin{pmatrix} 1 \\ 1 \end{pmatrix} = (\alpha A + \beta E)\begin{pmatrix} 1 \\ 1 \end{pmatrix} = (\alpha + \beta)\begin{pmatrix} 1 \\ 1 \end{pmatrix}$ より $t = t^3 = \alpha + \beta$ を得ることもできます．

3.32 (1) 定義により，任意の x に対して
$$f(\vec{x}) = k\vec{x}, \quad g(\vec{x}) = \vec{x} + \vec{u} \cdots ①$$
である．よって
$$(g \circ f)(\vec{x}) = g(f(\vec{x})) = g(k\vec{x}) = k\vec{x} + \vec{u} \cdots ②$$
であるから，$\vec{u} \neq \vec{0}$ に注意すると，一般に実数 c に対して
$$(g \circ f)(c\vec{x}) = kc\vec{x} + \vec{u} \neq c(k\vec{x} + \vec{u}) = c(g \circ f)(\vec{x})$$
となる．したがって $g \circ f$ は一次変換ではない∎

(2) ① より $(f \circ g)(\vec{x}) = f(g(\vec{x})) = f(\vec{x} + \vec{u}) = k(\vec{x} + \vec{u})$ だから，これと ② より，$g \circ f = f \circ g$ である条件は $\vec{u} = k\vec{u}$，つまり $k = 1$ である∎

(3) 条件は
$$\overrightarrow{AP'} = k\overrightarrow{AP} \Leftrightarrow \overrightarrow{OP'} - \overrightarrow{OA} = k(\overrightarrow{OP} - \overrightarrow{OA})$$
$$\Leftrightarrow (g \circ f)(\overrightarrow{OP}) - \overrightarrow{OA} = k(\overrightarrow{OP} - \overrightarrow{OA})$$
$$\Leftrightarrow k\overrightarrow{OP} + \vec{u} - \overrightarrow{OA} = k\overrightarrow{OP} - k\overrightarrow{OA}$$
であり，これが任意の P に対して成り立つ条件は $\vec{u} - \overrightarrow{OA} = -k\overrightarrow{OA}$ である．$k \neq 1$ に注意すると，これより $\overrightarrow{OA} = \dfrac{1}{1-k}\vec{u}$ をみたす A をとれば $\overrightarrow{AP'} = k\overrightarrow{AP}$ が成り立つことが分る．

よって主張は成立する∎

(4) ベクトル $\vec{p}$ と $\vec{\ell} \neq \vec{0}$，およびパラメータ t で表わされる直線 $\vec{p} + t\vec{\ell}$ の $g \circ f$ による像は，② より
$$(g \circ f)(\vec{p} + t\vec{\ell}) = k(\vec{p} + t\vec{\ell}) + \vec{u} = tk\vec{\ell} + k\vec{p} + \vec{u}$$
で表わされ，$k \neq 0$ だからこれはもとの直線と平行で，かつ $\vec{u} + k\vec{p}$ で表わされる点を通る直線である．よってこれがもとの直線と一致する条件は，$\vec{u} + k\vec{p}$ がもとの直線上の点であること，つまり

適当な t_0 をとると，$\vec{p} + t_0 \vec{\ell} = \vec{u} + k\vec{p} \cdots ③$ が成り立つ

ことである．

$k = 1$ ならば ③ は $t_0 \vec{\ell} = \vec{u}$ であるから，求める直線は $\vec{u}$ に平行な任意の直線である．

$k \neq 1$ のとき，③ は (3) の A を用いると $\vec{p} = \overrightarrow{OA} - \dfrac{t_0}{1-k}\vec{\ell}$ となり，このとき
$$\vec{p} + t\vec{\ell} = \overrightarrow{OA} - \dfrac{t_0}{1-k}\vec{\ell} + t\vec{\ell} = \overrightarrow{OA} + \left(t - \dfrac{t_0}{1-k}\right)\vec{\ell}$$
だから，求める直線は (3) の点 A を通る任意の直線である．

以上より自分自身にうつる直線は，$\vec{u}$ に平行な直線，または (3) の点 A を通る直線である∎

3.33 ℓ_i の方向ベクトルを $\vec{\ell_i}$ とする．ただし $i=1,2,3$ である．条件は
$$(\vec{\ell_1}, f(\vec{\ell_1}))=0, \quad (\vec{\ell_2}, f(\vec{\ell_2}))=0, \quad (\vec{\ell_3}, f(\vec{\ell_3}))=0 \cdots ①$$
で表わされる．$\vec{\ell_i}$ ($i=1,2,3$) のどの2つも一次独立であるから $\vec{\ell_3}=\alpha\vec{\ell_1}+\beta\vec{\ell_2}$ とおいて ① を用いると
$$\begin{aligned}0=(\vec{\ell_3}, f(\vec{\ell_3}))&=(\alpha\vec{\ell_1}+\beta\vec{\ell_2}, f(\alpha\vec{\ell_1}+\beta\vec{\ell_2}))\\&=(\alpha\vec{\ell_1}+\beta\vec{\ell_2}, \alpha f(\vec{\ell_1})+\beta f(\vec{\ell_2}))\\&=\alpha\beta\{(\vec{\ell_1}, f(\vec{\ell_2}))+(\vec{\ell_2}, f(\vec{\ell_1}))\}\end{aligned}$$
となる．

ここで，$\alpha=0$ なら $\vec{\ell_3}=\beta\vec{\ell_2}$，つまり $\vec{\ell_3}\parallel\vec{\ell_2}$ となって条件に反するから，$\alpha\neq0$ であり，同様に $\beta\neq0$ である．したがって
$$(\vec{\ell_1}, f(\vec{\ell_2}))+(\vec{\ell_2}, f(\vec{\ell_1}))=0 \cdots ②$$
が得られる．

さて，任意の直線の方向ベクトルを $\vec{\ell}\neq\vec{0}$ とし，$\vec{\ell}=\lambda\vec{\ell_1}+\mu\vec{\ell_2}$ で表わすと，① の第1, 2式および ② により
$$\begin{aligned}&(\vec{\ell}, f(\vec{\ell}))\\&=(\lambda\vec{\ell_1}+\mu\vec{\ell_2}, f(\lambda\vec{\ell_1}+\mu\vec{\ell_2}))=(\lambda\vec{\ell_1}+\mu\vec{\ell_2}, \lambda f(\vec{\ell_1})+\mu f(\vec{\ell_2}))\\&=\lambda^2(\vec{\ell_1}, f(\vec{\ell_1}))+\lambda\mu\{(\vec{\ell_1}, f(\vec{\ell_2}))+(\vec{\ell_2}, f(\vec{\ell_1}))\}+\mu^2(\vec{\ell_2}, f(\vec{\ell_2}))\\&=0\end{aligned}$$
となる．f は逆変換をもつから $f(\vec{\ell})\neq\vec{0}$ であることに注意すると，上式より主張が成り立つことが分る▮

3.34 (1) $A\begin{pmatrix}0\\1\end{pmatrix}=\begin{pmatrix}a-2\\1\end{pmatrix}\perp\begin{pmatrix}0\\1\end{pmatrix}$ となることはないから，y 軸に平行な直線で性質Pをもつものは存在しない．そこで，Pをみたす直線の方向ベクトルを $\begin{pmatrix}1\\x\end{pmatrix}$ とおくと
$$\begin{pmatrix}1\\x\end{pmatrix}\perp A\begin{pmatrix}1\\x\end{pmatrix}=\begin{pmatrix}a+(a-2)x\\1+x\end{pmatrix}$$
となる．ただし $\det A=2\neq0$，$\begin{pmatrix}1\\x\end{pmatrix}\neq\vec{0}$ なので $A\begin{pmatrix}1\\x\end{pmatrix}\neq\vec{0}$ は保障されている．さて上式は，$a+(a-2)x+x(1+x)=0$，つまり
$$x^2+(a-1)x+a=0 \cdots ①$$
と同値であり，問題の直線 ℓ が存在する条件は ① が実数解をもつこと，つまり $(a-1)^2-4a\geq0$ である．これを解いて $a\geq3+2\sqrt{2}$ または $a\leq3-2\sqrt{2}$ が得られる▮

(2) 性質Pをもつ2本の直線の方向ベクトルを $\begin{pmatrix}1\\\ell\end{pmatrix}, \begin{pmatrix}1\\m\end{pmatrix}$ とおく．

2直線のなす角が $\dfrac{\pi}{3}$ であることは，$\begin{pmatrix}1\\\ell\end{pmatrix}$ と $\begin{pmatrix}1\\m\end{pmatrix}$ のなす角が $\dfrac{\pi}{3}$ または $\dfrac{2}{3}\pi$ であること，つまり $\sqrt{1+\ell^2}\sqrt{1+m^2}\left(\pm\dfrac{1}{2}\right)=1+\ell m$ で表わされ，これはさらに
$$(1+\ell^2)(1+m^2)=4(1+\ell m)^2 \cdots ②$$
となる．他方，この2直線が性質Pをみたすことは，ℓ, m が①の2実解であることを意味し，したがって(1)の結果のもとで
$$\ell+m=1-a,\quad \ell m=a$$
である．これらを，②を変形した式 $1+(\ell+m)^2-2\ell m+(\ell m)^2=4(1+\ell m)^2$ に代入して
$$1+(1-a)^2-2a+a^2=4(1+a)^2$$
となる．これを解いて $a=-3\pm 2\sqrt{2}$ が得られ，これは(1)の結果をみたしている∎

3.35 (1) (ⅰ)は，任意の実数 t に対して $A\begin{pmatrix}t\\mt\end{pmatrix}=\begin{pmatrix}t\\mt\end{pmatrix}$ が成り立つことを意味し，これは $A\begin{pmatrix}1\\m\end{pmatrix}=\begin{pmatrix}1\\m\end{pmatrix}\cdots$① と同値である．

他方，(ⅱ)は，適当な実数 s によって $A\begin{pmatrix}1\\0\end{pmatrix}=\begin{pmatrix}1\\0\end{pmatrix}+s\begin{pmatrix}1\\m\end{pmatrix}\cdots$② と表わされることを意味する．①と②をあわせて
$$A\begin{pmatrix}1&1\\m&0\end{pmatrix}=\begin{pmatrix}1&1+s\\m&ms\end{pmatrix}$$
と表わされ，両辺の行列式をとることで $(\det A)\cdot(0\cdot 1-m)=sm-m(1+s)$，つまり $m\cdot\det A=m$ が得られるが，$m\neq 0$ だから $\det A=1$ である∎

(2) $m\neq 0$ より $\begin{pmatrix}1\\0\end{pmatrix},\begin{pmatrix}1\\m\end{pmatrix}$ は一次独立である．よって $\overrightarrow{\mathrm{OQ}}=\alpha\begin{pmatrix}1\\0\end{pmatrix}+\beta\begin{pmatrix}1\\m\end{pmatrix}$ とおくと，①，② より
$$A\overrightarrow{\mathrm{OQ}}=\alpha A\begin{pmatrix}1\\0\end{pmatrix}+\beta A\begin{pmatrix}1\\m\end{pmatrix}=\alpha\begin{pmatrix}1\\0\end{pmatrix}+\alpha s\begin{pmatrix}1\\m\end{pmatrix}+\beta\begin{pmatrix}1\\m\end{pmatrix}=\overrightarrow{\mathrm{OQ}}+\alpha s\begin{pmatrix}1\\m\end{pmatrix}$$
であり，したがって主張は成り立つ∎

> **注意** $A=\begin{pmatrix}a&b\\c&d\end{pmatrix}$ とおいて，$A\begin{pmatrix}1\\m\end{pmatrix}=\begin{pmatrix}1\\m\end{pmatrix}$，$A\begin{pmatrix}1\\0\end{pmatrix}=\begin{pmatrix}a\\c\end{pmatrix}$ が $y=m(x-1)$ 上にある，という条件から出発しても結論は得られます．

3.36 (1) $\overrightarrow{\mathrm{OA}}=\vec{a},\overrightarrow{\mathrm{OB}}=\vec{b},\overrightarrow{\mathrm{OC}}=\vec{c}$ とおく．

条件より $\vec{a},\vec{b}$ は一次独立で
$$f(\vec{a})=\vec{a},\quad f(\vec{b})=\vec{c}\cdots①$$
である．そこで $\vec{c}=\alpha\vec{a}+\beta\vec{b}$ とおくと，①により

$$f(\vec{c}) = f(\alpha\vec{a} + \beta\vec{b}) = \alpha f(\vec{a}) + \beta f(\vec{b}) = \alpha\vec{a} + \beta\vec{c}$$
$$= \vec{c} - \beta\vec{b} + \beta\vec{c} = \vec{c} + \beta(\vec{c} - \vec{b}) \cdots ②$$

となる．ただし，$\alpha\vec{a} = \vec{c} - \beta\vec{b}$ を用いた．

さて，直線 BC を $\vec{b} + s(\vec{c} - \vec{b})$ で表わすと，①, ② により BC の像は

$$f(\vec{b} + s(\vec{c} - \vec{b}))$$
$$= (1-s)f(\vec{b}) + sf(\vec{c}) = (1-s)\vec{c} + s\{\vec{c} + \beta(\vec{c} - \vec{b})\}$$
$$= \vec{c} + s\beta(\vec{c} - \vec{b}) = \overrightarrow{OC} + s\beta\overrightarrow{BC}$$

となる．$\beta = 0$ ならば $\vec{c} = \alpha\vec{a}$，つまり O, A, C が同一直線上の点となり条件に反する．よって $\beta \neq 0$ となるから，s とともに $s\beta$ は実数上を変化する．したがって BC の像は BC 自身である ∎

(2) 直線 ℓ を $\overrightarrow{OP} + t\overrightarrow{BC} = \overrightarrow{OP} + t(\vec{c} - \vec{b})$ とおく．

さらに $\overrightarrow{OP} = \vec{p} = \lambda\vec{a} + \mu\vec{b}$ とおくと

$$f(\vec{p}) = \lambda\vec{a} + \mu\vec{c} = \vec{p} + \mu(\vec{c} - \vec{b}) \cdots ③$$

が得られる．①〜③ を用いると ℓ の像は

$$f(\vec{p} + t(\vec{c} - \vec{b})) = \vec{p} + \mu(\vec{c} - \vec{b}) + t\{\vec{c} + \beta(\vec{c} - \vec{b}) - \vec{c}\}$$
$$= \vec{p} + (t\beta + \mu)(\vec{c} - \vec{b}) = \overrightarrow{OP} + (t\beta + \mu)\overrightarrow{BC}$$

となり，$\beta \neq 0$ だったから，これはたしかに ℓ 自身を表わしている．

よって主張は成り立つ ∎

3.37 ℓ, m の方向ベクトルをそれぞれ $\vec{\ell}, \vec{m}$ とおく．$\ell \not\parallel m$ だから $\vec{\ell}, \vec{m}$ は一次独立である．

O を原点とし，ℓ, m の交点を P，$\overrightarrow{OP} = \vec{p}$ とおくと，ℓ, m はおのおの f によって自分自身にうつされるから，P の像は P 自身である．

さて，ℓ, m をそれぞれ $\vec{p} + s\vec{\ell}$, $\vec{p} + t\vec{m}$ で表わす．

$f(\vec{p}) = \vec{p}$ に注意すると，おのおのの f による像は $\vec{p} + sf(\vec{\ell})$, $\vec{p} + tf(\vec{m})$ となる．これらが ℓ, m を表わす条件は $\vec{\ell} \parallel f(\vec{\ell}) \neq \vec{0}$, $\vec{m} \parallel f(\vec{m}) \neq \vec{0}$，つまり適当な $\alpha \neq 0$, $\beta \neq 0$ によって

$$f(\vec{\ell}) = \alpha\vec{\ell}, \quad f(\vec{m}) = \beta\vec{m} \cdots ①$$

と表わされることである．

他方，$\vec{p} = \lambda\vec{\ell} + \mu\vec{m}$ とおくと，$\vec{p} = f(\vec{p})$, および ① により

$$\lambda\vec{\ell} + \mu\vec{m} = f(\lambda\vec{\ell} + \mu\vec{m}) = \lambda f(\vec{\ell}) + \mu f(\vec{m}) = \lambda\alpha\vec{\ell} + \mu\beta\vec{m}$$

で，$\vec{\ell}, \vec{m}$ は一次独立であったから $\lambda = \lambda\alpha$, $\mu = \mu\beta$，つまり $\lambda(1-\alpha) = 0$, $\mu(1-\beta) = 0$ が得られる．

もし，$\lambda = 0$ ならば $\vec{p} \parallel \vec{m}$ となり，m が O を通ることになって条件に反するから $\lambda \neq 0$ で，$\mu \neq 0$ も同様にいえる．したがって $\alpha = \beta = 1$ となって，① より $f(\vec{\ell}) = \vec{\ell}$, $f(\vec{m}) = \vec{m}$ が得られるが，$\vec{\ell}, \vec{m}$ が一次独立であることに注意すると，これは f が恒等変換に他ならないことを示している ∎

注意 座標と行列成分による計算を用いると次のようにできます.

ℓ, m は原点を通りませんから,おのおのの方程式を $p_1 x + q_1 y + 1 = 0$, $p_2 x + q_2 y + 1 = 0$ とおき,f を表わす行列を A としましょう.もし $\det A = 0$ ならば,ℓ, m の像はともにたかだか原点を通る直線となり条件をみたしません.したがって $\det A \neq 0$ です.そこで $A^{-1} = \begin{pmatrix} a & b \\ c & d \end{pmatrix}$ とおきましょう.

$\begin{pmatrix} x \\ y \end{pmatrix} = A^{-1} \begin{pmatrix} x' \\ y' \end{pmatrix} = \begin{pmatrix} ax' + by' \\ cx' + dy' \end{pmatrix}$ を ℓ の方程式に代入してまとめると

$$(ap_1 + cq_1)x' + (bp_1 + dq_1)y' + 1 = 0$$

で,これが ℓ を表わしますから

$$\left. \begin{array}{l} ap_1 + cq_1 = p_1 \\ bp_1 + dq_1 = q_1 \end{array} \right\}, \quad \text{つまり} \quad \begin{pmatrix} a-1 & c \\ b & d-1 \end{pmatrix} \begin{pmatrix} p_1 \\ q_1 \end{pmatrix} = \vec{0}$$

が得られます.m についても同様に $\begin{pmatrix} a-1 & c \\ b & d-1 \end{pmatrix} \begin{pmatrix} p_2 \\ q_2 \end{pmatrix} = \vec{0}$ となりますから,上式とあわせて

$$\begin{pmatrix} a-1 & c \\ b & d-1 \end{pmatrix} \begin{pmatrix} p_1 & p_2 \\ q_1 & q_2 \end{pmatrix} = O \cdots (*)$$

となります.$\begin{pmatrix} p_1 \\ q_1 \end{pmatrix}, \begin{pmatrix} p_2 \\ q_2 \end{pmatrix}$ は一次独立ですから $\det \begin{pmatrix} p_1 & p_2 \\ q_1 & q_2 \end{pmatrix} \neq 0$ です.したがって $\begin{pmatrix} p_1 & p_2 \\ q_1 & q_2 \end{pmatrix}^{-1}$ が存在しますから,それを $(*)$ の右からかけると $\begin{pmatrix} a-1 & c \\ b & d-1 \end{pmatrix} = O$,つまり $a = d = 1$, $b = c = 0$ が得られます.

よって $A^{-1} = \begin{pmatrix} 1 & 0 \\ 0 & 1 \end{pmatrix}$ であり,したがってさらに $A = \begin{pmatrix} 1 & 0 \\ 0 & 1 \end{pmatrix}$,つまり f が恒等変換であることが分ります.

上の議論と同じ設定のもとで,直線を $t \begin{pmatrix} -q_i \\ p_i \end{pmatrix} - \dfrac{1}{p_i^2 + q_i^2} \begin{pmatrix} p_i \\ q_i \end{pmatrix}$ $(i = 1, 2)$ とベクトル表示して議論することもできます.

また,A^{-1} でなく A を $\begin{pmatrix} a & b \\ c & d \end{pmatrix}$ とおいて,$A^{-1} = \dfrac{1}{ad-bc} \begin{pmatrix} d & -b \\ -c & a \end{pmatrix}$ を用いて上と同じ議論をすることもできますが,$\dfrac{1}{ad-bc}$ が付いている分だけ計算が少し煩雑になります.

やや図形的ですが,次のように考えてもできます.

ℓ, m の交点を P とし,m 上の任意の点 Q $(\neq P)$ を通り ℓ に平行な直線を ℓ' とし

ましょう．OPとℓ'との交点をP$'$とすると，$f(\overrightarrow{\mathrm{OP}})=\overrightarrow{\mathrm{OP}}$よりP$'$の$f$による像もP$'$自身です．$\ell'/\!/\ell$で，$\ell$の像は$\ell$自身ですから，結局$\ell'$も$f$によって自分自身にうつります．よって，Pと同様にQもfによって自分にうつることになり，結局，m上のすべての点がfによって動かないということになります．mが原点を通らない直線であることに注意すれば，fが恒等変換であることは上のことから直ちにいえます．

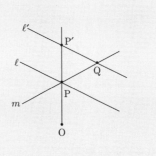

3.38 fを表わす行列を$A=\begin{pmatrix} a & b \\ c & d \end{pmatrix}$とし，$\det A=ad-bc=\delta$とおくと条件より$\delta\neq 0$である．

(1)は，$\det(A-E)=(a-1)(d-1)-bc=0$，つまり
$$\delta-(a+d)+1=0\cdots\text{①}$$
と同値である．

次に原点を通らない直線を$px+qy+1=0\ (p^2+q^2\neq 0)$とおいて，$\begin{pmatrix} x \\ y \end{pmatrix}=A^{-1}\begin{pmatrix} x' \\ y' \end{pmatrix}=\dfrac{1}{\delta}\begin{pmatrix} d & -b \\ -c & a \end{pmatrix}\begin{pmatrix} x' \\ y' \end{pmatrix}$を代入すると$p\dfrac{dx'-by'}{\delta}+q\dfrac{-cx'+ay'}{\delta}+1=0$であり，これがもとの直線と一致する条件は
$$\dfrac{dp-cq}{\delta}=p,\ \dfrac{-bp+aq}{\delta}=q,\ \text{つまり}\ \begin{pmatrix} \delta-d & c \\ b & \delta-a \end{pmatrix}\begin{pmatrix} p \\ q \end{pmatrix}=\vec{0}$$
である．したがって，(2)の直線ℓが存在する条件は，上式をみたす$\begin{pmatrix} p \\ q \end{pmatrix}\neq\vec{0}$が存在する条件，つまり$\det\begin{pmatrix} \delta-d & c \\ b & \delta-a \end{pmatrix}=0$であり，これをまとめて
$$\delta\{\delta-(a+d)+1\}=0\cdots\text{②}$$
が得られる．

$\delta\neq 0$のもとで①，②は同じ式を表わしているから(1)，(2)は同値であることがいえた ∎

注意 (2)$\Rightarrow$(1)の証明は，$A=\begin{pmatrix} a & b \\ c & d \end{pmatrix}$とおいて，$\ell$が

(ⅰ) $x=k\ (\neq 0)$，(ⅱ) $y=mx+n\ (n\neq 0)$

で表わされるそれぞれの場合に，ℓをパラメータ表現して(2)の条件を求め，$\det(A-E)=0$を示すこともできます．

また，(2)$\Rightarrow$(1)は成分計算によらずに次のように示すこともできます．ただし，

(1) ⇒ (2) はそれほど簡単ではありません.

ℓ を $\vec{a} + t\vec{\ell}$ とおきます. ℓ が原点を通らないから $\vec{a}$ と $\vec{\ell}$ は一次独立であることに注意しておきます. ℓ の f による像 $f(\vec{a}) + tf(\vec{\ell})$ が再び ℓ を表わす条件は, $\vec{\ell} /\!/ f(\vec{\ell}) \neq \vec{0}$, かつ $f(\vec{a})$ で表わされる点が ℓ 上にあること, ですから
$$f(\vec{\ell}) = k\vec{\ell} \ (k \neq 0), \quad f(\vec{a}) = \vec{a} + t_0 \vec{\ell}$$
をみたす k, t_0 が存在することと同じです.

さて, $\vec{p} = \lambda \vec{a} + \mu \vec{\ell}$ とおくと, 上式により
$$\begin{aligned}f(\vec{p}) = \vec{p} &\Leftrightarrow \lambda f(\vec{a}) + \mu f(\vec{\ell}) = \lambda \vec{a} + \mu \vec{\ell} \\ &\Leftrightarrow \lambda(\vec{a} + t_0 \vec{\ell}) + \mu k \vec{\ell} = \lambda \vec{a} + \mu \vec{\ell} \\ &\Leftrightarrow \lambda t_0 + \mu k = \mu \\ &\Leftrightarrow t_0 \lambda + (k-1)\mu = 0\end{aligned}$$
となりますが, これと $\lambda^2 + \mu^2 \neq 0$ (つまり $\vec{p} \neq \vec{0}$) をみたす λ, μ の組は存在します. 実際, $t_0 = k - 1 = 0$ のときは, λ, μ は任意でよいし, それ以外のときは, (λ, μ) を直線 $t_0 x + (k-1)y = 0$ 上の原点以外の点にとればよいでしょう. したがって, そのように λ, μ をとると, $\vec{p} = \lambda \vec{a} + \mu \vec{\ell}$ が条件 (1) をみたす点であることが分ります.

(1) ⇒ (2) については次の通りです.

E を単位行列, A, δ を解答で定めた通りとします. $A = E$ なら (1), (2) は自明に成立するので $A \neq E$ とします.

まず, ① より $a + d = \delta + 1$ なので, ケーリー・ハミルトンの定理より $A^2 - (\delta + 1)A + \delta E = O$, つまり $(A - E)(A - \delta E) = O$ が成り立ちます. もし $\det(A - \delta E) \neq 0$ なら $(A - \delta E)^{-1}$ を左からかけて $A - E = O$ となり, これは $A \neq E$ に反するので $\det(A - \delta E) = 0$ です. したがって $(A - \delta E)\vec{q} = \vec{0}$ をみたす $\vec{q} \neq \vec{0}$ が存在します.

(ⅰ) $\delta \neq 1$ のとき, (1) の条件と上の議論より
$$A\vec{p} = \vec{p}, \quad A\vec{q} = \delta \vec{q} \cdots (*)$$
であり, $\delta \neq 1$ より $\vec{p} \not{/\!/} \vec{q}$ を容易に示すことができます. そこで ℓ を $\vec{p} + t\vec{q}$ とおくと, $\delta \neq 0$ なので ℓ の像が ℓ になっていることはすぐ分ります.

(ⅱ) $\delta = 1$ のとき, $\vec{q} \not{/\!/} \vec{p}$ なら $(A - E)\vec{p} = \vec{0}$, $(A - E)\vec{q} = \vec{0}$ より $A - E = O$ となり, $A \neq E$ に反しますから $\vec{q} /\!/ \vec{p}$ です. よって $(*)$ は $A\vec{p} = \vec{p}$, つまり $(A - E)\vec{p} = \vec{0}$ となります. $\det(A - E) = 0$ かつ $A - E \neq O$ だから, $A - E$ による任意のベクトルの像はある定ベクトル $\vec{b} \neq \vec{0}$ と平行になります. そこで, $\vec{p}$ と一次独立なベクトル $\vec{r}$ を適当にとり, $(A - E)\vec{r} = \lambda \vec{b}$ とおきましょう. ただし $\lambda \neq 0$ です.

さて, $\delta = 1$ よりケーリー・ハミルトンの式は $(A - E)^2 = O$ となりますから
$$\vec{0} = (A - E)^2 \vec{r} = (A - E)\lambda \vec{b}, \quad つまり \ (A - E)\vec{b} = \vec{0}$$

が得られ，これより $\vec{q} /\!/ \vec{p}$ を示したのと同様に $\vec{b} /\!/ \vec{p}$ がいえますから，c を 0 でない実数として $\vec{b} = c\vec{p}$ とおくと結局，$A\vec{r} = \vec{r} + \lambda \vec{b} = \vec{r} + c\lambda \vec{p}$ と表わされることになります．これと $A\vec{p} = \vec{p}$ を用いると，直線 $\vec{r} + t\vec{p}$ の像は $\vec{r} + (c\lambda + t)\vec{p}$ で，もとの直線であることが分かります．

3.39 (1) G を (α, β) だけ平行移動したグラフの方程式は
$$13(x-\alpha)^2 - 10(x-\alpha)(y-\beta) + 13(y-\beta)^2 + 6(x-\alpha) + 42(y-\beta) - 27 = 0$$
で，これをまとめると
$$13x^2 - 10xy + 13y^2 - (26\alpha - 10\beta - 6)x - (26\beta - 10\alpha - 42)y$$
$$+ 13\alpha^2 - 10\alpha\beta + 13\beta^2 - 6\alpha - 42\beta - 27 = 0$$
となる．

これが ①$'$ の形をもつ条件は $26\alpha - 10\beta - 6 = 0, \ 26\beta - 10\alpha - 42 = 0$ で，これらを解いて $\alpha = 1, \ \beta = 2$ が得られる．

このとき，上の方程式は $13x^2 - 10xy + 13y^2 = 72$ となる ∎

(2) (x, y) を θ だけ回転した点を (x', y') とする．
$$\begin{pmatrix} x \\ y \end{pmatrix} = \begin{pmatrix} \cos\theta & \sin\theta \\ -\sin\theta & \cos\theta \end{pmatrix} \begin{pmatrix} x' \\ y' \end{pmatrix}$$
を (1) の結果に代入すると
$$13(x'\cos\theta + y'\sin\theta)^2 - 10(x'\cos\theta + y'\sin\theta)(-x'\sin\theta + y'\cos\theta)$$
$$+ 13(-x'\sin\theta + y'\cos\theta)^2 - 72 = 0$$
となり，さらにまとめると
$$(13 + 10\sin\theta\cos\theta)x'^2 - 10(\cos^2\theta - \sin^2\theta)x'y'$$
$$+ (13 - 10\sin\theta\cos\theta)y'^2 - 72 = 0$$
である．これが $px^2 + qy^2 + r = 0$ の形をもつ条件は
$$\cos^2\theta - \sin^2\theta = \cos 2\theta = 0$$
であり，これをみたす θ として $\dfrac{\pi}{4}$ をとると
$$13 + 10\sin\theta\cos\theta = 18,$$
$$13 - 10\sin\theta\cos\theta = 8$$
だから上式は $18x'^2 + 8y'^2 = 72$ となり，よって
$$\frac{x'^2}{4} + \frac{y'^2}{9} = 1$$
が得られる ∎

以上により，楕円 $\dfrac{x^2}{4} + \dfrac{y^2}{9} = 1$ を原点のまわりに $-\dfrac{\pi}{4}$ 回転し，さらに $(-1, -2)$ 平行移動したものが G であることが分る．これを図示すると概略右図の通りである ∎

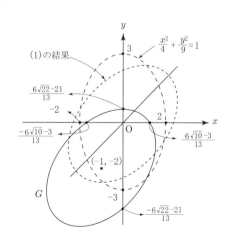

3.40 $R(\theta)$ を原点 O のまわりの角 θ の回転を表わす行列, E を単位行列とする. 定義により

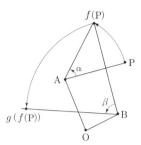

$$f(\overrightarrow{OP}) = \overrightarrow{OA} + R(\alpha)\overrightarrow{AP}$$
$$= \overrightarrow{OA} + R(\alpha)(\overrightarrow{OP} - \overrightarrow{OA})$$
$$= \{E - R(\alpha)\}\overrightarrow{OA} + R(\alpha)\overrightarrow{OP},$$
$$g(\overrightarrow{OP}) = \{E - R(\beta)\}\overrightarrow{OB} + R(\beta)\overrightarrow{OP}$$

である. したがって
$$(g \circ f)(\overrightarrow{OP})$$
$$= g(f(\overrightarrow{OP})) = \{E - R(\beta)\}\overrightarrow{OB} + R(\beta)f(\overrightarrow{OP})$$
$$= \{E - R(\beta)\}\overrightarrow{OB} + R(\beta)\{(E - R(\alpha))\overrightarrow{OA} + R(\alpha)\overrightarrow{OP}\}$$
$$= \{E - R(\beta)\}\overrightarrow{OB} + \{R(\beta) - R(\alpha + \beta)\}\overrightarrow{OA} + R(\alpha + \beta)\overrightarrow{OP}$$

となる. ただし, $R(\alpha)R(\beta) = R(\alpha + \beta)$ を用いた.

さて, $\overrightarrow{OQ} = \{E - R(\beta)\}\overrightarrow{OB} + \{R(\beta) - R(\alpha + \beta)\}\overrightarrow{OA}$ とおく.

$\alpha + \beta$ は 2π の整数倍ではないから
$$\det\{E - R(\alpha + \beta)\} = \begin{pmatrix} 1 - \cos(\alpha + \beta) & \sin(\alpha + \beta) \\ -\sin(\alpha + \beta) & 1 - \cos(\alpha + \beta) \end{pmatrix}$$
$$= \{1 - \cos(\alpha + \beta)\}^2 + \sin^2(\alpha + \beta)$$
$$= 2\{1 - \cos(\alpha + \beta)\} \neq 0$$

なので $E - R(\alpha + \beta)$ は逆行列をもつ. そこで
$$\overrightarrow{OC} = \{E - R(\alpha + \beta)\}^{-1}\overrightarrow{OQ}, \quad \text{つまり} \quad \overrightarrow{OQ} = \{E - R(\alpha + \beta)\}\overrightarrow{OC}$$
によって点 C を定めると
$$(g \circ f)(\overrightarrow{OP}) = \{E - R(\alpha + \beta)\}\overrightarrow{OC} + R(\alpha + \beta)\overrightarrow{OP} = \overrightarrow{OC} + R(\alpha + \beta)\overrightarrow{CP}$$
となるが, これは $g \circ f$ が C を中心とする角 $\alpha + \beta$ の回転であることを表わしている∎

3.41 E を単位行列とする.
(1) $X^3 = R(\theta)$ の両辺の行列式をとると $\det X^3 = (\det X)^3 = \det R(\theta) = 1$ より $\det X = 1$ である. よって X は逆行列をもつ∎

また, $X^3 = R(\theta)$ より $R(\theta)X = X^3 \cdot X = X \cdot X^3 = XR(\theta)$ も成り立つ∎

(2) 一般に回転の行列同士は交換可能であること, および $R(\alpha)^{-1}$ が存在することに注意すると
$$R(\theta)X = XR(\theta) \Leftrightarrow R(\theta)R(\alpha)T = R(\alpha)TR(\theta)$$
$$\Leftrightarrow R(\alpha)R(\theta)T = R(\alpha)TR(\theta)$$
$$\Leftrightarrow R(\alpha)^{-1}R(\alpha)R(\theta)T = R(\alpha)^{-1}R(\alpha)TR(\theta)$$
$$\Leftrightarrow R(\theta)T = TR(\theta)$$

となる. $R(\theta) = \begin{pmatrix} \cos\theta & -\sin\theta \\ \sin\theta & \cos\theta \end{pmatrix}, T = \begin{pmatrix} a & b \\ 0 & c \end{pmatrix}$ を代入して成分を比べると
$$a\cos\theta = a\cos\theta + b\sin\theta, \quad b\cos\theta - c\sin\theta = -a\sin\theta + b\cos\theta,$$

$$a\sin\theta = c\sin\theta, \quad b\sin\theta + c\cos\theta = c\cos\theta$$

つまり，$b\sin\theta = 0$, $(a-c)\sin\theta = 0$ が得られる．θ は π の整数倍ではないので $\sin\theta \neq 0$ である．よって上式より $b = 0$, $a = c$ である∎

(3) $\vec{p} = \begin{pmatrix} p \\ r \end{pmatrix}$, $\vec{q} = \begin{pmatrix} q \\ s \end{pmatrix}$, $X = \begin{pmatrix} p & q \\ r & s \end{pmatrix}$ とおく．

X は逆行列をもつので $\vec{p} \neq \vec{0}$, $\vec{q} \neq \vec{0}$ である．そこで $|\vec{p}| = a$ とおくと $a > 0$ であり，適当な α を用いて $p = a\cos\alpha$, $r = a\sin\alpha$ とおくことができる．さらに $R(-\alpha)\vec{q} = \begin{pmatrix} b \\ c \end{pmatrix}$ とおくと $\begin{pmatrix} q \\ s \end{pmatrix} = R(\alpha)\begin{pmatrix} b \\ c \end{pmatrix} = \begin{pmatrix} b\cos\alpha - c\sin\alpha \\ b\sin\alpha + c\cos\alpha \end{pmatrix}$ だから

$$X = \begin{pmatrix} a\cos\alpha & b\cos\alpha - c\sin\alpha \\ a\sin\alpha & b\sin\alpha + c\cos\alpha \end{pmatrix} = \begin{pmatrix} \cos\alpha & -\sin\alpha \\ \sin\alpha & \cos\alpha \end{pmatrix}\begin{pmatrix} a & b \\ 0 & c \end{pmatrix} = R(\alpha)T$$

となり主張は成立する∎

(4) θ が π の整数倍でないとき，(1)〜(3) により $X = aR(\alpha)$ と表わされる．ただし $a > 0$ である．よって

$$R(\theta) = X^3 = \{aR(\alpha)\}^3 = a^3 R(3\alpha)$$

より $\cos\theta = a^3\cos 3\alpha$, $\sin\theta = a^3\sin 3\alpha$ となる．2式を平方して加えて $a^6 = 1$ が得られ，$a > 0$ より $a = 1$ となる．したがってさらに $\cos\theta = \cos 3\alpha$, $\sin\theta = \sin 3\alpha$ より $\theta = 3\alpha + 2k\pi$ が得られ，$\alpha = \dfrac{\theta}{3} - \dfrac{2k\pi}{3}$ となる．ただし k は整数である．このとき，$X = R(\alpha)$ は $k = 0, 1, 2$ に対応してたしかに3個存在する．

θ が π の整数倍のときは $X^3 = R(\theta) = \pm E$ となる．$\operatorname{Tr} X = \alpha$, $\det X = \beta$ とおくと，ケーリー・ハミルトンの定理より

$$X^3 = X(\alpha X - \beta E) = \alpha(\alpha X - \beta E) - \beta X = (\alpha^2 - \beta)X - \alpha\beta E$$

だから，$(\alpha^2 - \beta)X = (\alpha\beta \pm 1)E$ である．

$\alpha^2 - \beta \neq 0$ なら $X = cE$ とおくことができ，$c^3 E = \pm E$ より $c^3 = \pm 1$, つまり $c = \pm 1$ だから $X = \pm E$ である．

$\alpha^2 - \beta = 0$ なら $\alpha\beta = \pm 1$ で，$\pm$ に対応して $(\alpha, \beta) = (1, 1)$ または $(-1, 1)$ が得られるが，どちらの場合にせよ，これらをみたす X は無数に存在する．実際，たとえば $\alpha = \beta = 1$ の場合，$X = \begin{pmatrix} x & y \\ z & w \end{pmatrix}$ とおくと $x + w = 1$, $xw - yz = 1$ をみたす x, y, z, w が無数に存在することは明らかである．

したがって X は無数に存在し，主張は成り立つ∎

> **注意** (4)において，θ が π の整数倍でないとき，(1)〜(3) を用いなくても，θ が π の整数倍のときと同様の議論が可能です．

上のように $X = \begin{pmatrix} x & y \\ z & w \end{pmatrix}$, $\operatorname{Tr} X = \alpha$, $\det X = \beta$ とおくと，$X^3 = R(\theta)$ は $(\alpha^2 - \beta)X - \alpha\beta E = R(\theta)$ となります．$\det X^3 = (\det X)^3 = \det R(\theta) = 1$ より $\det X = \beta = 1$ となることを用いると $(\alpha^2 - 1)X - \alpha E = R(\theta)$ となり，これより
$$x(\alpha^2 - 1) = \alpha + \cos\theta, \quad y(\alpha^2 - 1) = -\sin\theta,$$
$$z(\alpha^2 - 1) = \sin\theta, \quad w(\alpha^2 - 1) = \alpha + \cos\theta$$
が得られます．

さて，$\alpha = \pm 1$ なら $R(\theta) = \pm E$ で，θ が π の整数倍でないことに反しますから $\alpha^2 \neq 1$ です．よって上の4式より $x = w$, $y = -z$ が得られ，$\det X = xw - yz = x^2 + y^2 = 1$ から $x = \cos\varphi$, $y = \sin\varphi$ とおくことができます．

この φ を用いると，$X = R(-\varphi)$，よって $X^3 = R(-3\varphi)$ となるので $R(-3\varphi) = R(\theta)$ より $\cos\theta = \cos 3\varphi$, $\sin\theta = -\sin 3\varphi$ となることが分ります．これから φ，したがって X が3個だけ存在することの証明は容易にできます．

(1) の前半は，逆行列の定義，つまり X の逆行列とは $XA = AX = E$ をみたす行列 A であることまで戻って証明する方が望ましいかもしれません．これは次のようにできます．$R(\theta)R(-\theta) = R(-\theta)R(\theta) = R(0) = E$ なので，$X^3 = R(\theta)$ より
$$X^3 R(-\theta) = R(-\theta)X^3 = E, \quad \text{つまり} \quad X \cdot X^2 R(-\theta) = R(-\theta)X^2 \cdot X = E$$
が得られます．したがって $X^2 R(-\theta) = R(-\theta)X^2$ を示せばよいことになりますが，一般に $XA = BX = E$ のときは $A = B$ が成り立ちます．実際
$$A = EA = (BX)A = B(XA) = BE = B$$
です．

厳密にいうと，$XA = E$ をみたす A を X の右側逆元，$AX = E$ をみたす A を左側逆元といい，両者が等しいとき単に逆元といいます．上の議論から分るように，行列の世界では $XA = E$ をみたせば A は X の逆行列であることが結果的にいえて，$AX = E$ まで議論する必要はありません．しかし，行列を含むもっと一般的な代数の世界では，たとえば右側逆元は存在するが左側逆元は存在しない，というような場合もあります．逆行列の定義が $AX = XA = E$ をみたす A であるとされているのはこのような事情によるものです．

3.42 (1) 平面全体の g_1 による像が直線だから
$$\det(E + A) = \det\begin{pmatrix} 1+a & b \\ b & 1-a \end{pmatrix} = 0$$
である．これより $a^2 + b^2 = 1$ が得られる∎

(2) (1) より $a = \cos\theta$, $b = \sin\theta$ とおくと
$$E + A = \begin{pmatrix} 1+\cos\theta & \sin\theta \\ \sin\theta & 1-\cos\theta \end{pmatrix} = 2\begin{pmatrix} \cos^2\frac{\theta}{2} & \sin\frac{\theta}{2}\cos\frac{\theta}{2} \\ \sin\frac{\theta}{2}\cos\frac{\theta}{2} & \sin^2\frac{\theta}{2} \end{pmatrix}$$

だから
$$(E+A)\begin{pmatrix}x\\y\end{pmatrix}=2\left(x\cos\frac{\theta}{2}+y\sin\frac{\theta}{2}\right)\begin{pmatrix}\cos\frac{\theta}{2}\\\sin\frac{\theta}{2}\end{pmatrix}$$

である．よって ℓ_1 は原点を通り，方向ベクトルとして $\begin{pmatrix}\cos\frac{\theta}{2}\\\sin\frac{\theta}{2}\end{pmatrix}$ をもつ直線である．この方向ベクトルを $\vec{\ell_1}$ とする．

他方，上と同様に
$$(E-A)\begin{pmatrix}x\\y\end{pmatrix}=\begin{pmatrix}1-\cos\theta & -\sin\theta\\-\sin\theta & 1+\cos\theta\end{pmatrix}\begin{pmatrix}x\\y\end{pmatrix}$$
$$=2\begin{pmatrix}\sin^2\frac{\theta}{2} & -\sin\frac{\theta}{2}\cos\frac{\theta}{2}\\-\sin\frac{\theta}{2}\cos\frac{\theta}{2} & \cos^2\frac{\theta}{2}\end{pmatrix}\begin{pmatrix}x\\y\end{pmatrix}$$
$$=2\left(x\sin\frac{\theta}{2}-y\cos\frac{\theta}{2}\right)\begin{pmatrix}\sin\frac{\theta}{2}\\-\cos\frac{\theta}{2}\end{pmatrix}$$

なので，g_2 による平面全体の像は，原点を通り，方向ベクトルとして $\begin{pmatrix}\sin\frac{\theta}{2}\\-\cos\frac{\theta}{2}\end{pmatrix}$ をもつ直線である．このベクトルを $\vec{\ell_2}$ とおくと，直ちに $(\vec{\ell_1},\vec{\ell_2})=0$，つまり $\vec{\ell_1}\perp\vec{\ell_2}$ であることが分り，よって主張は成り立つ∎

(3) (x,y) の f による像を (x',y') とすると
$$\begin{pmatrix}x'\\y'\end{pmatrix}=\begin{pmatrix}\cos\theta & \sin\theta\\\sin\theta & -\cos\theta\end{pmatrix}\begin{pmatrix}x\\y\end{pmatrix}=\begin{pmatrix}x\cos\theta+y\sin\theta\\x\sin\theta-y\cos\theta\end{pmatrix}$$
である．よって
$$\begin{pmatrix}x-x'\\y-y'\end{pmatrix}=\begin{pmatrix}(1-\cos\theta)x-y\sin\theta\\-x\sin\theta+(1+\cos\theta)y\end{pmatrix}$$
$$=2\left(x\sin\frac{\theta}{2}-y\cos\frac{\theta}{2}\right)\begin{pmatrix}\sin\frac{\theta}{2}\\-\cos\frac{\theta}{2}\end{pmatrix}\perp\vec{\ell_1}$$

で，さらに (x,y) と (x',y') の中点は
$$\frac{1}{2}\begin{pmatrix}x+x'\\y+y'\end{pmatrix}=\frac{1}{2}\begin{pmatrix}(1+\cos\theta)x+y\sin\theta\\x\sin\theta+(1-\cos\theta)y\end{pmatrix}$$
$$=\left(x\cos\frac{\theta}{2}+y\sin\frac{\theta}{2}\right)\begin{pmatrix}\cos\frac{\theta}{2}\\\sin\frac{\theta}{2}\end{pmatrix}$$

となり，これは ℓ_1 上の点である．

したがって f は ℓ_1 に関する線対称移動である∎

3.43 (1) $A^2=E$ とケーリー・ハミルトンの定理より $(a+d)A=(ad-bc+1)E$ である．$b\neq 0$ より A は E の実数倍ではないので $a+d=0$, $ad-bc+1=0$ である．したがって

$$A = \begin{pmatrix} a & b \\ c & -a \end{pmatrix}, \quad a^2 + bc = 1, \quad b \neq 0$$

となる．

さて，P(x, y) とおくと，$bc = 1 - a^2$ により

$$\overrightarrow{\mathrm{OQ}} = \begin{pmatrix} a & b \\ c & -a \end{pmatrix} \begin{pmatrix} x \\ y \end{pmatrix} = \begin{pmatrix} ax + by \\ cx - ay \end{pmatrix} = \frac{1}{b} \begin{pmatrix} abx + b^2 y \\ bcx - aby \end{pmatrix}$$

$$= \frac{1}{b} \begin{pmatrix} abx + b^2 y \\ (1 - a^2)x - aby \end{pmatrix}$$

だから，線分 PQ の中点を M とすると

$$\overrightarrow{\mathrm{OM}} = \frac{1}{2}(\overrightarrow{\mathrm{OP}} + \overrightarrow{\mathrm{OQ}}) = \frac{1}{2}\frac{1}{b}\left\{b\begin{pmatrix}x\\y\end{pmatrix} + \begin{pmatrix} abx + b^2 y \\ (1-a^2)x - aby \end{pmatrix}\right\}$$

$$= \frac{(1+a)x + by}{2b}\begin{pmatrix} b \\ 1-a \end{pmatrix}$$

となる．したがって M は直線 $y = \dfrac{1-a}{b}x$ 上にある ∎

(2) まず

$$\overrightarrow{\mathrm{PQ}} = \overrightarrow{\mathrm{OQ}} - \overrightarrow{\mathrm{OP}} = \frac{1}{b}\left\{\begin{pmatrix} abx + b^2 y \\ (1-a^2)x - aby \end{pmatrix} - b\begin{pmatrix} x \\ y \end{pmatrix}\right\}$$

$$= \frac{(1-a)x - by}{b}\begin{pmatrix} -b \\ 1+a \end{pmatrix}$$

であるから，$b \neq 0$，$\begin{pmatrix} b \\ 1-a \end{pmatrix} \neq \overrightarrow{0}$，$\begin{pmatrix} -b \\ 1+a \end{pmatrix} \neq \overrightarrow{0}$，$a^2 = 1 - bc$ などに注意すると

$$\mathrm{PQ} \perp \ell \Leftrightarrow \begin{pmatrix} b \\ 1-a \end{pmatrix} \perp \begin{pmatrix} -b \\ 1+a \end{pmatrix} \Leftrightarrow -b^2 + (1-a)(1+a) = 0$$

$$\Leftrightarrow a^2 + b^2 = 1 \Leftrightarrow b(b-c) = 0 \Leftrightarrow b - c = 0$$

である．したがって主張は成り立つ ∎

> **注意** 本問も前問も線対称移動に関する問題です．
>
> 3.42 の解答は線対称移動を表わす行列の表現 $\begin{pmatrix} \cos 2\theta & \sin 2\theta \\ \sin 2\theta & -\cos 2\theta \end{pmatrix}$ を念頭においたものですが，これ自体を前提にすると (3) は自明になってしまいます．(3) がていねいに答えてあるのはこのことによります．

3.44 (3) $\Rightarrow$ (1) が成り立つことは明らかなので，(1) $\Rightarrow$ (2) $\Rightarrow$ (3) を示す．

(1) $\Rightarrow$ (2) について．

$\vec{x} = \begin{pmatrix} x \\ y \end{pmatrix}$ とおくと $A\vec{x} = \begin{pmatrix} ax+by \\ cx+dy \end{pmatrix}$ だから，$|f(\vec{x})| = |\vec{x}|$，つまり $|A\vec{x}|^2 = |\vec{x}|^2$ をまとめると
$$(a^2+c^2-1)x^2 + 2(ab+cd)xy + (b^2+d^2-1)y^2 = 0$$
となる．

これがすべての x, y について成り立つから，$(x, y) = (1, 0), (0, 1), (1, 1)$ とおいて
$$a^2+c^2-1 = 0,\ b^2+d^2-1 = 0,\ ab+cd = 0$$
が得られる ∎

(2) ⇒ (3) について．

$\vec{a} = \begin{pmatrix} a \\ c \end{pmatrix}, \vec{b} = \begin{pmatrix} b \\ d \end{pmatrix}$ とおくと，(2) の結果は $|\vec{a}| = |\vec{b}| = 1$，および $(\vec{a}, \vec{b}) = 0$ つまり $\vec{a} \perp \vec{b}$ を意味している．したがって $\vec{a} = \begin{pmatrix} a \\ c \end{pmatrix} = \begin{pmatrix} \cos\theta \\ \sin\theta \end{pmatrix}$ とおくと $|\vec{b}| = 1$，$\vec{b} \perp \vec{a}$ より $\vec{b} = \begin{pmatrix} -\sin\theta \\ \cos\theta \end{pmatrix}$，または $\begin{pmatrix} \sin\theta \\ -\cos\theta \end{pmatrix}$ となる．

よって $A = \begin{pmatrix} \cos\theta & -\sin\theta \\ \sin\theta & \cos\theta \end{pmatrix}$，または $\begin{pmatrix} \cos\theta & \sin\theta \\ \sin\theta & -\cos\theta \end{pmatrix}$ であるが，前者は f が原点のまわりの角 θ の回転であることを示し，後者は f が直線 $y\cos\dfrac{\theta}{2} - x\sin\dfrac{\theta}{2} = 0$ に関する線対称移動であることを示している ∎

> **注意** (1) の $|f(\vec{x})| = |\vec{x}|$ は f が任意の 2 点間の距離を変えないことを意味しています．したがってすべての図形が自分自身と合同な図形にうつされることになりますが，このような変換を合同変換といいます．本問の結果は，平面上の一次変換で合同変換でもあるものが回転と線対称移動に限られることを示しています．

3.45 (1) $A^2 = A$ とケーリー・ハミルトンの定理より
$$A^2 = (a+c)A - (ac-b^2)E = A,\ \text{つまり}\ (a+c-1)A = (ac-b^2)E$$
となる．ただし E は単位行列である．

$a+c-1 \neq 0$ ならば実数 k によって $A = kE$ とおくことができ，$A^2 = A$ より $k^2 = k$，よって $k = 0, 1$ となり，$A = O$ または $A = E$ となるが，これらは条件に反する．よって $a+c-1 = 0, ac-b^2 = 0$ である．以上をまとめて
$$A = \begin{pmatrix} a & b \\ b & 1-a \end{pmatrix},\quad a(1-a) - b^2 = 0 \cdots ①$$
となる．

$b = 0$ なら ① より $a = 0$ または 1 で，$A = \begin{pmatrix} 0 & 0 \\ 0 & 1 \end{pmatrix}$ または $\begin{pmatrix} 1 & 0 \\ 0 & 0 \end{pmatrix}$ となるが，これら

はおのおの y 軸, x 軸への正射影を表わしている.

$b \neq 0$ のとき, P(x, y) の A による像を Q とすると, ① を用いて

$$\overrightarrow{\mathrm{OQ}} = \begin{pmatrix} a & b \\ b & 1-a \end{pmatrix} \begin{pmatrix} x \\ y \end{pmatrix} = \begin{pmatrix} ax+by \\ bx+(1-a)y \end{pmatrix} = \frac{1}{b}\begin{pmatrix} abx+b^2y \\ b^2x+(1-a)by \end{pmatrix}$$

$$= \frac{1}{b}\begin{pmatrix} abx+a(1-a)y \\ b^2x+(1-a)by \end{pmatrix} = \frac{bx+(1-a)y}{b}\begin{pmatrix} a \\ b \end{pmatrix}$$

となるが, これは平面全体が A によって直線 $ay - bx = 0$ にうつされることを示している.

また ① を用いると

$$\overrightarrow{\mathrm{PQ}} = \frac{1}{b}\begin{pmatrix} abx+b^2y-bx \\ b^2x+(1-a)by-by \end{pmatrix} = \frac{1}{b}\begin{pmatrix} -b(1-a)x+a(1-a)y \\ b^2x-aby \end{pmatrix}$$

$$= \frac{-bx+ay}{b}\begin{pmatrix} 1-a \\ -b \end{pmatrix}$$

だから, 再び ① により

$$(\overrightarrow{\mathrm{OQ}}, \overrightarrow{\mathrm{PQ}}) = 実数 \times \{a(1-a) - b^2\} = 0$$

となり, これは $\overrightarrow{\mathrm{OQ}} \perp \overrightarrow{\mathrm{PQ}}$ を意味し, したがって A は $ay - bx = 0$ への正射影である ∎

(2) $\ell_\mathrm{A}, \ell_\mathrm{B}$ の単位方向ベクトルをそれぞれ $\overrightarrow{\ell_\mathrm{A}}, \overrightarrow{\ell_\mathrm{B}}$ とおき, $\overrightarrow{\ell_\mathrm{A}}, \overrightarrow{\ell_\mathrm{B}}$ のなす角を θ, さらに $\cos\theta = \alpha$ とおくと

$$\left.\begin{array}{l} A\overrightarrow{\ell_\mathrm{A}} = \overrightarrow{\ell_\mathrm{A}}, \quad B\overrightarrow{\ell_\mathrm{A}} = \alpha\overrightarrow{\ell_\mathrm{B}}, \\ A\overrightarrow{\ell_\mathrm{B}} = \alpha\overrightarrow{\ell_\mathrm{A}}, \quad B\overrightarrow{\ell_\mathrm{B}} = \overrightarrow{\ell_\mathrm{B}} \end{array}\right\} \cdots ②$$

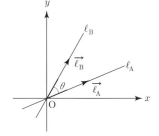

である. 条件 $AB = BA$ より $AB\overrightarrow{\ell_\mathrm{A}} = BA\overrightarrow{\ell_\mathrm{A}}$ で, これに ② を用いると

$$\alpha^2 \overrightarrow{\ell_\mathrm{A}} = \alpha \overrightarrow{\ell_\mathrm{B}}, \quad つまり \quad \alpha(\alpha\overrightarrow{\ell_\mathrm{A}} - \overrightarrow{\ell_\mathrm{B}}) = \overrightarrow{0}$$

となる.

ここで, $\overrightarrow{\ell_\mathrm{A}}, \overrightarrow{\ell_\mathrm{B}}$ は一次独立だから $\alpha\overrightarrow{\ell_\mathrm{A}} - \overrightarrow{\ell_\mathrm{B}} \neq \overrightarrow{0}$ であり, よって $\alpha = 0$ が得られる. このとき ② は $A\overrightarrow{\ell_\mathrm{A}} = \overrightarrow{\ell_\mathrm{A}}, B\overrightarrow{\ell_\mathrm{A}} = \overrightarrow{0}, A\overrightarrow{\ell_\mathrm{B}} = \overrightarrow{0}, B\overrightarrow{\ell_\mathrm{B}} = \overrightarrow{\ell_\mathrm{B}}$ となり, これよりさらに

$$(A+B)\overrightarrow{\ell_\mathrm{A}} = \overrightarrow{\ell_\mathrm{A}}, \quad (A+B)\overrightarrow{\ell_\mathrm{B}} = \overrightarrow{\ell_\mathrm{B}}$$

となり, $\overrightarrow{\ell_\mathrm{A}}, \overrightarrow{\ell_\mathrm{B}}$ は一次独立だから $A + B = E$ であることが分る. したがって $B = E - A$ を得る ∎

> **注意** (2) では, $\alpha = 0$ から $\ell_\mathrm{A} \perp \ell_\mathrm{B}$ が直ちにいえます. このとき $A + B = E$ は図形的に考えると当たり前でしょう.
> 任意の $\vec{x}$ に対して $AB\vec{x} = BA\vec{x}$ で, 左辺は ℓ_A 上, 右辺は ℓ_B 上の点ですから, $AB\vec{x} = BA\vec{x} = \vec{0}$ がいえ, これより $AB = BA = O$ となります. よって $\vec{0} = AB\overrightarrow{\ell_\mathrm{B}} = A\overrightarrow{\ell_\mathrm{B}}, \vec{0} = BA\overrightarrow{\ell_\mathrm{A}} = B\overrightarrow{\ell_\mathrm{A}}$ が得られ, ここから $\overrightarrow{\ell_\mathrm{A}} \perp \overrightarrow{\ell_\mathrm{B}}$ を結論づける

こともできます.

(1) で得られた $a+c=1$ と $ac=b^2 \geqq 0$ より $a \geqq 0, c \geqq 0$ です. そこで $a = \cos^2\theta$, $c = \sin^2\theta$ とおくことができ，このとき $b = \pm\sqrt{ac} = \pm\sin\theta\cos\theta$ ですから

$$A = \begin{pmatrix} \cos^2\theta & \pm\sin\theta\cos\theta \\ \pm\sin\theta\cos\theta & \sin^2\theta \end{pmatrix}$$

となって，A が直線 $y\cos\theta \pm x\sin\theta = 0$ への正射影であることが分ります.

(2) では，$A = \begin{pmatrix} \cos^2\alpha & \sin\alpha\cos\alpha \\ \sin\alpha\cos\alpha & \sin^2\alpha \end{pmatrix}$, $B = \begin{pmatrix} \cos^2\beta & \sin\beta\cos\beta \\ \sin\beta\cos\beta & \sin^2\beta \end{pmatrix}$ とおくと，$AB = BA$ の成分を比べることで $\cos(\beta-\alpha)\sin(\beta-\alpha) = 0$ が導かれます. $\ell_A \neq \ell_B$ より $\beta - \alpha$ が π の整数倍になることはないので $\cos(\beta-\alpha) = 0$ であり，これから $\beta = \alpha + \frac{\pi}{2} + k\pi$ が得られます. ただし k は整数です.

これを用いると，$\cos\beta = (-1)^{k+1}\sin\alpha$, $\sin\beta = (-1)^k\cos\alpha$ となることに注意して

$$B = \begin{pmatrix} \sin^2\alpha & -\sin\alpha\cos\alpha \\ -\sin\alpha\cos\alpha & \cos^2\alpha \end{pmatrix}$$
$$= \begin{pmatrix} 1-\cos^2\alpha & -\sin\alpha\cos\alpha \\ -\sin\alpha\cos\alpha & 1-\sin^2\alpha \end{pmatrix} = E - A$$

となることが分ります.

ℓ_A, ℓ_B が座標軸ではない場合に限れば

$$A = \frac{1}{1+m^2}\begin{pmatrix} 1 & m \\ m & m^2 \end{pmatrix}, \quad B = \frac{1}{1+n^2}\begin{pmatrix} 1 & n \\ n & n^2 \end{pmatrix}$$

とおくと，$AB = BA$ は $mn = -1$ に対応していることが分ります. これを利用して $B = E - A$ を導くこともできます.

3.46 (1) F_1 の点を (s, t) $(0 \leqq s \leqq 1, 0 \leqq t \leqq 1)$ で表わすと A による F_1 の像は $A\begin{pmatrix} s \\ t \end{pmatrix} = \begin{pmatrix} s+at \\ bt \end{pmatrix}$ である.

$\det A = b = 0$ ならば $A\begin{pmatrix} s \\ t \end{pmatrix} = (s+at)\begin{pmatrix} 1 \\ 0 \end{pmatrix}$ で

$a > 0$ ならば，$0 \leqq s + at \leqq 1 + a$,
$a \leqq 0$ ならば，$a \leqq s + at \leqq 1$

だから，おのおのの場合の像は，x 軸上の $0 \leqq x \leqq 1+a$, $a \leqq x \leqq 1$ で表わされる線分となる.

これらが F_2 に含まれる条件は

$a > 0$ ならば，$1 + a \leqq 1$,

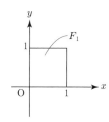

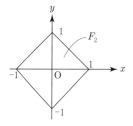

$$a \leqq 0 \text{ ならば，} \quad -1 \leqq a$$

となる．

前者をみたす a は存在しない．

後者より $-1 \leqq a \leqq 0, b = 0$ が得られる．

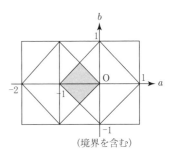
（境界を含む）

$b \neq 0$ のとき，F_1 の像は F_1 の 4 頂点の像 $(0, 0)$, $(1, 0)$, (a, b), $(1+a, b)$ を頂点とする平行四辺形で，これが F_2 に含まれる条件は，これら 4 頂点が F_2 に含まれることである．$(0, 0), (1, 0)$ は F_2 に含まれており，また F_2 は不等式 $|x| + |y| \leqq 1$ で表わされるから

$$|a| + |b| \leqq 1, \quad |1+a| + |b| \leqq 1 \cdots ①$$

が得られ，$b = 0$ の場合とあわせて (a, b) の存在領域は上のようになる ∎

(2) G の任意の 2 元を $X = \begin{pmatrix} 1 & x \\ 0 & y \end{pmatrix}$, $Y = \begin{pmatrix} 1 & u \\ 0 & v \end{pmatrix}$ とおく．ただし

$$|x| + |y| \leqq 1, \quad |1+x| + |y| \leqq 1 \cdots ②,$$
$$|u| + |v| \leqq 1, \quad |1+u| + |v| \leqq 1 \cdots ③$$

である．さて

$$XY = \begin{pmatrix} 1 & x \\ 0 & y \end{pmatrix} \begin{pmatrix} 1 & u \\ 0 & v \end{pmatrix} = \begin{pmatrix} 1 & u+xv \\ 0 & yv \end{pmatrix}$$

で，これは $\begin{pmatrix} 1 & a \\ 0 & b \end{pmatrix}$ の形をもち，さらに ②, ③ により

$$|u+xv| + |yv| \leqq |u| + |xv| + |yv| = |u| + |v|(|x|+|y|) \leqq |u| + |v| \leqq 1,$$
$$|1+u+xv| + |yv| \leqq |1+u| + |xv| + |yv| = |1+u| + |v|(|x|+|y|)$$
$$\leqq |1+u| + |v| \leqq 1$$

となる．したがって G は乗法に関して閉じている ∎

注意 解答の図をみれば明らかですが，①の2式は $\left|a + \dfrac{1}{2}\right| + |b| \leqq \dfrac{1}{2} \cdots (*)$ にまとめることができます．したがって，(2) では $\left|u + xv + \dfrac{1}{2}\right| + |yv| \leqq \dfrac{1}{2}$ を示してもよいことになります．各自試してみてください．

①の2式と $(*)$ が同値であることは，図によらず計算で示すこともできます．

①が成り立つとしましょう．すると，$1 - |a| \geqq |b| \geqq 0$, $1 - |a+1| \geqq |b| \geqq 0$ より $|a| \leqq 1$, $|a+1| \leqq 1$ となり，これより $-1 \leqq a \leqq 0$ であることが分ります．したがって ① は $-a + |b| \leqq 1$, $1 + a + |b| \leqq 1$，つまり $|b| - 1 \leqq a \leqq -|b|$ となります．これより $\dfrac{1}{2} - |b| \geqq 0$ が成り立つことに注意するとさらに

$$|b| - \frac{1}{2} = |b| - 1 + \frac{1}{2} \leqq a + \frac{1}{2} \leqq \frac{1}{2} - |b|, \quad \text{つまり} \quad \left|a + \frac{1}{2}\right| \leqq \frac{1}{2} - |b|$$

が導かれ，(*) が成り立ちます．

逆に (*) が成り立つとしましょう．$\left|a + \frac{1}{2}\right| \geqq |a| - \frac{1}{2}$ なので

$$\frac{1}{2} \geqq |b| + \left|a + \frac{1}{2}\right| \geqq |b| + |a| - \frac{1}{2}, \quad \text{つまり} \quad |a| + |b| \leqq 1$$

がまず得られ，さらに

$$|1 + a| + |b| = \left|\frac{1}{2} + \frac{1}{2} + a\right| + |b| \leqq \frac{1}{2} + \left|\frac{1}{2} + a\right| + |b| \leqq \frac{1}{2} + \frac{1}{2} = 1$$

となり，① が導かれます．

上でも述べたように，① ⇔ (*) はグラフをみると自明です．グラフによる議論が強い説得力をもつ1つの例でしょう．

3.47 問題の正方形の原点と隣り合う2頂点を (p, q)，$(-q, p)$ とおく．ただし，$y \geqq 0$ の部分に正方形はあるから $p \geqq 0$，$q \geqq 0$，$p^2 + q^2 \neq 0$ として充分である．

$\det A = (3a+b)(a+3b) - 3(a-b)^2 = 16ab \neq 0$ だから f による正方形の像は平行四辺形である．よって像が長方形になる条件は $A\begin{pmatrix} p \\ q \end{pmatrix} \perp A\begin{pmatrix} -q \\ p \end{pmatrix}$ である．

$$A\begin{pmatrix} p \\ q \end{pmatrix} = \begin{pmatrix} (3a+b)p + \sqrt{3}(a-b)q \\ \sqrt{3}(a-b)p + (a+3b)q \end{pmatrix}, \quad A\begin{pmatrix} -q \\ p \end{pmatrix} = \begin{pmatrix} \sqrt{3}(a-b)p - (3a+b)q \\ (a+3b)p - \sqrt{3}(a-b)q \end{pmatrix}$$

なので

$$A\begin{pmatrix} p \\ q \end{pmatrix} \perp A\begin{pmatrix} -q \\ p \end{pmatrix}$$
$$\Leftrightarrow \{(3a+b)p + \sqrt{3}(a-b)q\}\{\sqrt{3}(a-b)p - (3a+b)q\}$$
$$\quad + \{\sqrt{3}(a-b)p + (a+3b)q\}\{(a+3b)p - \sqrt{3}(a-b)q\} = 0$$
$$\Leftrightarrow 4(a^2 - b^2)\{\sqrt{3}(p^2 - q^2) - 2pq\} = 0$$
$$\Leftrightarrow (q + \sqrt{3}p)\left(q - \frac{1}{\sqrt{3}}p\right) = 0$$

となる．ただし $|a| \neq |b|$ より $a^2 - b^2 \neq 0$ であることを用いた．

上式より $q = -\sqrt{3}p$，または $q = \frac{1}{\sqrt{3}}p$ となるから，求める正方形は2直線 $y = \frac{1}{\sqrt{3}}x$，および $y = -\sqrt{3}x$ の $y > 0$ の部分に頂点をもつものである ∎

注意 ベクトル $\begin{pmatrix} p \\ q \end{pmatrix}$ の長さは議論に対して本質的な条件ではないので，その長さを1として，$\begin{pmatrix} p \\ q \end{pmatrix}$，$\begin{pmatrix} -q \\ p \end{pmatrix}$ の代わりに $\begin{pmatrix} \cos\theta \\ \sin\theta \end{pmatrix}$，$\begin{pmatrix} -\sin\theta \\ \cos\theta \end{pmatrix}$ とおいても構いません．

$y = x\tan\alpha$ への正射影を表わす行列を $P(\alpha)$ とおくと

$$A = a\begin{pmatrix} 3 & \sqrt{3} \\ \sqrt{3} & 1 \end{pmatrix} + b\begin{pmatrix} 1 & -\sqrt{3} \\ -\sqrt{3} & 3 \end{pmatrix}$$

$$= 4a\frac{1}{1+\left(\frac{1}{\sqrt{3}}\right)^2}\begin{pmatrix} 1 & \frac{1}{\sqrt{3}} \\ \frac{1}{\sqrt{3}} & \frac{1}{3} \end{pmatrix} + 4b\frac{1}{1+(-\sqrt{3})^2}\begin{pmatrix} 1 & -\sqrt{3} \\ -\sqrt{3} & 3 \end{pmatrix}$$

$$= 4aP\left(\frac{\pi}{6}\right) + 4bP\left(\frac{2}{3}\pi\right)$$

となることが分ります．このことからも正方形の像が $y = \frac{1}{\sqrt{3}}x$ 方向に $4a$ 倍，$y = -\sqrt{3}x$ 方向に $4b$ 倍に辺を伸ばした長方形になることが理解されます．

逆に $y = \frac{1}{\sqrt{3}}x$ と $y = -\sqrt{3}x$ 上に頂点をもたない正方形の像が長方形にならないことも，a, b の正負や $|a|, |b|$ の大小関係に応じていろいろな場合の図をていねいに書いてみると分りますが，論証としては少し面倒になります．この場合はやはり計算をするほうが得策でしょう．

3.48　(x, y) の f による像は $\begin{pmatrix} a & 0 \\ b & 1 \end{pmatrix}\begin{pmatrix} x \\ y \end{pmatrix} = \begin{pmatrix} ax \\ bx+y \end{pmatrix}$ である．

また一般に，すべての x に対して $px^2 + qx + r \geqq 0$ が成り立つための必要十分条件は
$$p = q = 0, \; r \geqq 0, \; \text{または} \; p > 0, \; q^2 - 4pr \leqq 0 \cdots ①$$
である．このことを随時用いる．

(1)　$f(A)$ は $y \geqq x^2 + 1$ をみたす (x, y) に対する $(ax, bx+y)$ の全体であるから，$f(A) \subset C$ であることは

　　　$y \geqq x^2 + 1$ をみたす任意の (x, y) に対して $bx + y \geqq 0$ が成り立つ

ことで，これはさらに

　　　任意の x に対して $x^2 + 1 \geqq -bx$，つまり $x^2 + bx + 1 \geqq 0$ が成り立つ

ことに他ならない．

したがって求める条件は $b^2 - 4 \leqq 0$，つまり $-2 \leqq b \leqq 2$ である∎

(2)　(1) と同様に，$f(A) \subset B$ は

　　　$y \geqq x^2 + 1$ をみたす任意の (x, y) に対して $bx + y \geqq (ax)^2$ が成り立つ

ことで，これはさらに

　　　任意の x に対して $x^2 + 1 \geqq a^2 x^2 - bx$，つまり $(1-a^2)x^2 + bx + 1 \geqq 0$
　　　が成り立つ

ことである．よって求める条件は ① により

　　　$1 - a^2 = 0$ かつ $b = 0$，または $1 - a^2 > 0$ かつ $b^2 - 4(1-a^2) \leqq 0$

で，これをまとめて $a^2 + \dfrac{b^2}{4} \leqq 1$ が得られる∎

(3)　上と同様に，任意の x に対して $x^2 + 1 \geqq (ax)^2 + 1 - bx$，つまり $(1-a^2)x^2 + bx \geqq 0$

が成り立つ条件を求めればよい．① より
$$1-a^2=0 \text{ かつ } b=0, \text{ または } 1-a^2>0 \text{ かつ } b^2 \leqq 0$$
となり，したがって $-1 \leqq a \leqq 1, b=0$ を得る∎

> **注意** ① はよく応用される事柄です．一度きちんと証明しておきましょう．

3.49 $xy=1$ 上の任意の点をパラメータ $t \neq 0$ を用いて $\left(t, \frac{1}{t}\right)$ で表わす．$A=\begin{pmatrix} a & b \\ c & d \end{pmatrix}$ とおくと $A\begin{pmatrix} t \\ \frac{1}{t} \end{pmatrix} = \begin{pmatrix} at+\frac{b}{t} \\ ct+\frac{d}{t} \end{pmatrix}$ で，これが再び $xy=1$ を表わす条件は

$$\left.\begin{array}{l} \text{すべての } t\neq 0 \text{ に対して } \left(at+\frac{b}{t}\right)\left(ct+\frac{d}{t}\right)=1 \cdots ① \text{ が成り立ち,} \\ t \neq 0 \text{ が実数上を動くとき } at+\frac{b}{t} \text{ も } 0 \text{ を除く全実数をとること } \cdots ② \end{array}\right\}$$

である．$t \neq 0$ のとき
$$① \Leftrightarrow (at^2+b)(ct^2+d)-t^2=0 \Leftrightarrow act^4+(ad+bc-1)t^2+bd=0$$
だから，これがすべての $t \neq 0$ に対して成り立つ条件は
$$ac=0, \quad ad+bc-1=0, \quad bd=0$$
である．これより

$a=0$ ならば $bc=1$, $bd=0$ より $d=0$　よって　$A=\begin{pmatrix} 0 & b \\ \frac{1}{b} & 0 \end{pmatrix}, b \neq 0$,

$c=0$ ならば $ad=1$, $bd=0$ より $b=0$　よって　$A=\begin{pmatrix} a & 0 \\ 0 & \frac{1}{a} \end{pmatrix}, a \neq 0$

が得られる．

前者の場合の $at+\frac{b}{t}=\frac{b}{t}$, 後者の場合の $at+\frac{b}{t}=at$ は $t \neq 0$ のとき，ともに 0 を除く全実数をとるから ② も成り立つ．

以上より A の一般形は $a(\neq 0)$ を用いて $\begin{pmatrix} a & 0 \\ 0 & \frac{1}{a} \end{pmatrix}$, または $\begin{pmatrix} 0 & a \\ \frac{1}{a} & 0 \end{pmatrix}$ と表わされる∎

> **注意** $\det A=0$ ならば $xy=1$ の像が自分自身になることはないので $\det A \neq 0$ です．
>
> そこで $\det A = \delta$ として，$A^{-1}=\frac{1}{\delta}\begin{pmatrix} d & -b \\ -c & a \end{pmatrix}$ を用いて，
> $$\begin{pmatrix} x \\ y \end{pmatrix} = \frac{1}{\delta}\begin{pmatrix} d & -b \\ -c & a \end{pmatrix}\begin{pmatrix} x' \\ y' \end{pmatrix}$$
> を $xy=1$ に代入してまとめると

$$-cdx'^2 - aby'^2 + (ad+bc)x'y' = \delta^2$$

が得られます．問題の条件は上式が $x'y' = 1$ を表わすことですから

$$ab = cd = 0, \quad ad + bc \neq 0, \quad \frac{\delta^2}{ad+bc} = 1$$

となり，これから結論を導くこともできます．

3.50 (1) f は逆変換をもつから ℓ の f による像 ℓ' は直線である．

さて，P は ℓ 上かつ C 上の点であるから P$'$ は ℓ' 上かつ C' 上の点である．もし ℓ' が C' と Q$' \neq$ P$'$ を共有するならば，f によって Q$'$ にうつされる ℓ 上かつ C 上の点 Q が存在することになり，Q = P ならば Q$'$ = P$'$ だから，Q$' \neq$ P$'$ ならば Q $\neq$ P である．しかしこれは ℓ が C の接線であることに反する．

したがって ℓ' と C' は P$'$ のみを共有することになり，これは ℓ' が C' の接線であることを意味する∎

(2) (1) の ℓ と平行な接線を m，接点を R とし，その f による像を m', R$'$ とすると，m' も R$'$ における C' の接線である．また，ℓ, m は共有点をもたないから ℓ', m' も共有点をもたない，つまり $\ell' \parallel m'$ である．

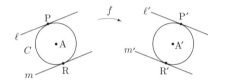

したがって，線分 PR, P$'$R$'$ はおのおの円 C, C' の直径で，A は線分 PR の中点である．

他方，線形性により一次変換によって内分比は保存されるから，A の像 A$'$ も線分 P$'$R$'$ の中点であり，したがって A$'$ は円 C' の中心である∎

3.51 f を表わす行列を $A = \begin{pmatrix} a & b \\ c & d \end{pmatrix}$ とおく．

$\det A = 1$ より $ad - bc = 1 \cdots$ ① である．

また，f による F の像を (X, Y) とおくと，$X = a, Y = c \cdots$ ② である．

さて，$A^{-1} = \begin{pmatrix} d & -b \\ -c & a \end{pmatrix}$ であるから

$$\begin{pmatrix} x \\ y \end{pmatrix} = A^{-1} \begin{pmatrix} x' \\ y' \end{pmatrix} = \begin{pmatrix} dx' - by' \\ -cx' + ay' \end{pmatrix}$$

を $\frac{x^2}{2} + y^2 = 1$ に代入してまとめると

$$\frac{d^2 + 2c^2}{2} x'^2 - (bd + 2ac)x'y' + \frac{b^2 + 2a^2}{2} y'^2 = 1$$

となるが，これが再び F, F$'$ を焦点とする楕円である条件は

$$bd + 2ac = 0, \quad \frac{2}{d^2 + 2c^2} - \frac{2}{b^2 + 2a^2} = 1 \cdots ③$$

である．①～③ をみたす a, b, c, d が存在するための X, Y の条件を求めればよい．それはさらに，② を ①, ③ に代入して得られる関係式

$$dX - bY = 1 \cdots ④, \quad bd + 2XY = 0 \cdots ⑤, \quad \frac{1}{d^2 + 2Y^2} - \frac{1}{b^2 + 2X^2} = \frac{1}{2} \cdots ⑥$$

をみたす b, d が存在するための X, Y の条件である.

(i) $Y = 0$ の場合.

④, ⑤ より $X \neq 0$ で, $d = \frac{1}{X}$, $b = 0$ が得られ, さらに ⑥ は $X^2 - \frac{1}{2X^2} = \frac{1}{2}$ となる. これを解いて $X = \pm 1$ が得られる.

(ii) $Y \neq 0$ の場合.

④ より $b = \frac{dX - 1}{Y} \cdots ④'$ となる. これを ⑤ に代入して $\frac{d(dX - 1)}{Y} + 2XY = 0$ が得られる. これを次のように3通りに表わしておく.

$$d\left(\frac{dX - 1}{Y}\right) = -2XY, \quad Xd^2 - d + 2XY^2 = 0, \quad X(d^2 + 2Y^2) = d \cdots ⑤'.$$

$X = 0$ のとき ④', ⑤' より $d = 0$, $b = -\frac{1}{Y}$ である. これらを ⑥ に代入して $\frac{1}{2Y^2} - Y^2 = \frac{1}{2}$ となり, これを解いて $Y = \pm \frac{1}{\sqrt{2}}$ が得られる.

$X \neq 0$ のとき, ⑤' より $d \neq 0$ で

$$\frac{dX - 1}{Y} = -\frac{2XY}{d}, \quad \frac{1}{d^2 + 2Y^2} = \frac{X}{d} \cdots ⑤''$$

となる. さて ④' を ⑥ に代入すると $\frac{1}{d^2 + 2Y^2} - \frac{1}{\left(\frac{dX-1}{Y}\right)^2 + 2X^2} = \frac{1}{2}$ となる. これを ⑤'' を用いて変形していくと

$$\frac{1}{2} = \frac{X}{d} - \frac{1}{\left(-\frac{2XY}{d}\right)^2 + 2X^2} = \frac{X}{d} - \frac{d^2}{2X^2(d^2 + 2Y^2)}$$
$$= \frac{X}{d} - \frac{d^2}{2X^2} \cdot \frac{X}{d} = \frac{X}{d} - \frac{d}{2X}$$

となり, よって $d^2 + Xd - 2X^2 = 0$, つまり $(d + 2X)(d - X) = 0$ となり, $d = X$ または $d = -2X$ が得られる. このとき, $X \neq 0$ より $d \neq 0$ は成立している. 上式を ⑤' の第2式に代入して $X \neq 0$ に注意すると

$$d = X \text{ のとき } X^2 + 2Y^2 = 1, \quad d = -2X \text{ のとき } 2X^2 + Y^2 + 1 = 0$$

となり, 後者の場合 (X, Y) は存在しない.

以上をまとめると求める F の像の全体は $x^2 + 2y^2 = 1$ であることが分る ∎

注意 本問から, ある一次変換によってある楕円が自分と焦点を共有する楕円にうつされるからといって焦点が必ずしも焦点にうつされるわけではない, ということが分ります. したがって, 前問 (2) の主張を証明を必要とするほどでもない当たり前のことだと感じた人はもう少し慎重に物事を見るように心がけましょう.

3.52 (1) $ps - qr = \delta$ とおいて

$$\begin{pmatrix} x \\ y \end{pmatrix} = \frac{1}{\delta} \begin{pmatrix} s & -q \\ -r & p \end{pmatrix} \begin{pmatrix} x' \\ y' \end{pmatrix} = \frac{1}{\delta} \begin{pmatrix} sx' - qy' \\ -rx' + py' \end{pmatrix}$$

を $ax + by = 1$ に代入してまとめると

$$\frac{as - br}{\delta} x' + \frac{-aq + bp}{\delta} y' = 1$$

で，これが $a'x' + b'y' = 1$ を表わすから

$$\frac{as - br}{\delta} = a', \quad \frac{-aq + bp}{\delta} = b'$$

である．これよりさらに

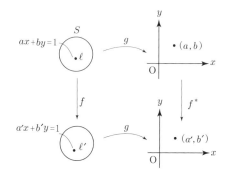

$$\begin{pmatrix} a' \\ b' \end{pmatrix} = \frac{1}{\delta} \begin{pmatrix} sa - rb \\ -qa + pb \end{pmatrix}$$

$$= \frac{1}{\delta} \begin{pmatrix} s & -r \\ -q & p \end{pmatrix} \begin{pmatrix} a \\ b \end{pmatrix}$$

となる．したがって f^* を表わす行列を A^* とおいてさらに $f^*(\vec{0}) = \vec{0}$ に注意すると，$A^* = \frac{1}{ps - qr} \begin{pmatrix} s & -r \\ -q & p \end{pmatrix}$ であることが分る ∎

(2) $\ell \in S'$ を $y = 2tx - t^2$ $(t \neq 0)$ とおくと，$\frac{2}{t}x - \frac{1}{t^2}y = 1$ であるから $g(\ell) = \left(\frac{2}{t}, -\frac{1}{t^2}\right)$ である．よって $x = \frac{2}{t}, y = -\frac{1}{t^2}$ とおくと，$g(S')$ として $y = -\frac{1}{4}x^2$ $(x \neq 0)$ が得られる ∎

(3) $y = x^2$ 上の任意の点を (t, t^2) で表わす．$\begin{pmatrix} p & q \\ r & s \end{pmatrix} \begin{pmatrix} t \\ t^2 \end{pmatrix} = \begin{pmatrix} pt + qt^2 \\ rt + st^2 \end{pmatrix}$ が再び $y = x^2$ 上にあるので

$$rt + st^2 = (pt + qt^2)^2, \quad \text{つまり} \quad q^2 t^4 + 2pqt^3 + (p^2 - s)t^2 - rt = 0$$

となる．これがすべての t に対して成り立つから $q = r = 0, p^2 = s$ が得られる．ただし，$ps - rq = p^3 \neq 0$ より $p \neq 0$ である．このとき，$pt + qt^2 = pt$ はすべての実数をとるので像はたしかに $y = x^2$ である．よって f を表わす行列は $\begin{pmatrix} p & 0 \\ 0 & p^2 \end{pmatrix}$ $(p \neq 0)$ となるから

$$A^* = \frac{1}{p^3} \begin{pmatrix} p^2 & 0 \\ 0 & p \end{pmatrix} = \begin{pmatrix} \frac{1}{p} & 0 \\ 0 & \frac{1}{p^2} \end{pmatrix}$$ である．

さて，$g(S')$ 上の任意の点を $\left(t, -\frac{1}{4}t^2\right)$ $(t \neq 0)$ で表わすと

$$A^* \begin{pmatrix} t \\ -\frac{1}{4}t^2 \end{pmatrix} = \begin{pmatrix} \frac{1}{p} & 0 \\ 0 & \frac{1}{p^2} \end{pmatrix} \begin{pmatrix} t \\ -\frac{1}{4}t^2 \end{pmatrix} = \begin{pmatrix} \frac{t}{p} \\ -\frac{1}{4}\left(\frac{t}{p}\right)^2 \end{pmatrix}$$

であり，$x = \frac{t}{p}, y = -\frac{1}{4}\left(\frac{t}{p}\right)^2$ とおくと，x は 0 を除く全実数を動き，$y = -\frac{1}{4}x^2$ が成り立つ．

したがって $g(S')$ は f^* によって $g(S')$ 自身にうつされる∎

3.53 (1)　$x' = 2x - 3y$, $y' = -x + 2y$ と $x^2 - 3y^2 = 1$ より
$$x'^2 - 3y'^2 = (2x - 3y)^2 - 3(-x + 2y)^2 = x^2 - 3y^2 = 1$$
である．また，$x > 0$, $x^2 - 3y^2 = 1$ より $x = \sqrt{3y^2 + 1}$ だから，$y \geq 1$ に注意すると
$$y' = 2y - x = 2y - \sqrt{3y^2 + 1} = \frac{y^2 - 1}{2y + \sqrt{3y^2 + 1}} \geq 0,$$
$$y - y' = y - 2y + x = \sqrt{3y^2 + 1} - y = \frac{2y^2 + 1}{\sqrt{3y^2 + 1} + y} > 0$$
となり，したがって $y > y' \geq 0$ も成り立つ∎

(2)　x_0, y_0 を $x_0^2 - 3y_0^2 = 1$ をみたす自然数とする．$\begin{pmatrix} x_1 \\ y_1 \end{pmatrix} = A \begin{pmatrix} x_0 \\ y_0 \end{pmatrix}$ とおくと，$x_1 = 2x_0 - 3y_0$ も $y_1 = -x_0 + 2y_0$ も整数で，(1) と同様に
$$x_1 = 2\sqrt{3y_0^2 + 1} - 3y_0 = \frac{3y_0^2 + 4}{2\sqrt{3y_0^2 + 1} + 3y_0} > 0$$
である．したがって (1) の結果とあわせて
$$x_1^2 - 3y_1^2 = 1,\ x_1\ \text{は自然数}, y_1\ \text{は整数で}\ y_0 > y_1 \geq 0$$
となることが分る．

もし $y_1 > 0$ ならば，x_1, y_1 に対して x_0, y_0 に対する前提とまったく同じ条件が成り立つから，$A \begin{pmatrix} x_1 \\ y_1 \end{pmatrix} = \begin{pmatrix} x_2 \\ y_2 \end{pmatrix}$ とおくと
$$x_2^2 - 3y_2^2 = 1,\ x_2\ \text{は自然数}, y_2\ \text{は整数で}\ y_0 > y_1 > y_2 \geq 0$$
が成り立つ．

以下同様に，$A^m \begin{pmatrix} x_0 \\ y_0 \end{pmatrix} = \begin{pmatrix} x_m \\ y_m \end{pmatrix}$ によって数列 $\{y_m\}$ を定めると，ある自然数 n に対して $y_n = 0$ となる．実際，もしすべての $y_m > 0$ ならば $y_0 > y_1 > y_2 > \cdots$ をみたす，つまり単調減少の自然数からなる無限数列が存在することになるが，これは不合理である．この $y_n = 0$ に対して $x_n^2 - 3y_n^2 = 1$, x_n は自然数，という条件から $x_n = 1$ を得る．

以上より主張は成り立つ∎

◆　第 4 章の答　◆

4.1 (1)　$\alpha = u + iv$ とおき，実数解を p とおくと，$p^2 + p(u + iv) + 1 + 2i = 0$ より $p^2 + pu + 1 + i(pv + 2) = 0$ である．よって $p^2 + pu + 1 = 0$, $pv + 2 = 0$ となるから，$p \neq 0$ で，$u = -\frac{p^2 + 1}{p}$, $v = -\frac{2}{p}$ となる．したがって
$$|\alpha|^2 = u^2 + v^2 = \left(-\frac{p^2 + 1}{p}\right)^2 + \left(-\frac{2}{p}\right)^2 = \frac{p^4 + 2p^2 + 5}{p^2}$$

$$= 2 + p^2 + \frac{5}{p^2} \geqq 2 + 2\sqrt{p^2 \cdot \frac{5}{p^2}} = 2 + 2\sqrt{5}$$

となり，等号は $p^2 = \frac{5}{p^2}$，つまり $p = \pm\sqrt[4]{5}$ のときに成り立つ．

以上より $|\alpha|$ の最小値は $\sqrt{2 + 2\sqrt{5}}$ である■

(2) 問題の虚数解を $a + ib$ とおくと $a - ib$ も解である．残りの実数解を α とおくと $x^3 + 2px + q = \{x - (a + ib)\}\{x - (a - ib)\}(x - \alpha)$ が成り立つ．両辺の係数を比べて

$$2a + \alpha = 0 \cdots ①, \quad a^2 + b^2 + 2\alpha a = 2p \cdots ②, \quad -\alpha(a^2 + b^2) = q \cdots ③$$

を得る．①より $\alpha = -2a$ で，このとき②，③は

$$b^2 - 3a^2 = 2p, \quad 2a(a^2 + b^2) = q$$

となる．条件より $b \neq 0$ なので $a^2 + b^2 > 0$ だから，上の第2式より a と q は同符号である■

さらに，第1式より $b^2 = 3a^2 + 2p$ であり，これを第2式に代入してまとめると $8a^3 + 4pa - q = 0$ が得られるが，これは，a が $8x^3 + 4px - q = 0$ の解であることを示している■

4.2 条件より

$$f(x) = (x - \alpha)\{x - (\beta + i\gamma)\}\{x - (\beta - i\gamma)\}$$
$$= x^3 - (\alpha + 2\beta)x^2 + (\beta^2 + \gamma^2 + 2\alpha\beta)x - \alpha(\beta^2 + \gamma^2)$$

であり，よって $f'(x) = 3x^2 - 2(\alpha + 2\beta)x + (\beta^2 + \gamma^2 + 2\alpha\beta) = 0$ の解は

$$x = \frac{1}{3}\{(\alpha + 2\beta) \pm \sqrt{(\alpha + 2\beta)^2 - 3(\beta^2 + \gamma^2 + 2\alpha\beta)}\}$$
$$= \frac{1}{3}\{(\alpha + 2\beta) \pm \sqrt{(\beta - \alpha)^2 - 3\gamma^2}\}$$

となる．

$(\beta - \alpha)^2 \geqq 3\gamma^2$ のとき，上の2解は実数解である．このときは $\gamma > 0$ により

$$f'(\alpha) = (\beta - \alpha)^2 + \gamma^2 > 0, \quad f'(\beta) = \gamma^2 > 0$$

であり，さらに $y = f'(x)$ の軸 $x = \frac{1}{3}(\alpha + 2\beta)$ は，x 軸上の2点 $(\alpha, 0)$ と $(\beta, 0)$ を結ぶ線分を $2:1$ に内分する点を通っている．したがって $f'(x) = 0$ の解は $\triangle ABC$ に含まれる．

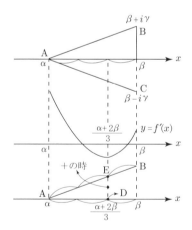

$(\beta - \alpha)^2 < 3\gamma^2$ のとき，$f'(x) = 0$ の解は

$$x = \frac{1}{3}\{(\alpha + 2\beta) \pm \sqrt{3\gamma^2 - (\beta - \alpha)^2}\,i\}$$

である．この2解と $\triangle ABC$ は x 軸に関して対称なので，$\pm$ の $+$ の解が $\triangle ABC$ の上半分に含まれることを示せばよい．これは，複素平面上の $\frac{1}{3}(\alpha + 2\beta)$ で表わされる点をDとし，ABを $2:1$ に内分する点をEとおくとき，$+$ の解が線分 DE 上にあることを示すことと同じである．Eは $\frac{\alpha + 2\beta}{3} + i\frac{2\gamma}{3}$ で表わされるから，結局

$$0 \leqq \frac{1}{3}\sqrt{3\gamma^2 - (\beta - \alpha)^2} \leqq \frac{2}{3}\gamma$$

を示せばよいことになる．左側の不等式は明らかである．また

$$\left(\frac{2}{3}\gamma\right)^2 - \left\{\frac{1}{3}\sqrt{3\gamma^2 - (\beta-\alpha)^2}\right\}^2 = \frac{1}{9}\{\gamma^2 + (\beta-\alpha)^2\} \geqq 0$$

より右側の不等式も成立する.

以上により主張は成り立つ∎

注意 本問の内容は，ガウスの定理と呼ばれているものの特殊な場合になっています．

4.3 (1) 正しくない．実際，$a = 2+i$, $b = 2-i$, $c = i$ とおくと
$$a^2 + b^2 + c^2 = (2+i)^2 + (2-i)^2 + i^2 = 5 > 0$$
であるが，a, b, c はすべて虚数である∎

(2) 正しい．$c = -(a+b)$ を $ab + c(a+b) = 0$ に代入してまとめると，$a^2 + ab + b^2 = 0$ であり，$a-b$ をかけて $a^3 = b^3$ が直ちに得られる．$b^3 = c^3$ も同様である∎

(3) 正しくない．$a (\neq 0)$ を適当にとり，$b = \dfrac{-1+\sqrt{3}i}{2}a$, $c = \dfrac{-1-\sqrt{3}i}{2}a$ とおくと $a+b+c = 0$, $ab+bc+ca = 0$ は成り立つが，a, b, c は互いに異なる複素数である∎

4.4 $\alpha = 0$ ならば $0 < |\beta| < 2$ が求める条件である．

$\alpha \neq 0$ のとき，$0 < |\alpha z + \beta| < 2$ は $0 < \left|z + \dfrac{\beta}{\alpha}\right| < \dfrac{2}{|\alpha|}$ $\cdots$ ① と同値である．これは，$-\dfrac{\beta}{\alpha}$ を中心とする半径 $\dfrac{2}{|\alpha|}$ の円の内部から中心を除いた領域を表わしている．この領域を D とすると，$|z| \leqq 1$ をみたすすべての z に対して ① が成り立つことは，原点を中心とする半径 1 の円の周と内部が D に含まれることに他ならない．それは

中心間の距離 < 半径の差 が成り立ち，かつ $\left|-\dfrac{\beta}{\alpha}\right|$ が $|z| \leqq 1$ の外にあること

である．したがって
$$\left|-\frac{\beta}{\alpha}\right| < \frac{2}{|\alpha|} - 1, \quad \text{かつ} \quad \left|-\frac{\beta}{\alpha}\right| > 1$$

となり，これより $|\beta| + |\alpha| < 2$, $|\beta| > |\alpha|$ を得るが，これは $\alpha = 0$ の場合も含む．

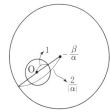

以上より $|\alpha| + |\beta| < 2$, $|\alpha| < |\beta|$ が求める条件である∎

注意 一般に $||x| - |y|| \leqq |x+y| \leqq |x| + |y|$ が成り立ち，等号は $xy = 0$, または $y = cx$ のときに成り立ちます．ただし後者の場合，c は実数で，左側の不等式に対しては $c < 0$, 右側に対しては $c > 0$ とします．さて，$\alpha \neq 0$ の場合にこれを用いると
$$||\alpha||z| - |\beta|| \leqq |\alpha z + \beta| \leqq |\alpha||z| + |\beta| \cdots (*)$$
となり，左右の等号が成り立つ場合があります．なぜならば，z が $|z| \leqq 1$ のもとで変化するとき，αz の偏角は 0 から 2π までのすべての角をとり得るので $\beta = c\alpha z$ となる場合があるからです．したがって，$|z| \leqq 1$ をみたすすべての z に対して $0 < |\alpha z + \beta| < 2$ が成り立つことは
$$\max_{|z| \leqq 1}(|\alpha||z| + |\beta|) < 2, \quad \min_{|z| \leqq 1}||\alpha||z| - |\beta|| > 0$$

であることと同値で，前者より直ちに $|\alpha|+|\beta|<2$ が得られます．

後者は，$|\alpha||z|-|\beta|=0$ をみたす $|z|(\leqq 1)$
が存在しないことを意味し，$\alpha\neq 0$ なので
$$\frac{|\beta|}{|\alpha|}>1, \quad つまり \quad |\beta|>|\alpha|$$
が得られます．右図を参照してください．

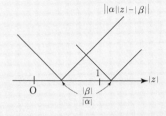

成分計算をするなら次のような議論もできます．

$\alpha=a+ib,\ \beta=c+id,\ z=r(\cos\theta+i\sin\theta)$，
$0\leqq r\leqq 1$ とおきましょう．すると，δ をある定角として
$$|\alpha z+\beta|^2=(a^2+b^2)r^2+2r\sqrt{(a^2+b^2)(c^2+d^2)}\sin(\theta+\delta)+(c^2+d^2)$$
とまとめられるので
$$(a^2+b^2)r^2-2r\sqrt{(a^2+b^2)(c^2+d^2)}+(c^2+d^2)$$
$$\leqq|\alpha z+\beta|^2$$
$$\leqq(a^2+b^2)r^2+2r\sqrt{(a^2+b^2)(c^2+d^2)}+(c^2+d^2)$$
つまり
$$\left|\sqrt{a^2+b^2}\,r-\sqrt{c^2+d^2}\,\right|\leqq|\alpha z+\beta|\leqq\left|\sqrt{a^2+b^2}\,r+\sqrt{c^2+d^2}\,\right|$$
が得られますが，これは上の (*) そのものです．後の議論は上と同じです．

4.5 $a=\dfrac{1}{2}+\dfrac{\sqrt{3}}{2}i=\cos\dfrac{\pi}{3}+i\sin\dfrac{\pi}{3}$ より $a^6=1$ である．そこで $n=6k+r$ とおく．ただし $k\geqq 0$ は整数で，$r=0,1,2,3,4,5$ とする．

$\ell=1,2,3,4,5$ に対して
$$a^{\ell n}=a^{\ell(6k+r)}=(a^6)^{\ell k}a^{\ell r}=a^{\ell r}$$
である．よって問題の式の分子を Q とおくと

$\quad r=0$ のとき，$a^{\ell n}=a^0=1$ より $Q=0$，

$\quad r=1$ のとき，$a^{\ell n}=a^\ell$ より Q は分母と等しい，

$\quad r=2$ のとき，$a^{\ell n}=a^{2\ell}$ で $\ell=3$ のとき $a^{2\ell}=1$ より $Q=0$，

$\quad r=3$ のとき，$a^{\ell n}=a^{3\ell}$ で $\ell=2$ のとき $a^{3\ell}=1$ より $Q=0$，

$\quad r=4$ のとき，$a^{\ell n}=a^{4\ell}$ で $\ell=3$ のとき $a^{4\ell}=1$ より $Q=0$，

$\quad r=5$ のとき，$a^{\ell n}=a^{5\ell}$ で
$$Q=(1-a^5)(1-a^{10})(1-a^{15})(1-a^{20})(1-a^{25})$$
$$=(1-a^5)(1-a^4)(1-a^3)(1-a^2)(1-a)$$
$$=分母$$

となる．

以上より
$$\frac{(1-a^n)(1-a^{2n})\cdots(1-a^{5n})}{(1-a)(1-a^2)\cdots(1-a^5)}=\begin{cases}1 & n\equiv 1,\,5\ (\mathrm{mod}\ 6)\ のとき，\\ 0 & 上以外のとき\end{cases}$$

となる∎

> **注意** n を p で割った時の余りが r であることを表わす合同式の記法
> $$n \equiv r \pmod{p}$$
> は万国共通ですから，答案の中で利用しても構わないでしょう．

4.6 3つの数を x, y, z とし，この集合を G とする．

（i） $x = 0$ のとき $G = \{0, y, z\}$ で，$y \neq 0, z \neq 0$ である．よって $yz = y$ または z で，おのおのに対して $z = 1$，または $y = 1$ となる．

$y = 1$ のとき $G = \{0, 1, z\}$ で，$z \neq 0, 1$ より $z^2 \neq 0$, $z^2 \neq z$ なので $z^2 = 1$ しかあり得ず，よって $z = -1$ となる．したがって $G = \{0, 1, -1\}$ で，これは条件をみたし，$z = 1$ のときも同様である．

さらに，$y = 0, z = 0$ のときも x と y あるいは x と z を入れ替えれば同じ議論が可能で，よって集合として得られる G は上と同様である．

（ii） $xyz \neq 0$ のとき，$G_1 = \{xy, yz, zx\}$, $G_2 = \{x^2, y^2, z^2\}$ とおくと，$G_1 = G_2 = G$ である．

実際，$xy = yz$ とすると $y \neq 0$ より $x = z$ となって条件に反するから $xy \neq yz$ で $yz \neq zx$, $zx \neq xy$ も同様にいえる．つまり xy, yz, zx は互いに異なり，おのおのが x, y, z のいずれかであるから $G_1 = G$ である．

次に，$x^2 = y^2$ とすると $y \neq x$ だから $y = -x$ となり，$G = \{x, -x, z\}$ である．よってさらに，x^2 は $x, -x, z$ のいずれかに等しい．

$x^2 = x$ または $-x$ のときは，$x \neq 0$ に注意すると $G = \{1, -1, z\}$ となることが分る．したがって $-1 \cdot z = -z$ は $1, -1, z$ のいずれかに等しいことになるが，このとき $z = -1, 1, 0$ となっていずれも条件に反する．

$x^2 = z$ ならば $G = \{x, -x, x^2\}$ だから $-x \cdot x = -x^2$ は $x, -x, x^2$ のいずれかに等しくなるが，このときも x は $1, -1, 0$ のいずれかとなって G は条件をみたさない．

したがって $x^2 \neq y^2$ となり，$y^2 \neq z^2$, $z^2 \neq x^2$ も同様である．よって G_1 のときと同様に $G = G_2$ がいえる．

さて以上より
$$x + y + z = xy + yz + zx = x^2 + y^2 + z^2 \cdots ①, \quad xyz = x^2 y^2 z^2 \cdots ②$$
であり，①の値を k とおくと $(x+y+z)^2 = x^2+y^2+z^2+2(xy+yz+zx)$ より $k^2 = k+2k$，よって $k = 0$ または 3 で，また②と $xyz \neq 0$ より $xyz = 1$ となる．

$k = 0$ のとき，$x + y + z = xy + yz + zx = 0$, $xyz = 1$ より x, y, z は $u^3 - 1 = 0$ の3つの解だから $G = \{1, \omega, \omega^2\}$ であり，この G は条件をみたしている．ただし，ω は1の3乗根の1つ，つまり $\omega = \dfrac{-1 + \sqrt{3}i}{2}$ である．

$k = 3$ のとき，同様に x, y, z は $u^3 - 3u^2 + 3u - 1 = 0$ の解であるが，これは $x = y = z = 1$ を与え条件に反する．

(ⅰ), (ⅱ) より $G = \{0, 1, -1\}$, または $\{1, \omega, \omega^2\}$ を得る ∎

注意 上の解答以外にも多様な筋書きが可能でしょう.

x^2 が x, y, z のいずれかに等しいことを出発点にして, 丹念に場合を分けて調べていくことも可能です. この, もっとも素朴な, 言い換えると原則的な方法によると次のようになります.

$x^2 = x$ とすると $x = 0$ または 1 です.

$x = 0$ ならば解答の (ⅰ) と同じです.

$x = 1$ ならば $G = \{1, y, z\}$ です.

$y^2 = 1$ ならば $y = -1$ で, $G = \{1, -1, z\}$ となり, $z \neq \pm 1$ なので $z^2 \neq 1$ です. したがって, $z^2 = z$ なら $z = 0$, $z^2 = -1$ なら $z = \pm i$ となりますが, $G = \{1, -1, i\}, \{1, -1, -i\}$ は条件をみたしません. 他方, $G = \{1, -1, 0\}$ は条件をみたします.

$y^2 = y$ なら $y = 0$ で $G = \{1, 0, z\}$, $z \neq 0, 1$ となり $z^2 = 1$ より $z = -1$, $G = \{1, 0, -1\}$ となります.

$y^2 = z$ ならば $G = \{1, y, y^2\}$ で $y \neq 0, \pm 1$ は明らかです. また, $y \cdot y^2 = y$ または y^2 も条件に反しますから $y \cdot y^2 = 1$ となって $y = \omega$, $G = \{1, \omega, \omega^2\}$ が得られます.

次に $x^2 = y$ と $x^2 = z$ のとき, これらの場合は同様に議論できますから $x^2 = y$ としましょう.

このとき $G = \{x, x^2, z\}$, $x \neq 0, 1$ です. よって $x^3 = x^2$ はあり得ないので $x^3 = x$, または $x^3 = z$ です.

$x^3 = x$ なら $x = -1$ で, $G = \{1, -1, z\}$ となり, この場合の議論はすでに上で行なっています.

$x^3 = z$ なら $G = \{x, x^2, x^3\}$ で, x^4 は x, x^2, x^3 のいずれかになりますが, $x \neq 0, \pm 1$ より $x^4 = x$, よって $x = \omega$ が得られ, $G = \{\omega, \omega^2, 1\}$ が導かれます.

4.7 条件 (ⅱ) で $w = z$ とすると $-z \in S$ が直ちに得られる. よって (ⅰ) より $-1 \in S$ であるから, $S = \{1, -1, z, -z\}$ とおくことができる. ただし $z \neq \pm 1$, $|z| = 1$ である.

(ⅱ) において $w = -1$, $z = \cos\alpha + i\sin\alpha$ とおくと, $\arg\frac{z}{w} = \arg(-z) = \alpha + \pi$ だから
$$z + 2\cos(\alpha + \pi) = \cos\alpha + i\sin\alpha - 2\cos\alpha = -\cos\alpha + i\sin\alpha = -\bar{z} \in S$$
となる. $-\bar{z} = 1$ または -1 のときは $z = \mp 1$ となるので条件に反する. $-\bar{z} = -z$ のときも同様である. したがって $-\bar{z} = z$ でなければならず, これより $z^2 = -\bar{z}z = -|z|^2 = -1$, つまり $z = \pm i$ となる.

以上より $S = \{1, -1, i, -i\}$ である. このとき
$$\pm 1 \pm 2\cos(\arg(-1)) = \mp 1, \quad \pm 1 \mp 2\cos(\arg 1) = \mp 1,$$
$$\pm i \pm 2i\cos(\arg(-1)) = \mp i, \quad \pm i \mp 2i\cos(\arg 1) = \mp i,$$
(以上では $\pm, \mp$ は上同士下同士をとる)

$$\pm 1 \pm 2i\cos(\arg(\pm i)) = 1 \text{ または} - 1, \quad \pm i \pm 2\cos(\arg(\pm i)) = i \text{ または} - i$$
$$(\text{左辺の} \pm \text{はすべての組み合わせをとる})$$

なので (ii) はたしかに成り立つ．

したがって $S = \{1, -1, i, -i\}$ である．∎

> **注意** (ii) のような条件は，つい $z \neq w$ と考えがちですが，$z = w$ の場合ももちろん成り立つと考えます．数学の文章の読み方として高校まででではやや不慣れな面があるかもしれませんが，これから徐々に慣れていきましょう．

4.8 α, β, γ が表わす複素平面上の点をおのおの A, B, C とする．

$\omega = 1$ ならば条件より $\alpha + \beta + \gamma = 0$ なので，△ABC は原点を重心とする三角形である．

$\omega = \dfrac{-1+\sqrt{3}i}{2}$ のとき，$1 + \omega + \omega^2 = 0$ より $\omega^2 = -1 - \omega$ なので

$$\alpha + \beta\omega + \gamma\omega^2 = 0 \Leftrightarrow \alpha + \beta\omega - \gamma(1+\omega) = 0 \Leftrightarrow \alpha - \gamma = (\beta - \gamma)(-\omega)$$

である．ここで

$$-\omega = \frac{1-\sqrt{3}i}{2} = \cos\left(-\frac{\pi}{3}\right) + i\sin\left(-\frac{\pi}{3}\right)$$

だから，上式は C を中心にして B を時計方向に $\dfrac{\pi}{3}$ だけ回転したものが A であることを示している．

よって △ABC は正三角形である．

$\omega = \dfrac{-1-\sqrt{3}i}{2}$ のときも条件式は上の式と同様になり，C を中心にして B を反時計回りに $\dfrac{\pi}{3}$ 回転したものが A であること，つまり △ABC が正三角形であることが分る．

以上より主張は成り立つ∎

4.9 相異なる 3 点 A, B, C がそれぞれ複素数 α, β, γ で表わされるとすると，$\angle \text{BAC} = \dfrac{\pi}{2}$ は $\dfrac{\gamma - \alpha}{\beta - \alpha} + \overline{\left(\dfrac{\gamma - \alpha}{\beta - \alpha}\right)} = 0$ で表わされる．したがって

(ⅰ) $\dfrac{z^3 - z}{z^2 - z} + \dfrac{\bar{z}^3 - \bar{z}}{\bar{z}^2 - \bar{z}} = 0,$ (ⅱ) $\dfrac{z^3 - z^2}{z - z^2} + \dfrac{\bar{z}^3 - \bar{z}^2}{\bar{z} - \bar{z}^2} = 0,$

(ⅲ) $\dfrac{z - z^3}{z^2 - z^3} + \dfrac{\bar{z} - \bar{z}^3}{\bar{z}^2 - \bar{z}^3} = 0$

のいずれかが成り立つ．

(ⅰ) の場合，$z + \bar{z} + 2 = 0$ となり，$z = -1 + bi$ とおくことができる．$|z| = 2$ より $1 + b^2 = 4$ だから $b = \pm\sqrt{3}$ である．よって $z = -1 \pm \sqrt{3}i$ が得られる．

(ⅱ) の場合，$-z - \bar{z} = 0$ より $z = bi$ となり，$|z| = 2$ より $b = \pm 2$，よって $z = \pm 2i$ となる．

(ⅲ) の場合，$\dfrac{1+z}{z} + \dfrac{1+\bar{z}}{\bar{z}} = 0$，つまり $z + \bar{z} + 2z\bar{z} = 0$ となり，$z\bar{z} = |z|^2 = 4$ より $z + \bar{z} = -8$ であるから $z = -4 + bi$ とおくことができるが，これは $|z| = 2$ をみたさない．

以上より $z = -1 \pm \sqrt{3}i, \pm 2i$ が得られる∎

4.10 $\beta=0$ なら $\alpha^2 = m\beta\gamma = 0$ より $\alpha = 0$ となって $\alpha \neq \beta$ に反するから $\beta \neq 0$ である. $\alpha \neq 0$, $\gamma \neq 0$, $m \neq 0$ も同様にいえる.

さて，条件より $\alpha^2 \cdot m\gamma\alpha = \beta^2 \cdot m\beta\gamma$ であり，$m\gamma \neq 0$, $\alpha \neq \beta$ だから $\alpha^2 + \alpha\beta + \beta^2 = 0$ となる．したがって $\omega = \dfrac{-1+\sqrt{3}i}{2}$ とおくと $\beta = \omega\alpha$, または $\beta = \omega^2\alpha$ が成り立つ．

（ⅰ） $\beta = \omega\alpha$ のとき，条件から $\alpha = m\omega\gamma$, $\beta = \omega\alpha = m\omega^2\gamma$ が得られる．

他方，$\cos\dfrac{\pi}{3} + i\sin\dfrac{\pi}{3} = \dfrac{1+\sqrt{3}i}{2} = 1 + \omega$ だから，α, β, γ で表わされる3点が正三角形をつくる条件は
$$\beta - \gamma = (1+\omega)(\alpha - \gamma), \text{ または } \alpha - \gamma = (1+\omega)(\beta - \gamma) \cdots ①$$
である．

前者の場合，$m\omega^2\gamma - \gamma = (1+\omega)(m\omega\gamma - \gamma)$ となり，これより $m = 1$ が得られる．

後者の場合，$m\omega\gamma - \gamma = (1+\omega)(m\omega^2\gamma - \gamma)$, つまり $m\omega - 1 = m\omega^2 - 1 + m\omega^3 - \omega$ となるが，$\omega^3 = 1$, $\omega^2 = -1 - \omega$ を用いて $m = -\dfrac{1}{2}$ が得られる．

（ⅱ） $\beta = \omega^2\alpha$ のときは，$\alpha = m\omega^2\gamma$, $\beta = m\omega\gamma$ となり，（ⅰ）の α と β を入れ替えたものになるが，①の2式も α, β を入れ替えると互いに他と同等の式になる．したがって（ⅰ）と同じ結論が得られる．

以上より $m = 1$ または $-\dfrac{1}{2}$ である■

4.11 条件は $|z - \alpha| = |z - \beta| = |z - \gamma| \cdots ①$ である．ただし z は P を表わす複素数とする．$\alpha \neq \beta$, $\beta \neq \gamma$ に注意すると

$$① \Leftrightarrow |z-\alpha|^2 = |z-\beta|^2 = |z-\gamma|^2$$
$$\Leftrightarrow (z-\alpha)(\overline{z}-\overline{\alpha}) = (z-\beta)(\overline{z}-\overline{\beta}) = (z-\gamma)(\overline{z}-\overline{\gamma})$$
$$\Leftrightarrow -\alpha\overline{z} - \overline{\alpha}z + |\alpha|^2 = -\beta\overline{z} - \overline{\beta}z + |\beta|^2 = -\gamma\overline{z} - \overline{\gamma}z + |\gamma|^2$$
$$\Leftrightarrow \overline{z} = \dfrac{-(\overline{\beta}-\overline{\alpha})z + |\beta|^2 - |\alpha|^2}{\beta - \alpha}, \quad (\gamma-\beta)\overline{z} + (\overline{\gamma}-\overline{\beta})z + |\beta|^2 - |\gamma|^2 = 0$$

となる．第1式を第2式に代入すると
$$(\gamma - \beta)\dfrac{-(\overline{\beta}-\overline{\alpha})z + |\beta|^2 - |\alpha|^2}{\beta - \alpha} + (\overline{\gamma}-\overline{\beta})z + |\beta|^2 - |\gamma|^2 = 0$$
となり，これを用いて $z = \dfrac{|\alpha|^2(\beta-\gamma) + |\beta|^2(\gamma-\alpha) + |\gamma|^2(\alpha-\beta)}{\overline{\alpha}(\beta-\gamma) + \overline{\beta}(\gamma-\alpha) + \overline{\gamma}(\alpha-\beta)}$ を得る■

> **注意** どんな三角形でも外心は存在するので $\overline{\alpha}(\beta-\gamma) + \overline{\beta}(\gamma-\alpha) + \overline{\gamma}(\alpha-\beta) \neq 0$ でなければならないはずです．今の場合この証明は不要でしょうが，次のように簡単に示されます．
>
> 解答の結論を得る直前の式は
> $$\{\overline{\alpha}(\beta-\gamma) + \overline{\beta}(\gamma-\alpha) + \overline{\gamma}(\alpha-\beta)\}z$$
> $$= |\alpha|^2(\beta-\gamma) + |\beta|^2(\gamma-\alpha) + |\gamma|^2(\alpha-\beta)$$

で，もし左辺の $\{\} = 0$ なら右辺も 0 ですから
$$\overline{\alpha}(\beta - \gamma) + \overline{\beta}(\gamma - \alpha) + \overline{\gamma}(\alpha - \beta) = 0,$$
$$|\alpha|^2(\beta - \gamma) + |\beta|^2(\gamma - \alpha) + |\gamma|^2(\alpha - \beta) = 0$$
です．第 1 式に γ をかけて第 2 式から引き，$|\alpha|^2 = \alpha\overline{\alpha}, |\beta|^2 = \beta\overline{\beta}$ を用いて整理すると，$(\overline{\beta} - \overline{\alpha})(\gamma - \alpha)(\beta - \gamma) = 0$ が導かれますが，これは α, β, γ が互いに異なることに反します．

P が 2 辺 AB, BC の垂直 2 等分線の交点であることを次のように実数のパラメータ s, t を用いて表わすことができます．
$$(z =) \frac{\alpha + \beta}{2} + is(\beta - \alpha) = \frac{\beta + \gamma}{2} + it(\gamma - \beta).$$
これと，この複素共役をとった式を s, t の連立方程式とみなして解くことで z を求めることもできます．

4.12 図形を複素平面上においたときの点 A, B, ⋯ を表わす複素数を $a, b, \cdots$ とおく．$e = a + (-i)(b - a)$, $g = a + i(c - a)$ より $m = \frac{1}{2}(e + g) = a + \frac{i}{2}(c - b)$ である．よって
$$\frac{m - a}{c - b} = \frac{a + \frac{i}{2}(c - b) - a}{c - b} = \frac{i}{2} = 純虚数$$
となるが，これは AM⊥BC を意味している ∎

さらに
$$\frac{e - c}{g - b} = \frac{(1 + i)a - ib - c}{(1 - i)a + ic - b} = \frac{i\{(1 + i)a - ib - c\}}{i\{(1 - i)a + ic - b\}} = \frac{i\{(1 + i)a - ib - c\}}{(1 + i)a - ib - c} = i$$
となり，CE⊥BG も成立することが分る ∎

注意 上の計算から AM⊥BC, CE⊥BG だけでなく，BC : AM = 2 : 1, CE = BG であることも分ります．

前半，後半に対して，おのおの次のような解答も可能です．

A を原点とし，$\overrightarrow{AB} = \vec{b}, \overrightarrow{AC} = \vec{c}, \angle BAC = \theta$，A のまわりの角 $\frac{\pi}{2}$ の回転を表わす行列を R とおくと，$\overrightarrow{AM} = \frac{1}{2}(\overrightarrow{AE} + \overrightarrow{AG}) = \frac{1}{2}(R^{-1}\vec{b} + R\vec{c})$ ですから，R, R^{-1} の図形的意味に注意すると
$$(\overrightarrow{AM}, \overrightarrow{BC}) = \frac{1}{2}\left(R^{-1}\vec{b} + R\vec{c}, \vec{c} - \vec{b}\right)$$
$$= \frac{1}{2}\{(R\vec{c}, \vec{c}) - (R^{-1}\vec{b}, \vec{b}) + (R^{-1}\vec{b}, \vec{c}) - (R\vec{c}, \vec{b})\}$$
$$= \frac{1}{2}\left\{0 - 0 + bc\cos\left(\theta + \frac{\pi}{2}\right) - cb\cos\left(\theta + \frac{\pi}{2}\right)\right\} = 0$$
となり，$\overrightarrow{AM} \perp \overrightarrow{BC}$ がいえます．ただし，$|\vec{b}| = b, |\vec{c}| = c$ としました．

次に，$\angle EAC = \frac{\pi}{2} + \angle A = \angle BAG$, AE = AB, AC = AG ですから △AEC ≡ △ABG で，さらに，AB は AE を A のまわりに $\frac{\pi}{2}$ 回転したものなので，△AEC

を $\frac{\pi}{2}$ 回転すると △ABG に重なります．このことから EC⊥BG は明らかです．∠A = $\frac{\pi}{2}$ のときも，別途考えると EC⊥BG はすぐ分ります．

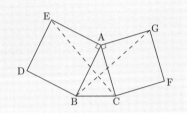

4.13 (1) A, B, ⋯ を表わす複素数を $a, b, \cdots$ とする．図において
$$p = b + \frac{1}{\sqrt{2}}\left(\cos\frac{\pi}{4} + i\sin\frac{\pi}{4}\right)(a - b)$$
$$= \frac{(1+i)a + (1-i)b}{2},$$
$$q = \frac{(1+i)b + (1-i)c}{2},$$
$$r = \frac{(1+i)c + (1-i)d}{2},$$
$$s = \frac{(1+i)d + (1-i)a}{2}$$

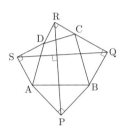

だから
$$p - r = \frac{(1+i)(a-c) + (1-i)(b-d)}{2}, \quad q - s = \frac{(1+i)(b-d) + (1-i)(c-a)}{2}$$
となり，これより $i(p-r) = q - s$ が得られるが，これは PR を $\frac{\pi}{2}$ 回転したものが QS であることを意味しており，図が裏返しになっている場合も同様である．

したがって主張は成り立つ∎

(2) (1) の結果を念頭におくと，□PQRS が正方形になる条件は PR, QS が互いに他を 2 等分することである．これは PR と QS の中点が一致することでもある．ところが
$$\frac{p+r}{2} = \frac{q+s}{2} \Leftrightarrow (1+i)(a+c) + (1-i)(b+d) = (1+i)(b+d) + (1-i)(c+a)$$
$$\Leftrightarrow i\{(a+c) - (b+d)\} = 0$$
$$\Leftrightarrow a - b = d - c$$
が成り立つから，求める条件は □ABCD が平行四辺形であることである∎

4.14 (1) $\alpha^5 = 1$ より $1 + \alpha + \cdots + \alpha^4 = \frac{1 - \alpha^5}{1 - \alpha} = 0$ である∎

(2) 求める値を P とおくと，$P = |(1-\alpha)(1-\alpha^2)(1-\alpha^3)(1-\alpha^4)|$ である．ここで，(1) の結果と $\alpha^5 = 1$ を用いると
$$(1-\alpha)(1-\alpha^2)(1-\alpha^3)(1-\alpha^4)$$
$$= \{1 - (\alpha + \alpha^4) + \alpha^5\}\{1 - (\alpha^2 + \alpha^3) + \alpha^5\}$$
$$= \{2 + (1 + \alpha^2 + \alpha^3)\}\{2 - (\alpha^2 + \alpha^3)\}$$
$$= 6 - (\alpha^2 + \alpha^3) - (\alpha^2 + \alpha^3)^2$$
$$= 6 - (\alpha^2 + \alpha^3 + \alpha^4 + \alpha^6 + 2\alpha^5)$$
$$= 4 - (\alpha + \alpha^2 + \alpha^3 + \alpha^4) = 4 - (-1) = 5$$
なので，$P = 5$ である∎

注意 (2) は次のようなすっきりした考え方もできます．

$f(z) = (z-\alpha)(z-\alpha^2)(z-\alpha^3)(z-\alpha^4)$ とおくと，$f(z)=0$ の解は $\alpha, \alpha^2, \alpha^3, \alpha^4$，つまり $z^5-1=0$ の 1 以外の解なので $f(z) = z^4+z^3+z^2+z+1$ です．したがって $P = |f(1)| = 5$ が直ちに得られます．

4.15 $i = 1, 2, \cdots, n$ に対して z_i が表わす点を Z_i とする．

$Z_1, Z_2, \cdots, Z_n$ はこの順で原点 O のまわりに反時計方向で並んでいるものとして一般性を失わない．

$\angle Z_i O Z_{i+1}$ を θ_i とおく．ただし $Z_{n+1} = Z_1$ とする．また，問題の n 角形は原点を内部に含むから $0 < \theta_i < \pi$ ($i = 1, 2, \cdots, n$) であることに注意しておく．

さて条件より
$$\left.\begin{array}{l} |z_{i+1} - z_i| > |z_i| \\ |z_{i+1} - z_i| > |z_{i+1}| \end{array}\right\} \cdots \text{①}$$
が成り立つ．

$z_k = r_k(\cos\alpha_k + i\sin\alpha_k)$ とおくと
$$\text{①} \Leftrightarrow (r_{i+1}\cos\alpha_{i+1} - r_i\cos\alpha_i)^2 + (r_{i+1}\sin\alpha_{i+1} - r_i\sin\alpha_i)^2 > r_i^2,$$
$$(r_{i+1}\cos\alpha_{i+1} - r_i\cos\alpha_i)^2 + (r_{i+1}\sin\alpha_{i+1} - r_i\sin\alpha_i)^2 > r_{i+1}^2$$
$$\Leftrightarrow \cos(\alpha_{i+1} - \alpha_i) < \frac{r_{i+1}}{2r_i}, \quad \cos(\alpha_{i+1} - \alpha_i) < \frac{r_i}{2r_{i+1}}$$
$$\Leftrightarrow \cos\theta_i < \frac{r_{i+1}}{2r_i}, \quad \cos\theta_i < \frac{r_i}{2r_{i+1}} \cdots \text{①}'$$

が成り立つ．これより $\cos\theta_i < \frac{1}{2}$ である．実際，$\cos\theta_i \geqq \frac{1}{2}$ とすると ①′ より $\frac{1}{2} < \frac{r_{i+1}}{2r_i}$，$\frac{1}{2} < \frac{r_i}{2r_{i+1}}$，つまり $r_{i+1} > r_i$，$r_{i+1} < r_i$ となって不合理である．

さて，$0 < \theta_i < \pi$ だったから，$i = 1, 2, \cdots, n$ に対して $\frac{\pi}{3} < \theta_i < \pi$ が成り立つ．他方
$$\angle Z_1 O Z_2 + \angle Z_2 O Z_3 + \cdots + \angle Z_n \angle O Z_1 = \theta_1 + \theta_2 + \cdots + \theta_n = 2\pi$$
なので，$2\pi = \theta_1 + \theta_2 + \cdots + \theta_n > \frac{\pi}{3} \times n$ となり，これより $n < 6$ が得られる∎

4.16 (1) $\dfrac{\beta-\gamma}{\alpha-\gamma} \Big/ \dfrac{\beta-\delta}{\alpha-\delta} = \lambda$ とおく．

以下では，偏角に対して 2π の整数倍の不定性があることを適宜考慮するものとする．

まず $\lambda \in \mathbb{R}$ とすると $\arg\lambda = \arg\dfrac{\beta-\gamma}{\alpha-\gamma} - \arg\dfrac{\beta-\delta}{\alpha-\delta} = 0$ または π である．

また，与えられた A, B, C に対して上式をみたす点 D を，$\arg\lambda = 0, \pi$ のおのおのに応じて D_0, D_π で表わすことにする．

A, B, C が同一直線上にないとする．

$\arg\lambda = 0$ ならば
$$\arg\frac{\beta-\gamma}{\alpha-\gamma} = \arg\frac{\beta-\delta}{\alpha-\delta}$$
で，これは CA から CB へ至る角と $D_0 A$ から $D_0 B$ へ至る角が等し

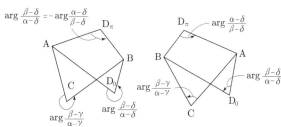

いこと，つまり $\angle \mathrm{ACB} = \angle \mathrm{AD_0B}$ を意味し，これは $\triangle \mathrm{ABC}$ の外接円の周上に $\mathrm{D_0}$ があることを示している．

また，$\arg \lambda = \pi$ のときは，条件式は
$$\arg \frac{\beta - \gamma}{\alpha - \gamma} + \arg \frac{\alpha - \delta}{\beta - \delta} = \pi,$$
つまり $\angle \mathrm{ACB} + \angle \mathrm{AD}_\pi \mathrm{B} = \pi$ となり，$\mathrm{A, B, C, D}_\pi$ が同一円周上にあることを示している．

$\mathrm{A, B, C}$ が同一直線上にあるときは，適当な実数 c を用いて $\beta - \gamma = c(\alpha - \gamma)$ とおくことができる．したがって $c = \frac{\beta - \gamma}{\alpha - \gamma} = \lambda \frac{\beta - \delta}{\alpha - \delta}$ より $\frac{\beta - \delta}{\alpha - \delta} = \frac{c}{\lambda}$ となる．

$\frac{c}{\lambda} = \mu$ とおくと，上式はさらに $(\mu - 1)\delta = \mu \alpha - \beta$ となる．$\alpha \neq \beta$ より $\mu \neq 1$ だから $\delta = \frac{\mu}{\mu - 1}\alpha + \frac{-1}{\mu - 1}\beta$ となるが，α, β の係数の和が 1 であることに注意すると，上式より D は直線 AB 上の点であることが分る．よって $\mathrm{A, B, C, D}$ は同一直線上にある．

次に $\mathrm{A, B, C, D}$ が同一直線上，または同一円周上にあるとする．

$\mathrm{A, B, C, D}$ が同一直線上にあれば $\beta - \gamma, \alpha - \gamma, \beta - \delta, \alpha - \delta$ はすべて 1 つの定複素数の実数 $(\neq 0)$ 倍で表わされるので明らかに $\lambda \in \mathbb{R}$ である．

$\mathrm{A, B, C, D}$ が同一円周上にあるとする．

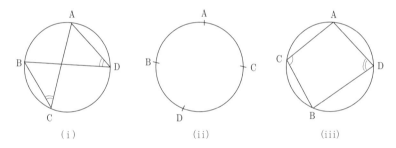

(ⅰ) (ⅱ) (ⅲ)

上の (ⅰ) において $\angle \mathrm{ACB} = \angle \mathrm{ADB}$ なので
$$\arg \frac{\beta - \gamma}{\alpha - \gamma} = \arg \frac{\beta - \delta}{\alpha - \delta} \quad \text{より} \quad \arg \lambda = 0$$
となり，(ⅲ) では $\angle \mathrm{ACB} + \angle \mathrm{ADB} = \pi$ なので
$$\arg \frac{\alpha - \gamma}{\beta - \gamma} + \arg \frac{\beta - \delta}{\alpha - \delta} = -\arg \lambda = \pi, \quad \text{つまり} \quad \arg \lambda = -\pi$$
で，いずれにしても $\lambda \in \mathbb{R}$ である．

また，(ⅱ) の場合，および (ⅰ)〜(ⅲ) を裏返した場合も同様である．

以上により主張は成り立つ∎

(2) (1) により $\alpha, \beta, \gamma, \delta$ が互いに異なるとき
$$f(\alpha), \ f(\beta), \ f(\gamma), \ f(\delta) \ \text{がすべて異なること},$$
および λ が実数であることを前提として
$$\frac{f(\beta) - f(\gamma)}{f(\alpha) - f(\gamma)} \Big/ \frac{f(\beta) - f(\delta)}{f(\alpha) - f(\delta)} \in \mathbb{R}$$
を示せばよい．
$$f(\alpha) - f(\beta) = \frac{a\alpha + b}{c\alpha + d} - \frac{a\beta + b}{c\beta + d} = \frac{(ad - bc)(\alpha - \beta)}{(c\alpha + d)(c\beta + d)}$$

なので，$ad - bc \neq 0$ のもとで $\alpha = \beta \Leftrightarrow f(\alpha) = f(\beta)$ が成り立つ．

他の場合も同様なので $f(\alpha), f(\beta), f(\gamma), f(\delta)$ は互いに異なる複素数である．

次に，$ad - bc = \Delta$ とおいて上式を利用すると

$$\frac{f(\beta) - f(\gamma)}{f(\alpha) - f(\gamma)} \Big/ \frac{f(\beta) - f(\delta)}{f(\alpha) - f(\delta)}$$

$$= \frac{\dfrac{\Delta(\beta - \gamma)}{(c\beta + d)(c\gamma + d)}}{\dfrac{\Delta(\alpha - \gamma)}{(c\alpha + d)(c\gamma + d)}} \Big/ \frac{\dfrac{\Delta(\beta - \delta)}{(c\beta + d)(c\delta + d)}}{\dfrac{\Delta(\alpha - \delta)}{(c\alpha + d)(c\delta + d)}} = \lambda \in \mathbb{R}$$

となる．

以上より主張は成り立つ∎

> **注意** λ を $\alpha, \beta, \gamma, \delta$ の非調和比，あるいは複比といいます．
> また，(2) の f は，z を $w = \dfrac{az+b}{cz+d}$ にうつす複素数から複素数への変換を与えますが，これはメビウス変換，もしくは一次変換と呼ばれます．

4.17 まず，$z \neq 0$ で，$z \neq \bar{z}, \bar{z} \neq \dfrac{1}{z}, z \neq \dfrac{1}{\bar{z}}$ だから $|z| \neq 1, z \notin \mathbb{R} \cdots$ ① でなければならないことが導かれる．

問題の条件は，次のいずれかが 0 でない純虚数であることと同値である．

(ⅰ) $\dfrac{z - \dfrac{1}{z}}{\bar{z} - \dfrac{1}{\bar{z}}}$，　(ⅱ) $\dfrac{\dfrac{1}{\bar{z}} - z}{\bar{z} - z}$，　(ⅲ) $\dfrac{z - \bar{z}}{\dfrac{1}{z} - \bar{z}}$．

$z = x + iy$ とおく．① より $x^2 + y^2 - 1 \neq 0, y \neq 0$ に注意しておく．

(ⅰ) の式は

$$\frac{z^2 - 1}{z\bar{z} - 1} = \frac{z^2 - 1}{|z|^2 - 1} = \frac{x^2 - y^2 - 1 + 2xyi}{x^2 + y^2 - 1}$$

となり，これが純虚数であることから $x^2 - y^2 - 1 = 0$ が得られる．

(ⅱ) の式は

$$\frac{1 - z^2}{|z|^2 - z^2} = \frac{1 - (x^2 - y^2 + 2xyi)}{x^2 + y^2 - (x^2 - y^2 + 2xyi)}$$

$$= \frac{(-x^2 + y^2 + 1) - 2xyi}{2y(y - ix)}$$

$$= \frac{\{(-x^2 + y^2 + 1) - 2xyi\}(y + ix)}{2y(y^2 + x^2)}$$

で，この実数部が 0 なので $y(-x^2 + y^2 + 1) + 2x^2 y = y(x^2 + y^2 + 1) = 0$ となるが，$y \neq 0$ だからこれをみたす x, y は存在しない．

(ⅲ) の式は $\dfrac{z^2 - |z|^2}{1 - |z|^2}$ で，分母は実数だから分子 $x^2 - y^2 + 2xyi - (x^2 + y^2)$ の実数部が 0 であることから $y = 0$ が得られるが，これも $y \neq 0$ に反する．

以上より，(ⅰ) の場合と ① をあわせて，z の描く図形は双曲線 $x^2 - y^2 = 1$ の 2 点 $(\pm 1, 0)$

を除いた部分である∎

注意 (ii), (iii) の場合があり得ないことは，次のように図形的に考えても分ります．簡単のため $\mathrm{Re}\,z>0$ とし，$\bar{z}$ が表わす点を $\overline{Z}$ とおきましょう．

$|z|>1$ なら $|z|>\left|\dfrac{1}{z}\right|$ で $\arg\dfrac{1}{z}=\arg\bar{z}$, $\left|\dfrac{1}{z}\right|=\dfrac{1}{|z|}=\dfrac{1}{|\bar{z}|}<|\bar{z}|$ ですから，$\dfrac{1}{z}$ は線分 $O\overline{Z}$ 上にあります．したがって，下図から分るように $\dfrac{1}{z}$ で表わされる点のみが直角の頂点となります．

$\mathrm{Re}\,z<0$ でも同様で，$\mathrm{Re}\,z=0$ の場合は三角形ができません．

$|z|<1$ ではどうやっても直角三角形ができません．右図から明らかでしょう．

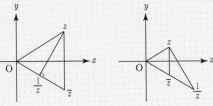

4.18 z の方程式を解いて
$$z=\frac{a+bt^2\pm\sqrt{(a+bt^2)^2-(1+t^2)(a^2+b^2t^2)}}{1+t^2}=\frac{a+bt^2\pm t(b-a)i}{1+t^2}$$
となる．この解が $x\pm iy$ $(y>0)$ で，$b>a$, $t>0$ であるから
$$x=\frac{a+bt^2}{1+t^2}\cdots\text{①},\quad y=\frac{(b-a)t}{1+t^2}\cdots\text{②}$$
が得られる．①, ② をみたす $t>0$ が存在する条件を求めればよい．
$$\text{①}\Leftrightarrow x+xt^2=a+bt^2\Leftrightarrow(x-b)t^2=a-x$$
であり，$b\neq a$ だから，$x\neq b$ かつ $t^2=\dfrac{a-x}{x-b}\cdots\text{①}'$ となる．これを ② に代入して
$$y\left(1+\frac{a-x}{x-b}\right)=(b-a)t,\quad\text{つまり}\quad t=\frac{y}{b-x}$$
が得られる．これを ①$'$ と $t>0$ に代入すると
$$\left(\frac{y}{b-x}\right)^2=\frac{a-x}{x-b},\quad\frac{y}{b-x}>0$$
となり，これを $x\neq b$, $y>0$ のもとでまとめて
$$\left(x-\frac{a+b}{2}\right)^2+y^2=\left(\frac{b-a}{2}\right)^2,\quad x<b,\ y>0$$
が得られる．

これを図示すると図のような半円である∎

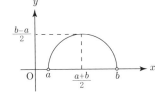

注意 ①, ② と同値な別の関係式から出発することもできます．

z の方程式に $z=x+iy$ を代入して実部と虚部を 0 とおけば
$$(x-a)^2+t^2(x-b)^2-(1+t^2)y^2=0,\quad(x-a)+t^2(x-b)=0$$
が得られますし，解と係数の関係を用いれば

$$(x+iy)+(x-iy)=2x=\frac{2(a+bt^2)}{1+t^2}, \quad (x+iy)(x-iy)=x^2+y^2=\frac{a^2+b^2t^2}{1+t^2}$$

となります．以上の式は t^2 のみを含むので取り扱いやすいでしょう．

　$z=x+iy$ と置かず，もとの方程式 $(z-a)^2=-t^2(z-b)^2$ から直接 $z-a=\pm t(z-b)i$ とすると，これより，$z\neq b$, $t=\pm\frac{z-a}{z-b}i$ が得られます．$t>0$ が存在するための z の条件を求めればよいことになります．ただし $y>0$ より $\mathrm{Im}\,z>0$ です．その条件は $\frac{z-a}{z-b}$ が 0 でない純虚数であることで，したがって $\frac{z-a}{z-b}+\overline{\left(\frac{z-a}{z-b}\right)}=0$ であり，$(z-a)(\bar{z}-\bar{b})+(\bar{z}-\bar{a})(z-b)=0$ としてさらにまとめると $\left|z-\frac{a+b}{2}\right|=\frac{b-a}{2}$ が得られます．

　これと，$z\neq a$, $z\neq b$, $\mathrm{Im}\,z>0$ をあわせて結論が得られます．

4.19 (1) $\frac{\gamma-\alpha}{\beta-\alpha}=t$ とおくと $\gamma=(1-t)\alpha+t\beta$ で，$0\leq t\leq 1$ である．

これは γ で表わされる点が線分 AB 上を動くことを意味している ∎

(2) $\gamma=(1-t)\alpha+t\beta$ を用いると
$$|z-\gamma|=|\gamma| \Leftrightarrow |z-\gamma|^2=|\gamma|^2$$
$$\Leftrightarrow (z-\gamma)(\bar{z}-\bar{\gamma})=\gamma\bar{\gamma}$$
$$\Leftrightarrow z\bar{z}=z\bar{\gamma}+\bar{z}\gamma$$
$$\Leftrightarrow z\bar{z}=z\{(1-t)\bar{\alpha}+t\bar{\beta}\}+\bar{z}\{(1-t)\alpha+t\beta\}$$
$$\Leftrightarrow \{z(\bar{\beta}-\bar{\alpha})+\bar{z}(\beta-\alpha)\}t=z\bar{z}-\alpha\bar{z}-\bar{\alpha}z \cdots ①$$

が成り立つ．この式をみたす $t\,(0\leq t\leq 1)$ が存在するための z の条件を求めればよい．

(i) $z(\bar{\beta}-\bar{\alpha})+\bar{z}(\beta-\alpha)=0$ ならば t の存在条件は $z\bar{z}-\alpha\bar{z}-\bar{\alpha}z=0$ で，これら 2 式は
$$z\bar{z}=\alpha\bar{z}+\bar{\alpha}z=\beta\bar{z}+\bar{\beta}z$$
となる．これより $(z-\alpha)(\bar{z}-\bar{\alpha})=\alpha\bar{\alpha}$, $(z-\beta)(\bar{z}-\bar{\beta})=\beta\bar{\beta}$, つまり
$$|z-\alpha|=|\alpha|=1, \quad |z-\beta|=|\beta|=1$$
が得られ，これは，z が A, B を中心とする半径 1 の円の交点であることを示している．

(ii) $z(\bar{\beta}-\bar{\alpha})+\bar{z}(\beta-\alpha)\neq 0$ ならば ① より $t=\frac{z\bar{z}-\alpha\bar{z}-\bar{\alpha}z}{z(\bar{\beta}-\bar{\alpha})+\bar{z}(\beta-\alpha)}$ なので
$$0\leq \frac{z\bar{z}-\alpha\bar{z}-\bar{\alpha}z}{z(\bar{\beta}-\bar{\alpha})+\bar{z}(\beta-\alpha)}\leq 1 \cdots ②$$

が求める条件である．

　上式の中央の項の分母，分子ともに実数であることに注意しておく．
$z(\bar{\beta}-\bar{\alpha})+\bar{z}(\beta-\alpha)>0$ のとき
$$② \Leftrightarrow 0\leq z\bar{z}-\alpha\bar{z}-\bar{\alpha}z \leq \beta\bar{z}+\bar{\beta}z-\alpha\bar{z}-\bar{\alpha}z$$
$$\Leftrightarrow (z-\alpha)(\bar{z}-\bar{\alpha})\geq |\alpha|^2=1, \quad (z-\beta)(\bar{z}-\bar{\beta})\leq |\beta|^2=1$$
$$\Leftrightarrow |z-\alpha|\geq 1, \quad |z-\beta|\leq 1$$

であり，さらに

$$z(\overline{\beta}-\overline{\alpha})+\overline{z}(\beta-\alpha)>0$$
$$\Leftrightarrow z\overline{z}-\alpha\overline{z}-\overline{\alpha}z+|\alpha|^2>z\overline{z}-\beta\overline{z}-\overline{\beta}z+|\beta|^2$$
$$\Leftrightarrow (z-\alpha)(\overline{z}-\overline{\alpha})>(z-\beta)(\overline{z}-\overline{\beta})$$
$$\Leftrightarrow |z-\alpha|>|z-\beta|$$

が成り立つ．

したがって，A を中心とする半径 1 の円の周上または外部，かつ B を中心とする半径 1 の円の周上または内部，かつ線分 AB の垂直 2 等分線で分けられる 2 つの領域のうち，B に近い部分が z の存在範囲である．

$z(\overline{\beta}-\overline{\alpha})+\overline{z}(\beta-\alpha)<0$ のときも同様に
$$|z-\alpha|\leqq 1, \ |z-\beta|\geqq 1, \ |z-\alpha|<|z-\beta|$$
で表わされる領域が z の存在範囲である．

(i), (ii) を図示すると右の通りで，面積は

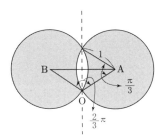

$$= 2\cdot\pi\cdot 1^2 - 2\cdot 2\left(\frac{1}{2}\cdot 1^2\cdot\frac{\pi}{3}-\frac{1}{2}\cdot 1^2\sin\frac{\pi}{3}\right)$$
$$= \frac{4}{3}\pi+\sqrt{3}$$

である∎

注意 $\alpha=\cos\theta+i\sin\theta$ とおくと $\arg\beta=\frac{2}{3}\pi+\arg\alpha=\theta+\frac{2}{3}\pi$ より $\beta=\cos\left(\theta+\frac{2}{3}\pi\right)+i\sin\left(\theta+\frac{2}{3}\pi\right)$ となるので，さらに $\gamma=r(\cos\varphi+i\sin\varphi)$ とおいて計算してもできますが，以下のようにちょっと大変です．

まず，少し長い計算によって
$$\frac{\gamma-\alpha}{\beta-\alpha}=-\frac{1}{\sqrt{3}}\left\{-r\sin\left(\varphi-(\theta+\frac{\pi}{3})\right)-\frac{\sqrt{3}}{2}\right.$$
$$\left.+i\left[r\cos\left(\varphi-(\theta+\frac{\pi}{3})\right)-\frac{1}{2}\right]\right\}$$

が得られます．したがって条件より
$$0\leqq\frac{1}{\sqrt{3}}\left\{r\sin\left(\varphi-(\theta+\frac{\pi}{3})\right)+\frac{\sqrt{3}}{2}\right\}\leqq 1, \ r\cos\left(\varphi-(\theta+\frac{\pi}{3})\right)=\frac{1}{2}$$

となり，前者はさらに $r\left|\sin\left(\varphi-(\theta+\frac{\pi}{3})\right)\right|\leqq\frac{\sqrt{3}}{2}$ と同値です．

γ が表わす点を C，線分 AB の中点を M とすると

前者は $OC\sin(\angle COM)\leqq AM=BM$,

後者は $OC\cos(\angle COM)=OM$

であることを示していますから，γ は線分 AB を描くことが分ります．

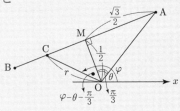

$r\cos\varphi=x, \ r\sin\varphi=y$ とおくと，上の 2 式は

$$x\cos\left(\theta+\frac{\pi}{3}\right)+y\sin\left(\theta+\frac{\pi}{3}\right)=\frac{1}{2},$$
$$\left|x\sin\left(\theta+\frac{\pi}{3}\right)-y\cos\left(\theta+\frac{\pi}{3}\right)\right|\leqq\frac{\sqrt{3}}{2}$$

となりますが，第 1 式は直線 AB を表わし，第 2 式は，A, B を通り AB に垂直な 2 本の直線の間の領域を表わしていることからやはり線分 AB が得られます．

続けて，(2) を座標計算で解決するなら次のようになります．

図形全体を M を原点とする xy 平面上に置き，A $\left(\frac{\sqrt{3}}{2},0\right)$, B $\left(-\frac{\sqrt{3}}{2},0\right)$ となるように x, y 軸をとりましょう．C は AB を $t:(1-t)$ に内分するので C $\left(\frac{\sqrt{3}}{2}-\sqrt{3}t,0\right)$ となり，$OC^2=\frac{1}{4}+\left(\frac{\sqrt{3}}{2}-\sqrt{3}t\right)^2$ です．したがって (2) の円の方程式は

$$\left(x-\left(\frac{\sqrt{3}}{2}-\sqrt{3}t\right)\right)^2+y^2=\frac{1}{4}+\left(\frac{\sqrt{3}}{2}-\sqrt{3}t\right)^2$$

つまり

$$2\sqrt{3}xt=\frac{1}{4}+\sqrt{3}x-(x^2+y^2)$$

となり，これをみたす $t\,(0\leqq t\leqq 1)$ の存在条件を求めればよいことになります．

$x=0$ ならば，$\frac{1}{4}-y^2=0$ より $y=\pm\frac{1}{2}$ となります．

$x>0$ ならば，$0\leqq\dfrac{\frac{1}{4}+\sqrt{3}x-(x^2+y^2)}{2\sqrt{3}x}\leqq 1$，つまり

$$\left(x-\frac{\sqrt{3}}{2}\right)^2+y^2\leqq 1,\quad \left(x+\frac{\sqrt{3}}{2}\right)^2+y^2\geqq 1$$

です．

$x<0$ ならば同様に

$$\left(x-\frac{\sqrt{3}}{2}\right)^2+y^2\geqq 1,\quad \left(x+\frac{\sqrt{3}}{2}\right)^2+y^2\leqq 1$$

が得られます．

以上の結果から解答の図を再現してみてください．

4.20 $a^2-4b=0$ のときは $\alpha=\beta=$ 実数 なので条件は成立しない．

$a^2-4b>0$ のとき，α,β は実数なので，条件は $\alpha<0<\beta$ つまり α,β が異符号であることである．したがって $\alpha\beta=b<0$ が得られ，このとき $b<\dfrac{a^2}{4}$ は成立している．

$a^2-4b<0$ のとき，α,β は虚数で，$\beta=\overline{\alpha}$ となる．α,β を直径の両端とする円の内部は $\left|z-\dfrac{\alpha+\beta}{2}\right|<\left|\dfrac{\alpha-\beta}{2}\right|$ で表わされるから，この内部に O が含まれる条件は $\left|\dfrac{\alpha+\beta}{2}\right|<\left|\dfrac{\alpha-\beta}{2}\right|$ で，さらに

$$\alpha,\beta=\frac{-a\pm\sqrt{4b-a^2}\,i}{2}$$

に注意すると

$$|\alpha+\beta|<|\alpha-\beta|\Leftrightarrow|-a|<\sqrt{4b-a^2}$$

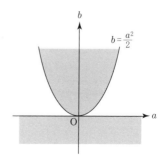

$$\Leftrightarrow \frac{1}{2}a^2 < b$$

となり，これは $a^2 < 4b$ をみたす．

以上により w の存在範囲は前ページの図の通りである (境界は含まない) ∎

4.21 (1), (2)　$z = \cos x + i \sin x$, $w = 1 + z + z^2 + \cdots + z^n$ とおくと
$$1 + \cos x + \cdots + \cos nx = \mathrm{Re}\, w, \quad \sin x + \sin 2x + \cdots + \sin nx = \mathrm{Im}\, w$$
である．さて，$z \neq 1$ に注意して
$$w = 1 + z + z^2 + \cdots + z^n = \frac{1 - z^{n+1}}{1 - z}$$
$$= \frac{(1 - \cos(n+1)x) - i\sin(n+1)x}{(1 - \cos x) - i\sin x}$$
$$= \frac{\sin\frac{n+1}{2}x \left(\sin\frac{n+1}{2}x - i\cos\frac{n+1}{2}x\right)}{\sin\frac{x}{2}\left(\sin\frac{x}{2} - i\cos\frac{x}{2}\right)}$$
$$= \frac{\sin\frac{n+1}{2}x \left(\cos\frac{n+1}{2}x + i\sin\frac{n+1}{2}x\right)}{\sin\frac{x}{2}\left(\cos\frac{x}{2} + i\sin\frac{x}{2}\right)}$$
$$= \frac{\sin\frac{n+1}{2}x}{\sin\frac{x}{2}}\left(\cos\frac{n}{2}x + i\sin\frac{n}{2}x\right)$$
であるから，$\mathrm{Re}\, w = \dfrac{\sin\frac{n+1}{2}x \cos\frac{n}{2}x}{\sin\frac{x}{2}}$, $\mathrm{Im}\, w = \dfrac{\sin\frac{n+1}{2}x \sin\frac{n}{2}x}{\sin\frac{x}{2}}$ を得る ∎

(3), (4)　$z = \cos x + i \sin x$, $w = z + z^3 + \cdots + z^{2n-1}$ とおくと
$$\cos x + \cos 3x + \cdots + \cos(2n-1)x = \mathrm{Re}\, w,$$
$$\sin x + \sin 3x + \cdots + \sin(2n-1)x = \mathrm{Im}\, w$$
である．よって，$z \neq \pm 1$ に注意して
$$w = z\frac{1 - z^{2n}}{1 - z^2} = (\cos x + i \sin x)\frac{(1 - \cos 2nx) - i\sin 2nx}{(1 - \cos 2x) - i\sin 2x}$$
$$= (\cos x + i \sin x)\frac{\sin nx(\sin nx - i\cos nx)}{\sin x(\sin x - i\cos x)}$$
$$= (\cos x + i \sin x)\frac{\sin nx(\cos nx + i\sin nx)}{\sin x(\cos x + i\sin x)}$$
$$= \frac{\sin nx(\cos nx + i\sin nx)}{\sin x}$$
より $\mathrm{Re}\, w = \dfrac{\sin nx \cos nx}{\sin x}$, $\mathrm{Im}\, w = \dfrac{\sin^2 nx}{\sin x}$ が得られる ∎

(5)　$z = \cos x + i \sin x$, $w = z - z^2 + z^3 - \cdots + (-1)^{n-1}z^n$ とおいて $\mathrm{Im}\, w$ を求めればよい．
$$w = z\frac{1 - (-z)^n}{1 + z} = (\cos x + i \sin x)\frac{1 - (-1)^n(\cos nx + i\sin nx)}{(1 + \cos x) + i\sin x}$$
$$= \frac{(\cos x + i \sin x)\{(1 - (-1)^n \cos nx) - i(-1)^n \sin nx\}}{2\cos\frac{x}{2}\left(\cos\frac{x}{2} + i\sin\frac{x}{2}\right)}$$

$$= \frac{\cos\frac{x}{2} + i\sin\frac{x}{2}}{2\cos\frac{x}{2}} \{\text{上と同じ}\}$$

$$= \frac{1}{2\cos\frac{x}{2}} \Big[\cos\frac{x}{2}(1-(-1)^n\cos nx) + (-1)^n\sin\frac{x}{2}\sin nx$$
$$+ i\{\sin\frac{x}{2}(1-(-1)^n\cos nx) - (-1)^n\cos\frac{x}{2}\sin nx\}\Big]$$

だから

$$\operatorname{Im} w = \frac{1}{2\cos\frac{x}{2}}\left\{\sin\frac{x}{2} - (-1)^n\sin\left(n+\frac{1}{2}\right)x\right\}$$

$$= \begin{cases} \dfrac{\sin\frac{n+1}{2}x\cos\frac{n}{2}x}{\cos\frac{x}{2}} & (n \text{ が奇数のとき}) \\[2mm] -\dfrac{\sin\frac{n}{2}x\cos\frac{n+1}{2}x}{\cos\frac{x}{2}} & (n \text{ が偶数のとき}) \end{cases}$$

となる∎

(6) 省略．$\cos nx + i\sin nx = (\cos x + i\sin x)^n$ の右辺を 2 項展開して，実部と虚部に分けて左辺と比べることにより結論が得られる∎

(7), (8) $z = \cos x + i\sin x$, $z(1+z)^n = z + {}_nC_1 z^2 + \cdots + {}_nC_n z^{n+1} = w$ とおくと

$$\cos x + {}_nC_1\cos 2x + \cdots + \cos(n+1)x = \operatorname{Re} w,$$
$$\sin x + {}_nC_1\sin 2x + \cdots + \sin(n+1)x = \operatorname{Im} w$$

である．さて

$$w = (\cos x + i\sin x)(1 + \cos x + i\sin x)^n$$
$$= (\cos x + i\sin x)\left(2\cos^2\frac{x}{2} + 2i\sin\frac{x}{2}\cos\frac{x}{2}\right)^n$$
$$= (\cos x + i\sin x)2^n\cos^n\frac{x}{2}\left(\cos\frac{n}{2}x + i\sin\frac{n}{2}x\right)$$
$$= 2^n\cos^n\frac{x}{2}\left(\cos\left(\frac{n}{2}+1\right)x + i\sin\left(\frac{n}{2}+1\right)x\right)$$

なので $\operatorname{Re} w = 2^n\cos^n\frac{x}{2}\cos\left(\frac{n}{2}+1\right)x$, $\operatorname{Im} w = 2^n\cos^n\frac{x}{2}\sin\left(\frac{n}{2}+1\right)x$ を得る∎

(9) 正 n 角形の頂点を $A_0, A_1, \cdots, A_{n-1}$ とし，A_k を $\cos\frac{2k}{n}\pi + i\sin\frac{2k}{n}\pi$ で表わすと

$$A_0A_k = \sqrt{\left(1-\cos\frac{2k}{n}\pi\right)^2 + \left(\sin\frac{2k}{n}\pi\right)^2} = \sqrt{2\left(1-\cos\frac{2k}{n}\pi\right)}$$
$$= \sqrt{2\left\{1-\left(1-2\sin^2\frac{k}{n}\pi\right)\right\}} = 2\sin\frac{k}{n}\pi$$

である．$\sum_{k=1}^{n-1} A_0A_k$ は，ある特定の頂点を一端とするすべての辺と対角線の和であるから，この n 倍は求める値の 2 倍である．

したがって，(2) の結果において $n \to n-1$, $x = \frac{\pi}{n}$ とした式を用いると

$$\frac{1}{2}\cdot n\sum_{k=1}^{n-1} A_0A_k = n\sum_{k=1}^{n-1}\sin\frac{k}{n}\pi = n\cdot\frac{\sin\frac{n}{2}\frac{\pi}{n}\cdot\sin\frac{n-1}{2}\frac{\pi}{n}}{\sin\frac{\pi}{2n}}$$
$$= n\cdot\frac{\sin\left(\frac{\pi}{2} - \frac{\pi}{2n}\right)}{\sin\frac{\pi}{2n}} = n\cdot\frac{\cos\frac{\pi}{2n}}{\sin\frac{\pi}{2n}} = n\cot\frac{\pi}{2n}$$

が得られる∎

松谷吉員（まつたに・よしかず）

略歴
- 1949 年　宮崎県宮崎市に生まれる．
- 1967 年　東京大学理科 1 類に入学．
- 1972 年　東京大学工学部原子力工学科を卒業．
- 1978 年　東京大学大学院工学系研究科を修了．工学博士．
　　　　　その後，1980 年から 1997 年まで河合塾にて講師を務める．
- 2000 年　東京大学理科 2 類に入学．
- 2004 年　東京大学文学部言語文化学科を卒業．
- 現在　　河合塾にて講師を務める．

著書
Non–Biri 数学研究会『じっくり微積分』（共著）日本評論社
Non–Biri 数学研究会『ガロアに出会う』（共著）数学書房

演習・精解　まなびなおす高校数学 II

●——2017 年 1 月 30 日　第 1 版第 1 刷発行

著　者	松谷吉員
発行者	亀井哲治郎
発　行	亀書房
	〒264-0032　千葉市若葉区みつわ台 5-3-13-2
	TEL & FAX：043–255–5676　　E-mail：kame-shobo@nifty.com
発　売	株式会社　日本評論社
	〒170-8474　東京都豊島区南大塚 3-12-4
	TEL：03-3987-8621［営業部］　　https://www.nippyo.co.jp
印刷・製本	三美印刷株式会社
装　釘	銀山宏子
組版・図版	亀書房編集室

ISBN978-4-535-79808-3　Printed in Japan　ⒸYoshikazu Matsutani

JCOPY ＜(社)出版者著作権管理機構　委託出版物＞

本書の無断複写は著作権法上での例外を除き禁じられています．
複写される場合は，そのつど事前に，
　(社) 出版者著作権管理機構
　TEL：03-3513-6969, FAX：03-3513-6979, E-mail：info@jcopy.or.jp
の許諾を得てください．
また，本書を代行業者等の第三者に依頼してスキャニング等の行為によりデジタル化することは，
個人の家庭内の利用であっても，一切認められておりません．

演習・精解
まなびなおす高校数学

大人から受験生・高校生まで

松谷吉員＝著

第Ⅰ巻
- 第1章　集合，写像，および論理
- 第2章　方程式と不等式
- 第3章　指数関数，対数関数，三角関数，および初等幾何
- 第4章　方程式，不等式の応用
- 第5章　問題の解答

■発売中■本体2100円＋税

第Ⅱ巻
- 第1章　平面図形
- 第2章　空間図形
- 第3章　行列，および一次変換
- 第4章　複素数
- 第5章　問題の解答

■発売中■本体2600円＋税

第Ⅲ巻
- 第1章　数列
- 第2章　多項式の微分，積分
- 第3章　不等式の証明
- 第4章　数，とくに整数，および整式
- 第5章　確率
- 第6章　問題の解答

■2月予定■予価2600円

第Ⅳ巻
- 第1章　数列の極限
- 第2章　関数の極限
- 第3章　微分法(1)
- 第4章　微分法(2)
- 第5章　積分法(1)
- 第6章　積分法(2)
- 第7章　積分法(3)
- 第8章　微分方程式
- 第9章　問題の解答

■3月予定■予価2600円

【発行】日本評論社　https://www.nippyo.cp.jp